Informationstechnik

B. Walke
Mobilfunknetze
und ihre Protokolle

Band 2
Bündelfunk, schnurlose
Telefonsysteme,
W-ATM, HIPERLAN,
Satellitenfunk, UPT

Informationstechnik

Herausgegeben von
Prof. Dr.-Ing. Dr.-Ing. E. h. Norbert Fliege, Mannheim
Prof. Dr.-Ing. Martin Bossert, Ulm

In der Informationstechnik wurden in den letzten Jahrzehnten klassische Bereiche wie analoge Nachrichtenübertragung, lineare Systeme und analoge Signalverarbeitung durch digitale Konzepte ersetzt bzw. ergänzt. Zu dieser Entwicklung haben insbesondere die Fortschritte in der Mikroelektronik und die damit steigende Leistungsfähigkeit integrierter Halbleiterschaltungen beigetragen. Digitale Kommunikationssysteme, digitale Signalverarbeitung und die Digitalisierung von Sprache und Bildern erobern eine Vielzahl von Anwendungsbereichen. Die heutige Informationstechnik ist durch hochkomplexe digitale Realisierungen gekennzeichnet, bei denen neben Informationstheorie Algorithmen und Protokolle im Mittelpunkt stehen. Ein Musterbeispiel hierfür ist der digitale Mobilfunk, bei dem die ganze Breite der Informationstechnik gefragt ist.

In der Buchreihe „Informationstechnik" soll der internationale Standard der Methoden und Prinzipien der modernen Informationstechnik festgehalten und einer breiten Schicht von Ingenieuren, Informatikern, Physikern und Mathematikern in Hochschule und Industrie zugänglich gemacht werden. Die Buchreihe soll grundlegende und aktuelle Themen der Informationstechnik behandeln und neue Ergebnisse auf diesem Gebiet reflektieren, um damit als Basis für zukünftige Entwicklungen zu dienen.

Mobilfunknetze und ihre Protokolle

Band 2

Bündelfunk, schnurlose Telefonsysteme, W-ATM, HIPERLAN, Satellitenfunk, UPT

Von Professor Dr.-Ing. Bernhard Walke
Rheinisch-Westfälische Technische Hochschule Aachen

Mit 257 Bildern und 76 Tabellen

B. G. Teubner Stuttgart 1998

Die Deutsche Bibliothek – CIP-Einheitsaufnahme
Walke, Bernhard:
Mobilfunknetze und ihre Protokolle / Bernhard Walke.
Stuttgart : Teubner
  (Informationstechnik)

Bd. 2. Bündelfunk, schnurlose Telefonsysteme, W-ATM,
HIPERLAN, Satellitenfunk, UPT : mit 76 Tabellen. – 1998

ISBN 978-3-663-05632-4   ISBN 978-3-663-05631-7 (eBook)
DOI 10.1007/978-3-663-05631-7

Das Werk einschließlich aller seiner Teile ist urheberrechtlich geschützt. Jede Verwertung
außerhalb der engen Grenzen des Urheberrechtsgesetzes ist ohne Zustimmung des Verlages
unzulässig und strafbar. Das gilt besonders für Vervielfältigungen, Übersetzungen, Mikroverfilmungen und die Einspeicherung und Verarbeitung in elektronischen Systemen.

© B. G. Teubner Stuttgart 1998
Softcover reprint of the hardcover 1st edition 1998

Für Antonie, Thomas und Christoph

Vorwort

Zellulare Mobilfunknetze für öffentliche und private Benutzer waren in Europa bis Ende der 80er Jahre firmenspezifische Lösungen und nicht für den Massenmarkt gedacht. Deshalb beschränkte sich das Interesse der breiteren technisch-wissenschaftlichen Fachwelt auf die Kenntnisnahme der Systeme und ihrer Konzepte, ohne sich mit den Details abzugeben.

Seit der Entwicklung europäischer Standards für digital übertragende Systeme ab Ende der 80er Jahre hat sich mit deren Einführung ab 1990 der Mobilfunk zu einem Massenmarkt entwickelt. Digitaler Mobilfunk ist von einem Zusatzgeschäft zu einem der wesentlichen Umsatzträger mancher großer Telekommunikationsfirmen geworden, die dabei zu weltweiter Marktführerschaft aufgestiegen sind. Entsprechend hat das Interesse der technisch-wissenschaftlichen Fachwelt zugenommen.

Dieser Erfolg beruht auf den großen Fortschritten der Informationstechnik, die einerseits durch die Mikrominiaturisierung von Schaltkreisen und Komponenten und die dramatische Steigerung der Integrationsdichte von Halbleiterbauelementen auf Chips für die Entwicklung handportabler Mobilfunkgeräte *(Handy)* sichtbar sind: Das Handy besteht im wesentlichen aus einem sehr leistungsstarken Signalprozessor, auf dem alle für Empfang und Senden erforderlichen Algorithmen der Übertragungstechnik und elektrischen Signalverarbeitung als Programme implementiert sind.

Andererseits werden die Fortschritte der Informationstechnik auch sichtbar anhand der Entwicklung dieser Algorithmen für die Signal-(De)Modulation, die Synchronisation der beteiligten Einrichtungen, die Kanalcodierung und Kanalentzerrung, d. h. die Empfängertechnik, die einen zuverlässigen Empfang von Signalen mit wenigen millionstel Volt Amplitude über den Funkkanal, den man als systematischen Wackelkontakt beschreiben kann, trotz hoher Bewegungsgeschwindigkeit des Empfängers ermöglicht.

Ein ebenso wichtiger Beitrag der Informationstechnik ist die Entwicklung der Dienste und Protokolle für die Organisation und den Betrieb des zugehörigen Kommunikationsnetzes, das neben der Entwicklung der Multiplexfunktionen zur quasi gleichzeitigen Kommunikation vieler Mobilterminals über die Funkschnittstelle des Mobilfunksystems ein Telekommunikationsnetz umfaßt, das Funktionen des intelligenten Netzes zur Mobilitätsverwaltung und kryptographische Verfahren für Datenschutz und Datensicherheit beinhaltet, wie sie vorher weltweit noch in keinem Netz verfügbar waren.

Man denkt dabei an das weltweit erfolgreiche GSM[1] und vergißt, daß neben diesem Zellularsystem noch viele andere Konzepte für neue digitale Mobilfunksysteme bestehen, die den Erfolg des GSM zu wiederholen suchen und auf z. T. andere Anwendungen als schmalbandige Sprachkommunikation zielen, z. B. Funkruf, Bündelfunk, Schnurloskommunikation, drahtlose Lokale Netze, drahtlose ATM-Breitbandkommunikation und satellitengestützte persönliche Mobilkommunikation. Band 2 dieses Buches stellt diese Systeme vor.

Meine Forschungsgruppe hat sich seit 1983 auf die Entwicklung von Diensten und Protokollen für private und öffentliche Mobilfunksysteme spezialisiert und dafür einen umfangreichen Satz von Werkzeugen zur Software-Erstellung, Modellierung und stochastischen Simulation von Mobilfunksystemen entwickelt. Diese Werkzeuge haben ermöglicht, die in diesem Buch beschriebenen in Europa bekannten, in Diskussion oder in Einführung befindlichen Mobilfunksysteme bitgenau in großen Programmpaketen am Lehrstuhl Kommunikationsnetze verfügbar zu haben, um die Systeme in ihrer natürlichen Umgebung mit der zugehörigen Funkversorgung, Mobilität und dem typischen Verkehrsaufkommen der Terminals beobachten zu können und gestützt darauf eigene Verbesserungsvorschläge von Diensten und Protokollen erproben zu können. Die entsprechenden Vorschläge und zugehörigen Ergebnisse unserer Arbeit sind bei Erfolg in die Standardisierungsdiskussion eingeflossen.

Hinter diesen Werkzeugen steckt das Arbeitsergebnis einer Gruppe von im Durchschnitt 25 wiss. Mitarbeitern und von 60 Diplomarbeiten pro Jahr, ohne die das Aufarbeiten der vielen Details so vieler Systeme nicht möglich gewesen wäre. Die zugehörigen Arbeiten beschränken sich nicht auf die Implementierung von Protokollen der jeweiligen Systeme, sondern reichen von der Entwicklung von Funkplanungswerkzeugen auf der Basis empirischer Verfahren und von Strahlverfolgungstechniken für gegebene Szenarien, über die Markovketten-basierte Modellierung des Funkkanals, exemplarische Untersuchungen über die Modellierung der Empfänger, Untersuchungen zur Wirksamkeit einer adaptiven Kanalcodierung, prototypische Implementierung von Entzerrern, Entwicklung von Modellen für die Bitfehlercharakteristik der jeweiligen Systeme, Entwicklung von Verfahren zur dynamischen Kanalvergabe in flächigen Systemen und zur dezentralen Organisation von Systemen mit drahtlosen Basisstationen usw. bis zur Entwicklung von Mehrwertdiensten. Diese flankierenden Arbeiten erwiesen sich als notwendig, um den schwierigen Prozeß der Modellierung realer Systeme ausreichend realistisch zu gestalten. Ohne die tatsächliche Realisierung der Dienste und Protokolle in realisti-

---

[1]Global System for Mobile Communications: ETSI-Standard

schen Modellen zur Systemsimulation wäre die hier gewählte Darstellungstiefe der entsprechenden Systeme nicht möglich gewesen.

Ausgehend von einer ersten zusammenfassenden Darstellung des GSM [152] wurde der Text schrittweise verbreitert. Die Darstellungen und vielen Abbildungen in diesem Buch beruhen auf den Arbeitsergebnissen sehr vieler beteiligter Studenten, die hier nicht namentlich genannt werden können – ich kann ihnen hier nur pauschal für ihre Begeisterung und Gründlichkeit bei der Mitarbeit danken. Ihre Beiträge sind in die Modellierung und Bewertung der einzelnen Systeme und ihrer Modifikationen eingeflossen und haben mir und meinen wissenschaftlichen Mitarbeitern geholfen, die Eigenschaften der betrachteten Systeme besser zu verstehen.

Die einzelnen Kapitel des Buches sind in enger Zusammenarbeit mit für die jeweiligen Systemmodelle verantwortlichen wissenschaftlichen Mitarbeitern entstanden, die jeweils namentlich genannt werden. Sie repräsentieren Forschungs- und Entwicklungsergebnisse und z. T. auch Textbeiträge, wie sie in die endgültige oder frühere Versionen des als Vorlesungsmanuskript über sieben Vorlesungszyklen weiterentwickelten Buchmanuskriptes eingeflossen sind. Ich möchte diesen Beteiligten hier für ihre gründliche Aufarbeitung der betreffenden Themen, die Mitwirkung bei der Betreuung der vielen zugehörigen Diplomarbeiten und die hervorragende Arbeitsatmosphäre ganz herzlich danken. Besonders erwähnen möchte ich hier die Herren Peter Decker und Christian Wietfeld, die in frühen Jahren Grundlagen für das Vorlesungsskript beigetragen bzw. später durch Integrieren vorhandener Textbausteine den Kristallisationskeim für das Buch gelegt haben. Beiträge zu einzelnen Abschnitten von Band 2 haben folgende Mitarbeiter geleistet:

- Branko Bjelajac (10),
- Matthias Fröhlich (11),
- Alexander Guntsch (10),
- Andreas Hettich (8),
- Holger Hussmann (6),
- Arndt Kadelka (8),
- Andreas Krämling (8),
- Dietmar Petras (8),
- Dieter Plaßmann (8),
- Christian Plenge (5, 6, 9),
- Markus Scheibenbogen (5),
- Martin Steppler (2).

Mein besonderer Dank gilt Herrn Dirk Kuypers, der sich als studentische Hilfskraft diesem Skript verschrieben hat. Neben der korrekten Umsetzung der jahrelang anfallenden Korrekturwünsche und Ergänzungen hat er für eine weitgehend homogene Erscheinungsform gesorgt, die u. a. sehr viele Überarbeitungen von Tabellen und Bildvorlagen erforderlich gemacht hat.

Herrn Dr. Schlembach vom B. G. Teubner Verlag danke ich herzlich für die Motivation, dieses Buch zu schreiben und die gute Zusammenarbeit bei der Erstellung des Skriptes.

Aachen, im Januar 1998   Bernhard Walke

Adressen:

Homepage des Lehrstuhls:	http://www.comnets.rwth-aachen.de
E-Mail-Adresse für Korrekturen:	mfn@comnets.rwth-aachen.de
Anschrift des Lehrstuhls:	Lehrstuhl für Kommunikationsnetze
	RWTH Aachen
	52 056 Aachen

Inhaltsverzeichnis

Vorwort   VII

Kurzinhalt Band 1   XIX

1 Bündelfunk und Paketdatenfunk   1
    1.1   Das MPT-1327-Bündelfunksystem 2
    1.2   MODACOM 6
         1.2.1   Dienste im MODACOM-Netz 7
         1.2.2   Die MODACOM-Netzstruktur 8
         1.2.3   Technische Daten 8
         1.2.4   Mögliche Verbindungen im MODACOM-Datenfunknetz . . 10
         1.2.5   Roaming und Handover 14

2 Bündelfunksysteme der 2. Generation: Der TETRA-Standard   15
    2.1   Technische Daten des Bündelfunksystems TETRA 16
    2.2   Dienste des Bündelfunksystems TETRA 18
    2.3   Architektur des TETRA-Standards 21
         2.3.1   Funktioneller Aufbau des TETRA-Systems 21
         2.3.2   Schnittstellen des TETRA-Systems 23
    2.4   Der Protokollstapel Voice+Data 25
         2.4.1   Aufbau des Protokollstapels Voice+Data 25
         2.4.2   Die Funkschnittstelle am Bezugspunkt U_m 26
         2.4.3   Die Bitübertragungsschicht im TETRA-Standard 34
         2.4.4   Die Sicherungsschicht im TETRA-Standard 37
    2.5   Der TETRA-Protokollstapel Packet Data Optimized 60
         2.5.1   Architektur der Sicherungsschicht 62
         2.5.2   Burststruktur 79
    2.6   Bündelfunk-Abkürzungen 80

3 Funkrufsysteme *(Paging-Systems)*   85
    3.1   EUROSIGNAL 87
    3.2   Cityruf 89
    3.3   Euromessage 92
    3.4   RDS-Funkrufsystem 93

3.5	ERMES	93
	3.5.1 Die Dienste im ERMES-Funkrufsystem	94
	3.5.2 Die ERMES-Netzarchitektur	95
	3.5.3 Technische Parameter des ERMES-Funkrufsystems	97

4 Schnurlose Fernsprechsysteme   101
4.1	CT2/CAI und Telepoint	102
4.2	Technische Parameter von CT2/CAI	103

5 DECT   107
5.1	Realisierungsmöglichkeiten von DECT-Systemen	108
	5.1.1 DECT-Festnetze	108
	5.1.2 Datenhaltung	113
5.2	Das DECT-Referenzsystem	115
	5.2.1 Logische Gruppierung des DECT-Systems	115
	5.2.2 Physikalische Gruppierung des DECT-Systems	118
	5.2.3 Berechtigungskarte (DAM)	119
	5.2.4 Spezifische DECT-Konfigurationen	119
5.3	Das DECT-Referenzmodell	121
	5.3.1 Dienste und Protokolle im Überblick	122
	5.3.2 Physikalische Schicht	123
	5.3.3 Zugriffssteuerungsschicht	124
	5.3.4 Sicherungsschicht	126
	5.3.5 Netzschicht	126
	5.3.6 Verwaltung der unteren Schichten	126
5.4	Dienste- und Protokollbeschreibung im Detail	127
	5.4.1 Physikalische Schicht	127
	5.4.2 Zugriffssteuerungsschicht	130
	5.4.3 Sicherungsschicht	145
	5.4.4 Vermittlungsschicht	155
5.5	Dynamische Kanalwahl	169
	5.5.1 *Blinde* Zeitschlitze	170
	5.5.2 Kanalverdrängung und *Nah-/Fern-Effekt*	174
5.6	Sprachcodierung mit ADPCM	175
5.7	Handover	176
	5.7.1 Bearer Handover	177
	5.7.2 Connection Handover	179
	5.7.3 External Handover	179
	5.7.4 Handoverkriterien	180
5.8	Protokollstapel für Multicell-Systeme	181
5.9	Die DECT-Netzübergangseinheit	182
	5.9.1 Signalisierungsdaten	183

Inhaltsverzeichnis XIII

```
        5.9.2   Benutzerdaten ........................... 183
  5.10  Sicherheitsaspekte in DECT ....................... 184
        5.10.1  Authentisierung des Teilnehmers ............. 184
        5.10.2  Portable Access Rights Key (PARK) ........... 185
        5.10.3  IPUI .................................... 185
        5.10.4  TPUI .................................... 187
        5.10.5  Authentisierung der Mobilstation ............ 187
        5.10.6  Authentisierung der Feststation ............. 188
        5.10.7  Gleichwertige Authentisierung zwischen Mobil- und Feststa-
                tion ..................................... 188
        5.10.8  Verschlüsselung von Benutzer- und/oder Signalisierungsdaten 188
  5.11  ISDN-Dienste .................................... 189
        5.11.1  End System und Intermediate System ........... 189
  5.12  DECT-Relais ..................................... 192
        5.12.1  Outdoor-Anwendungen ...................... 193
        5.12.2  Indoor-Anwendungen ....................... 194
        5.12.3  Relais-Konzept ........................... 195
        5.12.4  Aufbau einer Relaisstation ................. 198
        5.12.5  Parameter zur Leistungsbewertung von DECT-Systemen .. 205
  5.13  Verkehrsleistung des DECT-Systems ................. 206
        5.13.1  Ausstattungsbedingte und interferenzbedingte Kapazität .. 207
        5.13.2  Abschätzung der Kapazität des DECT-Systems ....... 208
  5.14  Verkehrsleistung von DECT-RLL-Systemen ............ 210
        5.14.1  Einsatz einer höheren Dichte von Basisstationen ...... 210
        5.14.2  Einsatz mehrerer Transceiver pro Basistation ........ 211
        5.14.3  Reservierung von Kanälen ................... 211
        5.14.4  Erwartete Probleme durch gegenseitige Beeinflussung ... 212
        5.14.5  Trennung konkurrierender Betreiber im Spektrum ..... 213
  5.15  DECT-Abkürzungsverzeichnis ...................... 215
```

6 Integration des DECT-Systems in GSM/DCS1800-Zellularnetze 217

```
  6.1   Ansätze zur Integration von DECT in das GSM900/1800 .... 218
        6.1.1   Schnittstelle DECT–GSM ................... 218
        6.1.2   Schichtenmodell und Protokolle .............. 221
        6.1.3   Verwaltung der Benutzerdaten ............... 222
        6.1.4   Sicherheitsanforderungen .................. 224
        6.1.5   Handover ............................... 229
        6.1.6   Vorbereitete DECT-Elemente zur GSM-Integration .... 231
  6.2   Interworking Unit DECT-GSM ...................... 233
        6.2.1   Umsetzung der Signalisierungsnachrichten ......... 234
        6.2.2   Übertragung der Sprachdaten ................ 235
        6.2.3   Alternative Signalisierung .................. 239
```

6.3 Dualmode-Gerät DECT-GSM 241

7 Wireless-Local-Loop-Systeme   245
7.1 Technologien für WLL-Systeme 246
    7.1.1 Zellulare Mobilfunknetze 248
    7.1.2 Digitale schnurlose Funknetze 248
    7.1.3 Digitale PMP-Systeme 249
7.2 Untersuchte WLL-Szenarien 250
7.3 Direkter Teilnehmeranschluß im Zugangsnetz 252

8 Schnurlose Breitbandsysteme (Wireless ATM)   255
8.1 Europäische Forschung bei Breitbandsystemen 255
    8.1.1 MBS 256
    8.1.2 Drahtlose Breitband-Kommunikation im ACTS-Programm. 258
    8.1.3 ATMmobil 260
    8.1.4 Der Beitrag des ATM-Forums zur Standardisierung drahtloser ATM-Systeme 261
    8.1.5 Der ETSI-Beitrag zur ATM-Standardisierung 261
8.2 Dienste im Breitband-ISDN 262
    8.2.1 ATM als Übermittlungstechnik im B-ISDN 263
    8.2.2 Aufbau einer ATM-Zelle 264
    8.2.3 ATM-Vermittlungstechnik 265
    8.2.4 ATM-Referenzmodell 266
    8.2.5 ATM-Dienstklassen 268
    8.2.6 Funktionen und Protokolle der AAL-Schicht 270
8.3 Architektur der ATM-Funkschnittstelle 270
    8.3.1 Funkzugangssystem als verteilter ATM-Multiplexer ... 271
    8.3.2 Frequenzen und Frequenzetiketten für W-ATM-Systeme . 272
    8.3.3 Protokollstapel der ATM-Funkschnittstelle 273
    8.3.4 Kanalzugriff 274
    8.3.5 Die LLC-Schicht 277
    8.3.6 Dynamische Kapazitätszuweisung bei paketorientierten Funkschnittstellen 278
    8.3.7 Ein Kanalkonzept für eine paketorientierte Funkschnittstelle 279
8.4 Mobilitätsunterstützung für W-ATM-Systeme 282
    8.4.1 Funk-Handover 283
    8.4.2 Netz-Handover 285

9 HIPERLAN/1, eine Einführung   291
9.1 Wireless LANs 291
9.2 Standards 292
9.3 Die technischen Eigenschaften von HIPERLAN/1 293

9.4	Netzumgebungen für HIPERLAN/1	295
	9.4.1 HIPERLAN-Anwendungen	295
	9.4.2 Netztopologien	296
9.5	HIPERLAN-Referenzmodell	298
9.6	Die HIPERLAN-Medium-Access-Control-Teilschicht	300
	9.6.1 Aufgaben der MAC-Teilschicht	300
	9.6.2 MAC-Dienste	303
	9.6.3 HIPERLAN-MAC-Protokoll	306
9.7	Die HIPERLAN-Channel-Access-Control-Teilschicht	314
	9.7.1 Aufgaben der CAC-Teilschicht	314
	9.7.2 CAC-Dienste	316
	9.7.3 HIPERLAN-CAC-Protokoll	320
9.8	Die Bitübertragungsschicht	327
	9.8.1 Aufgaben	327
	9.8.2 Dienste der Bitübertragungsschicht	327
	9.8.3 Übertragungsraten und Modulationsverfahren	329
	9.8.4 Paketstruktur	331
	9.8.5 Empfängerempfindlichkeit	331
9.9	HIPERLAN – Parameter	332
	9.9.1 Glossar	333

10 Mobile Satellitenkommunikation   **337**

10.1	Grundlagen	337
	10.1.1 Einsatzfelder	337
	10.1.2 Satellitenorganisationen	338
	10.1.3 Satellitenbahnen	338
	10.1.4 Elevationswinkel und Ausleuchtzone	348
	10.1.5 Frequenzregulierung für mobile Satelliten	349
10.2	Geostationäre Satellitensysteme (GEO)	350
	10.2.1 Inmarsat-A	353
	10.2.2 Inmarsat-B	354
	10.2.3 Inmarsat-C	354
	10.2.4 Inmarsat-Aero	355
	10.2.5 Inmarsat-M	356
10.3	Nicht-geostationäre Satellitensysteme	356
	10.3.1 ICO	357
	10.3.2 IRIDIUM	359
	10.3.3 Globalstar	360
	10.3.4 TELEDESIC	362
	10.3.5 Odyssey	367
10.4	Antennen und Satellitenausleuchtzonen	368
	10.4.1 Antenne	369

10.4.2 Satellitenversorgungsgebiet und Zellstruktur 371
10.4.3 Funkausbreitung 374
10.4.4 Leistungssteuerung *(Power-Control)* 377
10.5 Interferenzen im Satellitenfunknetz 379
10.5.1 Gleichkanalinterferenz 379
10.5.2 Uplink-Störpegelabstand 379
10.5.3 Downlink-Störpegelabstand 380
10.5.4 DLR-Modell des landmobilen Satellitenkanals 381
10.6 Handover in Mobilfunk-Satellitensystemen 386
10.6.1 Häufigkeit von Handover-Ereignissen 386
10.6.2 Handover-Typen 387
10.7 Verbindung drahtloser Zugangsnetze mit dem Festnetz über Satelliten 393
10.7.1 Einfaches fiktives WLL-System 395

11 UPT – Universelle Persönliche Telekommunikation 399
11.1 Klassifizierung von Telekommunikationsdiensten 400
11.2 Ergänzende Dienstmerkmale im ISDN und GSM 401
11.2.1 Zusatz- und Mehrwertdienste im ISDN 402
11.2.2 Zusatz- und Mehrwertdienste im GSM 403
11.3 Der UPT-Dienst für die universelle, personalisierte Telekommunikation 404
11.3.1 Bisherige Untersuchungen zum UPT-Dienst 405
11.3.2 Weiterentwicklung von UPT 406
11.3.3 Phase 1 – Szenario mit eingeschränkter UPT-Funktionalität 407
11.3.4 Phase 2 – Szenario mit UPT-Grundfunktionalität 407
11.3.5 Phase 3 – Szenario mit erweiterter UPT-Funktionalität .. 407
11.3.6 Dienstmerkmale von UPT in Phase 1 der Einführung ... 407
11.4 Geschäftsbeziehung des UPT-Benutzers zu Anbietern 408
11.4.1 Gebührenerhebung – Neue Konzepte bei Einführung von UPT 410
11.4.2 Beispiel einer Registrierung eines UPT-Teilnehmers 410
11.4.3 Möglichkeiten der Authentisierung 412
11.5 Das UPT-Dienstprofil 413
11.6 Anforderungen an das UPT-unterstützende Netz 414
11.7 PSCS als Weiterentwicklung von UPT 416
11.8 Numerierung 417
11.8.1 ISDN, PSTN 417
11.8.2 ÖbL – GSM 418
11.8.3 UPT 419
11.9 Intelligente Netze und ihre Mehrwertdienste 424
11.9.1 Funktionsprinzip eines Intelligenten Netzes 425
11.9.2 Beschreibung von Diensten im Intelligenten Netz 425
11.9.3 Das Anwendungsprotokoll im Intelligenten Netz 428

3.12   Netzübergangsfunktion – *Interworking Function*, IWF 311
   3.13   Sicherheitsaspekte 315
   3.14   GSM in Deutschland 319
   3.15   Schlußbemerkung 319
   3.16   Digital-Mobilfunknetz ETSI/DCS1800 325

4 **Weitere öffentliche Mobilfunksysteme**   **329**
   4.1   Flugtelefon-Netz für öffentliche Luft-Boden-Kommunikation 329
   4.2   Das US Digital Cellular System (USDC) 333
   4.3   CDMA-Zellularfunk gemäß IS-95 336
   4.4   Das japanische Personal Digital Cellular System (PDC) 347
   4.5   Vergleich von Zellularsystemen der 2. Generation 349

5 **Zellulare Mobilfunknetze der 3. Generation**   **351**
   5.1   UMTS – Universal Mobile Telecommunications System 354
   5.2   FPLMTS – IMT 2000 356
   5.3   Dienste für UMTS und IMT-2000 357
   5.4   Frequenzspektrum für UMTS 366
   5.5   Anforderungen an die Funkschnittstelle 369
   5.6   Vorschläge für die Funkschnittstelle 373
   5.7   Handover im UMTS 392

A **Warte- und Verlustsysteme**   **397**
   A.1   Das Wartesystem M/M/n-∞ 397
   A.2   Das Warte-Verlustsystem M/M/n-s 401

B **Standards und Empfehlungen**   **405**
   B.1   Internationale Standardisierungsorganisationen 406
   B.2   Europäische Standardisierungsorganisationen 413
   B.3   Nationale Standardisierungsorganisationen 424
   B.4   Quasi-Standards 425

C **Internationale Frequenzzuweisungen**   **427**

D **Frequenzen europäischer Mobilfunksysteme**   **431**

E **Der GSM-Standard**   **433**

F **Abkürzungsverzeichnis**   **439**

Literaturverzeichnis   **443**

Index   **455**

Kurzinhalt Band 1

Vorwort	**VII**
Kurzinhalt Band 2	**XVII**

1 Einleitung — 1
  1.1 Bestehende bzw. in Einführung befindliche Netze und Dienste ... 7
  1.2 Systeme mit intelligenten Antennen 18
  1.3 Mobilfunksysteme mit dynamischer Kanalvergabe 20
  1.4 Weitere Aspekte 22
  1.5 Historische Entwicklung 23

2 Systemaspekte — 29
  2.1 Charakteristika der Funkübertragung 29
  2.2 Modelle zur Funkfeldberechnung 47
  2.3 Zellulare Systeme 52
  2.4 Sektorisierung und spektrale Effizienz 57
  2.5 Das ISO/OSI-Referenzmodell 64
  2.6 Zuteilung der Funkkanäle 68
  2.7 Kanalvergabestrategien 81
  2.8 Grundlagen der Fehlersicherung 84
  2.9 Grundlagen zum Zufallszugriff 99

3 GSM-System — 135
  3.1 Die GSM-Empfehlung 135
  3.2 Die Architektur des GSM-Systems 139
  3.3 Die Funkschnittstelle am Bezugspunkt U_m 153
  3.4 Signalisierungsprotokolle der GSM-Sicherungsschicht 184
  3.5 Die Netzschicht im GSM 200
  3.6 GSM-Handover 215
  3.7 Aktualisierung des Aufenthaltsbereiches *(Location Update)* 259
  3.8 Verbindungsaufbau 263
  3.9 Datenübertragung und Raten-Anpassungsfunktionen 266
  3.10 Die Dienste im GSM-Mobilfunknetz 272
  3.11 Zukünftige Sprach- und Datendienste im GSM 283

   11.9.4   UPT im IN-Schichtenmodell 430

12 Der drahtlosen Kommunikation gehört die Zukunft   431
 12.1   Ein Tagesablauf im Jahre 1998 431
 12.2   Drahtlose Kommunikation im Jahre 2005 433
 12.3   Schlußbemerkung 433

Literaturverzeichnis   437

Index   449

1 Bündelfunk und Paketdatenfunk

Neben dem öffentlichen Funktelefondienst und dem Funkrufdienst bestehen weitere Funkdienste, die nicht öffentlich zugänglich sind. Diese, mit *nichtöffentlicher beweglicher Landfunk* (nöbL) bezeichneten Funkdienste, verwenden Frequenzen, die nicht von der Öffentlichkeit, sondern nur von spezifischen Anwendern bzw. Anwendergruppen benutzt werden.

Zu dem wohl bekanntesten nöbL-Funkdienst zählt der seit vielen Jahren von Großunternehmen wie Fluggesellschaften, Taxi- und Transportunternehmen, Bahnen, Häfen oder in Behörden und Organisationen mit Sicherheitsaufgaben (BOS) verwendete Betriebsfunk. Kennzeichen bisheriger Betriebsfunksysteme ist, daß sie über einen Funkkanal verfügen, der exklusiv von allen mobilen Endstellen einer Anwendergruppe gemeinsam genutzt wird. Analysiert man die konventionellen Betriebsfunksysteme, so offenbaren sich aus der Sicht von Kunden und Betreibern folgende Schwachstellen:

- feste Funkkanalvergabe führt in Ballungsgebieten durch eine zu große Anzahl von Betriebsfunkteilnehmern zu einer Frequenzüberlastung,
- zu kleine Funkversorgungsgebiete,
- Mithörmöglichkeit für Unbefugte,
- keine Verbindung zu öffentlichen Fernmeldenetzen,
- eingeschränkte Unterstützung von Sprach- und Datenübertragung.

Die Frequenzüberlastung war der wesentliche Grund, über neue Funksysteme und -infrastrukturen nachzudenken. Das Ergebnis sind die als Nachfolgesystem für den Betriebsfunk eingeführten Bündelfunksysteme *(Trunked Mobile Radio System)*.

Obwohl Bündelfunksysteme das verfügbare Frequenzspektrum nicht erweitern können, tragen sie durch Optimierung der Frequenzausnutzung und durch Erhöhung der Kanalnutzung zur Verbesserung der Dienstgüte sowohl für Endverbraucher als auch Netzbetreiber bei. Der Fortschritt bei der Bündelfunktechnik besteht darin, den Anwendergruppen jeweils nicht nur einen Kanal wie beim Betriebsfunk, sondern vielen Teilnehmern gemeinsam ein Kanalbündel zur Verfügung zu stellen [70]. Der Kanal wird dem Benutzer vom System nur bei Bedarf zugeordnet und anschließend sofort wieder entzogen. Während beim Betriebsfunk ein Benutzer warten mußte, bis ein seiner Anwendergruppe zugeordneter Kanal freigegeben wurde, kann der Bündelfunkbenutzer sprechen, sobald irgendein beliebiger Kanal des Kanalbündels frei ist. Beim Bündelfunk wird das Verkehrsaufkommen gleichmäßig auf alle verfügbaren Funkkanäle aufgeteilt, wobei die Bündelung der Kanäle einen Bündelungsgewinn erzielt, d. h. die Verlustwahrscheinlichkeit p_v wird mit steigender Kanalzahl im Bündel und konstanter Auslastung je Kanal immer kleiner, vgl. Anhang A.2, Band 1. Der tragbare Verkehr in [Erl./MHz], d. h. die Frequenzökonomie, steigt mit der Bündelstärke.

Neben der Frequenzökonomie haben Bündelfunksysteme weitere Vorteile:

- geringerer Installationsaufwand verglichen mit getrennten Funkzentralen,
- Funkversorgungsgebiete entsprechend den wirtschaftlichen Aktionsräumen,
- höhere Reichweite,
- kein unerwünschtes Mithören durch andere,
- Erhöhung der Verfügbarkeit durch bedarfsgerechte Zuteilung der Kanäle,
- optionaler Zugang zum öffentlichen Telefonnetz,
- erweitertes Dienstleistungsangebot durch Selektivruf, variablen Gruppenruf und Prioritätsgespräche,
- Verbesserung der Verkehrsgüte bei Sprach- und Datenübertragung,
- geordneter Warteschlangenbetrieb.

1.1 Das MPT-1327-Bündelfunksystem

Vorreiter bei den standardisierten Bündelfunksystemen spielte Großbritannien, wo das Ministerium für Post und Telekommunikation den Bündelfunkstandard MPT 1327/1343 entwickelte, der auch in Deutschland als technischer Standard für die erste Generation (analoger) Bündelfunknetze in Gebrauch ist.

In einem MPT-1327-Bündelfunknetz werden u. a. folgende Dienste angeboten:

- Der *Normalruf* kann ein Einzel- oder Gruppenruf sein.
- Der *Prioritätsruf* kann ein Einzel- oder Gruppenruf sein.
- Beim *Ansageruf* antworten die angerufenen Funkgeräte nicht.

1.1 Das MPT-1327-Bündelfunksystem

- Der *konventionelle Zentralruf*, bei dem ein sendewilliges Funkgerät nicht sofort einen Kanal zugeteilt bekommt, sondern warten muß bis eine Zentrale den Ruf zu einem günstigen Zeitpunkt aufbaut.

- Der *Konferenzruf*, bei dem zusätzliche Teilnehmer an einem aufgebauten Gespräch teilnehmen.

- Der *Notruf*, der als Sprach- und Datenruf und als Einzel- oder Gruppenruf erfolgen kann.

- Der *Datenruf* kann zwischen unterschiedlichen Signalisierungssystemen erfolgen und ist ein Einzel- oder Gruppenruf, der als Normal- oder Prioritätsruf gesendet wird.

- *Weiterleiten bzw. Umleiten eines Rufes* zu einem anderen Teilnehmer oder einer Gruppe ist möglich.

- *Statusmeldungen* können zwischen den Funkgeräten oder den Funkgeräten und dem System ausgetauscht werden, wobei 30 Meldungen mit spezifischer Bedeutung zur Verfügung stehen.

- Die *Funktelegramme* sind bis zu 184 bit lang und können zwischen den Funkgeräten oder den Funkgeräten und dem System ausgetauscht werden.

- Der *kurze Telefonruf* ermöglicht den Zugang zu Nebenstellenanlagen und zum öffentlichen Telefonnetz.

In einem Bündelfunknetz unterscheidet man zwei Arten von Funkkanälen: den Steuer- bzw. Organisationskanal *(Control Channel)* sowie Sprach- oder Verkehrskanäle *(Traffic Channel)*. Über den Organisationskanal werden alle vermittlungstechnischen Organisationsfunktionen zwischen der Systemsteuerung und den Mobilfunkgeräten durch Austausch von Daten abgewickelt. Die Aufgaben des Organisationskanals umfassen insbesondere:

- Anmeldung von Verbindungswünschen,

- Verbindungsauf- bzw. -abbau,

- Zuweisung von Nutzkanälen an die Mobilstation.

Bündelfunksysteme können als lokale Systeme mit nur einer Feststation oder als flächendeckende (zellulare) Systeme mit einer Zellgröße von 10 bis 25 km, bzw. für Ballungsgebiete mit 5 km Durchmesser betrieben werden.

Der grundsätzliche Aufbau eines zellularen MPT-1327-Bündelfunknetzes besteht aus mehreren Zellen mit jeweils einer Funkbasisstation (*Transceiver*, TRX), einer Bündelnetzsteuerung (*Trunked System Controller*, TSC) sowie einem zentralen

Knoten, dem *Master System Controller* (MSC), der auch den Übergang ins öffentliche Fernsprechnetz oder in Nebenstellennetze verwirklicht, vgl. Abb. 1.1 [134].

Die TSC steuert eine Funkzelle und verwaltet die Verkehrskanäle und deren Zuordnung zu den Mobilstationen im Gesprächsfall. Da in einem mehrzelligen Bündelfunknetz ein Wechseln der Zellen erlaubt ist (Roaming), führt der TSC auch eine Heimat- und Besucherdatei, in denen die der Funkzelle zugeordneten bzw. sich in der Zelle aufhaltenden Teilnehmer eingetragen sind. Wird während eines Zellenwechsels ein Gespräch geführt, so wird es nicht in die neue Zelle übernommen, sondern bricht ab; Handover wird nicht unterstützt. An der MSC sind Betriebs- und Wartungseinrichtungen (*Operating and Maintenance Center*, OMC) angekoppelt, die das System überwachen, statistische Auswertungen durchführen und Gebühren erfassen.

Neben dem schon erwähnten MPT-1327-Standard, der das Signalisierungsprotokoll zwischen der TSC und den mobilen Endgeräten definiert, sind noch folgende Standards wichtig:

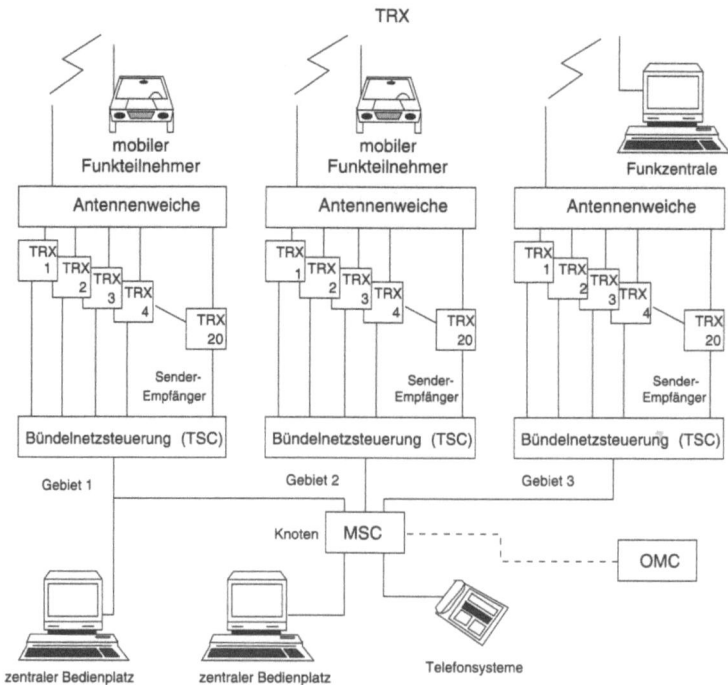

Abbildung 1.1: Prinzipieller Aufbau eines Bündelfunknetzes

1.1 Das MPT-1327-Bündelfunksystem

- MPT 1343 spezifiziert die Aktionen des Endgerätes und definiert die Funktionen zur Systemsteuerung und zum Zugriff auf den Verkehrskanal. Dieser Standard wurde entsprechend der deutschen Norm ZVEI-RegioNet 43 an deutsche Bedürfnisse angepaßt.

- MPT 1347 spezifiziert Funktionen des Festnetzes des Systems sowie Regeln für die Vergabe von Identifikationsnummern.

- MPT 1352 beschreibt das Vorgehen zur Konformitätsprüfung von Netzelementen verschiedener Hersteller.

Bündelfunknetze können in jedem für Mobilkommunikation geeigneten Frequenzband arbeiten. In Europa findet man Bündelfunknetze im Bereich von 80 bis 900 MHz.

In Deutschland betreibt die Deutsche Telekom AG das sog. Chekker-Netz nach dem Standard MPT 1327 im Frequenzbereich 410 bis 418 MHz (Uplink) bzw. 420 bis 428 MHz (Downlink). Je Zelle stehen bis zu 20 Funkkanäle mit je 12,5 kHz Bandbreite zur Verfügung. Ein Kanal kann üblicherweise 70 bis 80 Teilnehmer bedienen. Die maximale Sendeleistung der Feststation beträgt 15 W.

Auf dem Organisationskanal werden die Nachrichten digital übertragen, während die Nutzinformation auf den Verkehrskanälen beim MPT-Standard analog übertragen wird. Mobilstationen benutzen den Organisationskanal im Halbduplexverfahren, während die Basisstation auf diesem Kanal im Duplexverfahren sendet. Während einer Nutzverbindung werden die notwendigen Signalisierungsdaten auf dem zugewiesenen Verkehrskanal ausgetauscht.

Als Modulationsart wurde für Sprache Phasenmodulation gewählt. Für Daten wird die *Fast-Frequency-Shift-Keying*-Modulation (FFSK) angewandt. Die Übertragungsrate für Signalisierungsdaten beträgt 1,2 kbit/s, die mögliche Datenübertragungsrate beträgt 2,4 kbit/s.

In Systemen mit geringer Kanalzahl kann ein durch die MPT-Protokolle erlaubtes Verfahren angewandt werden, bei dem der Organisationskanal bei Bedarf als Nutzkanal zugeteilt wird.

Die Mobilstationen des Bündelfunksystems greifen auf den Organisationskanal nach einem Zufallszugriffsverfahren *(Random Access)* zu, dem sogenannten S-ALOHA-Protokoll.

Eine Gesprächsverbindung im Bündelfunknetz kommt in mehreren Schritten zustande. Alle eingebuchten Funkgeräte verfolgen den Ablauf auf dem Organisationskanal im *Stand-by*-Betrieb. Bei einem Verbindungswunsch, der durch einen Tastendruck am Mobilterminal der Zentrale angezeigt wird, prüft diese die Erreichbarkeit des gerufenen Teilnehmergerätes, und verständigt den betreffenden

Teilnehmer ggf. über den Organisationskanal durch ein Anrufsignal. Nimmt der gerufene Teilnehmer an, so wird den Gesprächspartnern automatisch ein freier Sprechkanal zugewiesen. Beim Chekker-Dienst beträgt die maximale Gesprächsdauer 60 Sekunden. Bei Gesprächsende fallen die Geräte wieder auf den Organisationskanal zurück. Sollten alle Funkkanäle belegt sein, sorgt das automatische Wartepuffersystem für Ordnung, indem entweder nach Wartezeit oder Priorität der Funkkanal vergeben wird.

In Deutschland hat das Bundespostministerium für die betriebliche Kommunikation vier Bündelfunklizenzen vorgesehen:

Lizenztyp A: Bündelfunknetze für regionale Gebiete (Ballungsgebiete), die vom Lizenzgeber vor der Ausschreibung festgelegt wurden (z. B. Chekker).

Lizenztyp B: Weitere regionale Gebiete, die vom Lizenznehmer vorgeschlagen werden.

Lizenztyp C: Bündelfunknetze für lokale, örtlich eng begrenzte Gebiete.

Lizenztyp D: Bundesweites Bündelfunknetz für Anwendungen des mobilen Datenfunks.

Entsprechend den Nutzertypen werden Bündelfunknetze in zwei Kategorien eingeteilt:

- *öffentliche Netze*, die von einer Betreibergesellschaft betrieben werden und deren Teilnehmer kleine bis mittelgroße Firmen (z. B. Abschleppdienst, Transportunternehmen, sonstige Dienstleistungen) sind;
- *private Netze*, die von Großfirmen, wie z. B. Hafenbehörden, Automobilherstellern, Flughafengesellschaften oder Polizei, betrieben werden.

1.2 MODACOM

Bündelfunknetze nach dem Standard MPT 1327 können Datenübertragung (Statusmeldungen, Funktelegramme und Datenruf) nur unbefriedigend unterstützen. Deshalb wurden Mobilfunknetze zum Anschluß von Datenterminals mit X.25-Schnittstelle an ihre Datenverarbeitungs(DV)-Anlagen *(Host)* entwickelt. Beispiele solcher proprietärer Datennetze sind MOBITEX (Schweden/England), COGNITO (England), ARDIS (USA) und das seit 1992 in Deutschland von der Deutschen Telekom AG betriebene MODACOM-Netz.

MODACOM ist ein öffentlicher Mobilfunkdienst, der speziell für die häufige, qualitativ hochwertige und wirtschaftliche Übertragung von Daten entwickelt wurde

1.2 MODACOM

und einen Zugriff auf das öffentliche Datex-P-Netz unterstützt. Die Datenübertragung in diesem System ist besonders frequenzökonomisch, da sie digital und paketvermittelt erfolgt, und ist bei geringen Übertragungsvolumina im Vergleich zu anderen Diensten sehr günstig. MODACOM ermöglicht durch einen direkten, bidirektionalen Datentransfer zwischen zentralen DV-Anlagen und Mobildatenterminal erhebliche Einsparungen in der Ablauforganisation.

Das MODACOM-Netz wurde zunächst für einen Betrieb außerhalb von Gebäuden vorgesehen und ist im Gegensatz zum GSM nicht grenzüberschreitend geplant. Bis Ende 1995 wurde eine 80%ige Versorgung durch ungefähr 900 Basisstationen erreicht. Die Lizenzvergabe an regionale zweite Betreiber in Deutschland erfolgte 1994. Bis heute (1997) ist die Zahl der Teilnehmer weit hinter den Erwartungen zurückgeblieben und liegt für alle Bündelfunksysteme zusammen bei ca. 100 000.

MODACOM orientiert sich an einem Kundenkreis, der von einer Ausweitung der Dienste aus dem drahtgebundenen, paketvermittelten Datennetz auf den mobilen Bereich profitiert. Anwendungsbereiche für den MODACOM-Dienst sind:

- Datenbankzugriffe mobiler Endgeräte über das Datex-P-Netz (X25),
- Dispositionsanwendungen,
- Dispatching-Dienste z. B. für Transport- oder Fuhrunternehmen,
- Telemetrieanwendungen wie z. B. Imissionsmessungen, Einbruchsicherung oder Parameterabfragen aus Fahrzeugen,
- Wartungs- und Servicebereich wie z. B. Ferndiagnose, Fehlersuche bzw. -beseitigung oder Zugriff auf Lager- und Verbrauchsdaten.

1.2.1 Dienste im MODACOM-Netz

Nach Einschalten des Terminals sucht es sich im vorgegebenen Kanalraster einen verfügbaren Funkkanal und wird im System eingebucht. Nach dem Einbuchen besteht konstant eine virtuelle Verbindung, während der von Zeit zu Zeit Steuersignale ausgetauscht werden. Erst bei konkretem Datenanfall werden diese als Datenpakete übertragen. Durch das Netzmanagement wird die ständige Sende- und Empfangsbereitschaft der Terminals innerhalb des gesamten MODACOM-Netzes gewährleistet, wobei dem Teilnehmer folgende Dienste bzw. Leistungsmerkmale zur Verfügung stehen [25]:

- Übertragung von Statusmeldungen oder Dateitransfer (bidirektional),
- Kommunikation mobiler Teilnehmer untereinander,

- Zwischenspeicherung von Daten durch den Mailboxdienst,
- Verbindung zu anderen Datendiensten/-netzen,
- geschlossene Benutzergruppe,
- Unterstützung von Gruppenverbindungen,
- automatische Empfangsbestätigung für gesendete Daten,
- Roaming,
- gesicherte Datenübertragung,
- Paßwortabfrage, persönliche Identifizierung und Authentifizierung.

1.2.2 Die MODACOM-Netzstruktur

Das System hat einen zellularen Aufbau, wobei jede Zelle von einer Feststation (BS) bedient wird. Der Zellenradius beträgt in Stadtgebieten 8 km und in ländlichen Gegenden 15 km. Ein Funkbereich des Datenfunknetzes (*Radio Data Network*, RDN) besteht dabei aus mindestens einer BS, die über Datendirektverbindungen mit einer Übertragungsrate von 9,6 kbit/s an die Netzbereichssteuerung (*Area Communications Controller*, ACC) angeschlossen ist, vgl. Abb. 1.2.

Der ACC ist ein Vermittlungsrechner, der die angeschlossenen Basisstationen steuert und koordiniert. Ein oder mehrere Funkbereiche und der für diese Bereiche zuständige ACC bilden eine Domäne. MODACOM-Geräte werden dem ACC zugeordnet, in dessen Versorgungsbereich sie sich wahrscheinlich am häufigsten aufhalten (Heimatdomäne). Mobilterminals (MT) arbeiten auch außerhalb ihrer Heimatdomäne und dürfen Domänengrenzen überschreiten, wobei sie von ACC zu ACC weitergereicht werden *(Handover)*. Die Kommunikation zwischen den ACC erfolgt — für den Anwender unbemerkt — über das Datex-P-Netz. Der Übergang zwischen dem Datenfunknetz (RDN) und dem X.25 Datennetz kommt über einen oder mehrere Knotenpunkte (ACC|G, G = Gateway) zustande. Dieser Übergang wird indirekt über gewählte, virtuelle Verbindungen (*Switched Virtual Circuits*, SVCs) oder feste virtuelle Verbindungen (*Permanent Virtual Circuits*, PVCs) realisiert. Für die Konfiguration und Überwachung des Funknetzes ist ein Netzverwaltungsrechner (*Network Administration Host*, NAH) verantwortlich.

1.2.3 Technische Daten

Dem MODACOM-System wurde, bei einem Duplexabstand von 10 MHz, der Frequenzbereich zwischen 417–427 MHz (Uplink) und 427–437 MHz (Downlink) zu-

1.2 MODACOM

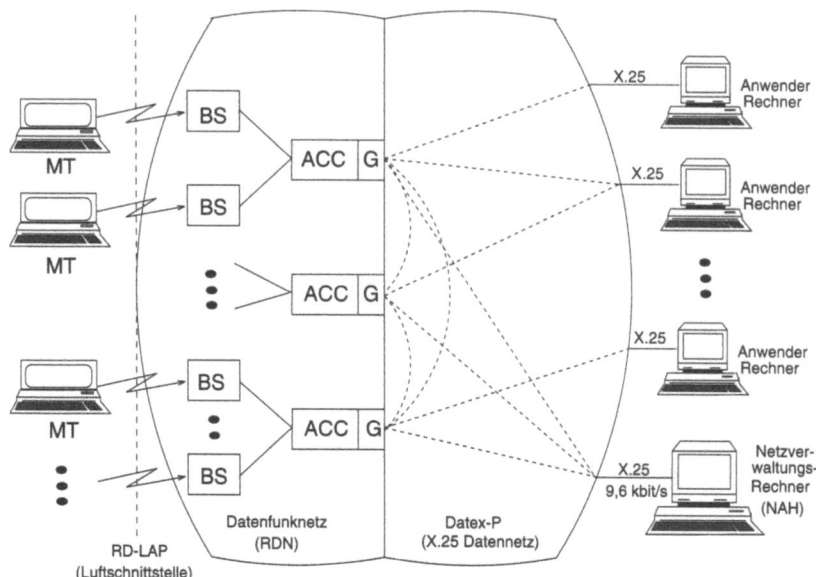

Abbildung 1.2: Die Architektur des MODACOM-Systems

geordnet. Diese Frequenzbänder sind in Kanäle der Bandbreite 12,5 kHz eingeteilt. Als Modulationsverfahren wird 4-FSK benutzt. Die Sendeleistung der Feststation beträgt 6 W ERP und die des mobilen Terminals maximal 6 W ERP.

Über die Luftschnittstelle werden die Datenpakete gemäß dem Funkprotokoll RD-LAP *(Radio Data Link Access Procedure)* übertragen, das wahlweise verbindungsorientierte oder -lose Kommunikation für synchrone Wählverbindungen mit Halbduplex-Betrieb zwischen MT und Host ermöglicht. Das RD-LAP-Protokoll stützt sich an der Funkschnittstelle auf das *Slotted-Digital-Sense-Multiple-Access* (DS-MADSMA)-Kanalzugriffsverfahren mit folgenden Merkmalen:

- max. Paketlänge 512 byte, wobei kürzere Pakete erlaubt sind;
- zu übertragende Pakete werden bei belegtem Kanal zurückgestellt, und der Zeitpunkt des nächsten Übertragungsversuchs wird zufällig ermittelt (Nonpersistent-Verhalten);
- bei freiem Kanal wird mit Wahrscheinlichkeit p übertragen (P-persistent-Verhalten);
- verbindungsorientierte Übertragung;
- Reservierung ist nicht möglich.

Im RD-LAP-Protokoll sind Verfahren zur Fehlererkennung und -korrektur sowie Verfahren zur Nachrichtensegmentierung und -wiederherstellung nach Empfang enthalten. Die Schicht 2 kann eine Nachricht von maximal 2 048 byte Länge verarbeiten, die in vier Datenpaketen der Länge 512 byte segmentiert und mit 9,6 kbit/s übertragen wird. Die Datenpakete werden netzseitig automatisch quittiert, und im Fehlerfall wird ein Übertragungsversuch bis zu dreimal wiederholt. Zur Fehlererkennung wird das CRC-Prüfsummenverfahren *(Cyclic Redundancy Check)* angewandt. Die Daten werden mit Vorwärtsfehlerkorrekturverfahren unter Anwendung von Trelliscodierung und Interleaving übertragen, wodurch die Bitfehlerhäufigkeit unter 10^{-6} liegt. Die technischen Parameter des MODACOM-Systems sind in Tab. 1.1 zusammengefaßt [131].

1.2.4 Mögliche Verbindungen im MODACOM-Datenfunknetz

1.2.4.1 Verbindung zweier Mobilterminals

Diese Verbindungsart *Messaging* erlaubt den Austausch freier Nachrichtentexte mit manueller oder automatischer Quittung zwischen zwei Mobilterminals. Eine vereinfachte Nachrichtenweiterleitung an ein drittes Terminal ist möglich.

Tabelle 1.1: Technische Parameter des MODACOM-Paketfunknetzes

Frequenzbereiche	417–427 MHZ und 427–437 MHz
Duplexabstand	10 MHz
Kanalraster	12,5 kHz
Modulation	4-FSK
Strahlungsleistung	6 W ERP
Luftschnittstelle	offener Standard RD-LAP
Datenübertragung	digital, paketorientiert
Bitrate	9,6 kbit/s netto
Nachrichtenlänge	max. 2 048 byte
Paketgröße	max. 512 byte
Blockgröße	12 byte
Responsezeit	ca. 1,5 s
Kanäle/Träger	ein Datenkanal je Träger
Kanalzugriff	slotted DSMA
Vorwärtsfehlerkorrektur	Trelliscodierung mit Interleaving
Fehlererkennungscode	CRC-Prüfsumme
Bitfehlerhäufigkeit	besser als 10^{-6}, typisch 10^{-8}

1.2 MODACOM

Die Anwahl eines Terminals wird über eine manuell eingegebene Terminaladresse, die zur Vereinfachung über eine Alias-Tabelle mit Namen oder Kurzbezeichnungen verknüpft werden kann, durchgeführt. Die Nachrichten werden mit einem entsprechenden Header versehen. Das System nimmt die Nachricht auf, stellt sie entsprechend den Anforderungen des Absenders um und sendet sie an das adressierte Terminal. Sollte es nicht erreichbar sein, so wird die Nachricht in der MODACOM-Box zwischengespeichert.

1.2.4.2 Verbindung zum Festnetz

Die Verbindungen zwischen MT und leitungsgebundenem Festnetz werden ausschließlich über das öffentliche DATEX-P-Netz geführt. Das MODACOM-System unterstützt drei Verbindungstypen zwischen Host und MT [155]:

Typ 1: Einzelverbindung abgehend: Diese Verbindungen ermöglichen z.B., öffentliche Datenbanken abzufragen. Die Einzelverbindung abgehend wird grundsätzlich nur vom MT eingeleitet und zur interaktiven Kommunikation mit dem angewählten Host benutzt. Die Verbindung zwischen MODACOM-System und Host wird als Wählverbindung (*Switched Virtual Channel*, SVC) im DATEX-P-Netz hergestellt. In Abb. 1.3 wird eine Typ-1-Verbindung über einen PAD *(Packet Assembly Disassembly)* dargestellt.

Um die Verbindung herzustellen, sendet das MT ein spezielles Datenpaket, das die X.121-Adresse des Zielhosts enthält. Die Verbindung zwischen MT und DATEX-P-Netz wird über X.3-PAD-Funktionen und die SVC-Verbindung im Drahtnetz realisiert. Der PAD schließt asynchrone (Start/Stop) Terminals an einen X.25-Host an.

Das MODACOM-System emuliert nur eine Untermenge der X.3- und X.29-Schnittstellen, während die X.28-Spezifikationen, die die Konfiguration des PAD durch ein asynchrones Terminal beschreiben, nicht benötigt werden.

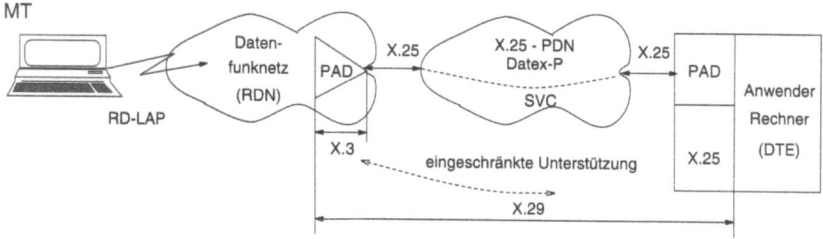

Abbildung 1.3: Einzelverbindung abgehend

Um die Verbindung zu beenden, wird vom MT ein spezielles Datenpaket gesendet. Die Verbindung kann auch vom Host mit den normalen Mitteln der X.29-Spezifikation beendet werden.

Typ2: Einzelverbindung ankommend: Diese Verbindungen basieren auf exklusiv genutzten virtuellen Wählverbindungen (SVC), die nur vom Host eingerichtet werden können. In Abb. 1.4 wird eine ankommende Einzelverbindung dargestellt.

Da das Datex-P-Netz nur Endgeräte (*Data Terminal Equipment*, DTE) mit einer X.25-Schnittstelle verbinden kann, wird das MODACOM-Netz RDN bzw. sein Gateway-Knoten G als Datex-P-Teilnehmer (DTE) im Netz angeschlossen. Jede ankommende Verbindung benötigt ein Verbindungsaufbau und -abbauverfahren. Bei einem Verbindungsaufbau wird dem MT eine SVC-Verbindung zugeordnet, so daß bei mehreren Verbindungen je MT eine SVC-Verbindung exklusiv verwaltet werden muß. Die Anzahl der MT, die ein Host bedienen kann, ist also gleich der Anzahl der SVC, die zwischen Host und dem MODACOM-System zur Verfügung stehen. Die Kombination von SVC und logischer Verbindung zum MT wird im MODACOM-System gespeichert, so daß ankommende Daten im FIFO-Verfahren an das zuständige MT weitergeleitet werden können.

Typ3: Flottenverbindung: Dies ist die Standardverbindung zwischen Host und MODACOM-System, bei der viele (z. B. > 100) MTs über eine SVC oder PVC mit einem Host verbunden werden, vgl. Abb. 1.5.

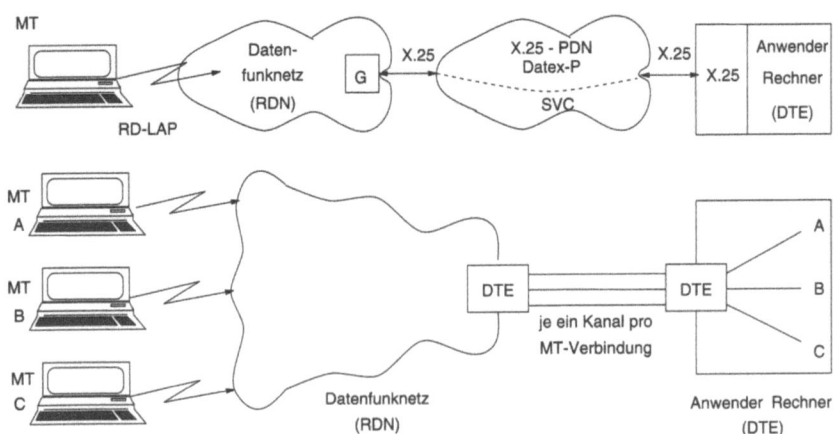

Abbildung 1.4: Einzelverbindung ankommend

1.2 MODACOM

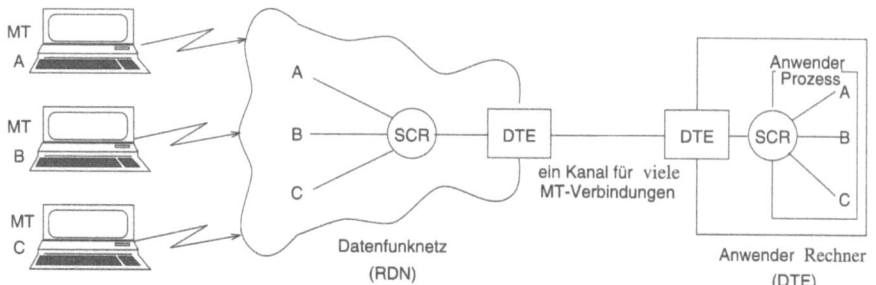

Abbildung 1.5: Flottenverbindung

Bei der Flottenverbindung wird das sogenannte *Standard Context Routing* (SCR) benutzt, um die Datenpakete der verschiedenen MTs auf der im Zeitvielfach genutzten virtuellen Verbindung unterscheiden zu können. Jedem X.25-Datenpaket wird dabei ein SCR-Kopf, der die logische Zieladresse des MTs bzw. Hosts und weitere anwendungsbezogene Parameter enthält, hinzugefügt. Der Host muß zur Identifizierung des MTs den empfangenen SCR-Kopf entschlüsseln und beim Senden von Nachrichten vor jedes Paket den SCR-Kopf setzen, damit die Nachricht vom zuständigen MT empfangen wird. Bei einer Wählverbindung (SVC) zwischen MODACOM-System und Host muß die Verbindung erst vom Host aufgebaut werden. Für Anwender mit großem Verkehrsaufkommen eignet sich die PVC-*(Permanent-Virtual-Circuit)*-Verbindung, bei der keine Zeit für Verbindungsaufbau und -abbau benötigt wird.

1.2.4.3 Gruppenruf

Der Gruppenruf ist ein bei einer Flottenverbindung zusätzlich zum Einzelruf verfügbares Leistungsmerkmal. Jedes MT kann auf bis zu 7 Gruppenadressen reagieren, so daß innerhalb einer Flotte von MTs bis zu 7 verschiedene Gruppen gebildet werden können.

Der Gruppenruf wird nur einmal gesendet, wobei keine Empfangsbestätigung durch das Terminal und keine Speicherung in der MODACOM-Box erfolgen. Über Softwareanwendungen kann ein serieller Gruppenruf veranlaßt werden, bei dem die MTs nacheinander mit der gleichen Nachricht gerufen werden. Dieses Verfahren ermöglicht, daß jeder Ruf quittiert oder in der MODACOM-Box zwischengespeichert wird.

1.2.5 Roaming und Handover

Im MODACOM-System sind alle MTs ortsungebunden und können sich bei ständiger Erreichbarkeit durch ihren Host im Funkversorgungsbereich frei bewegen. Logische Verbindungen werden während des Wechsels von einer Funkzelle zur anderen durch ein Handover-Verfahren unterstützt.

Stellt das Endgerät fest, daß die Feldstärke des gewählten Funkkanals zu niedrig oder die Bitfehlerwahrscheinlichkeit zu hoch wird, leitet es einen Roamingprozeß ein und ordnet sich einer neuen Feststation zu. Dabei sucht sich das MT einen neuen Funkkanal, beurteilt aufgrund von Statusmeldungen, die regelmäßig von der Feststation ausgesendet werden, dessen Qualität und Auslastung und sendet, falls der Kanal für gut befunden wurde, ein Registrierungspaket, mit dem es sich bei der zugehörigen Feststation anmeldet. Beim Roaming im MODACOM-System wird zwischen zwei Varianten unterschieden:

Roaming innerhalb des Heimat-ACC-Bereiches: Nachrichten, die vom Host ausgehen, werden lediglich zur anderen Feststation umgeleitet.

Roaming zwischen zwei ACC-Bereichen: Dies findet statt, wenn ein MT seinen ACC-Bereich verläßt und sich in einem anderen ACC-Bereich anmeldet. Der besuchte ACC überprüft durch Anfrage beim Heimat-ACC die Berechtigung des MTs und tauscht, falls das MT akzeptiert wurde, mit dem Heimat-ACC alle für den Betrieb des MTs notwendigen Daten aus. Anschließend wird das MT im Besucherregister des besuchten ACC registriert. Alle Daten, die für dieses MT bestimmt sind, werden nun vom Heimat-ACC an den besuchten ACC weitergeleitet. Der besuchte ACC leitet seinerseits alle Nachrichten vom MT zum Heimat-ACC um.

2 Bündelfunksysteme der 2. Generation: Der TETRA-Standard

Unter Mitwirkung von Martin Steppler

Trotz der europaweiten Einführung des GSM wird erwartet, daß die Teilnehmerzahl für Bündelfunksysteme stetig anwachsen wird, wobei man bis zum Jahr 2000 mit ungefähr 5 Mio. Teilnehmern rechnet.

Keines der auf dem Markt existierenden Bündelfunksysteme der ersten Generation bietet ein ausreichendes Angebot an Sprach- und Datendiensten, oder ist technisch geeignet, die erwartete Teilnehmerzahl zu bedienen. Zur Harmonisierung des europäischen Bündelfunkmarktes und unter Berücksichtigung dieser Faktoren beschloß die ETSI im Jahre 1988, einen Standard für ein digitales, paneuropäisches Bündelfunknetz zu erarbeiten. Der erste Arbeitstitel für dieses von dem Technischen Subkomitee RES 06 entwickelte System war MDTRS *(Mobile Digital Trunked Radio System)*. Ende 1991 wurde für MDTRS aber der neue Begriff TETRA *(Terrestrial Trunked Radio)* eingeführt.

Tabelle 2.1: Die Serien des TETRA-Standards

	Serie	Inhalt
V + D	01	Allgemeine Netzbeschreibung
und	02	Definition und Beschreibung der Luftschnittstelle
PDO	03	Definition der Interworking-Funktionen
	04	Beschreibung der Luftschnittstellenprotokolle
	05	Beschreibung der Teilnehmerschnittstelle
	06	Beschreibung der Festnetzstationen
	07	Sicherheitsaspekte
	08	Beschreibung der Managementdienste
	09	Beschreibung der Leistungsmerkmale
V + D	10	Zusatzdienste 1. Stufe
	11	Zusatzdienste 2. Stufe
	12	Zusatzdienste 3. Stufe

Für TETRA sind zwei Familien von Standards erarbeitet worden, vgl. Tab. 2.1:

- Sprache und Daten (*Voice plus Data Standard*, V+D) und
- nur Datenübertragung (*Packet Data Optimized Standard*, PDO).

Der V+D-Standard ist als Nachfolger der bestehenden Bündelfunknetze 1. Generation gedacht, während der PDO-Standard ein Paketfunksystem der 2. Generation definiert. Beide Standards benutzen dieselbe Bitübertragungstechnik und weitgehend dasselbe Sende-/Empfangsgerät.

Europaweite Standardisierung erzwingt Interoperabilität, d. h. Herstellerunabhängigkeit der Endgeräte des TETRA-Netzes, sowie Interworking zwischen verschiedenen TETRA-Netzen und den Festnetzen. Lokale und regionale Sprach- und Datenfunkanwendungen werden durch ein europäisches Bündelfunksystem ersetzt, das alle Sprach- und Datendienste abdeckt und den heutigen Anforderungen bezüglich Bitrate und Übertragungsverzögerung genügt. Flottenmanagement, Telemetrie, Einsatz bei Servicefirmen und Kommunikation bei Behörden und Organisationen mit Sicherheitsaufgaben (BOS) gehören zu den Hauptanwendungsgebieten von TETRA.

Um eine breite Durchsetzung des ETSI-TETRA-Standards im europäischen Markt zu ermöglichen, wurden Netzbetreiber, Gesetzgeber, Hersteller und Benutzer in die Standardisierung einbezogen. Ende des Jahres 1996 waren die ersten TETRA-Produkte verfügbar. Im Laufe des Jahres 1997 wird das System die im Abschn. 2.2 näher erläuterten Dienste wie z. B. Einzel- und Gruppenruf, Datendienste etc. anbieten können.

2.1 Technische Daten des Bündelfunksystems TETRA

Das Bündelfunksystem TETRA kann als lokales oder mehrzelliges Netz eingesetzt werden. Da die Endgeräte eine Sendeleistung von 1 W, 3 W oder 10 W haben, ist der maximale Zellradius für ländliche Gebiete auf 25 km begrenzt. Als Frequenzbänder sind für den Uplink bzw. Downlink mehrere Bereiche zwischen 380 MHz und 470 MHz bzw. 870 MHz bis 933 MHz vergeben worden, vgl. Tab. 2.2. Es wird außerdem untersucht, Frequenzen im 1.8 GHz Band zu verwenden.

Das TETRA-System benutzt eine $\pi/4$-DQPSK-Modulation und bietet in einem 25 kHz Kanal eine Bruttobitrate von 36 kbit/s an. Bei einer mittleren Dienstgüte der Kanalcodierung liegt die Nettobitrate bei 19,2 kbit/s. Ohne Kanalcodierung kann die maximale Nettobitrate von 28,8 kbit/s erreicht werden, vgl. Tab. 2.3.

2.1 Technische Daten des Bündelfunksystems TETRA

Tabelle 2.2: Technische Daten des TETRA-Bündelfunksystems

Frequenzen [MHz]	UL: 380–390, DL: 390–400; UL: 410–420, DL: 420–430
	UL: 450–460, DL: 460–470; UL: 870–888, DL: 915–933
Kanalraster [kHz]	25
Modulation	$\pi/4$-DQPSK
Bitrate	36 kbit/s brutto, 19,2 kbit/s netto (im 25 kHz Kanal)
Kanäle/Träger	V+D: 4 TDMA-Sprach- oder Datenkanäle in 25 kHz
	PDO: Statistisches Multiplexing von Paketen
Zugriffsverfahren	V+D: TDMA mit S-ALOHA auf dem Random Access Channel (mit Reservierung bei Packet Data)
	PDO: S-ALOHA mit Reservierung, bzw. DSMA je nach Verkehrslast
Rahmenstruktur	V+D: 14,17 ms/slot; 4 slot/frame; 18 frame/multiframe; 60 multiframe/hyperframe; Slotlänge: 510 bit
	PDO: UL und DL benutzen Blöcke der Länge 124 bit, die durch FEC mit Coderate 2/3 gesichert sind; kontinuierliche Übertragung auf dem DL, diskontinuierliche Übertragung auf dem UL
Nachbarkanalschutz	-60 dBc
Verbindungsaufbau	< 300 ms kanalvermittelt; < 2 s verbindungsorientiert
Übertragungsverzögerung eines 100 byte Referenzpaketes	V+D: < 500 ms bei verbindungsorient. Dienst, < 3–10 s bei verbindungsl. Dienst abh. von der Übertragungspriorität, PDO: < 100 ms bei 128 byte Nachricht

Pro Träger stehen bei V+D vier TDMA-Sprach- oder Datenkanäle zur Verfügung, bei PDO wird auf kanalvermittelte Kommunikation verzichtet und stattdessen statistisches Multiplexing der Pakete verwendet.

Slotted-ALOHA (mit Reservierung bei Datenübertragung) wird als Zugriffsverfahren bei V+D verwendet. Bei TETRA PDO kann zwischen den Zugriffsverfahren Slotted-ALOHA mit Reservierung und *Data Sense Multiple Access* (DSMA), abhängig von der Verkehrslast, gewählt werden. Die Rahmenstruktur besteht bei V+D aus vier 510 bit Zeitschlitzen pro Rahmen, 18 Rahmen pro Multirahmen und 60 Multirahmen pro Hyperrahmen, der die größte zeitliche Einheit darstellt und ungefähr eine Minute dauert, vgl. Abschn. 2.4.2.1.

Beim PDO-Protokoll beträgt die Länge der Informationsblöcke 124 bit, die durch eine Faltungscodierung mit der Rate 2/3 geschützt werden und auf dem Downlink kontinuierlich, auf dem Uplink diskontinuierlich übertragen werden. Der genaue Ablauf der Kanalcodierung für V+D ist in Abschn. 2.4.3 dargestellt.

Der Aufbau einer Verbindung soll bei Kanalvermittlung 300 ms und bei verbindungsorientierter Übertragung von Paketdaten (*Connection Oriented Network*

Service, CONS) 2 s nicht überschreiten. Die Übertragungsverzögerung eines 100-byte-Referenzpaketes bei verbindungsorientierter Übertragung soll bei V+D maximal 500 ms betragen, bei verbindungsloser Übertragung abhängig von der jeweiligen Transaktions-Priorität maximal 3 s, 5 s oder 10 s. Bei PDO wurde als Obergrenze für verbindungsorientierte Dienste für ein 128-byte-Referenzpaket eine Transitverzögerung von maximal 100 ms festgelegt.

2.2 Dienste des Bündelfunksystems TETRA

Das TETRA-System bietet Paketdatendienste, die vom PDO- und vom V+D-Standard angeboten werden, und kanalvermittelte Daten- und Sprachdienste, welche nur im V+D-Standard verfügbar sind.

Die paketorientierten Dienste unterscheiden folgende Verbindungsarten:

- Verbindungsorientierte Paketdatenübertragung gemäß ISO 8208 *Connection Oriented Network Service* (CONS) und Dienst entsprechend ITU-T-Empfehlung X.25.

- Verbindungslose Paketdatenübertragung gemäß ISO 8473 *Connectionless Network Service* (CLNS) für quittierte Punkt-zu-Punkt-Dienste und/oder TETRA-spezifische quittierte Punkt-zu-Punkt- und nichtquittierte Punkt-zu-Mehrpunkt-(PMP)-Dienste.

Kanalvermittelte Sprache kann ungeschützt über sog. Trägerdienste oder (bevorzugt) geschützt über Teledienste übertragen werden, vgl. Tab. 2.3. Die Teledienste für Sprachübertragung ermöglichen fünf Verbindungensarten:

Einzelruf: Punkt-zu-Punkt-Verbindung zwischen rufendem und gerufenem Teilnehmer.

Gruppenruf: PMP-Verbindung zwischen rufendem Teilnehmer und einer über eine gemeinsame Gruppennummer angewählten Gruppe. Der Verbindungaufbau findet schnell statt, da keine Bestätigung notwendig ist. Die Kommunikation erfolgt im Halbduplexmodus durch Betätigung einer Sprechtaste *(Push-to-talk)*.

Direktruf (*Direct Mode*, DM): Punkt-zu-Punkt-Verbindung zwischen zwei Mobilgeräten ohne Nutzung der Infrastruktur. Dabei stellt eine Mobilstation ohne Vermittlung einer Basisstation eine Verbindung zu anderen Mobilstationen her, hält sie aufrecht und übernimmt alle für die lokale Kommunikation nötigen Funktionen einer Basisstation. Dafür werden sonst nicht im Netz benutzte Frequenzenbereiche benutzt. Zumindest eine Station muß auf

2.2 Dienste des Bündelfunksystems TETRA

einem anderen Kanal eine Verbindung zu einer Basisstation haben [20]. Es können z. B. Verbindungen zwischen zwei Teilnehmern aufgebaut werden, von denen sich einer nicht im Einzugsbereich einer Basisstation befindet.

Bestätigter Gruppenruf: PMP-Verbindung zwischen rufendem Teilnehmer und der über die gemeinsame Gruppennummer angewählten Gruppe, wobei die Anwesenheit der Gruppenmitglieder dem rufenden Teilnehmer durch eine Bestätigung mitgeteilt wird. Ist ein Gruppenmitglied nicht anwesend oder führt ein anderes Gespräch, wird dies von der TETRA-Infrastruktur dem rufenden Teilnehmer mitgeteilt. Ist die Anzahl der erreichbaren Mitglieder zu klein, kann sich der rufende Teilnehmer entscheiden, ob er die Verbindung unterbricht oder aufrecht erhält. Als Option wird ermöglicht, daß Gruppenmitglieder, die anfangs besetzt waren, sich später dem Gespräch zuschalten.

Rundfunkruf: PMP-Verbindung, bei der die über die Broadcastnummer angewählte Teilnehmergruppe dem rufenden Teilnehmer nur zuhören kann.

In Tab. 2.3 sind die in den Standards vorgesehenen Träger- und Teledienste für die Protokollstapel V+D und PDO aufgeführt.

Das TETRA-System unterstützt folgende Daten- und Textdienste:

- Gruppenruf,
- Statusmeldungen,
- Datennachrichten,
- Notrufnachrichten,
- elektronische Post,
- Faksimile und Videotex.

Daneben werden verschiedene Zusatzdienste angeboten, z. B.:

Tabelle 2.3: Träger- und Teledienste für V+D und PDO im TETRA-Standard

TETRA		V+D	PDO
Trägerdienste	7,2–28,8 kbit/s kanalvermittelte, ungeschützte Sprache oder Daten	×	—
	4,8–19,2 kbit/s kanalvermittelte, schwach geschützte Daten	×	—
	2,4–9,6 kbit/s kanalvermittelte, stark geschützte Daten	×	—
	verbindungsorientierte Paketübertragung (Punkt-zu-Punkt)	×	×
	verbindungslose Paketübertragung in Standardformat (Punkt-zu-Punkt)	×	×
	verbindungslose Paketübertragung in Spezialformat (Punkt-zu-Punkt, Mehrpunkt, Broadcast)	×	×
Teledienste	4,8 kbit/s Sprache	×	—
	verschlüsselte Sprache	×	—

- indirekter Zugang zu PSTN, ISDN und PBX über ein *Gateway*,

- *List Search Call* (LSC), bei dem die Teilnehmer oder Gruppen anhand der Reihenfolge von Eintragungen in einer Liste angerufen werden,

- *Include Call*, um bei bestehenden Gespräch durch Wahl einer Rufnummer einen weiteren Teilnehmer in die bestehende Verbindung mit einzubeziehen,

- Rufweiterleitung und Rufumleitung,

- Rufeinschränkung bzw. -sperre für ankommende bzw. abgehende Gespräche, *Barring of Incoming/Outgoing Call* (BIC/BOC),

- *Call Authorized by Dispatcher* (CAD), bei dem auf Antrag eine bestimmte Rufart ermöglicht wird.

- *Call Report* (CR) ermöglicht das Hinterlegen der Nummer des rufenden Teilnehmers beim gerufenen Teilnehmer für einen späteren Rückruf.

- Rufnummernidentifikation *Calling/Connected Line Identification* (CLIP, COLP). Diese Funktion kann mit *Calling/Connected Line Identification Restriction* (CLIR) unterbunden werden. Außerdem ist auch Teilnehmeridentifikation möglich *(Talking Party Identification)*.

- *Call Waiting* (CW) zeigt dem belegten Teilnehmer an, wer in der Zwischenzeit angerufen hat,

- *Call Hold, Connect to Waiting* ermöglicht einem kommunizierenden Teilnehmer, sein Gespräch zugunsten eines anderen zu unterbrechen und das unterbrochene Gespräch später weiterzuführen.

- *Short Number Addressing* (SNA) ermöglicht einem Benutzer, einen Teilnehmer über eine Kurzwahlnummer anzurufen. Die Umsetzung von Kurzwahl- zu Teilnehmernummer übernimmt die TETRA-Infrastruktur.

- Prioritätenruf,

- Prioritätenruf mit Unterbrechung,

- Zugangspriorität,

- *Advice of Charge* (AoC) ist ein Dienst, durch welchen dem Teilnehmer die anfallenden Gebühren vor, während oder am Ende eines Gesprächs angezeigt werden.

- Diskretes Abhören eines Gesprächs durch eine autorisierte Person.

- *Ambience Listening* (AL) ermöglicht, den Sender eines mobilen Endgerätes zu sperren, wobei dieses Endgerät nur noch Notrufe senden kann.

- Dynamische Gruppennummerzuweisung,

- *Transfer of Control* (TC) ermöglicht es dem Initiator einer Mehrpunktverbindung, die Kontrolle über das Gespräch an einen anderen Teilnehmer der Verbindung weiterzugeben.

- *Area Selection* (AS) erlaubt einem berechtigten Benutzer, die Zelle für den Verbindungsaufbau auszuwählen bzw. dem zur Zeit bedienten Teilnehmer, die Zelle zu bestimmen.

- *Late Entry* (LE) ist eine Einladung an mögliche Teilnehmer einer Mehrpunktverbindung, in eine bestehende Verbindung eingebunden zu werden.

Eine komplette Zusammenstellung sowie die ausführliche Definition und Beschreibung der Zusatzdienste ist in den Serien 10 bis 12 des Standards V+D enthalten [53, 54, 55].

2.3 Architektur des TETRA-Standards

2.3.1 Funktioneller Aufbau des TETRA-Systems

Das TETRA-System ist wie das GSM aufgebaut, mit einigen Unterschieden, vgl. Kap. 2.1. Es gibt folgende drei Teilsysteme:

- *Mobile Station*,
- *Line Station*,
- *Switching & Management Infrastructure*.

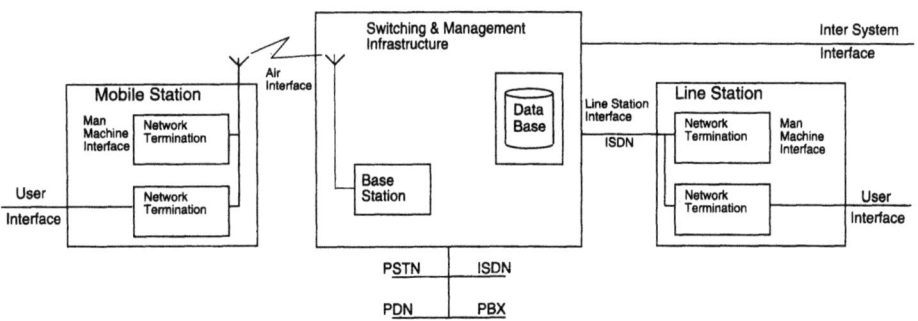

Abbildung 2.1: Die Architektur des TETRA-Systems

2.3.1.1 Mobile Station (MS)

Die Mobilstation (MS) umfaßt die gesamte physikalische Ausrüstung des Teilnehmers: das Funkgerät und die Schnittstelle, die der Benutzer beim Zugriff auf die Dienste einsetzt.

Wie im GSM besteht die Mobilstation aus zwei Teilen: Dem Gerät, das alle für die Funkschnittstelle nötigen Hard- und Softwarekomponenten enthält und dem *Subscriber Identity Module* (SIM), das alle teilnehmerspezifischen Informationen enthält. Das SIM kann als Smart-Karte realisiert sein, die die Größe einer Scheckkarte hat, oder ist fest eingebaut. Die erste Variante besitzt den Vorteil des schnellen Besitzerwechsels der Mobilstation. Als dritte Möglichkeit können die teilnehmerspezifischen Informationen der Mobilstation auch durch Eingabe eines *Login-Codes* übermittelt werden. Auch hier ist das Mobilgerät benutzerunabhängig.

Zusätzlich zur Teilnehmeridentifikation gibt es für jedes Mobilgerät eine *TETRA Equipment Identity* (TEI), die gerätespezifisch ist. Diese Nummer wird vom Betreiber eingegeben; nur er kann das Gerät sperren oder wieder freigeben. Somit kann ein gestohlenes Gerät sofort unbrauchbar gemacht werden, und unbefugter Zugriff ist praktisch ausgeschlossen.

Damit die Mobilstation eindeutig adressiert und verwaltet werden kann, sind ihr folgende Nummern bzw. Identitäten zugeordnet worden:

- TETRA Subscriber Identity (TSI),
- TETRA Management Identity (TMI),
- Network Layer SAP Addresses (NSAP).
- Short Subscriber Identity (SSI),
- Mobile Network Identity (MNI),

Die TSI besteht aus den drei Teilen: *Mobile Country Code* (MCC), der die Länderkennung beinhaltet, *Mobile Network Code*, welcher das betreffende TETRA-Netz bezeichnet, und der *Short Subscriber Identity* (SSI), die den Teilnehmer identifiziert. Wenn eine Verbindung innerhalb des Heimatnetzes aufgebaut werden soll, wird nur die SSI als Adresse benutzt. Dadurch verringert sich die Signalisierungsdatenmenge.

Die TMI wird für Managementfunktionen der Vermittlungsschicht genutzt. Die NSAP wird für die Adressierung von externen, also nicht-TETRA-Netzen, eingesetzt und ist optional. Es kann damit z. B. eine Verbindung in das ISDN hergestellt werden.

Mobilfunkgeräte können analog zum GSM in Fahrzeugen installiert oder portabel/handportabel ausgeführt sein. Alle im Abschn. 2.2 aufgeführten Standarddienste können mit einer Mobilstation genutzt werden. Zusatzdienste werden vom Netzbetreiber angeboten oder müssen mitgebucht werden, damit die Mobilstation sie benutzen kann.

2.3 Architektur des TETRA-Standards

2.3.1.2 Line Station (LS)

Die *Line Station* ist im Prinzip aufgebaut wie die Mobilstation, aber mit der *Switching & Management Infrastructure* über das ISDN verbunden. Zum Beispiel wird ein Fuhrparkunternehmer in seiner Firma eine Line Station benutzen, welche die Zentrale für sein Netz darstellt. Die Line Station bietet die gleichen Funktionen und Dienste der Mobilstation.

2.3.1.3 Switching & Management Infrastructure

Die *Switching & Management Infrastructure* (SwMI) bildet die lokale Steuerungseinheit des TETRA-Systems. Sie beinhaltet Basisstationen, welche die Kommunikation zwischen Mobilstation und Line Station über das ISDN herstellen und unterhalten. Die SwMI erledigt die nötigen Kontrollaufgaben, teilt die Kanäle zu und vermittelt Verbindungen. Sie führt die Authentifizierung durch, beinhaltet die erforderlichen Datenbanken wie *Home Data Base* (HDB), mit Rufnummer, Gerätenummer, abonnierten Basis- und Zusatzdiensten der einzelnen Teilnehmer des Heimatnetzes und *Visited Data Base* (VDB), mit Informationen über Besucher im Netz, die sie aus deren HDB kopiert. Eine weitere Aufgabe der SwMI ist die Gebührenabrechnung.

2.3.2 Schnittstellen des TETRA-Systems

2.3.2.1 Teilnehmerschnittstelle der Mobile Station

Die TETRA-Mobilstation wird als *Mobile Termination* (MT) bezeichnet. Sie hat die Funktion der Funkkanalbetriebsmittel- und Mobilitätsverwaltung, der Sprach- und Datendecodierung/codierung, der Übertragungssicherung sowie der Steuerung des Datenflusses. Folgende Ausführungen werden eingesetzt:

MT0 *(Mobile Termination Type 0)*: Enthält die genannten Funktionen mit Unterstützung von nichtstandardisierten Terminal-Schnittstellen, die Endgerätefunktionen enthalten, vgl. Abb. 2.2.

MT2 *(Mobile Termination Type 2)*: Unterstützt ebenfalls die genannten Funktionen und hat eine R_T-Schnittstelle für ein Endgerät nach dem TETRA-Standard, vgl. Abb. 2.2.

Das Endgerät (*Terminal Equipment*, TE2) ist direkt dem Teilnehmer zugänglich und entspricht den vergleichbaren Funktionsgruppen beim GSM- oder ISDN-

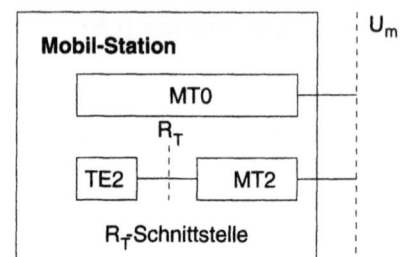

Abbildung 2.2: Netzabschlüsse der Mobilstationen mit den Bezugspunkten R_T und U_m

Konzept. Am Bezugspunkt U_m liegt die Funkschnittstelle, die den Zugang mit Hilfe von Verkehrs- und Signalisierungskanälen unterstützt.

2.3.2.2 Teilnehmerschnittstelle der Line Station

Die Line Station hat eine *Network-Termination functional group* (NT), da sie über die *Transmission-Line*-(TL)-Schnittstelle mit dem Festnetz mittels einer ISDN-Leitung verbunden ist, und eine *Terminal-Equipment*-(TE)-Funktionsgruppe, vgl. Abb. 2.3. Die NT ist in zwei Ausführungen vorgesehen und enthält die in der ITU-T-Empfehlung I.411 [85] definierten Funktionen:

- NT1: Unterstützt die Funktionen der Funktionsgruppe NT und spezielle Funktionen der TL-Schnittstelle und u. U. der NT2-Schnittstelle.

- NT2: Unterstützt ebenfalls die Funktionen einer oder eventuell mehrerer NT und eine Schnittstelle zu den Funktionsgruppen TE1 und TETRA TA.

Die TE-Funktionsgruppe ist in zwei Ausführungen vorhanden, von denen TE1 eine ISDN-Schnittstelle und TE2 eine TETRA-spezifische Schnittstelle enthält. Beide Ausführungen unterstützen die *Man Machine* und eventuell auch eine TETRA-TA- oder ISDN-Schnittstelle. Die *Terminal-Adapting*-(TA)-Funktionsgruppe ist für eine Datenratenanpassung sowie für die Flußkontrolle zuständig. In der vorliegenden Version hat sie Schnittstellen zu einer TE2- und zu einer NT2-Funktionsgruppe.

2.3.2.3 Die Funkschnittstelle

Die Funkschnittstelle am Bezugspunkt U_m wird im Abschn. 2.4.2 behandelt.

2.4 Der Protokollstapel Voice+Data

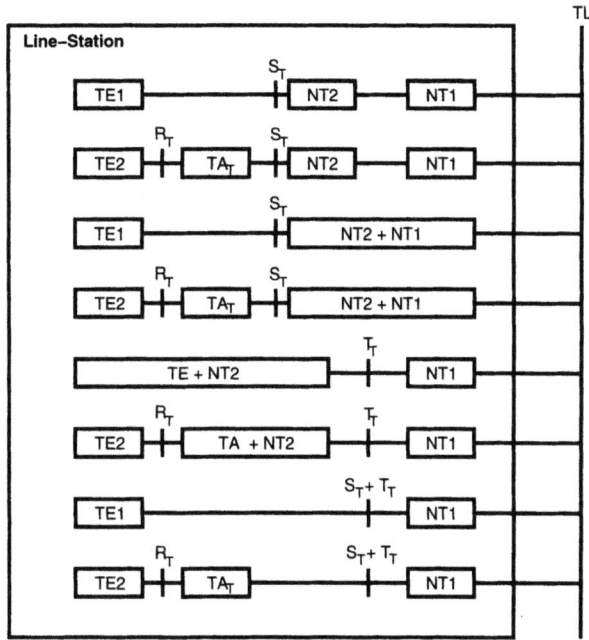

R_T TETRA R Reference Point   TE : Terminal Equipment
S_T TETRA S Reference Point   TE1: TE presenting an ISDN Interface
T_T TETRA T Reference Point   TE2: TE presenting a TETRA Interface
TL : Transmission Line   NT1/2 : Network Termination
   TA_T: TETRA Terminal Adapting Functions

Abbildung 2.3: Netzabschlüsse der Line Station

2.4 Der Protokollstapel Voice+Data

Der folgende Abschnitt beschreibt den Protokollstapel Voice+Data zunächst allgemein. Danach werden die Funkschnittstelle, die Bitübertragungsschicht und die Sicherungsschicht im einzelnen erläutert, wobei Funktionen, Dienstelemente, Datenstrukturen und Zustände im Vordergrund stehen.

2.4.1 Aufbau des Protokollstapels Voice+Data

Der Protokollstapel hat drei Schichten (*Air Interface*, AI), vgl. Abb. 2.4: die Bitübertragungsschicht, die für V+D und PDO identisch ist, die Sicherungsschicht, die in *Medium Access Control* (MAC) und *Logical Link Control* (LLC) aufgeteilt

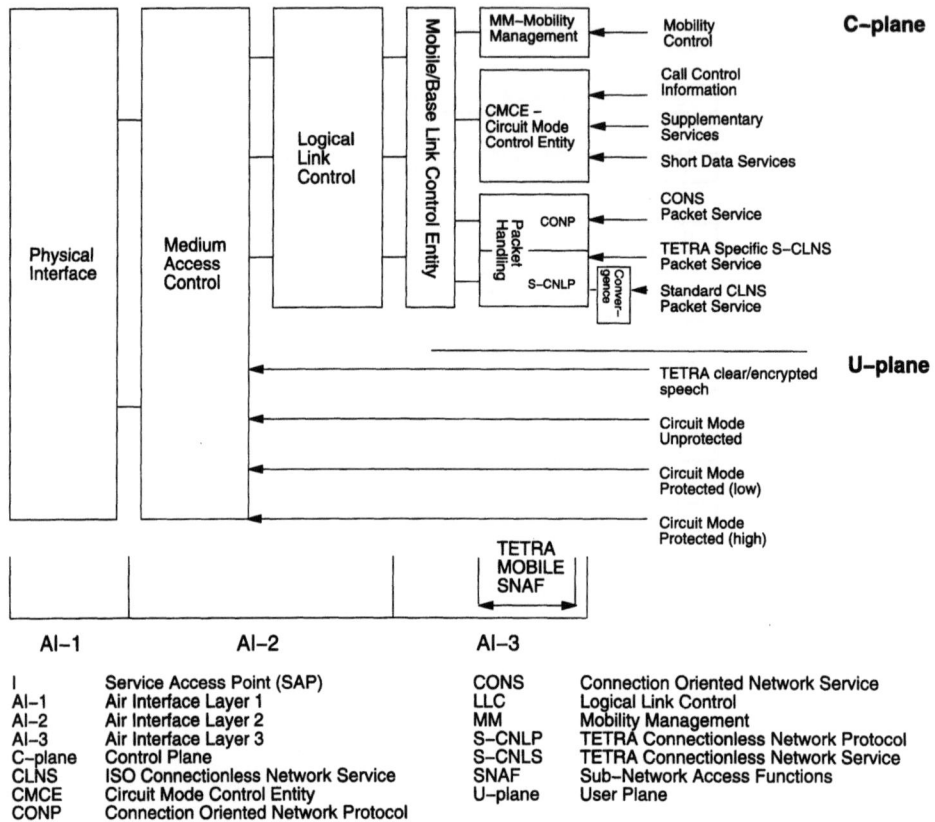

Abbildung 2.4: Architektur des Voice+Data Protokollstapels

ist, sowie die Netzschicht (*Network Layer*, N), die in mehrere Teilschichten aufgeteilt ist und Verwaltungsdienste für Basis- und Mobilstationen anbietet. Auf der MAC-Schicht setzen zwei Protokollstapel auf: Die Benutzerebene *(User Plane)*, welche für den nicht adressierten Informationstransport zuständig ist und die Steuerebene *(Control Plane)* für adressierte Signalisierung.

2.4.2 Die Funkschnittstelle am Bezugspunkt U_m

Die Funkschnittstelle U_m liegt zwischen der Mobilstation und der *Switching & Management Infrastructure*, vgl. Abb. 2.1.

2.4.2.1 Die Multiplex-Strukturen

Wie im GSM wird auch im TETRA-Standard eine Kombination aus Frequenzmultiplex (*Frequency Division Multiplex*, FDM) und Zeitmultiplex (*Time Division Multiplex*, TDM) angewendet, wobei Vielfachzugriff der Mobilstationen *(Multiple Access)* verwendet wird (TDMA), vgl. Abb. 2.5. Diese Verfahren spielen neben der Sprachcodierung und der Modulation eine wichtige Rolle.

Das TETRA-System benutzt ein Zellularkonzept, wobei ein Versorgungsgebiet in Zellen eingeteilt und in deren Zentrum eine SwMI installiert wird. Die Mobilstation kann den Empfangspegel des ihr zugeteilten FDM-Kanals messen. Unterschreitet er eine gewisse Schranke, wird ein *Cell-Reselect*-Verfahren eingeleitet, das mit kurzzeitiger Unterbrechung von mindestens 300 ms das Gespräch oder die Datenübertragung auf eine andere Zelle umleitet. Das *Cell-Reselect*-Verfahren ist in verschiedenen Versionen im Standard vorgesehen, wobei die Grundversion obligatorisch für alle Mobilstationen ist. Die darauf aufbauenden Versionen sind optional und tragen zum schnelleren Wechsel der Zelle bei. Dabei muß nicht zwingend der FDM-Kanal gewechselt werden. Es gibt im TETRA-System keine echte Handoverfunktion, weil die Benutzer der Mobilstationen im Normalfall keinen großen Aktionsradius haben (z. B. ein Taxifuhrpark).

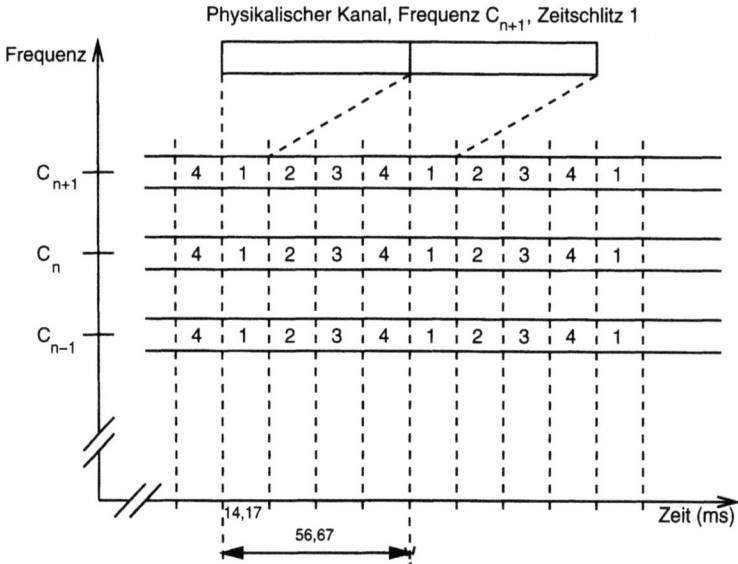

Abbildung 2.5: Realisierung der physikalischen Kanäle mittels FDM und TDM

Frequenzmultiplex-Struktur Dem TETRA-Netz sind laut [10] mehrere Frequenzbänder europaweit zugeteilt worden, die sich nicht völlig mit den Angaben des TETRA-Standards [47] decken, sondern zusätzliche Frequenzen oberhalb 870 MHz bzw. 915 MHz vorsehen, vgl. Tab. 2.2. Die jeweiligen Frequenzbänder für Up- und Downlink sind gleich breit. Der Trägerfrequenzabstand beträgt 25 kHz und jedes Up- und Downlink-Band ist in N Trägerfrequenzen aufgeteilt. Um eine Störung außerhalb des Bandes zu vermeiden, wird ein G kHz breites Band an jedem Rand des Bandes angefügt. N und G ergeben sich dann aus der Gesamtbreite des Bandes. Man kann somit folgende Formeln für die Berechnung der Trägerfrequenzen angeben:

Für den Uplink:

$$F_{up}(c) = F_{up,min} + 0,001 \cdot G + 0,025 \cdot (c - 0,5) \text{ MHz}, \quad c = 1, \ldots, N$$

und für den entsprechenden Downlink:

$$F_{dw}(c) = F_{up}(c) + D \text{ MHz}, \quad c = 1, \ldots, N$$

Dabei ist D der konstante Duplexabstand zwischen der Up- und Downlink Trägerfrequenz. $F_{up,min}$ ist die Grenzfrequenz am unteren Rand des jeweiligen Frequenzbandes.

Zeitmultiplex-Struktur Wie in Abb. 2.5 zu erkennen, wird mittels des TDM-Verfahrens auf jeder Trägerfrequenz die Zeitachse in 4 Zeitschlitze *(Time Slot)* der Dauer 14,17 ms entsprechend 510 bit eingeteilt. Ein periodischer Zeitschlitz realisiert einen physikalischen TDM-Kanal, auf den ein logischer Kanal, vgl. Abschn. 2.4.2.2, abgebildet wird, vgl. Abschn. 2.4.2.3. Er wird durch seine Trägerfrequenz und den in Abständen von 56,67 ms wiederkehrenden Zeitschlitz charakterisiert.

In Abb. 2.6 ist die TDMA-Struktur für das Voice+Data-System zu sehen. Sie setzt sich aus Hyper-, Multi- und TDMA-Rahmen sowie den Zeitschlitzen und Subslots zusammen, die nur beim Uplink-Verkehr auftreten. Ein Subslot (halber Zeitschlitz) besteht aus 255 bit und dauert 7,08 ms. Jeweils vier Zeitschlitze werden zu einem TDMA-Rahmen *(Frame)* zusammengefaßt und hier von 1–4 durchnumeriert (*Timeslot Number*, TN). Ein TDMA-Rahmen hat eine Länge von 56,67 ms. 18 zyklisch numerierte Rahmen (*Frame Number*, FN) werden zu einem Multirahmen *(Multiframe)* zusammengefaßt, der eine Länge von 1,02 s hat.

Der jeweils 18. Rahmen eines Multirahmens ist für die Signalisierungskanäle reserviert und wird Steuerrahmen *(Control Frame)* genannt. Es können aber bei Bedarf

2.4 Der Protokollstapel Voice+Data

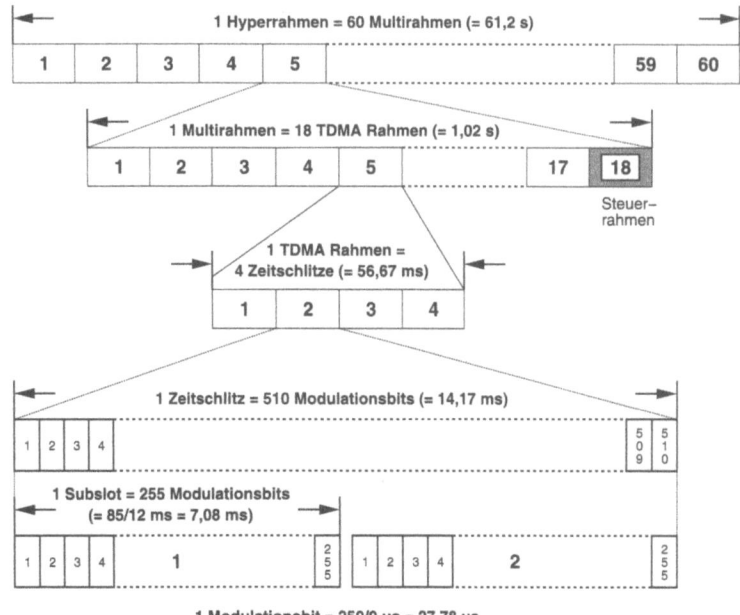

Abbildung 2.6: TDMA-Struktur des Voice+Data-Systems

auch weitere Rahmen für Signalisierung reserviert werden. Ein Hyperrahmen *(Hyper Frame)* besteht aus 60 Multirahmen und stellt mit einer Länge von 61,2 s die größte vorkommende Struktur dar. Die gesamte Rahmenstruktur wird auf dem Uplink um zwei Zeitschlitze gegenüber dem Downlink verzögert, damit die Mobilstation nicht gleichzeitig senden und empfangen muß. Bei der Mobilstation erfolgt die Rahmenausrichtung adaptiv abhängig von der Signalausbreitungsverzögerung.

Ein Burst ist ein auf eine Trägerfrequenz aufmoduliertes Datenbüschel, vgl. Abb. 2.7. Er stellt bei V+D den physikalischen Inhalt eines Zeitschlitzes bzw. physikalischen Kanals dar. Man unterscheidet drei Kanaltypen:

- Physikalischer Steuerkanal (*Control Physical Channel*, CP), der exklusiv die Steuerkanaldaten überträgt;

- Physikalischer Verkehrskanal (*Traffic Physical Channel*, TP), auf den die logischen Sprach- und Datenkanäle abgebildet werden;

- Nicht belegter physikalischer Kanal (*Unallocated Physical Channel*, UP), der keiner Mobilstation zugeteilt ist und der Versendung von Broadcast- und Dummy-Nachrichten dient.

2 Bündelfunksysteme der 2. Generation: Der TETRA-Standard

Ein bestehender physikalischer Kanal benutzt in aufeinanderfolgenden TDMA-Rahmen jeweils den gleichen Zeitschlitz.

Abbildung 2.7, vgl. [45], gibt einen Überblick über die Burststruktur, die im folgenden weiter erläutert wird. Im Standard sind drei verschiedene Uplinkbursts definiert. Der *Control Uplink Burst* (CB), der anhand seiner erweiterten Einschwingphase erkannt wird, der *Linearisation Uplink Burst* (LB), der den Mobilstationen die Gelegenheit gibt, ihren Sender zu linearisieren, und der *Normal Uplink Burst* (NUB), der nach dem Initialisierungsprozeß für die Übertragung der Steuer- und Verkehrsnachrichten genutzt wird. Während die ersten beiden Bursts nur einen Subslot belegen, nimmt der letzte einen ganzen Zeitschlitz in Anspruch. Dazu werden die nach der Kanalcodierung erhaltenen Multiplex-Blöcke in zwei verschiedenen Blöcken (*Block Number 1*, BKN2) aufgeteilt.

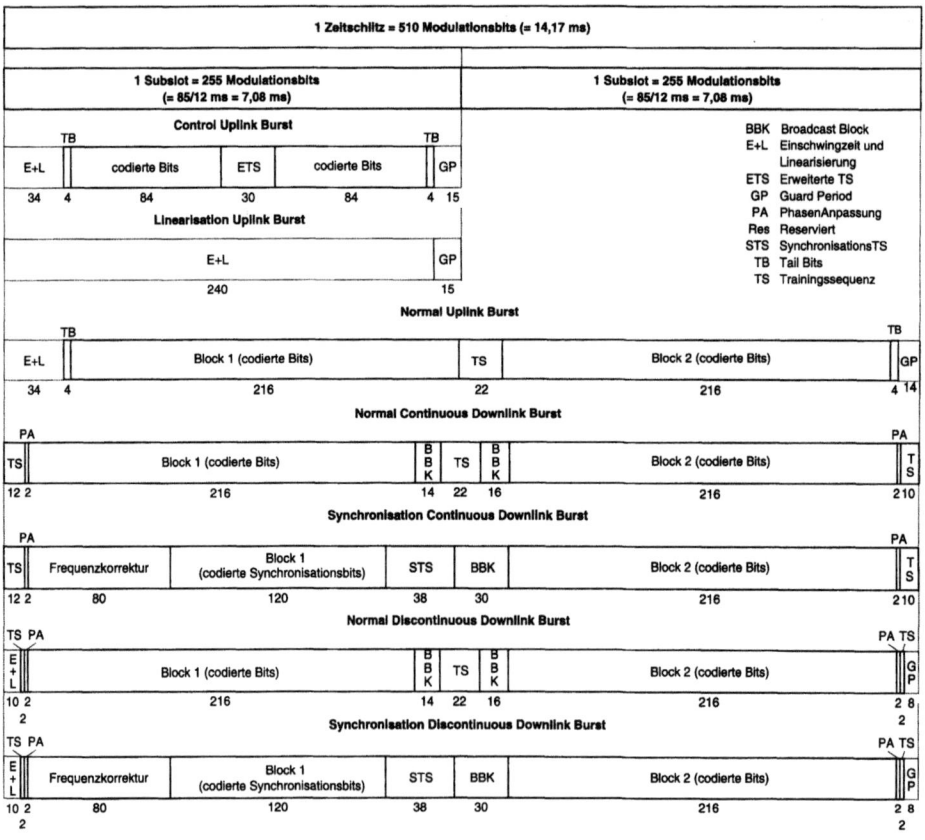

Abbildung 2.7: V+D Down- und Uplink-Bursts

2.4 Der Protokollstapel Voice+Data 31

Weiterhin gibt es vier Downlink-Bursts: Den *Normal* und *Synchronisation Continous Downlink Burst* (NDB, SB) sowie den *Normal* und *Synchronisation Discontinous Downlink Burst*, die alle einen ganzen Zeitschlitz belegen. Diese Unterscheidung wird gemacht, da die Basisstation zwischen *Continous Transmission Mode* und *Time Sharing Mode* wählen kann, der diskontinuierliche Übertragung ermöglicht.

2.4.2.2 Logische Kanäle

Der logische Kanal ist als logischer Kommunikationsweg zwischen zwei oder mehr Teilnehmern definiert und bildet die Schnittstelle zwischen den kommunizierenden Protokollinstanzen und dem Funkteilsystem. Die Zeitschlitze bzw. die entsprechenden physikalischen Kanäle werden von den logischen Kanälen genutzt, um die Daten der logischen Kanäle zu übertragen. Da im TETRA-Standard vier Zeitschlitze pro Rahmen definiert werden, können auch vier logische Kanäle gleichzeitig auf einer Trägerfrequenz bestehen.

Es werden zwei Kategorien von logischen Kanälen definiert:

- Verkehrskanäle und
- Steuerkanäle.

Die Verkehrskanäle (*Traffic Channel*, TCH) dienen der Übertragung von Sprache und Daten bei kanalvermittelter Verbindung. Über die Steuerkanäle (*Control Channel*, CCH) werden die Signalisierungsnachrichten und Datenpakete übertragen. Folgende logische Kanäle sind definiert:

TCH Es gibt vier verschiedene Verkehrskanäle, die für Sprach- und Datendienste geeignet sind. Der TCH/S (S für *Speech*) dient der Sprachübertragung. Für die Datenübertragung sind die Kanäle TCH/7,2, TCH/4,8 und TCH/2,4 zuständig. Sie bieten dem Namen nach eine Nettobitrate von 7,2 kbit/s, 4,8 kbit/s oder 2,4 kbit/s. Die unterschiedlichen Nettobitraten entstehen durch unterschiedlich aufwendige Fehlerschutzverfahren, vgl. Abschn. 2.4.4.1. Der Sprachcodec liefert eine Datenrate von 4,8 kbit/s und nutzt daher den TCH/4,8.

CCH Zur Übertragung der Signalisierungs- und Paketdatennachrichten stehen fünf verschiedene Steuerkanäle zur Verfügung.

BCCH: Der *Broadcast Control Channel* ist ein unidirektionaler Downlink-Kanal, der von allen Mobilstationen allgemein genutzt wird. Es existieren zwei Kategorien von BCCH. Der *Broadcast Network Channel* (BNCH) liefert Netzinformationen und der *Broadcast Synchronisation Channel* (BSCH) liefert Informationen für Zeit- und Verschlüsselungssynchronisation.

LCH: Der *Linearisation Channel* wird von den Mobil- und Basisstationen genutzt, um ihre Sender zu linearisieren. Auch hier existieren zwei Arten: Der *Common Linearisation Channel* (CLCH) für den Uplink der Mobilstationen und der *Basestation Linearisation Channel* (BLCH) für den Downlink.

SCH: Der *Signalling Channel* wird von allen Mobilstationen geteilt, kann aber Informationen für nur eine oder eine Gruppe von Mobilstationen enthalten. Die TETRA-Systemfunktionen erfordern mindestens einen SCH pro Basisstation. Es gibt drei Kategorien von SCH, die von der Länge der Nachricht abhängen. Der bidirektionale *Full Size Signalling Channel* (SCH/F) belegt immer einen ganzen Zeitschlitz und die unidirektionalen *Half Size Uplink/Downlink Signalling Channel* (SCH/HU, SCH/HD) belegen immer einen halben Zeitschlitz bzw. einen Subslot.

AACH: Der *Access Assignment Channel* wird auf allen Downlink-Slots im Broadcast-Block verschickt und enthält Angaben über die Zuweisung der nächsten Up- und Downlink-Slots auf dem entsprechendem Funkkanal. Er wird in jedem *Broadcastblock* (BBK) eines Downlink-Bursts übertragen, vgl. Abschn. 2.2.

STCH: Der *Stealing Channel* ist ein bidirektionaler Kanal, der mit einem TCH assoziiert ist. Er *stiehlt* einen Teil der Kapazität des TCH, um Steuerinformationen zu übertragen. Im Halbduplexmodus ist der STCH ein unidirektionaler Kanal und ist gleichgerichtet mit dem betreffenden TCH. Der STCH wird bei Signalisierung mit hoher Priorität z. B. bei der Zellwechselprozedur *(Cell Reselect)* genutzt.

2.4.2.3 Abbildung der logischen Kanäle auf physikalische Kanäle

Im unteren Teil der MAC-Schicht werden die physikalischen Kanäle auf logische Kanäle abgebildet. Tabelle 2.4 zeigt, wie die Abbildung der physikalischen auf logische Kanäle definiert ist.

Im folgenden werden wichtige Aspekte der Tabelle erläutert. Der BCCH und CLCH werden auf den Steuerrahmen (18. Rahmen eines Multirahmens) eines physikalischen Steuer- oder Verkehrskanals durch Funktionen des Zeitschlitzes und der Multirahmennummer abgebildet. Dazu gibt es folgenden Algorithmus:

Downlink: BNCH, wenn FN = 18 und (MN + TN) mod 4 = 1,
BSCH, wenn FN = 18 und (MN + TN) mod 4 = 3,

Uplink: CLCH, wenn FN = 18 und (MN + TN) mod 4 = 3.

2.4 Der Protokollstapel Voice+Data

Tabelle 2.4: Abbildung der logischen Kanäle auf die physikalischen Kanäle

Logischer Kanal	Richtung	Bursttyp	SSN/BKN	Physikalischer Kanal	FN	TN
BSCH	DL	SB	BKN1	CP, TP	18	$4 - (\text{MN} + 1) \mod 4^\star$
				UP	1...18	1...4
BNCH	DL	NDB, SB	BKN2	CP, TP	18	$4 - (\text{MN} + 3) \mod 4^\star$
				CP, UP	1...18	1...4
AACH	DL	NDB, SB	BBK	CP, TP, UP	1...18	$1...4^\star$
BLCH	DL	NDB, SB	BKN2	CP, UP	1...18	1...4
				TP	18	
CLCH	UL	LB	SSN1	CP, TP	18	$4 - (\text{MN} + 1) \mod 4^\star$
				CP, UP	1...18	1...4
SCH/F	DL UL	NDB NUB	BKN1, BKN2	CP	1...18	1...4
SCH/HD	DL	NDB, SB	BKN1, BKN2	CP, UP	1...18	1...4
				TP	18	
SCH/HU	UL	CB	SSN1, SSN2	CP	1...18 18	1...4
TCH	DL UL	NDB NUB	BKN1, BKN2	TP	1...17	1...4
STCH	DL UL	NDB NUB	BKN1, BKN2	TP	1...17	1...4

$\star$ Abbildung auf den jeweiligen Zeitschlitz ist vorgeschrieben

Weiterhin kann die Basisstation den CLCH auf den Uplink-Subslot 1 und den BLCH auf den Downlink-Block 2 eines physikalischen Steuerkanals (CP) abbilden. Sie leistet dies auf Slot-zu-Slot-Basis und zeigt es im AACH an. Mobilstationen können ihre Sender bei Auftreten eines CLCH auf irgendeinem CP linearisieren, wenn dabei keine Abbildungsvorschriften verletzt werden und der Linearisationsvorgang länger als ein Multirahmen zurückliegt. Der BLCH wird auch auf einen Downlink-Block 2 abgebildet, wenn im ersten Block ein SCH/HD oder BSCH abgebildet wird. Es kann aber nicht mehr als ein BLCH pro vier Multirahmen auf einem Träger auftreten.

Auf dem Uplink können, falls nicht ein CLCH auf den ersten Subslot abgebildet wird, ein SCH/F oder zwei SCH/HU abgebildet werden. Andernfalls kann nur

Subslot zwei für einen SCH/HD genutzt werden. Auf dem Downlink können ein SCH/F oder zwei SCH/HU abgebildet werden, wenn nicht ein Block 2 für einen BNCH genutzt wird.

Die Basisstation zeigt auf dem AACH an, welcher logische Kanaltyp auf dem nächsten Uplink-Zeitschlitz genutzt wird. Diese Anzeige ist nur einen Rahmen lang und für einen physikalischen Kanal gültig. Auf dem Downlink wird die logische Kanalnummer durch den Typ der Trainingssequenz (TS) bestimmt. Wenn mehrere Downlink-Verkehrskanäle von einer Verbindung benutzt werden, werden die Up- und Downlink SCH auf den Kontrollrahmen (FN 18) und die niedrigste Zeitschlitznummer abgebildet. Für den Fall der Nutzung mehrerer Uplink-Verkehrskanäle durch eine Verbindung werden die Up- und Downlink SCH ebenfalls auf den Steuerrahmen, aber auf die höchste Zeitschlitznummer abgebildet.

Logische Verkehrskanäle (TCH) werden auf die Rahmen 1 bis 17 der physikalischen Verkehrskanäle (TP) abgebildet und zwar auf Block 1 und 2. Der STCH kann auf alle für Verkehr erlaubten Rahmen abgebildet werden und stiehlt immer zuerst den ersten Block eines Zeitschlitzes. Dies wird durch eine spezielle Trainingssequenz angezeigt.

2.4.3 Die Bitübertragungsschicht im TETRA-Standard

Die Bitübertragungsschicht bildet die physikalische Funkschnittstelle des TETRA-Systems. Sie generiert die aus einer Reihe von Symbolen bestehenden Bursts, die gesendet und empfangen werden.

Sie ist für folgende Funktionen zuständig, die im folgenden detailliert erläutert werden:

- Funkorientiert:
    - Modulation/Demodulation,
    - Funkfrequenzcharakteristik,
    - Sender-/Empfänger-Management,
    - Feinjustierung der Funkparameter,
- Bit- und symbolorientiert: Symbolsynchronisation,
- Burst-Bildung:
    - Empfangen und Senden der Daten von und zur MAC-Schicht,
    - Slot-Flag-Codierung/Decodierung,
    - Verschlüsselung und Entschlüsselung.

Das benutzte Modulationsverfahren ist $\pi/4$-*Differential Quaternary Phase Shift Keying* ($\pi/4$-DQPSK) mit einer Modulations-(Brutto-)bitrate von 36 kbit/s.

2.4 Der Protokollstapel Voice+Data

In Abb. 2.8 ist der Ablauf des Modulationsprozesses dargestellt. Die Folge $B(m)$ der zu übertragenden Modulationsbits wird mit einer differentiellen Codierung in eine Folge von Modulationssymbolen $S(k)$ nach folgender Vorschrift abgebildet:

$$\begin{aligned} S(k) &= S(k-1) \cdot e^{jD\Phi(k)} \\ S(0) &= 1 \end{aligned} \qquad (2.1)$$

Die Phasenverschiebung $D\Phi(k)$ hängt wie folgt von $B(m)$ ab:

$B(2k-1)$	$B(2k)$	$D\Phi(k)$
1	1	$-3\pi/4$
0	1	$+3\pi/4$
0	0	$+\pi/4$
1	0	$-\pi/4$

Aus dieser Definition folgt, daß $S(k)$ acht verschiedene Werte annehmen kann.

Das auf die Trägerfrequenz f_c modulierte Signal $M(t)$ ist:

$$M(t) = Re\{s(t) \cdot e^{(j \cdot 2\pi f_c t + \Phi_0)}\}, \qquad (2.2)$$

mit Φ_0 als Phasenoffset und $s(t)$ als komplexer Einhüllenden des modulierten Signals

$$s(t) = \sum_{k=1}^{K} S(k)g(t - t_k). \qquad (2.3)$$

Dabei ist $g(t)$ die inverse Fouriertransformierte des *Square Root Raised Cosine* Spektrums und K die maximale Anzahl der Symbole.

Die Managementfunktion des Senders und des Empfängers ist für die Auswahl der Frequenzbänder und der Sendeleistungen verantwortlich. Dies geschieht durch

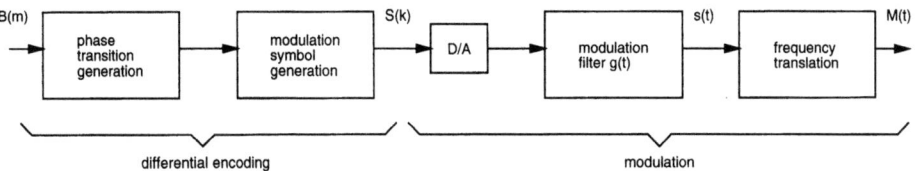

Abbildung 2.8: Blockdiagramm des Modulationsprozesses

Messungen der Empfangsleistungen. Um die Nachbarkanäle so wenig wie möglich zu stören, wird hier die Ausgangsleistung so gesteuert, daß nur sehr kurze Anstiegsrampen bis zum vollen Erreichen der entsprechenden Sendeleistung benötigt werden. Dazu müssen eine Reihe von Grenzwerten eingehalten werden, was durch dieses Management sichergestellt wird. Eine Optimierung auf diesem Gebiet wird zu einer Verringerung der Übertragungsfehlerrate führen. Ausführlichere Erläuterungen zu dieser Funktion sind in [47] und [48] zu finden.

Die Feinjustierung der Funkparameter ermöglicht eine Frequenzkorrektur mittels einer speziellen *Frequency Correction Sequence*, die in einem Synchronisationsburst innerhalb des BSCH lokalisiert ist. Damit werden nur sehr geringe Abweichungen von der Trägerfrequenz erreicht. Dies erfordert zusätzlich eine hohe Genauigkeit des Oszillators der Mobilstation. Die *Power-Control*-Funktion sorgt u. a. dafür, daß die Mobilstation immer die angepaßte Sendeleistung verwendet. Dies wird von der MAC-Schicht gesteuert.

Die Symbolsynchronisation wird ähnlich wie die Frequenzkorrektur durch eine bestimmte Trainingssequenz erreicht, die bei der ersten Synchronisation länger ist als bei bestehenden Verbindungen. Die Informationen für die Synchronisation sind in Bursts enthalten. Damit ist die Bitübertragungsschicht in der Lage, die Grenzen der Bursts eindeutig zu erkennen. Damit die Mobilstation auch über längere Zeit synchronisiert bleibt, werden nach Beendigung des Synchronisationsvorgangs Timer gestartet, die anzeigen, wann der nächste Rahmen, Multirahmen oder Hyperrahmen beginnt bzw. endet. Dies erfordert hohe Genauigkeit der Zeitsteuerung der Mobilstation.

Die Mobilstation kann damit Anfang und Ende eines Bursts erkennen und nutzt das beim Übertragen von Daten, um die MAC-PDUs *(Protocol Data Unit)* auf die Bursts abzubilden, sowie ihre spezifischen Informationen korrekt zu plazieren. Beim Empfang wird dieser Prozeß genau umgekehrt. Die spezifischen Informationen der Bitübertragungsschicht werden entfernt und aus dem Burst wird die MAC-PDU zurückgewonnen und an die MAC-Schicht übergeben. Die einzelnen Bursttypen sind in Abschn. 2.4.2.1 und [45] detailliert erläutert.

Das Slot-Flag existiert in zwei Versionen und zeigt durch die in den Bursts enthaltenen Trainingssequenzen an, ob ein ganzer Slot (SF=0) oder ein halber Slot (SF=1) von den Signalisierdaten belegt wird. Eine weitere Aufgabe ist die Verschlüsselung *(Scrambling)* und Entschlüsselung *(Descrambling)*. Die Information über den Verschlüsselungscode wird der empfangenden Station in einer nicht verschlüsselten MAC-PDU durch den sog. *Color Code* mitgeteilt. Die Verschlüsselung ist ein Teil der Kanalcodierung und wird in Abschn. 2.4.4.1 beschrieben.

2.4.4 Die Sicherungsschicht im TETRA-Standard

In Abb. 2.9 ist die Architektur der Sicherungsschicht des TETRA-Standards V+D dargestellt. Sie gliedert sich in die Teilschichten MAC und LLC, wobei die MAC-Schicht am TMV-SAP (*Service Access Point*, Dienstzugangspunkt) in *Lower*- und *Upper*-MAC aufgeteilt ist. Am oberen Rand der Sicherungsschicht bieten drei Dienstzugangspunkte der *Link Control Entity* (MLE), vgl. Abb. 2.4, in der Netzschicht ihre Dienste an: TLA *(TETRA-LLC-A)*, TLB und TLC. Der TLA-SAP bietet Dienste für den bidirektionalen Transfer von adressierten Signalisierungs- und Datennachrichten an. Der TLB-SAP bietet den nichtadressierten Datentransfer an. Hier werden Rundsendenachrichten mit Systeminformationen unidirektional von der Basisstation an die Mobilstation versendet. Der TLC-SAP ist nur auf Seiten der Mobilstation vorhanden und wird für Steuerungs- und Verwaltungsnachrichten verwendet.

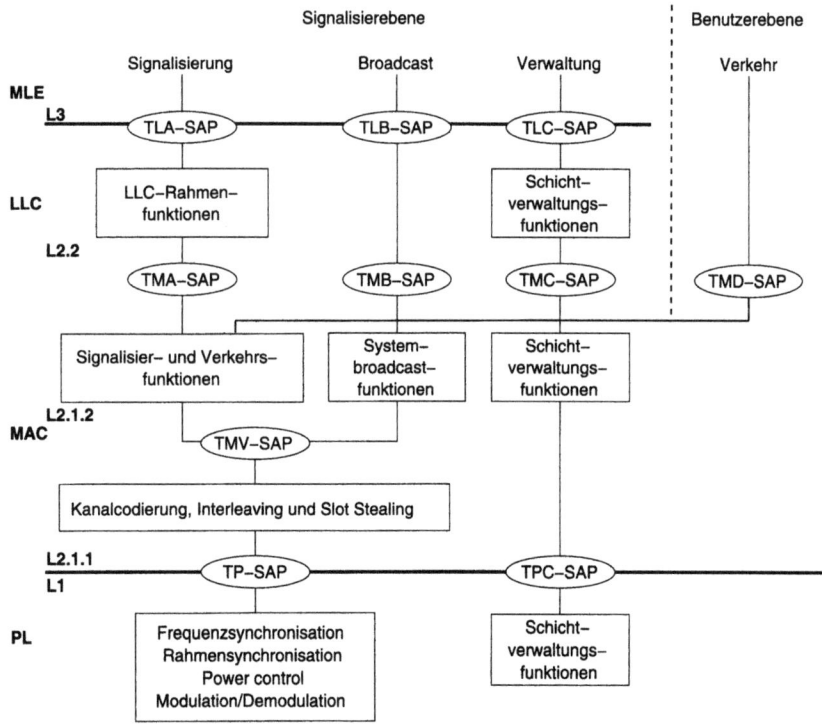

Abbildung 2.9: Architektur der Voice+Data-Sicherungsschicht

Die Teilschichten LLC und MAC korrespondieren über die SAPs TMA *(TETRA-MAC-A)*, TMB und TMC, die die gleichen Funktionen wie die entsprechenden SAPs der LLC-Teilschicht haben. Für die Benutzerebene enthält die MAC-Teilschicht einen weiteren SAP (TMD), über den der Informationstransport über eine kanalvermittelte Verbindung erfolgt. Die untere und die obere MAC-Teilschicht kommunizieren über den virtuellen TMV-SAP, welcher Dienste für die konkrete Funkübertragung wie z. B. Kanalcodierung, Interleaving und Slot Stealing anbietet. An der Schnittstelle zur Bitübertragungsschicht bietet der TPC-SAP (analog zum TLC- und TMC-SAP) den Zugang zur lokalen Schichtverwaltung. Über den TP-SAP korrespondiert die untere MAC Schicht mit der Bitübertragungsschicht.

2.4.4.1 Medium Access Control

Die Funktionen der *Medium Access Control* (MAC)-Teilschicht setzen sich nach Abb. 2.9 hauptsächlich aus der Kanalcodierung, Kanalzugriffssteuerung und der Funkbetriebsmittelverwaltung zusammen, die je nach Übertragungsmodus ihre Dienste an die drei SAPs TMA, TMB und TMC für den Signalisierungs- und Paketdatenmodus oder an den TMD-SAP für den Verkehrsmodus anbieten. Nach dem Aufbau einer kanalvermittelten Sprach- oder Datenübertragungsverbindung, für die der Verkehrsmodus definiert wurde, können Signalisierungsnachrichten mit Hilfe eines Slot-Stealing-Mechanismus versendet werden.

Eine Basisstation darf kontinuierlich oder diskontinuierlich übertragen. Im letzteren Fall unterbricht die jeweilige Basisstation ihre Übertragung, wenn keine weiteren Informationen zu übertragen sind oder wenn sie denselben Funkkanal zu Signalisierungszwecken mit anderen Basisstationen teilt, die sich ebenfalls im *Time Sharing Mode* befinden. Im folgenden werden die Funktionen, Datenstrukturen, Dienstelemente und Zustände der MAC-Schicht erläutert.

Kanalcodierung Die Kanalcodierung erfolgt beim Standard Voice+Data nach dem in Abb. 2.10 dargestellten Schema. In MAC-Blöcken enthaltene Informationsbits, Typ-1-Bits genannt, werden von einem (K_2,K_1)-Blockcodierer codiert. Bis auf den AACH, bei dem durch einen verkürzten (30,14)-Reed-Muller-Code [46, 121] die Typ-2-Bits erzeugt werden, werden in dieser ersten Stufe der Kanalcodierung aus K_1 Typ-1-Bits $b_1(1), b_1(2), \ldots, b_1(K_1)$, $K_2 = K_1 + 16$ Typ-2-Bits $b_2(1), b_2(2), \ldots, b_2(K_2)$ eines systematischen, zyklischen Blockcodes [146] erzeugt.

Die Codewörter f werden mit den Typ-1-Informationsbits b_1 zusammen versendet, so daß sich die Typ-2-Bits b_2 zu

2.4 Der Protokollstapel Voice+Data

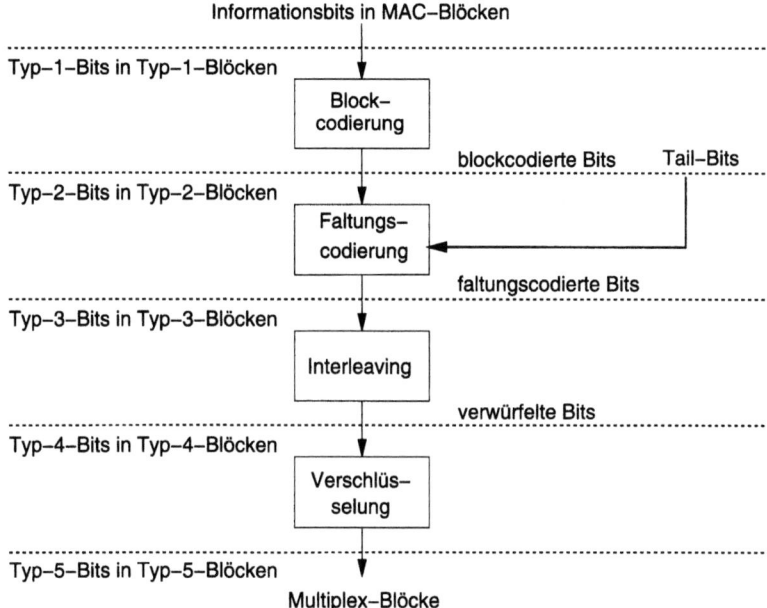

Abbildung 2.10: Schema der TETRA-Kanalcodierung

$$b_2(k) = \begin{cases} f(k-1), & \text{für } k = 1, 2, \ldots, 16, \\ b_1(k-16), & \text{für } k = 17, 18, \ldots, K_2 = K_1 + 16 \end{cases} \quad (2.4)$$

ergeben. Da $K_2 \in \{76, 108, 140, 284\} \neq 2^m - 1$ für $m \in \mathbb{N}$, handelt es sich nach [146, 121] bei dem hier verwendeten Blockcode weder um einen Hammingcode noch um einen *Bose-Chaudhuri-Hoquenghem*-Code (BCH).

Die K_2 Typ-2-Bits b_2 werden in der nächsten Stufe der Kanalcodierung von einem (4,1,5)-ratenkompatiblen, punktierten Faltungscodierer der Coderate 1/3 oder 2/3 zu K_3 Typ-3-Bits b_3 mit $K_3 = \frac{t}{2} K_2, t \in \{3, 6\}$ codiert. Zuerst wird aus den Typ-2-Bits $b_2(k)$ von einem 16-Zustands-Faltungscodierer der Rate 1/4 die Ausgabe V berechnet.

Die Punktierung zu einem 16-Zustands-RCPC-Code *(Rate-Compatible Punctured Convolutional)* der Rate $2/t$ erfolgt durch die Auswahl von $K_3 = \frac{t}{2} K_2$ Typ-3-Bits aus den vier K_2 codierten Bits V:

$$b_3(j) = V(k), \quad j = 1, 2, \ldots, \frac{t}{2} K_2, \quad (2.5)$$

$$k = 8\lfloor (j-1)/t \rfloor + P\Big(j - t\lfloor (j-1)/t \rfloor\Big).$$

Bei einer Coderate von 2/3 lauten die drei Punktierkoeffizienten: $P(1) = 1$, $P(2) = 2$, $P(3) = 5$, mit $t = 3$. Bei einer Coderate von 1/3 lauten die sechs Punktierkoeffizienten: $P(1) = 1$, $P(2) = 2$, $P(3) = 3$, $P(4) = 5$, $P(5) = 6$, $P(7) = 7$, mit $t = 6$. Zwei verschiedene, punktierte Faltungscodes, welche vom gleichen Originalcode stammen, heißen ratenkompatibel, wenn alle nicht punktierten, d. h. nicht herausgestrichenen Bits des hochratigen Faltungscodes auch beim niederratigen enthalten sind. Um den Faltungscodierer nach der Codierung zu initialisieren, werden den Typ-2-Bits b_2 vier Tail-Bits mit dem Wert 0 angehängt.

Um büschelartige Übertragungsfehler auszuschalten, werden in einem Block Typ-3-Bits b_3 zu Typ-4-Bits b_4 mittels eines (K, a)-Blockinterleavers mit $K = K_3$ und z. B. $a = 101$ folgendermaßen verwürfelt, vgl. Abb. 2.11:

$$\begin{aligned} b_4(k) &= b_3(i), \quad i = 1, 2, \ldots, K = K_3 = K_4, \\ k &= 1 + \big((a \cdot i) \bmod K\big). \end{aligned} \tag{2.6}$$

Alternativ ist für 432 bit lange Typ-3-Blöcke eine Bitverschachtelung über N Blöcke in eine Sequenz von Typ-4-Blöcken in zwei Schritten vorgesehen. Zuerst werden aus Typ-3-Bits b_3 verschachtelte Bits $b_3'(m, k)$, als Bits k des Blocks m erzeugt:

$$b_3'(m, k) = b_3\big(m - j,\ j + (i \cdot N)\big), \quad \begin{aligned} k &= 1, 2, \ldots, 432, \\ m &= 1, 2, \ldots, N, \end{aligned} \tag{2.7}$$

$$\begin{aligned} j &= \lfloor (k-1)/(432/N) \rfloor, \\ i &= (k-1) \bmod (432/N) \end{aligned}$$

Die auf diese Weise gewonnenen $B_3'(m)$-Blöcke werden in Typ-4-Blöcke $B_4(m)$ verschachtelt:

$$b_4(m, i) = b_3'(m, k), \quad \text{mit} \quad i = 1 + (103 \cdot k) \bmod 432. \tag{2.8}$$

In der letzten Stufe werden schließlich K_4 Typ-4-Bits b_4 zu K_5 Typ-5-Bits b_5 mit Hilfe eines linearen rückgekoppelten Registers verschlüsselt, indem eine Verschlüsselungssequenz p, die aus einem Generatorpolynom und einer Initialisierungssequenz für P gebildet wird, zu b_4 Modulo-2 addiert wird:

2.4 Der Protokollstapel Voice+Data

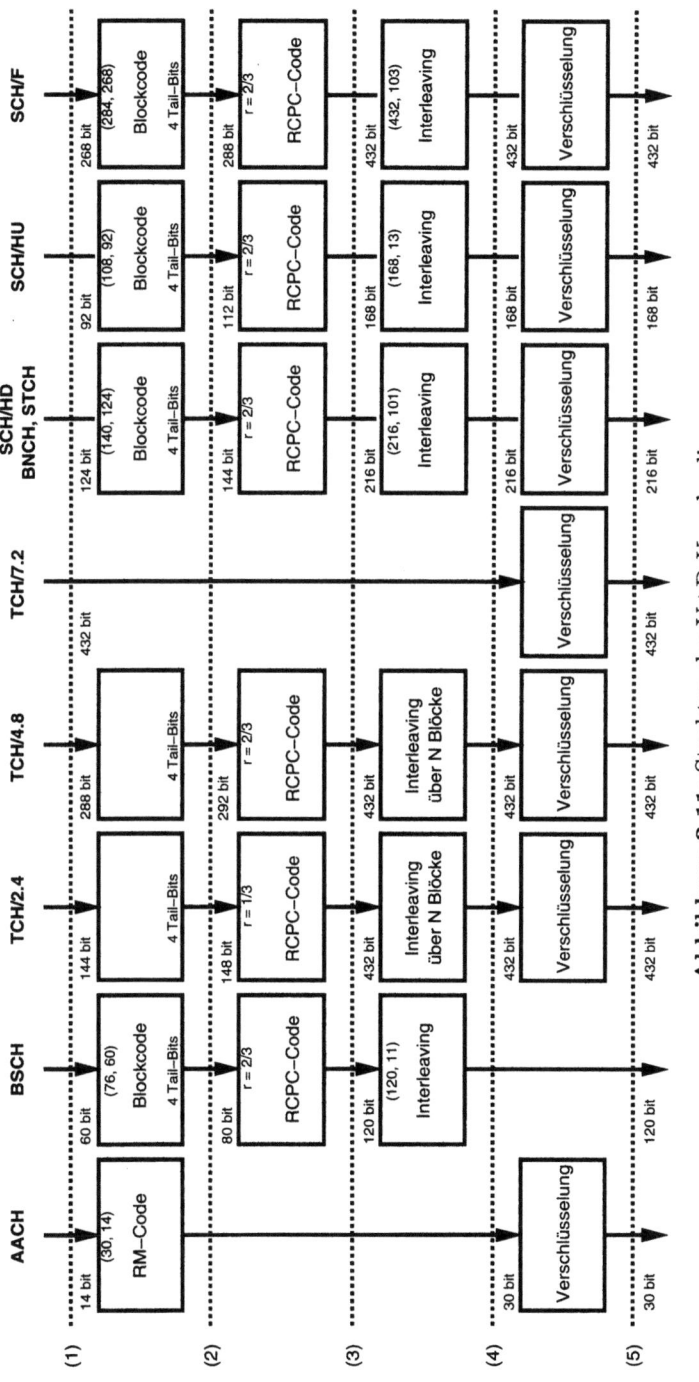

Abbildung 2.11: Struktur der V+D-Kanalcodierung

$$b_5(k) = b_4(k) + p(k), \quad k = 1, 2, \ldots, K_5 = K_4. \tag{2.9}$$

In Abb. 2.11 wird die Kanalcodierung abhängig vom verwendeten logischen Kanal bei Voice+Data dargestellt. Es fällt vor allem auf, daß die Synchronisationsdaten des BSCH nicht verschlüsselt werden, da die Mobilstationen nach dem Anschalten zuerst in den BSCH hineinhören und zu diesem Zeitpunkt noch keine Absprachen über einen Verschlüsselungscode existieren können. Ferner ist zu beobachten, daß die verschiedenen Übertragungsraten des TCH durch eine Kanalcodierungsdienstgüte unterschiedlicher Qualität erreicht werden, indem beim TCH/2,4 mit einer Rate $r = 1/3$, beim TCH/4,8 mit einer Rate $r = 2/3$ und beim TCH/7,2 überhaupt nicht faltungscodiert wird. Eine Blockcodierung unterbleibt bei allen Varianten des Verkehrskanals.

Da ein Reed-Muller-Blockcodierer nach [121] insbesondere für kleine Datenmengen effizient ist, wird dieser auf die lediglich 14 bit breiten Access_Assign-PDUs des AACHs angewendet. Faltungscodierung und Bitverwürfelung werden für diese kleine Datenmenge nicht mehr durchgeführt.

Kanalzugriffssteuerung Die Kanalzugriffssteuerung enthält die Funktionen zur Rahmensynchronisation, die die Rahmennummer innerhalb des Multirahmens erfaßt:

- Fragmentierung der von der LLC-Teilschicht erhaltenen PDUs in mehrere zu sendende MAC-SDUs (*Service Data Unit*, Dienstdateneinheit) und empfangsseitig Zusammenstellung *(Reassociation)* der empfangenen Fragmente,

- Multiplexen/Demultiplexen der logischen Kanäle sowie Bildung von Multirahmen, die daher explizit gezählt werden und

- Synchronisation der Multirahmen durch Synchronisationsblöcke der Basisstation, die auf dem Downlink gesendet werden und z. B. Informationen über die gezählten Rahmen enthalten.

Eine wichtige Funktion ist das Zufallszugriffsprotokoll *(Random Access Protocol)* für den Zugriff der Mobilstationen auf den Kanal. Die MAC-Schicht der Mobilstation verwendet beim Erstzugriff ein Slotted-ALOHA-Zugriffsprotokoll, um bei unaufgeforderter Nachrichtenübertragung Informationen an die Basisstation zu versenden. Bei Informationsanforderung der Basisstation oder bei Bestehen einer reservierten, kanalvermittelten Verbindung nutzt die Mobilstation den reservierten Zugriff. Bei geeigneter Wahl der Zugriffsparameter ist es möglich,

- die Kollisionsauflösung der Zugriffe der einzelnen Mobilstationen zu steuern,

2.4 Der Protokollstapel Voice+Data

- für eine bestimmte Verkehrslast die Zugriffsverzögerung zu minimieren und den Durchsatz zu maximieren,
- Protokollinstabilitäten zu vermeiden,
- dynamisch den Zufallszugriff für verschiedene Zugriffsprioritäten oder für ausgewählte Gruppen- und Teilnehmerklassen zu unterbinden und
- gleichzeitig und unabhängig Dienstgüteparameter (*Grades of Service*, GoS) des Zugriffs für verschiedene Gruppen- und Teilnehmerklassen anzubieten.

Die Basisstation bietet verschiedenen Mobilstationen unter Verwendung von vier Zugriffscodes *(Access Code)* Möglichkeiten des Zufallszugriffs, die A, B, C oder D genannt werden und wie Prioritäten aufzufassen sind. Der Zugriffscode stellt eine Benutzerdienstkombination dar und wird den Mobilstationen vom Netzbetreiber fest zugewiesen. Nicht jeder Code muß allen Mobilstationen zugänglich sein. Nur wenn die Bedingungen für den Zugriff auf einen für einen bestimmten Code zugelassenen Subslot erfüllt sind, ist die Mobilstation berechtigt zuzugreifen. Die Einladung zum Zugriff wird den Mobilstationen von den Basisstationen mittels zwei verschiedenen PDUs mitgeteilt. Die Access_Define-PDU, vgl. Abschn. 2.4.4.1, wird in vom Netzbetreiber festgelegten Intervallen versendet und liefert u. a. die Informationen über den Zugriffscode und die Priorität, mit der gesendet werden darf, sowie die Zeitspanne und Anzahl für eine Wiederholung des Zugriffs. Mit der Access_Assign-PDU, welche in jedem Downlink-Zeitschlitz enthalten ist, werden dann die Zugriffsrechte der Mobilstationen auf die Uplink-Zeitschlitze angezeigt sowie mit dem *Traffic Usage Marker* die Sende- und Empfangserlaubnis des momentanen Up- und Downlink-Zeitschlitzes. Die Informationen der beiden PDUs werden bis zum Empfang einer Aktualisierung gespeichert.

In Abb. 2.12 sind beispielhaft die mit den verschiedenen Zugriffscodes oder einer Reservierung gekennzeichneten Uplink-Subslots dargestellt, die in der Access_Assign-PDU angezeigt werden. Eine Mobilstation, die eine Nachricht versenden möchte, vergleicht zuerst die übertragenen Bedingungen für einen Zugriff mit denen, die ihr erlaubt sind. Wenn ein Zugriff erlaubt ist, verwendet sie da-

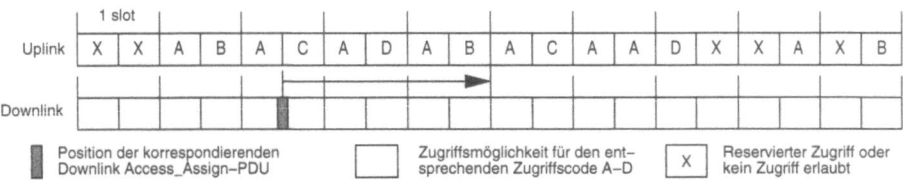

Abbildung 2.12: Zugriffsmethoden des V+D-Zufallszugriffsprotokolls

zu die MAC_Access-PDU, welche die zu übertragende Nachricht enthält. Ist die Nachricht fragmentiert, wird in der MAC_Access-PDU der Basisstation ein Reservierungswunsch für mehrere Zeitschlitze mitgeteilt. Die Basisstation antwortet auf die MAC_Access-PDU mit einer MAC_Ressource-PDU, in der sie den erfolgreichen Empfang quittiert. Weiterhin wird der Mobilstation mitgeteilt, ob und welche Zeitschlitze reserviert wurden. Diese sind in Abb. 2.12 durch ein Kreuz dargestellt. Hat eine Mobilstation nach Ablauf eines Timers noch keine Antwort auf die Mac_Access-PDU erhalten, wiederholt sie den Zufallszugriff. Ausführliche Erläuterungen zum Zufallszugriffsprotokoll sind in [43] enthalten.

Funkbetriebsmittel-Verwaltung Diese Funktionen sind teilweise nur in Mobil- oder Basisstationen oder in beiden vorhanden. Sie sollen jederzeit auch ohne Einbeziehung der Schicht 3 verfügbar sein. Folgende Funktionen sind u. a. vorgesehen:

- Messung der Bitfehlerhäufigkeit (*Bit Error Ratio*, BER) und der Blockfehlerhäufigkeit (*Block Error Ratio*, BLER) unabhängig oder unter Kontrolle der Schicht 3.

- Pfadverlustberechnung durch Überwachung *(Monitoring)* der aktuellen und benachbarten Zellen. Berechnung der Pfadverlustparameter aus Angaben der aktuellen Zelle sowie periodischem Messen *(Scanning)*. Bestimmung der Pfadverlustparameter der Nachbarzellen aus dem gemessenen Signalpegel.

- Adressenverwaltung für Einzel-, Gruppen- oder Broadcastverbindungen. Es können zwei Adressen verwendet werden: eine Kopie der *Individual-* oder *Group Subscriber Identity* oder ein *Event Label*, das von der MAC-Schicht bei bestehenden Verbindungen zur Reduktion des Signalisieraufwandes genutzt werden kann.

- Management der Leistungssteuerung *(Power Control)* in Schicht 1.

- Einrichtung der Verbindung durch Verwendung der Angaben Frequenz, Zeitschlitz und Farbcode *(Colour Code)* von der *Mobile Link Entity*, (MLE).

- Speicherung von Steuerdaten- und Sprachrahmen bis zur Versendung.

Dienstelemente der TMA-, TMB-, TMC-, TMD-Dienstzugangspunkte (SAP)
Der TMA-SAP wird von den LLC-Verbindungstypen *Basic* und *Advanced Link*, vgl. Abschn. 2.4.4.2, für die Übertragung von Signalisierungs- und Paketdateninformationen benutzt, vgl. Abb. 2.9. Dazu stehen fünf Dienstprimitive (*Service Primitive*, SP) zur Verfügung.

2.4 Der Protokollstapel Voice+Data

Mit dem TMA_Unitdata_req-SP fordert die LLC-Teilschicht die MAC-Teilschicht auf, LLC-Rahmen zu versenden, die an dieser Schnittstelle TM-SDU *(Service Data Unit)* genannt werden.

Das TMA_Unitdata_ind-SP wird von der MAC-Teilschicht verwendet, um empfangene Nachrichten zu übergeben.

Mit dem TMA_Cancel_req-SP kann ein TMA_Unitdata_req gelöscht werden, welches von der LLC-Teilschicht versendet wurde.

Mit dem TMA_Release_ind-SP kann eine LLC-*Advanced-Link*-Verbindung unterbrochen werden, vgl. Abschn. 2.4.4.2, wenn die MAC-Teilschicht einen Kanal freigibt und alle *Advanced Links* auf diesem Kanal stillschweigend unterbrochen werden.

Im TMA_Report_ind-SP zeigt die MAC-Teilschicht den oberen Schichten Informationen über die Versendung von Request-Prozeduren an. Beim Initialisierungsprozeß wird mit diesem SP angezeigt, ob der Verbindungsaufbau erfolgreich war und die Partnerinstanz den Empfang der Nachricht bestätigt hat. Die bei diesen Prozessen auftretenden Fehler wie z. B. fehlgeschlagener Zufallszugriff werden ebenfalls mit diesem SP an die höheren Schichten gemeldet.

Der TMB-SAP führt den Transfer von nichtadressierten Broadcast-Nachrichten durch, die Informationen zur Netz- oder Systemorganisation enthalten. In diesem Fall existieren in der LLC-Teilschicht keine speziellen, den TMB-SAP betreffenden Funktionen, so daß Requests am TLB-SAP direkt in TMB-SAP-Requests und TMB-SAP-Indications in TLC-SAP Indications abgebildet werden. Deshalb existieren an diesen beiden SAPs auch dieselben Dienstprimitive, die in Abschn. 2.4.4.2 näher erläutert werden.

In gleicher Weise werden die Informationen für das lokale Schichtmanagement über den TMC-SAP übertragen. Es gibt in der LLC-Teilschicht keine TMC-SAP betreffenden Funktionen, so daß Requests und Responses am TLC-SAP in Requests und Responses am TLC-SAP und umgekehrt Indications und Confirms am TLC-SAP in Indications und Confirms am TMC-SAP abgebildet werden.

Bei einer kanalvermittelten Sprach- oder Datenverbindung werden die Sprach- oder Datenrahmen der MAC-Teilschicht über den TMD-SAP übergeben, der die Schnittstelle zwischen dem TETRA-Sprachcodec und der MAC-Teilschicht bildet. Sprachrahmen dürfen verschlüsselte oder unverschlüsselte Sprache enthalten; die in ihnen enthaltene Information ist für die MAC-Teilschicht irrelevant. Zur Ende-zu-Ende-Signalisierung zwischen den Benutzern des kanalvermittelten Dienstes können einzelne Zeitschlitze bzw. Subslots *gestohlen* werden. Abhängig davon, ob ein Zeitschlitz Sprach-, Daten- oder Signalisierinformationen enthält und ob ein ganzer oder ein halber Zeitschlitz gestohlen wurde, erfolgt eine entsprechend angepaßte

Kanalcodierung. Die TMD_Unitdata-SPs Request und Indication dienen der Übergabe der empfangenen bzw. zu versendenden Sprach- oder Datenrahmen. Mit Hilfe des TMD_Report_ind-SP wird der MAC-Dienstbenutzer über den Status der laufenden Übertragung informiert.

Datenstrukturen In der MAC-Teilschicht sind zwölf verschiedene PDU-Typen definiert, vgl. Tab. 2.5:

Access_Assign: Diese 14 bit (netto) lange PDU ist im *Broadcast Block* (BBK), vgl. Abb. 2.7, jedes Downlink-Zeitschlitzes enthalten und trägt Informationen über den aktuellen Zeitschlitz und die Zugriffsrechte für den um zwei Zeitschlitze verzögerten, mit diesem Downlink-Zeitschlitz assoziierten Uplink-Zeitschlitz. Der Inhalt variiert abhängig davon, ob die PDU im 1.-17. oder im 18. Rahmen versendet wird.

Access_Define: Der für den Zufallszugriff gültige, spezifische Zufallscode, die ALOHA-Parameter, und die Zugriffsmethode werden von der BS in dieser Downlink-PDU festgelegt, die einen halben oder ganzen Zeitschlitz belegt und den logischen SCH/HD oder SCH/F-Kanal benutzt. In der Benutzerebene, vgl. Abb. 2.9, wird auch der STCH-Kanal belegt.

MAC_Access: Diese PDU wird für den Zufallszugriff und in halben Zeitschlitzen (Subslots) auf dem Uplink versendet und enthält LLC-Daten. Eine TM-SDU wird ggf. fragmentiert und auf mehrere MAC_Access- und MAC_Frag-PDUs bzw. MAC_End_(HU)-PDUs aufgeteilt [42]. Wenn die Nachricht kürzer als die zur Verfügung stehende Zahl Nutzdatenbits ist, werden Füllbits eingefügt.

Abhängig davon, ob eine 24 bit breite Schicht-2-Adresse (*Short Subscriber Identity*, SSI) für den Erstzugriff oder eine 10 bit breite, von der BS zur Verminderung des Adreßoverheads für diese Transaktion vergebene Adreßmarke (*Event Label*, EL) verwendet wird, können netto 56 bit bzw. 76 bit Benutzerdaten in dieser PDU transportiert werden. Beginn und Ende einer fragmentierten TM-SDU werden in der MAC_Access-PDU und in der MAC_End_(HU)-PDU angezeigt. Die MAC_Access-PDU wird auf den SCH/HU-Kanal abgebildet.

MAC_End_HU: Diese PDU wird nur auf dem Uplink gesendet und zeigt bei einer Fragmentierung an, daß sie das letzte Fragment enthält. Sie belegt immer nur einen halben Zeitschlitz.

MAC_Data: Zum Transfer von LLC-Daten in ganzen Zeitschlitzen auf dem Uplink oder bei *gestohlenem* Kanal im ersten und bei Bedarf auch im zweiten

Subslot. Im zweiten Subslot kann die MAC_Data-PDU zum Versenden anderer Daten der Signalisierungsebene genutzt werden. Diese PDU kann nur bei reservierter Übertragung benutzt werden. Sowohl bei einer MAC_Access- als auch bei einer MAC_Data-PDU leitet die Basisstation Uplinkreservierungswünsche aus den in Length Indication or Capacity Request enthaltenen Längenangaben ab. Zusätzlich wird auch eine eventuelle Fragmentierung der Nachricht angezeigt. Abhängig von der Adressierungsart (SSI oder EL) können netto 232 bit oder 246 bit Benutzerdaten versendet werden.

MAC_Ressource: Diese PDU wird von der Basisstation zur Übertragung von Nachrichten der Signalisierebene auf dem Downlink verwendet. Zusätzlich kann sie einen erfolgreichen Zufallszugriff bestätigen und eventuell Kapazität auf dem Uplink zuweisen. Die maximale Länge der Benutzerdaten beträgt je nach Adressierung und Belegung eines halben oder ganzen Zeitschlitzes 96 bit oder 240 bit. Sowohl bei einer MAC_Data- als auch bei einer MAC_Ressource-PDU kann in der PCI angezeigt werden, daß der zweite Subslot gestohlen wird und eine MAC_U_Signal-PDU enthält.

MAC_Frag: Diese PDU wird zum Versand der weiteren Teile fragmentierter Nachrichten der Signalisierebene von der LLC-Teilschicht auf dem Downlink genutzt. Der an die PDU angefügte Header ist 4 bit lang und so können 264 Nutzdatenbits verschickt werden.

MAC_Traffic: Sprach- und Datenrahmen kanalvermittelter Verbindungen werden mit dieser PDU versendet. Bis auf die zwei Bits zur Kennzeichnung des PDU-Typs enthält diese PDU ausschließlich Benutzerdaten.

MAC_U_Signal: Ende-zu-Ende-Signalisierungen der Benutzerebene werden mit Hilfe dieser PDU vom TMD-SAP des Senders zum TMD-SAP der Partner-Instanz geleitet. Sie wird immer auf den STCH abgebildet. Analog zur MAC_Traffic-PDU enthält auch diese PDU bis auf die drei ersten Bits ausschließlich Benutzerdaten. Im dritten Bit wird angezeigt, ob ein oder zwei Subslots gestohlen werden. Wenn auch der zweite Subslot belegt wird, können dort auch LLC-Daten enthalten sein.

MAC_End: Diese PDU wird nur auf dem Downlink versendet und belegt entweder einen ganzen Zeitschlitz auf dem SCH/F-Kanal oder einen halben auf dem SCH/HD-Kanal. Sie wird mit dem letzten Fragment von fragmentierten LLC-Signalisierdaten versendet.

Sync: Die Basisstation versendet per Broadcast unadressiert Sync- und Sysinfo-PDUs auf den logischen BSCH- und BNCH-Kanälen an die Mobilstationen, die daher alle in diesen beiden PDUs enthaltenden Informationen decodieren.

Die Sync-PDU setzt den bei der Kanalcodierung für die Verschlüsselung zuständigen Initialisierungscode *(Colour Code)* fest und enthält die aktuellen Multirahmen-, Rahmen- und Zeitschlitznummern, vgl. Abschn. 2.4.2.1. Ferner teilt sie den Mobilstationen mit, ob sie diskontinuierlich oder kontinuierlich überträgt und ob sie sich mit anderen Basisstationen im *Time Sharing Mode* befindet.

Sysinfo: Unter Verwendung der in dieser PDU per Broadcast von der Basisstation versendeten Parameter berechnen die Mobilstationen den Pfadverlust für die aktuelle Zelle. Sie teilt der Mobilstation die Trägerfrequenz und das Frequenzband des Hauptsteuerkanals sowie Angaben über das Zellcluster und die Leistungsanpassung mit.

In Tab. 2.5 ist aufgeführt, über welche logischen Kanäle die MAC-PDUs an die untere MAC-Teilschicht zur Kanalcodierung übergeben werden, und welche Art von Information in diesen PDUs enthalten ist. Die Daten des STCH werden entweder über den SCH/HU oder SCH/HD übertragen. Außerdem ist die Zuweisung eines ganzen Zeitschlitzes (SCH/F) an den STCH möglich.

Zustandsdiagramm der Mobilstation Das MAC-Protokoll der Mobilstation kennt sieben Zustände, vgl. Abb. 2.13, wobei `MO NULL` dem ausgeschalteten Zustand entspricht. Nach dem Einschalten (1) wird der Zustand `M1 IDLE UNLOCKED` eingenommen. Nach dem Ausschalten (2), was in jedem Zustand möglich ist, wird

Tabelle 2.5: Abbildung der V+D-MAC-PDUs auf die logischen Kanäle

MAC-PDU	Logische Kanäle	Informationstyp
Access_Assign	AACH	MAC-interne Information
Access_Define	SCH/HD, SCH/F, STCH	
MAC_Access	SCH/HU	TMA-SAP-Information
MAC_End_HU	SCH/HU	
MAC_Data	SCH/F, STCH	
MAC_Ressource	SCH/HD, SCH/F, STCH	
MAC_Frag	SCH/HD, SCH/F	
MAC_End	SCH/HD, SCH/F, STCH	
MAC_Traffic	TCH	TMD-SAP-Information
MAC_U_Signal	STCH	
Sync	BSCH	TMB-SAP-Information
Sysinfo	BNCH	

2.4 Der Protokollstapel Voice+Data

in den Anfangszustand zurückgekehrt. Erst nachdem die MS per Broadcast von der BS versendete Sync- und Sysinfo-PDUs empfangen und eine Zelle hinreichender Qualität gefunden hat, wählt sie diese Zelle aus und informiert die MLE hierüber.

Anschließend wird in den Zustand M2 IDLE LOCKED (3) übergegangen. Falls die MAC-Teilschicht den Verfall der Signalqualität festgestellt und die MLE hierüber benachrichtigt hat, wird sie anschließend von der MLE angewiesen, eine neue Zelle hinreichender Qualität zu finden, und kehrt (4) in den Zustand M1 IDLE UNLOCKED zurück.

Abhängig von den Einstellungen des Benutzers wird nach einer bestimmten Zeit der Inaktivität die MS in einem Energiesparmodus betrieben und der Zustand M3 STAND-BY (5) eingenommen.

Nach dem Ablauf eines Timers, der entsprechend den Wünschen des Benutzers auf eine Wartezeit zwischen einem und 432 Rahmen (57 ms bis 25,9 s) eingestellt werden kann, wird der Energiesparmodus wieder verlassen und die MS kehrt (6) in den Zustand M2 IDLE LOCKED zurück.

In diesem Zustand wird von der MS nur empfangen. Sie überwacht den SCH hinsichtlich der an sie gerichteten Paging-Nachrichten der BS und genereller System-Nachrichten. Ferner bereitet sich die MS auf zukünftige Sendeaufträge vor, indem sie über den SCH empfangene Access_Define-PDUs auswertet und den AACH beobachtet. Wenn weder Paging-Nachrichten empfangen werden noch Daten zu versenden sind, mißt die MS (13) die Signalstärke der benachbarten Zellen und versucht die gesamten Netzinformationen dieser Zellen zu decodieren.

Erhält die MS eine Paging-Nachricht oder Paketdaten von der BS oder führt sie einen Zufallszugriff durch, nimmt (7) sie den aktiven Zustand M4 ACCESS ein

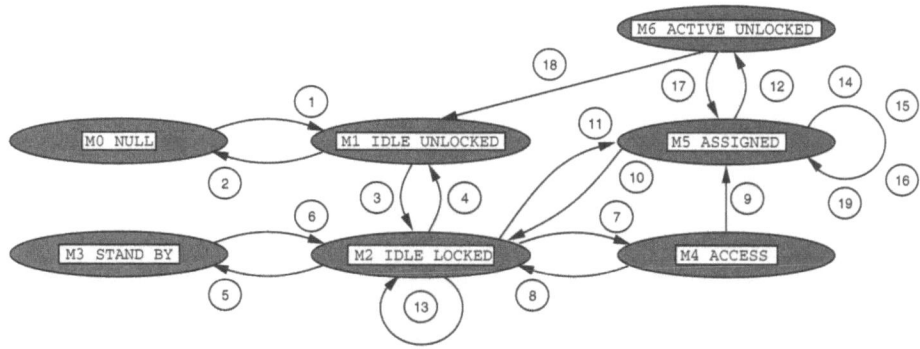

Abbildung 2.13: Zustandsdiagramm der V+D-Mobilstation in der MAC-Teilschicht

Tabelle 2.6: Zustandsübergänge der V+D-Mobilstation in der MAC-Teilschicht

1	Die MS wird eingeschaltet.
2	Die MS wird ausgeschaltet. Dieser Übergang ist von jedem Zustand aus möglich.
3	Zelle mit hinreichender Qualität gefunden, die MLE-Schicht hierüber informiert und diese Zelle ausgewählt.
4	Die MAC-Schicht hat die MLE-Schicht über die Verschlechterung der Signalqualität informiert und ist angewiesen worden, in den Such-Modus zurückzukehren.
5	Die MS tritt in den Energiesparmodus ein.
6	Die MS verläßt den Energiesparmodus.
7	Die MS führt einen Zufallszugriff durch oder wird angerufen (Paging). In beiden Fällen wird bis zur Zuweisung eines Verkehrskanals im ACCESS-Zustand gewartet (kanalvermittelte Verbindung).
8	Time-Out oder Ende der Paketdatenübertragung
9	Die Kanalzuweisung wurde empfangen.
10	Ende der Übertragung (Transmission Trunking) oder des Gesprächs (Message Trunking).
11	Direkte Kanalzuweisung (Gruppenruf oder Gesprächsweiterführung (Transmission Trunking)).
12	Signalverlust während eines Gesprächs. MS beginnt Verbindungswiederherstellung nach einer Warteperiode.
13	Absuchen der benachbarten Zellen im Idle-Zustand.
14	Absuchen der benachbarten Zellen im Assigned-Zustand.
15	Slot-Stealing-Prozeduren.
16	Sprach- oder Datenübertragung bei Message Trunking.
17	Rückkehr nach kurzzeitigen Signalverlust.
18	Weiterführung der Gesprächswiederherstellungsprozedur.
19	Handover *(Fast Call Reestablishment)* in eine benachbarte Zelle.

und wartet im Falle einer kanalvermittelten Verbindung, bis ihr ein Verkehrskanal (TCH) zugewiesen wurde. In diesem Zustand erfolgt die Übertragung sämtlicher Paketdaten, falls die Verbindung nicht kanalvermittelt ist. Wenn ein Timer abläuft oder die Übertragung der Paketdaten abgeschlossen ist, wird (8) in den Zustand M3 IDLE LOCKED zurückgekehrt.

Nachdem die BS einer MS oder einer Gruppe von MS exklusiv einen Kanal zugewiesen hat, wird in den Zustand M5 ASSIGNED (9) übergegangen. Sprach- und Datenrahmen einer kanalvermittelten Verbindung werden in diesem Zustand übertragen. Mit Hilfe des Slot-Stealing-Mechanismus (15) erfolgt die Ende-zu-Ende-Signalisierung zwischen den Benutzern.

Analog zum Zustand M2 mißt (14) die MS während eines Gesprächs regelmäßig die Signalstärke der benachbarten Zellen und versucht die gesamten Netzinforma-

2.4 Der Protokollstapel Voice+Data

tionen dieser Zellen zu decodieren. Bevorzugt die MS nach Erhalt dieser Informationen eine andere Zelle, fordert (19) sie einen Handover an, was zum Aufruf der *Fast-Call-Reestablishment*-Prozeduren führt.

Bei Ende einer Übertragung (Übertragungsbündelung, *Transmission Trunking*) oder eines Gesprächs (Nachrichtenbündelung, *Message Trunking*), geht (10) die MS in den Zustand M2 IDLE LOCKED über. Im Falle eines Gruppenrufs oder der Weiterführung des Gesprächs bei Transmission Trunking erfolgt eine direkte Kanalzuweisung und die Rückkehr (11) in den Zustand M5 ASSIGNED. Da bei Message Trunking der Kanal permanent belegt ist, werden Sendewünsche (16) in diesem Zustand bearbeitet.

Unter Transmission Trunking versteht man bei V+D die Methode, einen Verkehrskanal (TCH) nur dann zu belegen, wenn tatsächlich Sprachaktivität vorliegt, und ihn danach augenblicklich wieder freizugeben. Bei Message Trunking wird der Verkehrskanal permanent für die gesamte Dauer des Gesprächs belegt, was im Vergleich zum Transmission Trunking zu geringerem Protokolloverhead, aber auch zu geringerem Durchsatz führt.

Verliert die Mobilstation den Kontakt zur Basisstation (12), beginnt sie im Zustand M6 ACTIVE UNLOCKED nach einer kurzen Warteperiode mit dem Verbindungswiederaufbau. Nach einer erfolgreichen Wiederherstellung kehrt (17) sie von diesem kurzen Signaleinbruch in den Zustand M5 ASSIGNED zurück. Im anderen Fall nimmt (18) sie den Zustand M1 IDLE UNLOCKED ein und führt den Verbindungsaufbau an dieser Stelle fort.

Zustandsdiagramm der Basisstation Für die V+D-Basisstation sind in der MAC-Teilschicht vier Zustände definiert, vgl. Abb. 2.14, wobei sich die BS vor dem Einschalten im Zustand B0 NULL befindet. Der Übergang in den Zustand B1 ACTIVE erfolgt durch Einschalten (1) der BS. Das Abschalten (2) der BS führt in jedem Zustand zur Rückkehr in den Anfangszustand.

Da die BS für jede Verbindung eine eigene Instanz der MAC-Entity erzeugt, können die Zustände B1 bis B3 von der BS mehrfach gleichzeitig eingenommen werden.

An inaktive MS werden im Zustand B1 ACTIVE Synchronisations- und Systeminformationen (Sync- und Sysinfo-PDUs) versendet. Außerdem überträgt die BS Zugriffsdefinitionen (Access_Define-PDUs) und Zugriffszuweisungen (Access_Assign-PDUs), damit sich die MS auf zukünftige Zufallszugriffe vorbereiten können. Datenübertragungsverkehr findet in diesem Zustand jedoch nicht statt.

Nachdem die BS einen Zufallszugriff einer MS erfolgreich erkannt (3) und empfangen hat, geht sie in den Zustand B2 ACCESS über. Falls die BS mit einer MS eine Verbindung aufbauen will, wird diese informiert (Paging-Nachricht) und es erfolgt

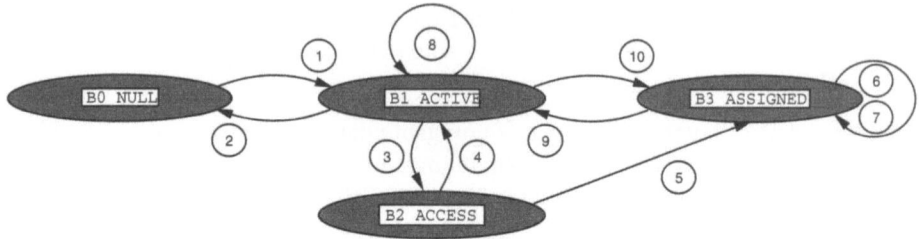

Abbildung 2.14: Zustandsdiagramm der V+D-Basisstation in der MAC-Teilschicht

Tabelle 2.7: Zustandsübergänge der V+D-Basisstation in der MAC-Teilschicht

1	Die BS wird eingeschaltet.
2	Die BS wird ausgeschaltet.
3	Erfolgreicher Empfang eines Zufallszugriffs oder Paging-Nachricht an eine MS.
4	*Time-Out* oder Ende der Paketdatenübertragung.
5	Verkehrskanal (TCH) wird zugewiesen.
6	*Slot-Stealing* im Verkehrsmodus.
7	Versenden einer Sendeerlaubnis *(Message Trunking)*.
8	Versenden einer Sendeerlaubnis *(Transmission Trunking)*.
9	Ende der Übertragung *(Transmission Trunking)* oder des Gesprächs *(Message Trunking)*.
10	Direkte Zuweisung eines Verkehrskanals (TCH) bei Gruppenruf oder einer bestehenden Verbindung *(Transmission Trunking)*.

ebenfalls der Übergang (3) nach B2. Paketdaten werden zwischen BS und MS in diesem Zustand übertragen. Bei Beendigung dieser Übertragung oder Ablauf eines Timers kehrt die BS in den Zustand B1 ACTIVE (4) zurück.

Hat die MS bei ihrem Zufallszugriff die Zuweisung eines Verkehrskanals angefordert, bestätigt dies die BS und nimmt (5) den Zustand B3 ASSIGNED ein. Sprach- und Datenrahmen werden in diesem Zustand ausgetauscht, wobei Übertragungskapazität zur Ende-zu-Ende-Signalisierung zwischen den Benutzern gestohlen *(Slot-Stealing*, 6) werden kann. Im Falle von *Message Trunking* bleibt die Verbindung permanent bestehen, Übertragungswünsche werden in diesem Zustand (7) bestätigt.

Bei Beendigung eines Gesprächs *(Message Trunking)* oder einer Übertragung *(Transmission Trunking)* kehrt (9) die BS in den Zustand B1 ACTIVE zurück, in dem sie weitere Übertragungswünsche bei Transmission Trunking bestätigt (8) und einen Verkehrskanal bei einer bereits bestehenden Verbindung direkt zuweist (9). Bei einem Gruppenruf erfolgt ebenfalls eine direkte Kanalzuweisung.

2.4.4.2 Logical Link Control

Überblick und Funktionen der LLC-Teilschicht Das *Logical Link Control Protocol for TETRA* (LLC) stellt zwei Entities von Verbindungstypen, den *Basic Link* (BL) und den *Advanced Link* (AL), über den TLA-SAP zur Verfügung, vgl. Abb 2.9. Bei beiden Verbindungsarten ist eine bestätigte oder eine unbestätigte Datenübertragung möglich. Ein BL stellt einen bidirektionalen, verbindungslosen Pfad zwischen einer oder mehreren MS und einer BS dar und ist nach der Synchronisation von MS und BS sofort verfügbar. Im Gegensatz hierzu ist der AL entweder als ein bidirektionaler, verbindungsorientierter Pfad zwischen einer MS und einer BS oder als ein unidirektionaler Pfad von einer BS zu mehreren MS definiert. Der AL bietet eine bessere Dienstgüte (*Quality of Service*, QoS) als der BL an und setzt immer einen Verbindungsaufbau voraus. Im Vergleich zum BL, der nur die Verwendung eines erweiterten Fehlerschutzes (*Frame Check Sequence*, FCS) zur Minimierung der Anzahl der nicht erkannten fehlerhaften Nachrichten vorsieht, wird die bessere Dienstgüte des AL durch Flußkontrolle, Segmentierung der Schicht-2-Dienstdateneinheiten, einen Fenstermechanismus, der die Versendung mehrerer SDUs erlaubt, ohne auf die Bestätigung der vorhergehenden SDU warten zu müssen, und die Möglichkeit zur Auswahl verschiedener Durchsätze erreicht. Eine FCS wird beim AL grundsätzlich benutzt.

Die LLC-Teilschicht einer MS unterstützt bis zu vier ALs gleichzeitig, die jeweils durch einen eigenen Verbindungsendpunktbezeichner (*Connection End Point Identifier*, CEPI) unterschieden werden. Jeder dieser CEP-Bezeichner wird mit den von der MAC-Teilschicht verwendeten Zeitschlitzen assoziiert. Für jeden AL und jeden kanalvermittelten Dienst existiert ein BL, der die jeweilige Anzahl reservierter Zeitschlitze des korrespondierenden ALs oder leitungsvermittelten Dienstes benutzen kann.

Die Übertragungsart einer LLC-Verbindung ist unabhängig von den anderen LLC-Verbindungen einer N-Verbindung (N=Netz), z. B. kann im Punkt-zu-Mehrpunkt-Betrieb von einer MS zu mehreren anderen MS die sendende MS einen AL zur BS, die BS hingegen unbestätigte BLs zu den empfangenden MS verwenden.

Dienstelemente des TLA-, TLB- und TLC-SAP Der TLA-SAP wird für die adressierte Datenübertragung und für die Steuerung der Datenübertragungsprozeduren der Schicht 2 verwendet. Jede unabhängige Instanz eines Dienstes wird durch einen separaten Verbindungsendpunkt am TLA-SAP repräsentiert. Es können bis zu vier AL-Instanzen von einer MS gleichzeitig unterhalten werden. Der Informationsfluß ist von der MS zur BS und umgekehrt sowie innerhalb einer MS bzw. BS möglich.

Am TLA-SAP stehen die in Tab. 2.8 aufgeführten Dienstprimitive zur Verfügung, die teilweise von beiden oder nur einem Verbindungstyp BL oder AL genutzt werden. Die Einrichtung und Unterhaltung einer bestätigten Verbindung (AL) geschieht mit den vier Primitiven des TL_Connect-SP. Mit Request wird der Vorgang eingeleitet und durch Indication bei der Gegenstelle angezeigt, die wiederum ein Response zurückschickt, welches mit einem Confirm der einleitenden Stelle Informationen über den Verbindungsaufbau anzeigt.

Für die bestätigte Datenübertragung steht das TL_Data-SP zur Verfügung, welches für BL und AL getrennt definiert ist. Beim BL existiert hier zusätzlich das Response-SP, mit dem auf eine Nachricht mit einer Bestätigung oder einer neuen Nachricht geantwortet werden kann und das nicht bestätigt wird. Die unbestätigte Nachrichtenübertragung wird mittels TL_Unitdata-SP vorgenommen. Das in Tab. 2.8 angegebene Confirm-SP ist allerdings optional und zeigt lediglich die erfolgreiche Versendung an.

Das TL_Disconnect-SP wird zur Auslösung eines ALs verwendet, die mit Request eingeleitet und mit Confirm, d. h. der Bestätigung der Gegenstelle, abgeschlossen wird. Mit einem TL_Release-SP kann eine Verbindung, die z. B. anormal unterbrochen wurde, lokal in der MS bzw. BS beendet werden. Das TL_Report_ind-SP wird intern zur Information der MLE über den Status der von ihr ausgelösten Prozesse genutzt.

Die Dienstelemente an den TLB- und TLC-SAPs sind in Tab. 2.9 zusammengestellt. Mit den TL_Sync- und TL_Sysinfo_req-SPs am TLB-SAP der BS fordert die MLE-Teilschicht die BS auf, Synchronisations- und Systeminformationen für die Zellenauswahl der MS an die MS zu versenden. Die TL_Sync- und TL_Sysinfo_ind-SPs am TLB-SAP der MS werden in der MS benutzt, um die empfangenen Daten von der LLC- an die MLE-Teilschicht weiterzuleiten.

Die Dienstelemente des TLC-SAP sind für die Steuerung einer Verbindung zuständig. So wird durch das TL_Configure-SP die Schicht 2 anhand der gewählten Zellenparameter und des Zustandes der MS konfiguriert werden. Mit dem TL_Measurement_ind-SP wird den höheren Schichten die Qualität einer Verbindung durch Ergebnisse aus Messungen und der durch *Monitoring* bzw. *Scanning*, vgl. Abschn. 2.4.4.1, bestimmten Parameter der Nachbarzellen angezeigt. Durch das TL_Monitor_List-SP wird der *Monitoring*-Vorgang auf alle in einer Liste aufgeführten Kanäle angewendet und durch das TL_Monitor-SP das Ergebnis für einen Kanal angezeigt. Das TL_Report-SP wird wie am TLA-SAP verwendet. Mit dem TL_Scan-SP wird der *Scan*-Vorgang eines Kanals gestartet und durch das TL_Scan_Report-SP das Ergebnis mitgeteilt. Mit dem TL_Select-SP wird mit Request und Confirm die von der MLE-Teilschicht an die MAC-Teilschicht gege-

2.4 Der Protokollstapel Voice+Data

Tabelle 2.8: Dienstelemente des V+D-TLA-SAPs

Dienstelement	Beschreibung	Link Typ
TL_Cancel_req	Aufforderung, eine Übertragung abzubrechen, bevor sie überhaupt stattgefunden hat	BL, AL
TL_Connect_req/conf TL_Connect_ind/resp	Versenden/Empfang der für die Einrichtung bzw. Unterhaltung einer Verbindung notwendigen Parameter	AL
TL_Data_req/conf TL_Data_ind/resp	Versenden und Empfang von Daten mit Bestätigung	BL
TL_Data_req/conf TL_Data_ind	Versenden und Empfang von Daten mit Bestätigung	AL
TL_Disconnect_req/conf TL_Disconnect_ind	Auslösung einer Verbindung zwischen zwei korrespondierenden AL-Instanzen	AL
TL_Release_req TL_Release_ind	interne Auslösung einer Verbindung ohne die Gegenstelle davon zu informieren	BL, AL
TL_Report_ind	Meldung an die MLE über den Status einer von der MLE ausgelösten Aktion	BL, AL
TL_Unitdata_req/conf TL_Unitdata_ind	Versenden und Empfang von Daten ohne Bestätigung	BL, AL

bene Aufforderung zur Kanalwahl bzw. zum Kanalwechsel ausgeführt sowie durch die MAC-Teilschicht der MLE durch **Indication** und **Response** der von der BS geforderte Kanalwechsel mitgeteilt.

In Tab. 2.10 sind alle Dienstprimitive der LLC- und MAC-Teilschicht zusammengefaßt und zueinander in Beziehung gestellt. Detaillierte Erläuterungen sind in [41, 44] enthalten.

Datenstrukturen Die Protokolldateneinheiten (*Protocol Data Unit*, PDU) der LLC-Teilschicht werden LLC-Rahmen genannt und sind abhängig vom verwendeten Verbindungstyp, AL oder BL, definiert.

Basic Link Die Dienstdateneinheiten der von der MLE empfangenen Dienstelemente (*Service Primitive*, SP) werden beim BL nicht in der LLC-Teilschicht sondern in der MAC-Teilschicht segmentiert, mit einem LLC-Kopf und optional mit einer Prüfsumme (FCS) versehen. Während der bestätigte Dienst nur für die Punkt-zu-Punkt-Kommunikation vorgesehen ist, kann der unbestätigte Dienst auch für eine Punkt-zu-Mehrpunkt-Kommunikation verwendet werden. Für den BL wurden folgende PDUs spezifiziert:

Tabelle 2.9: Dienstelemente des V+D-TLB- und TLC-SAPs

Dienstelement	Beschreibung	SAP
TL_Sync_req/ind	Broadcast von Synchronisationsparametern für die Zellenauswahl.	TLB
TL_Sysinfo_req/ind	Broadcast von Systeminformationen für die Zellenauswahl.	
TL_Configure_req/conf	Konfiguration der Schicht 2 anhand gegebener Zellparameter	TLC
TL_Measurement_ind	Meldung der Meßergebnisse über die Qualität einer Verbindung	
TL_Monitor_ind	Meldung der Meßergebnisse über die Pfadverluste dieser Kanäle	
TL_Monitor_List_req	Aufforderung, die Pfadverluste einer bestimmten Anzahl von Kanälen zu ermitteln	
TL_Report_ind	Meldung an die MLE über den Status einer von der MLE ausgelösten Aktion	
TL_Scan_req/conf	Untersuchung eines bestimmten Kanals	
TL_Scan_Report_ind	Regelmäßige Meldung der Signalqualität eines Kanals und der aktuellen Zellparameter nach Abschluß der Untersuchung des Kanals	
TL_Select_req/conf	Auswahl eines bestimmten Kanals für die Funkübertragung	
TL_Select_ind/resp		

BL_Adata: Dieser Rahmen wird bei einer verbindungslosen Übertragung für die Bestätigung eines empfangenen Rahmens und zum Senden von SDUs, die von der MLE kommen und bestätigt werden sollen, benutzt. Es darf erst wieder eine BL_Adata-PDU nach Bestätigung durch eine BL_Adata-PDU oder einer BL_Ack-PDU der zuletzt versandten PDU gesendet werden.

BL_Data: Dieser Rahmen wird für die bestätigte, verbindungslose Übertragung verwendet und enthält die zu übertragene SDU der MLE. Ein erneuter BL_Data-Rahmen darf erst wie bei der BL_Adata-PDU nach Bestätigung des zuletzt versandten gesendet werden.

BL_Udata: Dieser Rahmen wird für die unbestätigte, verbindungslose Übertragung eingesetzt, um Daten der MLE zu versenden. Hier können mehrere Rahmen hintereinander gesendet werden, da nicht auf Bestätigung gewartet werden muß.

BL_Ack: Der Empfang einzelner BL_Data-PDUs wird hiermit bestätigt. Falls eine Nachricht der MLE vorliegt, kann der BL_Ack-Rahmen auch Schicht-3-Informationen beinhalten.

2.4 Der Protokollstapel Voice+Data

Tabelle 2.10: Verbindung zwischen V+D-LLC- und MAC-Dienstelementen

LLC-SAP	LLC-Dienstelement	MAC-Dienstelement	MAC-SAP
TLA	TL_Connect_req/resp	TMA_Unitdata_req	TMA
	TL_Data_req/resp		
	TL_Disconnect_req		
	TL_Unitdata_req		
	TL_Connect_ind/conf	TMA_Unitdata_ind	
	TL_Data_ind/conf		
	TL_Disconnect_ind/conf		
	TL_Unitdata_ind		
	TL_Cancel_req	TMA_Cancel_req	
	TL_Release_req/ind	none	
	TL_Report_ind	TMA_Report_ind	
		TMA_Unitdata_ind	
TLB	TL_Sync_req/ind	TMB_Sync_req/ind	TMB
	TL_Sysinfo_req/ind	TMB_Sysinfo_req/ind	
TLC	TL_Configure_req/conf	TMC_Configure_req/conf	TMC
	TL_Measurement_ind	TMC_Measurement_ind	
	TL_Monitor_ind	TMC_Monitor_ind	
	TL_Monitor_List_req	TMC_Monitor_List_req	
	TL_Report_ind	TMC_Report_ind	
	TL_Scan_req/conf	TMC_Scan_req/conf	
	TL_Scan_Report_ind	TMC-Scan-Report_ind	
	TL_Select_req/conf/ind	TMC-Select_req/conf/ind	
		TMD-Report_ind	TMD
		TMD-Unitdata_req/ind	

Advanced Link Bei einer Übertragung über einen AL darf die Schicht-2-SDU länger als bei einer BL-Übertragung sein, da die LLC-Teilschicht Segmentierung als Dienstgüteparameter für einen AL anbietet. Im Gegensatz zu der beim BL verwendeten Fragmentierung in der MAC-Teilschicht, wird bei der LLC-Segmentierung jedem Segment eine Nummer zugeteilt, um die Reihenfolge der Segmente beim Empfänger zu erkennen. Zusätzlich kann durch die Numerierung ein verlorengegangenes Segment vom Empfänger angefordert werden, so daß nicht die vollständige Nachricht wiederholt werden muß. Die Dienste des BL stehen ebenfalls zur Verfügung. Folgende PDUs sind für den AL definiert:

AL_Setup: Jeder AL setzt einen Verbindungsaufbau voraus. Dieser Rahmen wird bei der Einrichtung eines ALs sowohl für eine unbestätigte als auch eine bestätigte Übertragung verwendet und enthält die zu verhandelnden Dienstgüteparameter (*Quality of Service*, QoS). Die gerufene Gegenstelle bestätigt den Verbindungsaufbau und bei bestätigter Übertragung die Annahme der QoS ebenfalls mit einem AL_Setup-Rahmen. Wenn sie die QoS-Parameter nicht erfüllen kann, sendet sie ihre QoS-Parameter, die dann von der rufenden Stelle durch erneutes AL_Setup bestätigt werden müssen.

AL_Data: Dieser Rahmen wird für die bestätigte Übertragung von Schicht-3-Informationen benutzt. Er enthält jeweils ein Segment der TL-SDU und alle bis auf das letzte Segment werden mit dieser PDU gesendet. Der Fenstermechanismus des ALs erlaubt, mehrere TL-SDUs zu versenden, bevor auf eine Bestätigung einer vollständig empfangenen TL-SDU gewartet werden muß. Zur Flußsteuerung wird das Fenster jedoch nicht verwendet.

AL_Data-AR: *(AR = Acknowledge Request)*. Dieser Rahmen hat dieselbe Bedeutung wie der AL_Data-Rahmen. Zusätzlich wird die andere Seite aufgefordert, unverzüglich eine Bestätigung zurückzusenden.

AL_Final: Dieser Rahmen zeigt der Partnerinstanz an, daß das in diesem Rahmen enthaltene Segment das letzte der zu übertragenden TL-SDU ist.

AL_Final_AR: Analog zu AL_Final und AL_Data-AR enthält dieser Rahmen das letzte zu übertragende Segment und fordert zusätzlich eine Bestätigung an.

AL_Udata: Nach dem Aufbau einer Verbindung mit unbestätigter Übertragung wird diese PDU für den unidirektionalen Informationsaustausch benutzt. Es wird jeweils ein Segment der TL-SDU bis auf das letzte der gesamten Nachricht mit dieser PDU gesendet. Die Segmente werden numeriert, so daß der Empfänger ein verlorengegangenes Segment bemerkt.

AL_Ufinal: Dieser Rahmen übermittelt dem Empfänger das letzte Segment einer unbestätigten Übertragung. Es wird also nur als Abschluß eines oder mehrerer AL_Udata verwendet.

AL_Ack: Wurde eine Bestätigung angefordert oder hat sich das Fenster geschlossen, werden alle als fehlerlos empfangenen TL-SDU-Segmente hiermit bestätigt. Ein AL_Ack-Rahmen impliziert somit auch eine Aufforderung, selektiv nicht bestätigte Segmente erneut zu versenden.

AL_RNR: *(RNR = Receiver Not Ready)*. Zu jedem Zeitpunkt kann der Empfänger als Flußsteuerung diesen Rahmen versenden. Der AL_RNR-Rahmen ersetzt den AL_Ack-Rahmen, wenn der Empfänger zeitweise nicht in der Lage ist, neue PDUs zu empfangen. Die als fehlerhaft markierten Segmente dürfen jedoch weiterhin versendet werden. Erst nach Erhalt eines AL_Ack-Rahmens oder nach dem Ablauf eines Timers, der bei Erhalt des AL_RNR-Rahmens gestartet wurde, dürfen neue Rahmen gesendet werden.

2.4 Der Protokollstapel Voice+Data

AL_Disc: Zur Auslösung eines ALs mit bestätigter oder unbestätigter Übertragung wird ein AL_Disc-Rahmen verwendet. Im Falle bestätigter Übertragung antwortet der Empfänger ebenfalls mit einem AL_Disc-Rahmen.

Zustandsdiagramme Die Zustände in der LLC-Teilschicht sind im Standard für den *Basic Link* nur sehr oberflächlich und für den *Advanced Link* nicht widerspruchsfrei erläutert, so daß nicht mit Sicherheit verläßliche Angaben gemacht werden können.

Basic Link Für den Basic Link gibt es in der LLC-Teilschicht nur zwei Zustände der bestätigten Datenübertragung, die nach Synchronisation zwischen MS und BS eingenommen werden können. Sonst befindet sich die LLC-Teilschicht im IDLE Zustand. Der TX-READY-Zustand, in dem durch ein TL_Data_req-SP Nachrichten verschickt werden können und durch TL_Report_ind Aktionen während der Übertragung angezeigt werden. Durch ein TL_Data_resp-SP wird die Bestätigung der Gegenstelle angezeigt.

Der Zustand RX-READY wird von der empfangenden Station eingenommen; auch hier werden mit dem TL_Report_ind-SP die Aktionen während des Empfangsvorganges mitgeteilt. Mit dem TL_Data_ind-SP wird die eingehende Nachricht angezeigt und mit dem TL_Data_conf-SP bestätigt.

Zustände für den unbestätigten Datentransfer sind nicht im Standard enthalten.

Advanced Link In Abb. 2.15 ist eine Übersicht über die Zustände der LLC-Teilschicht im Advanced Link gegeben, die im folgenden erläutert wird.

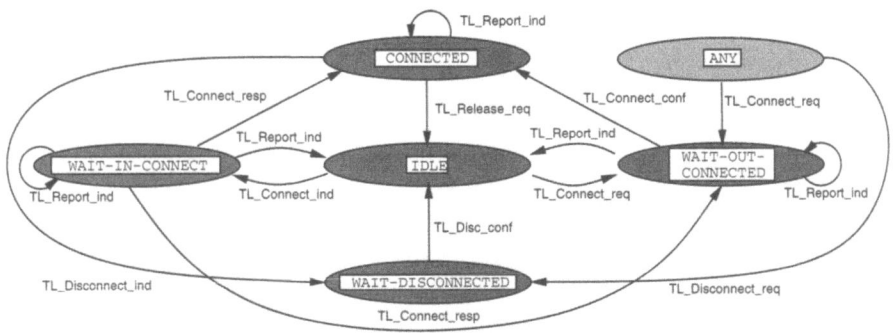

Abbildung 2.15: Zustandsdiagramm des Advanced Links in der V+D-LLC-Teilschicht

Von jedem Zustand aus kann durch ein TL_Connect_req-SP in den WAIT-OUT-CONNECTED Zustand gewechselt werden. Dazu wird eine AL_Setup-PDU generiert, die der Gegenstelle den Verbindungswunsch mitteilt. Die Aktionen des Verbindungsaufbaus werden durch ein TL_Reportind-SP angezeigt. Bei Nichtzustandekommen der Verbindung, das durch verschiedene AL_Setup-PDUs und durch die AL_Disc-PDU vermittelt wird, wird in den Zustand IDLE übergegangen. Wird die Verbindung erfolgreich aufgebaut, wechselt die LLC-Teilschicht durch ein TL_Connect_conf-SP in den Zustand CONNECTED.

Erhält eine LLC-Teilschicht im Zustand IDLE durch ein TL_Connect_ind-SP einen Verbindungsaufbauwunsch, wechselt sie in den Zustand WAIT-IN-CONNECT. Von hier wird bei erfolgreichem Verbindungsaufbau mit einem TL_Connect_resp-SP in den CONNECTED Zustand gewechselt. Wenn die Verbindung mit anderen QoS-Parametern aufgebaut werden soll, wird ein TL_Connect_resp-SP mit dieser Meldung generiert, in den WAIT-OUT-CONNECTED Zustand übergegangen und wie oben beschrieben fortgefahren. Falls keine Verbindung zustande kommt, wird durch das TL_Disconnected_req-SP in den Zustand WAIT-DISCONNECTED gewechselt. Schlägt der Zugriff auf den Kanal fehl, zeigt die LLC-Teilschicht dies mit dem TL_Report_ind-SP an und geht in den IDLE-Zustand über.

Wenn die sendende LLC-Teilschicht ein TL_Disconnect_req-SP erhält, wird von jedem außer dem IDLE-Zustand in den WAIT-DISCONNECTED-Zustand gewechselt und zwar durch Versenden einer AL_Disc-PDU. Bei einer im Zustand CONNECTED anormal, d. h. nicht von der LLC-Teilschicht initiiert, unterbrochenen Verbindung (angezeigt durch das TL_Report_ind-SP), wird mittels eines internen TL_Release_req-SP der IDLE Zustand eingenommen. Der Zustand CONNECTED besteht wiederum aus mehreren Zuständen: Ausführliche Angaben sind in [41, 44] aufgeführt.

- **AL-TX-READY**: Die MS ist zum bestätigten Sendevorgang bereit.
- **AL-RX-READY**: Die MS ist zum bestätigten Empfangsvorgang bereit.
- **AL-UNACK-READY**: Die MS ist bereit, unbestätigte Daten zu empfangen bzw. zu senden.

2.5 Der TETRA-Protokollstapel Packet Data Optimized

Dieser Protokollstapel realisiert erstmals in einem europäischen Standard ein Konzept für das statistische Multiplexen von Paketen vieler Datenquellen auf Funkkanäle unter der Steuerung der entsprechenden Basisstation. Man spricht von pe-

2.5 Der TETRA-Protokollstapel Packet Data Optimized

riodenorientierter Planung der Nutzung von Übertragungskapazität der einzelnen logischen Kanäle, wobei je Periode am Downlink die für Übertragungen am Uplink zugelassenen Mobilstationen explizit benannt werden und jede Periode Zeitschlitze für den wahlfreien Zugriff von Mobilstationen enthält, die in der nächsten Periode übertragen wollen. Dieses Konzept ist der kanalorientierten Übertragung überlegen, wenn pro Übertragungsereignis nur wenige Daten vorliegen. Der Standard ETSI/HIPERLAN Type 1 enthält ein verwandtes Konzept; für die Wireless-ATM Standards (ETSI/HIPERLAN Type 2/3) erwartet man TETRA-PDO ähnliche Funkschnittstellen.

Der Protokollstapel PDO besteht aus drei Schichten: der Bitübertragungsschicht (*Physical Layer*, PL), die PDO und V+D gemein ist, den Teilschichten *Logical Link Control* (LLC) und *Medium Access Control* (MAC) der Sicherungsschicht (*Data Link layer*, DL) und den Netz- und Mobilstationsverwaltungsdiensten der Netzschicht (*Network layer*, N), vgl. Abb. 2.16.

Die Dienste der Netzschicht lassen sich in verbindungslose und verbindungsorientierte Dienste aufteilen: Der verbindungsorientierte Dienst von TETRA basiert auf dem Standard CONS ISO-8348. Bei den verbindungslosen Diensten wird zwischen einem TETRA-spezifischen verbindungslosen Dienst (*Specific Connection-*

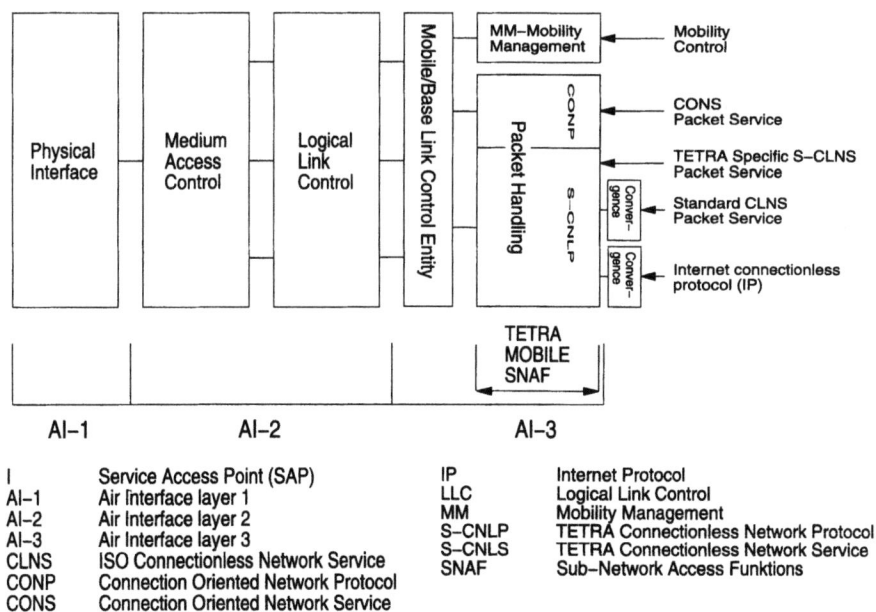

Abbildung 2.16: Packet-Data-Optimized-Protokollstapel

Less Network Service, S-CLNS), dem CLNS ISO-8348 und dem verbindungslosen Dienst des *Internet Protocol* (IP) unterschieden. Für letztere erfolgt dann eine Anpassung an TETRA. Der verbindungslose Dienst nach ISO bzw. IP wird angeboten, um Interworking mit X.25/X.75-Paketdatennetzen bzw. mit dem Internet zu ermöglichen.

Die Mobilitätsverwaltung (*Mobility Management*, MM) sieht u. a. die Registrierung der Mobilstationen bei der Basisstation und den schnellen Verbindungswiederaufbau *(Fast Call Reestablishment)* vor. Die *Mobile Link Entity* (MLE) stellt die unterste Teilschicht der Netzschicht dar. Alle Informationen der Sicherungsschicht gelangen nur durch die MLE zu höheren Schichten, damit die funkspezifischen Aspekte der Sicherungs- und Bitübertragungsschicht so transparent wie möglich erscheinen. Zu den Aufgaben der MLE gehören die Zellenauswahl und Broadcasts von Systeminformationen.

Nachfolgend werden die Teilschichten LLC und MAC der Sicherungsschicht ausführlich erklärt.

2.5.1 Architektur der Sicherungsschicht

Laut Abb. 2.17 bietet die Sicherungsschicht der MLE ihre Dienste an drei verschiedenen Dienstzugangspunkten (*Service Access Point*, SAP) an: TETRA-LLC-A, TLB und TLC. Am TLA-SAP werden die für eine Datenübertragung notwendigen Dienste angeboten. Über den TLB-SAP erfolgen ausschließlich die Versendung (Basisstation) und der Empfang (Mobilstation) von Broadcast-Nachrichten. Lediglich auf Seiten der Mobilstation findet der für lokale Steuernachrichten, insbesondere Kanalverwaltungsfunktionen, zuständige TLC-SAP Verwendung.

2.5.1.1 Logical Link Control

Das LLC-Protokoll ist ein Schicht-2-Protokoll für die PDO-Luftschnittstelle (*Air Interface*, AI). Jede Schicht-2-Instanz dient zur Verbindung einer Basisstation mit einer Mobilstation oder einer Gruppe von Mobilstationen. Falls eine Mobilstation Verbindungen mit mehreren Basisstationen einrichten möchte, sind entsprechend viele Instanzen nötig. Die LLC-Teilschicht fügt den Diensten der TLB- und TLC-SAPs keine weitere Funktionalität hinzu.

Am TLA-SAP werden die drei Dienste bestätigte und unbestätigte Punkt-zu-Punkt-Datenübertragung und unbestätigte Punkt-zu-Mehrpunkt-Datenübertragung angeboten. Der letztere Dienst wird jedoch nur in Richtung BS → MS angeboten, da ein Punkt-zu-Mehrpunkt-Dienst in der anderen Richtung bereits in der Schicht 3 existiert.

2.5 Der TETRA-Protokollstapel Packet Data Optimized

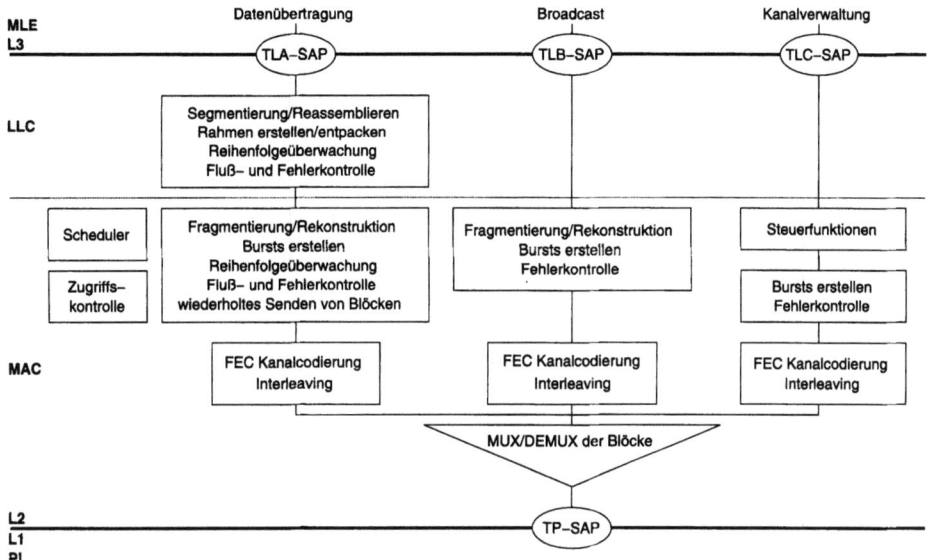

Abbildung 2.17: Architektur der Packet-Data-Optimized-Sicherungsschicht

Die LLC-Teilschichtfunktionen werden als *Link Access Protocol for TETRA* (LAP.T) bezeichnet. Das Protokoll ist einseitig gesteuert *(unbalanced)*; eine Instanz des Protokolls bietet immer nur einen Dienst für eine unidirektionale Übertragung an. Sowohl für den Uplink als auch den Downlink kann das Protokoll verwendet werden. Für eine bidirektionale Verbindung sind zwei Instanzen erforderlich.

Der unbestätigte und der bestätigte Dienst bieten die Funktionen Endpunktadressierung, Segmentierung, Reihung und optional erweiterter Fehlerschutz mit Hilfe einer *Frame Check Sequence* (FCS) an. Zusätzlich sieht der bestätigte Dienst eine Flußsteuerung vor.

Datenstrukturen LAP.T verwendet als LLC-Rahmen bezeichnete Protokolldateneinheiten (PDU). Die Dienstdateneinheiten (*Service Data Unit*, SDU) der von der MLE empfangenen Dienstelemente (*Service Primitive*, SP) werden in mehrere Segmente aufgeteilt und auf die Körper der logischen LLC-Rahmen abgebildet, vgl. Abb. 2.18. Von empfangenen LLC-Rahmen werden in richtiger Reihenfolge die LLC-Körper zu SDUs für Schicht 3 reassembliert. Die Parameter der Schnittstellensteuerinformation (*Interface Control Information*, ICI) des LLC-Dienstelements werden zusammen mit eigenen LLC-Parametern im Kopf jedes Rahmens abgelegt. Wenn von der MLE verlangt, wird an den LLC-Körper eine FCS als erweiterter Fehlerschutz angehängt.

64 2 Bündelfunksysteme der 2. Generation: Der TETRA-Standard

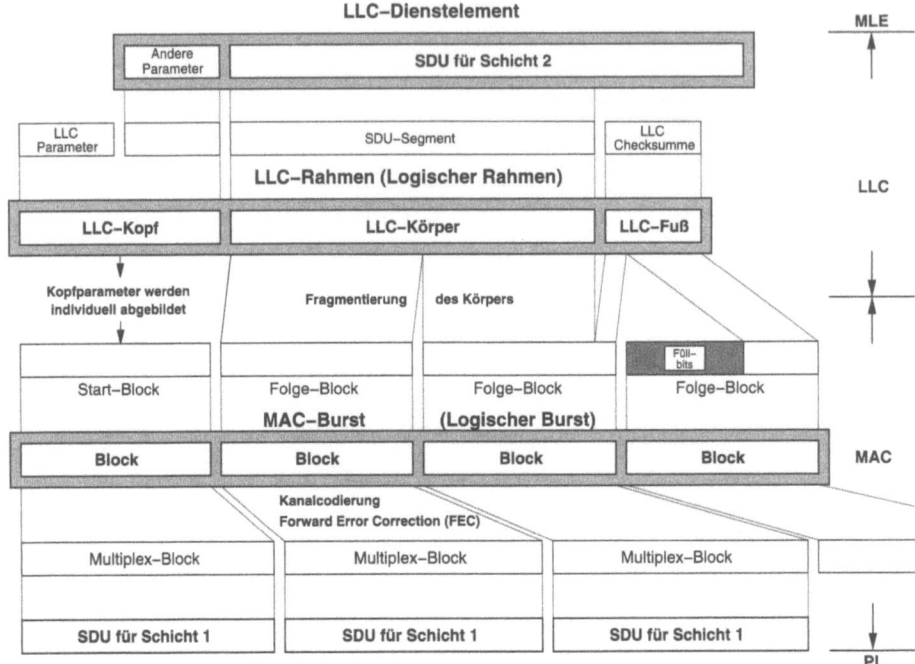

Abbildung 2.18: Datenstrukturen der Packet-Data-Optimized-Sicherungsschicht

Die Elemente der LLC-Rahmen werden als ein Satz interner Parameter an die MAC-Teilschicht weitergereicht bzw. von ihr empfangen und erscheinen hinterher als explizite Elemente in einer oder mehreren MAC-PDUs.

LAP.T ist eine vereinfachte Version des ISDN Link Access Protocols LAPD. Zur Vermeidung von Protokolloverhead wurde ein vereinfachtes Protokoll gewählt, um Funktionen der MAC-Teilschicht nicht in der LLC-Teilschicht zu wiederholen.

Die LLC-Teilschicht kennt folgende Rahmentypen:

AI *(Acknowledged Information)*: AI-Rahmen werden ausschließlich bei bestätigter Übertragung verwendet und nur von der Sendeseite versendet. Sie beinhalten Informationen der Schicht 3 und werden sequentiell numeriert. Außerdem werden AI-Rahmen zur Rücksetzung der Verbindung in einen definierten Anfangszustand benutzt.

RR *(Receive Ready)*: Mit Hilfe von RR-Rahmen, die keine Schicht-3-Informationen enthalten, wird der Empfang bzw. die Bereitschaft zum Empfang von

2.5 Der TETRA-Protokollstapel Packet Data Optimized

Al-Rahmen angezeigt. Ferner kann von der Empfangsseite die Rücksetzung der Verbindung bestätigt oder angefordert werden.

UI *(Unacknowledged Information)*: Nur bei unbestätigter Übertragung und auf Aufforderung der MLE werden UI-Rahmen verwendet. Sie enthalten Schicht-3-Informationen und dürfen ohne Benachrichtigung des Senders verloren gehen.

Dienstelemente des TLA-SAPs Der TLA-SAP, vgl. Abb. 2.17, wird für die adressierte Datenübertragung und für die Steuerung der Datenübertragungsprozeduren der Schicht 2 verwendet. Jede unabhängige Instanz eines Dienstes wird durch einen separaten Verbindungsendpunkt (*Connection End Point*, CEP) am TLA-SAP repräsentiert.

Alle TLA-SAP-Dienstelemente korrespondieren mit unidirektionalen Transaktionen, vgl. Tab. 2.11. Die TL_(TETRA-LLC)_Connect-Dienstelemente werden für die Einrichtung einer unidirektionalen Verbindung (BS → MS oder MS → BS) verwendet. Eine Verbindung muß eingerichtet worden sein, bevor sie benutzt wird. Die TL_Data-Dienstelemente werden für alle unidirektionalen Datenübertragungen über diese Verbindung benutzt. Die genannten Dienstelemente werden für die bestätigte, verbindungsorientierte Punkt-zu-Punkt-Übertragung benötigt. Bei verbindungsloser, unbestätigter Punkt-zu-Punkt- oder Punkt-zu-Mehrpunkt-

Tabelle 2.11: Dienstelemente des PDO-TLA-SAPs

Dienstelement	Beschreibung
TL_Connect_req	Aufforderung an Schicht 2, eine Verbindung neu oder wieder einzurichten für eine bestätigte Übertragung.
TL_Connect_conf	Bestätigung der Einrichtung einer Verbindung.
TL_Connect_ind	Meldung an Schicht 3, daß eine Verbindung eingerichtet wurde.
TL_Data_req	Aufforderung an Schicht 2, eine bestätigte Nachricht zu übertragen.
TL_Data_conf	Meldung an Schicht 3, ob das Versenden der bestätigten Nachricht erfolgreich verlaufen ist.
TL_Data_ind	Weiterreichung einer empfangenen bestätigten Nachricht an Schicht 3.
TL_Unitdata_req	Aufforderung an Schicht 2, eine unbestätigte Nachricht zu versenden.
TL_Unitdata_ind	Weiterreichung einer empfangenen unbestätigten Nachricht an Schicht 3.

Übertragung werden die TL_Unitdata-Dienstelemente verwendet. Da keine Verbindung vorliegt, dürfen sie zu jedem Zeitpunkt versendet werden.

Zustandsdiagramm In LAP.T sind vier Zustände definiert, vgl. Abb. 2.19, wobei UNCONNECTED der Anfangszustand einer LAP.T-Instanz ist. Die Zustände beziehen sich nur auf die bestätigte Übertragung; unbestätigte Übertragung ist in jedem Zustand erlaubt. Die bestätigte Übertragung findet nur im Zustand CONNECTED statt, während die anderen Zustände Teil des Verbindungsaufbaus sind.

Verbindungsaufbau Ein Verbindungsaufbau wird vom Sender eingeleitet, wenn ein TL_Connect_req-Dienstelement empfangen wurde. Ein Al-Rahmen mit einer Aufforderung zur Verbindungseinrichtung wird versendet und es folgt ein Übergang nach CONNECT EXPECTED (1), vgl. Tab. 2.12. Im Falle eines Time-Outs wird in den Ausgangszustand zurückgekehrt (2) und die MLE mit einem negativen TL_Connect_conf-SP unterrichtet. Der Empfänger beantwortet diesen Al-Rahmen mit einem RR-Rahmen, informiert die MLE mit einem TL_Connect_ind-SP und nimmt den Zustand CONNECTED ein (3).

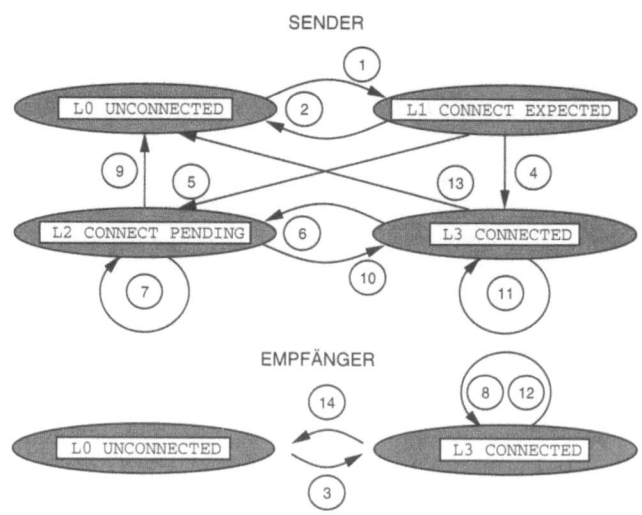

Abbildung 2.19: LAP.T-Zustandsübergänge

2.5 Der TETRA-Protokollstapel Packet Data Optimized

Tabelle 2.12: LAP.T-Zustandsübergänge

	Sender
1	TL_Connect_req von MLE → AI-Rahmen an Empfänger
2	Kein RR-Rahmen empfangen (Time-Out) ⇒ neg. TL_Connect_conf an MLE
4	RR-Rahmen empfangen ⇒ positives TL_Connect_conf an MLE
5, 6, 7	TL_Connect_req oder weiteres TL_Data_req (nur 6) von MLE oder Rücksetzanforderung vom Empfänger (RR-Rahmen) ⇒ AI-Rahmen mit Rücksetzanforderung/-bestätigung an Empfänger
9	Kein RR-Rahmen empfangen ⇒ negatives TL_Data_conf bzw. TL_Connect_conf an MLE
10	RR-Rahmen empfangen ⇒ positives TL_Connect_conf an MLE oder mit Übertragung beginnen
11	TL_Data_req von MLE ⇒ Datenübertragung mit Flußkontrolle
13	Bestätigung des letzten AI-Rahmens oder keinen RR-Rahmen empfangen (Time-Out) ⇒ positives oder negatives TL_Data_conf an MLE

	Empfänger
3	AI-Rahmen empfangen ⇒ Bestätigung (RR-Rahmen) an den Sender, TL_Connect_ind an MLE
8	Rücksetzanforderung bestätigen oder anfordern (RR-Rahmen) ⇒ TL_Connect_ind an MLE
12	Bestätigung empfangener Daten (RR-Rahmen)
14	Letzte Bestätigung versendet ⇒ TL_Data_ind an MLE oder keinen AI-Rahmen empfangen (Time-Out)

Dieser RR-Rahmen führt beim Sender ebenfalls zum Übergang in den Zustand CONNECTED (4) und zur Versendung eines positiven TL_Connect_conf-SP. Falls eine Rücksetzung der Verbindung durch einen RR-Rahmen des Empfängers oder durch ein TL_Connect_req-SP eingeleitet wird und noch unbestätigte AI-Rahmen ausstehen, erfolgt ein Übergang in den Zustand CONNECT PENDING (5, 6, 7). Der Übergang 6 von L3 nach L2 kann auch durch ein weiteres TL_Data_req-SP ausgelöst werden. Es wird jeweils ein neuer AI-Rahmen gesendet, der die Rücksetzung der Verbindung bestätigt (RR-Rahmen) oder anfordert (TL_Connect_req, TL_Data_req).

Der Empfänger bestätigt eine Rücksetzanforderung mit einem RR-Rahmen (8) und sendet ein TL_Connect_ind-SP zur MLE. Erhält der Sender keine Bestätigung (Time-Out), geht er in den Ausgangszustand UNCONNECTED über (9) und informiert die MLE hierüber mit einem negativen TL_Data_conf- bzw. TL_Connect_conf-

SP. Im anderen Falle kehrt er in den Zustand CONNECTED zurück (10) und versendet ggf. ein positives TL_Connect_conf-SP.

Bestätigte Datenübertragung Durch ein TL_Data_req-SP aufgefordert, versendet die Sendeseite segmentierte Schicht-3-SDUs in mehreren AI-Rahmen (11), die von der Empfangsseite durch RR-Rahmen bestätigt werden (12). Zur Flußkontrolle wird ein Fenster der maximalen Größe 3 verwendet. Vollständig empfangene Schicht-3-SDUs werden der MLE durch ein TL_Data_ind-SP angezeigt. Auf der Sendeseite wird der Erfolg oder der Mißerfolg einer Übertragung der MLE durch ein TL_Data_conf-SP übermittelt. Wird vergeblich auf einen AI- oder RR-Rahmen gewartet (Time-Out) oder wurde der letzte Rahmen einer Übertragung empfangen bzw. bestätigt, kehrt die jeweilige LAP.T-Instanz in den Anfangszustand zurück (13, 14).

2.5.1.2 Medium Access Control

Für die Broadcast- und lokalen Kanalverwaltungsfunktionen tauschen MAC und MLE über den TLB-SAP und den TLC-SAP Informationen aus. Zwischen den Teilschichten LLC und MAC wird keine formale Dienstgrenze festgelegt; weder SPs noch SAPs sind hierfür definiert. Die MAC-Teilschicht empfängt LLC-Rahmen bestehend aus Kopf, Körper und Fuß, vgl. Abb. 2.18. Diese drei Teile werden in logischen MAC-Bursts (MAC-PDUs) übertragen. Ein MAC-Burst besteht aus einem Startblock *(Presiding Block)* und zwischen 0 bis 40 anschließenden Folgeblöcken *(Following Blocks)*, wobei die Parameter des LLC-Kopfes auf den Startblock, der LLC-Körper und der LLC-Fuß auf die Folgeblöcke abgebildet werden. Er korrespondiert mit einer kontinuierlichen Funkübertragung. Die einzelnen Blöcke eines MAC-Bursts werden abhängig vom Typ des MAC-Bursts über zwei logische Kanäle, *Master Block Channel* (MBCH) und *Normal Block CHannel* (NBCH), der Kanalcodierung zugeführt. Abhängig vom logischen Kanal werden die Blöcke mit systematischer Redundanz (FEC) versehen und verschlüsselt. Diese so veränderten Multiplex-Blöcke werden als SDUs an die Bitübertragungsschicht weitergereicht.

Eine Transaktion ist eine verbundene Folge von Funkübertragungen und entspricht der Übertragung eines LLC-Rahmens. Auf dem Uplink können aufeinanderfolgende Transaktionen miteinander verbunden werden, so daß ein erneuter Zufallszugriff für jeden weiteren LLC-Rahmen entfällt. Als kleinste Transaktion gilt die Übertragung eines einzigen MAC-Bursts. Jedoch treten längere Transaktionen auf, wenn mehrere Bursts entweder aufgrund der Segmentierung der Schicht-2-SDU oder aufgrund der erneuten Versendung von fehlerhaft übertragenen Blöcken erforderlich sind. 24 bit breite Schicht-2-Adressen (*Short Subscriber Identity*, SSI) werden für jede Transaktion verwendet. Zur Verringerung des Adreßoverheads vergibt die BS

2.5 Der TETRA-Protokollstapel Packet Data Optimized

10 bit breite Adreßmarken *(Event Label)*, die in den jeweiligen MAC-Bursts anstelle der SSI benutzt werden. Event-Label gelten immer nur für eine Transaktion.

Eine Basisstation kann mehrere Uplink- und Downlink-Trägerfrequenzen verwenden, wobei asymmetrischer Betrieb, d. h. ungleiche Anzahl Up- und Downlink-Trägerfrequenzen, möglich ist.

Dienstelemente der TLB- und TLC-SAPs Über den TLB-SAP werden auf Seiten der BS von der MLE zur MAC-Teilschicht Systeminformationen mit Hilfe der Dienstelemente TL_Broadcast-1 und TL_Broadcast-2 weitergeleitet, die als Broadcastinformation *(System Information Type 1*, SIN1- oder SIN2-PDU) versendet werden. Auf Seiten der MS werden die in diesen MAC-Bursts enthaltenen Informationen zur MLE gesendet, vgl. Tab. 2.13.

Über den TLC-SAP tauschen die MLE und die MAC-Teilschicht der Mobilstation Kanalverwaltungsinformationen aus, vgl. Tab. 2.14. Mit Hilfe der TL_Scan-SPs wird die Untersuchung von Funkkanälen und die Berichterstattung der Meßergebnisse durchgeführt. Regelmäßig informiert die MAC-Teilschicht die MLE über die Meßergebnisse der aktuellen Zelle (TL_Serving_ind). Ist die MLE an der Signalqualität anderer Funkkanäle interessiert, überreicht sie der MAC-Teilschicht eine entsprechende Liste und erhält danach die Signalqualitätsmessungen der jeweiligen Funkkanäle zurück (TL_Monitor). Hat sich die MLE für einen Funkkanal entschieden, teilt sie dies der MAC-Teilschicht mit, die den Erfolg der Kanalauswahl zurückmeldet (TL_Select).

Eine MS kann in den drei Modi *Normal Mode* (NOR), *Low Duty Mode* (LOD) oder *Very Low Duty Mode* (VLD) betrieben werden. Im NOR-Modus hört sie der BS ständig zu. Die beiden anderen Modi unterscheiden sich nur durch die Größe der Zeitintervalle, nach denen die MS der BS wieder zuhört. In einer regelmäßig von der BS versendeten WakeUp (WU)-PDU werden diese Zeitintervalle definiert.

Tabelle 2.13: Dienstelemente des PDO-TLB-SAP

Dienstelement	Beschreibung
TL_Broadcast-1_req	Aufforderung zur Versendung einer SIN1-PDU. Das Versenden wird bis zum Eintreffen einer neuen Aufforderung in regelmäßigen Zeitabständen wiederholt.
TL_Broadcast-1_conf	Bestätigung der Verarbeitung einer SIN1-PDU.
TL_Broadcast-1_ind	Weiterreichung einer empfangenen SIN1-PDU (MS).
TL_Broadcast-2_req	Aufforderung zur Versendung einer SIN2-PDU.
TL_Broadcast-2_conf	Bestätigung der Verarbeitung einer SIN2-PDU.
TL_Broadcast-2_ind	Weiterreichung einer empfangenen SIN2-PDU (MS).

Tabelle 2.14: Dienstelemente des PDO-TLC-SAPs

Dienstelement	Beschreibung
TL_Scan_req TL_Scan_conf	Aufforderung auf Seiten der MS, einen Funkkanal zu untersuchen und die Meßergebnisse an Schicht 3 zu melden.
TL_Serving_ind	Meldung der Meßergebnisse für die aktuelle Zelle.
TL_Monitor_req TL_Monitor_ind	Aufforderung auf Seiten der MS, die Signalqualität einer Liste von Funkkanälen zu überprüfen und die Meßergebnisse an die Schicht 3 zu melden.
TL_Select_req TL_Select_conf	Aufforderung auf Seiten der MS, einen definierten Funkkanal auszuwählen und die Auswahl zu bestätigen.
TL_Addlist_req	Aufforderung auf Seiten der MS, die mitgelieferten Adressen für die WakeUp-Überwachung zu benutzen.

Wenn eine MS senden will, geht sie sofort in den NOR-Modus über. Mit Hilfe des TL_Addlist_req-SPs teilt die MLE der MAC-Teilschicht mit, auf welche in den WU-PDUs aufgeführten MAC-Adressen sie reagieren soll.

Interne logische Kanäle Die internen logischen Kanäle der MAC-Teilschicht sind nur innerhalb dieser Teilschicht sichtbar und jeweils für eine bestimmte Art von Information zuständig. Es wurden drei logische Kanäle für den Downlink und zwei für den Uplink definiert, vgl. Tab. 2.15:

MCCH *(Master Control Channel)*: Dieser Downlink-Kanal überträgt Systeminformation. Jede MS hört zuerst diesem Kanal zu, wenn sie sich im Bereich einer neuen Basisstation aufhält. Der MCCH dient auch dazu, die MS auf den ACCH zu lenken.

ACCH *(Access Control Channel)*: Dieser Downlink-Kanal enthält alle Zugriffssteuerinformationen, die sich in Uplink-Steuerinformationen für den Zufallszugriff und Downlink-Steuerinformationen für die Initiierung von Downlinkdatentransfer und die Versendung von WakeUp-Nachrichten unterteilen lassen.

DTCH *(Downlink Traffic Channel)*: Über diesen Downlink-Kanal werden Downlink-Daten und Antworten auf Uplink-Daten versendet.

RACH *(Random Access CHannel)*: Jede nicht reservierte Uplink-Datenübertragung erfolgt über diesen Uplink-Kanal.

UTCH *(Uplink Traffic Channel)*: Uplink-Daten und Antworten auf Downlink-Daten werden reserviert über diesen Uplink-Kanal übertragen.

2.5 Der TETRA-Protokollstapel Packet Data Optimized

Tabelle 2.15: Abbildung der PDO-MAC-PDUs auf die logischen Kanäle

PDU	interner logischer Kanal	logischer Kanal für Kanalcodierung	Richtung
SIN1	MCCH	MBCH	Downlink
SIN2 AP	MCCH	NBCH	Downlink
AA WU DD1	ACCH	NBCH	Downlink
DD2 DR1 DR2 DR3	DTCH	NBCH	Downlink
UD1	RACH	NBCH	Uplink
UD2 UR	UTCH	NBCH	Uplink

Datenstrukturen Folgende PDUs sind für die MAC-Teilschicht vorgesehen:

UR *(Uplink Response)*: PDU für Antworten auf Downlink-Daten.

UD1 *(Uplink Data Type 1)*: Erste PDU für den Zufallszugriff, wenn noch kein *Uplink Transfer Event Label* (UT-Label) zugewiesen wurde.

UD2 *(Uplink Data Type 2)*: Wenn ein UT-Label zugewiesen wurde, benutzt die MS diese PDU für alle weiteren reservierten Übertragungen dieser Transaktion.

DR1 *(Downlink Response Type 1)*: Diese PDU wird als Antwort auf UD1-PDUs verwendet, wenn noch kein UT-Label reserviert wurde.

DR2 *(Downlink Response Type 2)*: Als Antwort auf UD2-PDUs wird diese PDU versendet.

DR3 *(Downlink Response Type 3)*: Negative Bestätigung und Aufforderung zur erneuten Versendung fehlerhafter Blöcke, wenn nicht alle Blöcke einer UD1-PDU empfangen wurden.

AA *(Access Announce)*: PDU zur Definition von Beginn, Ende und weiterer sich kurzfristig ändernder Parameter des Zufallszugriffs.

DD1 *(Downlink Data Type 1)*: Die BS verwendet DD1 als erste PDU zur Datenübertragung, wenn noch kein *Downlink Transfer Event Label* (DT-Label) zugewiesen wurde.

DD2 *(Downlink Data Type 2)*: PDU für alle weiteren Downlink-Datenübertragungen einer Transaktion.

WU *(Wake Up)*: Diese PDU definiert die Zeitintervalle, die LOD- und VLD-MSs im Stand-By-Zustand zur Batterieschonung verharren dürfen.

AP *(Access Parameters)*: Sich längerfristig ändernde Zufallszugriffsparameter werden in dieser PDU definiert.

SIN1 *(System INformation Type 1)*: Unverschlüsselte Systeminformation wird mit dieser PDU von der BS regelmäßig per Broadcast versendet.

SIN2 *(System INformation Type 2)*: Weitere Systeminformation wird mit dieser PDU von der BS verschlüsselt versendet.

Tabelle 2.15 zeigt den Zusammenhang zwischen den PDUs der MAC-Teilschicht, den internen logischen Kanälen und den logischen Kanälen, über die der Kanalcodierung zu codierende Blöcke zugeführt werden. Die Abbildung erfolgt von links nach rechts; z. B. wird die SIN1-PDU auf den internen logischen Kanal MCCH und dieser auf den logischen Kanal MBCH abgebildet. Die codierten Blöcke werden danach über den Downlink übertragen.

Zufallszugriffsprotokoll Wie in Abb 2.20 zu erkennen, wird der Downlink in 150 Subbursts aufgeteilt, wobei jeweils im ersten Subburst eine SIN1-PDU versendet wird. In größeren zeitlichen Abständen versendet die BS eine AP-PDU, in der die sich nur längerfristig ändernden Parameter des Zufallszugriffsprotokolls definiert werden. Abhängig von der in den Subbursts auf dem Downlink verwendeten Trainingssequenz, vgl. Abschn. 2.5.2, gilt das sogenannte Busy-Flag als gesetzt oder nicht. In der AP-PDU wird festgelegt, ob dieses Busy-Flag zu beachten ist und somit das verwendete Zufallszugriffsverfahren DSMA (Busy-Flag wird benutzt) oder Slotted-ALOHA mit Paketreservierung (Busy-Flag wird nicht benutzt) lautet.

Der Zeitraum, in dem ein Zufallszugriff erlaubt ist, wird Zugriffsfenster genannt. Ein Zugriffsfenster wird in mehrere Zugriffsperioden (z. B. vier wie in Abschn. 2.5.2) unterteilt, wobei die Länge einer einzelnen Zugriffsperiode *(Access Period Length)* in der AP-PDU festgesetzt wird. Durch eine AA-PDU wird der Beginn eines Zugriffsfensters definiert, indem Parameter für die Dauer der Linearisierung der MS (*Common Linearisation Time*, CLT) und einen zusätzlichen Offset (*Start of Reservation*, SOR) übergeben werden und das Ende durch die Festlegung der Anzahl der Zugriffsperioden.

2.5 Der TETRA-Protokollstapel Packet Data Optimized 73

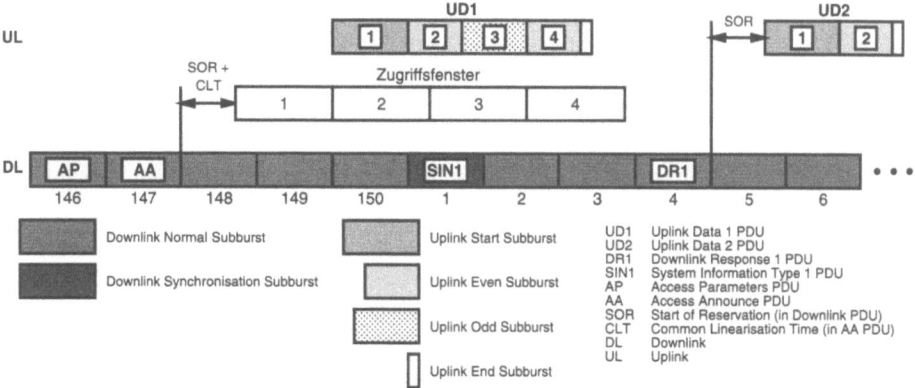

Abbildung 2.20: PDO-Zufallszugriffsprotokoll

Eine sendewillige MS wählt gleichverteilt über das Zugriffsfenster eine Zugriffsperiode aus, wenn das Zugriffsfenster noch geschlossen ist, d. h. nicht begonnen hat, und die von ihr für diese Transaktion zugewiesene Priorität die minimal erlaubte Priorität für dieses Zugriffsfenster nicht unterschreitet. Entsteht der Sendewunsch der MS während eines geöffneten Zugriffsfensters, wird unter Erfüllung der Prioritätsbedingung die unmittelbar nächste Zugriffsperiode ausgewählt. Entstehen die Sendewünsche während offener Zugriffsfenster ebenfalls gleichverteilt, ist die Auswahl der unmittelbar nächsten Zugriffsperiode gerechtfertigt. Bei DSMA gilt ein Zugriffsfenster auf jeden Fall als geschlossen, wenn das Busy-Flag gesetzt ist. Um den Wettbewerb zu verringern und den Durchsatz zu erhöhen, setzt die BS das Busy-Flag, sobald sie erkannt hat, daß eine MS in einer definierten Zugriffsperiode sendet.

Hat nun eine MS erfolgreich eine Zugriffsperiode ausgewählt, darf sie abhängig vom Max-Data-Parameter der AP-PDU, der die Anzahl der maximal erlaubten Blöcke einer UD1-PDU definiert, nicht nur ihren Reservierungswunsch für den Uplink sondern auch Daten (Max-Data > 1) übertragen. Eine MS beginnt immer am Anfang einer Zugriffsperiode zu senden; es besteht jedoch kein direkter Zusammenhang zwischen der Länge einer Zugriffsperiode und der Länge einer UD1-PDU. Eine UD1-PDU darf sogar in andere Zugriffsperioden oder in reservierten Uplink-Verkehr anderer MSs hineinreichen. Eine sinnvolle Festlegung der Parameter bleibt der BS bzw. dem Betreiber überlassen.

Auf eine UD1-PDU antwortet die BS bei erfolgreichem Empfang aller Blöcke mit einer DR1-PDU, bei nur teilweise erfolgreichem Empfang mit einer DR3-PDU, die die Liste der fehlerhaft empfangenen Blöcke enthält. Falls noch nicht alle Daten mit der UD1-PDU versendet oder die UD1-PDU nur teilweise empfangen wurde, erfolgt bis zum Ende der Transaktion reservierter Uplink-Transfer mit Hilfe von UD2-PDUs.

Anhand des `Retry-Delay`-Parameters der AA-PDU ermittelt die jeweilige MS, wieviele AA-PDUs sie abwarten soll, bis sie ihren letzten noch nicht bestätigten Zufallszugriff wiederholen darf. Der `Max-Access-Retries`-Parameter der AP-PDU setzt fest, wieviele Zugriffswiederholungen durchgeführt werden dürfen.

Zustandsdiagramm der Mobilstation Das MAC-Protokoll der Mobilstation kennt acht Zustände, vgl. Abb. 2.21, wobei `M0 START` nach dem Anschalten der Anfangszustand der MS ist. In Tab. 2.16 sind die Zustandsübergänge der Mobilstation in der MAC-Teilschicht zusammengefaßt.

Erst nachdem Systeminformation in Form der SIN1- und SIN2-PDU empfangen (1, 20) wurden, darf die MS nach dem Erhalt der AP-PDU (2), in der sich nur längerfristig ändernde Parameter für den Zufallszugriff definiert sind, in den Zustand `M1 AWAKE` übergehen. Falls eine MS im LOD- oder VLD-Modus betrieben wird, nimmt sie nach dem Empfang einer WU-PDU den Zustand `M2 STAND BY` ein (6). In der WU-PDU wird definiert, wann die MS wieder aufwachen soll und ob für sie zu einem bestimmten Zeitpunkt eine Downlink-Datenübertragung geplant ist. Ist

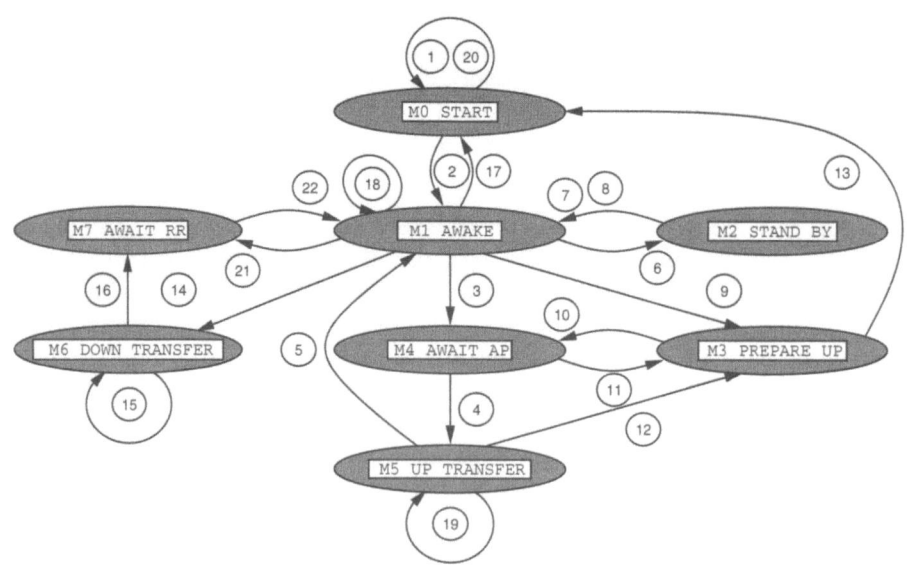

Abbildung 2.21: Zustandsdiagramm der PDO-Mobilstation in der MAC-Teilschicht

2.5 Der TETRA-Protokollstapel Packet Data Optimized

Tabelle 2.16: Zustandsübergänge der PDO-Mobilstation in der MAC-Teilschicht

1	Die MS empfängt eine SIN1-PDU.
2	Die MS empfängt eine AP-PDU.
3	Die MS empfängt ein TL_Connect_req- oder TL_Data_req-Dienstelement und es existiert ein offenes Zugriffsfenster.
4	Die ausgewählte Zugriffsperiode beginnt.
5	Die MS empfängt die letzte Bestätigung für diese Transaktion.
6	Eine LOD- oder VLD-MS empfängt eine WU-PDU.
7	Der Zeitpunkt, eine neue WU-PDU zu empfangen, ist eingetreten.
8	Der in einer WU-PDU definierte Zeitpunkt, Downlink-Daten zu empfangen, ist eingetreten.
9	Die MS empfängt ein TL_Connect_req/TL_Data_req-Dienstelement und es existiert kein offenes Zugriffsfenster.
10	Die MS empfängt eine AA-PDU.
11	Das Zugriffsfenster ist geschlossen.
12	Time-Out. Keine Antwort auf Uplink-Daten.
13	Time-Out. Keine AA-PDU innerhalb von 5 s empfangen.
14	Die MS empfängt eine DD1-PDU.
15	Die MS empfängt eine DD2-PDU.
16	Die MS empfängt die letzte DD2-PDU für diese Transaktion.
17	Time-Out. Keine AA- oder Daten-PDU innerhalb von 5 s empfangen.
18	Die MS empfängt eine AA-PDU.
19	Die MS empfängt eine DR1-, DR2- oder DR3-PDU und hat weitere reservierte Daten zu senden.
20	Die MS empfängt eine SIN2-PDU.
21	Die MS empfängt eine DD1-PDU, die die letzte für diese Transaktion ist.
22	Die MAC-Teilschicht empfängt einen RR-Rahmen von der LLC-Teilschicht.

der Zeitpunkt, eine neue WU-PDU zu empfangen, eingetreten (7) oder beginnt die Downlink-Datenübertragung, kehrt die MS in den Zustand M1 AWAKE zurück.

Die drei Zustände M3 bis M5 sind einer Uplink-Übertragung zugeordnet. Empfängt die LLC ein TL_Connect_req- oder TL_Data_req-SP von der MLE am TLA-SAP und übergibt anschließend einen Rahmen an die MAC-Teilschicht, wechselt diese abhängig davon, ob ein offenes Zugriffsfenster existiert (3) oder nicht (9) in den Zustand M4 AWAIT AP oder M3 PREPARE UP. Befindet sich die MS im letzteren Zustand und erhält sie eine AA-PDU, wechselt sie in den Zustand M4 AWAIT AP (10) und kehrt unmittelbar wieder zurück (11), wenn das Fenster bereits geschlossen ist oder das Zufallszugriffsprotokoll keine Zugriffsperiode des Fensters ausgewählt hat. Wurde innerhalb von 5 s keine AA-PDU empfangen (Time-Out), nimmt die MS wieder den Anfangszustand M0 START ein (13). Hat die MS jedoch den Zustand M4 AWAIT AP erreicht und beginnt die ausgewählte Zugriffsperiode, führt die MS ihren Zufallszugriff durch, versendet eine UD1-PDU und geht zum Zustand M5 UP TRANSFER über. In diesem Zustand verharrt die MS, solange sie noch Antworten (DR1-, DR2- oder DR3-PDU) erwartet und weitere Daten zu senden hat (19). Die Uplink-Übertragung ist abgeschlossen, wenn die letzte Bestätigung erhalten wurde (5). Wird jedoch eine noch ausstehende Bestätigung nicht empfangen, versucht die MS einen neuen Zufallszugriff durchzuführen (12). Die MAC-Teilschicht informiert die LLC-Teilschicht über den Erfolg der gesamten Transaktion.

Die beiden letzten Zustände M6 und M7 sind der Downlink-Übertragung vorbehalten. Auf den Empfang einer DD1-PDU hin wechselt die MS abhängig davon, ob die empfangene PDU die einzige der Transaktion ist (14) oder ob noch weitere DD2-PDU folgen (21), vom Zustand M1 AWAKE in einen der beiden Zustände M6 DOWN TRANSFER oder M7 AWAIT RR. Solange noch nicht die letzte Bestätigung zu versenden ist, verharrt die MS im Zustand M6 und bestätigt eingegangene DD1- und DD2-PDUs (15). Ist jedoch die letzte DD2-PDU der Transaktion empfangen worden, wird in den Zustand M7 AWAIT RR gewechselt (7), von der LLC ein RR-Rahmen angefordert und nach Erhalt dessen in einer UR-PDU versendet. Nach Abschluß der Downlink-Transaktion kehrt (22) die MS in den Zustand M1 AWAKE zurück.

In diesem Zustand verarbeitet sie eingehende AA-PDUs (18) und kehrt in den Anfangszustand zurück (17), falls 5 s lang weder eine AA-PDU empfangen, noch eine Up- oder Downlink-Transaktion begonnen wurde.

Zustandsdiagramm der Basisstation   Für das MAC-Protokoll der BS sind fünf Zustände mit zehn Zustandsübergängen definiert, vgl. Abb. 2.22 und Tab. 2.17, wobei B0 IDLE der nach dem Anschalten eingenommene Anfangszustand ist. Da die BS für jede Verbindung eine eigene Instanz der MAC-Protokollentity erzeugt,

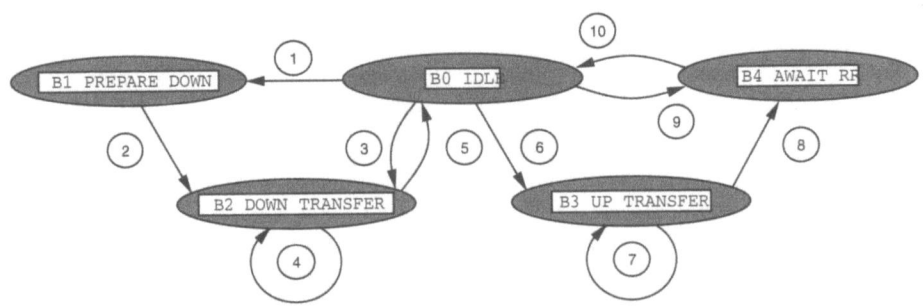

Abbildung 2.22: Zustandsdiagramm der PDO-Basisstation in der MAC-Teilschicht

2.5 Der TETRA-Protokollstapel Packet Data Optimized

Tabelle 2.17: Zustandsübergänge der PDO-Basisstation in der MAC-Teilschicht

1	Die BS empfängt ein TL_Connect_req- oder TL_Data_req-Dienstelement, und die adressierte MS befindet sich im LOD- oder VLD-Mode.
2	Time-Out. Der in der WU-PDU definierte Zeitpunkt aufzuwachen, ist eingetreten.
3	Die BS empfängt ein TL_Connect_req- oder TL_Data_req-Dienstelement, und die adressierte MS befindet sich im NOR-Mode.
4	Die BS empfängt eine UR-PDU, die nicht die letzte für diese Transaktion ist.
5	Die BS empfängt die letzte UR-PDU für diese Transaktion.
6	Die BS empfängt eine UD1-PDU, die nicht die letzte für diese Transaktion ist.
7	Die BS empfängt eine DD2-PDU, die nicht die letzte für diese Transaktion ist.
8	Die BS empfängt die letzte UD2-PDU für diese Transaktion.
9	Die BS empfängt die letzte UD1-PDU für diese Transaktion.
10	Die MAC-Teilschicht empfängt einen RR-Rahmen von der LLC-Teilschicht.

können die Zustände B0 bis B4 von der BS mehrfach gleichzeitig eingenommen werden.

Die Zustände B1 und B2 sind der Downlink-Datenübertragung zugeordnet. Empfängt die LLC-Teilschicht ein TL_Connect_req- oder TL_Data_req-SP von der MLE am TLA-SAP und übergibt anschließend einen Rahmen an die MAC-Teilschicht, wechselt die BS abhängig davon, ob die adressierte MS im (1) VLD-, LOD- oder (3) NOR-Modus betrieben wird, entweder in den Zustand B1 PREPARE DOWN oder B2 DOWN TRANSFER. Beim Übergang in den Zustand B1 versendet die BS eine WU-PDU, in der sie den Startzeitpunkt der Downlinkübertragung zur adressierten MS definiert.

Tritt dieser Zeitpunkt ein, wird eine DD1-PDU an die adressierte MS versendet, und es erfolgt ein Übergang (2) in den Zustand B2 DOWN TRANSFER. Falls der Umweg über das Aufwecken der MS nicht notwendig war (3), wird die DD1-PDU sofort versendet. Solange noch weitere Daten mit Hilfe von DD2-PDUs zu versenden sind und noch nicht die letzte Bestätigung (UR-PDU) eingegangen ist, verbleibt die BS im Zustand B2 DOWN TRANSFER. Erst wenn die Downlink-Transaktion beendet wurde, d.h. die letzte UR-PDU empfangen wurde, kehrt (5) sie in den Anfangszustand zurück.

Für die Uplink-Übertragung wurden die Zustände B3 und B4 definiert. Empfängt die BS eine UD1-PDU, die den Reservierungswunsch für eine weitere Uplink-Übertragung enthält, oder wurde die UD1-PDU nur teilweise empfangen, versendet sie eine mit einer Reservierung versehenen DR1- oder DR3-PDU und nimmt (6) den Zustand B3 UP TRANSFER ein. Solange noch nicht die letzte UD2-PDU empfangen wurde, antwortet die BS mit normalen DR2-PDUs und bleibt (7) im Zustand B3.

Erst nach Erhalt der letzten UD2-PDU fordert (8) die MAC-Teilschicht von der LLC-Teilschicht einen RR-Rahmen an, wartet auf diesen im Zustand B4 AWAIT RR, antwortet der MS mit einer den empfangenen RR-Rahmen enthaltenen DR2-PDU und kehrt (10) anschließend in den Anfangszustand B0 IDLE zurück. Falls eine Uplink-Transaktion nur aus einer empfangenen UD1-PDU besteht, fordert die MAC-Teilschicht sofort einen RR-Rahmen von der LLC-Teilschicht an und geht (9) vom Zustand B0 IDLE in den Zustand B4 AWAIT RR über.

Kanalcodierung In Abb. 2.23 ist die vierstufige Struktur der PDO-Kanalcodierung dargestellt. Alle MAC-PDUs außer der SIN1-PDU sind 124 bit breit und werden nach Tab. 2.15 auf den logischen Kanal NBCH abgebildet. Von den 124 bit eines NBCH-Blocks sind 4 bit reserviert, die u. a. die Information, ob es sich um einen Start- oder Folgeblock handelt, enthalten. Ein Folgeblock kann demnach 8 byte Nutzdaten enthalten. Die codierten und verschlüsselten Multiplex-Blöcke der Breite 216 bit werden als SDUs an die Bitübertragungsschicht weitergereicht. Eine SIN1-PDU ist nur 60 bit breit, wird auf den Kanal MBCH abgebildet und

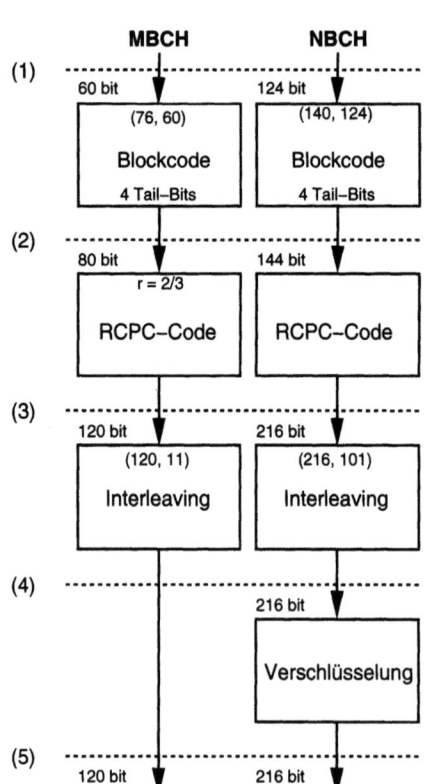

Abbildung 2.23: Struktur der PDO-Kanalcodierung

2.5 Der TETRA-Protokollstapel Packet Data Optimized

nicht verschlüsselt, weil neue MS als erstes in den MBCH hineinhören und zu diesem Zeitpunkt noch keine Verabredungen über eine Verschlüsselung existieren kann. Auch diese 120 bit breiten Multiplex-Blöcke werden an die Schicht 1 weitergereicht.

2.5.2 Burststruktur

Ein Burst ist eine auf eine Trägerfrequenz aufmodulierte Datenmenge bestimmter Länge, die sich aus mehreren Subbursts zusammensetzt.

2.5.2.1 Downlink

Auf dem Downlink sendet die BS kontinuierlich Subbursts der Länge 240 bit, wobei jeder 150. ein die Multiplex-Blöcke des MBCH enthaltender *Downlink Synchronisation Subburst* ist. Ansonsten werden die Multiplex-Blöcke des NBCH in *Downlink Normal Subbursts* übertragen, vgl. Abb. 2.24. Ein Modulationsbit dauert 1/36 ms $\sim$ 27,78 µs. Daraus ergibt sich, daß ein *Downlink Subburst* 6,67 ms dauert und nach 1,00 s jeweils ein *Downlink Synchronisation Subburst* gesendet wird.

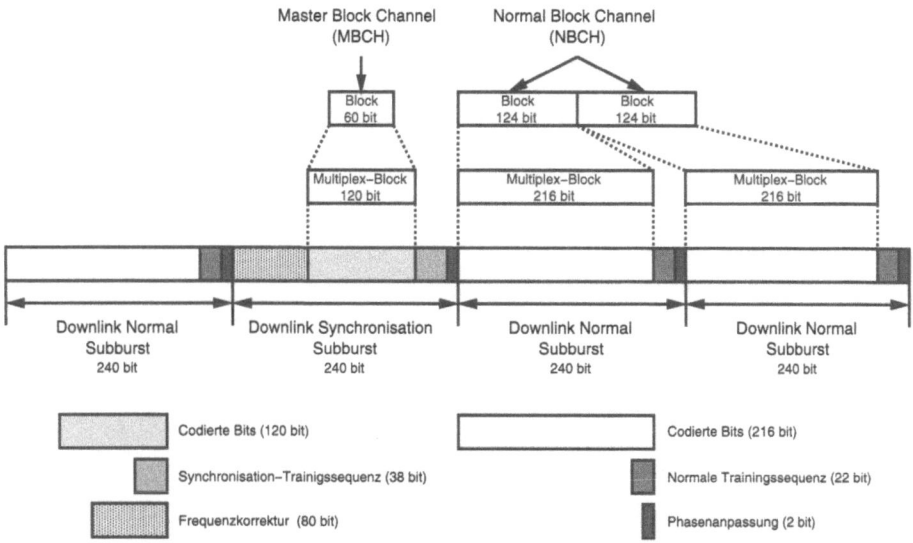

Abbildung 2.24: PDO-Downlink-Bursts

2.5.2.2 Uplink

Besteht ein MAC-Burst aus N Blöcken, so wird er auf dem Uplink in einem *Uplink Start Subburst* (250 bit $\widehat{=}$ 6,94 ms), $\lfloor N/2 \rfloor$ *Uplink Even Subbursts* (238 bit $\widehat{=}$ 6,61 ms) und $\lfloor (N-1)/2 \rfloor$ *Uplink Odd Subbursts* (216 bit $\widehat{=}$ 6,00 ms) übertragen, vgl. Abb. 2.25. Ein Uplink-Burst wird mit einem *Uplink End Subburst* (4 bit $\widehat{=}$ 111,1 µs) abgeschlossen.

Da der Uplink zeitvariabel betrieben wird, kennt der PDO-Standard keine synchronen Zeitkanäle für den Uplink. Der Beginn einer Reservierung auf dem Uplink bezieht sich auf das Ende des *Downlink Normal Subbursts*, der die Reservierung beinhaltet. Durch den übertragenen Parameter `Start Of Reservation` ist die Anzahl der abzuwartenden Modulationsbits gegeben, vgl. Abb. 2.20.

2.6 Bündelfunk-Abkürzungen

AA	Access Announce PDU (PDO)	ACCH	Access Control CHannel (PDO)
AACH	Access Assignment CHannel (V+D)	AI	Air Interface
ACB	Access Control Block (V+D)	AI	Acknowledge Information frame (PDO)

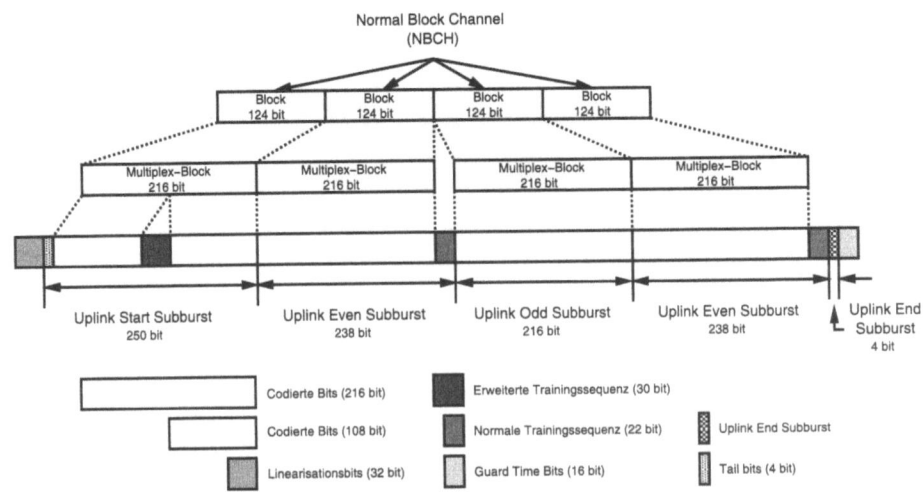

Abbildung 2.25: PDO-Uplink-Bursts

2.6 Bündelfunk-Abkürzungen

AL	Advanced Link (V+D)	CONS	Connection Oriented Network Service
AP	Access Parameter PDU (PDO)	CP	Control Physical channel (V+D)
APL	Access Period Length (PDO)		
ARQ	Automatic Repeat reQuest	CRC	Cyclic Redundancy Check
BCCH	Broadcast Control CHannel (V+D)	DDx	Downlink Data type x PDU (PDO)
BCH	Bose-Chaudhuri-Hocquenghem	DM	Direct Mode
BER	Bit Error Ratio	DQPSK	Differential Quaternary Phase Shift Keying
BKN	BlocK Number (V+D)		
BL	Basic Link (V+D)	DRx	Downlink Response type x PDU (PDO)
BLCH	Basestation Linearization CHannel (V+D)		
		DSMA	Data Sense Multiple Access
BLE	Base Link Entity	DTCH	Downlink Traffic CHannel (PDO)
BLER	BLock Error Ratio		
BNCH	Broadcast Network CHannel (V+D)	EL	Event Label
		ETSI	European Telecommunications Standards Institute
BOS	Behörden und Organisationen mit Sicherheitsaufgaben		
		FCFS	First Come First Serve
BS	Base Station	FCS	Frame Check Sequence
BSCH	Broadcast Synchronization CHannel (V+D)	FEC	Forward Error Correction
		FN	Frame Number (V+D)
BU	Bad Urban	FSN	Frame Sequence Number (PDO)
CB	Control Uplink Burst (V+D)		
CCH	Control CHannel (V+D)	HT	Hilly Terrain
CEP	Connection End Point	ICI	Interface Control Information
CLCH	Common Linearization CHannel (V+D)	ISDN	Integrated Services Digital Network
		IP	Internet Protocol
CLNP	ConnectionLess Network Protocol	L2	Layer 2
		L3	Layer 3
CLNS	ConnectionLess Network Service	LAP.T	Link Access Protocol for TETRA
CLT	Common Linearization Time	LCH	Linearization CHannel (V+D)
CMCE	Circuit Mode Control Entity (V+D)	LLC	Logical Link Control
		LOD	Low Duty mode (PDO)
CONP	Connection Oriented Network Protocol	MAC	Medium Access Control

MBCH	Master Block CHannel (PDO)	S-CLNP	TETRA Specific ConnectionLess Network Protocol
MCCH	Master Control CHannel (PDO)		
MD	Max Data (PDO)	S-CLNS	TETRA Specific ConnectionLess Network Service
MLE	Mobile Link Entity		
MS	Mobile Station	SAP	Service Access Point
MM	Mobility Management	SB	Synchronization Downlink Burst (V+D)
MN	Multiframe Number (V+D)		
N	Network layer	SCH	Signalling CHannel (V+D)
NAP	Number of Access Periods (PDO)	SDL	Specification and Description Language
NBCH	Normal Block CHannel (PDO)	SDS	Short Data Service
NDB	Normal Downlink Burst (V+D)	SDU	Service Data Unit
		SINx	System Information type x PDU (PDO)
NOR	NORmal mode (PDO)		
NUB	Normal Uplink Burst (V+D)	SJN	Shortest Job Next
		SNAF	Sub-Network Access Functions
OSI	Open Systems Interconnection	SOR	Start Of Reservation
PBX	Private Branch eXchange (Nebenstellenanlage)	SP	Service Primitive
		SSI	Short Subscriber Identity
PCI	Protocol Control Information	SSN	Segment Sequence Number (PDO)
PDN	Public Data Network		
PDO	Packet Data Optimized	SSN	SubSlot Number (V+D)
PDU	Protocol Data Unit	STC	Standardization Technical Committee
PL	Physical Layer		
PSTN	Public Switched Telephone Network	STCH	STealing CHannel (V+D)
		TCH	Traffic CHannel (V+D)
QoS	Quality of Service	TDM	Time Division Multiplexing
RA	Rural Area	TDMA	Time Division Multiple Access
RACH	Random Access CHannel (PDO)	TETRA	Terrestrial Trunked RAdio
		TLx-SAP	TETRA LLC type x SAP
RCPC	Rate-Compatible Punctured Convolutional code	TMx-SAP	TETRA MAC type x SAP
		TN	Timeslot Number (V+D)
RD	Retry Delay (PDO)	TP	Traffic Physical channel (V+D)
RES	Radio-Equipment and Systems		
RR	Receiver Ready frame (PDO)	TU	Typical Urban

2.6 Bündelfunk-Abkürzungen

UDx	Uplink Data type x PDU (PDO)	UR	Uplink Response PDU (PDO)
		UTCH	Uplink Traffic CHannel (PDO)
UI	Unacknowledged Information (PDO)	VLD	Very Low Duty mode (PDO)
UP	Unallocated Physical channel (V+D)	WU	Wake Up PDU (PDO)
		V+D	Voice plus Data

3 Funkrufsysteme *(Paging-Systems)*

Oftmals ist es wichtig, bestimmte Personen schnell zu erreichen. Über das herkömmliche Telefonnetz ist dies nur beschränkt möglich, da der Telefonanschluß besetzt sein kann oder die gesuchte Person nicht anwesend ist. Mobiltelefonsysteme ermöglichen eine größere Erreichbarkeit des mobilen Teilnehmers, sind aber nicht immer eingeschaltet, teuer im Gebrauch und unhandlich.

Funkrufsysteme *(Paging-Systems)* füllen diese Lücke, vgl. Tab. 3.1. Sie ermöglichen die unidirektionale Übertragung von Meldungen in Form eines Tons oder einer numerischen bzw. alphanumerischen Nachricht an die gesuchte Person, deren Aufenthaltsort weitgehend unbekannt ist, vgl. Tab. 3.2. Dafür ist ein ständig empfangsbereites Endgerät erforderlich, das nicht senden kann und daher klein, leicht und preiswert ist. Ein Funkruf wird automatisch veranlaßt, indem ein Fernsprechteilnehmer den Pagingdienst anwählt und dem sich dort meldenden Rechner die Rufnummer des anzurufenden Teilnehmers und eventuell eine Kurznachricht über die Fernsprechtastatur, T-Online oder einen PC übermittelt, vgl. Abb. 3.1.

Ein Merkmal von Funkrufsystemen ist, daß der Absender einer Nachricht nicht hundertprozentig sicher sein kann, ob der Funkruf beim Adressaten angekommen ist. Auch die Zeitdauer zwischen Auftragserteilung und Ankunft der Nachricht

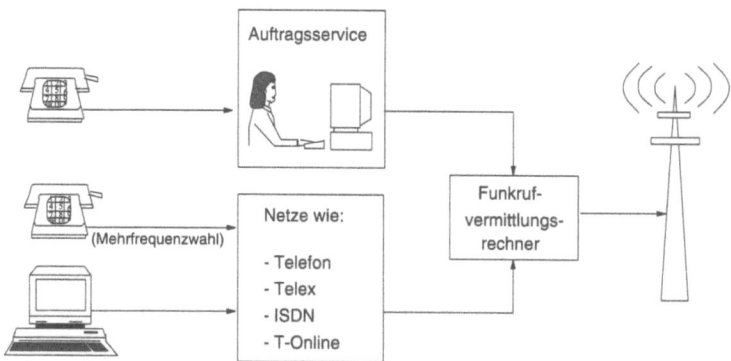

Abbildung 3.1: Prinzip des Funkrufs *(Paging)*

beim Empfänger kann stark schwanken und bei starker Nachfrage durchaus 10 bis 20 min betragen.

Stärken der Funkrufsysteme sind:

- preisgünstiger Alarmierungs- und Informationsdienst,
- kleine Rufempfänger,
- trägt der mobile Funkrufteilnehmer seinen Empfänger am Körper, ist er überall erreichbar,
- keine Zusatzantenne erforderlich (gilt nur eingeschränkt für Eurosignal),
- diskrete Übermittlung von Nachrichten (Signalisierung einer Nachricht durch Vibration, Nachricht kann vom Display abgelesen werden).

Schwächen der Funkrufsysteme:

- der Absender der Funknachricht erhält keine Empfangsbestätigung,
- Nachrichtenverfälschung und Funkrufe böswilliger Anrufer können zu Fehlhandlungen beim gerufenen Teilnehmer führen.

Man unterscheidet folgende Rufarten:

Einzelruf: Der Funkruf wird in den angemeldeten Rufzonen (eine oder mehrere) bzw. im angewählten Rufbereich ausgestrahlt.

Sammelruf: Eine Sammelnummer besteht aus n Einzelrufnummern (Empfänger mit unterschiedlichen Adressen). *Innerhalb einer Rufzone* werden die Empfänger *nacheinander* gerufen.

Gruppenruf: Mehrere Empfänger mit derselben Adresse werden in einer oder mehreren Rufzonen *gleichzeitig* gerufen.

Zielruf: Der Rufende bestimmt durch die Wahl zusätzlicher Ziffern, in welcher Rufzone der Funkruf ausgestrahlt werden soll.

Tabelle 3.1: Öffentlicher Betrieb der Funkrufsysteme in Deutschland

seit 1974	Europäischer Funkrufdienst (Eurosignal)
seit 1989	Cityruf
seit 1990	Euromessage
seit 1996	ERMES

Tabelle 3.2: Rufklassenanzeige der verschiedenen Funkrufsysteme

Rufklasse	Eurosignal	Cityruf	ERMES
Nur-Ton [Anz. Rufnummern]	bis 4	bis 4	bis 8
Numerik [Anz. num. Zeichen]	—	bis 15	20–16 000
Alphanumerik [Anz. Zeichen]	—	bis 80	400–9 000
Transparente Datenübertragung [max. Länge]	—	—	4 000 bit

Auch wenn z. B. der im GSM angebotene Kurznachrichtendienst (*Short Message Service*, SMS) als Konkurenz anzusehen ist, wird in Zukunft eine steigende Zahl Funkrufteilnehmer erwartet. Ein Funkrufempfänger stellt die ideale Ergänzung zu einem Mobiltelefon dar, weil er oft noch dort erreichbar ist, wo die Funkversorgung für das Mobiltelefon nicht mehr ausreicht.

Die Endgeräteminiaturisierung bis hin zur wasserdichten Armbanduhr mit Funkrufempfänger kann einen Massenmarkt für Funkrufdienste erschließen, der über die geschäftlichen Anwendungen hinaus in den Privat- und Freizeitbereich geht.

3.1 EUROSIGNAL

Der Standard für den Funkrufdienst EUROSIGNAL wurde von der CEPT entwickelt und im Jahre 1974 in der Bundesrepublik Deutschland von der DBP Telekom eingeführt. Dieser Dienst sollte in ganz Europa in Betrieb gehen, wurde aber außer in Frankreich (1975) und in der Schweiz (1985) in keinem weiteren Land eingeführt.

Bei diesem für den Empfang über Fahrzeugantennen konzipierten Funkrufdienst wird der Benutzer durch vier unterschiedliche akustische bzw. optische Signale alarmiert. Eine Übertragung weiterer Informationen ist nicht möglich. Der Benutzer kann anhand der vier unterschiedlichen Signale, deren Bedeutung mit dem Teilnehmer vorher abgesprochen wurde, die anzurufende Nummer erkennen. Der Zugang zum EUROSIGNAL ist nur über das Telefonnetz möglich. EUROSIGNAL bietet sowohl Einzel- als auch Gruppenruf an, wobei beim Gruppenruf die verschiedenen Teilnehmer mit einem Funkruf erreicht werden.

Der Dienst kann über vier Kanäle empfangen werden:
- Kanal A 87,340 MHz,
- Kanal C 87,390 MHz,
- Kanal B 87,365 MHz,
- Kanal D 87,415 MHz.

In der BRD (alte Bundesländer) werden nur die Kanäle A und B eingesetzt, in der Schweiz nur Kanal D, und in Frankreich werden alle vier Kanäle eingesetzt.

Die EUROSIGNAL-Empfänger in der BRD können für den nationalen oder internationalen Bereich geeignet sein, wobei ein nationaler Empfänger nur den A- und B-Kanal benutzen kann.

Die Fläche der BRD (alte Bundesländer) wurde für EUROSIGNAL in drei Rufzonen (Funkbereiche Nord, Mitte und Süd) aufgeteilt, die von knapp 100 Sendern versorgt werden. Die Gesamtkapazität des deutschen EUROSIGNAL-Systems beträgt 300 000 Teilnehmer. Ein Funkruf wird von allen Sendern einer Rufzone gleichzeitig und phasengleich ausgesandt. Empfänger, die sich im Versorgungsbereich eines Rufbereichs befinden und den richtigen Kanal eingestellt haben, können über die entsprechende Vorwahl, gefolgt von der individuellen Rufnummer, erreicht werden. Mittlerweile sind Funkrufempfänger auf dem Markt, die sich den Kanal automatisch auswählen. Die Telekom bietet nationale und internationale Rufnummern an, die zur Verhinderung von Mißbrauch nicht veröffentlicht werden.

Als besondere Leistungsmerkmale von EUROSIGNAL gelten [30]:

Auftragsdienst: Telefonkunden können über EUROSIGNAL durch den Auftragsdienst der Deutschen Telekom AG ausgerufen werden und dort eine Nachricht abrufen.

Anrufbeantworter: Auf dem Markt sind Anrufbeantworter erhältlich, die bei einem eingegangenem Anruf automatisch einen Funkruf über EUROSIGNAL veranlassen.

Sprachbox der Deutschen Telekom AG: In der Sprachbox wird die Nachricht des rufenden Teilnehmers aufgezeichnet, die dann nach Alarmierung des gerufenen Teilnehmers über EUROSIGNAL von diesem abgerufen werden kann.

Die nationalen Rufnummern sind sechsstellig, vgl. Tab. 3.3, internationale Rufnummern beginnen mit einer 8. Beispiel: Ein deutscher Funkrufteilnehmer soll in Frankreich gerufen werden. Die resultierende Rufnummer setzt sich dann aus der Länderkennzahl für Frankreich (0033), der Nummer der Funkrufzentrale (WWW) und der Rufnummer zusammen. Dabei werden nur die letzten 5 Ziffern der zugeteilten internationalen Rufnummer gewählt: 0033/WWW/8XXXXX.

Tabelle 3.3: Rufnummern für nationale EUROSIGNAL-Netzzugänge

Rufzone	Zugangskennzahl/Rufnummer
Nord	0509/XXXXXX
Mitte	0279/XXXXXX
Süd	0709/XXXXXX

3.2 Cityruf

In mehreren Teilen Europas haben sich Funkrufsysteme, die in unterschiedlichen Frequenzbändern (150–170 MHz bzw. 440–470 MHz) und nach dem POCSAG-Code *(CCIR Radiopaging Code No.1)* arbeiten, durchgesetzt. Teilnehmer können über den POCSAG-Funkrufdienst von praktisch allen Kommunikationsnetzen erreicht werden, vgl. Tab. 3.4. Typischer Vertreter der POCSAG-Funkrufdienste ist der in Deutschland im März 1989 von der DBP Telekom eingeführte Cityruf.

Ein Funkrufsystem gemäß POCSAG, vgl. Abb. 3.1, besteht aus:

- Funkrufvermittlungsstelle, die das Bindeglied zwischen den verschiedenen Kommunikationsdiensten (Telefon, Daten usw.) und dem Funkrufnetz darstellt, in der die eingehenden Daten für die Verarbeitung im Funkrufrechner vorbereitet werden,

- Funkrufsender mit einer Sendeleistung bis 100 W,

- Funkrufkonzentrator, über den die Anschaltung der Funkrufsender an der Funkrufvermittlungsstelle erfolgt und dem ein Funkrufmeßempfänger zur automatischen Laufzeitregelung der Modulationswege zugeordnet ist,

- Funkrufempfänger.

Das Cityrufnetz ist, wie der Name andeutet, nicht flächendeckend gedacht. Cityruf ist ein regionaler, städtenaher Funkrufdienst, bei dem das Versorgungsgebiet in miteinander vernetzte Rufzonen unterteilt ist. Im Endausbau sind ca. 50 Rufzonen geplant, die einen maximalen Durchmesser von 70 km haben. Teilnehmer am Cityrufdienst können jedoch nicht nur lokal oder regional, sondern auch in mehreren Rufzonen und sogar bundesweit eingebucht werden. Die Sendeanlagen von Cityruf sind so ausgelegt, daß ein Empfang innerhalb von Gebäuden ohne Zusatzantenne gewährleistet wird. Die maximale Anzahl von Teilnehmern, die das System adressieren kann, beträgt 2 Mio. In einer Sekunde können 15 Funkrufe gesendet werden.

Der Anwender hat bei Cityruf die Wahlmöglichkeit zwischen verschiedenen, mit unterschiedlichen Monatsgebühren verbundenen Empfänger- bzw. Rufklassen [29]:

Rufklasse 0 (Nur-Ton): Die Eingabe erfolgt über das Telefon. Nur-Ton-Geräte melden, wie schon beim EUROSIGNAL, bis zu vier optisch und akustisch unterschiedliche Signale.

Rufklasse 1 (Numerik): Es können maximal 15 Ziffern oder Sonderzeichen über Telefon mittels Zusatzgerät oder mit einem Mehrfrequenzsignalgeber direkt eingegeben werden, die dann auf einem Display im Endgerät angezeigt werden.

Rufklasse 2 (Alphanumerik): Es können bis zu 80 Zeichen lange Textnachrichten über z. B. T-Online oder mit Hilfe eines akustisch gekoppelten Zusatzgerätes eingegeben werden. Mehrere Nachrichten können auch nacheinander abgesetzt werden.

Für alle drei Rufklassen gibt es die Rufarten:

Einzelruf: Der Funkruf wird in den angemeldeten Rufzonen bzw. im angewählten Rufbereich ausgestrahlt.

Gruppenruf: Es werden mehrere Empfänger über eine Gruppennummer gleichzeitig angesprochen.

Sammelruf: Bis zu 20 Einzelrufnummern werden in eine Liste eingetragen und dann nacheinander automatisch angewählt.

Zielruf: Dem Empfänger wird eine besondere Rufnummer zugeteilt. Um ihn zu erreichen, wird nach der Wahl der Rufnummer des Empfängers die zweistellige Rufnummer der Funkrufzone nachgewählt, in der der Ruf ausgestrahlt werden soll.

Neben Endgeräten und Zubehör für Cityruf bieten die Telekom und andere Funkrufnetzbetreiber den Zusatzdienst Inforuf an, über den z. B. Börsenkurse, Wirtschaftsnachrichten oder Wetternachrichten empfangen werden können. Die Teilnehmer benötigen dazu einen speziellen Inforufempfänger, der neben den Cityrufsignalen auch die Inforufsignale empfängt und der 80 000 Zeichen speichern und über sein 80-Zeichen-Display ausgeben kann. Informationsanbieter sind derzeit Reuters, Telerate und die Vereinigten Wirtschaftsdienste.

Der Cityruf wird auf folgenden Frequenzen ausgestrahlt:

- 465,970 MHz,
- 466,075 MHz,
- 466,230 MHz.

Die Übertragungsrate beträgt 512 bit/s oder 1200 bit/s [69]. Die digitalen Signale werden NRZ-codiert *(Non Return to Zero)* und mittels differentieller Frequenzumtastung (DFSK) moduliert. Die Sender strahlen *Bursts* von Datenblöcken mit Codewörtern ab, vgl. Abb. 3.2 [80].

Jeder Burst beginnt mit einer 1,125 s langen Präambel gefolgt von einer Anzahl Datenblöcken der Dauer 1,0625 s. Die Präambel ermöglicht empfängerseitig die Synchronisation auf den Takt und ist die Voraussetzung für eine einwandfreie Nachrichtendecodierung. Die Datenblöcke bestehen aus 17 Codewörtern, von denen das erste Codewort zur Synchronisation dient. Die verbleibenden 16 Codewörter, mit 32 bit pro Wort, enthalten ein Anfangsbit, das anzeigt, ob das Codewort

3.2 Cityruf

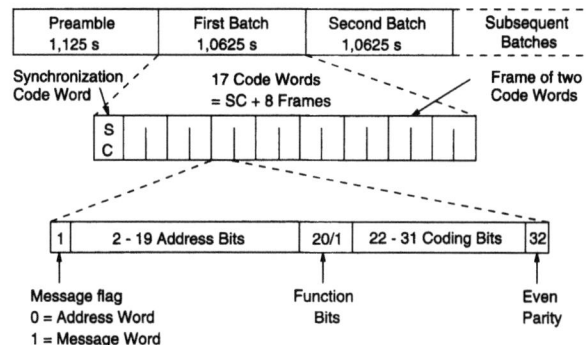

Abbildung 3.2: Nachrichtencodierung und Blockformat bei POCSAG

eine Adresse oder eine Nachricht ist, 20 Adress- oder Nachrichtenbits, 10 bit zur Fehlererkennung und -korrektur und ein Paritätsbit. Die 16 Codewörter bilden acht Rahmen, von denen jeder zwei Codewörter enthält. Jedes Endgerät wird nur in einem spezifizierten Rahmen adressiert. Die für einen Empfänger bestimmte Nachricht kann jede Länge annehmen, und wird nach der Adresse des Empfängers in Form der Nachrichtenwörter gesendet.

Rufzonen können in mehrere Funkversorgungsbereiche aufgeteilt werden, wobei alle Sender innerhalb eines Bereiches im Gleichwellenbetrieb senden. Die drei Frequenzen werden in einer Sendezone nicht gleichzeitig, sondern zeitlich versetzt zyklisch benutzt. In angrenzenden Sendezonen wird dabei nie gleichzeitig auf der gleichen Frequenz gesendet, so daß ein 3er-Cluster entsteht. Die Zeitdauer (Zeitschlitz), während der auf einer Frequenz gesendet wird, kann dem Verkehrsaufkommen angepaßt werden. Vorteile dieses Verfahrens sind die funktechnische Entkoppelung benachbarter Sendezonen und die Möglichkeit, daß ein Empfänger nur dann betriebsbereit sein muß, wenn auf seiner Frequenz gesendet wird. Wird nicht auf der Frequenz des Empfängers gesendet oder erkennt er, daß der Funkruf nicht an ihn gerichtet ist, so verbleibt der Empfänger in einem batteriesparenden Ruhemodus.

Die Cityrufempfänger weisen stark verbesserte Merkmale gegenüber denen des EUROSIGNAL-Dienstes auf. Sie sind kleiner, haben Speichermöglichkeiten für die empfangenen Zeichen und einen geringeren Stromverbrauch. Tabelle 3.4 stellt die zugangsnetzabhängigen Dienstkennzahlen zusammen.

Erweiterung des Leistungsmerkmalangebots

1989: Aufnahme des öffentlichen Betriebes.

Tabelle 3.4: Cityruf-Netzzugänge

Zugang über		Kennzahl/Rufnummer/Rufzone
PSTN/ISDN	Nur-Ton	0164/XXXXXX/YY
	Numerik	0168/XXXXXX/YY
	Alphanumerik	01691/XXXXXX/YY
	Auftragsservice	016951
IDN	Telex-Netz	1691/XXXXXX/YY
	Datex-L	1692/XXXXXX/YY
T-Online		*1691#/XXXXXX/YY

1990: Vernetzung des Cityrufs mit den Systemen ALPHAPAGE in Frankreich, TELEDRIN in Italien, EUROPAGE in England.

1991: Einführung der Dienstleistung *Inforuf* für geschlossene Benutzergruppen, Eingabe von alphanumerischen Nachrichten mit Mehrfrequenzwahl unter der Zugangskennzahl 0168, Vernetzung des Cityrufs mit dem Funkrufsystem in der Schweiz.

1992: Automatische Anwahl durch Anrufbeantworter, Alphanumerikzugang unter 01691 mit höheren Übertragungsraten (bis 2,4 kbit/s).

im Aufbau: Fernsteuerung und Fernüberwachung mit Cityruf, Eingabe numerischer Nachrichten mittels Sprache.

3.3 Euromessage

Neben dem nationalen Cityruf gibt es mit Euromessage *(European Messaging)* auch einen europaweiten Funkrufdienst auf POCSAG-Basis. Es handelt sich dabei um die Ausweitung des Cityrufdienstes auf einen grenzüberschreitenden Funkruf, der seit März 1990 durch die Vernetzung der nationalen Funkrufdienste in den Staaten BRD (Cityruf), Frankreich (ALPHAPAGE), Italien (TELEDRIN) und Großbritannien (EUROPAGE) entstanden ist.

Befindet sich ein Teilnehmer dieses Dienstes im Ausland und möchte dort erreichbar sein, so muß er den Dienstbetreiber benachrichtigen und ihm den Zeitraum sowie die Rufzone, in der er sich aufhalten wird, mitteilen. Alle Nachrichten, die in diesem Zeitraum für den Teilnehmer eintreffen, werden dann in die entsprechende Rufzone umgeleitet.

Euromessage gilt als eine Zwischenlösung auf dem Weg zu dem paneuropäischen, einheitlichen Funkrufdienst ERMES.

3.4 RDS-Funkrufsystem

Das RDS *(Radio Data System)*, das von der europäischen Rundfunkunion (EBU) spezifiziert und im Jahre 1984 verabschiedet wurde, dient zur Übertragung von Zusatzinformationen über UKW-Rundfunksender wie z. B. [120]:

- Senderkennung,
- alternative Senderfrequenzen,
- Funkruf,
- Programminformation,
- Verkehrsinformation.

Die Zusatzinformationen bestehen aus digitalen Daten, die in Gruppen zu je 104 bit zusammengefaßt sind (s. Abb. 3.3). Jede dieser Gruppen zeigt mit einer Kennung an, welche Art von Zusatzinformation sie beinhaltet. Gruppen, die Abstimm- und Schaltinformationen beinhalten, werden häufiger übertragen [144].

Länder, in denen Funkrufdienste über das RDS übertragen werden, sind Schweden seit 1978, Frankreich seit 1987 und Irland. Weitere Länder, wie z. B. Spanien und Norwegen, planen die Einführung des Dienstes. In Deutschland wurde das RDS im April 1988 eingeführt.

Die Vorteile des Funkrufdienstes RDS sind die geringen Investitionskosten, die vollständige Erreichbarkeit der Teilnehmer aufgrund der landesweiten UKW-Rundfunkversorgung bei vorhandenem Sendernetz und die Mitbenutzung der UKW-Frequenzen. Alphanumerische Nachrichten können im RDS-System nicht übertragen werden, und die Teilnehmerzahl ist begrenzt.

3.5 ERMES

ERMES *(European Radio Messaging System)* ist ein völlig neu konzipierter, europaweiter Funkrufdienst, dessen Entwicklung von den CEPT-Ländern 1986 beschlossen wurde. Die unter der CEPT begonnene Standardisierungsarbeit wurde seit 1989 von der ETSI weitergeführt und Anfang 1992 beendet.

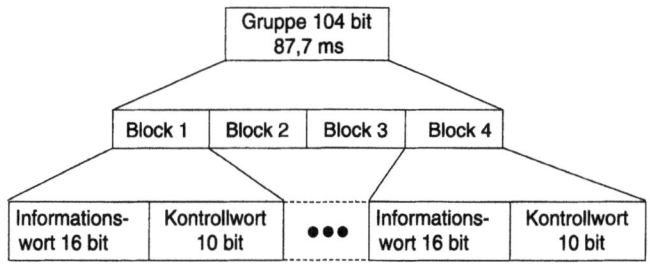

Abbildung 3.3: Das Blockformat RDS

Bis Ende 1990 unterzeichneten 27 europäische Postverwaltungen und Funkrufnetzbetreiber eine Absichtserklärung (*Memorandum of Understanding*, MoU), welche die Implementierung des ERMES-Funkrufdienstes sicherstellt. Das große Interesse der europäischen Länder am Funkrufdienst ERMES liegt an seinen Vorteilen gegenüber den bestehenden Funkrufdiensten. Im Vergleich zu POCSAG-Funkrufsystemen besitzt ERMES durch die hohe Übertragungsrate eine größere Kanalkapazität, außerdem können durch transparente Datenübertragung beliebige Daten mit bis zu 64 kbit/s übertragen werden. Hinzu kommt die Möglichkeit des internationalen, im Falle von mehreren Betreibern auch des nationalen Roamings.

Mit ERMES steht erstmals in Europa ein standardisiertes Funkrufsystem zur Verfügung, das europaweit im gleichen Frequenzband arbeitet und die Erreichbarkeit seiner Teilnehmer in ganz Europa garantiert.

Aufgrund seiner Bitrate von 6 250 bit/s besitzt ein ERMES-Kanal eine etwa viermal höhere Kapazität als ein 1 200-bit/s-POCSAG-Kanal. Pro Kanal können 300 000 bis 400 000 Teilnehmer bedient werden, was eine Systemkapazität von ungefähr 6 Mio. Teilnehmern bedeutet. ERMES-Pager werden extrem batteriesparend konzipiert und sind kleiner als entsprechende POCSAG-Modelle.

3.5.1 Die Dienste im ERMES-Funkrufsystem

ERMES bietet seinen Teilnehmern mehrere Basisdienste sowie Zusatzdienste. Die Basisdienste, die von jedem Betreiber angeboten werden müssen, sind [133]:

- Nur-Ton-Ruf, wobei ERMES bis zu acht verschiedene Tonsignale pro *Radio Identity Code* (RIC) unterstützt. Dies bedeutet, daß ein Tonempfänger mit einem RIC acht verschiedene Alarmsignale erzeugen kann.

- Numerischer Funkruf, bei dem der Empfänger eine Anzeige von mindestens 20 Ziffern hat und der auch die Nur-Ton-Funktion unterstützt.

- Alphanumerischer Funkruf von mindestens 400 Zeichen mit einem Empfänger, der auch für Nur-Ton-Ruf und numerischen Funkruf geeignet ist.

- Transparente Datenübertragung mit 64 kbit/s, die z. B. bei Prozeßüberwachung, Telemetrie oder Alarmaktivierung angewandt werden kann.

- Roaming: Das Netz erkennt, in welcher Rufzone sich ein Teilnehmer befindet.

ERMES sieht folgende Zusatzdienste vor, die vom Betreiber optional angeboten werden können:

3.5 ERMES

- Standard-Text ermöglicht das Absenden eines alphanumerischen Funkrufes durch Eingabe eines Codes über Telefon. Jeder Code ist mit einem Standard-Text, wie z. B. „Treffen in einer Stunde", verbunden.

- Gruppenruf, vgl. Abschn. 3.2;

- Sammelruf, vgl. Abschn. 3.2;

- Rufumleitung auf einen anderen Empfänger;

- Speichern der ankommenden Nachrichten, die dann auf Wunsch des empfangenden Teilnehmers zu einem späteren Zeitpunkt ausgesendet werden;

- Numerierung der Nachrichten und automatische, erneute Sendung der Nummer, die die letzte Nachricht hatte. Hat der Empfänger eine bzw. mehrere Nachrichten nicht empfangen, so erkennt er dies an der Folgenummer;

- Rufwiederholung, wenn dies gewünscht wird;

- temporäre Rufsperre;

- Absenden von Rufen mit verschiedenen Prioritätsstufen;

- Zielruf, bei dem der Absender bestimmt, in welcher Rufzone der Ruf ausgestrahlt werden soll;

- geschlossene Benutzergruppe;

- Anzeige der Dringlichkeitsstufe einer Nachricht und Annahme einer Nachricht entsprechend der Dringlichkeit;

- Der rufende Teilnehmer kann den Zeitpunkt angeben, zu dem eine Nachricht ausgesendet wird;

- Verschlüsselung der Nachricht.

3.5.2 Die ERMES-Netzarchitektur

Die ERMES-Systemstruktur ist in Abb. 3.4 dargestellt [155]. Die Funkruf-Netzsteuerung (*Paging Network Controller*, PNC) verarbeitet die Eingaben über Telefon, Datennetz und von fremden Netzen unter Berücksichtigung der vom Teilnehmer vereinbarten und in der Netzsteuerung gespeicherten Dienste. Eingaben sind in ERMES über DTMF-Telefone (*Dual Tone Multiple Frequency*) für einen Ton- oder Ziffernfunkruf möglich. Funkruftexte können über alle üblichen Datennetze (ISDN, PSPDN, CSPDN usw.) unter Anwendung des standardisierten UPC-Protokolls eingegeben werden. Außerdem kann man die Ausstrahlung eines Funkrufs durch einen Auftrag beim Anbieter veranlassen. Die Netzsteuerung ist somit für folgende Aufgaben zuständig: Sie

- ermöglicht dem Anwender den Zugang zu ERMES über das Festnetz,
- kontrolliert und verwaltet die Datenbank mit Teilnehmerdaten,
- ermöglicht Roaming durch die Verbindung zu anderen ERMES-Netzen über eine Schnittstelle gemäß der CCITT-Empfehlung X.200,
- kontrolliert die Funkübertragung in den Bereichen, für die sie zuständig ist.

An eine Netzsteuerung können bis zu 64 Funkruf-Bereichssteuerungen (*Paging Area Controller*, PAC) angeschlossen werden. Die Bereichssteuerung organisiert die Abstrahlung des Rufes und aktiviert entsprechend der Vereinbarung mit dem Teilnehmer eine oder mehrere Feststationen, um die betreffende Rufzone abzudecken. Die PAC leitet entsprechend der Priorität der eingetroffenen Funkrufe diese an die Feststationen weiter. Die Feststationen (BS) senden mit bis zu 100 W und können Empfänger in einem Radius bis zu 15 km erreichen.

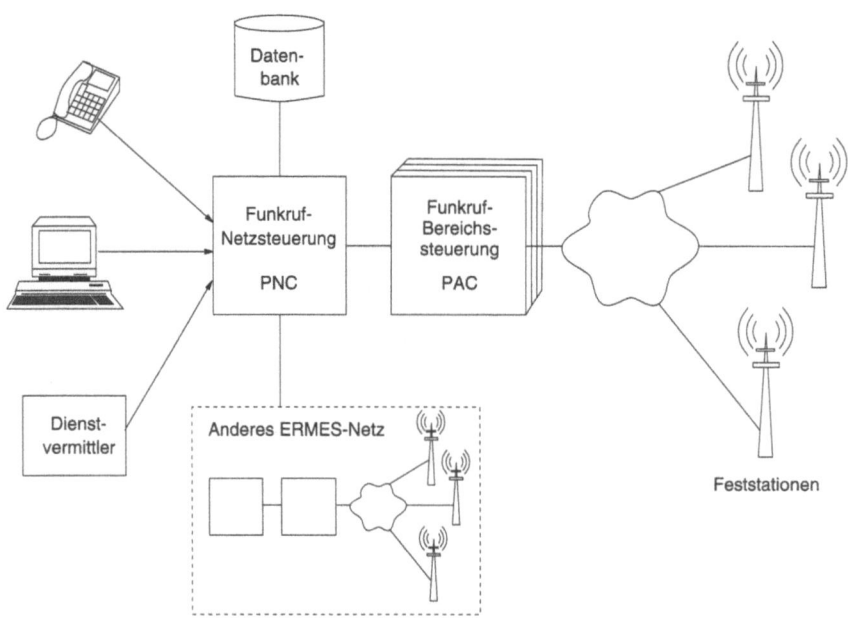

Abbildung 3.4: ERMES-Systemstruktur

3.5.3 Technische Parameter des ERMES-Funkrufsystems

Dem ERMES-System wurden in Europa 16 Kanäle mit einer Bandbreite von 25 kHz im Frequenzband von 169,4125–169,8125 MHz zugewiesen. Unter Anwendung des 4-PAM/FM-Modulationsverfahrens beträgt die Datenübertragungrate 6,25 kbit/s oder 3,125 kBaud/s.

Als Fehlerkorrekturcode wird ein von dem BCH(31,21) abgeleiteter verkürzter, zyklischer Code (30,18) benutzt. Dieser wird durch ein Interleaving der Tiefe neun unterstützt.

Um die entsprechende Weiterleitung der Nachrichten im ERMES-System zu gewährleisten, wurden den Netzbetreibern und Benutzern Identitäten zugewiesen [31]. Die Betreiberidentität (*Operator Identity*, OPID) ist 13 bit lang, vgl. Abb. 3.5.

Die Zonen- und Ländercodes sind von der CCITT-Empfehlung E.212 abgeleitet. Der 3 bit lange Betreibercode unterstützt 8 verschiedene Betreiber pro Land. Sollten mehrere Betreibercodes benötigt werden, so werden zu ihrer Unterscheidung mehrere Ländercodes zugelassen.

Die Struktur der Benutzeridentität (*Radio Identity Code*, RIC) umfaßt 35 bit und ist in Abb. 3.6 dargestellt. Der RIC beinhaltet den 13 bit langen OPID und weitere 22 bit für die Anfangsadresse und den Batchtyp, die gemeinsam die sogenannte lokale Adresse bilden. Ein Empfänger kann mehrere Benutzeridentitäten gespeichert haben.

ERMES-Netze können abhängig von ihrer Beschreibung eingeteilt werden in:

- *Time Division Network*, (TDN): In benachbarten oder überlappenden Rufzonen wird in unterschiedlichen Zeitintervallen übertragen.

- *Frequency Division Network*, (FDN): In benachbarten oder überlappenden Rufzonen wird auf unterschiedlichen Frequenzen übertragen.

Eine Kombination beider Betriebsarten ist auch möglich. Kanal- und Blockstruktur des Übertragungsprotokolls sind in Abb. 3.7 dargestellt.

Die periodische Sequenz bildet die übergeordnete Struktur mit 60 Minuten Dauer. Sie besteht aus 60 Zyklen *(Cycles)*, die jeweils 1 Minute dauern und zur Koordination zwischen verschiedenen Netzen dienen. Zur Batterieschonung können

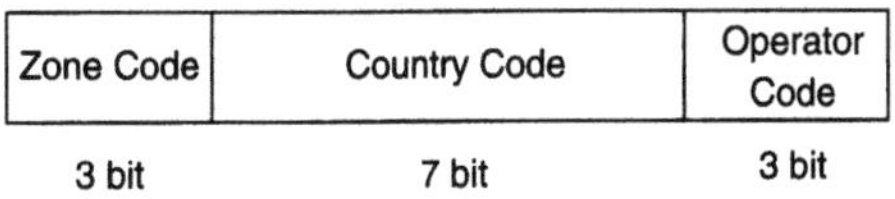

Zone Code	Country Code	Operator Code
3 bit	7 bit	3 bit

Abbildung 3.5: Struktur der OPID

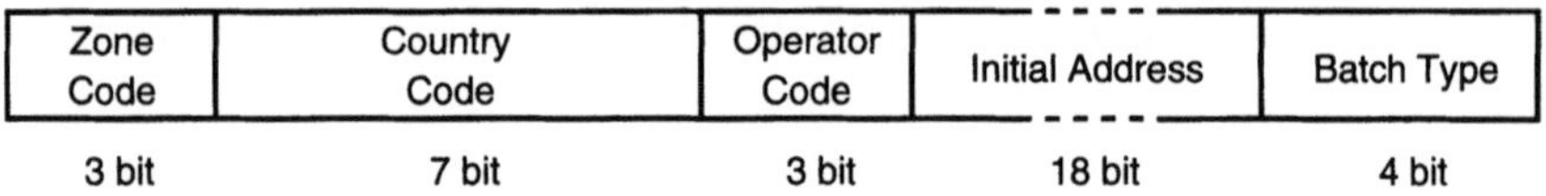

Zone Code	Country Code	Operator Code	Initial Address	Batch Type
3 bit	7 bit	3 bit	18 bit	4 bit

Abbildung 3.6: Die Struktur der RIC

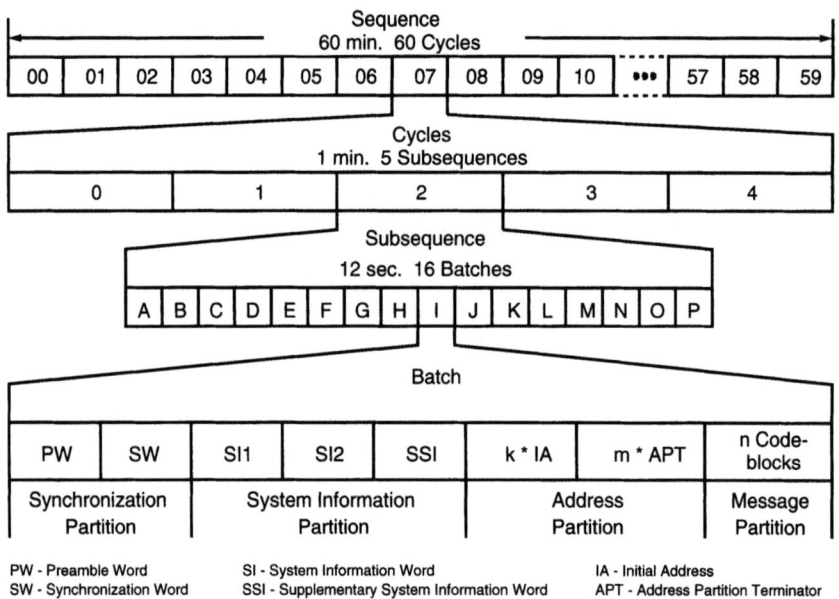

Abbildung 3.7: Nachrichtencodierung und Blockformat bei ERMES

die Empfänger nur einen/einige Zyklen abhören. Jeder Zyklus enthält fünf Subsequenzen mit je 12 s Dauer. In TDN findet die Übertragung für eine Rufzone abhängig vom Verkehrsaufkommen in wenigstens einer dieser Subsequenzen statt. Jede Subsequenz ist in 16 *Batches* eingeteilt, wobei die ersten 15 Batches jeweils 154 Wörter (30 bit/Wort) beinhalten und der 16. eine Länge von 190 Wörtern hat. Ein Empfänger ist durch die letzten 4 bit in der RIC einem von den 16 möglichen Batchtypen zugewiesen und kann in dem für ihn spezifischen Batchtyp adressiert werden. Ein Batch ist in vier Teile geteilt:

Synchronisationsteil *(Synchronization Partition)*: Das Präambelwort (PW) und das Synchronisationswort (SW) ermöglichen dem Empfänger die Symbol- bzw. Codewortsynchronisation für den Batch.

Systeminformationsteil *(System Information Part)*: Dieser Teil besteht aus:

3.5 ERMES

- zwei Systeminformationswörtern (SI1, SI2), wobei SI1 dem Empfänger die Betreiberidentität (ID) und die Rufzonennummer (PA Number) mitteilt. SI2 gibt die Position des Batch in der Sequenz sowie den Kanal des Senders an.

- einem zusätzlichen Systeminformationswort, das entweder den Zonencode, Zeit und Datum oder nur das Datum beinhaltet.

Adressenteil *(Address Partition)*: enthält eine Anzahl von Anfangsadressen (IA) und wenigstens einen *Address Partition Terminator* (APT). Die Anfangsadressen werden in absteigender Reihenfolge übertragen. Ist die empfangene Anfangsadresse kleiner geworden als die eigene, kann ein Terminal in diesem Batch keinen Funkruf mehr erhalten.

Nachrichtenteil *(Message Partition)*: Dieser Teil enthält die lokale Adresse des Empfängers, Nachrichtennummer, Nachrichtenart und die Nachricht.

4 Schnurlose Fernsprechsysteme

Schnurlose Fernsprechsysteme sind Mobilfunksysteme, deren Reichweite zwar nicht für eine flächendeckende Versorgung geeignet ist, die aber aufgrund der angebotenen Dienste sowie der niedrigen Kosten für viele Anwender attraktiv sind.

Schnurlose Telefone (*Cordless Telephony*, CT) können im Bereich eines Teilnehmerhauptanschlusses eingesetzt werden und ermöglichen die Verbindung über Funk in einem Umkreis von ca. 50 m innerhalb bzw. 300 m außerhalb von Gebäuden zwischen ortsfestem Terminal und Mobilteil. Dazu werden das ortsfeste Terminal als Feststation und das Mobilteil je mit einer Sende- und Empfangseinrichtung ausgestattet.

Neben dem Einsatz schnurloser Telefone für den Heimgebrauch (eine Basisstation, ein Mobilteil) eignen sich CT-Systeme für den Einsatz

- als mikrozellulare schnurlose Nebenstellenanlagen, z. B. für den Gebrauch in Büros oder industriellen Anlagen;
- als öffentliche Zellularsysteme mit lokaler Flächenabdeckung und als regionale bzw. landesweite Netze öffentlicher schnurloser Münztelefone, die Rufe von entsprechenden portablen Endgeräten ohne Nutzung der bisher üblichen Fernsprechzellen erlauben (Telepoint-Dienst);
- als drahtlose Zugangstechnologie für ortsfeste Teilnehmer von Telekommunikationsnetzen.

Die ersten schnurlosen Telefone kamen aus den USA und dem asiatischen Raum nach Europa. Diese mit CT0 bezeichneten Geräte, die in den europäischen Ländern nicht zugelassen wurden, arbeiteten mit analoger Übertragungstechnik bei 1,6 bzw 4,7 MHz mit acht Kanälen (je 25 kHz) und waren durch den Verzicht auf Sicherheitsmaßnahmen sehr abhörempfindlich [137], vgl. Tab. 4.1. Außerdem ermöglichten sie den Zugriff eines Handapparats auf eine fremde Basisstation und deren Amtsleitung.

Die Nachteile der CT0-Geräte führten dazu, daß 1983 im Rahmen der CEPT ein Standard CT1 für schnurlose Telefone entwickelt wurde. Als Frequenzbereich für diese mit analoger Übertragungstechnik arbeitenden Systeme wurden zwei Bänder

Tabelle 4.1: Hauptparameter schnurloser analoger Telefonsysteme

System	CT0	CT1	CT1+
Signalübertragung	analog	analog	analog
Frequenzband (MHz)	1,6/4,7	914–915; 959–961	885–887; 930–932
Anz. Kanäle	8	40	80
Bandbreite	400 kHz	2 MHz	4 MHz
Kanalabstand		25 kHz	12,5 kHz
Zugriffsverfahren	FDMA	FDMA	FDMA
Duplexverfahren	FDD	FDD	FDD
Kanalzuteilung	fest	dynamisch	dynamisch
Zellularnetze	nein	beschränkt	beschränkt
max. Sendeleistung [mW]		10	10
Reichweite [m]	< 1000	< 300	< 300
Handover	nein	nein	nein
Kapazität [E/km^2]	1	200	200

mit 2 MHz Bandbreite und 45 MHz Duplexabstand bei 900 MHz vereinbart, vgl. Tab. 4.1. Für die Verbindung zwischen dem Mobil- und Festteil wurden die Frequenzen von 914–916 MHz vorgesehen und für die Übertragung vom Festteil zum schnurlosen Telefon die Frequenzen von 959–961 MHz. Gemäß CT1-Standard wird auf die insgesamt 40 Kanäle mit je 25 kHz Bandbreite im FDMA-Verfahren zugegriffen. Diese Kanäle werden dynamisch zugeteilt, es besteht eine feste Zuordnung von Frequenzen zu einzelnen Geräten oder zu Ortsbereichen.

Für Ballungsgebiete erwies sich bald die Zahl der Kanäle im CT1-Standard als zu gering, so daß verschiedene Länder, darunter auch Deutschland, im Jahre 1989 ein System mit 80 Kanälen gemäß CT1+-Standard einführten. Bei CT1+ sendet das Mobil- zum Festteil im Frequenzbereich von 885–887 MHz, während für die Verbindung zwischen Fest- und Mobilgerät die Frequenzen zwischen 930 und 932 MHz verwendet werden, vgl. Tab. 4.1. CT1+ sieht einen Organisationskanal vor.

Durch eine Vielzahl von Kennungscodes, die für eine eindeutige Identifikation zwischen Mobil- und Festteil vorgesehen sind, wurde ein unbefugter Zugriff auf die Basisstation in den Standards CT1 und CT1+ nahezu ausgeschlossen, allerdings sind diese Systeme nicht abhörsicher.

4.1 CT2/CAI und Telepoint

In Großbritannien wurden Mitte der achtziger Jahre, im Unterschied zu anderen europäischen Ländern, schnurlose Telefone entsprechend einer Variante des in den USA eingesetzten T-Standards verwendet. Da die Kapazität dieses Systems (acht Kanäle) nicht ausreichte und man in Großbritannien wegen der absehbaren Frequenzkollision mit dem GSM nicht mehr auf den CT1-Standard setzen wollte, wurde unter Initiative des Netzbetreibers *British Telecom* ein digitaler Standard für schnurlose Telefone entwickelt.

Um ihn für einen breiten Kundenkreis attraktiv zu machen, wurde vorgesehen, daß CT2-Endgeräte sich auch für Telepoint-Anwendungen eignen sollten. Das Telepoint-Konzept ermöglicht Teilnehmern mit geeignetem Handapparat, im Umkreis von bis zu 300 m eines öffentlichen, stark frequentierten Bereichs (Fußgängerzone, Bahnhof, Flughafen, Einkaufszentrum usw.) über eine Telepoint-Basisstation eine Verbindung ins öffentliche Telefonnetz aufzubauen, ohne angerufen werden zu können [23].

Häufig wird der CT2-Standard ergänzend mit dem Kürzel CAI *(Common Air Interface)* versehen. Eine 1989 unter Regie des britischen Handels- und Industrieministeriums *(Department of Trade and Industries,* DTI) mit Beteiligung der Industrie entwickelte Funkschnittstelle zwischen Festteil und Mobilteil. Die Schnittstelle wurde notwendig, damit die vormals auf dem britischen Markt üblichen untereinander nicht kompatiblen Endgeräte den Telepointdienst benutzen können.

Der CT2/CAI-Standard wurde so flexibel ausgelegt, daß der gleiche Handapparat für Geschäfts-, Heim- und öffentliche Anschlüsse verwendbar ist. CAI ermöglicht grundsätzlich sowohl abgehende als auch kommende Verbindungen. Die Restriktion bei Telepoint, daß nur abgehende Verbindungen möglich sind, beruht allein auf der Lizenzbestimmung und nicht auf technologischen Beschränkungen.

Mittlerweile wurde CT2/CAI als ETSI-Interim-Standard verabschiedet [12].

4.2 Technische Parameter von CT2/CAI

CT2 orientiert sich technisch gesehen am CT1-Standard, allerdings wurde die digitale Übertragung eingeführt, vgl. Tab. 4.2. Das System verfügt über 40 Frequenzkanäle zu je 100 kHz Bandbreite im Frequenzbereich zwischen 864 und 868 MHz, der im Gegensatz zu CT1 nicht mit anderen, in Europa standardisierten Mobilfunkdiensten kollidiert.

Zur Modulation wird das zweistufige GFSK *(Gaussian Frequency Shift Keying)* Verfahren angewandt. Die nominale Bitrate pro Kanal beträgt 72 kbit/s. Damit ist auch Datenübertragung möglich, allerdings mit relativ niedriger Nettorate.

CT2/CAI ist historisch gesehen das erste Mobilfunksystem, in dem sowohl Basisstation als auch Mobilgerät auf dem gleichen Funkkanal übertragen. Dabei werden

Tabelle 4.2: Hauptparameter schnurloser digitaler Telefonsysteme

System	CT2/CAI	DECT
Signalübertragung	digital	digital
Frequenzband [MHz]	864–868	1880–1900
Anz. Kanäle	40	120
Bandbreite [MHz]	4	20
Kanalabstand	100 kHz	1,728 kHz
Zugriffsverfahren	FDMA	FDMA/TDMA
Duplexverfahren	TDD	TDD
Kanalzuteilung	dynamisch	dynamisch
Sprachkanäle/Träger	1	12
Codierung	ADPCM 32 kbit/s	ADPCM 32 kbit/s
Modulationsdatenrate	72 kbit/s	1,152 Mbit/s
Modulation	zweistufiges GFSK	GFSK
Zellularnetze	beschränkt	ja
max. Sendeleistung [mW]	10	250
Reichweite	< 300	< 300
Handover	nein	ja
Kapazität [E/km^2]	250	10 000

die beiden Übertragungsrichtungen nicht durch verschiedene Frequenzen getrennt, sondern man wechselt auf derselben Frequenz jede Millisekunde die Übertragungsrichtung (Ping-Pong-Technik). Dieses *Time Division Duplex* (TDD) genannte Verfahren erlaubt die im *Frequency Division Duplex* (FDD) Verfahren notwendigen teuren Filter durch einfache Schalter zur Umschaltung der Übertragungsrichtung zu ersetzen.

Die im CAI-Standard für die Luftschnittstelle spezifizierten Protokolle der Schichten 1 bis 3 entsprechen in ihren Funktionen denen des ISO/OSI-Referenzmodells:

Schicht 1: Die Spezifikationen beziehen sich auf das physikalische Übertragungssystem inklusive Modulationsverfahren, Rahmenstruktur, Synchronisation, Zeitverhalten und Bitrate sowie Kanalauswahl und Verbindungssteuerung.

Schicht 2: Aufgaben dieser Schicht sind Fehlererkennung, Fehlerkorrektur, Nachrichtenquittierung, Verbindungsüberwachung und Identifikation.

Schicht 3: Funktionen und Nachrichtenelemente dieser Schicht dienen der Signalisierung für die Verbindungssteuerung ähnlich wie beim ISDN-D-Kanal Protokoll. Sie ist für die Erkennung der Bedeutung der Nachrichten, für den Aufbau und Abbau sowie für den Unterhalt einer Verbindung zuständig.

Der Standard definiert drei logische Unterkanäle:

4.2 Technische Parameter von CT2/CAI

- Im B-Kanal können Sprache sowie unter Anwendung eines Modems Daten übertragen werden,
- der D-Kanal dient der Signalisierung,
- der SYN-Kanal überträgt Informationen zur Bit- und Burstsynchronisation.

Diesen Unterkanälen werden anwendungsspezifisch verschiedene Kanalkapazitäten in vier verschiedenen sog. Multiplexrahmen zugeteilt, vgl. Abb. 4.1 [151].

Multiplex 1.2: definiert einen 66 bit langen Burst der Dauer 1 ms, der 64 B-Kanal-Bits und 2 D-Kanal-Bits enthält. Da dieser Rahmen bei einer bestehenden Verbindung verwendet wird, benötigt man keinen SYN-Kanal. Geht in dieser Betriebsart der Synchronismus verloren, muß die Verbindung reinitialisiert werden. Da dieser Burst alle 2 ms gesendet wird, beträgt die Datenrate im B-Kanal 32 kbit/s und im D-Kanal 1 kbit/s.

Multiplex 1.4: ist ähnlich aufgebaut wie der Multiplex-1.2-Burst, allerdings werden in 1 ms insgesamt 68 bit übertragen, von denen 4 D-Kanal-Bits sind. Somit beträgt die Datenrate auf dem D-Kanal 2 kbit/s. Dieser Multiplex-

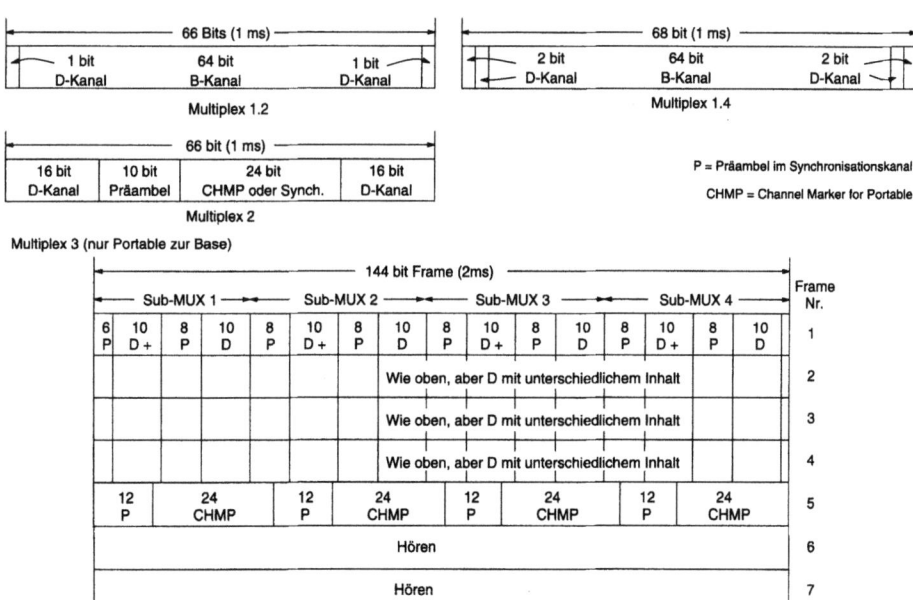

Abbildung 4.1: Die Strukturen der Multiplexrahmen bei CAI

rahmen wird bei bestehender Verbindung verwendet, wenn Basisstation und Mobilgerät während des Verbindungsaufbaus angezeigt haben, daß sie den 68 bit langen Burst unterstützen können.

Multiplex 2: ist ein 66 bit langer Burst, der aus 32 D-Kanal-Bits und 34 SYN-Kanal-Bits besteht, der während des normalen Aufbaus und zum Wiederaufbau einer abgebrochenen Verbindung verwendet wird. Dem D-Kanal stehen 16 kbit/s und dem SYN-Kanal 17 kbit/s zur Verfügung. Das SYN-Feld besteht aus einer 10 bit langen Präambel, gefolgt von einem von drei unterschiedlichen 24 bit langen Synchronisationsmustern, dem sogenannten *Channel Marker for Portable*.

Multiplex 3: definiert einen 10 ms langen Burst, der zum Aufbau und Wiederaufbau einer vom Handapparat initiierten Verbindung benutzt wird. Hier sind 10 ms in fünf 2 ms lange Rahmen *(Frames)* eingeteilt, von denen jeder in vier identische Teilrahmen *(Subframes)* eingeteilt ist. Die ersten vier Rahmen enthalten 20 D-Kanal-Bits und 16 Präambel-Bits in jedem Subframe, während der fünfte Rahmen nur SYN-Kanal-Bits enthält.

Da der B-Kanal für die Sprachübermittlung verwendet wird, beträgt die Datenrate 32 kbit/s. Zur Codierung der Sprache wird die *Adaptive Differential Pulse Code Modulation* (ADPCM) eingesetzt.

Die Sendeleistung schnurloser CT2-Geräte beträgt maximal 10 mW, womit außerhalb von Gebäuden bis zu 200 m Reichweite zwischen Mobilteil und Basisstation möglich sind. Da in der Praxis oftmals so große Distanzen nicht auftreten, sieht der CAI-Standard vor, zur Vermeidung von Interferenzen die Sendeleistung der Mobilteile dynamisch zu verringern. Dazu mißt die Basisstation die Empfangsfeldstärke und signalisiert ggf. dem Handapparat, seine Ausgangsleistung zu reduzieren.

Im CAI-Standard sind folgende Sicherheitsmaßnahmen enthalten: Er unterstützt den Austausch von Identifikatoren zwischen dem Fest- und Mobilteil, wobei das schnurlose CT2-Endgerät eines Teilnehmers erst nach Eingabe einer *Personal Identification Number* (PIN) zur Benutzung freigegeben wird. Die Authentifizierung zwischen Endgerät und Festteil wird über die entsprechende Zuordnung der Seriennummern unterstützt. Der Einsatz der digitalen Übertragungtechnik erlaubt eine einfache aber effiziente Verschlüsselung der Sprache, so daß mit CT2/CAI abhörsichere Systeme vorliegen. Die CAI-Spezifikation sieht vor, daß ein Teilnehmer seine Gebühren auch auf andere Rufnummern (z. B. seines Unternehmens) übertragen und dort abrechnen lassen kann. Gegenüber CT1+ ergibt sich bei gleichbleibender Bandbreite wegen der digitalen Übertragung eine höhere Kapazität von etwa 250 Erl./km^2.

5 DECT

Unter Mitwirkung von Christian Plenge, Markus Scheibenbogen

Neben zellularen Mobilfunknetzen, die in erster Linie für den Einsatz im Freien gedacht sind, spielen Systeme eine wichtige Rolle, die speziell für eine Verwendung innerhalb von Gebäuden konzipiert sind. In privaten Haushalte erfreuen sich schnurlose Telefone mit Reichweiten von wenigen hundert Metern in den letzten Jahren wachsender Beliebtheit. Zu diesen analogen Geräten gibt es (neben CT2/CAI) eine digital übertragende Alternative, die außer einer besseren Sprachqualität und einer hohen Abhörsicherheit, weitere Vorzüge bietet: das DECT-System.

Die Abkürzung DECT stand ursprünglich für *Digital European Cordless Telecommunications*, um den Anspruch auf einen weltweiten Standard für schnurlose Telefonie zu unterstreichen, steht DECT heute für *Digital Enhanced Cordless Telecommunication*. Dieser Standard wurde 1992 durch das *European Telecommunications Standards Institute* (ETSI) festgelegt. Ein DECT-Netz ist ein mikrozellulares, digitales Mobilfunknetz für hohe Teilnehmerdichten, in erster Linie für den Einsatz in Gebäuden. Eine Verwendung im Freien ist jedoch ebenfalls möglich.

Mit DECT-Systemen lassen sich in Bürogebäuden komplette schnurlose Nebenstellenanlagen aufbauen. Neben Gesprächen über den üblichen Amtsanschluß sind auch Verbindungen zwischen Mobilteilen über die DECT-Basisstation möglich. Verläßt ein Mitarbeiter sein Büro, so ist er bei drahtgebundenen Telefonanschlüssen in der Regel für ankommende Anrufe nicht mehr erreichbar obwohl er sich vermutlich nur in einem anderen Gebäudeteil befindet. Bei Verwendung eines DECT-Endgerätes bleibt er dagegen im gesamten Haus unter seiner gewohnten Rufnummer erreichbar. Um beim Verlassen des DECT-Versorgungsbereichs noch Anrufe erhalten zu können, wurde von der ETSI eine Schnittstelle zwischen GSM und DECT festgelegt, vgl. Kap. 6.

Nach dem DECT-Standard ist die Übertragung von Sprache und von Datensignalen möglich. Somit können auf DECT-Basis auch schnurlose Datennetze aufgebaut werden. Die Nutzung von ISDN-Diensten *(Integrated Services Digital Network)* ist ebenfalls möglich. Der Teilnehmer kann sich innerhalb verschiedener Zellen frei bewegen, ohne einen Gesprächsabbruch zu riskieren. Das Weiterreichen seines Gesprächs von einer Funkzelle in die nächste erfolgt unterbrechungsfrei.

Die maximale Entfernung zwischen Basis- und Mobilstation beträgt im Freien ca. 300 m, in Gebäuden umgebungsabhängig bis zu 50 m. Durch eine geeignete Installation von Basisstationen lassen sich jedoch aufgrund des Relaiskonzeptes auch größere Entfernungen zur Basisstation überbrücken, vgl. auch Abschn. 5.12.

Im März 1993 wurden auf der Messe CeBIT in Hannover erstmals DECT-Systeme einem breiten Publikum vorgestellt. Die Gerätepreise erster im Handel erhältlicher Ausführungen lagen bei ca. 1200 DM für eine Minimalkonfiguration bestehend aus einer Basisstation und einem Mobilteil, heute gibt es schon Angebote ab etwa 300 DM. Jedes weitere Mobilteil kostet etwa 200 DM. Dies ist bereits vergleichbar mit den Preisen für analog übertragende Schnurlostelefone.

5.1 Realisierungsmöglichkeiten von DECT-Systemen

DECT-Systeme sind entsprechend ihrer Größe unterschiedlich aufgebaut. Die Angaben *groß* und *klein* sind relativ und beziehen sich auf die Anzahl der bedienbaren Mobilstationen im DECT-Versorgungsgebiet. Das DECT-System kann bis zu 1000 Teilnehmer in einem Aufenthaltsbereich (*Location Area*, LA) automatisch lokalisieren [28]. Bei größerer Teilnehmerzahl sind verschiedene Aufenthaltsbereiche vorzusehen, die DECT-intern verwaltet werden müssen, vgl. Abschn. 5.1.2 und 6.1.3.

5.1.1 DECT-Festnetze

Die üblichen Lösungen für DECT-Festnetze sind als eigenständige Nebenstellenanlagen ausgelegt.

Werden DECT-Systeme von einem Netzbetreiber installiert, kann jedem kundenspezifischen DECT-System ein eigener Aufenthaltsbereich zugewiesen werden. Sämtliche DECT-Aufenthaltsbereiche werden dann über einen Backbone-Ring miteinander verbunden und zentral von einem DECT-System nach Abb. 5.8 verwaltet. Jeder Kunde bekommt eine eigene *DECT Fixed Station* (DFS) mit eigener Kennung des Aufenthaltsbereichs.

Trotz der leistungsfähigen Aufenthaltsverwaltung des DECT-Systems sollte jedem Kunden ein eigener Aufenthaltsbereich zugewiesen werden, damit die Kanalkapazitäten anderer Kunden nicht durch das Aufrufen der eigenen Mobilstationen belastet werden.

5.1 Realisierungsmöglichkeiten von DECT-Systemen

Private Heim-Feststationen: sind eine Möglichkeit, das DECT-System in kleinen, privaten Haushalten einzusetzen, vgl. Abb. 5.1. Die Heim-Feststation versorgt den gesamten Bereich des Hauses und kann eine oder mehrere Mobilstationen unterstützen, die über die Feststation versorgt werden. Die Heimstation besteht aus einem *DECT Fixed System* (DFS) zur Steuerung des Systems, einer einfachen Datenbank (*Data Base*, DB) zur Benutzerverwaltung und einer Feststation (*Fixed Part*, FP) zur funktechnischen Versorgung der Mobilstationen. Eine *Interworking Unit* (IWU) ist für den Anschluß an ein externes Netz vorgesehen [67] [28].

Drahtlose Nebenstellenanlagen: für große private Haushalte oder kleine Unternehmen sind vom Aufbau her zentrale Systeme mit einem DFS geeignet, an das mehrere FP angeschlossen sind, vgl. Abb. 5.2. Es können auch feste Endgeräte angeschlossen werden. Das *DECT Fixed System* verwaltet das System. Der aktuelle Aufenthaltsbereich der Mobilstationen wird in einer Datenbank (DB) gespeichert, über eine IWU wird ein Anschluß an externe Netze ermöglicht [28].

Öffentliche Telepoint-Systeme: werden angeboten, um den DECT-Mobilstationen einen Zugang an das öffentliche Fernsprechnetz, über „fremde" FPs an öffentlichen Orten zu geben, vgl. Abb. 5.3. Mögliche Einsatzgebiete sind öffentliche Einrichtungen mit hohem Teilnehmeraufkommen wie Flughäfen, Bahnhöfe und Stadtzentren. Solche privaten und öffentlichen DECT-Systeme bestehen aus mehreren FPs, die von einem *DECT Fixed System* (DFS) verwaltet werden. Über eine Netzschnittstelle ist der Zugang zum öffentlichen Fernsprechnetz möglich[1].

---

[1] Prinzipiell erlaubt DECT auch die Erreichbarkeit von PPs im Bereich des Telepoint. Die Beschränkung auf abgehende Rufe geht auf die Lizenzbestimmungen für Telepoint zurück.

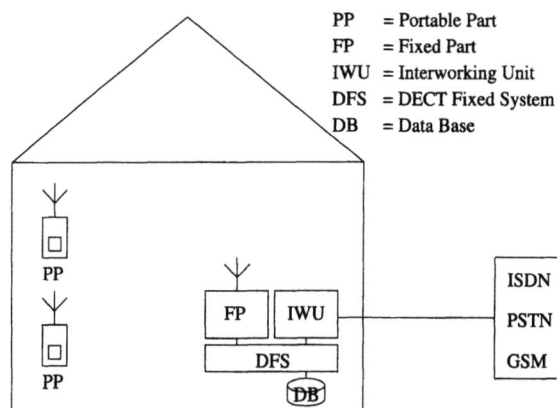

Abbildung 5.1: Private Heim-Feststation

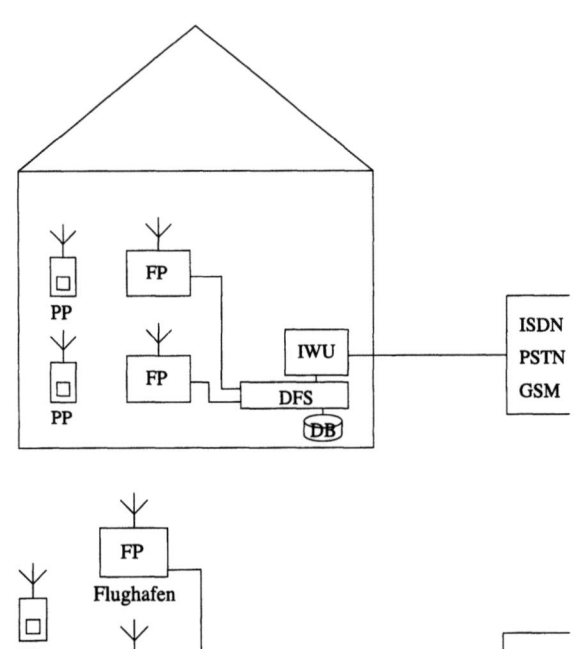

Abbildung 5.2: Drahtlose Nebenstellenanlagen

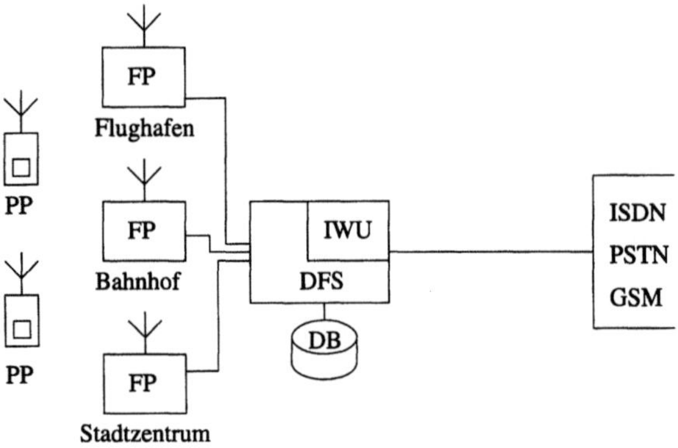

Abbildung 5.3: Öffentliches Telepoint-System

Drahtlose lokale Ringe: bestehen aus einem Ring, an den ein *Terminal Adapter* (TA) und alle Endgeräte angeschlossen sind, vgl. Abb. 5.4. Der Terminal Adapter stellt über die Funkschnittstelle eine Verbindung zu einem in der Umgebung liegenden, öffentlichen FP dar. Die Endgeräte (z. B. Telefon, Fax) sind über herkömmliche Leitungen mit dem Terminal Adapter verbunden. Dieser stellt bei Bedarf eine Funkverbindung zum nächsten FP her. Die Verwaltung der FP erfolgt wie beim öffentlichen Telepoint-Dienst [28].

Nachbarschafts-Telepoint: ist eine Kombination aus öffentlichem Telepointdienst und privater Heim-Feststation, vgl. Abb. 5.5. In den Privathaushalten ist kein eigenes FP vorgesehen, sondern ein FP versorgt mehrere private Haushalte nach dem Telepoint-Prinzip. Die FPs werden so installiert, daß mehrere Haushalte durch jeweils ein FP versorgt werden. Ein DECT Fixed System verwaltet die FPs und ist über eine Netzschnittstelle mit Umsetzer (IWU) mit dem öffentlichen Fernsprechnetz verbunden [28].

5.1 Realisierungsmöglichkeiten von DECT-Systemen

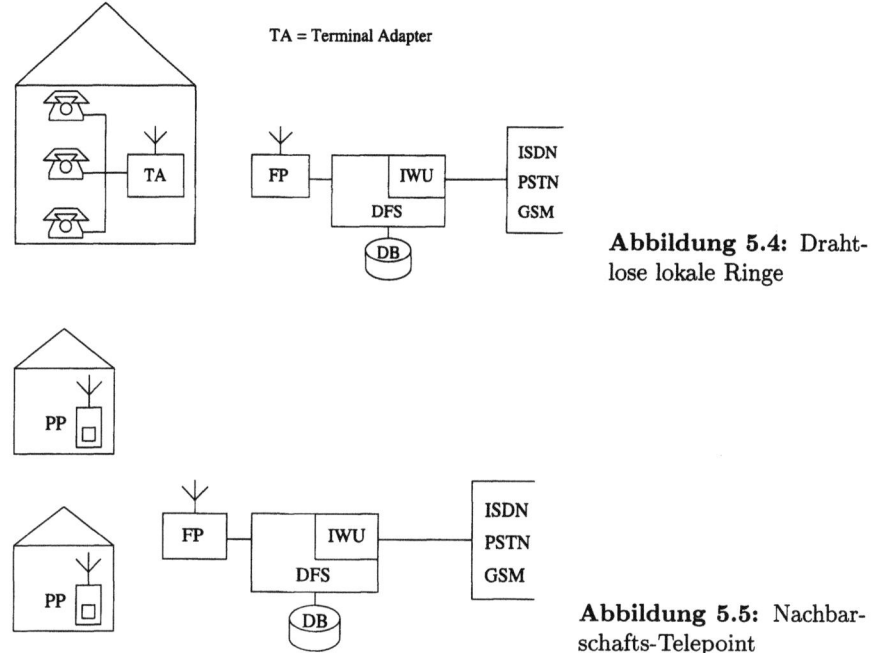

Abbildung 5.4: Drahtlose lokale Ringe

Abbildung 5.5: Nachbarschafts-Telepoint

Die folgenden Systeme eignen sich aufgrund der Auslegung ihrer Größe und Teilnehmerkapazität auch für Firmen mit verteilten Standorten. Dabei können an jedem Firmenstandort ein oder mehrere Knotenpunkte für DECT vorgesehen werden. Die jeweilige Ausführung eines Systems muß flexibel gehalten und im Einzelfall auf den Kunden zugeschnitten werden.

Nebenstellenanlagen mit Ring und zentralem DFS: bestehen aus einem Backbone Ring mit mehreren Knotenpunkten *(Switching Node)*, vgl. Abb. 5.6. Die Knotenpunkte bestehen aus einer Steuereinheit *(Subsystem Control Unit)* und mehreren angeschlossenen Feststationen *(Base Station)*, d. h. FPs. Einer der Knotenpunkte beinhaltet das DFS, das für sämtliche am Backbone Ring angeschlossenen Knotenpunkte verantwortlich ist und diese zentral steuert. Am DFS befindet sich auch die Heimatdatei *(Home Data Base*, HDB) und die *Interworking Unit* (IWU), die die Verbindung nach außen darstellt. Alle Signalisierungsdaten, die in diesem System übertragen werden, müssen über mehrere Knotenpunkte und den Backbone Ring übertragen werden. Dabei werden Übertragungskanäle des Netzes in Anspruch genommen, die für den Transport von Benutzerdaten nicht mehr zur Verfügung stehen. Nachteilig ist auch, daß bei Ausfall des zentralen Systems das gesamte Netz gestört wird. Abhilfe wird durch dezentrale Systeme dadurch geschaffen, daß der Signalisierungsverkehr verkleinert wird und bei Ausfall eines Teilsystems nur die betreffenden Mobilstationen betroffen werden [67].

Nebenstellenanlagen mit Ring und dezentralem DFS: sind ähnlich wie die Systeme mit zentralem DFS aufgebaut, vgl. Abb. 5.7. Es gibt einen Backbone Ring, der mehrere Knotenpunkte verbindet. An diesen Knotenpunkten befindet sich je eine Steuereinheit. Mehrere Feststationen sind am Knotenpunkt angeschlossen.

Dieses System ist dezentral ausgeführt, weil jede Steuereinheit von einem eigenen DECT Fixed System gesteuert wird. Weiterhin befindet sich an jedem DECT Fixed System eine Interworking Unit (IWU), mit der eine Verbindung zu externen Netzen hergestellt werden kann. Auch die Datenhaltung ist entsprechend dezentral ausgeführt. Die Teilnehmer werden in einer Heimatdatei (*Home Data Base*, HDB) verwaltet, wo für den Betrieb wichtige Daten vom Netz abgerufen werden können.

Um den Verkehr zur Signalisierung beim Roaming der Mobilteilnehmer gering zu halten, werden verschiedene Daten eines Teilnehmers, der das Versorgungsgebiet seiner Heimatdatei verläßt, in die Besucherdatei (*Visitor Data Base*, VDB) des neuen Versorgungsgebietes geschrieben. Nun wird vom Netz

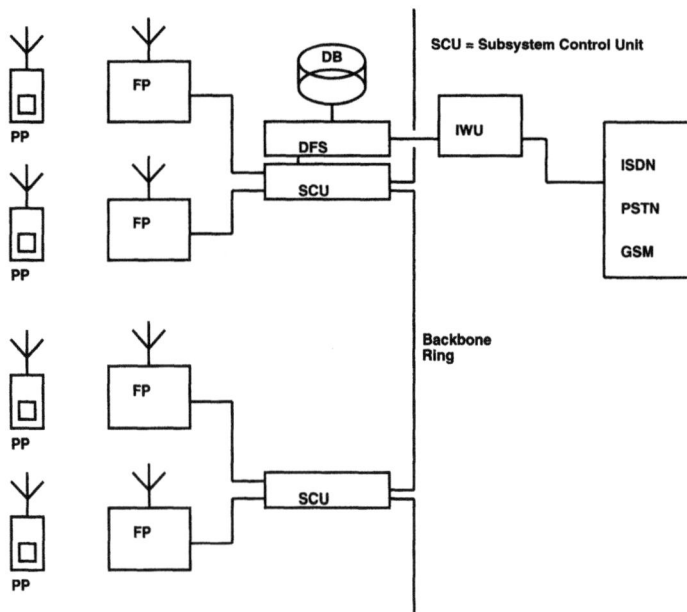

Abbildung 5.6: Nebenstellenanlagen mit Ring und zentralem DFS

5.1 Realisierungsmöglichkeiten von DECT-Systemen

aus auf die Daten in der Besucherdatei zurückgegriffen und der Backbone Ring ist von dieser Signalisierung entlastet. Bei Ausfall eines DFS werden nur die Teilnehmer betroffen, die sich in dem entsprechenden Versorgungsgebiet aufhalten [67].

Nebenstellenanlagen mit direktem Anschluß der FP: haben dieselbe dezentrale Struktur wie die dezentrale Nebenstellenanlage, vgl. Abb. 5.8. Der Unterschied besteht im direkten Anschluß der Feststationen an die jeweiligen DFS mit dem Vorteil, daß nun auch der Signalisierungsverkehr innerhalb eines Knotenpunktes reduziert wird, und somit eine höhere Kapazität für die Benutzerdaten zur Verfügung steht [67].

5.1.2 Datenhaltung

Es gibt verschiedene Möglichkeiten, um Datenbanken zu realisieren. Hier werden drei verschiedene Arten vorgestellt:

SS.7-MAP: Der SS.7-MAP *(Signalling System Number 7, Mobile Application Part)* ist eine bei öffentlichen Zellularnetzen wie GSM und DCS1800 benutzte Methode, bei der die Benutzerdaten in zwei Dateien, der Heimatdatei

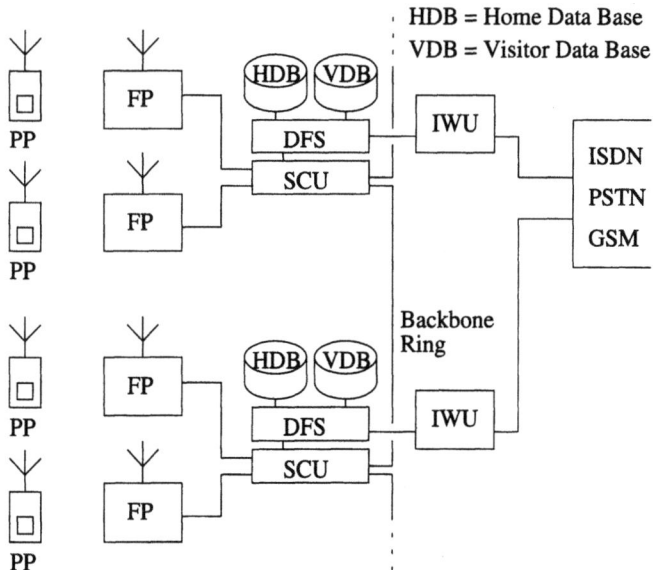

Abbildung 5.7: Nebenstellenanlagen mit Ring und dezentralem DFS

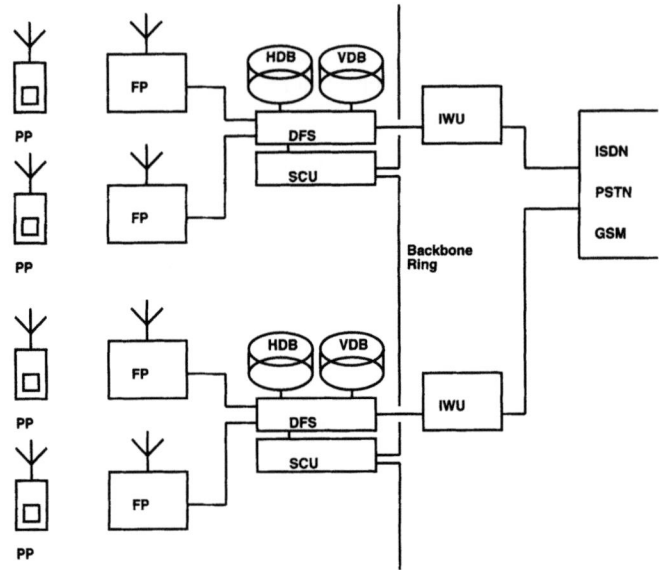

Abbildung 5.8: Nebenstellenanlagen mit direktem Anschluß der FP

(*Home Location Register*, HLR) und der Besucherdatei (*Visitor Location Register*, VLR), gespeichert werden. Kommende Rufe werden über das HLR zum VLR geleitet und von dort zum Mobilfunkteilnehmer. Gehende Rufe benutzen nur das VLR. Ein Zugriff auf das HLR ist bei diesen Rufen nicht nötig.

X.500: Eine weitere Methode ist die Datenhaltung nach dem standardisierten Registerdienst ITU-T X.500. Die Datenbank ist physikalisch verteilt, aber logisch zentralisiert. Die Daten scheinen deshalb in einer *Directory Information Base* (DIB) gespeichert zu sein. Sämtliche Daten werden als Objekte in einem hierarchischen *Directory Information Tree* (DIT) angeordnet, wobei jeder Zweig in einem physikalisch getrennten *Directory System Agent* abgelegt sein kann. Ein *Directory User Agent* greift auf die einzelnen Objekte zu. Gesucht werden die Daten in verketteten Datenbanken. Ein kritischer Aspekt ist die Zugriffszeit auf die Daten, die jedoch bei Nebenstellenanlagen mit begrenzter Teilnehmerzahl genügend klein bleibt.

Telecommunication Management Network (TMN): Alternativ kann die Datenhaltung durch das TMN nach ITU-T M.30 erfolgen. Ein Managementsystem wird von einem Manager gesteuert, der das Managementsystem durch Objekte nachbildet, die wichtige Daten enthalten. Diese Objekte werden in einer

5.2 Das DECT-Referenzsystem 115

hierarchischen MIB-Datenbank *(Management Information Base)* abgespeichert. Diese MIB kann physikalisch verteilt ausgeführt sein. Das Managementsystem kann die Datenbanken HLR und VLR nachbilden und alle Aufenthaltsortsdaten in einem Objekt speichern.

In privaten Netzen wie DECT-Nebenstellenanlagen werden im Unterschied zu öffentlichen Netzen nur eine begrenzte Zahl an Teilnehmern verwaltet. Ihre Daten können im allgemeinen von einer Datei verwaltet werden. Weiterhin können Objekte in einer sich in Büroumgebungen häufig ändernden organisatorischen Struktur einfacher geändert werden, als herkömmliche Datenbanken. Aus diesen Gründen ist das HLR/VLR-Konzept für private Nebenstellenanlagen nicht so gut geeignet, wie die beiden anderen Alternativen. Im Vergleich zwischen X.500 und TMN zeigt sich, daß X.500 flexibler ist als das TMN, weil es das HLR/VLR-Prinzip nicht nachzubilden braucht [75].

5.2 Das DECT-Referenzsystem

Das DECT-Referenzsystem beschreibt die definierten logischen und physikalischen Komponenten des DECT-Systems, die Schnittstellen zwischen den einzelnen Einheiten und die Verbindungspunkte zu anderen Netzen. Die globale logische Strukturierung des lokalen DECT-Netzes wird nachfolgend erläutert. Danach werden verschiedene physikalische Realisierungen vorgestellt.

5.2.1 Logische Gruppierung des DECT-Systems

Die logischen Gruppen des DECT-Netzes werden nach ihren Funktionalitäten mit dazwischen liegenden Schnittstellen D1, D2, D3 und D4 eingeteilt, bezeichnen jedoch nicht ihre physikalische Realisierungsformen, vgl. Abb. 5.9.

5.2.1.1 Globales Netz

Das *Globale Netz* unterstützt den überregionalen Telekommunikationsdienst. Es leistet Adressumsetzungen, Routing und Relaying zwischen den einzelnen angeschlossenen sog. Lokalen Netzen. Das Globale Netz ist meist ein nationales, evtl. internationales Netz. Beispiele Lokaler Netze sind:

- *Public Switched Telephone Network* (PSTN),
- *Integrated Services Digital Network* (ISDN),

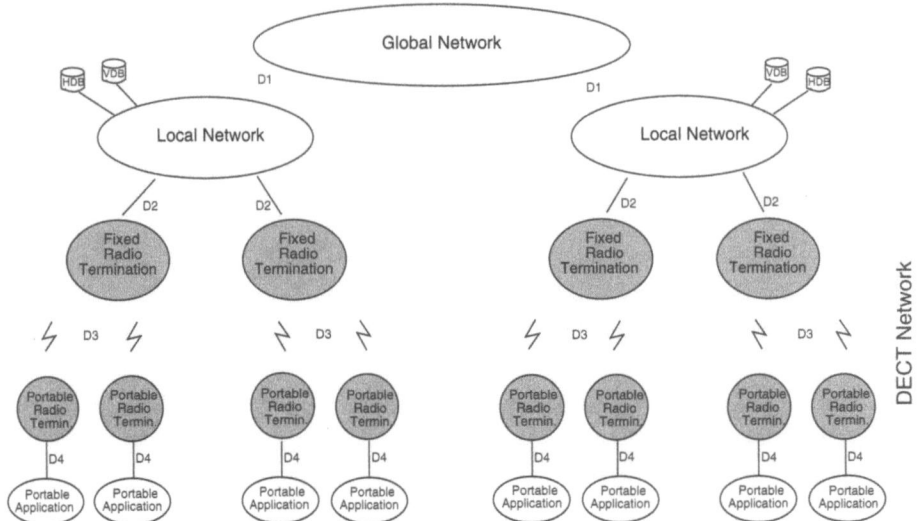

Abbildung 5.9: DECT-Referenzsystem: Logische Gruppierung

- *Packet Switched Public Data Network* (PSPDN),
- *Public Land Mobile Network* (PLMN).

5.2.1.2 Lokales Netz

Jedes Lokale Netz erbringt einen lokalen Telekommunikationsdienst. Es kann, abhängig von der tatsächlichen Implementierung, vom einfachen Multiplexer bis zum hochentwickelten komplexen Netz variieren. Hat die untergeordnete *DECT Fixed Radio Termination* (FT) keine Vermittlungsfunktion, so muß das Lokale Netz sie wahrnehmen. Dabei ist zu beachten, daß logische Definition und physikalische Realisierung voneinander abweichen können, z. B. können mehrere Netze mit ihren Funktionen in einem Gerät vereinigt sein.

Das Lokale Netz setzt unter anderem die globalen Identifikationsnummern (z. B. ISDN-Nummern) auf die DECT-spezifische IPUI *(International Portable User Identity)* und TPUI *(Temporary Portable User Identity)* um. Unterhalb des Lokalen Netzes findet man oft folgende Netze:

- analoge oder digitale Nebenstellenanlage (*Private Automatic Branch Exchange*, PABX);

5.2 Das DECT-Referenzsystem

- ISPBX: diensteintegrierte PBX *Integrated Services Private Branch Exchange*;
- IEEE 802 LANs: nach Standard IEEE 802 arbeitendes Local Area Network.

Alle netztypischen Funktionen müssen außerhalb des DECT-Systems angesiedelt sein. Sie sind entweder im Lokalen oder im Globalen Netz untergebracht. Für die Steuerung einer Inter-DECT-Mobilität, der Möglichkeit sich mit der Mobilstation in verschiedenen unabhängigen DECT-Bereichen aufzuhalten, bedarf es einer wie bei GSM üblichen Nutzung von HDB *(Home Data Base)* und VDB *(Visitor Data Base)*, vgl. Abschn. 3.2.1.3, Band 1. Die ankommenden Rufe werden automatisch an das Teilsystem weitergeleitet, in dem sich der Teilnehmer gerade befindet. Beim Wechsel von einem Netz zu einem anderen wird in der HDB ein neuer Eintrag der aktuellen VDB vorgenommen.

5.2.1.3 DECT-Netz

Das DECT-Netz besteht aus Fest- und Mobilstationen und verbindet den Teilnehmer mit dem lokalen Festnetz. Es beinhaltet definitionsgemäß keine Anwendungsprozesse, sondern ist nur Multiplexeinrichtung. Ein DECT-System hat jeweils nur eine Netzadresse für einen Teilnehmer bzw. die Mobilstation und besitzt (aus logischer Sicht) eine oder mehrere *Fixed Radio Terminations* (FT) und viele ihnen zugeordnete *Portable Radio Terminations* (PT).

Fixed Radio Termination Die FT ist die logische Gruppierung aller Funktionen und Prozeduren auf der Festnetzseite der DECT-Luftschnittstelle. Sie ist verantwortlich für:

- Schicht-3-Protokollbehandlung in der C-*(Control)*-Schicht (außer Mobilität),
- Schicht-2-Protokollbehandlung in der U-*(User)*-Schicht,
- Schicht-2-Vermittlung *(Routing* und *Relaying)* im jeweiligen DECT-Netz.

Die FT beinhaltet außer Handover- und Multi-Zellverwaltung keine Vermittlungsfunktionen. Es können zwar viele Rufinstanzen verwaltet werden, aber es ist nicht möglich, eine direkte Verbindung zwischen zwei Teilnehmern aufzubauen. Dies muß außerhalb des logisch abgegrenzten Bereiches der FT im Local Network erfolgen.

Portable Radio Termination und Portable Application Diese beiden Teile bilden die logischen Gruppen auf der mobilen Seite des DECT-Netzes. Während die *Portable Radio Termination* mit all ihren Protokollelementen der OSI-Schichten 1,

2, und 3 im Standard festgelegt ist, kann die tragbare Anwendung vom Hersteller der Geräte selbst definiert werden. Sie ist somit nicht standardisiert.

5.2.2 Physikalische Gruppierung des DECT-Systems

Während die logische Struktur des DECT-Netzes eindeutig definiert ist, kann die physikalische Gruppierung verschiedene Formen annehmen. Sie ist den jeweiligen Bedürfnissen des Kunden angepaßt und kann somit als einzelne Feststation, an die bei Ausstattung mit einer Sende-/Empfangseinrichtung *(Transceiver)* bis zu 12 gleichzeitig kommunizierende Mobilstationen angeschlossen werden, oder auch als eigenständige Vermittlungsstelle für Bürogebäude konzipiert werden. Dabei sind die logischen Schnittstellen D1...D4 teilweise in eine gemeinsame physikalische Einheit integriert und somit nicht mehr eindeutig aufschlüsselbar, vgl. Abb. 5.10.

5.2.2.1 DECT-Basisstation *Fixed Part*

Physikalisch läßt sich das DECT-System in zwei Teile aufspalten. Den DECT *Fixed Part* (FP) auf der Festseite und den DECT *Portable Part* (PP) auf der mobilen Seite. Der Fixed Part auf der drahtgebundenen Seite kann eine oder mehrere logische Gruppen vom Typ *Fixed Radio Termination* beinhalten, die eine gemeinsame Steuerung haben.

Der FP kann in zwei physikalische Untergruppen aufgeteilt werden:

- *Radio Fixed Part* (RFP): ist für jeweils eine Zelle im Netz zuständig.
- *Radio End Point* (REP): entspricht einer Transceiver-Einheit im RFP.

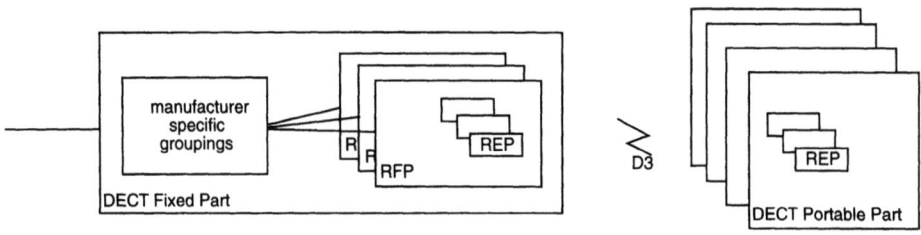

Abbildung 5.10: DECT-Referenzsystem: Physikalische Gruppierung

5.2 Das DECT-Referenzsystem

5.2.2.2 DECT-Mobilgerät *(Portable Part)*

Die beiden logischen Gruppen *Portable Radio Termination* und *Portable Application* sind physikalisch in einem *Portable Part* (PP) zusammengefaßt, typisch einem Handgerät. Normalerweise hat ein PP nur einen *Radio Endpoint*.

5.2.3 Berechtigungskarte (DAM)

Die Mobilstation kann von verschiedenen Teilnehmern benutzt werden. Bevor eine Zugangsberechtigung zum DECT-Netz gewährt wird, muß der Teilnehmer sich identifizieren. Dazu dient eine in das PP einsetzbare Berechtigungskarte (*DECT Authentication Module*, DAM), mit Daten zur Identifizierung (*International Portable User Identity*, IPUI) und Authentisierung des Teilnehmers (*Authentication Key*, K). Die DAM enthält alle notwendigen Verschlüsselungsprozeduren.

5.2.4 Spezifische DECT-Konfigurationen

In der DECT-Systembeschreibung [38] werden mehrere typische DECT-Konfigurationen erläutert. Abhängig vom übergeordneten Netz

- PSTN,   • ISDN,   • X.25,   • IEEE 802 LAN oder   • GSM

sind verschiedene physikalische Realisierungen erforderlich. Einige Installationsmöglichkeiten werden nachfolgend vorgestellt. Private Haussysteme werden heute schon von mehreren Anbietern kostengünstig vertrieben. Komplexe private Büroinstallationen erobern gegenwärtig den Markt. Daneben werden DECT-Systeme als *Radio Local Loop* Systeme realisiert und gegenwärtig (1997) erprobt.

5.2.4.1 PSTN-Referenzkonfiguration

Domestic Telephone   Die einfachste DECT-Konfiguration gilt für den privaten Telefonanschluß *(Domestic Telephone)*. Dabei wird das Netz an ein PSTN über eine Teilnehmerschnittstelle *(Subscriber-Interface)* wie ein POT *(Plain Old Telephone)* angeschlossen, vgl. Abb. 5.11. Die Funktionsmerkmale ähneln früheren Generationen schnurloser Haustelefone der CT 1 oder CT 2 Generation, vgl. Kap. 4. Ein lokales Netz ist nicht vorgesehen.

PBX   Bei einer einfachen Realisierungsform der DECT-PBX werden ähnlich wie beim *Domestic Telephone* eigenständige FPs an die Vermittlungseinheit des PSTN

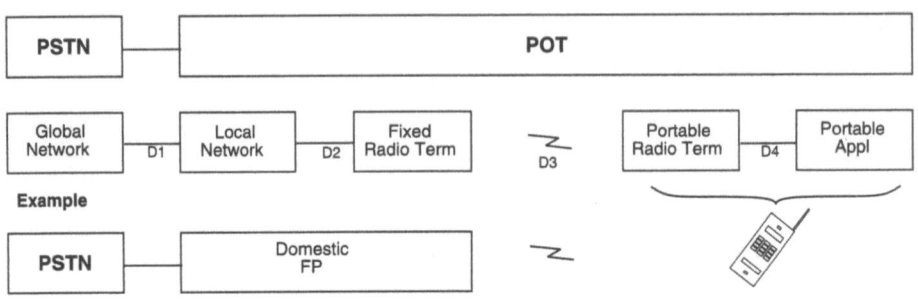

Abbildung 5.11: Domestic-Telephone-Konfiguration

angeschlossen. Der Wechsel von einem FP zu einem anderen während des Gesprächs *(Handover)* wäre dann sehr aufwendig.

In Abb. 5.12 enthält der *Fixed Part* mehrere *Radio Fixed Parts*, die jeweils eine Zelle bedienen, wodurch das System seinen Zellularcharakter erhält. Die Mobilstation baut zum stärksten RFP eine Verbindung auf. Bewegt sich der Teilnehmer in den Bereich einer Nachbarzelle ist der FP nun in der Lage, interne Schicht 2 Handover auszuführen. Gesteuert werden die Protokolle zur Zellsteuerung durch die Funktion *Common Control* (CC), die physikalisch gesehen im FP oder in der PBX integriert sein kann.

Radio Local Loop Das DECT-System kann auch als lokales Zugangsnetz in das PSTN eingebunden sein, vgl. Abb. 5.13. Dabei bleibt die Funkverbindung dem Benutzer als solche verborgen. Sein drahtgebundenes Telefon ist mit einem *Cordless Terminal Adapter* (CTA) verbunden, der die Funkübertragung zum RFP über-

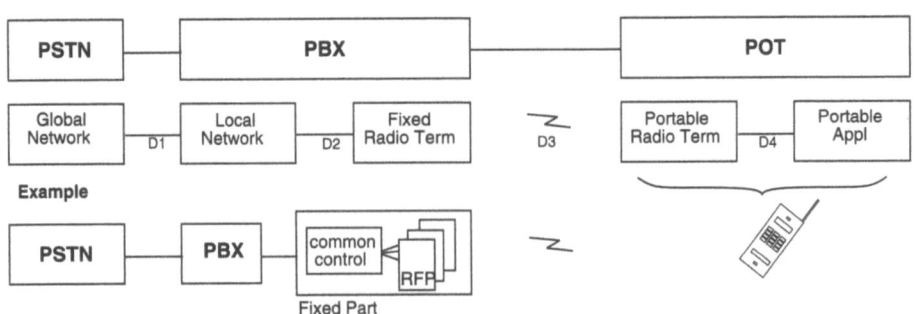

Abbildung 5.12: DECT-PBX-Konfiguration

5.3 Das DECT-Referenzmodell

nimmt. Im Bereich *Radio in the Local Loop* (RLL) erproben heute Festnetzanbieter, Teile der kostenaufwendigen Ortsnetzverkabelung durch Nutzung von DECT-RLL-Systemen zu umgehen. Eine vergleichbare Konfiguration bei Nutzung des ISDN als Lokales Festnetz und DECT als RLL-System ist in Abb. 5.14 dargestellt.

5.2.4.2 GSM-Referenzkonfiguration

Neben der hier nicht näher erläuterten X.25-Referenzkonfiguration, soll noch die Verbindung der beiden Mobilsysteme GSM und DECT betrachtet werden. Diese Entwicklung bietet dem Anwender die Möglichkeit, das lokal orientierte DECT-System mit dem überregionalen GSM-Mobilfunksystem zu koppeln, vgl. Abb. 5.15. Aus der Sicht des GSM bilden Portable Application, PT, FT und vielleicht noch ein lokales Netz die mobile Benutzereinheit. Der D1-Referenzpunkt ist im GSM-Standard der R-Referenzpunkt, vgl. Abb. 3.3, Band 1. Eine ausführliche Darstellung der Integration von DECT und GSM-System findet man in Kap. 6.

5.3 Das DECT-Referenzmodell

Das DECT-Referenzmodell ist in Anlehnung an das ISO/OSI-Modell entworfen worden, vgl. Kap. 2.5, Band 1. Da das DECT-System die Funkschnittstelle zwischen den Kommunikationspartnern realisiert, werden im Standard nur einige Aspekte der anwendungsorientierten Schichten mit behandelt, z. B. Verschlüsselung.

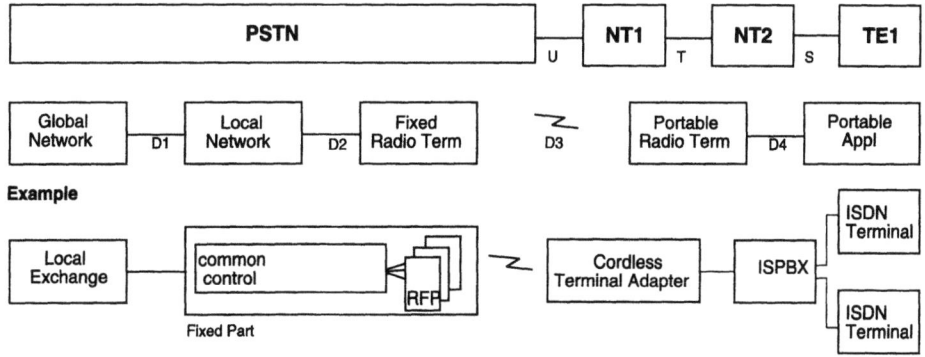

Abbildung 5.13: Radio-Local-Loop-Konfiguration für PSTN

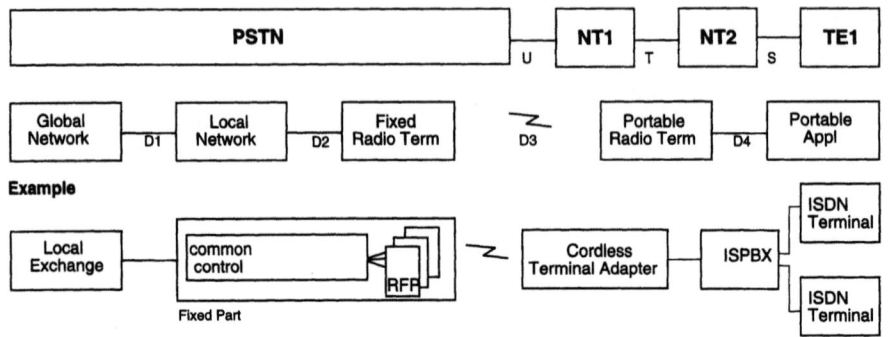

Abbildung 5.14: Radio-Local-Loop-Konfiguration für ISDN

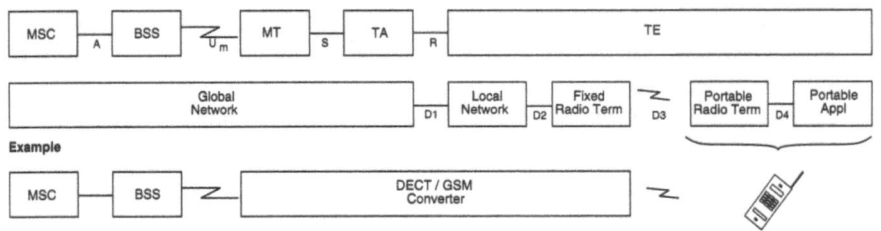

Abbildung 5.15: GSM-DECT-Konfiguration

Die wesentlichen Funktionen des DECT-Systems entsprechen den drei unteren Schichten des ISO/OSI-Modells: *Physical*, *Data Link* und *Network Layer*. Da sich bei DECT das Übertragungsmedium Funk kontinuierlich in seiner Qualität ändert und der Kanalzugriff eine komplizierte, häufig auszuführende Funktion ist, wurde die Sicherungsschicht in zwei Teilschichten *Data Link Control* (DLC) und *Medium Access Control* (MAC) unterteilt. Abbildung 5.16 vergleicht das DECT-System mit den korrespondierenden ISO/OSI-Schichten. Oberhalb der MAC-Schicht wird eine Gruppierung der Funktionen der Schichten in zwei Teile vorgenommen. Die *Control Plane* ist für die Signalisierung und die *User Plane* für die Übertragung von Benutzerdaten vorgesehen. In der Vermittlungsschicht werden nur Steuerfunktionen der C-Plane bearbeitet, während die Daten der U-Plane unbearbeitet durchgereicht werden.

5.3.1 Dienste und Protokolle im Überblick

Bevor in Abschn. 5.4 die DECT-Schichten im Detail behandelt werden, sollen sie im folgenden kurz mit ihren Eigenschaften vorgestellt und eingeführt werden.

5.3 Das DECT-Referenzmodell

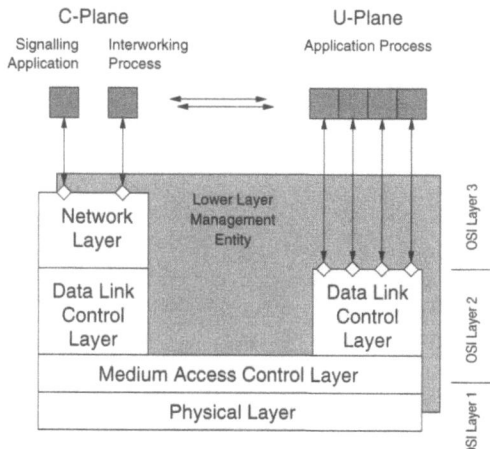

Abbildung 5.16: DECT-Referenzmodell

5.3.2 Physikalische Schicht

Die Physikalische Schicht (*Physical Layer*, PHL) ist für die Realisierung von Übertragungskanälen über das Funkmedium verantwortlich. Dabei muß sie sich das Medium mit vielen anderen Mobilstationen teilen, die ebenfalls übertragen. Interferenzen und Kollisionen zwischen kommunizierenden Fest- und Mobilstationen, werden durch eine dezentral organisierte Nutzung der verfügbaren Dimensionen: Ort, Zeit und Frequenz weitgehend vermieden, vgl. Abb. 5.17. In jeder Dimension bestehen mehrere Möglichkeiten, ungestört einen Kanal zur Übertragung zu belegen.

Bezüglich der Zeitdimension wird das TDMA-Verfahren *(Time Division Multiple Access)* angewandt. Jede Station richtet auf einem beliebigen freien Zeitschlitz ihren Kanal ein und kann dort mit konstanter Bitrate übertragen. Der Up- und Downlink eines solchen Kanals liegt durch die Verwendung eines TDD-Verfahrens *(Time Division Duplexing)* auf Slotpaaren derselben Frequenz. Somit belegt eine Duplex-Übertragung jeweils zwei Zeitschlitze, die in einem festen Abstand zueinander stehen.

Bezüglich der Frequenzdimension wird das FDMA-Verfahren *(Frequency Division Multiple Access)* mit 10 unterschiedlichen Frequenzen angewandt. Das bedeutet, daß jede Station für ihre Übertragung ein Slotpaar auf einer beliebigen Frequenz aussuchen und belegen kann.

Da die Ausbreitung der Funkwellen bedämpft wird, können Frequenzen und Zeitschlitze räumlich wiederverwendet werden. Durch ein dynamisches Verfahren zur

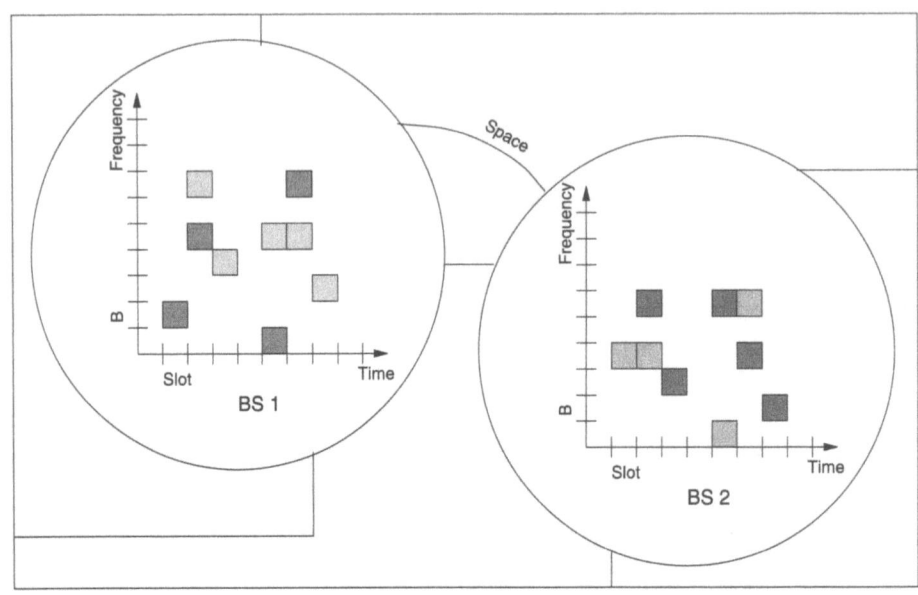

Abbildung 5.17: Dreidimensionale Nutzung des Spektrums

Kanalwahl werden diese Ressourcen, entsprechend der lokalen Belastung des Systems, belegt.

Die wichtigsten technischen Daten des DECT-Systems sind in Tab. 5.1 enthalten, vgl. auch Tab. 4.2. Mit nur zwölf Duplexsprachkanälen in 1,73 MHz, d. h. 144 kHz/Kanalpaar, geht DECT sehr großzügig mit dem Spektrum um (GSM benötigt nur 50 kHz/Kanalpaar), erreicht aber wegen der angewandten dynamischen Kanalwahl, der sich dabei ergebenden kleinen räumlichen Wiederholabstände und wegen der mikrozellularen Versorgung eine viel höhere Kapazität (Erl./km^2), die insbesondere in Hochhäusern wegen der Wiederverwendung in jeder zweiten Etage über derselben Grundfläche zu fast unglaublich hohen Werten (10 kErl./km^2) führt.

5.3.3 Zugriffssteuerungsschicht

Die MAC-Schicht *(Medium Access Control Layer)*, vgl. Abb. 5.16, hat die Aufgabe, Kanäle *(Bearer)* für die höheren Schichten einzurichten, zu betreiben und abzubauen. Die verschiedenen Datenfelder des MAC-Protokolls werden durch zyklische Codes geschützt, die im Empfänger zur Fehlererkennung benutzt werden.

5.3 Das DECT-Referenzmodell

Tabelle 5.1: Physikalische Daten des DECT-Systems

Frequenzband	1880–1900 MHz
Zahl der Trägerfrequenzen	10
Trägerabstand	1,728 MHz
Maximale Sendeleistung	250 mW
Trägermultiplex	TDMA
Basis-Duplexverfahren	TDD
Framelänge	10 ms
Zahl der Slots (Frame)	24
Modulation	GFSK mit $BT = 0,5$ / GMSK
Modulierte Gesamtbitrate	1152 kbit/s
Netto-Datenrate	32 kbit/s Daten (B-Feld) ungeschützt
für Standardverbindungen	25,6 kbit/s Daten (B-Feld) geschützt
	6,4 kbit/s Signalisierung (A-Feld)

Die MAC-Schicht stellt sicher, daß jedem Zeitschlitz dienstspezifische Steuerdaten hinzugefügt werden.

Die MAC-Schicht beinhaltet drei Gruppen von Diensten:

BMC: Der *Broadcast Message Control Service* wird in jeder Zelle auf mindestens einem physikalischen Kanal angeboten, auch wenn kein Teilnehmer überträgt. Dadurch entsteht eine ständige verbindungslose Punkt-zu-Mehrpunkt-Verbindung am Downlink, in der die Feststation ihre systembezogenen Daten aussendet. Dies ermöglicht dem mobilen Gerät die Identifizierung der Feststation. Gleichzeitig kann das Endgerät durch Bewertung des empfangenen Signals die aktuelle Kanalqualität bestimmen.

CMC: Der *Connectionless Message Control Service* kann einen verbindungslosen Punkt-zu-Punkt- oder Punkt-zu-Mehrpunkt-Dienst unterstützen, der zwischen einer Feststation und einem Mobilteilnehmer bidirektional betrieben werden kann.

MBC: Der *Multi Bearer Control Service* bietet einen verbindungsorientierten Punkt-zu-Punkt-Dienst. Die in eine oder beide Richtungen übertragende Instanz kann mehrere Bearer unterstützen, wobei eine entsprechend höhere Nettodatenrate erzielt wird.

Jeder dieser drei Dienste besitzt zur nächst höheren Schicht einen eigenen unabhängigen Dienstzugangspunkt (*Service Access Point*, SAP), der mehrere logische Kanäle zusammenfassen kann.

5.3.4 Sicherungsschicht

Oberhalb der MAC-Schicht unterteilt sich der darüber liegende Protokollstapel in zwei parallele Teile. In der C-Plane der Sicherungsschicht *(Data Link Control Layer)* wird ähnlich der MAC-Schicht eine umfassende Fehlersicherung durchgeführt, die die Zuverlässigkeit der Datenübertragung verbessert. Neben einem Punkt-zu-Punkt-Dienst bietet die C-Plane der darüber liegenden Vermittlungsschicht einen Broadcast-Dienst an. Die U-Plane übernimmt die Verarbeitung der Benutzerdaten auf der Funkteilstrecke. Dabei reicht das Dienste-Spektrum von der Übertragung ungeschützter Daten mit geringer Verzögerung, z. B. Sprache, bis hin zu geschützten Diensten mit variabler Verzögerung für Datenübertragung. Die geforderte Datenrate einer bestehenden Verbindung kann jederzeit verändert werden.

5.3.5 Netzschicht

Die Vermittlungsschicht *(Network Layer)* richtet Verbindungen zwischen dem Teilnehmer und dem Netz ein, betreibt sie und löst sie aus. Die U-Plane von DECT hat in der Netzschicht keine Aufgaben und reicht alle Daten unverarbeitet in vertikaler Richtung weiter. Die C-Plane führt die Signalisierung durch und ist für die Steuerung des Datenaustausches verantwortlich. Dazu stehen fünf Protokolle zur Verfügung, die auf der *Link Control Entity* aufbauen. Neben Call und Connection Instanzen steht ein Dienst *Mobility Management* zur Verfügung, der alle zur Unterstützung der Mobilität der Mobilstationen notwendigen Aufgaben übernimmt. Neben den Daten zur Aufenthaltsbereichsverwaltung werden auch Meldungen für die Authentisierung sowie Verschlüsselungsdaten übertragen.

5.3.6 Verwaltung der unteren Schichten

Die Verwaltung der Schichten 1–3 *(Lower Layer Management Entity*, LLME), vgl. Abb. 5.16, beinhaltet Prozeduren, die mehrere Protokollschichten betreffen. Aus dieser Einheit heraus werden z. B. die Erzeugung, Aufrechterhaltung und Auslösung von physikalischen Kanälen *(Bearern)* initiiert und gesteuert. Außerdem erfolgt die Auswahl eines freien physikalischen Kanals und die Qualitätsbewertung des Empfangssignals innerhalb der LLME.

5.4 Dienste- und Protokollbeschreibung im Detail

5.4.1 Physikalische Schicht

Unter einem physikalischen Kanal versteht man die Bitübertragungstrecke zwischen zwei Funkgeräten. Die Funkübertragung stellt hohe Anforderungen an die Sende-/Empfangseinrichtungen *(Transceiver)*, damit ein guter Empfang des Nutzsignals gewährleistet ist. Die nötige Empfängerempfindlichkeit für die geforderte Bitfehlerhäufigkeit (*Bit Error Ratio*, BER) von 0,001 beträgt -83 dBm (60 dBµV/m). Für öffentliche Anwendungen wurde sie auf -86 dBm erhöht. Eine normale Telefonverbindung in DECT benötigt auf dem Übertragungsmedium Funk zwei unabhängige Kanäle zwischen den Geräteendpunkten.

5.4.1.1 FDMA-Verfahren und Modulationsverfahren

Durch das FDMA-Zugriffsverfahren hat das DECT-System bei der Kanalwahl die Möglichkeit, zwischen mehreren Frequenzen zu wählen.

Es arbeitet im Frequenzbereich von 1880–1900 MHz. Innerhalb dieses Bandes sind 10 Trägerfrequenzen definiert, deren Mittenfrequenz f_c man wie folgt berechnet:

$$f_c = f_0 - c \cdot 1728 \text{ kHz} \quad \text{mit } c = 0, 1, \ldots, 9 \text{ und } f_0 = 1897, 344 \text{ MHz} \quad (5.1)$$

Die Mittenfrequenzabweichung soll im aktiven Zustand max. ±50 kHz betragen.

Als Modulationsverfahren wird entweder ein *Gaussian Frequency Shift Keying* (GFSK) mit einem Bandbreite-Zeitprodukt $B \cdot T = 0,5$ oder ein *Gaussian Minimum Shift Keying* (GMSK) verwendet.

Wird ein Sendesignal aus zwei orthogonalen Bandpaßsignalen mit unterschiedlicher Mittenfrequenz gebildet, spricht man im allgemeinen von einem Frequenzumtastverfahren (*Frequency Shift Keying*, FSK). Um das Ausgangsspektrum möglichst schmalbandig zu halten, wird das Signal durch ein als Tiefpaß wirkendes Gaußfilter von hochfrequenten Anteilen befreit (GFSK). Beträgt der Modulationsindex 0,5 und besteht die Möglichkeit der kohärenten Demodulation des Funksignals, bezeichnet man dieses Umtastverfahren als Minimum Shift Keying (MSK). Bei GMSK kommt zusätzlich das Gaußfilter zum Einsatz. Meist wird bei DECT aus Kostengründen beim Bau der Sende- und Empfangseinrichtung auf die kohärente De-/Modulation verzichtet [151].

Die Übertragung einer binären 1 im DECT-System führt zu einer Frequenzerhöhung um $\Delta f = 288$ kHz auf $f_c + 288$ kHz. Für die Aussendung einer 0 wird die Frequenz um Δf auf $f_c - 288$ kHz erniedrigt.

Der Standard sieht keinen Entzerrer vor. Bei einer Bitdauer von 0,9 µs führen durch Mehrwegeausbreitung bedingte verspätet beim Empfänger eintreffende Wellen, vgl. Abb. 2.8, Band 1, zu einer Signaldispersion, vgl. Abschn. 2.1.7, Band 1, die ab 300 m Umweglänge bereits der Symboldauer entspricht und bei ausreichender Signalleistung einen Empfang unmöglich macht. In der Literatur wurde vorgeschlagen, 16 der 32 Synchronisationsbits im S-Feld lt. Abb. 5.19 zur Schätzung der Stoßantwort des Kanals im Empfänger zu benutzen, womit sich (nicht standardkonform) ein guter Entzerrer realisieren ließe [68].

5.4.1.2 TDMA-Verfahren

Jede Station erhält einen gesicherten, periodisch auftretenden Bruchteil der Gesamtübertragungsrate einer Frequenz. Anhand Abb. 5.18 wird die Rahmen- und Zeitschlitzstruktur des DECT-Systems in der Physikalischen Schicht erläutert.

Die Übertragungskapazität jeder Frequenz wird in 10 ms lange periodisch auftretende Rahmen *(Frames)* unterteilt, die je eine Länge entsprechend der Dauer von 11 520 bit haben. Daraus resultiert eine Rahmen-Bruttoübertragungsrate von 1152 kbit/s. Ein Rahmen umfaßt 24 Zeitschlitze, die entweder als Full-Slot, Double-Slot oder Half-Slot benutzt werden, vgl. Abb. 5.18.

Die ersten zwölf Zeitschlitze dienen bei der normalerweise eingesetzten *Basic Connection* zur Datenübertragung von der Feststation zur Mobilstation *(Downlink)*, während der zweite Teil der 24 Slots für die Richtung von der Mobilstation zur Feststation *(Uplink)* reserviert ist. Da für eine Duplex-Verbindung je eine Up- und Downlinkverbindung benötigt wird, gebraucht das DECT-System eine sogenannte Zeitlagentrennung (*Time Division Duplexing*, TDD). Belegt die Feststation den Slot k, um an das mobile Endgerät zu übertragen, ist der Slot $k + 12$ für die Mobilstation vorgesehen, um ihrerseits Daten an die Feststation zu schicken. Bei der komplexeren *Advanced Connection* wird diese starre Zuordnung aufgegeben und eine freizügige Benutzung von Zeitschlitzen in jede Übertragungsrichtung gestattet.

Jeder der 24 Zeitschlitze hat eine Länge von 480 bit (416 µs), die entsprechend der Slotart *(Full, Half, Double)* genutzt wird. Auf diese Struktur bauen verschiedene *Physical Packets* auf. Jedes Physical Packet besitzt ein Synchronisationsfeld S und einen Datenbereich D. Das Physical Packet ist um eine Schutzzone *(Guard Period)* kürzer als ein Zeitschlitz, um das Überlappen der Pakete benachbarter Zeitschlitze zu verhindern.

5.4 Dienste- und Protokollbeschreibung im Detail

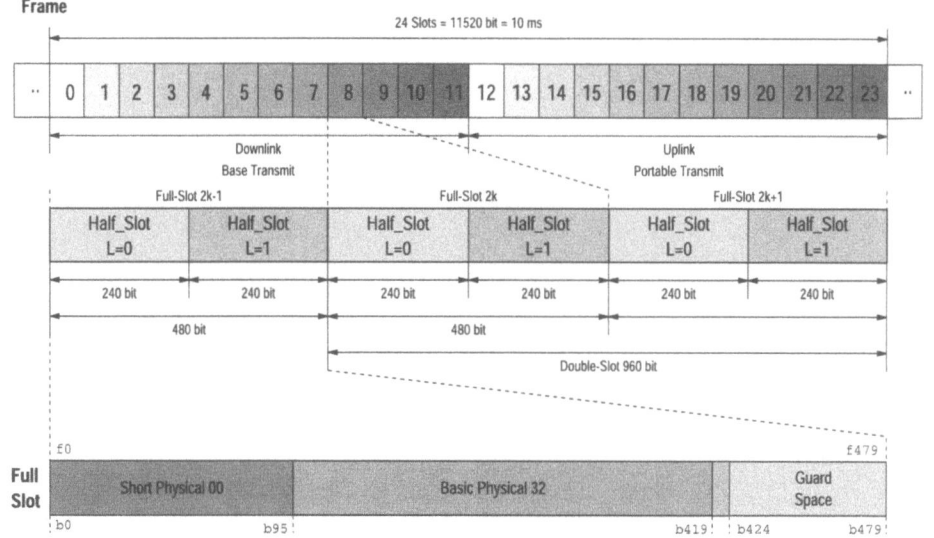

Abbildung 5.18: Zeitmultiplex-Elemente der Physikalischen Schicht

Die P00-Nachricht *(Short Physical Packet)* wird für kurze verbindungslose Übertragungen im Bakenkanal *(Beacon Channel)* oder für Kurzinformationen genutzt. Sie umfaßt nur 96 der 480 bit und erlaubt damit eine besonders große Schutzzeit im Slot. Dies ist besonders wichtig beim Beginn einer Verbindungsphase, da die Mobilstation dann noch nicht völlig netzsynchron sein kann und bei Aussendung eines Full-Slots benachbarte Zeitschlitze stören könnte.

Die P08j-Nachricht benötigt zur Übertragung nur einen halben Zeitschlitz *(Half-Slot)* und erreicht somit bei einer Verringerung der Übertragungsrate eine Verdopplung der verfügbaren Kanäle pro Rahmen.

Da bei der Anforderung eines Slots üblicherweise ein Full-Slot gewünscht wird, soll an dieser Stelle näher auf den P32-Slot eingegangen werden, vgl. Abb. 5.19. Die ersten 32 bit bilden das Synchronisationsfeld S, welches zur Takt- und Paketsynchronisation im Funknetz verwandt wird. Es besteht aus einer 16 bit langen Präambel, gefolgt von einem 16 bit langen Paketsynchronisationswort. Die Antwort der Mobilstation enthält im S-Feld die invertierte Folge der von der Feststation gesendeten Bits des Synchronisationsfeldes.

Im Anschluß an das S-Feld folgt das Nutzdatenfeld D, das eine Länge von 388 bit hat. Der Inhalt dieses Feldes wird z. T. vom *Medium Access Control Layer* ausgewertet und deshalb später noch eingehend erläutert, vgl. Abschn. 5.4.2.5.

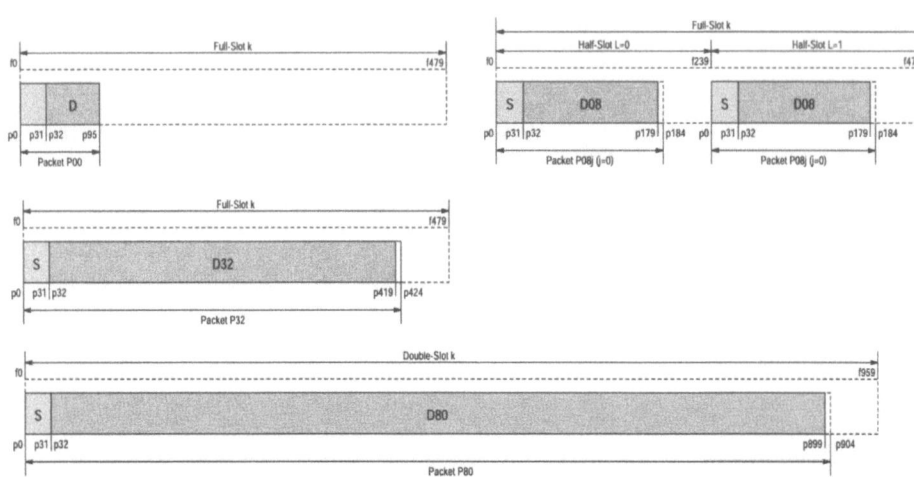

Abbildung 5.19: Die verschiedenen Physical Packets im DECT-Standard

Im Anschluß an das D-Feld besteht die Möglichkeit, ein sog. Z-Feld zu übertragen. Dieses 4 bit lange Wort enthält eine Kopie der letzten 4 bit des Datenfeldes, die auch X-Feld genannt wird. Durch Vergleich dieser beiden Bereiche, kann der Empfänger feststellen, ob die Übertragung durch Fehler in der Synchronisation benachbarter DECT-Systeme gestört worden ist. In einem solchen Fall spricht man von gleitenden Kollisionen *(Sliding Collision)* innerhalb des Systems. Eine Messung dieser Störungen erlaubt eine frühzeitige Erkennung von Interferenzen und kann als Kriterium für eine optimierte Handover-Entscheidung genutzt werden. Das Physical Packet mit der höchsten Datenrate ist das Paket P80. Für dieses Paket wird ein Double-Slot benötigt. Es werden damit Nutzdatenraten bis 80 kbit/s erzielt.

5.4.2 Zugriffssteuerungsschicht

5.4.2.1 Betriebszustände der Mobilstation

Die Mobilstation kann sich bezogen auf die MAC-Schicht in einem der vier in Abb. 5.20 dargestellten Zustände befinden.

- **Active Locked**: Die synchronisierte Mobilstation hat mindestens eine Verbindung zu einer oder mehreren Feststationen.

5.4 Dienste- und Protokollbeschreibung im Detail

- `Idle Locked`: Die Mobilstation ist mit mindestens einer Feststation synchronisiert. Sie hat zur Zeit keine Verbindung, ist jedoch in der Lage, Anfragen für Verbindungen zu empfangen.

- `Active Unlocked`: Die Mobilstation ist zu keiner Feststation synchronisiert und kann daher auch keine Verbindungswünsche empfangen. Sie versucht eine geeignete Feststation zu finden, um durch eine Synchronisation in den `Idle Locked` Zustand zu wechseln.

- `Idle Unlocked`: Die Mobilstation ist zu keiner Feststation synchronisiert und ist nicht in der Lage, geeignete Feststationen zu detektieren.

Ist das Endgerät ausgeschaltet, befindet es sich im `Idle Unlocked` Zustand. Beim Einschalten wechselt die Mobilstation in den `Idle Locked` Zustand. Sie beginnt nach einer geeigneten Feststation zu suchen, mit der sie sich synchronisieren kann. Gelingt dies, wird der `Idle Locked` Zustand eingenommen. Dort kann die Mobilstation Verbindungsaufrufe empfangen oder aussenden. Wird der erste Verkehrskanal eingerichtet, wechselt sie in den `Active Locked` Zustand. Wird hier nach Beendigung der Verbindung der letzte Kanal aufgelöst, kehrt die Mobilstation wieder in den `Idle Locked` Zustand zurück. Verliert sie die Synchronisation zu ihrer Feststation muß sie im `Active Unlocked` Zustand eine neue geeignete Feststation aussuchen.

5.4.2.2 Betriebszustände der Feststation

Die Feststation kann sich in einem von vier Zuständen befinden. Der `Inactive` Zustand, in dem die Feststation ausgeschaltet ist, wurde in Abb. 5.21 nicht dargestellt.

- `Inactive`: Die Feststation ist ausgeschaltet und kann weder Nachrichten empfangen noch aussenden.

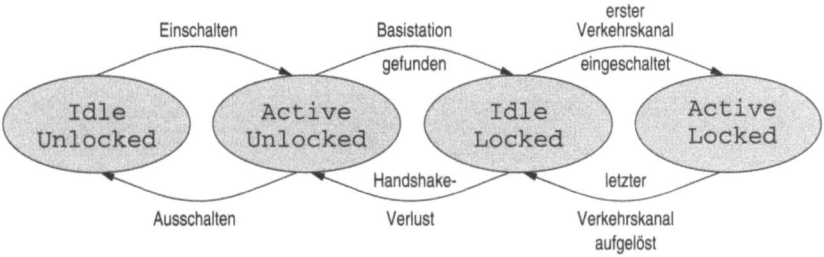

Abbildung 5.20: Betriebszustände einer Mobilstation

- `Active Idle`: Die Feststation betreibt keinen Verkehrskanal und strahlt deshalb einen Dummy Bearer aus, den der Empfänger beim Beobachten der physikalischen Kanäle detektieren kann.

- `Active Traffic`: Die Feststation betreibt mindestens einen Verkehrskanal. Der Dummy Bearer wird nicht mehr ausgestrahlt

- `Active Traffic and Idle`: Neben mindestens einem Verkehrskanal *(Traffic Bearer)* unterhält die Feststation auch einen Dummy Bearer.

Im Grundzustand `Active Locked` sendet die Feststation einen Dummy Bearer aus, um mobilen Endgeräten zu ermöglichen, sich auf ihren Rahmen- und Slottakt zu synchronisieren. Wird ein Traffic Bearer aufgebaut, geht die Feststation in den `Active Traffic` Zustand über. Dabei kann der Dummy Bearer entfallen. Der entgegengesetzte Übergang erfolgt nach dem Auflösen des letzten Verkehrskanals. Wird bei der Ausstrahlung der Traffic Bearer ein Dummy Kanal erforderlich, kann die Feststation in den Zustand `Active Traffic and Idle` wechseln. Ebenfalls kann beim Aufbau des ersten Verkehrskanals der Dummy Bearer erhalten bleiben. Dann wird ein Wechsel vom `Active Idle` zum `Active Traffic and Idle` Zustand vorgenommen.

5.4.2.3 Zell- und Cluster-Funktionen

In der Übersicht, vgl. Abschn. 5.3.3, wurde schon auf die Funktionen der MAC-Schicht eingegangen. Sie dient dazu, von der LLME geforderte Verkehrskanäle *(Bearer)* einzurichten, aufrecht zu halten, und auf Anforderung auszulösen. Die Steuerinformationen, die durch verschiedene Dienstzugangspunkte in der MAC-

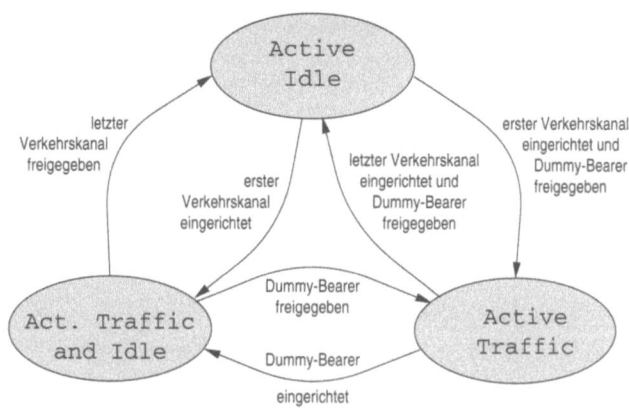

Abbildung 5.21: Zustände einer Feststation

5.4 Dienste- und Protokollbeschreibung im Detail

Schicht eingebracht werden, werden durch Multiplex den eigentlichen Nutzdaten in jedem Zeitschlitz zugefügt.

Die verschiedenen Dienste der MAC-Schicht werden in zwei Gruppen unterteilt, vgl. Abb. 5.22. Die Funktionen zur Steuerung eines Zellverbundes *(Cluster Control Functions)* im oberen Bereich sind über die drei Dienstzugangspunkte MA, MB und MC mit der Sicherungsschicht verbunden. Die zellspezifischen Funktionen *(Cell Site Functions)* im unteren Teil koordinieren den Übergang zur physikalischen Schicht. Die zwei Gruppen bieten folgende Einzelfunktionen:

Cluster Control Functions CCF Sie steuern einen Verbund von Zellen. Jeder logische Verbund von Zellen *(Cluster)* beinhaltet jeweils nur eine CCF, die die gesamten Zellfunktionen (CSF) steuert. Innerhalb dieses Verbundes stehen drei verschiedene unabhängige Dienste zur Verfügung:

Broadcast Message Control (BMC): Diese Funktion existiert nur einmal in jeder CCF und steuert bzw. verteilt die Cluster-Broadcast Informationen an die jeweiligen Zellfunktionen. Der BMC unterstützt mehrere verbindungslose Punkt-zu-Mehrpunkt-Dienste, die von der Feststation zur Mobilstation gerichtet sind. Der BMC arbeitet mit jeder Art von Verkehrskanälen. Ein wichtiger Dienst ist der Aufruf der Mobilstation *(Paging)*.

Connectionless Message Control (CMC): Alle Informationen, die den verbindungslosen Dienst betreffen, werden von meist einem CMC in jeder CCF gesteuert. Dieser bietet neben der Übertragung von Informationen aus der

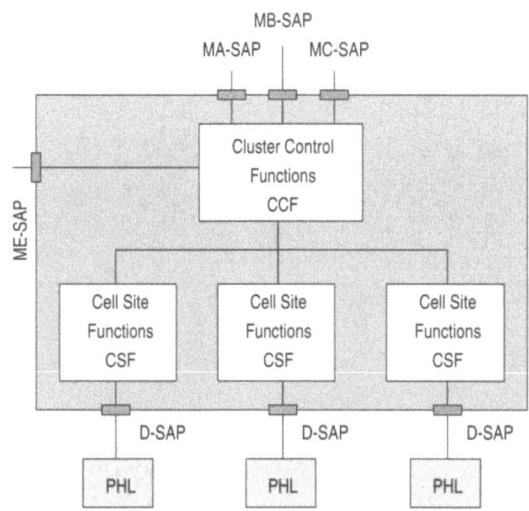

Abbildung 5.22: Einteilung der MAC-Dienste

Steuerebene der DLC-Schicht auch die Verarbeitung von Benutzerdaten aus der sogenannten U-Plane. Die Dienste können in beide Richtungen betrieben werden.

Multi Bearer Control (MBC): Dieser Dienst beinhaltet das Management aller Daten, die direkt zwischen zwei korrespondierenden MAC-Schichten ausgetauscht werden. Für jede verbindungsorientierte Punkt-zu-Punkt-Verbindung existiert ein MBC, der mehrere Verkehrskanäle organisieren kann.

Cell Site Functions (CSF) Sie liegen unterhalb der CCF-Dienste in der MAC-Schicht und stehen stellvertretend für die jeweilige Zelle. Von jeder CCF werden somit mehrere CSF gesteuert. Folgende zellorientierten Dienste können unterschieden werden, vgl. Abb. 5.23:

Connectionless Bearer Control (CBC): Jeder verbindungslose Bearer innerhalb der CSF wird durch eine eigene CBC gesteuert.

Dummy Bearer Control (DBC): In jeder CSF gibt es maximal zwei Dummy Bearer, um, falls keine Teilnehmerverbindung in der Zelle existiert, eine Bakenfunktion zu realisieren, damit sich Mobilstationen synchronisieren können.

Traffic Bearer Control (TBC): Für eine Duplexverbindung muß ein MBC eine TBC anfordern.

Idle Receiver Control (IRC): Dieser Dienst steuert einen Empfänger der Zelle, wenn er keine Verbindung zu einem Teilnehmer betreibt, evtl. hat eine Zelle mehrere Empfänger und dann entsprechend viele IRC-Dienste.

5.4.2.4 Dienstzugangspunkte

Zu den cluster- und zellorientierten Funktionen gibt es mehrere Dienstzugangspunkte (*Service Access Points*, SAP), über die Instanzen der MAC-Schicht mit der nächst höheren OSI-Schicht *(Data Link Control Layer)* und der nächst tieferen OSI-Schicht *(Physical Layer)* kommunizieren können, vgl. Abb. 5.22. Zwischen den CCF und der DLC-Schicht bestehen:

- MA-SAP,
- MB-SAP und
- MC-SAP.

Als Zugang zur physikalischen Schicht hat jeder zellgebundene Dienst einen eigenen D-SAP. Zur Unterstützung der *Lower-Layer-Management*-Funktionen hat die MAC-Schicht einen separaten Dienstzugangspunkt, den ME-SAP. Dieser ist nicht formal spezifiziert und besitzt somit keine logischen Kanäle.

5.4 Dienste- und Protokollbeschreibung im Detail

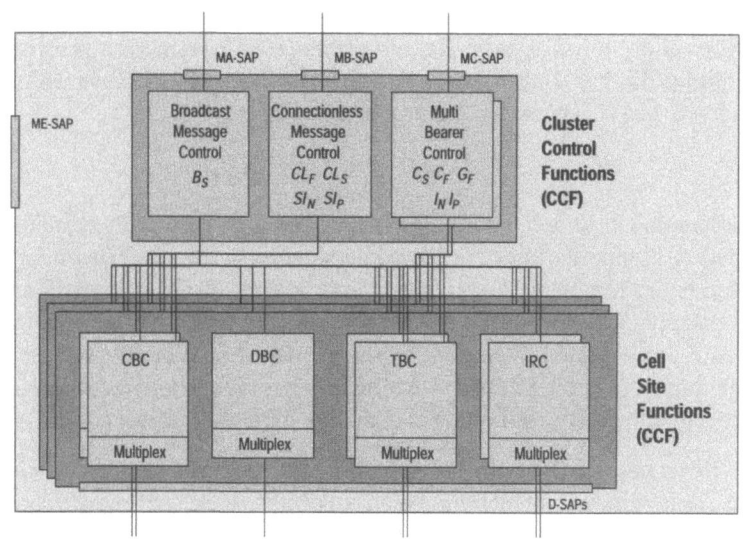

Abbildung 5.23: Übersicht der Dienste und Kanäle in der MAC-Schicht

MA-SAP Informationen des *Broadcast Message Control Service* gelangen über diesen Zugangspunkt zur DLC-Schicht. Neben den Daten des sogenannten B_S-Kanals werden Steuerdaten übermittelt, die den Datenfluß auf dem B_S-Kanal steuern. Dieser logische *Higher Layer Broadcast Channel* unterstützt einen verbindungslosen Simplex *(Broadcast)* Dienst von der Feststation in Richtung der Mobilstation.

MB-SAP Dieser Zugangspunkt verbindet die *Connectionless Message Control* mit der DLC-Schicht und beinhaltet drei logische Kanäle:

- CL_F,
- CL_S,
- SI_N und
- SI_P.

Die Steuerkanäle CL_F und CL_S unterstützen einen verbindungslosen Duplex-Dienst zwischen der Feststation und dem mobilen Endgerät. Dabei besteht von der Feststation zur Mobilstation ein kontinuierlicher Dienst, in der anderen Richtung jedoch nicht. Die erlaubte Datenmenge für den langsamen CL_S-Kanal beträgt 40 bit, was der Segmentlänge für diesen Kanal entspricht. Der schnelle CL_F-Kanal hat eine erlaubte Segmentlänge von 64 bit, wobei die Datenmenge ein Vielfaches der Segmentlänge betragen kann.

Die Informationskanäle SI_N/SI_P bieten einen ungeschützten/geschützten Simplex-Dienst von der Feststation zur Mobilstation.

MC SAP Die Multi-Bearer-Control-Einheit ist über den MC-SAP mit der DLC-Schicht verbunden. Fünf logische Kanäle stehen zur Übertragung von Information zur Verfügung, die zur Datenflußsteuerung, Einrichtung, Aufrechterhaltung und Auslösung von MAC-Verbindungen vorgesehen sind:

- C_S,
- C_F,
- G_F,
- I_N und
- I_P.

Die Steuerkanäle C_S und C_F bieten zwei unabhängige verbindungsorientierte Duplex-Dienste. Für eine Verbindung eines langsamen C_S mit einer Segmentlänge von 40 bit beträgt der maximale Durchsatz 2 kbit/s. Der schnelle Steuerkanal C_F mit einer Datensegmentlänge von 64 bit erreicht bei Full-Slot-Nutzung einen Durchsatz von 25,6 kbit/s. Die Informationen der beiden Steuerkanäle werden mit einer CRC-Prüfsumme *(Cyclic Redundancy Check)* versehen, die eine Fehlererkennung und Korrektur durch Wiederholung mit einem ARQ-Verfahren erlaubt.

Bei jeder Übertragung wird einer der beiden Informationskanäle I_P oder I_N benutzt, um den höheren Schichten einen unabhängigen verbindungsorientierten Duplex-Dienst bieten zu können. Der I_N-Kanal dient der Sprachübertragung, wobei die Informationen durch die MAC-Schicht mit einem Fehlererkennungsschutz von 4 bit (X-Feld) versehen werden. I_P-Kanäle sind zur Datenübertragung mit fehlererkennender oder fehlerkorrigierender Codierung vorgesehen.

Der G_F-Kanal ist ein verbindungsorientierter Simplex-Dienst mit einer Datensegmentlänge von 56 bit. Er wird von der Benutzerebene (U-Plane) der DLC-Schicht benutzt. Die MAC-Schicht sieht eine Fehlererkennung für diesen Kanal vor.

5.4.2.5 MAC-Multiplexfunktionen

Multiframe-Struktur Die von der physikalischen Schicht, vgl. Abschn. 5.4.1, realisierte TDM-Rahmenstruktur wird in der MAC-Schicht logisch von einer Multirahmenstruktur überlagert. Ein Multiframe setzt sich aus 16 Einzelrahmen zusammen, vgl. Abb. 5.24, und startet normalerweise mit der ersten Hälfte des Rahmens 0, benutzt von der Feststation. Das Ende des Multiframes benutzt das mobile Endgerät in der letzten Hälfte des Rahmens 15. Die Nummer des aktuellen Multirahmens wird mindestens in jedem achten Multiframe übertragen und dient für Verschlüsselungszwecke. Die Rahmennummer wird an Rahmen 8 erkannt, da hier von der Feststation zur Mobilstation der logische Kanal Q_T übertragen wird, vgl. Abb. 5.26

D-Feld Das sog. Bit-Mapping, das Zusammenstellen des D-Feldes zur anschließenden Weitergabe an die physikalische Schicht, geschieht nach festgelegten Regeln. Wie schon in Abschn. 5.4.1.2 beschrieben, ist die Länge des D-Feldes abhängig

5.4 Dienste- und Protokollbeschreibung im Detail

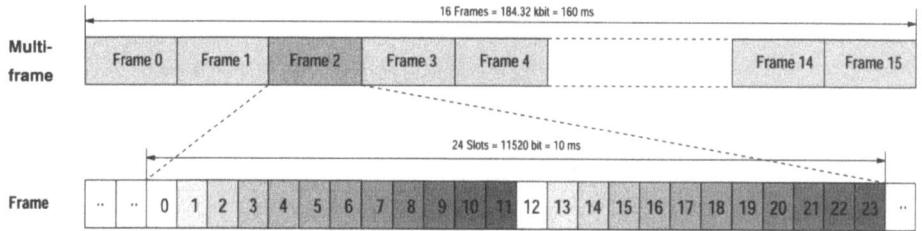

Abbildung 5.24: DECT-Multiframe-Einteilung

von der gewünschten Übertragungsart. Wird eine P32-Übertragung angefordert, hat das D-Feld eine Länge von 388 bit. Bei P00, P08j oder P80-Operationen wird eine andere D-Struktur benutzt.

Der D-Rahmen eines P32-Pakets besitzt zwei Teile, vgl. Abb. 5.25. Das A-Feld dient der kontinuierlichen Übertragung von Steuerinformationen und hat eine Länge von 64 bit. Das B-Feld steht für die tatsächlichen Anwenderdaten zur Verfügung und ist im Full-Slot-Betrieb 324 bit groß.

Im folgenden werden die einzelnen Teile des A- bzw. B-Feldes erläutert:

A-Feld: Das Steuerfeld enthält drei Bereiche, vgl. Abb. 5.25. Dem Kopf des A-Feldes *(Header)*, der eine Länge von 8 bit aufweist, schließt sich die A-Feld-Information mit 40 bit an. Den Abschluß bildet ein R-CRC-Feld mit 16 bit für die Sicherung der Steuerdaten.

TA (a0...a2): Das 3 bit lange TA-Feld am Beginn des Headers gibt die Art der A-Feld-Information (a8...a47) an. Es existieren fünf verschiedene logische Kanäle, von denen jeweils einer Daten im A-Feld überträgt.

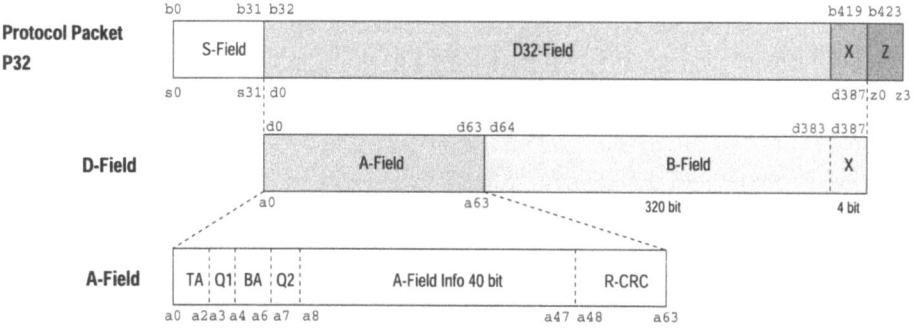

Abbildung 5.25: DECT-Zeitmultiplex: D32-Feld

Dabei sind die internen MAC-Kanäle N_T, Q_T, M_T oder P_T und der C_S-Kanal (für Kontrolldaten höherer Schichten) zu unterscheiden.

Q1 (a3): Das Q1-Bit dient bei der verbindungsorientierten Übertragung mit Nutzung von Duplex-Bearern zur Qualitätskontrolle des Kanals und wird als Handoverkriterium genutzt. Bei Diensten mit Fehlerbehandlung kann es zur Flußsteuerung benutzt werden.

BA (a4...a6): Dieser Bereich gibt an, welche Beschaffenheit das B-Feld besitzt. Neben der normalerweise vorgesehenen geschützten oder ungeschützten Informationsübertragung (*U-type*, I_P oder I_N) ist in Ausnahmefällen auch eine erweiterte Signalisierung (*E-type*, C_F oder C_L) möglich.

Q2 (a7): Das Q2-Bit ist wie das Q1-Bit zur Qualitätskontrolle der Verbindung vorgesehen. Die Kombination aus Q1 und Q2 bildet ein Handoverkriterium.

A-Field Info (a8...a47): Innerhalb des 40 bit langen Tail-Feldes ist die Übertragung interner MAC-Nachrichten möglich. Dabei werden mittels eines Multiplexers *(E-type)* in aufeinanderfolgenden Zeitschlitzen verschiedene Steuerinformationen ausgesendet.

R-CRC (a48...a63): Die MAC-Schicht sichert die logischen Kanäle des A-Feldes mit einem zyklischen Code (*Cyclic Redundancy Check*, CRC). Dabei werden 16 Redundanzbits berechnet und übertragen, mit denen bis zu

- 5 unabhängige Fehler,
- Büschelfehler bis zu einer Länge von 16,
- Fehlermuster mit ungerader Fehleranzahl

im A-Feld erkannt werden können [40, 146]. Eine mögliche Korrektur der Fehler ist im MAC-Layer nicht vorgesehen.

Die internen Steuerdaten der MAC-Schicht werden in der A-Feld Information untergebracht. Beim Multiplexen kann eine der folgenden Möglichkeiten ausgewählt werden, vgl. Abb. 5.26:

N_T **Identities Information:** Der MAC-Layer der Feststation erstellt mittels seines *Primary Access Rights Identifier* (PARI) und seiner *Radio Fixed Part Number* (RPN) eine eigene Systemerkennungsnummer (*Radio Fixed Part Identity*, RFPI), die an das Endgerät übermittelt wird.

5.4 Dienste- und Protokollbeschreibung im Detail

Q_T **System Information and Multiframe Marker**: Der in jedem Multirahmen einmal eingesetzte Kanal wird nur von der Feststation übertragen und dient somit zur indirekten Synchronisation auf den Multiframezyklus. Neben Informationen über die Ausstattung der Feststation werden Aussagen über die aktuelle Verbindung gemacht.

P_T **Paging Information**: Dieser Kanal ist der einzige, den die Mobilstation auch im `Idle-locked` Zustand, vgl. Abb. 5.20, empfangen kann und beinhaltet den Broadcastdienst (B_S) einer Feststation. Neben der Kennummer der Feststation erhält das Endgerät wichtige MAC-Layer-Informationen. So werden z. B. Blind-Slot-Daten übertragen, die aktuelle Bearerqualität bewertet und Vorschläge für weitere qualitativ gute Kanäle übermittelt. Als Antwort auf einen Handover_Request werden von der Feststation erlaubte Handoverregionen zurückgesandt.

M_T **MAC Control Information**: Auf diesem Kanal werden Verwaltungsaufgaben wie Aufbau, Betrieb, Auslösung der Verbindung oder Handoveranforderung übermittelt. Bei Verzögerungen im Aufbau wird ein sogenanntes Wait-Kommando gesendet. Der gegenseitige Austausch der Kanalliste kann die Auswahl des besten Übertragungskanals beschleunigen.

C_T **Control Information Higher Layers**: Auf diesem Kanal werden entweder C_L- oder CS_L-Informationen höherer Schichten übertragen. Es handelt sich also nicht um einen MAC-internen Kanal.

Das Multiplexen der Steuerkanäle bei der Aussendung erfolgt nach einem festgelegten Schema. In jedem Multiframe sind verschiedene Steuerinformationen für das A-Feld vorgesehen, die nach einer Prioritätsliste ausgesendet werden, vgl. Abb. 5.26. Die Feststation sendet immer im achten Frame ih-

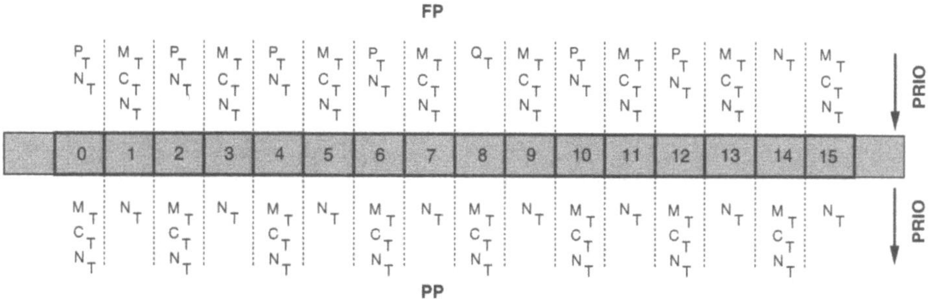

Abbildung 5.26: Priorität der Steuerinformation im Multiframezyklus

re Systeminformationen (Q_T), während für die Mobilstation jeder ungerade Frame für den N_T-Kanal reserviert ist. Bleibt in einem Rahmen der mit der höchsten Priorität versehene Steuerkanal ungenutzt, kann Steuerinformation geringerer Priorität gesendet werden.

B-Feld: Im D-Feld folgt auf das Steuerfeld beim Physical Packet P32 das 324 bit lange B-Feld, für das ein geschütztes und ein ungeschütztes Format vorliegt, vgl. auch Abb. 5.27. Die ungeschützte Übertragung von Daten, wie sie bei Sprachsendungen genutzt wird, benötigt für eine Datenrate von 32 kbit/s 320 effektive Nutzbits des B-Feldes. Die restlichen 4 bit (X-Feld) werden zum Fehlerschutz mittels CRC eingesetzt. Beim geschützten B-Feld-Format bleiben die 4 bit für den Fehlerschutz erhalten, während die 320 effektiven Datenbits in vier Blöcke unterteilt werden. Innerhalb jedes Blockes werden die Nutzbit auf 64 reduziert, um mit den restlichen 16 bit eine R-CRC-Prüffolge [40] bilden zu können. Die Nettodatenrate reduziert sich auf 25,6 kbit/s, vgl. Abb. 5.28.

5.4.2.6 MAC-Dienste

Im folgenden werden die verschiedenen MAC-Dienste aufgelistet, welche sich aus der Kombination der unterschiedlichen Physical Packets und der Möglichkeit für eine geschützte bzw. ungeschützte Übertragung ergibt. Desweiteren können die Dienste sowohl symmetrisch als auch asymmetrisch ausgeführt sein. Bei asymmetrischen Diensten wird die starre Trennung zwischen Up- und Downlink aufgegeben. So kann ein Dienst von der Fest- zur Mobilstation sowohl einen Slot im ersten Teil des Rahmens als auch den korrespondierenden Slot im zweiten Teil des Rahmens für den Downlink benutzen. Eine Unterscheidung besteht in Diensten mit garantiertem Durchsatz bzw. mit garantierter Fehlerhäufigkeit, die dann zu einem variablen Durchsatz führt. Hierbei wird von der MAC-Schicht ein ARQ-Pro-

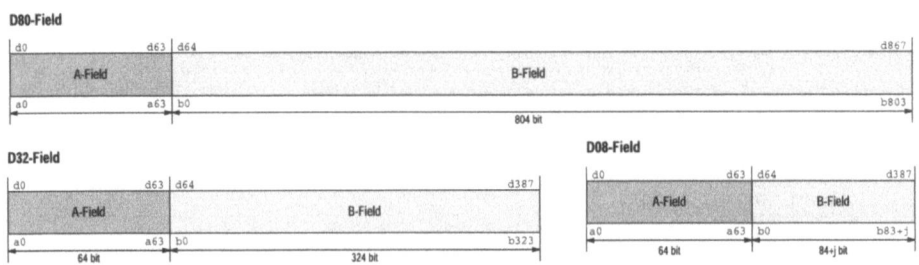

Abbildung 5.27: D-Felder für die verschiedenen Physical Packets

5.4 Dienste- und Protokollbeschreibung im Detail

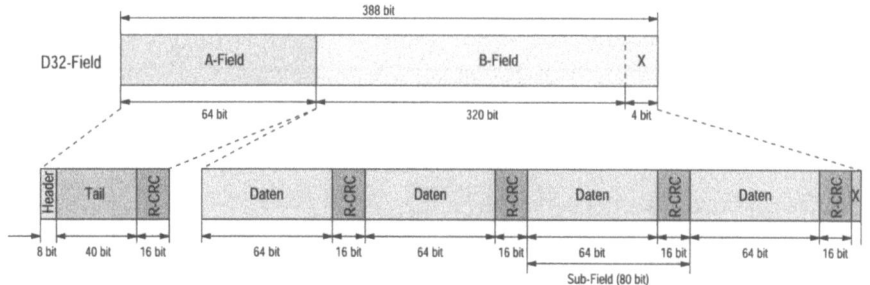

Abbildung 5.28: Elemente des A- und B-Feldes

tokoll eingesetzt. In den Tabellen 5.2 und 5.3 sind die Dienste der MAC-Schicht im einzelnen aufgeführt.

5.4.2.7 Bearertypen

MAC-Bearer sind Elemente, die durch die zellorientierten Funktionen (*Cell Site Functions*, CSF) erzeugt werden und jeweils mit einer Service-Instanz der physikalischen Schicht korrespondieren. Folgende Bearertypen existieren:

Simplex Bearer: Dieser Bearertyp dient zur Erzeugung eines physikalischen Kanals in eine Richtung. Man unterscheidet lange und kurze Simplex Bearer.

Tabelle 5.2: Auszug aus den symmetrischen MAC-Diensten[1]

S_T	I-Kanalkap. [kbit/s]	B-Feld Multipl. Schema	Fehler-Erkennung	Fehler-Korrektur	Verzögerung [ms]
2d	$k \cdot 80$	(U 80a, E 80)	—	—	15
2f	$k \cdot 32$	(U 32a, E 32)	—	—	15
2d	$8 + j/10$	(U 08a, E 08)	—	—	15
3d	$k \cdot 64,0$	(U 80b, E 80)	×	—	15
3f	$k \cdot 25,6$	(U 32b, E 32)	×	—	15
3d	$6,4$	(U 08b, E 08)	×	—	15
4d	$\leq k \cdot 64$	(U 80b, E 80)	×	×	var.
4f	$\leq k \cdot 25,6$	(U 32b, E 32)	×	×	var.
4d	$\leq 6,4$	(U 08b, E 08)	×	×	var.

[1] S_T: Service Type, xd = x type double slot, xf = type x full slot, xh = type x half slot

Tabelle 5.3: Auszug aus den asymmetrischen MAC-Diensten

S_T	I-Kanalkap. [kbit/s]	B-Feld Multipl. Schema	Fehler-Erkennung	Fehler-Korrektur
5d	$k \cdot 80$	(U 80a, E 80)	—	—
5f	$k \cdot 32$	(U 32a, E 32)	—	—
6d	$k \cdot 64,0$	(U 80b, E 80)	×	—
	$m \cdot 64,0$	(U 80b, E 80)	×	—
6f	$k \cdot 25,6$	(U 32b, E 32)	×	—
	$m \cdot 25,6$	(U 32b, E 32)	×	—
7d	$\leq k \cdot 64,0$	(U 80b, E 80)	×	×
	$\leq m \cdot 64,0$	(U 80b, E 80)	×	×
7f	$\leq k \cdot 25,6$	(U 32b, E 32)	×	×
	$\leq m \cdot 25,6$	(U 32b, E 32)	×	×

Während der kurze Bearer nur das A-Feld beinhaltet, wird im langen, neben dem A-Feld, auch ein B-Feld übertragen. Die *Dummy Bearer Control* (DBC, vgl. Abschn. 5.4.2.3) reserviert z. B. für die Aussendung einer Broadcast-Information einen Simplex Bearer, der von der Feststation übertragen wird.

Duplex Bearer: Ein Paar Simplex Bearer, das in entgegengesetzte Richtungen auf physikalischen Kanälen überträgt, wird Duplex Bearer genannt. Die beiden Bearer benutzen die gleiche Frequenz und sind zeitlich um einen halben Rahmen versetzt (Slotpaar). Ein *Traffic Bearer Controller* (TBC) benutzt z. B. einen Duplex Bearer für einen Verkehrskanal zwischen Feststation und Mobilstation.

Double Simplex Bearer: Ein Paar langer Simplex Bearer, das in die gleiche Richtung auf zwei physikalischen Kanälen überträgt, wird als Double Simplex Bearer bezeichnet. Die beiden Bearer sollten wie bei dem Duplex Bearer auf der gleichen Frequenz in einem Slotpaar arbeiten. Diese Art von Bearer tritt nur bei der Nutzung von Multi-Bearer-Verbindungen auf und dient auch der asymmetrischen Übertragung.

Double Duplex Bearer: Ein Double Duplex Bearer besteht aus einem Paar von Duplex Bearern, die zu einer gemeinsamen MAC-Verbindung gehören. Jeder dieser Duplex Bearer wird erzeugt von einem TBC. Die beiden TBCs werden von einem MBC gesteuert.

5.4 Dienste- und Protokollbeschreibung im Detail 143

5.4.2.8 Verbindungsarten

Neben verbindungslosen Diensten, zu denen z. B. die Broadcast-Dienste gehören, bestehen verbindungsorientierte Instanzen. Jede *Multi Bearer Control* Einheit der MAC-Schicht ist für den Betrieb einer Verbindung verantwortlich. Sie steuert eine oder mehrere *Traffic Bearer Control* Instanzen, die zur Verwaltung der Bearer dienen. Man unterscheidet zwischen *Advanced Connections* und *Basic Connections*:

Basic Connection: Sie besitzt keine gemeinsame Nummer *(Connection Number)*, die sowohl der Feststation als auch der Mobilstation bekannt ist. Daher kann immer nur eine Basic-Verbindung zwischen einer Feststation und einem mobilen Endgerät existieren. Sie besteht aus einem einzelnen Duplex Bearer. Während der Umschaltung des physikalischen Kanals (Handovervorgang) können für eine kurze Zeit zwei Basic Connections bestehen, die der gleichen DLC-Verbindung dienen.

Advanced Connection: Da Advanced Connections im Gegensatz zu den oben geschilderten Basic Connections über eine gemeinsame Nummer verfügen, können zwischen zwei Stationen mehrere Verbindungen bestehen. Um eine Unterscheidung innerhalb einer Verbindung im MAC-Layer zu ermöglichen, erhalten die einzelnen Bearer eine logische Nummer.

Physical Connection: Physical Connections sind nicht durch MAC-Dienste unterstützt, vgl. Tab. 5.2 und 5.3. Sie dienen zur nicht standardisierten Datenübertragung, vgl. Abschn. 5.4.3.8.

Beim Aufbau einer Verbindung müssen alle von der DLC geforderten Bearer innerhalb von 3 s (**T200**: *Connection Setup Timer*) eingerichtet sein, sonst gilt der Aufbau als fehlgeschlagen. Während einer laufenden Verbindung können nach Bedarf zusätzliche Bearer eingerichtet oder ausgelöst werden, um die Gesamtübertragungskapazität zu erhöhen bzw. zu reduzieren.

Advanced Connections können symmetrisch oder asymmetrisch sein. Bei symmetrischen Verbindungen werden in beide Richtungen die gleichen Dienste und Beareranzahlen verwendet.

5.4.2.9 Verbindungsaufbau

Verbindungsorientierte Prozeduren innerhalb der MAC-Schicht benutzten zwei Punkt-zu-Punkt-Verbindungen: *Connection* und *Bearer*. Für den Data Link Layer ist nur die reine Connection sichtbar. Die Bearer, die jede Connection für die Übertragung nutzt, werden innerhalb der MAC-Schicht verwaltet und sind für die höheren Schichten unsichtbar. Der Beginn eines Verbindungsaufbaus wird meistens vom mobilen Endgerät initiiert *(Portable Initiated)*. Liegt ein Anruf aus dem Festnetz vor, muß die Mobilstation erst durch einen Funkruf *(Paging)* davon in Kenntnis gesetzt werden, damit sie mit der Setup-Prozedur beginnt.

Connection Setup Der Ablauf des Verbindungsaufbaues kann mit der Beschreibung der Primitive der MAC-Schicht erläutert werden, vgl. Abb. 5.29. Die höheren Schichten (DLC-Layer) initiieren bei der MAC-Schicht einen Connection Setup (MAC-Connect_Request). Dieses Primitiv beinhaltet neben einem MAC-Connection Endpoint Identifier (**MCEI**), der für alle nachfolgenden Primitive als Referenzadresse gilt, einen Parameter, der den geforderten Dienst spezifiziert. Kann die MAC-Schicht die geforderten Dienste nicht erbringen, schickt sie eine Disconnect-Anforderung an die DLC-Schicht.

Die durch den Request erzeugte MBC-Instanz *(Multi Bearer Control)* erhält von der *Lower Layer Management Entity* (LLME) die Erlaubnis, eine Verbindung zwischen der Feststation und der Mobilstation aufzubauen. Entsprechend dem verlangten Dienst wird eine *Basic* oder *Advanced Connection* eingerichtet.

Bearer Setup Wurde durch einen Connection Setup in der MAC-Schicht des Endgerätes ein MBC eingerichtet, wird versucht, die für den Dienst notwendigen Bearer aufzubauen. Dazu muß sich die Mobilstation im Zustand `Idle locked` befinden, also eine Feststation im Cluster kennen, bei der sie ihre Verbindungen einrichten kann. Der MBC erzeugt neue *Traffic Bearer Control* (TBC) Instanzen, die die geforderten Bearer-Setups übernehmen.

Der Ablauf des Beareraufbaues erfolgt nach folgendem Schema, vgl. Abb. 5.29:

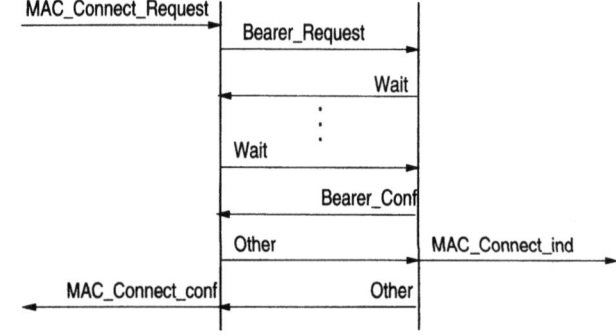

Abbildung 5.29: Verbindungsaufbau bei einer Basic Connection

5.4 Dienste- und Protokollbeschreibung im Detail

1. Die Mobilstation sendet eine Bearer-Anforderung (Bearer_Request) auf einem ausgesuchten Kanal zu einer bekannten Feststation. Dabei benutzt sie den *First Transmission* Code, innerhalb der 40 bit des A-Feldes.
2. Die Feststation empfängt den Request fehlerfrei und richtet in ihrer MAC-Schicht einen neuen TBC ein.
3. Der TBC in der Feststation fordert von der Lower Layer Management Entity die Adresse einer unterstützenden MBC-Instanz.
4. Ist die Feststation noch nicht für die Übertragung einer Bestätigung des Aufbaus an die Mobilstation bereit, sendet sie ein Wait-Kommando. Das Endgerät erhält dieses Kommando und antwortet ebenfalls mit Wait.
5. Nach Beendigung des Protokollablaufs auf der Festseite sendet die Feststation eine Bestätigung (Bearer_Conf).
6. Das Mobile erhält die Bestätigung und sendet direkt Other (im nächsten Rahmen).
7. Die Feststation empfängt die Other-Mitteilung und antwortet ebenfalls unmittelbar mit diesem Primitiv.
8. Die Mobilstation erhält das Other und der TBC informiert seinen MBC über den erfolgreichen Aufbau (Bearer_Established_ind)

Tritt bei dem Verbindungsaufbau zu einer beliebigen Zeit ein Fehler auf, so wird der Setup-Versuch abgebrochen, es kommt zu einer Wiederholung. Maximal sind 10 Aufbauversuche gestattet (N200), die den Connection Setup Timer (T200 = 3 s) nicht überschreiten dürfen.

5.4.3 Sicherungsschicht

Die DLC-Schicht ist in U-Plane und C-Plane unterteilt, vgl. Abb. 5.16. Die C-Plane ist die Steuerungsschicht für alle internen DECT-Protokollabläufe, die sich auf die Signalisierung beziehen, vgl. Abb. 5.30.

Sie hat zwei unabhängige Dienste:

- Datalink-Dienst (LAPC+Lc),   • Broadcast-Dienst (Lb).

Die U-Plane steuert die Übertragung von Benutzerdaten und bietet folgende Dienste an, die über eigene Dienstzugangspunkte erreicht werden, vgl. Abb. 5.31.

- LU1 *TRansparent UnProtected service* (TRUP),
- LU2 *Frame RElay service* (FREL),

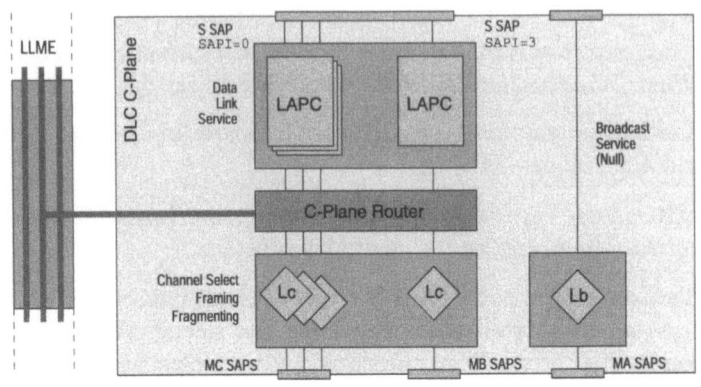

Abbildung 5.30: Control Plane der DLC-Schicht

- LU3 *Frame Switching service* (FSWI),
- LU4 *Forward Error Correction service* (FEC),
- LU5 *Basic RATe adaption service* (BRAT),
- LU6 *Secondary RATe Adaption service* (SRAT),
- LU7 *64 kbit/s data bearer service*,
- LU8-15 Reserviert für zukünftige Dienste,
- LU16 *ESCape* (ESC), für Dienste die außerhalb der standardisierten Dienste liegen.

Die Dienste LU3 und LU4 sind noch nicht endgültig spezifiziert. Jedem der LUx-Dienste stehen dann unterlagerte Rahmenstrukturen zur Verfügung, die eine direkte Abbildung auf die MAC-Dienste erlauben, vgl. Tab. 5.2 und 5.3.

Jeder LUx-Dienst kann in verschiedenen Übertragungsklassen auftreten:

Class 0: keine LUx-Übertragungswiederholung und keine Reihenfolgesteuerung in der DLC-Schicht. Dies bedeutet, daß eine Fehlermeldung durch die MAC-Schicht an die höheren Schichten weitergegeben wird.

Class 1: keine LUx-Übertragungswiederholung, die DLC-Schicht gibt DLC-Rahmen in korrekter Reihenfolge aus.

Class 2: variabler Durchsatz mit LUx-Übertragungswiederholung.

Class 3: fester Durchsatz mit LUx-Übertragungswiederholung.

5.4 Dienste- und Protokollbeschreibung im Detail

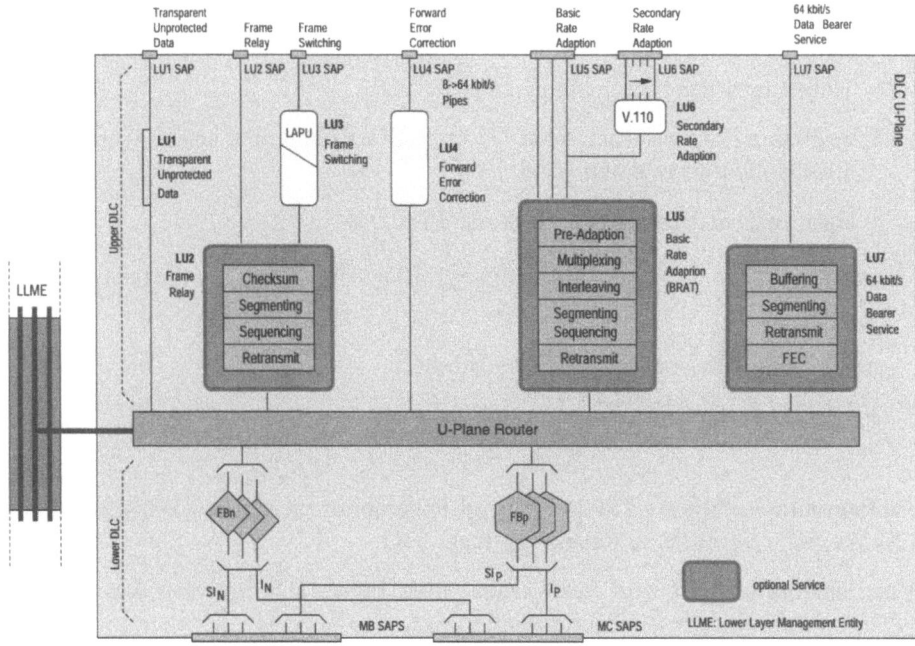

Abbildung 5.31: User Plane DLC-Schicht

Im folgenden werden die LUx-Dienste genauer dargestellt.

5.4.3.1 Der transparente ungeschützte Dienst LU1

Der LU1-Dienst kann nur als *Class-0*-Dienst auftreten und ist der einfachste Dienst. Er ist für Sprachverbindungen gedacht, kann aber auch für Datendienste benutzt werden. Es wird kein Fehlerschutz vorgesehen. Der unterlagerte Framedienst ist FU1.

5.4.3.2 Der Frame Relay Dienst LU2

Der LU2-Dienst ist ein gesicherter Dienst zur Übertragung von Datenblöcken *(Frame Relay)*, auf den durch den LU2-SAP zugegriffen wird. Er operiert auf einem generischen Feld von Benutzerdaten, die in und aus der DLC-U-Plane als einzelne Dienstdateneinheiten (SDU) transferiert werden.

LU2 unterstützt den zuverlässigen Transport der SDUs und berücksichtigt auch die SDU-Grenzen. Drei Grundprozeduren werden unterstützt:

1. Hinzufügen einer Prüfsumme zu jeder SDU.
2. Aufteilung der resultierenden Daten-SDU+Prüfsumme auf Datenfelder von Protokolldateneinheiten (PDU).
3. Peer-zu-Peer-Übertragungen dieser PDUs.

Es wird zwischen externen und internen Blöcken *(Frame)* unterschieden, vgl. Abb. 5.32:

- SDUs beziehen sich auf externe Blöcke,
- PDUs beziehen sich auf interne Blöcke.

Prüfsummenverfahren Die 16 bit lange Prüfsumme unterstützt Fehlererkennung für den gesamten SDU-Rahmen, vgl. Abb. 5.33.

Eine fehlerhafte SDU wird nicht erneut übertragen. Der Benutzer kann externe Fehlerbehandlungsprotokolle vorsehen.

5.4.3.3 Der Frame Switching Dienst LU3

Dieser Dienst wird nur erwähnt, weil die Standardisierung nicht abgeschlossen ist.

5.4.3.4 Der Dienst mit Vorwärtfehlerkorrektur LU4

Auch dieser Dienst ist noch nicht vollständig spezifiziert. Er wird eine Vorwärtsfehlerkorrektur beinhalten und möglicherweise auch eine ARQ-Instanz.

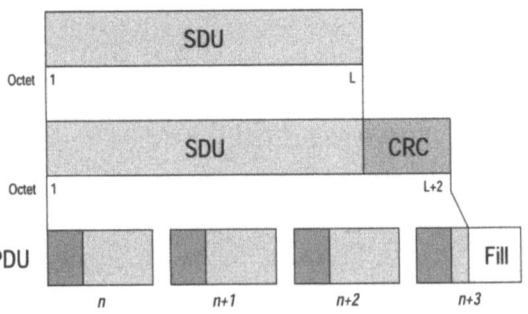

Abbildung 5.32: SDU-Aufteilung in PDUs

5.4 Dienste- und Protokollbeschreibung im Detail

8	7	6	5	4	3	2	1	Bit
		\multicolumn{4}{c}{Prüfsumme Oktett X}			
X8	X7	X6	X5	X4	X3	X2	X1	Framelänge-1
		\multicolumn{4}{c}{Prüfsumme Oktett Y}			
X8	X7	X6	X5	X4	X3	X2	X1	Framelänge-2

Abbildung 5.33: Feldformat der Prüfsumme

5.4.3.5 Der Datenratenanpassungsdienst LU5

Zur Unterstützung von synchronen Datenströmen mit festen Datenraten (64, 32, 16, und 8 kbit/s) wurde der Datenratenanpassungsdienst LU5 eingeführt. Es wird zwischen geschützter und ungeschützter Übertragung unterschieden. Der geschützte Dienst bietet eine wesentlich zuverlässigere Übertragung an.

Der Unterschied besteht hauptsächlich in der Nutzung unterschiedlicher MAC-Dienste. Für den geschützten Dienst werden I_P-Dienste und für den ungeschützten Dienst I_N-Dienste benutzt. Daraus ergeben sich für den Ratenanpassungdienst Unterschiede in der Kombination der MAC-Dienste, was die getrennte Behandlung von geschützten und ungeschützten Diensten rechtfertigt. Das Prinzip dieser Dienste wird im folgenden allgemein beschrieben: Der Dienst unterstützt bis zu 3 unabhängige Datenkanäle. Es existiert nur eine begrenzte Kombination verschiedener möglicher Datenraten. Für die einzelnen Datenverbindungen wird eine Ratenanpassung durchgeführt. Danach werden die einzelnen Datenverbindungen auf einen Kanal gemultiplext. Optional gibt es hier die Möglichkeit des Interleavings der Daten. Der Kanal wird in einzelne Rahmen segmentiert, die mit Steuerinformation versehen über den Funkkanal übertragen werden. Auf der Empfängerseite wird der ganze Vorgang umgekehrt durchlaufen, so daß am Dienstzugangspunkt wieder bis zu 3 unabhängige Datenkanäle zur Verfügung stehen.

5.4.3.6 Der zusätzliche Datenratenanpassungsdienst LU6

Der LU6-Dienst kann nur in Kombination mit LU5 existieren. Er bietet eine Ratenanpassung für Terminals, die den V-Serien entsprechen. Dieser Dienst setzt die Datenraten entsprechend der CCITT-Empfehlung V.110 um. In Tab. 5.4 sind die Ratenanpassungen, die auf einem LU5-Dienst ausgeführt werden, dargestellt.

5.4.3.7 Der 64-kbit/s-Datendienst LU7

Dieser Dienst ist gezielt zur Unterstützung des 64-kbit/s-Datendienstes des ISDN entwickelt worden. Da ISDN-Festnetze eine geringere Bitfehlerwahrscheinlichkeit haben, als DECT-Funkverbindungen – bei ISDN wird eine BER $\leq 10^{-6}$ erwartet, bei DECT wird ab BER $= 10^{-3}$ ein Handover eingeleitet – muß das Protokoll die

Tabelle 5.4: Synchrone und asynchrone Ratenanpassung beim LU6-Dienst

Eingangsdatenrate	Ausgangsdatenrate[kbit/s]						
	synchron				asynchron		
[kbit/s]	8	16	32	64	8	16	32
0,05					×		
0,075					×		
0,11					×		
0,15					×		
0,2					×		
0,3					×		
0,6	×				×		
1,2	×				×		
2,4	×				×		
3,6					×		
4,8	×				×		
7,2		×				×	
9,6		×				×	
12			×				×
14,4			×				×
19,2			×				×
48				×			
56				×			

Bitfehlerwahrscheinlichkeit herabsetzen. Hierbei wird eine Kombination aus Vorwärtsfehlerkorrektur (*Forward Error Correction*, FEC) mit einem RS-Code und ARQ-Verfahren eingesetzt. Um die ISDN-Datenrate von 64 kbit/s aufrechterhalten zu können, muß mit einer erhöhten Datenrate und einem Pufferspeicher gearbeitet werden. Konkret kann mit einer Nettodatenrate von 64 kbit/s oder 72 kbit/s übertragen werden; der Pufferspeicher erzeugt eine Verzögerung von 80 ms, vgl. Abb. 5.34.

Der Sendepuffer beinhaltet die letzten acht übertragenen Blöcke. Der Empfangspuffer speichert die eintreffenden (maximal acht) Blöcke und erzeugt so die Zeit-

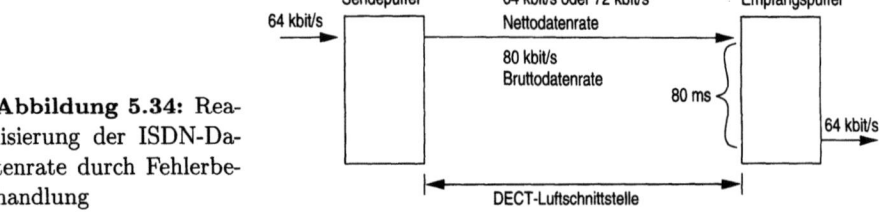

Abbildung 5.34: Realisierung der ISDN-Datenrate durch Fehlerbehandlung

5.4 Dienste- und Protokollbeschreibung im Detail

verzögerung von 80 ms. Wird ein fehlerhafter Block empfangen, so wird er erneut angefordert und es besteht acht Sende-/Empfangszyklen lang die Möglichkeit, den Block erneut zu empfangen. Durch ein System von Zählern wird gewährleistet, daß der Block an die richtige Stelle im Empfangspuffer geschrieben wird. Eine Umschaltung auf die erhöhte Übertragungsrate ermöglicht, den Zeitverlust durch die wiederholte Übertragung wieder wettzumachen.

Im folgenden werden die Details der Algorithmen besprochen, wie sie im Standard spezifiziert sind.

Die Datenfelder Das B-Feld des Double-Slot, vgl. Abb. 5.35, benutzt einen (100,94) Reed-Solomon-Code mit 94 byte für den ARQ-Mechanismus und 6 byte für die Prüfsumme.

Der ARQ-Mechanismus teilt die 94 Nachrichtensymbole in drei Gruppen auf (Steuerung, Information und Prüfsumme, CS), vgl. Abb. 5.36.

Das Prüfsummenfeld enthält eine Prüfsumme, mit deren Hilfe der ARQ-Mechanismus entscheiden kann, ob die Vorwärtsfehlerkorrektur erfolgreich war. Das Informationsfeld enthält beim 72-kbit/s-Übertragungsformat 90 byte Nutzdaten, beim 64-kbit/s-Übertragungsformat sind die letzten 10 byte mit Nullen gefüllt, vgl. Abb. 5.37, 5.38.

Das Steuerfeld enthält die für den ARQ-Mechanismus wichtigen Zähler und Formatsteuerungs-Parameter, vgl. Abb. 5.39.

Aus Abb. 5.40 erkennt man die Sende- und Empfangspufferspeicher, sowie die Statusvariablen $V(O), V(R), V(S), V(A), V_i(T)$. Sie regeln den Ablauf des ARQ-Mechanismus, indem sie anzeigen, welcher Rahmen gesendet, empfangen bzw. bestätigt wurde und von welcher Speicherstelle im Sendespeicher zu lesen bzw. an welche Speicherstelle im Empfangsspeicher zu schreiben ist. Die im ARQ-Steuerfeld übertragenen Parameter $N(O), N(R), N(S)$ und Format, die aus den Statusvariablen abgeleitet werden, dienen der Kommunikation zwischen den ARQ-Instanzen.

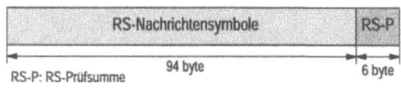

Abbildung 5.35: Inhalt eines Double-Slot B-Feldes aus der Sicht der RS-Codierung

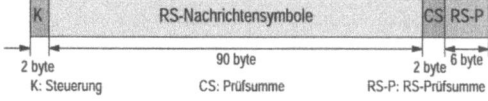

Abbildung 5.36: Inhalt eines RS-Codewortes

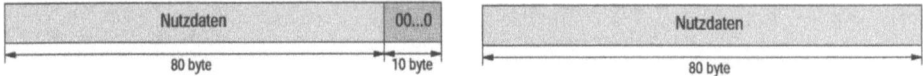

Abbildung 5.37: ARQ-Informationsfeld für 64 kbit/s Nutzerdatenrate

Abbildung 5.38: ARQ-Informationsfeld für 72 kbit/s Nutzerdatenrate

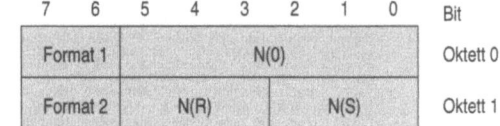

Abbildung 5.39: Inhalt des ARQ-Steuerfeldes

Die ARQ-Kontrollfelder

Das Format-Feld: Das Übertragungsformat ist mit insgesamt 4 bit codiert, die auf zwei 2-bit-Felder aufgeteilt sind (Format-1, Format-2), vgl. Abb. 5.39. Das verwendete Übertragungsformat muß dem Empfänger mitgeteilt werden, damit er die letzten 10 byte als Nutzdaten oder Nullen interpretieren kann, vgl. Abb. 5.37.

Zusätzlich werden in diesen Feldern ggf. Wiederholungsanforderungen (*Re-Transmit Request*, RTR) gesendet. Tabelle 5.5 zeigt die Bedeutung der Bits.

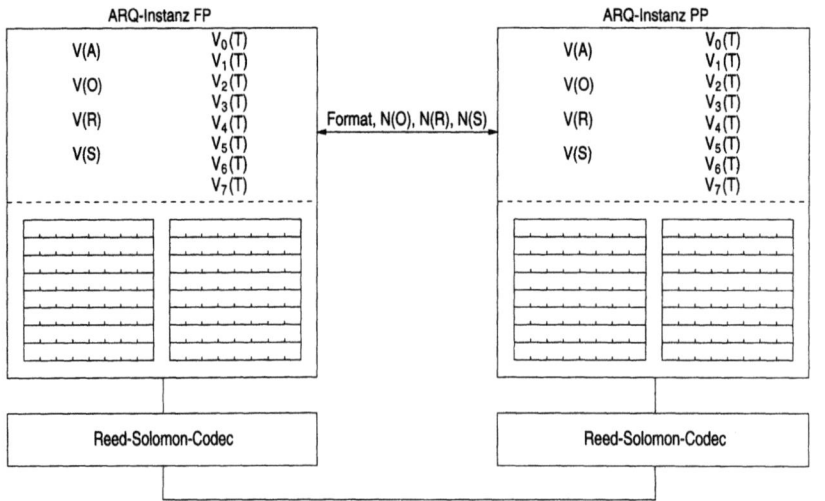

Abbildung 5.40: Bestandteile des ARQ-Mechanismus

5.4 Dienste- und Protokollbeschreibung im Detail

Tabelle 5.5: Bedeutung der Bitwerte in den ARQ-Formatfeldern

	Format-1		Format-2		
Bit	8	7	8	7	Bedeutung
	0	0	0	0	Format 64 kbit/s
	0	0	0	1	Format 64 kbit/s, RTR
	0	1	0	0	Format 72 kbit/s
	0	1	0	1	Format 72 kbit/s, RTR

Die Offset-Variable V(O) zeigt an, wieviele zusätzliche Bytes (in Einheiten von 10 byte) noch nötig sind, um den Empfangspuffer der Partnerinstanz wieder vollständig zu füllen. Durch sie wird auch das jeweilige Übertragungsformat (64 kbit/s oder 72 kbit/s) bestimmt.

Bei der wiederholten Übertragung eines Rahmens wird $V(O)$ um 8 (entspricht einer aufzuholenden Speicherleerung von 80 byte) erhöht. Eine wiederholte Übertragung ist nur erlaubt, solange $V(O) \leq 48$ ist. Ist $V(O)$ größer, muß auf die wiederholte Übertragung verzichtet werden, denn die verlangten Daten sind nicht mehr vollständig im Sendepuffer vorhanden und würden auch nicht mehr rechtzeitig bei der Partnerinstanz ankommen. Stattdessen wird der nächste noch nicht gesendete Rahmen übertragen, der sich im Sendepuffer befindet.

Ist $V(O) = 0$, so wird mit dem Format 64 kbit/s übertragen und $V(O)$ wird nicht verändert. Ist $V(O) > 0$, wird das Format 72 kbit/s benutzt. Wegen der nun mitübertragenen zusätzlichen 10 byte Nutzdaten, kann $V(O)$ bei Erfolg um 1 erniedrigt werden, was der Verminderung der fehlenden $8 \cdot 10$ byte im Empfangspuffer der Partnerinstanz um 1/8 entspricht.

Die Zeitvariablen $V_{n(T)}$ zeigen für die letzten acht übertragenen Blöcke die Position im Sendepuffer der Instanz und im Empfangspuffer der Partnerinstanz an. Bei wiederholter Übertragung wird der zum angeforderten Block gehörige Wert $V_n(T)$ als $N(O)$ übertragen, so daß die Partnerinstanz weiß, an welche Stelle im Empfangspufferspeicher sie den Block schreiben muß.

Die Offset-Nummer N(O) gibt die Position im Empfangspufferspeicher an, in die der Block geschrieben werden soll. Dabei entspricht $N(O)$ dem Abstand des letzten Bits vom Speicheranfang in Einheiten von 10 byte. Abbildung 5.41 zeigt zwei Beispiele für verschiedene N(O).

Die Sendestatusvariable V(S) ist eine laufende Nummer für jede neue Erstversendung eines Blockes. Sie wird modulo 8 um 1 erhöht, kann also Werte zwi-

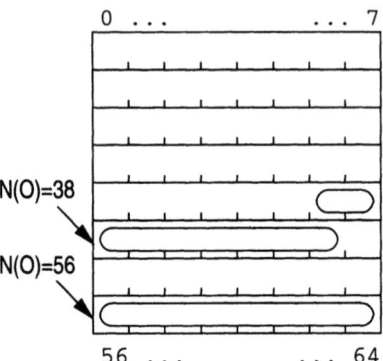

Abbildung 5.41: Zusammenhang zwischen $N(O)$ und Position des zu schreibenden Blockes im Speicher

schen 0 und 7 annehmen. $V(S)$ ist die Sendefolgenummer $N(S)$ des nächsten zu übertragenden Blockes.

Die Bestätigungsstatusvariable V(A) kennzeichnet den jeweils von der Partnerinstanz bestätigten Block. Dabei ist $V(A) - 1$ gleich der Sendefolgenummer $N(S)$ des Blockes, der als letzter von der Partnerinstanz bestätigt wurde.

Die Sendefolgenummer N(S) enthält die laufende Nummer des übertragenen Blockes. Bei Erstübertragung wird sie gleich $V(S)$ gesetzt, bei Wiederholungsübertragung gleich $V(A)$. $N(S)$ wird als binär codierte Zahl (3 bit) übertragen.

Die Empfangsstatusvariable V(R) ist gleich der Sendefolgenummer $N(R)$ des nächsten Blockes, der erwartet wird. Wird ein fehlerfreier Block mit $N(S) = V(R)$ empfangen, so erhöht sich $V(R)$ um eins und zusätzlich um eins für jeden folgenden, fehlerfreien Block im Empfangspuffer.

Die Empfangsfolgenummer N(R) zeigt dem Empfänger die Sendefolgenummer des nächsten erwarteten Blockes an. $N(R)$ wird vor dem Versenden eines Blockes gleich $V(R)$ gesetzt und bestätigt somit der Partnerinstanz alle Rahmen einschließlich $N(R) - 1$.

Das ARQ-Informationsfeld enthält je nach Übertragungsformat (64 kbit/s bzw. 72 kbit/s) 80 bzw. 90 byte Nutzdaten, beim Format 64 kbit/s sind die letzten 10 byte Null.

Das ARQ-Prüfsummenfeld CS (16 bit) wird wie folgt berechnet, vgl. Abb. 5.36:

$$\text{checksum}(x) = \text{EK}(a(x) + b(x)),$$

wobei EK() das Einerkomplement darstellt (bitweise Invertierung) und

5.4 Dienste- und Protokollbeschreibung im Detail

$$a(x) = x^{736}(x^{15} + x^{14} + x^{13} + x^{12} + x^{11} + x^{10} + x^9 + x^8 \\ + x^7 + x^6 + x^5 + x^4 + x^3 + x^2 + x + 1) mod(x^{16} + x^{12} + x^5 + 1)$$

sowie

$$b(x) = x^{16}(ci(x)) \mathrm{mod}(x^{16} + x^{12} + x^5 + 1). \tag{5.2}$$

Dabei ist $ci(x)$ die Polynomdarstellung (im $GF(2)$) des vereinten ARQ-Steuer- und Informationsfeldes.

5.4.3.8 Der ESCAPE-Dienst LU16

Dieser Dienst ermöglicht eine eigene User Plane zu entwickeln, wobei die Benutzung von verschiedenen Terminals nur bei zusätzlicher Übereinkunft außerhalb des Standards möglich ist. Der LU16-Dienst kann jeden unterlagerten DLC-Dienst und jede beliebige Übertragungsklasse benutzen. Es muß jedoch ein geschützter MAC-Dienst gewählt werden. Für ungeschützte Dienste steht der transparente LU1-Dienst zur Verfügung. Es darf auch kein Dienst implementiert werden, der schon durch einen Standarddienst abgedeckt ist.

5.4.4 Vermittlungsschicht

Die Vermittlungsschicht (*Network Layer*, NWL), vgl. Abb. 5.16, steuert die Verbindungen zwischen dem Mobilteil (*Portable Radio Termination*, PT) und dem Netz (*Fixed Radio Termination*, FT), vgl. Abb.5.9. Die U-Plane von DECT hat in der Netzschicht keine Aufgaben und reicht alle Daten unbearbeitet in vertikaler Richtung weiter. Die C-Plane führt die Signalisierung durch und ist für die Steuerung des Datenaustausches verantwortlich. Dazu sind hier fünf Protokolle vorgesehen, die entsprechende Aufgaben haben und auf der *Link Control Entity* (LCE) aufbauen, vgl. Abb. 5.42.

MM: Das *Mobility Management* übernimmt alle Aufgaben, die für die Mobilität der Mobilstationen notwendig sind. Es verarbeitet den Aufenthaltsort betreffende sowie Authentisierungsnachrichten und Verschlüsselungsdaten.

CC: *Call Control* ist die Instanz, mit der Verbindungen aufgebaut, betrieben und ausgelöst werden.

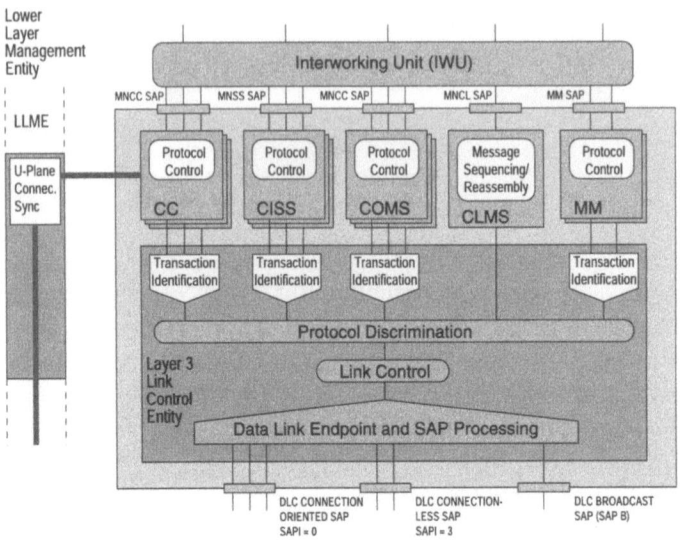

Abbildung 5.42: Dienste und Protokolle der C-Plane, Schicht 3 in DECT

CISS: Der *Call Independent Supplementary Service* ist ein Zusatzdienst, der eine vom Anruf unabhängige Verbindung für Zusatzdienste auf- und abbaut.

COMS: Der *Connection Oriented Message Service* ist ein Dienst, der Pakete zwischen zwei Endpunkten versendet. Dazu muß eine Ende-zu-Ende-Verbindung bestehen.

CLMS: Der *Connectionless Message Service* ist ein verbindungsloser sprachvermittelter Datendienst.

LCE: Die *Link Control Entity Messages* betreibt log. Verbindungen, über die alle fünf darüberliegenden Instanzen Nachrichten austauschen.

5.4.4.1 Mobilitätsverwaltung

Dieser Dienst übernimmt die Verwaltung der Teilnehmeridentität, Authentisierung und die Aktualisierung des Aufenthaltsortes. Alle hierzu nötigen Nachrichten des *Mobility Management* (MM) werden nachfolgend besprochen.

5.4 Dienste- und Protokollbeschreibung im Detail

Identitätsnachrichten *(Identity Messages)*

- Temporary_Identity_Assign,
- Temporary_Identity_Assign_ack,
- Temporary_Identity_Assign_Reject,
- Identity_Request,
- Identity_Reply.

Mit diesen Nachrichten können spezielle Identifikationsdaten des PT vom FT abgefragt werden und es kann eine *Temporary Portable User Identity* (TPUI) zugewiesen werden. Die Identifikation wird immer vom FT gestartet. Die Temporary_Identity_Assign-Message wird vom FT an das PT gesendet, um eine TPUI mit dem PT zu vereinbaren. Nach erfolgreicher Durchführung bestätigt das PT die Zuweisung mit Temporary_Identity_Assign_ack. Bei einem Fehler sendet das PT ein Temporary_Identity_Assign_Reject. Mit Identity_Request fragt das FT beim PT eine Identifikation ab, die mit Identity_Reply vom PT beantwortet wird.

Authentisierungsnachrichten *(Authentication Messages)*

- Authentication_Request,
- Authentication_Reply,
- Authentication_Reject.

Die Authentisierung läuft in zwei Richtungen ab, um dem Netz bzw. dem PT zu gewährleisten, daß das PT bzw. das Netz berechtigt ist. Gleichzeitig kann ein neuer Verschlüsselungsparameter übergeben werden, vgl. die Abschn. 5.10, 6.1 und Abschn. 3.3, Band 1. Mit der Authentication_Request-Nachricht wird die Prozedur gestartet. Die berechnete Antwort wird mit Authentication_Reply zurückgesendet. Schlägt die Authentisierung fehl oder tritt ein anderer Fehler auf, wird dies dem Partner mit Authentication_Reject mitgeteilt, der darauf entsprechend reagieren kann.

Aufenthaltsbereichsnachrichten *(Location Messages)*

- Locate_Request,
- Locate_Accept,
- Locate_Reject,
- Detach.

Mit diesen Nachrichten wird das Netz über den aktuellen Aufenthaltsbereich *(Location Area)* eines PT informiert. Dadurch kann ein kommender Ruf schnell zum gesuchten PT geleitet werden. Die Mobilstation sendet die Locate_Request-Message an das FT, um eine Verbindung aufzubauen oder einen Handover zu einer anderen Feststation zu beantragen. Ein erfolgreicher Verbindungsaufbau oder Handover wird mit Locate_Accept von dem FT beantwortet, ein Fehler mit *Locate_Reject*. Wird eine Mobilstation abgeschaltet, dann teilt sie das dem Netz mit der Detach-Message mit.

Nachrichten zur Steuerung von Zugriffsrechten *(Access Rights Messages)*

- Access_Rights_Request,
- Access_Rights_Accept,
- Access_Rights_Reject,
- Access_Rights_Terminate_Request,
- Access_Rights_Terminate_Accept,
- Access_Rights_Terminate_Reject.

Mit diesen Nachrichten können *International Portable User Identity* (IPUI) und *Portable Access Rights Key* (PARK) im PT gespeichert bzw. wieder gelöscht werden. Es gibt die vier PARK-Klassen A bis D. Access_Rights_Request wird von der PT an das FT gesendet, um die Prozedur zu starten. Das FT antwortet mit Access_Rights_Accept und den entsprechenden Parametern oder mit Access_Rights_Reject im Falle eines Fehlers, wenn die angeforderten Parameter nicht übertragen werden können. Die Access_Rights_Terminate-Messages sind die Umkehrung der oben beschriebenen Nachrichten.

Nachrichten zur Schlüsselzuweisung *(Key_Allocation_Messages)*

- Key_Allocate.

Mit dieser Nachricht kann ein Authentisierungsschlüssel (*Authentication Key*, AC) durch einen *User Authentication Key* (UAC) ersetzt werden.

Nachrichten zum Parameteraustausch *(Parameter Retrieval Messages)*

- MM_Info_Suggest,
- MM_Info_Accept,
- MM_Info_Request,
- MM_Info_Reject.

Diese Nachrichten liefern Informationen für z. B. externe Handover, die mit Hilfe bestehender Verbindungen übertragen werden. Das FT kann dem PT mit MM_Info_Suggest vorschlagen, einen Handover oder ein Location Update durchzuführen. Mit MM_Info_Request beantragt das PT beim FT Informationen. Diese Informationen liefert das FT mit der MM_Info_Accept-Nachricht. Wenn die vom PT angeforderten Informationen nicht gesendet werden können, dann meldet das FT dies dem PT mit MM_Info_Reject.

Verschlüsselungsnachrichten *(Ciphering Messages)*

- Cipher_Suggest,
- Cipher_Request,
- Cipher_Reject.

Mit diesen Nachrichten wird der Verschlüsselungsparameter übertragen und die Verschlüsselung eingeleitet oder beendet. Das PT kann dies dem FT mit Cipher_Suggest vorschlagen. Dies geschieht durch Cipher_Request vom FT an das PT. Wenn das PT die Verschlüsselung nicht durchführen kann, antwortet sie daraufhin mit Cipher_Reject.

5.4 Dienste- und Protokollbeschreibung im Detail

5.4.4.2 Verbindungssteuerung (*Call Control*, CC)

Die Verbindungssteuerung ist eine Instanz zur Abwicklung der Anrufe. Mit ihr werden Verbindungen aufgebaut, aufrecht erhalten und wieder abgebaut.

Verbindungsaufbaunachrichten *Call Establishment Messages*

- CC_Setup,
- CC_Call_Proc,
- CC_Connect,
- CC_Setup_ack,
- CC_Alerting,
- CC_Connect_ack,
- CC_Info,
- CC_Notify.

CC_Setup startet den Verbindungsaufbau des Call Control und kann von beiden Seiten (FT und PT) gestartet werden. Einige der Setup-Parameter werden gleich mitgeliefert, die anderen Daten mit CC_Info übergeben. Die CC_Setup_ack-Nachricht wird nur in Richtung Mobilstation gesendet und ist optional. Mit CC_Call_Proc wird der Mobilstation angezeigt, daß der Ruf im Netz bearbeitet wird. Die CC_Alerting-Nachricht zeigt dem Netz an, daß die Mobilstation ruft, oder der Mobilstation, daß das angerufene Teilnehmerendgerät gerufen wird. Mit CC_Connect wird die Verbindung zur Partnerschicht der U-Plane signalisiert und mit CC_Connect_ack bestätigt. CC_Notify ist eine Nachricht, die während einer bestehenden Verbindung gesendet werden kann, um dem angerufenen Partner eine Mitteilung (wie z. B. Hold) zu machen.

Nachrichten der Verbindungsphase *(Call Information Phase Messages)*

- CC_Info (siehe oben),
- CC_Service_Accept,
- IWU_Info,
- CC_Service_Change,
- CC_Service_Reject.

Mit CC_Info können Ende-zu-Ende-Verbindungen (genauer vom PT zur IWU) hergestellt werden, über die dann Informationen ausgetauscht werden können. Mit CC_Service_Change können während der Aufbauphase bzw. in der aktiven Phase die Gesprächsparameter geändert werden. Die CC_Service_Accept Message ist die entsprechende Bestätigung und die CC_Service_Reject-Message die Ablehnung der Parameterveränderung.

IWU_Information wird benutzt, um IWU Packet Elemente oder IWU to IWU Elemente zu transportieren, wenn entsprechende Daten übertragen werden müssen, aber an keine andere Nachricht angehängt werden kann.

Verbindungsbezogene Zusatzdienste *(Call Related Supplementary Services)*

- Facility,
- Retrieve,
- Hold,
- Retrieve_ack,
- Hold_ack,
- Retrieve_Reject,
- Hold_Reject.

Mit Facility wird ein Zusatzdienst beantragt oder bestätigt. Der gewünschte Dienst wird innerhalb der Nachrichten mit zugehörigen Parametern übergeben.

Mit Hold kann die MS eine bestehende Verbindung in einen Wartestatus versetzen. Die MSC bestätigt mit Hold_ack. Dieser Wartestatus kann mit Hold_Reject von der MSC verweigert werden. Die Umkehrung dieser Befehle sind die Retrieve-Nachrichten. Mit Retrieve wird ein Ruf im Wartezustand durch die MS wieder aktiviert. Die MSC antwortet mit Retrieve_ack oder mit Retrieve_Reject.

Verbindungsauslösungsnachrichten *(Call Release Messages)*

- CC_Release,
- CC_Info,
- CC_Release_com.

Mit CC_Release werden alle U-Plane- und C-Plane-Verbindungen auf der Netzschicht abgebaut. Die CC_Release-Nachricht wird an die *Link Control Entity* (LCE) übergeben, welche dann entscheidet, welche Prozedur den Verbindungsabbau vornimmt. CC_Release_com ist die Bestätigung für den Verbindungsabbau.

5.4.4.3 Zusatzdienste (*Supplementary Services, CISS*)

CISS Establishment Nachrichten

- CISS_Register,

CISS Information Phase Nachrichten

- Facility,

CISS Release Nachrichten

- CISS_Release_com.

Man unterscheidet verbindungsunabhängige (*Call Independent Supplementary Services*, CISS) und verbindungsbezogene Zusatzdienste (*Call Related Supplementary Services*, CRSS). Die CISS-Verbindungen sind unabhängig von Anrufen. Mit CISS_Register wird eine neue Verbindung ohne Ende-zu-Ende-Verbindung aufgebaut. CISS_Release_com zeigt an, daß der Sender der Nachricht die Verbindung abbaut und fordert den Empfänger auch zum Verbindungsabbau auf.

Mit Facility wird ein Zusatzdienst beantragt oder bestätigt. Der gewünschte Dienst wird innerhalb der Nachricht mit den nötigen Parametern übergeben.

5.4 Dienste- und Protokollbeschreibung im Detail

5.4.4.4 Verbindungsorientierter Nachrichtendienst (*Connection Oriented Message Service*, COMS)

COMS Establishment Nachrichten

- COMS_Setup,
- COMS_Notify,
- COMS_Connect.

COMS Information Phase Nachrichten

- COMS_Info,
- COMS_ack.

COMS Release Nachrichten

- COMS_Release,
- COMS_Release_com.

COMS bietet eine Punkt-zu-Punkt-Verbindung an, über die Pakete verschickt werden können. Diese Verbindung kann zu jeder Zeit mit COMS_Setup hergestellt werden. Eine aufgebaute Verbindung wird mit COMS_Connect bestätigt. Die Verbindungsphase benutzt die COMS_Info-Nachricht zur Übermittlung von Informationen einer COMS-Verbindung. Die COMS_ack-Nachricht bestätigt den korrekten Empfang einer oder mehrerer COMS_Info-Nachrichten. Die COMS-Verbindung wird mit dem COMS_Release-Kommando abgebaut und mit COMS_Release_com bestätigt.

5.4.4.5 *Connectionless Message Service* (CLMS)

Call Information Phase Nachrichten

- CLMS_Variable,
- CLMS_Fixed.

Mit CLMS können Daten übertragen werden, ohne daß eine Ende-zu-Ende-Verbindung besteht. Mit CLMS_Fixed und CLMS_Variable werden den PTs vom FT anwendungsspezifische Daten übermittelt. Die CLMS_Fixed-Nachricht ist im Gegensatz zu allen anderen, die das S-Format haben, vgl. Abschn. 5.4.4.8, eine Nachricht im B-Format.

5.4.4.6 *Link Control Entity Messages* (LCE)

LCE Establishment Nachrichten

- LCE_Request_Page,
- LCE_Page_Response,
- LCE_Page_Reject.

Die LCE-Instanz in der Verbindungsschicht liegt unter den fünf über ihr liegenden Instanzen (MM, CC, CISS, COMS, CLMS) und wird benutzt, um Verbindungen zur Partnerschicht aufzubauen. Dies geschieht mit LCE_Request_Page. Die positive Antwort auf die Verbindungsaufbauanfrage ist LCE_Page_Response, die negative ist LCE_Page_Reject. LCE_Request_Page ist, wie CLMS_Fixed eine B-Format-Nachricht.

5.4.4.7 Zustandsdiagramme der Verbindungssteuerung

Neben den Betriebszuständen von Mobil- und Feststation, vgl. Abb. 5.20 und 5.21, kann man jedes Protokoll durch einen Zustandsautomaten darstellen. In einem entsprechenden Zustandsdiagramm sind mögliche Zustände und Übergänge eines Systems aufgeführt. Neue Zustände werden erreicht, indem ein bestehender Zustand durch einen Übergang in einen anderen Zustand überführt wird. Es gibt Verknüpfungen zwischen den Zuständen und Übergängen, so daß nicht jeder Zustand direkt in jeden überführt werden kann.

Diese Zustände können für jedes Protokoll erstellt werden, sind hier besonders für die Verbindungssteuerung *(Call Control)* interessant, weil sie auch die darunter liegenden Protokolle benutzt und eine vollständige Verbindung aufbaut. Es können mehrere Verbindungen zwischen einer Mobilstation und dem Netz bestehen, aber es wird hier von einer einfachen Verbindung ausgegangen. Abbildung 5.43 stellt die Zustände der Feststation (FT) und Abb. 5.44 die Zustände der Mobilstation (PT) dar.

Zustandsdiagramm der Mobilstation (PT) Es gibt vier Unterteilungen der Zustände:

zentrale Rufzustände (PT)

- T-00 Null: Es existiert kein Anruf.

- T-19 Release Pending: Die Mobilstation hat eine **Release**-Nachricht an die Feststation gesendet, aber noch keine Antwort erhalten.

- T-10 Active: Ein Anruf (abgehend oder ankommend) existiert und die Verbindung ist aufgebaut.

Zustände für abgehende Rufe (PT)

- T-01 Call Initiated: Die Mobilstation hat eine **Setup**-Nachricht an die Feststation gesendet, um eine Verbindung aufzubauen.

5.4 Dienste- und Protokollbeschreibung im Detail

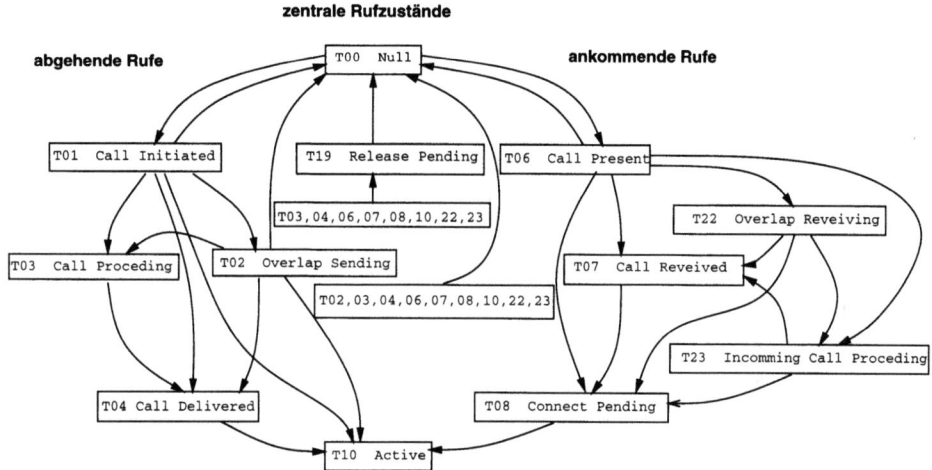

Abbildung 5.43: Zustandsdiagramm der Mobilstation

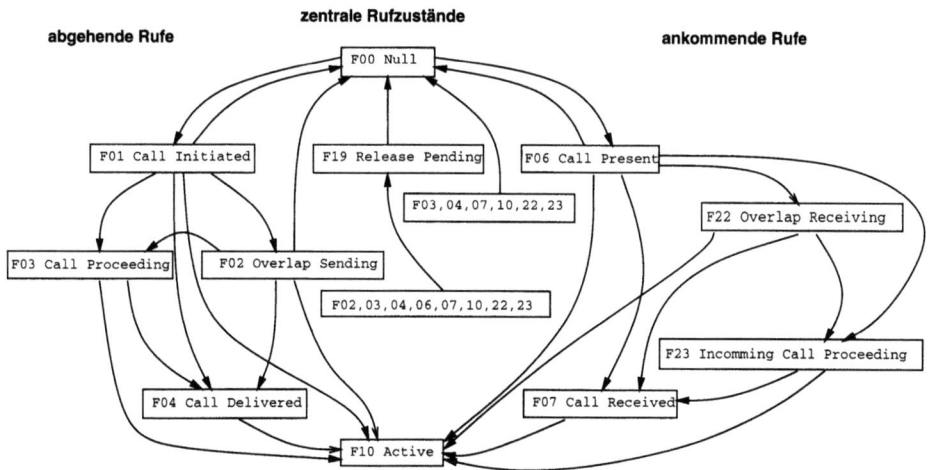

Abbildung 5.44: Zustandsdiagramm der Feststation

- T-02 Overlap Sending: Eine weitere abgehende Verbindung wird mittels *Overlap Sending* eingerichtet.

- T-03 Call Proceeding: Die Feststation hat bestätigt, daß die Setup-Nachricht empfangen wurde.

- T-04 Call Delivered: Die Mobilstation erhält die Alerting-Nachricht, daß das angerufene Teilnehmerendgerät gerufen wird.

Zustände für ankommende Rufe (PT)

- T-06 Call Present: Die Mobilstation hat eine Setup-Nachricht erhalten, sie aber noch nicht beantwortet.

- T-07 Call Received: Die Mobilstation zeigt der Feststation mit Alerting an, daß sie klingelt.

- T-08 Connect Pending: Der Benutzer der Mobilstation hat den Ruf angenommen, aber die Mobilstation wartet auf eine Bestätigung, daß die U-Plane-Verbindung hergestellt wird.

optionale Rufzustände (PT)

- T-22 Overlap Receiving: Ein weiterer kommender Ruf wird überlappend eingerichtet.

- T-23 Incoming Call Proceeding: Die Mobilstation bestätigt den Empfang der Setup Informationen von der Feststation.

Tabelle 5.6 zeigt eine Zusammenfassung der wichtigsten Nachrichten und deren Einfluß auf das Zustandsdiagramm.

Zustandsdiagramm der Feststation (FT) Die Tabelle 5.7 zeigt eine Zusammenfassung der wichtigsten Nachrichten und deren Einfluß auf das Zustandsdiagramm, vgl. Abb. 5.44.

Wie auch bei der Mobilstation gibt es vier Unterteilungen der Zustände:

zentrale Rufzustände (FT)

- F-00 Null: Es existiert kein Anruf. Mit einer vom PT empfangenen Setup-Nachricht geht die FT in den Zustand F-06 über. Wenn die FT die Setup-

5.4 Dienste- und Protokollbeschreibung im Detail

Tabelle 5.6: Die Übergänge des CC-Zustandsdiagramms der Mobilstationen

von T-Zustand	00	01	02	03	04	06	07	08	10	19	Endzustand
CC_Setup_sent	×										T01
CC_Setup_rcvd	×										T06
Setup_ack_rcvd		×									T02
Call_Proceeding_rcvd		×	×								T03
Alerting_rcvd		×	×	×							T04
Connect_rcvd		×	×	×	×						T10
Connect_ack_rcvd							×				T10
Setup_Accept						×					T07
Connect_sent						×	×				T08
Release_sent		×	×	×				×	×		T19
Release_rcvd			×	×	×	×	×	×			T00
Release_Complete_rcvd	×	×							×		T00
Release_Complete_sent						×					T00

Tabelle 5.7: Die Übergänge des CC-Zustandsdiagramms der Feststationen

von F-Zustand	00	01	02	03	04	06	07	10	19	Endzustand
Setup_sent	×									F06
Setup_rcvd	×									F01
Setup_ack_sent		×								F02
Call_Proceeding_sent		×	×							F03
Alerting_sent		×	×	×						F04
Alerting_rcvd						×				F07
Connect_sent		×	×	×	×					F10
Connect_rcvd						×	×			F10
Release_sent						×	×	×		F19
Release_rcvd		×	×	×	×	×	×			F00
Release_Complete_rcvd						×			×	F00
Release_Complete_sent		×	×							F00

Nachricht selbst an das PT sendet, um eine Verbindung aufzubauen, dann geht das FT in den Zustand F-01 über.

- **F-19 Release Pending**: Die Feststation hat eine Release-Nachricht an die Mobilstation gesendet, aber noch keine Antwort erhalten. Ein Release_Complete oder der Ablauf eines Timers führt zum Zustand F-00.

- **F-10 Active**: Ein Anruf (abgehend oder ankommend) existiert und die Verbindung ist aufgebaut. Eine an das PT gesendete Release-Nachricht überführt

den Zustand des FT in F-19, eine von dort empfangene **Release**-Nachricht in
F-00.

Zustände abgehender Rufe (FT)

- `F-01 Call Initiated`: Die Mobilstation hat eine Setup-Nachricht an die Feststation gesendet, um eine Verbindung aufzubauen. Die Feststation hat sie noch nicht beantwortet.

- `F-02 Overlap Sending`: Eine abgehende Verbindung wird überlappend eingerichtet.

- `F-03 Call Proceeding`: Die Feststation bestätigt, daß die Setup-Nachricht der Mobilstation empfangen wurde.

- `F-04 Call Delivered`: Die Feststation sendet die Meldung, daß das angerufene Teilnehmerendgerät klingelt, an die Mobilstation weiter.

Zustände ankommender Rufe (FT)

- `F-06 Call Present`: Die Feststation hat eine Setup-Nachricht gesendet, die Mobilstation hat sie noch nicht beantwortet.

- `F-07 Call Received`: Die Feststation erhält die Nachricht, daß die Mobilstation klingelt, aber der ankommende Ruf vom Teilnehmer noch nicht angenommen wurde.

optionale Rufzustände (FT)

- `F-22 Overlap Receiving`: Ein kommender Ruf wird überlappend eingerichtet.

- `F-23 Incoming Call Proceeding`: Die Feststation erhält die Bestätigung, daß die Setup Informationen von der Mobilstationstation empfangen wurden.

5.4.4.8 Aufbau der Signalisiernachrichten

Eine Nachricht ist ein aus mehreren Bits aufgebauter Block zusammengehörender Daten. Jeweils acht Bit werden zu einem Oktett zusammengefaßt, wobei es hier eine Ordnung von MSB *(Most Significant Bit)* zu LSB *(Least Significant Bit)* gibt und die Bits von 8 (MSB) bis 1 (LSB) numeriert sind. Oktette bilden die Elemente, aus denen eine Nachricht aufgebaut ist, wobei die Struktur für alle gleich ist und es in DECT die Unterscheidung zwischen dem B-Format und dem S-Format gibt.

5.4 Dienste- und Protokollbeschreibung im Detail

B-Format-Nachrichten Sie können nur durch das LCE oder CLMS Protokoll gesendet werden:

- LCE_Request_Page,
- CLMS_Fixed.

Alle Nachrichten haben eine feste Länge, damit sie auf unteren Ebenen (MAC-Ebene) leichter verarbeitet werden können. Hierfür gibt es verschiedene Formate, vgl. Abb. 5.45:

- Short Format (3 Oktette),
- Long Format (5 Oktette),
- Extended Format (5, 10, 15, 20, 25 oder 30 Oktette).

LCE_Request_Page benutzt das Short oder das Long Format. Der Aufbau ist bei beiden ähnlich.

Im ersten Oktett enthalten die Bits eins bis drei den Header. Bit vier ist ein Anzeiger (Flag) für die TPUI-Adresse. Beim Long Format wird in Bit vier die Länge der TPUI-Adresse angezeigt. Die Bits fünf bis acht sind ohne Bedeutung. Im zweiten Oktett beginnt abhängig von den Informationen im ersten Oktett die IPUI-Adresse.

CLMS_Fixed benutzt das Long oder das Extended Format. Das Extended Format hat einen aus fünf Oktetten bestehenden Kopf. Neben der Zieladresse ist die Länge der Daten angegeben, die zu dieser Nachricht gehören. Diese Daten sind in Blöcken von jeweils fünf Oktetten zusammengefaßt.

S-Format-Nachrichten Jede S-Format-Nachricht besteht aus folgenden Bestandteilen:

- Transaktionskennung *(Transaction Identifier)*,

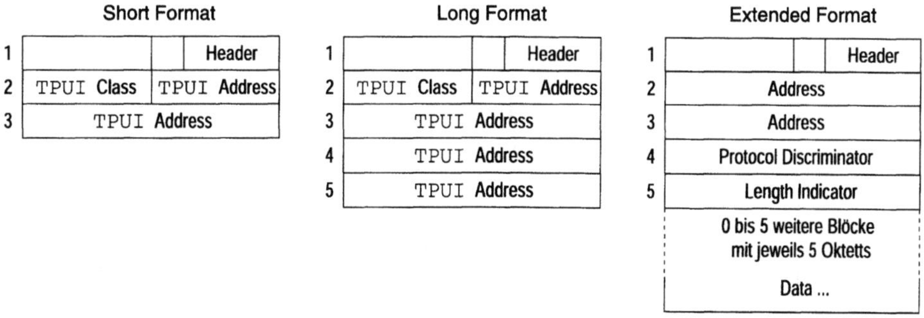

	Short Format			Long Format			Extended Format
1		Header	1		Header	1	Header
2	TPUI Class	TPUI Address	2	TPUI Class	TPUI Address	2	Address
3	TPUI Address		3	TPUI Address		3	Address
			4	TPUI Address		4	Protocol Discriminator
			5	TPUI Address		5	Length Indicator
							0 bis 5 weitere Blöcke mit jeweils 5 Oktetts
							Data ...

Abbildung 5.45: Die Struktur der B-Format-Nachrichten

- Protokollbeschreiber *(Protocol Discriminator)*,

- Nachrichtentyp *(Message Type)*,

- Vorgeschriebene Elemente *(Mandatory Elements)*,

- Optionale Elemente *(Optional Elements)*.

Die ersten drei Elemente sind zwingend für jede Nachricht vorgeschrieben, wobei die beiden Elemente Protokollbeschreiber und Transaktionskennung im ersten Oktett mit jeweils vier Bit, der Nachrichtentyp im zweiten Oktett untergebracht sind. Die letzten beiden Elemente werden speziell einzelnen Nachrichtentypen zugeordnet und können unterschiedliche Längen haben.

Der Protokollbeschreiber belegt die Bits eins bis vier und beschreibt, zu welcher Verbindungsart (MM, CC, CISS, COMS, CLMS, LCE) die Nachricht gehört.

Die Transaktionskennung zeigt im Bit acht an, in welche Richtung die Nachricht übertragen wird. Eine 0 bedeutet die Richtung vom rufenden zum gerufenen Teilnehmer, eine 1 die andere Richtung. Die Bits fünf bis sieben erhalten einen Übertragungswert. Hat er den Wert 1 1 1, wird das folgende Oktett als erweiterter Übertragungswert behandelt (Oktett 1a).

Der Nachrichtentyp wird im nächstfolgenden Oktett, den Bits eins bis sieben, identifiziert. Hier steht der Code für alle MM, CC, CISS, COMS-, CLMS- und LCE-Nachrichten; Bit acht ist immer 0.

Die Oktette drei bis n können bindende *(mandatory)* und mögliche *(optional)* Elemente enthalten. Elemente haben teilweise eine genau festgelegte Länge *(Fixed Length Information Elements)* und oft eine variable im zweiten Oktett des Elements eingetragene Länge *(Variable Length Information Element)*.

Oktett		
1	Transaction Identifier	Protocol Discriminator
1a	Extended Transaction Value	
2	Message Type	
3 ... n	Mandatory Elements	
	Optional Elements	

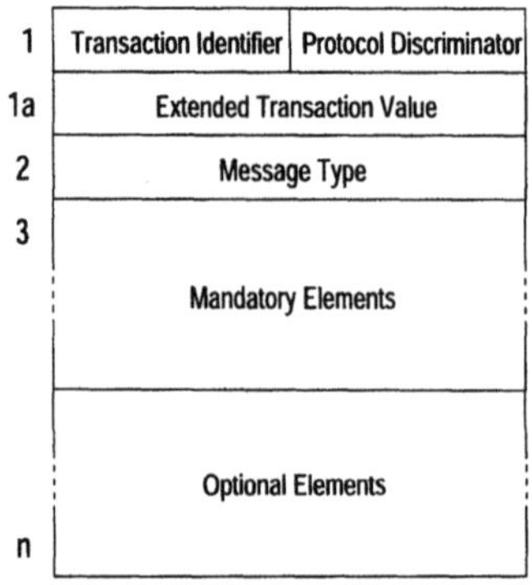

Abbildung 5.46: Struktur der S-Format-Nachrichten

5.5 Dynamische Kanalwahl

Ein typisches Beispiel für eine MM-Nachricht ist Locate_Request, vgl. Abb. 5.47.
Ein typisches Beispiel einer CC-Nachricht ist CC_Setup, vgl. Abb. 5.48.

5.5 Dynamische Kanalwahl

Innerhalb des DECT-Systems sollen hohe Sprach- und Datenverkehrslasten bewältigt werden. Da die Belastung auf die Zellen meist ungleichmäßig verteilt ist und die Belastungsspitzen zeitlich und räumlich sehr variabel sind, wird ein dynamisches Kanalwahlverfahren (*Dynamic Channel Selection*, DCS) angewendet.

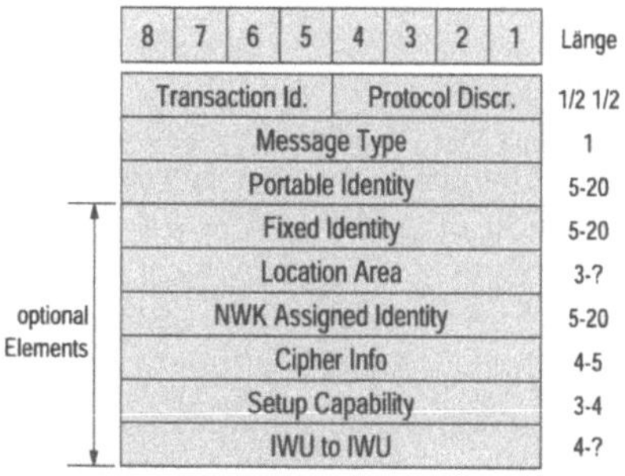

Bsp.: Location_Update

8	7	6	5	4	3	2	1	Länge
Transaction Id.				Protocol Discr.				1/2 1/2
Message Type								1
Portable Identity								5-20
Fixed Identity								5-20
Location Area								3-?
NWK Assigned Identity								5-20
Cipher Info								4-5
Setup Capability								3-4
IWU to IWU								4-?

(optional Elements)

Abbildung 5.47: MM-Nachrichtenstruktur am Beispiel Locate_Request

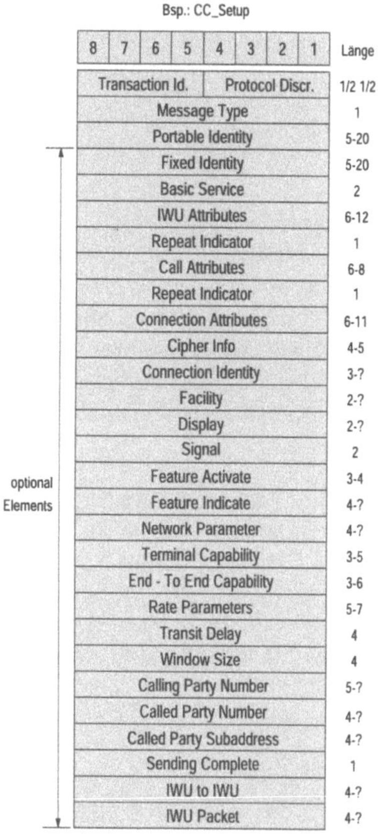

Bsp.: CC_Setup

8	7	6	5	4	3	2	1	Länge
Transaction Id.				Protocol Discr.				1/2 1/2
Message Type								1
Portable Identity								5-20
Fixed Identity								5-20
Basic Service								2
IWU Attributes								6-12
Repeat Indicator								1
Call Attributes								6-8
Repeat Indicator								1
Connection Attributes								6-11
Cipher Info								4-5
Connection Identity								3-?
Facility								2-?
Display								2-?
Signal								2
Feature Activate								3-4
Feature Indicate								4-?
Network Parameter								4-?
Terminal Capability								3-5
End - To End Capability								3-6
Rate Parameters								5-7
Transit Delay								4
Window Size								4
Calling Party Number								5-?
Called Party Number								4-?
Called Party Subaddress								4-?
Sending Complete								1
IWU to IWU								4-?
IWU Packet								4-?

(optional Elements)

Abbildung 5.48: CC-Nachrichtenstruktur am Beispiel CC_Setup

Dadurch steht in jeder Zelle grundsätzlich das gesamte Frequenzspektrum mit allen (120) Kanälen zur Verfügung und die Mobilstation kann sich einen geeigneten Kanal aussuchen.

In zellularen Mobilfunksystemen erfolgt die Kanalzuweisung über einen festen Plan, bei welchem abhängig vom erwarteten Verkehr, den Feststationen bestimmte Frequenzen zugeordnet sind. Diese *Fixed Channel Allocation* (FCA) genannte Technik erfordert eine sehr sorgfältige Zellplanung, da Änderungen nach der Installation nur noch schwer durchführbar sind. Kurzeitige dynamische Laständerungen in einzelnen Zellen können mit diesem System schlecht aufgefangen werden.

Beim DECT-System ist aufgrund des DCS-Verfahrens keine Frequenzplanung, sondern nur eine Planung der Feststationsstandorte notwendig. Das System kann sich selbständig auf wechselnde Lasten einstellen und kann somit eine niedrigere Blockierwahrscheinlichkeit bieten als FCA-Netze, vgl. Abschn. 5.13.

5.5.1 *Blinde* Zeitschlitze

Die tatsächliche maximale Kanalanzahl innerhalb einer DECT-Zelle hängt von der vorhandenen Anzahl der Sende- und Empfangseinheiten *(Transceiver)* der Feststation ab. Hat sie nur einen Transceiver, so kann sie innerhalb jedes Zeitschlitzes nur eine Mobilstation bedienen, da der Transceiver zur selben Zeit nicht mit zwei verschiedenen Frequenzen arbeiten kann. Es können also dann nur noch 12 Kanäle betrieben werden. Belegt ein mobiles Endgerät einen Kanal, so werden die restlichen Kanäle desselben Zeitschlitzes (auf den anderen Frequenzen) als *Blind Slot* markiert.

In Abb. 5.49 ist die Auswirkung des Blind Slots für den Fall eines Transceivers der Feststation dargestellt. In den Zeitschlitzen 2 und 8 bestehen Verbindungen auf den Frequenzen 5 und 1 (schwarze Markierung). Alle übrigen Frequenzen dieser Zeitschlitze werden *Blind* gesetzt (schraffierte Markierung).

Damit die übrigen Mobilstationen in der Zelle die aktuelle *Blind Slot* Information erfahren, wird sie von der Feststation periodisch als Steuerinformation im A-Feld übertragen.

Die Mobilstation sucht in jedem Rahmen die möglichen Kanäle einer Frequenz ab, um Informationen über ihre Qualität zu erlangen, vgl. Abschn. 5.5.1.1. Belegt das Endgerät einen Kanal für eine Übertragung, so kann es in diesem Zeitschlitz nicht mehr die Kanäle anderer Frequenzen überwachen. Meist ist sie auch aufgrund kostengünstiger einfacher Hardwarerealisierung nicht in der Lage, die Zeitschlitze vor und nach dem gewählten Verkehrskanal auf deren Qualität zu überprüfen.

5.5 Dynamische Kanalwahl

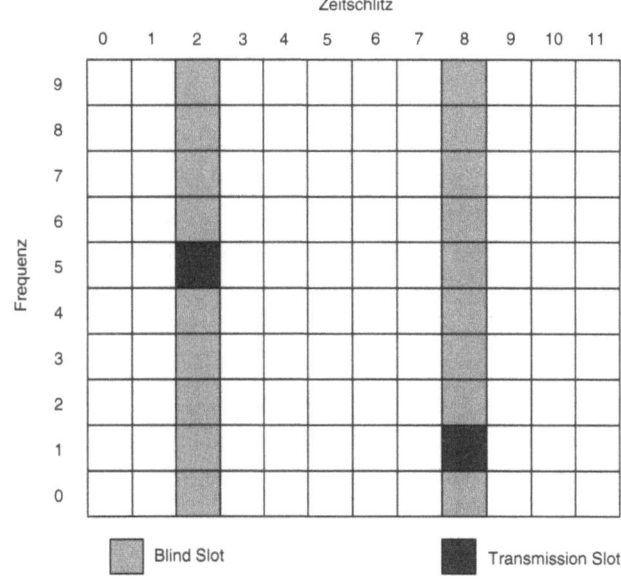

Abbildung 5.49: Blind Slots bei der Feststation mit einem Transceiver, der zwei Verbindungen betreibt

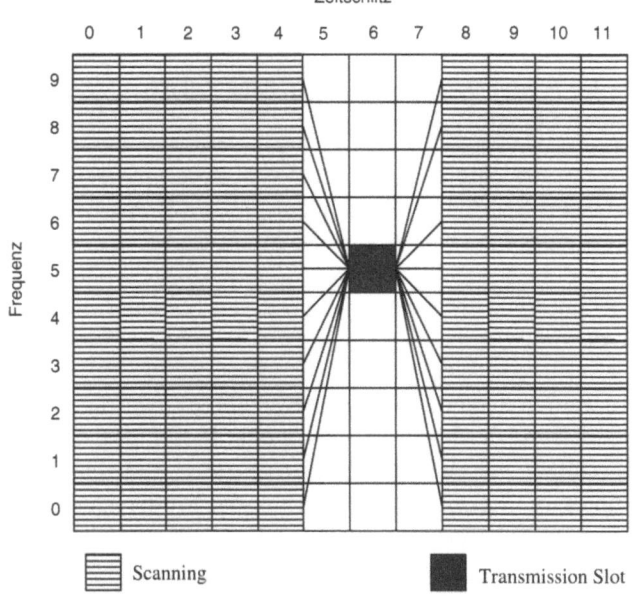

Abbildung 5.50: Wegen der Umschaltdauer der PT von Kommunikation auf Kanalmessung nicht nutzbare Kanäle (weiß)

Diese blockierten Kanäle stehen für die Mobilstation dann ebenfalls nicht mehr zur Benutzung zur Verfügung, vgl. Abb. 5.50.

5.5.1.1 Kanalwahl der Mobilstation

Vor der ersten Informationsübertragung durch einen Bearer müssen Feststation und Mobilstation einen physikalischen Kanal ausgewählt haben. Im ersten Schritt mißt die Mobilstation die Signalpegel der einzelnen Feststationen und ordnet sich derjenigen mit dem stärksten Pegel zu. Bei dieser werden bis zu drei Verbindungsaufbauversuche unternommen, bevor zur nächst stärkeren Feststation übergegangen wird.

Über die Eignung eines Kanals entscheidet der Signalpegel (*Radio Signal Strength Indicator*, RSSI). Dieser gibt bezogen auf 1 mW die gemessene Signalleistung auf dem Kanal an. Abhängig von der geforderten Bearerart sind verschiedene RSSI-Messungen für die Entscheidung relevant:

- Für einen *Duplex Bearer* ist der Empfangskanal im Endgerät, also der Downlink, maßgebend für die Beurteilung eines Slotpaares. Die Mobilstation legt mit der RSSI-Messung z. B. in Slot 2 bei einer Frequenz f_x die Auswahlleistung fest, um das Slotpaar (2/14) auf dieser Frequenz zu nutzen, vgl. Abb. 5.49.

- Für einen *Double Simplex Bearer* ist die Messung in dem Teil eines Slotpaares relevant, der den höheren Signalpegel aufweist.

- Bei einem *Simplex Bearer* gewichten Mobil- und Feststation unterschiedlich in ihrer Messung. Für die Feststation ist ähnlich dem *Double Simplex* Fall der stärkere der beiden Slots eines Paares relevant. Die Mobilstation bewertet die TDD-Hälfte eines Kanals, in der sie nicht ihren *Simplex Bearer* ausstrahlt. Ein Uplink-Bearer auf Slot 14 würde auf einer positiven Messung in Slot 2 beruhen, vgl. Abb. 5.49.

Die gemessenen RSSI-Werte werden in eine sogenannte Kanalliste eingetragen, vgl. Abb. 5.51. Dabei sollte die Auflösung der Meßwerte gleich oder besser als 6 dB sein, um eine möglichst feine Abstufung zwischen den qualitativ guten und schlechten Kanälen zu erhalten. Die unterste Grenze der Liste sollte gleich oder kleiner als −93 dBm sein. Alle Kanäle, die einen geringeren Pegel als die unterste Grenze der Liste aufweisen, werden als ruhig *(quiet)* eingestuft und können immer zum Bearer-Setup eingesetzt werden. Die obere Grenze *(busy)* definiert den Bereich der belegten Kanäle und ist variabel gehalten. Sie kann an die jeweilige Umgebung, in der das DECT-System betrieben wird, angepaßt werden und liegt normalerweise

5.5 Dynamische Kanalwahl

bei −33 dBm. Kanäle oberhalb dieser Grenze dürfen auf keinen Fall zum Setup verwandt werden.

Die in Abb. 5.51 dargestellte Kanalliste hat zwischen dem *quiet* und *busy* Bereich eine Abstufung von 6 dB, so daß dort Kanäle passend in eine von n Zeilen eingetragen werden können. Bei der Auswahl eines Kanals aus einer dieser Zeilen $b(1)$, $b(2) \ldots b(n)$ wird nach folgendem Schema vorgegangen:

Um den ruhigsten Kanal auszusuchen, wird zunächst überprüft, ob in dem *quiet*-Bereich genügend Kanäle zur Verfügung stehen. Ist dies der Fall, wird kein Kanal aus dem darüberliegenden b-Bereich gewählt. Ist jedoch kein *quiet*-Eintrag vorhanden, wird auf den $b(1)$-Bereich ausgewichen. Steht auch hier kein Kanal zur Verfügung, wird auf den $b(2)$-Bereich zugegriffen. Im allgemeinen erfolgt also ein Übergang von $b(x)$ zu $b(x+1)$. Kann kein Kanal gefunden werden, muß die Kanalwahl abgebrochen werden, die Feststation wird als *busy* markiert.

Die Kanalwahl muß nach zwei Sekunden (T210 = 2 s) beendet sein. Innerhalb dieses Zeitraumes dürfen maximal zehn Versuche (N202 = 10) unternommen werden. Wird mehr als ein Bearer für eine Verbindung aufgebaut, sind bis zu fünf mal mehr Versuche erlaubt.

Zusätzlich zu den signalstarken können auch noch weitere Kanäle in einer erweiterten Kanalliste als *busy* eingestuft werden. Ein Grund für eine solche Einschränkung kann sein, daß eine Transceivereinheit nicht alle Frequenzen unterstützen kann. Auch können *Blind Slots* in den *busy*-Bereich mit aufgenommen werden, um eine Auswahl solcher Kanäle zu vermeiden.

RSSI	Δ RSSI	Band	Comment
> max dBm	∞	busy	busy, don't try
	≤ 6 dB	b(n)	
⋮	⋮	⋮	possible Candidates
	≤ 6 dB	b(4)	
	≤ 6 dB	b(3)	
	≤ 6 dB	b(2)	
	≤ 6 dB	b(1)	
< min dB	∞	quiet	quiet, always allowed

Abbildung 5.51: Kanalliste der MAC-Schicht

5.5.1.2 Leistungssteuerung

Der Standard sieht optional die Leistungssteuerung in zwei Stufen vor, wobei 250 mW die max. zulässige Leistung ist.

5.5.2 Kanalverdrängung und *Nah-/Fern-Effekt*

Die Mobilstation (PP) ordnet sich zu Beginn eines Verbindungsaufbaus der Basisstation mit dem höchsten Signalpegel zu. Bedingung für den erfolgreichen Kanalaufbau ist ein ausreichendes C/I in einem der 120 Kanäle. Eine Mobilstation, die sich nahe an seiner Basisstation befindet, empfängt einen höheren Signalpegel als eine Mobilstation, die sich weiter entfernt befindet. Aus diesem Grund ist der erfolgreiche Verbindungsaufbau mit der näheren Mobilstation wahrscheinlicher als der Aufbau einer Verbindung zur weiter entfernten Mobilstation. In diesem Zusammenhang spricht man vom Nah-/Fern-Effekt, der anhand Abb. 5.52 näher erläutert werden soll [138].

Ist der Verbindungsaufbau der nahen Mobilstation (PP1) zu ihrer Feststation (RFP1) erfolgreich gewesen, so besteht zudem die Möglichkeit, daß eine andere Mobilstation (PP2), die weiter entfernt den gleichen Kanal an einer anderen Feststation (RFP2) belegt, aufgrund erhöhter Interferenzbelastung aus dem Kanal verdrängt wird.

Für den Gleichkanalstörabstand C/I am Ort der nahen Mobilstation PP1 gilt unter der Voraussetzung von zwei Verbindungen auf einem Kanal:

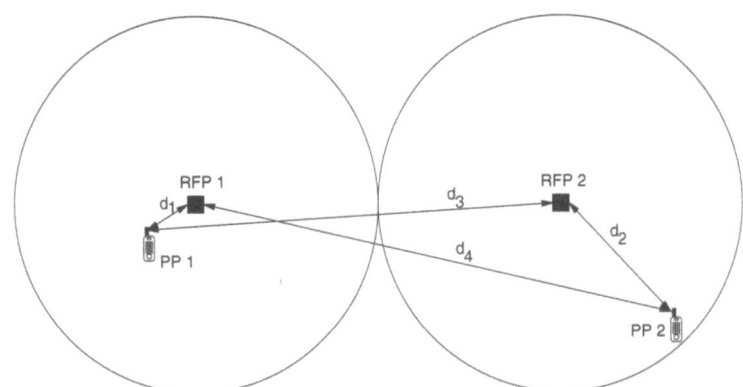

Abbildung 5.52: Kanalverdrängung aufgrund des Nah-/Fern-Effektes

$$\left(\frac{C}{I}\right)_{PP_1} = \frac{d_3{}^\gamma}{d_1{}^\gamma}$$

Wobei γ der Dämpfungskoeffizient der Funkausbreitung ist. Am Ort der weiter entfernten Mobilstation PP2 gilt dann:

$$\left(\frac{C}{I}\right)_{PP_2} = \frac{d_4{}^\gamma}{d_2{}^\gamma}$$

Ist nun $d_1 \ll d_2$ und $d_3 \simeq d_4$ dann folgt:

$$\left(\frac{C}{I}\right)_{PP_1} > \left(\frac{C}{I}\right)_{PP_2} \tag{5.3}$$

Um eine Verbindung auf einem Kanal aufzubauen und zu betreiben, wird in einem DECT-System ein bestimmter Störabstand C/I von z. B. x dB gefordert. Im betrachteten Fall ist es möglich, daß die nahegelegene Mobilstation PP1 während ihres Verbindungsaufbaus einen Störabstand von mehr als x dB mißt und somit erfolgreich eine Verbindung auf diesem Kanal aufbauen kann. Für die weiter entfernte Mobilstation kann dann der Gleichkanalstörabstand unter dem geforderten Wert von x dB liegen, d. h. die Mobilstation wird aus ihrem Kanal verdrängt. Als Konsequenz kann sogar die Verbindung des weiter entfernten PP2 unterbrochen werden, wenn sie keinen alternativen Kanal finden kann.

5.6 Sprachcodierung mit ADPCM

Für die Übertragung von Sprachsignalen über Fernsprechleitungen wird üblicherweise der Frequenzbereich von 300 bis 3400 Hz verwendet. Die Sprachgrundfrequenz, die bei Männern zwischen 120 und 160 Hz und bei Frauen bzw. Kindern zwischen 220 und 330 Hz liegt, wird somit nicht übertragen. Der Hörbereich des Menschen liegt zwischen 16 Hz und 16 kHz. Die höchste noch wahrnehmbare Frequenz sinkt von 20 kHz in der Jugend auf 10 kHz im Alter. Der abgedeckte Dynamikbereich beträgt 130 dB. Trotz der Bandbegrenzung des Sprachsignals auf den Frequenzbereich von 300 bis 3400 Hz, ergibt sich eine Silbenverständlichkeit von 91 %. Die Satzverständlichkeit liegt sogar bei 99 %.

Im DECT-System wird die *Adaptive Differential Pulse Code Modulation* (ADPCM) zur digitalen Signalcodierung der Sprachsignale verwendet. Es wird davon ausgegangen, daß das analoge Signal $x(t)$ bereits als digitale Abtastfolge

$\{x(t = kT)\}$ vorliegt. Zur Erzeugung dieser Abtastfolge ist eine Analog/Digital-Umsetzung des Sprachsignals erforderlich. Zunächst wird durch eine analoge Filterung eine Bandbegrenzung des Signals vorgenommen auf $f \leq f_g$.

Die Frequenz f_g ist dabei die Grenzfrequenz des Filters. Anschließend erfolgt eine Abtastung mit der Abtastfrequenz $f_A = \frac{1}{T} \geq 2f_g$.

Ziel der ADPCM ist, die Anzahl der erforderlichen Binärstellen, die zur Quantisierung verwendet werden, bei gleichbleibender Sprachqualität zu reduzieren. Dies gelingt aufgrund der Korrelation aufeinanderfolgender Abtastwerte. Das Signal $x(k)$ verändert sich von Abtastwert zu Abtastwert nur relativ wenig. Aufeinanderfolgende Werte $x(k)$ sind voneinander abhängig. Bei der Prädiktion wird, unter Ausnutzung dieser Abhängigkeit der Signalwerte, zum Zeitpunkt $k = k_0$ aus n zeitlich zurückliegenden Abtastwerten vorhergesagt.

Das ADPCM-Verfahren wurde 1984 von der CCITT als Empfehlung G.721 standardisiert. Die Codierung basiert auf einer Abtastung mit $f_A = 8$ kHz und einer Quantisierung des Restsignals mit $w = 4$ bit in 2^w Stufen. Daraus ergibt sich für die Datenrate $f_A \cdot w = 8$ kHz $\cdot 4 = 32$ kbit/s.

Die Sprachqualität ist nur unwesentlich schlechter als die der logarithmisch kompandierten *Pulse Code Modulation* (PCM). Unter Kompandierung versteht man die Kombination aus Kompressor und Expander – zwei Kennlinien, die bei der Erzeugung einer ungleichmäßigen Quantisierung verwendet werden.

Man unterscheidet bei PCM die A-Kennlinie (Verwendung in Europa), die durch 13 Segmente approximiert wird, und die µ-Kennlinie (Verwendung in USA und Japan). Durch die Kompressorkennlinien wird ungleichmäßige Quantisierung mit dem Ziel ermöglicht, einen konstanten relativen Quantisierungsfehler zu erhalten. Dazu werden kleine Signalwerte feiner quantisiert als große.

Für stationäre Signale wird die Adaption des Quantisierers gestoppt, dadurch ist das System auch für Modemsignale geeignet.

Die mit der 32-kbit/s-ADPCM erreichbare Sprachqualität ist vergleichbar mit der durch eine 64-kbit/s-PCM (A-Kennlinie, µ-Kennlinie) erzielten Qualität.

5.7 Handover

Wird während einer bestehenden Verbindung aufgrund schlechter Qualität eine Zuordnung zu einer anderen Feststation oder ein Kanalwechsel bei derselben Feststation vorgenommen, spricht man von einem Handover. In mikrozellularen Systemen wird aufgrund der kleinen Zellgrößen bei bewegten Mobilstationen mit vielen

5.7 Handover

Handoverereignissen gerechnet. Da der Handovervorgang mit erheblichem Signalisieraufwand verbunden ist und zusätzliche Funkkanäle belegt, möchte man die Anzahl der Handover möglichst gering halten.

Die Funkbetriebsmittelverwaltung (*Radio Resource Management*, RR) des DECT-Systems sieht einen dezentralen, von der Mobilstation gesteuerten Handoveralgorithmus (*Mobile Controlled Handover*, MCHO) vor, der entscheidet, ob und wann ein Handover notwendig ist. Es ist meist ein *Seamless-Handover* (SH) möglich, bei dem der alte Kanal erst verlassen wird, wenn der neue bereits eingerichtet worden ist. Im Unterschied zum *Non-Seamless-Handover* merkt der Benutzer meist gar nicht, daß ein Kanal- oder Zellwechsel stattgefunden hat.

Es werden zwei verschiedene physikalische Handoverformen unterschieden, vgl. Abb. 5.53:

Intra-Cell Handover: Beim Wechsel eines Zeit- und/oder Frequenzkanals innerhalb einer Zelle spricht man von einem Intracell-Handover. Dabei wird die gewählte Feststation beibehalten.

Inter-Cell Handover: Wird beim Wechsel des Kanals die alte Feststation aufgegeben und ein neuer Kanal bei einer neuen Feststation eingerichtet, spricht man von einem Intercell-Handover. Dabei kann in der neuen Zelle sowohl die Frequenz als auch der Slot neu ausgewählt werden.

Neben der Unterteilung der Handover nach physikalischen Merkmalen kann man auch zwei logische Stufen des Kanalwechsels definieren:

Internal Handover: Erfolgt der Handovervorgang innerhalb eines geschlossenen DECT-Systems (*Fixed Part*, vgl. Abschn. 5.2.2), spricht man von einem internen Kanalwechsel. Protokolltechnisch läuft dieser Handover entweder in der MAC-Schicht oder in der DLC-Schicht ab.

External Handover: Der Wechsel zwischen zwei unabhängigen DECT-Systemen *(Fixed Part)*, wird als externer Handover bezeichnet. Dies ist ein High-Level Handover, der im Mobility Management der Netzschicht ausgeführt wird. Hier kann es zu einem kurzzeitigen Dienstverlust *(Non-Seamless-Handover)* kommen.

5.7.1 Bearer Handover

Der Bearer Handover ist ein Internal Handover und verursacht den geringsten Protokollaufwand aller möglichen Handovervorgänge. Er läuft innerhalb der MAC-Schicht ab und betrifft nur einzelne Slots. Neben einem Intracell-Handover ist auch

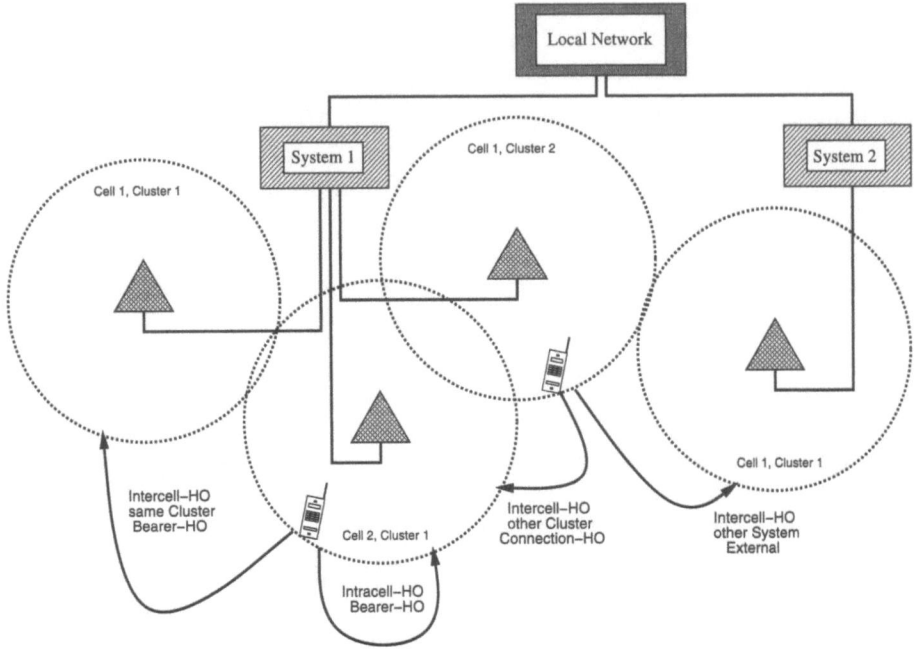

Abbildung 5.53: Physikalische und logische DECT-Handoverformen

ein Intercell-Handover auf der MAC-Ebene möglich, solange die beiden beteiligten Zellen innerhalb eines Clusters liegen, vgl. Abb. 5.53.

Während des Ablaufes wird der bestehende Bearer solange gehalten, bis der neue vollständig aufgebaut ist. Dabei bestehen für kurze Zeit zwei Bearer, die parallel die gleiche Verbindung unterstützen. Auslöser für einen Bearer Handover sind Qualitätsprüfungen, die die MAC-Schicht des Mobilgerätes durchführt.

- A-Feld: 16 bit R-CRC,
- B-Feld (ungeschützt): 4 bit X-CRC,
- Synchronisationsimpuls,
- Information zur Verbindungsidentität,
- B-Feld (geschützt): vier 16 bit R-CRCs in den Teilfeldern,
- Vergleich von X-Feld und Z-Feld *(Sliding Collision)*,

5.7 Handover

- Signalpegel (RSSI-Wert),
- Frequenzschwankungen,
- Qualitätsbeobachtungen der Feststation im Q1- und Q2-Bit des A-Feld-Headers.

Beim Handover eines Duplex-Bearers muß der zugehörige MBC mindestens einen neuen Kanal kennen. Er erzeugt einen TBC, der mittels eines Bearer-Setup den neuen Kanal aufbaut. Ist der neue Bearer eingerichtet, entscheidet der MBC der Feststation, welcher Kanal aufrecht erhalten wird. Der nicht mehr genutzte Bearer wird ausgelöst.

Zur Verminderung der Zahl der Kanalwechsel darf ein Bearer Handover erst nach einem Zeitintervall von T202 = 3 s nach einem erfolgreichen Handover erneut versucht werden.

5.7.2 Connection Handover

Der Connection Handover ist ein interner Intercell-Handover zwischen zwei Feststationen, die unterschiedlichen Clustern angehören. Er wird in der DLC-Schicht ausgeführt und basiert auf deren Protokoll. Während dieses Vorganges bleibt der Dienst für die Netzschicht erhalten.

Der Connection Handover kann aus folgenden Gründen notwendig sein:

- Unfreiwilliger Handover durch Dienstverlust des MAC-Layers und
- Freiwilliger Handover aufgrund geringer Qualität der Verbindung.

Die LLME löst einen Connection Handover aus, bei dem eine neue MAC-Verbindung eingerichtet wird. Während des freiwilligen Handovervorganges werden, ähnlich wie beim Bearer-Handover, zwei MAC-Verbindungen parallel betrieben, um einen *Seamless-Handover* zu gewährleisten. Bei einem unfreiwilligen Handover kann kein nahtloser Kanalwechsel erfolgen, weil die alte Verbindung beim Handoverbeginn nicht mehr besteht. Die ursprüngliche Verbindungsart (Basic, Advanced) bleibt beim Verbindungswechsel bestehen.

5.7.3 External Handover

Der Wechsel von einem DECT-System zu einem anderen wird durch das Mobility Management der Netzschicht gesteuert. Dieser High-Level-Handover von einem

Netzknoten zu einem anderen sollte nur in Ausnahmefällen durchgeführt werden, da er einen besonders hohen Signalisieraufwand verursacht. Um den Wechsel durchzuführen, muß oberhalb der Vermittlungsschicht eine gemeinsame Management-Entity bestehen, die den Handover-Vorgang koordiniert. Beim Übergang müssen wichtige Prozesse wie z. B. die Verschlüsselung *(Encryption)* gestoppt werden und in dem neuen System wiederbelebt werden. Dadurch ist ein *Seamless Handover* nicht gewährleistet, und es kann zu einem Verbindungsabbruch kommen.

5.7.4 Handoverkriterien

Einbußen der Kanalqualität im DECT-System sind meist auf zwei Gründe zurückzuführen. Einerseits kann durch die Mobilität des Teilnehmers der Pegel der Feststation abnehmen, wenn sich das Endgerät aus ihrem Versorgungsbereich entfernt, andererseits kommt es durch die Wiederverwendung eines Kanals in räumlicher Distanz zu mehr oder weniger starken Gleichkanalstörungen. Um beiden Effekten entgegenzuwirken, wird frühzeitig ein Handover eingeleitet. Im folgenden werden beide Fälle etwas näher betrachtet.

5.7.4.1 RSSI-Handover

Der Abfall des Signalpegels einer Feststation am Ort der Mobilstation kann mehrere Gründe haben. Der wichtigste Grund ist der durch die Mobilität hervorgerufene Ortswechsel des Endgerätes. Entfernt sich die Mobilstation zu weit von ihrer augenblicklichen Feststation oder gerät sie in einen Funkschatten, kann der Signalpegel (*Radio Signal Strength Indicator*, RSSI) stark absinken. Der plötzliche Verlust des Sichtkontaktes (*Line of Sight*, LOS) zur Feststation kann Einbrüche von 15–30 dB hervorrufen.

Bewegt sich eine Mobilstation über die logische Zellgrenze hinweg in eine Nachbarzelle, so nimmt die Signalstärke der eigenen Feststation immer weiter ab, während die der Nachbarstation immer stärker zunimmt. Hier ist nun ein Zellwechsel wünschenswert, um die Verbindungsqualität zu erhöhen. Um den Einfluß kurzzeitiger Signaleinbrüche herauszufiltern, werden die gemessenen RSSI-Werte über ein Zeitfenster gemittelt. Der Intercell-Handover sollte erst dann eingeleitet werden, wenn der gemittelte Signalpegel der Nachbarstation um einen gewissen Schwellenwert höher liegt, als der der eigenen Feststation, vgl. Abb. 5.54, um zu verhindern, daß es an den Zellgrenzen häufig zu Intercell-Handovern kommt, ohne daß sich der Empfangspegel signifikant verbessert hat.

5.8 Protokollstapel für Multicell-Systeme

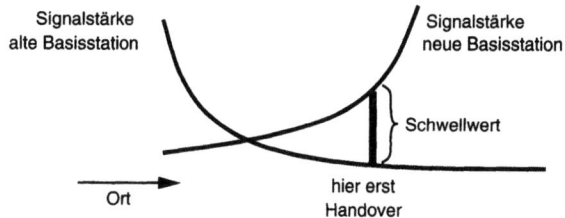

Abbildung 5.54: Hysteresekurve bei RSSI-Handover

5.7.4.2 C/I-Handover

Wenn sich trotz hohem Signalpegel die Qualität auf einem Kanal durch Interferenzen anderer Funkverbindungen verschlechtert, muß ein Handover in derselben oder zu einer günstigeren Zelle durchgeführt werden. Solche Störungen werden durch sog. Gleichkanalstörer hervorgerufen, die in anderen Zellen den gleichen Kanal belegt haben. Größen zur Beurteilung dieser Interferenzen sind das Träger zu Interferenz Leistungsverhältnis (*Carrier to Interference*, C/I) oder die Bitfehlerhäufigkeit (*Bit Error Ratio*, BER). Unter Berücksichtigung der verwendeten Technologie und der Anforderungen an die Verbindungsqualität werden für das C/I-Verhältnis und/oder die Bitfehlerhäufigkeit Grenzwerte definiert.

Im DECT-System wird zur Bewertung der Verbindungsqualität ein zyklischer Code benutzt, durch den Prüfbits zur Fehlererkennung gebildet werden (CRC). Bei der verwendeten Sprachcodierung mit 32-kbit/s-ADPCM beträgt die maximal erlaubte Bitfehlerwahrscheinlichkeit 0,001. Für GFSK-Modulation mit $B \cdot T = 0,5$ entspricht dies einem minimalen C/I-Verhältnis von 11 dB, wobei die durch den Funkkanal entstehenden Feldstärkeschwankungen (Fading Effekte) noch nicht berücksichtigt sind [151]. Wird neben Mehrwegeausbreitung auch Abschattungen durch Hindernisse zwischen Sender und Empfänger berücksichtigt, ergibt sich für das C/I-Verhältnis ein geforderter Schwellwert von 31 dB.

5.8 Protokollstapel für Multicell-Systeme

In einem Vielzellen-Netz besitzt ein DECT-Fixed Part fest definierte Untergruppen, die in die Radio Fixed Parts ausgelagert werden können. Dadurch erreicht man, daß sich einige Protokollabläufe auf den RFP beschränken und das Gesamtsystem nicht belasten. Viele der logischen Funktionen müssen jedoch mehr oder weniger zentralisiert in einer Einheit angeordnet werden, die mittels einer Interworking Unit das Gateway zu einem lokalen Netz bilden. Da die meisten Multicell-Netze nur ein Cluster besitzen, kann die Schicht 2 (MAC-Layer) des DECT-Systems räumlich in zwei Teile gegliedert werden. Die zellorientierten Funktionen

(z. B. TBC) werden jedem RFP zugeordnet, während die clusterorientierten MAC-Einheiten (z. B. MBC) im zentralen Netzelement bleiben. Die internen Protokolle L1 und L2, wie sie in Abb. 5.55 eingezeichnet sind, können von den Betreibern selbst spezifiziert und auf ihre Anwendung hin konfiguriert werden.

Ein DECT-System braucht eine Steuereinheit (*DECT Central System*, DCS), die alle Feststationen (FP) kontrolliert und miteinander verbindet. Hier müssen auch die Daten abgelegt werden, die zur Authentisierung und zur Verschlüsselung notwendig sind. Sie muß auch die Verbindung zu externen Netzen ermöglichen, wozu eine *Interworking Unit* (IWU) zwischengeschaltet werden kann. Die Festnetzseite wird von den einzelnen Herstellern der DECT-Systeme verschiedenartig realisiert.

5.9 Die DECT-Netzübergangseinheit

Das DECT-System benutzt an der Schnittstelle zu anderen Netzen eine *Interworking Unit*, um die Informationen zwischen DECT und Fremdsystemen transportieren zu können, vgl. Abb. 5.42. Die Interworking Unit arbeitet in zwei parallelen Ebenen. In der Signalisierungsebene *(C-Plane)* werden alle Signalisierungsdaten und Protokolle wie *Call Control* und *Mobility Management* umgesetzt. Die Benutzerdaten einer bestehenden Verbindung werden über die Benutzerdatenebene

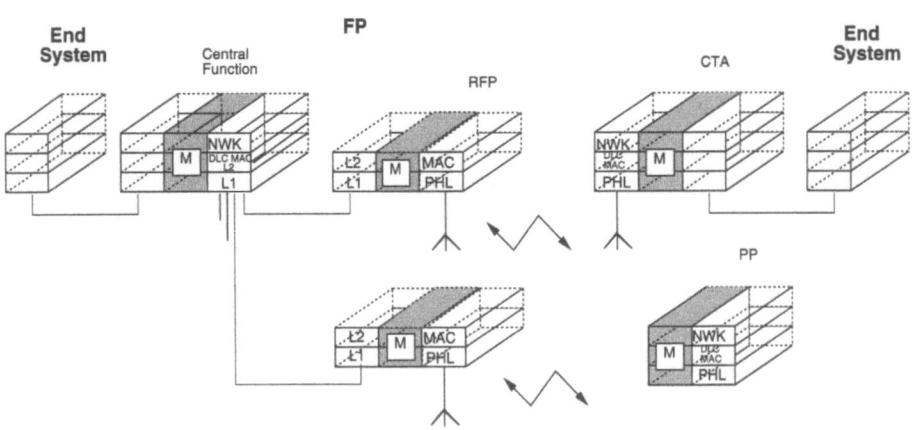

Abbildung 5.55: Protokollarchitektur für Multizell-Systeme

5.9 Die DECT-Netzübergangseinheit

(U-Plane) übertragen. Sie müssen entsprechend den Anforderungen fremder Netze umcodiert werden.

5.9.1 Signalisierungsdaten

DECT [34] sieht Dienstprimitive der *Interworking Unit* an der Schicht 3 vor, die sich auf die Protokolle *Mobility Management* (MM) und *Call Control* (CC) beziehen. Über diese Dienstprimitive werden die DECT-Protokolle in die Protokolle eines äußeren Netzes umgesetzt. Die Dienste werden von der DECT-Schicht 3 für höhere Schichten der *Interworking Unit* zur Verfügung gestellt.

Die in den Tabellen 5.8 und 5.9 aufgeführten Dienstprimitive bestehen aus Elementen für den eigentlichen Informationstransport. Sie entsprechen den Elementen der Protokollnachrichten aus dem DECT-Standard [34], die im nächsten Abschnitt beschrieben werden.

5.9.2 Benutzerdaten

Die Benutzerdaten bestehen z. B. aus codierter ADPCM-Sprache. Eine Umcodierung der Daten muß dann erfolgen, wenn das angeschlossene fremde Netz die Benutzerdaten in anderer Form benötigt. Die DECT-Benutzerdaten werden in der *Interworking Unit* an einem einheitlichen PCM-Interface-Punkt *(Uniform PCM*

Tabelle 5.8: CC-Dienstprimitive der Interworking Unit

CC-Dienstprimitive	Request	Confirm	Indication	Response
Setup	×		×	
Setup_Acknowledge	×		×	
Reject	×		×	
Call_Proceeding	×			
Alert	×		×	
Connect	×	×	×	
Release	×	×	×	
Facility	×		×	
Info	×		×	
Modify	×	×	×	
Notify	×		×	

Tabelle 5.9: MM-Dienstprimitive der Interworking Unit

MM-Dienstprimitive	Request	Confirm	Indication	Response
Identity	×	×	×	×
Identity_Assign	×	×	×	×
Authenticate	×	×	×	×
Locate	×	×	×	×
Detach	×		×	
Access_Rights	×	×	×	×
Access_Terminate	×	×	×	×
Key_Allocate	×		×	
Info	×	×	×	×
Cipher	×	×	×	×

Interface Point) bereitgestellt. An diesem Referenzpunkt liegen die Benutzerdaten PCM-codiert vor und können von externen Netzen übernommen werden.

5.10 Sicherheitsaspekte in DECT

Mobile Telekommunikationsnetze müssen vor unbefugten Eingriffen und Mißbrauch geschützt werden. Für DECT wurden deshalb Kriterien aufgestellt, die für die Sicherheit des Systems relevant sind [36].

- Identifizierung eines Teilnehmers,
- unberechtigte Benutzung der Mobilstation,
- Identifizierung einer Feststation,
- unberechtigte Benutzung der Feststation,
- illegales Abhören von Benutzer- oder Signalisierungsdaten.

Dazu bestehen die nachfolgend beschriebenen Sicherheitsmaßnahmen.

5.10.1 Authentisierung des Teilnehmers

Der Teilnehmer wird zu Beginn eines Anrufes von der Mobilstation (PP) zur Eingabe der *Personal Identity Number* (PIN) aufgefordert. Diese wird lokal in der Mobilstation überprüft. Jeder Teilnehmer hat eine internationale Teilnehmerkennung (*International Portable User Identity*, IPUI), die in einem zugelassenen Bereich

5.10 Sicherheitsaspekte in DECT 185

(*Portable Access Rights Key*, PARK) eindeutig definiert ist. Ein *IPUI* ergibt zusammen mit dem PARK eine eindeutige Identifizierung der Mobilstation [35]. Jede IPUI kann mit mehreren verschiedenen PARKs benutzt werden, wobei die Kosten über das jeweils in den PARKs zugelassenem Netz abgerechnet werden. Ebenso braucht eine Mobilstation eine IPUI und ein oder mehrere PARKs, um einen Anruf tätigen zu können.

5.10.2 *Portable Access Rights Key* (PARK)

Es gibt vier Klassen von PARKs, die von der Größe des DECT-Systems abhängen.

PARK Klasse A ist das Zugangsrecht zu kleinen Ein- oder Mehrzellensystemen für den privaten Haushalt.

PARK Klasse B ist das Zugangsrecht für komplexere private Nebenstellenanlagen und lokale Netze (LAN).

PARK Klasse C entspricht den öffentlichen Varianten der Klassen A und B.

PARK Klasse D ist für öffentlichen Gebrauch bestimmt, wenn das DECT-System unmittelbar an das GSM angeschlossen wird.

5.10.3 IPUI

Eine IPUI beinhaltet den Benutzertyp (*Portable User Type*, PUT) und die Benutzernummer (*Portable User Number*, PUN). Der PUT ist 4 bit lang, die Länge der PUN ist abhängig vom IPUI-Typ. In DECT sind z. Z. sieben unterschiedliche IPUI-Typen definiert, die in verschiedenen Anwendungsgebieten verwendet werden, vgl. Abb. 5.56.

IPUI Typ N ist der einfachste Typ einer IPUI. Er besteht aus dem PUT und einem 36 bit langen PUN, vgl. Abb. 5.56 und wird in privaten Haushalten mit PARK Klasse A angewandt.

IPUI Typ S ist für einen DECT-Anschluß an das ISDN vorgesehen, weil die PUN mit 60 bit Länge wie eine PSTN- oder ISDN-Nummer codiert ist. Sie wird zusammen mit PARK-Klasse A benutzt.

IPUI Typ O ist eine lokal eindeutige Nummer in einer privaten Nebenstellenanlage (PABX oder LAN) nach PARK-Klasse B. Die PUN kann vom Betreiber der Nebenstellenanlage so festgelegt werden, daß sie lokal eindeutig ist und z. B. der PSTN-Nummer entspricht. Die Länge der PUN ist 60 bit.

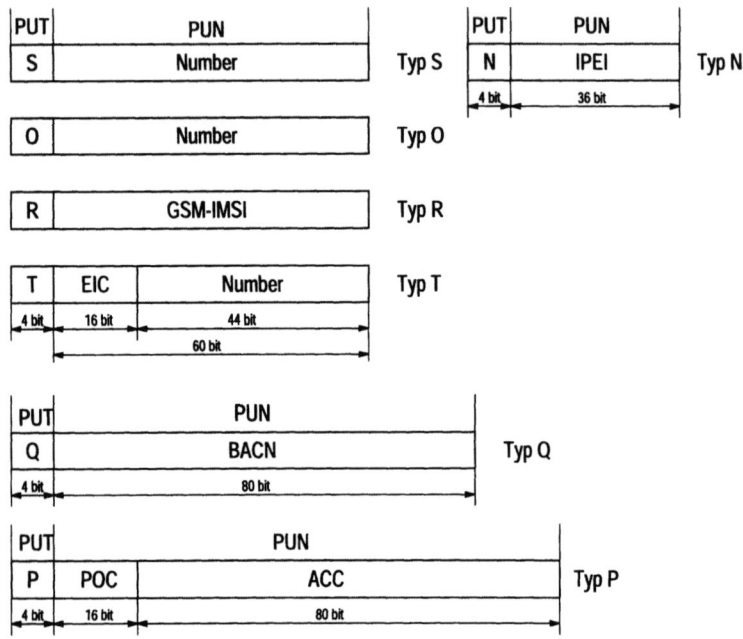

Abbildung 5.56: Die Struktur der IPUI

- IPUI Typ T wird für erweiterte Nebenstellenanlagen benutzt. Die 60 bit lange PUN besteht aus einem *Equipment Installer's Code* (EIC) mit 16 bit Länge und der weiteren Nummer (44 bit). Große Unternehmen mit verteilten Niederlassungen können jedem Standort einen eigenen EIC zuweisen. Damit kann eine Mobilstation innerhalb der Niederlassungen so benutzt werden, als ob sie in der beheimateten Niederlassung benutzt wird.

- IPUI Typ P ist für den öffentlichen Telepoint-Einsatz oder Radio-Local-Loop-Anwendungen vorgesehen. Die aus 96 bit bestehende PUN beinhaltet einen *Public Operator Code* (POC, 16 bit) und eine *Telepoint Account Number* (ACC, 80 bit), über die anfallende Gebühren abgerechnet werden. Der Betreiber wird im POC codiert. Eine Eindeutigkeit der IPUI wird nur durch die POC und die ACC gewährleistet.

- IPUI Typ Q entspricht dem Telepoint-Einsatz wie Typ P, wird jedoch über ein 80 bit langes, BCD-codiertes Bankkonto (*Bank Account Number*, BACN) abgerechnet.

- IPUI Typ R ist für einen öffentlichen Zugang zum GSM über eine DECT-Mobilstation vorgesehen. Die Identität ist eindeutig und erlaubt eine gemeinsame

5.10 *Sicherheitsaspekte in DECT*   187

Rechnung für DECT- und GSM-Gebühren. Die 60 bit lange PUN entspricht der bis zu 15-stelligen, BCD-codierten IMSI des GSM-Netzes [39]. Dieser Typ R ist nur für Betreiber eines GSM-Netzes vorgesehen und wird mit der PARK-Klasse D zusammen verwendet.

5.10.4 TPUI

Im lokalen Bereich wird zwischen FP und PP eine temporäre Rufnummer (*Temporary Portable User Identity*, TPUI) vereinbart, mit der die Mobilstation angesprochen werden kann. Dadurch wird die IPUI, die in diesem Fall nicht übertragen werden muß, vor Abhören geschützt. Die TPUI besteht aus 20 bit und ist entweder der letzte Teil einer IPUI oder eine zugewiesene TPUI, vgl. Abb. 5.57.

5.10.5 Authentisierung der Mobilstation

Jede Mobilstation wird vor einem Verbindungsaufbau überprüft, um ein gestohlenes Gerät zu erkennen oder unberechtigten Netzzugriff zu unterbinden. Hierzu ist in der Mobilstation (DAM) und in der Feststation ein Authentisierungsschlüssel (*Authentication Key*, K) gespeichert, vgl. Abb. 5.58 und 6.8. Aus K und einem vom FP gesendeten Wert (RS) wird mittels Algorithmus A11 ein temporärer Schlüssel (*Session Authentication Key*, KS) errechnet. Eine vom FP gewählte Zufallszahl (*Random Value*, RAND F) wird an den PP übertragen und dort mittels KS und Algorithmus A12 ein Ergebnis (*Encryption Result*, RES 1) errechnet. Dieses Ergebnis wird als Beweis der Kenntnis des KS zurück ans FP geliefert, wo dieses Ergebnis mit dem in der FP berechneten verglichen wird. Bei Ungleichheit wird die Verbindung sofort abgebaut. Diese überprüfte Identifizierung schützt eine Mobilstation davor, eine nicht berechtigte oder manipulierte Feststation zu benutzen.

Der Vorteil des temporären Schlüssels ist, daß der geheime Authentisierungsschlüssel nicht übertragen werden muß, wenn das PP sich als Besucher in einem besuchten Versorgungsgebiet befindet. K wird errechnet aus einem *Authentication Code* (AC), *User Authentication Key* (UAK) oder einer Kombination aus UAK und *User Personal Identity*.

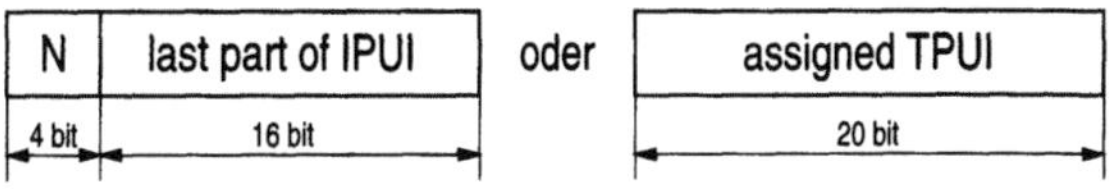

N	last part of IPUI	oder	assigned TPUI
4 bit	16 bit		20 bit

Abbildung 5.57: Die Struktur der TPUI

5.10.6 Authentisierung der Feststation

Der Ablauf ist wie oben beschrieben, jedoch sind die Aufgaben von PP und FP vertauscht. Das PP errechnet aus dem vom FP empfangenen Wert RS und dem Authentifizierungsschlüssel K einen *Reverse Authentication Key* (KS') und benutzt dazu den Algorithmus A21. Eine vom PP gesendete Zufallszahl (RAND P) an das FP wird dort mittels A22 und KS' zu dem Ergebnis RES 2 berechnet und an das PP zurückgesendet, vgl. Abb. 5.58.

5.10.7 Gleichwertige Authentisierung zwischen Mobil- und Feststation

Hier gibt es drei Möglichkeiten: die direkte Methode (s. o.) und zwei indirekte Methoden.

Die indirekten Methoden beruhen darauf, daß für eine Verschlüsselung der Daten *(Ciphering)* der Verschlüsselungsparameter bekannt sein muß. Bei der ersten Methode wird das PP wie oben beschrieben authentisiert. Aus den dabei übertragenen Daten berechnet das PP einen Codierungsschlüssel (*Ciphering Key*, CK) und verschlüsselt damit alle Daten. Hat das FP nicht den richtigen Authentisierungsschlüssel K, dann wird es den Codierungsschlüssel CK falsch berechnen und die von dem PP gesendeten Daten nicht verstehen, was zu einem Verbindungsabbruch führt. Die Authentisierung ist abgeschlossen, wenn das FP die verschlüsselten Daten versteht und beantworten kann.

Bei der zweiten indirekten Methode wird ein statischer Codierungsschlüssel vereinbart, der von allen PPs und FPs benutzt wird [36].

5.10.8 Verschlüsselung von Benutzer- und/oder Signalisierungsdaten

Auf der Funkschnittstelle werden die Daten zum Schutz gegen unerlaubtes Abhören verschlüsselt übertragen. Zu diesem Zweck wird bei der Authentisierung ein Verschlüsselungsparameter (*Derived Cipher Key*, DCK) errechnet. Zur Verschlüsselung kann auch ein *Static Cipher Key* (SCK) benutzt werden. In einem *Key Stream Generator* (KSG) wird ein Key Stream errechnet, mit dem die Daten auf dem Funkkanal verschlüsselt werden, vgl. Abb. 5.58.

Die für die Sicherheit verantwortlichen Parameter und Algorithmen sind in Abb. 5.58 oben aufgeführt.

5.11 ISDN-Dienste   189

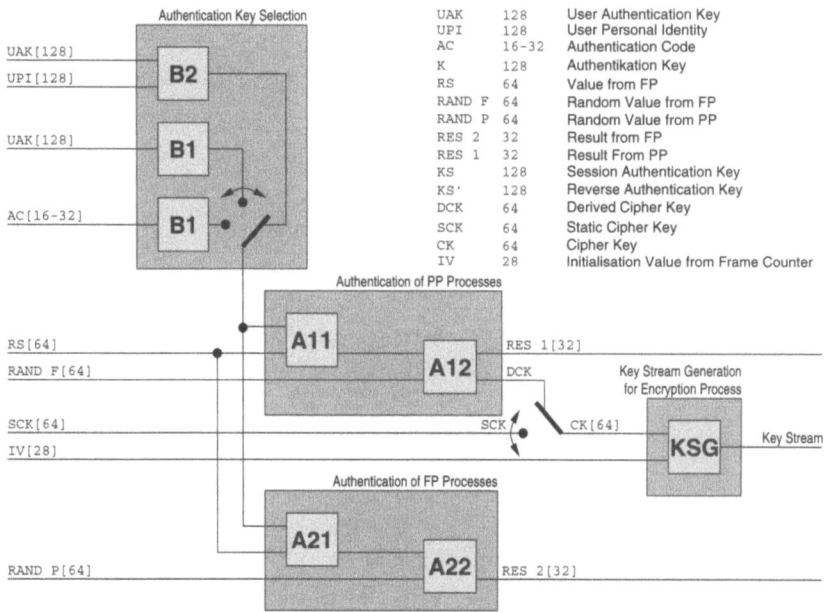

Abbildung 5.58: Authentication und Ciphering

5.11 ISDN-Dienste

Im Zusammenhang mit der Diskussion der Eignung des DECT-Systems als öffentliches Zugangsnetz (RLL) wurde gefordert, daß ISDN-Dienste beim Teilnehmer verfügbar sein müssen. Entsprechende Lösungen wurden bei ETSI/RES 3 spezifiziert. Dazu wurde u. a. die Möglichkeit ausgenutzt, parallele DECT-Bearer für dieselbe Verbindung zu benutzen.

5.11.1 End System und Intermediate System

Möchte man ein DECT-Endgerät an das ISDN anschließen, so muß eine Übersetzungseinheit (*Interworking Unit*, IWU) dafür sorgen, daß die Protokolle ineinander umgesetzt werden, vgl. Abb. 5.14.

Die IWU setzt Funktionen des einen Systems in Funktionen des anderen um. Eine Anwendung ist ein DECT-Endgerät, das an einen ISDN-Basisanschluß angeschlossen ist, und die Benutzung gewisser ISDN-Dienste erlaubt. Eine solche Konstellation wird als *End System* bezeichnet [50].

Eine andere Anwendung der Interworking Unit ist die Verbindung von ISDN-Endgeräten mit einem ISDN über eine DECT-Funkschnittstelle, wobei die IWU auf der Netzseite eine Umsetzung ISDN↔DECT vornehmen muß und die IWU auf der Teilnehmerseite die Umsetzung DECT↔ISDN. Dabei werden transparente ISDN-Kanäle über über Funk übertragen. Diese Konstellation wird als *Intermediate System* bezeichnet [51].

5.11.1.1 Referenzkonfiguration des End System

Die Referenzkonfiguration beschreibt die funktionale Systemkonstellation anhand von Bezugspunkten des DECT- bzw. ISDN-Systems, vgl. Abb. 5.59. Die Bedeutung dieser Schnittstellen wird in [84] erläutert.

Die End System Konfiguration liegt also vor, wenn das *DECT Fixed System* (DFS) und das *DECT Portable System* (DPS) zusammen die Rolle eines ISDN-Endgerätes übernehmen.

In Abb. 5.60 ist der Protokollstapel der IWU bezüglich der C-Plane dargestellt. Man sieht, daß die untersten 3 Schichten des OSI-Referenzmodells umgesetzt werden, wobei die rechte Seite dem Protokollstapel von Abb. 5.16 entspricht.

In Abb. 5.61 ist der Protokollstapel der IWU bezüglich der U-Plane beim Sprachdienst dargestellt. Man sieht, daß die Schicht 1 des ISDN auf die physikalische DECT-Schicht umgesetzt wird und auf der DECT-Seite zusätzlich die DLC- und MAC-Schicht in der IWU enthalten sind. Außerdem wird deutlich, daß oberhalb

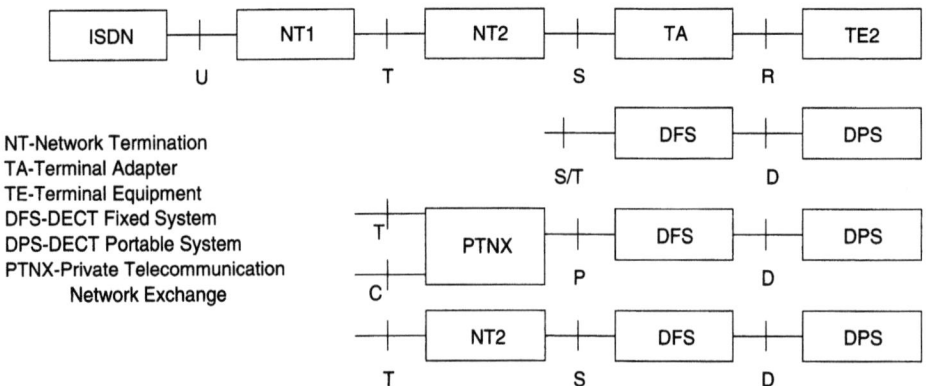

Abbildung 5.59: Referenzkonfiguration für das End System (1. Zeile: ISDN-Referenzmodell)

5.11 ISDN-Dienste

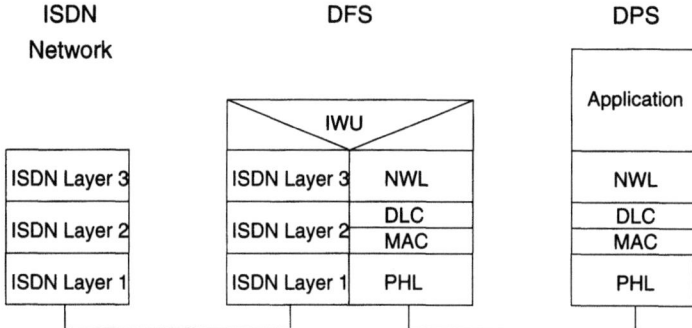

Abbildung 5.60: Control Plane der IWU bei der End-System-Konfiguration (NWL = DECT-Netzschicht)

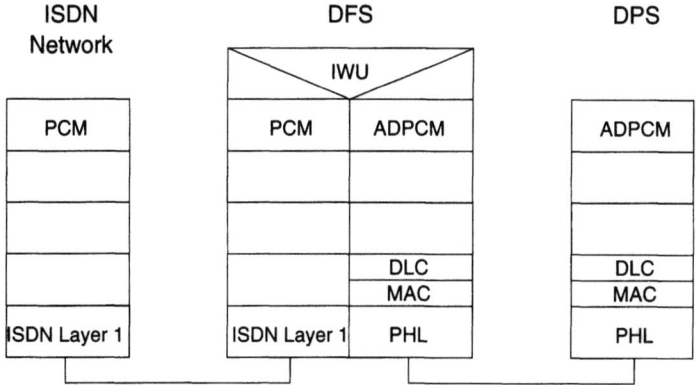

Abbildung 5.61: User Plane der IWU bei der End-System-Konfiguration am Beispiel des Sprachdienstes

von Schicht 3 die ISDN-Sprachcodierung PCM auf die DECT-Codierung ADPCM umgesetzt werden muß.

Abbildung 5.62 zeigt das für den 64-kbit/s-Datendienst festgelegte Referenzmodell. Man sieht, daß auf der DECT-Seite der IWU die Sicherungsschicht (DLC) die in Abschn. 5.4.3.7 beschriebene Sicherung des 64-kbit/s-Datendienstes vornimmt.

5.11.1.2 Die Intermediate-System-Konfiguration

Zum Vergleich ist in Abb. 5.63 das Referenzmodell der C-Plane des Intermediate System skizziert. Man erkennt im Gegensatz zur C-Plane im End System, vgl.

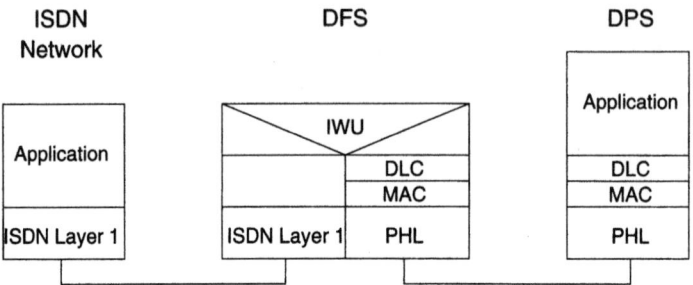

Abbildung 5.62: User Plane der IWU bei der End-System-Konfiguration am Beispiel des 64-kbit/s-Datendienstes

Abb. 5.60, daß die Schicht-3-Nachrichten des ISDN vom Intermediate System an die Partnerinstanz weitergeleitet werden, ohne in der IWU auf DECT-Funktionen abgebildet zu werden.

5.12 DECT-Relais

Ein DECT-Relais ist eine drahtlose DECT-Basisstation (*Wireless Base Station*, WBS), die in DECT-Netzen erlaubt, Teilbereiche über Funk zu versorgen, ohne daß ein direkter Anschluß der WBS an das PSTN/ISDN nötig ist. Ein Standardentwurf WBS liegt seit Januar 1995 vor [49].

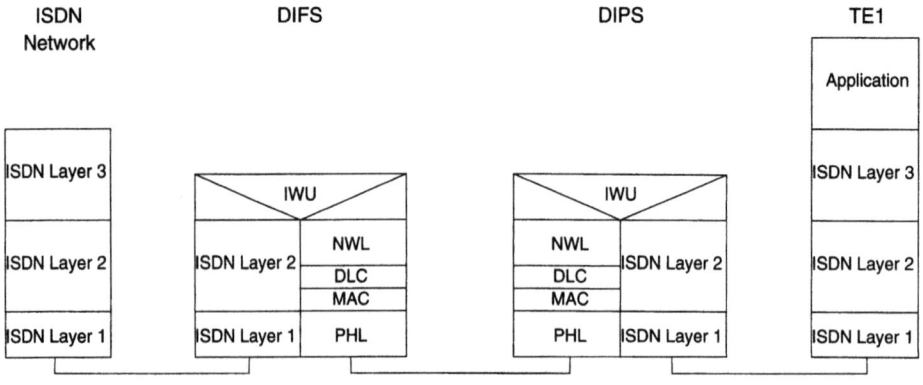

Abbildung 5.63: Control Plane der IWU bei der Intermediate-System-Konfiguration

5.12 DECT-Relais

Der Einsatz von DECT-Relais eröffnet eine Vielzahl verschiedenartiger Anwendungsmöglichkeiten. Grundsätzlich lassen sich jedoch alle Realisierungen in zwei Klassen einteilen:

- Anwendungen außerhalb von Gebäuden *(Outdoor)* und
- Anwendungen in Gebäuden *(Indoor)*.

Nachfolgend werden diese beiden Anwendungsgebiete ausführlicher analysiert und Beispiele für spezielle Einsatzgebiete des Relaiskonzeptes dargestellt.

5.12.1 Outdoor-Anwendungen

DECT-Relais werden zur Ergänzung von DECT-Basisstationen (FT) in drahtlosen lokalen Netzen (RLL) von Netzbetreibern eingesetzt, um die bisher drahtgebundene letzte Meile *(last Mile)* von den Ortsvermittlungen bzw. Konzentratoren bis zur Hausanlage der Kunden durch eine DECT-Funkstrecke zu ersetzen, vgl. Abb. 5.64. Das System verläßt damit den Indoor-Bereich, für den es anfangs konzipiert wurde und übernimmt Netzfunktionen im Outdoor-Bereich. Der Verzicht auf den drahtgebundenen Anschluß der Kunden ermöglicht einerseits den flexiblen und schnellen Aufbau eines Versorgungsgebietes, andererseits wird durch den Einsatz von Relais eine kostengünstige Realisierung ermöglicht. Die Einsparung der Kabelkosten im Ortsnetz, wo jeder Haushalt über eine Zweidrahtleitung an die Ortsvermittlungsstelle angeschlossen ist, macht das drahtlose lokale Netz attraktiv.

Während diese Maßnahmen im Verteilnetz des Netzbetreibers für den Kunden geringere Gebühren bedeuten können, wird in einem nächsten Schritt angestrebt, diese Betreiberstrecken dem öffentlichen Zugriff *(Public Access)* zu öffnen. Das mobile DECT-Handset könnte dann nicht nur im privaten Bereich über hausintern installierte DECT-Anlagen kommunizieren, sondern auch das öffentliche Netz mit seinen Relais und Feststationen benutzen. Damit würde die bisher in Deutschland

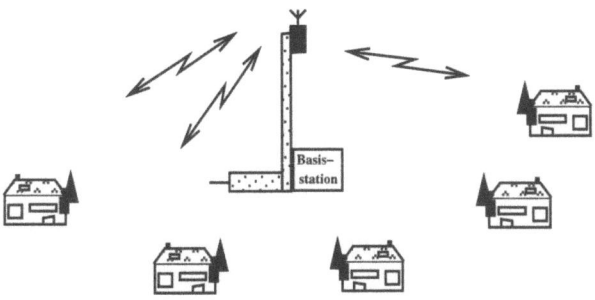

Abbildung 5.64: Radio Local Loop (RLL) System

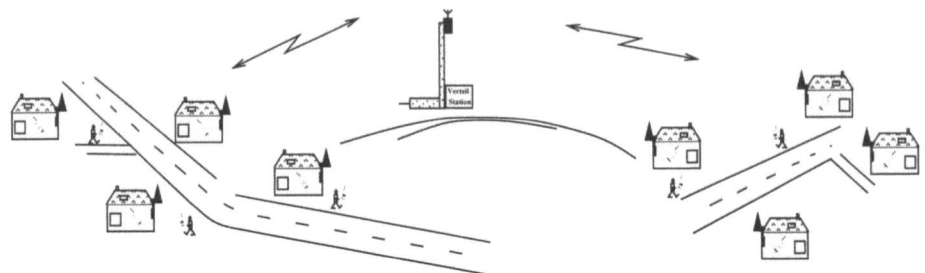

Abbildung 5.65: Radio Local Loop (RLL) mit öffentlichem Zugang

erfolglos erprobte Idee der Telepoint-Anwendung über das RLL-System in einer anderen Variante eingeführt.

Dabei entsteht ein lokales oder regionales flächendeckendes Netz, das dem Teilnehmer eine umfassend gesicherte mobile Versorgung garantiert. In Abb. 5.65 ist dies dargestellt. Der Mobilteilnehmer ist im gesamten Szenario überall erreichbar und kann nicht nur direkt mit der Basisstation, sondern auch über die ortsfesten DECT-Endsysteme das Festnetz erreichen, wenn diese als Relais ausgeführt sind. Das von der ETSI 1996 verabschiedeten *Generic Access Profile* (GAP) und das *Public Access Profile* (PAP) legen für DECT-Systeme eine herstellerunabhängige Zugriffsschnittstelle fest, so daß der öffentliche Zugang von jedem PP auch zu herstellerfremden Systemen möglich ist.

5.12.2 Indoor-Anwendungen

Gebäudeintern *(Indoor)* findet man eine ähnliche Grundkonstellation wie außen. Hier können in bestehende DECT-Systeme Relais eingefügt werden, um bestimmte Bereiche besser auszuleuchten. Andererseits kann bei der Neuinstallation einer DECT-Nebenstellenanlage die Einsparung von Verkabelung im Haus ein sehr wichtiger Entscheidungsgrund zugunsten DECT sein. Die Nutzung von Relaisstationen in weitläufigen Firmengeländen, Montagehallen oder bei zeitlich begrenzten Einsatzorten wie Baustellen bietet sich geradezu an, vgl. Abb. 5.66. Bei einem Relais entfällt bis auf die Stromversorgung jeder Kabelanschluß, gegebenenfalls kann auch eine Solarstromversorgung eingesetzt werden.

Im Gegensatz zum RLL-Einsatz werden gebäudeintern die Relais als integrale Bestandteile des Systems gesehen. Die Kapazität eines Indoor-Netzes ist, genau wie bei RLL-Systemen mit *Public Access*, durch die gegenseitige Störung der Zellen untereinander gegeben. Ähnlich wie im Außenbereich sind gebäudeinterne Relais-

5.12 DECT-Relais

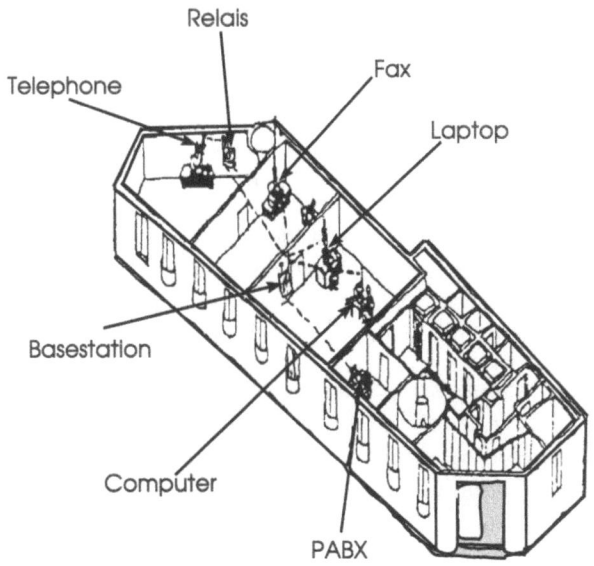

Abbildung 5.66: Indoor-Relaisanlage

systeme, bei gegebener Anzahl von Sende-/Empfangseinrichtungen, nicht durch die verfügbare Zahl Kanäle begrenzt *(trunk limited)*, sondern es kommt beim Einsatz von Relais durch eine Mehrbelegung auf dem Funkmedium zu einer Verschlechterung der C/I-Werte an den Zellgrenzen. Dort treten dann Kapazitätsverluste auf, die auch nicht durch eine Erhöhung der Zahl der Transceiver ausgeglichen werden können.

Die Stärke der Interferenzleistungen ist bei Indoor- und Outdoor-Anwendungen in gleicher Weise von den gewählten Abständen der Relais bzw. Basisstationen, der Sendeleistung und den verwendeten Antennen abhängig. Vergleiche von Ergebnissen aus Indoor und Outdoor-Untersuchungen sind deshalb bei Berücksichtigung der unterschiedlichen Szenario-Dimensionen direkt möglich.

5.12.3 Relais-Konzept

Relaisanlagen bieten folgende Vorteile:

Einsparung von Verkabelung: Dies ist z. B. für Nutzer von DECT-Indoor-Anlagen interessant. Oftmals ist die vorhandene Verkabelung nicht ausreichend, um eine genügend große Anzahl von Basisstationen an das Festnetz anschließen zu können.

Ausleuchtung größerer Flächen: Die Funkausleuchtung des Szenarios kann durch den Einsatz von Relais entscheidend verbessert werden. Dabei lassen sich erst später festgestellte, ungenügend versorgte Bereiche (Abschattungen) durch Relais in das Gesamtsystem integrieren.

DECT-konforme Realisierung: Das Relais ermöglicht dem Anwender, mit herkömmlichen DECT-kompatiblen Endgeräten Verbindungen zu Basisstationen und Relaisstationen aufzubauen. Nachträgliche Systemerweiterungen mittels Relais haben somit keine Auswirkung auf die Mobilstationen.

Beibehaltung der Frequenz und Sendeleistung: Bei der DECT-konformen Realisierung nutzen die Relais die für das DECT-System zugelassenen Frequenzkanäle. Die festgelegte maximale Sendeleistung von 250 mW gilt auch für Relaisanlagen. Deshalb benötigt man keine Zusatzgenehmigungen für den Betrieb von Relais.

Mobilität der Relais für wechselnde Einsatzorte: Da Relais netzseitig ungebunden sind, kann der Betreiber das System an längerfristige Laständerungen manuell in ausgewählten Bereichen anpassen.

Die genannten Vorteile haben bei jeder Netzinstallation verschiedenes Gewicht. Abhängig von der jeweiligen Anwendung können sich Indoor- und Outdoor-Bereiche soweit überschneiden, daß man von einem kombinierten System sprechen muß.

Grundsätzlich lassen sich alle Konzepte in zwei Klassen einteilen:

5.12.3.1 Ortsfeste Relaisstation

Wie der Name sagt, handelt es sich hier um eine fest montierte Relaisstation, vgl. Abb. 5.67. Sie bleibt zwar manuell versetzbar, jedoch ist sie längerfristig ortsfest.

Die DECT-Funkschnittstelle zum Teilnehmer bleibt erhalten; in seinem Endgerät sind keine Veränderungen in Hard- und Software nötig. Der Einsatz einer *Fixed Relais Station* (FRS) ist somit für den Teilnehmer nicht erkennbar. Das Weiterleiten der Verbindung vom Relais an eine netzgekoppelte Basisstation (BS) ist Sache des Systemlieferanten und kann netzintern gesteuert und verändert werden. Eine

5.12 DECT-Relais

optimale Wahl des Standortes und der Einsatz komplexer Antennensysteme für den Link FRS↔BS ermöglichen eine hohe Übertragungsqualität.

5.12.3.2 Mobile Relais Station

Mobile Relaisstationen (MRS) befinden sich nicht wie FRS an festen Positionen, sondern sind beweglich. Eine mögliche Realisierung mobiler Relais entsteht durch entsprechend modifizierte Handendgeräte, vgl. Abb. 5.68. Diese Betriebsart läßt zwar eine wesentlich bessere Dienstgüte aller Mobilstationen im System erwarten als bei festen Relaisstationen, da jedes Mobilgerät neben dem Betrieb der selbst genutzten Verkehrskanäle zusätzlich Relaisbetrieb anbieten kann, stellt aber deutlich höhere Anforderungen an die Endgeräte, insbesondere ihre Batterien.

Eine momentan gute Verbindung ist jetzt dem Einfluß der Mobilität von Relais und Endgerät unterworfen mit allen daraus resultierenden Risiken für einen evtl. Verbindungsabbruch. Der Routingaufwand und die Zeitverzögerung, die bei der meist unkontrolliert wachsenden Zahl von Teilstrecken *(Hops)* mobiler Relaissysteme entstehen können, sind zu berücksichtigen. Ein vergleichbares Konzept (Multihop-Kommunikation) findet man beim ETSI/HIPERLAN/1, vgl. Abschn. 9.4.

Die folgenden Betrachtungen beschränken sich ausschließlich auf Fixed Relais-Konzepte. Wesentlicher Vorteil der FRS-Variante ist der im voraus genau bestimmbare

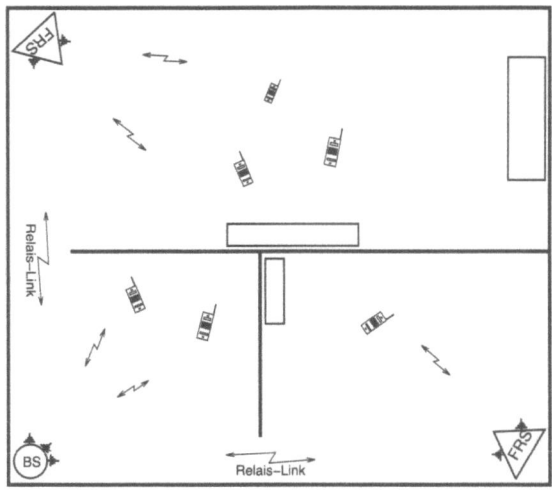

Abbildung 5.67: Indoor-Anwendung mit Fixed Relais Stations (FRS) und RFP (= BS)

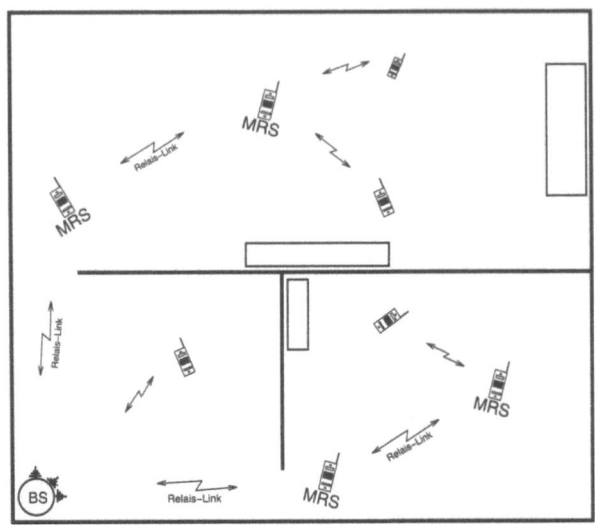

Abbildung 5.68: Indoor-Anwendung mit Mobile Relais Stations (MRS)

Standort und die endliche, definierbare Anzahl auftretender sequentieller Funkteilstrecken von Verbindungen.

5.12.4 Aufbau einer Relaisstation

Im DECT-System mit Relaiseinsatz ergibt sich eine Mehrfachbelastung des Funkmediums. An den verbleibenden RFPs müssen sich die direkt verbundenen Mobilstationen mit den Relais der umliegenden Nachbarschaft die bereitstehenden Kanäle teilen.

Folgende Merkmale gelten für Relaisanlagen:

Das Relais erscheint für jede Mobilstation wie ein RFP: Es bietet dem PP die gleichen Dienste und ist somit vollständig gegen einen RFP austauschbar.

Freie Konfigurierbarkeit: Das Relais kann an die Gegebenheiten vor Ort angepaßt werden. Neben der Festlegung der erlaubten Frequenzen und Zeitschlitze ist auch eine selbständige dynamische Kanalauswahl (*Dynamic Channel Selection*, DCS) von Basisstationen in Richtung Festnetzzugang möglich.

Ausleuchtung unterversorgter Bereiche: Durch die unabhängige Standortwahl des Relais ist eine optimale Ausleuchtung möglich. Um Störungen für Kanäle zwischen Relais und Basisstation möglichst auszuschließen, sollten die zugehörigen Signalstärken überdurchschnittlich hoch gewählt werden.

5.12 DECT-Relais

Interferenzbeitrag durch Relais: Relaisstationen verursachen durch das Umsetzen eines kommenden auf einen gehenden Funkkanal eine größere Störleistung und verringern die Kapazität im Gesamtsystem, verglichen mit drahtgebundenen Feststationen (RFP). Bei ungehinderter Freiraumausbreitung in Outdoor-Szenarien kann die Dienstgüte in Nachbarzellen erheblich sinken. Dieser Verlust kann durch den Einbau von Antennensystemen mit gerichteten Strahlern in Relais und RFP verringert werden.

5.12.4.1 Grundlegende Relaisstruktur

Eine DECT-Relaisstation (*Wireless Basestation*, WBS) enthält die wichtigsten Funktionen eines *Radio Fixed Part* (RFP) und eines *Portable Part* (PP). Dabei werden Netzübergänge, Benutzerschnittstellen, Sprachcodierung etc. des PP und RFP nicht berührt. Für die Basisstation erscheint das Relais wie eine Mobilstation mit bis zu zwölf Verkehrskanälen. Das mobile Handgerät sieht das Relais als RFP. Die zusätzlichen erforderlichen Relaisfunktionen sind für die Umsetzung der Verbindung PP-Relais zur zugeordneten Relais-RFP-Verbindung zuständig, vgl. Abb. 5.69. Dort ist ein Relais zwischen *Portable* und *Fixed Radio Termination* (PT und FT) angenommen.

Arbeitet das Relais als reine Repeaterstation, so werden die jeweiligen Zeitschlitze innerhalb der physikalischen Schicht durch die Relaisfunktionen in der physikalischen Schicht verknüpft. Dieser transparente Dienst ermöglicht eine Weitergabe der Daten innerhalb des gleichen Halbrahmens. Wird die Relaisfunktion *(Relaying)* in der MAC-Schicht erbracht, erhält jede Verbindung im Relais eine eigene separate MAC-Schicht Instanz zugewiesen. Damit kann sie selbständig die Qualität

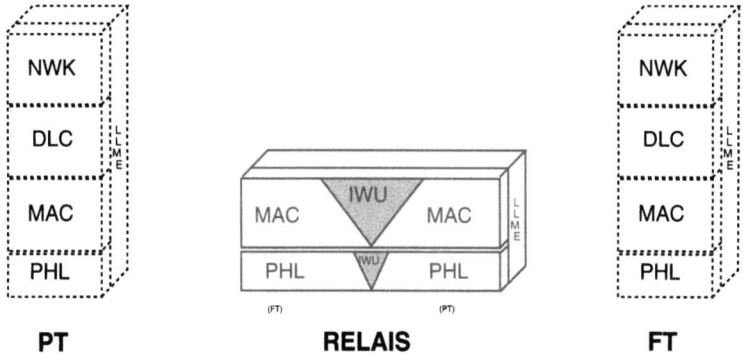

Abbildung 5.69: Referenzmodell des Relais

der Kanäle beurteilen und mittels *Dynamic Channel Selection* einen Beareraufbau oder einen Handover durchführen.

Jeder Slot im Relais (FRS) kann als Sende- oder Empfangsslot verwendet werden, vgl. Abb. 5.70. Die Zuordnungen der Slotbereiche im Relais sind in der Tab. 5.10 dargestellt.

Diese Aufteilung der Sende- und Empfangsbereiche ermöglicht die Beibehaltung der standardkonformen Up- und Downlinktrennung im RFP und in der Mobilstation. Es bedarf also keiner Umbaumaßnahmen in den Endgeräten. Diese Form der WBS heißt *Cordless Radio Fixed Part* (CRFP) [58]. Eine technisch aufwendigere Lösung ist der sogenannte *Repeater Part* (REP).

In Abb. 5.70 ist zu erkennen, daß eine Verbindung zwischen dem RFP und dem Relais (FRS) auf dem Slotpaar 1/13 besteht. Die zugehörige Downlinkstrecke zwischen dem Relais und dem mobilen Endgerät (PP) belegt das Slotpaar 3/15. Ein Informationsaustausch (schwarze Linie in Abb. 5.70) von der Basisstation zur Mobilstation und wieder zurück benötigt nun nicht mehr einen halben Rahmen, sondern nimmt eineinhalb Rahmenlängen in Anspruch. Diese Zeitverzögerung kann beim Einsatz mehrerer Relaisstufen für eine Verbindung zu nicht akzeptablen Übertragungsverzögerungen (und daraus resultierenden Echostörungen) führen.

Das Umschalten von Sende- zu Empfangsmodus zwischen zwei Slots bedarf einer schnellen Transceiver-Hardware im Relais. Ist ein solches Springen nicht möglich, müssen einige Slots als *Blind* gesetzt werden, um währenddessen die Transceivereinheit von Senden auf Empfang und umgekehrt umstellen zu können, vgl. Abb. 5.49. Dadurch reduziert sich jedoch die Slotkapazität im Relais.

5.12.4.2 Verbindungsaufbau und Handover

Beim Verbindungsaufbau vom mobilen Teilnehmer zu einer netzgekoppelten Feststation über ein Relaissystem müssen mehrere Teilstreckenverbindungen eingerichtet werden. Als erstes schickt das Endgerät wie gewöhnlich einen Aufruf an die ihm bekannte stärkste Feststation, die im hier betrachteten Fall ein Relais ist, vgl.

Tabelle 5.10: Slotbelegung bei Relaissystemen

	Uplink Relais – RFP	Downlink mob. Endgerät – Relais
Relaisslot 0–11	Empfang (RX)	Sendung (TX)
Relaisslot 12–23	Sendung (TX)	Empfang (RX)

5.12 DECT-Relais

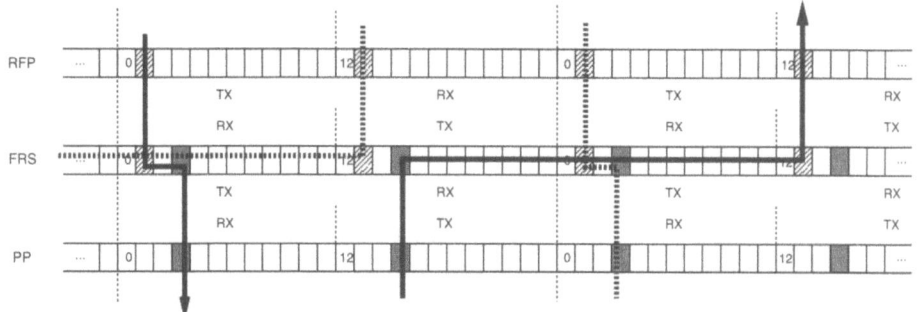

Abbildung 5.70: Slotbelegung beim Einsatz einer Relaisstation (Beispiel)

Abb. 5.29. Dieses antwortet nach korrektem Empfang mit dem standardisierten WAIT-Kommando, einem Zeichen dafür, daß der Verbindungswunsch akzeptiert worden ist. In einem nächsten Schritt versucht nun das Relais eine Verbindung zur netzgekoppelten Feststation aufzubauen. Erst wenn diese Verbindung erfolgreich eingerichtet worden ist, wird im Aufbauzyklus für die Mobilstation fortgefahren, vgl. Abb. 5.71.

Kommt es während der Einrichtung zu einem Setup-Fehler zwischen der Relaisstation und dem RFP, so wird zwischen diesen beiden ein zweiter Aufbauversuch unternommen, ohne daß die WAIT-Verbindung zu dem mobilen Endgerät neu in-

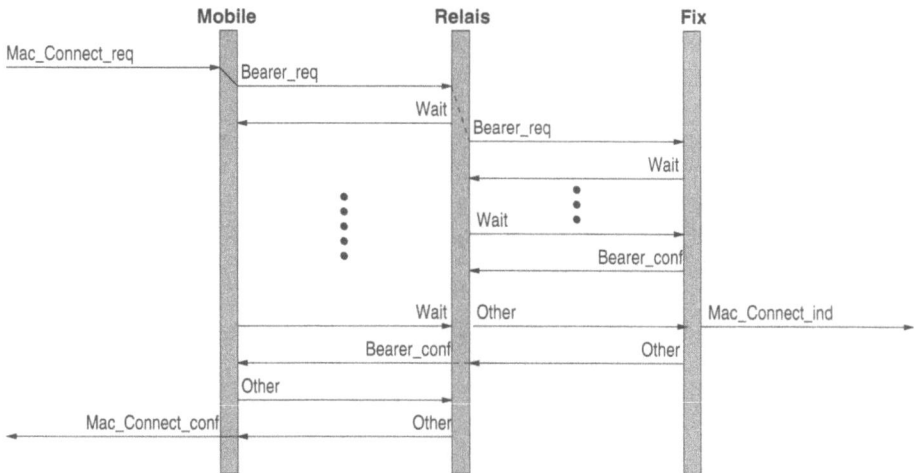

Abbildung 5.71: Verbindungsaufbau beim Einsatz einer Relaisstation

itiiert werden muß. Laufen jedoch die Connection-Timer oder Zähler in einem der Systeme Mobilgerät, Relais oder RFP über, so gilt die Verbindungseinrichtung als gescheitert und alle bestehenden Teilstrecken werden abgebaut.

Der Wechsel eines Kanals während einer laufenden Verbindung *(Handover)* kann sowohl für den Verkehrskanal zwischen Relais und PP, als auch zwischen RFP und Relais erfolgen. Wird aufgrund einer Gleichkanalstörung ein Intracell-Handover der Mobilstation notwendig, so wird nur eine neue Verbindung zwischen dem PP und dem Relais aufgebaut. Die zugehörige Relais-RFP-Verbindung bleibt von diesem Vorgang unberührt.

Initiiert das Endgerät einen Intercell-Handover, also einen Wechsel zu einer anderen Basisstation, so wird neben der Verbindung PP ↔ Relais auch die passende Relais ↔ RFP-Verbindung ausgelöst, nachdem ein komplett neuer Übertragungsweg über die qualitativ bessere Basisstation aufgebaut wurde. Für die Einleitung eines Handovers auf der Uplinkstrecke (Relais ↔ RFP) ist normalerweise das Relais zuständig. Es mißt genau wie ein PP die zugehörigen Qualitätsparameter und entscheidet, wann ein Intracell- bzw. ein Intercell-Handover durchgeführt werden muß. Die Downlinkverbindung merkt diese Art von Kanalwechsel nicht.

5.12.4.3 Multi-Relais-Struktur

Bis jetzt wurde die Installation eines Relais zwischen einem mobilem Endgerät und einer drahtgebundenen Feststation behandelt. Abbildung 5.72 zeigt die einfache Anordnung einer Multi-Relais-Struktur. Hierbei sind mehrere Relaisebenen um die feste Basisstation herum angeordnet, die neben dem eigenen internen Zellenverkehr auch den Verkehr unterer Relaisebenen tragen muß. Diese sternförmige Struktur hat folgende Vor- bzw. Nachteile:

- Die Sternstruktur gestattet besonders einfach eine hierarchische Einteilung der Relaisstationen. Entsprechend ihrer Ebene in der Hierarchie erhalten die FRS besondere Merkmale wie z. B. Transceiverausstattungen, Antennenkonfigurationen, Routingkennwerte.

- Durch die Ebenenklassifizierung ist es für Mobilstationen einfacher, die Basisstation mit den besten Leistungskenngrößen auszusuchen. Dabei sollte die Mobilstation im Relaisnetz möglichst wenig Routingaufwand erzeugen.

- Ein Nachteil der sternförmigen Anordnung ist die u. U. starke Netzbelastung beim RFP. Diese Feststation muß den gesamten Verkehr der Relaisanordnung tragen. Das bedingt dort u. U. eine hohe Transceiveranzahl, die bei der relativ hohen Störleistung im Zentralbereich vermieden werden sollte.

5.12 DECT-Relais

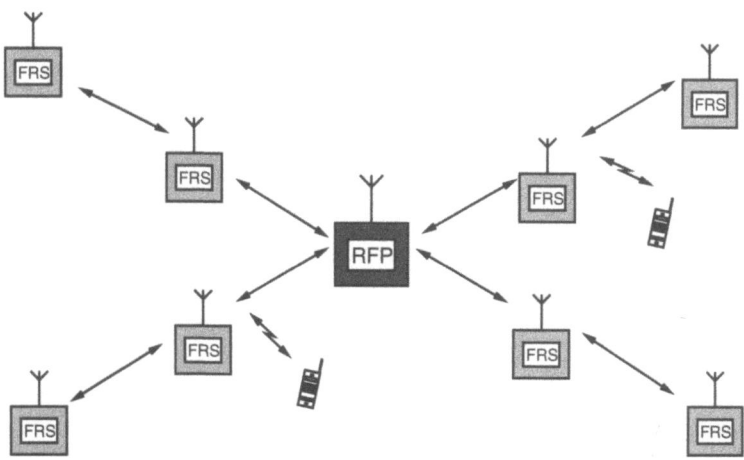

Abbildung 5.72: Sternförmige Multi-Relais-Struktur

- Da das gesamte System nur einen einzigen Festnetzzugang über die Feststation hat, resultiert eine begrenzte Netzsicherheit. Fallen Teile dieser wichtigen Station aus, kann das System zusammenbrechen.

Neben der Sternanordnung wären auch komplexere physikalische Anordnungen oder logische Strukturen denkbar, z. B. ringförmige oder busähnliche Anordnungen und wabenförmige Felder.

Durch den Einsatz von Relais am Rande eines bestehenden Netzes läßt sich die Reichweite des Systems vergrößern. Da das Relais jedoch innerhalb des Sendebereiches einer Feststation höherer Stufe stehen muß, erweitert sich das System nur um den halben Durchmesser der Relaiszelle. In Abb. 5.73a kann man erkennen, daß sich bei der Nutzung von Rundstrahlantennen ein großer Teil des Relaisfeldes mit dem der Feststation überlappt. Die tatsächliche Erweiterung ist kleiner als der halbe Zellradius. Wie in Abb. 5.73b gezeigt, kann durch den Einsatz gerichteter Antennensysteme zur Verbindung zwischen RFP und Relais und von Rundstrahlantennen zur Versorgung der jeweiligen PPs eine wesentlich bessere Reichweite der Funkversorgung erzielt werden. Hier wird nun fast vollständig der Empfangsradius der Relaisstation für die Ausleuchtung einer eigenen Zelle genutzt. Der gerichtete Strahl kann im DECT-Frequenzband realisiert werden.

Der Einsatz sequentieller Relaissysteme verlängert die Signallaufzeit. Ob diese Faktoren die Funktion des Systems beeinträchtigen und ob eine obere Grenze für den Einsatz von Multi-Relais-Anlagen notwendig ist, kann man wie folgt überlegen:

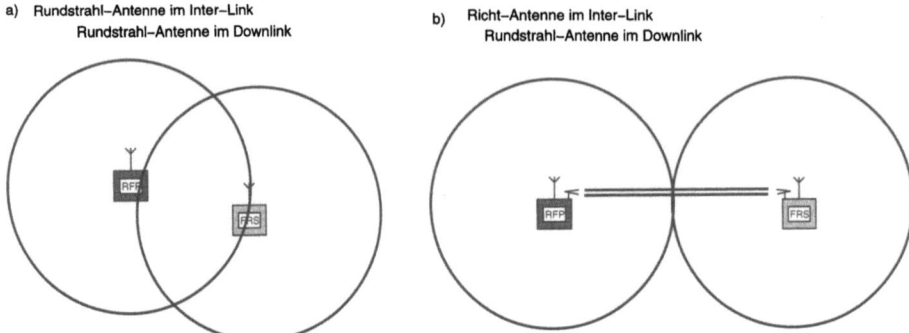

Abbildung 5.73: Reichweite eines Relaissystems mit Rundstrahl- und Richtantenne

1. Eine verzögerte Informationsübertragung kann vor allem bei den Timern der Signalisierungsprotokolle zu Störungen führen, wenn Bestätigungen für ausgesandte Nachrichten erheblich länger unterwegs sind. Hier ist eine Begrenzung der maximalen Zahl von Relaisebenen notwendig.

2. Bei mehrstufigen Relaisanlagen werden die Handoveralgorithmen wesentlich aufwendiger. Während der Intracell-Wechsel nicht betroffen ist, wird der Intercell-Handoverablauf deutlich aufwendiger. Abbildung 5.74 zeigt den Handovervorgang zwischen zwei Relaissträngen. Alle Verbindungen höherer Ebene müssen neu aufgebaut und kurzzeitig parallel betrieben werden, bevor die alte Verbindung gelöscht werden kann.

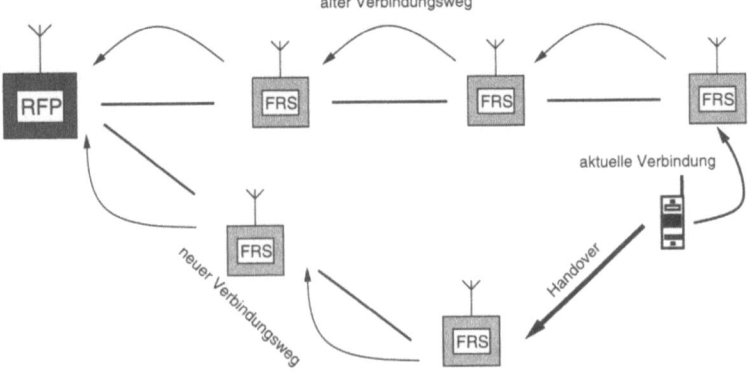

Abbildung 5.74: Handovervorgang bei Relaissystemen

5.12 DECT-Relais

3. Bei vielen Relaissträngen wird die Synchronisation der einzelnen Relais problematisch. Während normalerweise ein Impuls zur Synchronisation über einen entsprechenden Hardwareport den gleichen Takt aller benachbarten Feststationen (RFP) gewährleistet, ist dies bei ungekoppelten Relaissträngen nicht möglich. Es bleibt nur die Selbstsynchronisation, die mittels des empfangenen Signals der höheren Ebene eine eigene Taktung vornimmt. Dies führt u. U. zu einer Verschiebung der Synchronisation, zu *Sliding Collisions*, also der Blockierung einzelner Slots durch nichtsynchrone Stationen.

4. Relais erhöhen die Kanalbelastung im System. Mit jeder Relaisebene wächst die Interferenzleistung im Netz erheblich. Sie kann auch mit Richtantennen nicht beliebig verkleinert werden. Relais sind also insbesondere zur Verbesserung der Ausleuchtung in Szenarien mit kleiner bis mittlerer Verkehrsbelastung geeignet.

In Abb. 5.70 hat das Relais nur eine Transceivereinheit, für jede Verbindung werden zwei Slotpaare benötigt, ein Paar als Downlink vom mobilen Endgerät zur Relaisstation und ein Paar als Uplink vom Relais zum nächsten RFP. Dies senkt den tragbaren Verkehr des Gesamtsystems. Das Relais kann nur noch sechs unabhängige Bearer annehmen. Abhilfe schafft hier der Einbau eines zweiten Transceivers in das Relais. Damit werden die Uplink-Seite (RFP – Relais) und die Downlink-Seite (Relais – Mobile) physikalisch auf zwei Sende-/Empfangseinrichtungen getrennt.

5.12.5 Parameter zur Leistungsbewertung von DECT-Systemen

Zur Beschreibung der Güte eines Konzeptes müssen geeignete Leistungskenngrößen festgelegt werden.

Systembelastung einer Konfiguration

Beim Ersetzen eines RFPs durch ein Relais oder beim Aufbau einer *Radio-Local-Loop*-Anwendung steigt die Interferenzleistung im gesamten System abhängig von der Anzahl der eingesetzten Relaisanlagen und festen Basisstationen und die Kapazität sinkt. Die Analysen der einzelnen durchschnittlichen Belastungen pro Basisstation bzw. Relais erlauben Aussagen hinsichtlich der notwendigen Leistung, der Ausstattung und geeigneter Standorte von RFPs und Relaisstationen.

Veränderung der Signallaufzeiten

Jede zusätzliche Relaisebene erhöht die Verzögerungszeiten im System. Es gilt, verschiedene Zeitparameter, z. B. für den Aufbau einer Verbindung, zu analysieren.

Anzahl blockierter Setup-Versuche bzw. abgebrochener Handovervorgänge

Über diese zwei Parameter kann der Servicegrad (*Grade of Service*, GoS) des Systems bestimmt werden, der ein wichtiges Maß für die Dienstgüte des Netzes ist.

$$\mathrm{GoS} = \frac{\text{blockierte Aufbauversuche} + 10 \cdot \text{abgebrochene Verbindungen}}{\text{Gesamtanzahl der Verbindungen}} \quad (5.4)$$

Ein niedriger Grade of Service bedeutet somit eine hohe Dienstgüte des Systems. Mit steigendem GoS-Wert steigt der Anteil fehlgeschlagener Verbindungsaufbauversuche und abgebrochener Verbindungen.

Handoververhalten

Die ungleichmäßige Verteilung der Systembelastung innerhalb des Netzes läßt eine erhöhte Handoveraktivität im Bereich der Relaisstandorte erwarten. Dort ist die Interferenzleistung durch die Doppelbelastung mit Up- und Downlinkverkehr am größten. Ein Ziel sollte sein, eine relativ gleichmäßige Verteilung der Orte von Kanalwechseln zu erreichen.

Radio Signal Strength Indicator (RSSI) und *Carrier to Interference* (C/I) am Endgerät

Die tatsächliche Versorgungsqualität der Teilnehmer kann durch die RSSI-Pegel der Basisstationen am Ort der PP von der Mobilstation berechnete C/I-Verhältnis bestimmt werden.

5.13 Verkehrsleistung des DECT-Systems

Aus der Verkehrstheorie ist ein Modell bekannt, das man für die Berechnung der Verkehrsleistung des DECT-Systems benutzen kann. Es ist durch eine große Zahl unabhängiger Verkehrsquellen (PPs) und eine bekannte Zahl gleichartiger, durch jede Station erreichbarer Funkkanäle gekennzeichnet. Laut Anhang A.2.2, Band 1, eignet sich ein M/M/n-s Modell zur Modellierung und erlaubt u. a. die Berechnung der Verlustwahrscheinlichkeit p_v, vgl. Gl. (A.13), Band 1. Die Verbindungsdauer darf bei $s = 0$ Warteplätzen beliebig verteilt sein und wird nur durch ihren Mittelwert erfaßt. Die Verbindungsanforderungen der PPs werden durch einen Poisson-Ankunftsprozeß mit der Rate λ (Rufe pro Zeiteinheit) modelliert; das Produkt aus mittlerer Verbindungsdauer und Ankunftsrate heißt Angebot ρ und beschreibt den mittleren Ausnutzungsgrad der Kanäle, vgl. Gl. (A.4), Band 1.

5.13 Verkehrsleistung des DECT-Systems

Der Abbildung A.7, Band 1, kann man die Wahrscheinlichkeit p_v entnehmen, daß bei n vorhandenen Kanälen eine Verbindung wegen temporärer Belegung der Kanäle der betreffenden Basisstation nicht zustande kommt. Die Verlustwahrscheinlichkeit hängt vom mittleren Ausnutzungsgrad der Kanäle ρ der Basisstation ab. Beispielsweise würde bei $n = 20$ Kanälen eine Verlustwahrscheinlichkeit $p_v = 0,01$ auftreten, wenn man jeden Kanal im Mittel zu 62 % auslastet.

Simulationsuntersuchungen bestätigen, daß man mit dem Erlangmodell nach Anhang A.2.2, Band 1, in manchen Szenarien sehr gute Vorhersagen der DECT-Verkehrskapazität (d. h. des zulässigen Ausnutzungsgrades) bei gegebener Dienstgüte (Gl. 5.4) machen kann. Voraussetzung dafür ist, daß es sich um Anordnungen mit isolierten Basisstationen (ohne Nachbarzellen) oder mit ortsfesten Teilnehmergeräten handelt (wie bei RLL-Systemen), die sich nur einer bestimmten Basisstation zuordnen lassen. Für allgemeine Anordnungen der Basisstationen ist die richtige Annahme bzgl. der im betrachteten Szenario zutreffenden Clustergröße wichtig, welche die mittlere Zahl verfügbarer Kanäle pro Zelle bestimmt.

5.13.1 Ausstattungsbedingte und interferenzbedingte Kapazität

Reichen die durch Beschaltung der Basisstation betreibbaren Kanäle für eine Verkehrslastsituation nicht aus, sind also z. B. alle zwölf Kanäle des einzigen Transceivers einer RFP belegt und würde die Interferenzsituation die Belegung eines 13ten Kanals zulassen, dann spricht man von ausstattungsbedingter Kapazitätsbegrenzung der Basisstation. Diese Kapazitätsbegrenzung kann bei isolierten oder unzureichend ausgerüsteten Basisstationen in der zellularen Anordnung auftreten.

Sind die Basisstationen genügend gut mit Transceivern ausgestattet, dann wird die Kapazität durch Gleichkanalstörung begrenzt. Die interferenzbedingte Kapazität ist erreicht, wenn aufgrund der Hardwareausstattung der Basisstationen noch weitere Kanäle betrieben werden könnten, weitere Kanäle jedoch nicht den erforderlichen C/I-Wert für einen Verbindungsaufbau erreichen und deshalb nicht nutzbar sind.

In interferenzbegrenzten DECT-Systemen ergibt sich aufgrund der dynamischen Kanalwahl ein mittlerer Wiederholabstand zwischen Gleichkanalzellen, der vom Pfadverlust bzw. der Morphostruktur abhängt, vgl. Abschn. 2.3, Band 1, und meßtechnisch schwer bestimmbar ist. Aus Simulationsuntersuchungen [138] für großflächige städtische Szenarien ist bekannt, daß sich mittlere Wiederholabstände bei $p_v = 0,01$ einstellen, die einer Clustergröße von etwa fünf entsprechen.

5.13.2 Abschätzung der Kapazität des DECT-Systems

Jedes der insgesamt 120 verfügbaren Kanalpaare erzeugt bei seiner Belegung ein Störfeld, das seine örtliche Wiederverwendung erst nach einer ausreichenden Ausbreitungsdämpfung gestattet. Die anzuwendenden Pfadverlustmodelle hängen vom jeweiligen Szenario ab und führen dazu, daß man im städtischen Bereich im statistischen Mittel mit Clustergrößen von 7 und darunter rechnen darf[2][77], wenn die RFPs nicht in Sichtweite aufgestellt sind.

Vereinfachend wird nachfolgend $p_v=0,01$ einer Dienstgüte (*Grade of Service*, GoS) von GOS=1% gleichgesetzt. Um mit der Dienstgüte des drahtgebundenen Ortsnetzes garantiert gleichzuziehen, wird man u. U. einen Wert GOS = 0,5 % anstreben.

Unterstellt man eine Funkausleuchtung durch RFPs in der Fläche derart, daß die Versorgungsbereiche benachbarter Zellen nur knapp (bzw. gar nicht) überlappen und stattet jeden RFP mit zehn Transceivern aus (damit garantiert jeder Frequenz-/Zeitkanal an jedem RFP verfügbar ist), dann ergeben sich, je nach unterstellter Clustergröße bzw. daraus resultierender mittlerer verfügbarer Kanalzahl je RFP, folgende Auslastungsgrade ρ je Kanal bei gegebenem Wert p_v, die man aus Abb. A.7, Band 1, entnehmen kann, vgl. Tab 5.11. Aus ρ und der clusterbedingten Kanalzahl n je RFP kann der tragbare Verkehr (Erl./RFP), d. h. die Zahl gleichzeitig zulässiger Verbindungen, bestimmt werden.

Anstelle der Ausstattung jedes RFPs mit 10 Transceivern reichen deutlich weniger, z. B. nur ein oder zwei Transceiver je RFP aus, wenn die Versorgungszonen

---

[2] Ein Cluster beschreibt bei Zellularsystemen die Anzahl benachbarter Zellen, in denen jeder Frequenzkanal nur einmal auftreten darf. Diese Cluster sind zu unterscheiden von der Gruppe von RFPs/FRSs, die am gleichen Zugangspunkt zum Festnetz angeschlossen sind und auch Cluster genannt werden.

Tabelle 5.11: Tragbarer Verkehr pro RFP, je nach Clustergröße bei 10 Transceivern pro RFP (die Clustergrößen 5 und 6 sind als Mittelwerte zu verstehen, die in Zellularsystemen nicht möglich sind, im DECT-System aber auftreten können)

Cluster	Kanäle/RFP	ρ ($p_v = 1\%$)	Erl/RFP	ρ ($p_v = 0,5\%$)	Erl/RFP
4	30	0,68	20,4	0,63	18,9
5	24	0,64	15,36	0,6	14,4
6	20	0,62	12,4	0,56	11,2
7	17	0,58	9,86	0,53	9,01
9	13	0,525	6,8	0,46	6,0
12	10	0,455	4,55	0,39	3,9
15	8	0,39	3,1	0,32	2,5

5.13 Verkehrsleistung des DECT-Systems

benachbarter RFPs sich ausreichend überlappen, so daß ein PP ca. 17 bis 24 Zeitkanäle (der eigenen und aller benachbarten RFP zusammen) erreichen kann, wie sie sich für 7er bis 5er Cluster in Tab. 5.11 ergeben.

Unterstellt man eine Funkausleuchtung durch RFPs in der Fläche derart, daß die Versorgungsbereiche benachbarter Zellen nur knapp (bzw. gar nicht) überlappen, wie das für einen festen Hausanschluß (RLL) zutrifft und stattet jeden RFP mit nur einem Transceiver aus, dann ergeben sich (entsprechend einer Clustergröße von 10) die Ergebnisse in Tab. 5.12, die man leicht aus Abb. A.7, Band 1, nachvollziehen kann.

Der tragbare Verkehr je RFP laut Tab. 5.12 stellt für ebene Anordnungen eine untere Kapazitätsgrenze (bei gegebener Verlustwahrscheinlichkeit) dar.

Überlappen die Funkversorgungsbereiche der mit einem Transceiver bestückten RFPs, so wächst die je PP erreichbare Zahl von Kanälen entsprechend und der tragbare Verkehr je RFP erreicht die Werte aus Tab. 5.11, je nach Szenario. Überlappung fördert den Lastausgleich zwischen Orten mit viel bzw. wenig Verkehrsaufkommen und ist deshalb sinnvoll; insbesondere wird Hardwareaufwand für Transceiver eingespart.

Welche Clustergröße sich für ein gegebenes Szenario einstellt, hängt sehr stark vom Pfadverlust(modell) ab; bei Morphostrukturen mit wenig Abschattung sind 7er Cluster zur Modellierung der örtlichen Kanalwiederverwendung wahrscheinlich, bei starker gebäudebedingter Abschattung erwartet man eine dichtere Kanalwiederholung entsprechend einer Clustergröße von herunter bis zu fünf.

Stehen die RFPs/FRSs sehr dicht (z. B. < 50 m, weil ein sehr hoher Verkehr zu tragen ist), dann steigt die Wahrscheinlichkeit für Sichtverbindungen zwischen RFPs stark an und die erforderliche Clustergröße steigt auf Werte von 20 und mehr (mit entsprechend kleiner verfügbarer Kanalzahl/RFP und entsprechend geringem tragbaren Verkehr je RFP). Unter solchen Umständen stößt das DECT-System dann an die interferenzbedingte Kapazitätsgrenze.

Für räumliche Anordnungen von RFPs, wie sie sich in mehrstöckigen Gebäuden ergeben, ist erfahrungsgemäß der tragbare Verkehr je RFP ca. 25 bis 30 % geringer als in Tab. 5.11 angegeben, weil dreidimensionale Interferenzen auftreten.

Tabelle 5.12: Tragbarer Verkehr pro RFP bei einem Transceiver je RFP

Kanäle/RFP	$\rho/N(p_B = 1\%)$	Erl./RFP	$\rho/N\ (p_B = 0,5\%)$	Erl./RFP
12	0,5	6,0	0,44	5,3

In [138] werden durch Simulationsexperimente validierte Berechnungsverfahren interferenzbegrenzter DECT-Systeme vorgestellt, die das C/I-Verhältnis und den Pfadverlustfaktor als Parameter enthalten und Up- und Downlink getrennt betrachten. Eine komplette Theorie zur Kapazitätsberechnung von Systemen mit dynamischer Kanalverwaltung steht noch aus.

5.14 Verkehrsleistung von DECT-RLL-Systemen mit konkurrierenden Betreibern

Diskutiert wird in Europa die Lizensierung mehrerer konkurrierender DECT-RLL-Betreiber im selben Versorgungsbereich im DECT-Band 1880–1900 MHz. In einer solchen Situation ist, neben den zuvor dargestellten Fällen, auch die Beeinflussung der RLL-Betreiber untereinander zu betrachten.

Aus einer globalen verkehrstheoretischen Sicht gelten die Ausführungen in Abschn. 5.13.2 weiterhin. Unabhängig von der RFP/FRS-Dichte der Betreiber steht dieselbe Gesamtkapazität des DECT-Systems zur Verfügung, wie in den Tab. 5.11 und 5.12 berechnet. Mehrere Betreiber im gleichen Versorgungsbereich können und müssen sich diese Kapazität teilen.

In Abschn. 5.13.2 wurde darauf hingewiesen, daß

- die pro FRP/FRS eingesetzte Sendeleistung und damit die Überlappung benachbarter Zellen eines Betreibers und
- die Zahl Transceiver pro Basistation

wesentliche Einflüsse auf die von einer PP erreichbare Zahl Kanäle (die Bündelstärke) haben. Die erreichbare Dienstgüte jedes Betreibers läßt sich also durch entsprechende Maßnahmen beeinflussen. Simulationsergebnisse zeigen, daß bei konkurrierenden Betreibern jeder seine RFPs mit mehr Transceivern ausstatten muß, als ein einzelner Betreiber, um die Systemkapazität voll ausschöpfen und die gleiche Dienstgüte wie nur ein Betreiber erreichen zu können [138, 156] vielen Transceivern gibt es weitere Möglichkeiten, wie ein Betreiber sich auf Kosten des anderen (bei Bedarf oder ständig) Vorteile verschaffen kann. Die nachfolgende Aufzählung ist sicher unvollständig.

5.14.1 Einsatz einer höheren Dichte von Basisstationen

Im DECT-System ist in Situationen mit hohem Verkehrsaufkommen, das die (aufgrund der Ausstattung und Basisstationsdichte) lokal verfügbare Systemkapazität von DECT überschreitet, derjenige Betreiber zu Ungunsten des Mitbewerbers im Vorteil, der seine RFP/FRS-Stationen dichter aufstellt und damit näher bei den PPs seiner Teilnehmer präsent ist, vgl. Abschn. 5.5.2. Generell kann eine PP, die dicht bei der Basisstation ihres Betreibers ist, viel wahrscheinlicher eine Verbindung einrichten, als eine entferntere PP. Dabei kann sie sogar, bedingt durch ihre Signalleistung, andere PPs mit bestehenden Verbindungen, die relativ weit von ihrer RFP/FRS entfernt sind (und deshalb wahrscheinlicher vom Wettbewerber mit kleinerer Stationsdichte bedient werden) interferenzbedingt aus ihrem bestehenden Kanal verdrängen mit der Konsequenz, daß möglicherweise kein alternativer Kanal gefunden werden kann und die Verbindung unterbrochen wird.

Der Betreiber mit höherer Basisstationsdichte kann die Dienstgüte seines Wettbewerbers lokal spürbar beeinträchtigen. Diese Beobachtung entspricht der international akzeptierten Einschätzung, daß bei Lizensierung verschiedener Funksysteme im gleichen Funkspektrum eine sog. Frequenzetiquette *(Spectrum Sharing Rules)* erforderlich ist, um eine faire Aufteilung der Spektrumskapazität unter die interferierenden Systeme zu organisieren.

5.14.2 Einsatz mehrerer Transceiver pro Basistation

In Abschnitt 5.13.2 wurde gezeigt, daß die Beschaltung mit mehreren Transceivern pro RFP/FRS die Zahl möglicher Kanäle für den Verbindungsaufbau bzw. Handover einer PP und damit die Verlustwahrscheinlichkeit p_v günstig beeinflußt.

Durch Ausstattung mit einer ausreichenden Zahl Transceiver pro RFP/FRS kann ein Betreiber mit kleinerer Stationsdichte den durch den Nah-/Ferneffekt entstehenden Nachteil wettmachen, wenn die Kapazitätsgrenze des Systems örtlich noch nicht erreicht ist.

5.14.3 Reservierung von Kanälen

Senden die RFPs, unabhängig von der Stationsdichte, mit maximaler Leistung, um eine große Überlappung ihrer Versorgungsgebiete zu erreichen, so wirkt diese Maßnahme ähnlich wie die Ausstattung der RFPs mit vielen Transceivern je RFP.

PPs versuchen laut DECT-Standard generell nur auf solchen Kanälen einen Verbindungsaufbau bzw. Handover, für die der erforderliche Störabstand (z. B. $C/I = 11$ dB plus Schwundreserve) gemessen worden ist. Im Rahmen des Standards sind technische Maßnahmen denkbar, um Kanäle durch Belegung (mit dem Ziel der Reservierung) unzugänglich für PPs des Wettbewerbers zu machen.

Durch (lastabhängige/dynamische) Belegung von Kanälen (z. B. als Beacon-Kanal) mit dem Ziel der Reservierung dieser Kanäle kann der Wettbewerb zwischen Betreibern verzerrt werden.

Eine alte Weisheit für die Benutzung von Funksystemen mit Vielfachzugriff lautet *wer zu rücksichtsvoll oder vorsichtig ist, der findet nie einen Kanal*. Dementsprechend könnte ein Betreiber für sein System festlegen, daß weniger als die üblichen 20 dB Störabstand für den Verbindungsaufbau ausreichen, wenn ein z. Zt. durch ein PP des anderen Betreibers genutzter Kanal versuchsweise belegt wird (um das PP des Wettbewerbers durch gezielte Störung aus dem Kanal zu verdrängen). Der so *freigeschaufelte* Kanal kann anschließend selbst genutzt werden. Das DECT-System setzt kooperative PPs voraus; wenn die PPs der Wettbewerber sich nicht kooperativ verhalten, gilt das Faustrecht mit allen Konsequenzen.

5.14.4 Erwartete Probleme durch gegenseitige Beeinflussung

Konkurrierende RLL-/PCS-Betreiber sollten bei Betrieb im gleichen Band darauf verpflichtet werden, daß sich ihre PPs und Basisstationen kooperativ und fair verhalten. Die Definition dieser Begriffe ist schwierig und eine Abgrenzung zwischen fair und unfair kaum möglich. Außerdem ist das Verhalten eines DECT-Systems durch Vorgaben über den Beacon-Kanal dynamisch steuerbar also kaum extern überwachbar.

Aus dem Gesagten geht hervor, daß der konkurrierende Betrieb öffentlicher DECT-Systeme wahrscheinlich Anlaß zu Problemen geben wird, weil sie am selben Ort koexistieren müssen. Das gilt auch für den konkurrierenden Betrieb privater und öffentlicher Systeme, jedoch nur am jeweiligen Ort ihrer Überlappung.

Die durch konkurrierende öffentliche Systeme zu erwartenden Störungen lassen sich vermeiden, wenn pro Gebiet nur ein öffentlicher Netzbetreiber zugelassen wird, oder die Betreiber (mindestens z. T.) verschiedene Frequenzbänder benutzen.

Im DECT-Band treten zukünftig möglicherweise allgemein lizensierte Privat- und Bürosysteme und für öffentlichen Betrieb lizensierte Betreiber als Konkurrenten auf. Aufgrund der o. g. Überlegungen sind folgende Feststellungen möglich:

1. Privat- und Bürosysteme werden an sog. *Hot Spots* durch RLL-Systeme merklich gestört werden. Privatbetreiber haben Anspruch auf Vertrauensschutz, denn Betreiber wurden erst später in *ihrem* Band lizensiert.

2. Öffentliche Betreiber werden u. U. über das normale Maß Privatbetreiber beeinträchtigen, vgl. die Aussagen in 5.14.

5.14 Verkehrsleistung von DECT-RLL-Systemen

3. Öffentliche Systeme werden an sog. *Hot Spots* durch Privatsysteme in ihrer Dienstgüte beeinträchtigt werden.

4. Konkurrierende Betreiber öffentlicher Systeme im gleichen Frequenzband werden versuchen, sich durch technische Maßnahmen Kapazitäts- und Dienstgütevorteile zu verschaffen.

Aus einem Feldversuch in Schweden ist bekannt, daß die Dienstgüte von RLL-Systemen im Vergleich zu Kupferleitungen im Ortsnetz durch die Teilnehmer als typisch etwas schlechter beurteilt wird, vgl. [32]. Jeder Betreiber hat also eine hohe Motivation (unter Kostenrestriktionen) für eine möglichst hohe Dienstgüte im Wettbewerb zu sorgen.

5. Das DECT-System wird durch den Zwang des Betriebs von lizensierten Systemen für öffentlichen Betrieb und allgemein genehmigten Systemen für privaten Betrieb im gleichen Frequenzband schneller an seine technischen Grenzen geführt als ohne diese Randbedingung. Es besteht die Gefahr, daß es dabei

   (a) weniger leistungsfähig erscheint, als bei *geordneten* Verhältnissen möglich,

   (b) an internationalem Ansehen verliert und im Wettbewerb mit anderen Konzepten Einbußen erleidet.

5.14.5 Trennung konkurrierender Betreiber im Spektrum

Um die genannten Probleme abzuschwächen bzw. zu vermeiden, gibt es verschiedene Lösungen:

1. Beschränkung der öffentlichen Betreiber auf einen Teil des DECT-Bandes. Die Privatbetreiber erhalten so den erwarteten Vertrauensschutz. Die für sie reservierten Frequenzen sollten so bemessen sein, daß sie in Normalfällen ausreichen (z. B. 3 Träger). Dieser Vorschlag reduziert den Bündelungsgewinn der öffentlichen Betreiber.

2. Lizensierung nur eines öffentlichen DECT-Netzbetreibers mit der Auflage, mindestens zwei konkurrierende Dienstanbieter je Regionalbereich auf seinem Netz zuzulassen. Dieser Vorschlag kann dazu führen, daß möglicherweise in manchen Regionen nur ein Dienstanbieter auftritt. Der DECT-Lizenznehmer ist in derselben Rolle wie die Deutsche Telekom bzgl. der Nutzung ihres Ortsnetzes durch Dritte.

3. Lizensierung im DECT-Band, aber teilweise Trennung der konkurrierenden öffentlichen Betreiber durch Beschränkung auf eine Untermenge der verfügbaren Trägerfrequenzen, mit teilweise gemeinsamen Frequenzen (z. B. Zuweisung von 7 statt 10 Trägern je Betreiber, 3 davon exklusiv für jeden Betreiber). Die exklusiv zugewiesenen Frequenzen werden mit den Privatsystemen geteilt.

Dieser Vorschlag reduziert den Bündelungsgewinn spürbar, denn statt 120 Kanälen stehen nun pro Betreiber nur noch 84 zur Verfügung, die entsprechend der Rechnung in Tab. 5.11 auf Cluster aufzuteilen sind. Jeder Betreiber muß jetzt jedoch einen Teil des Bandes (36 Kanäle) nicht mit seinem Wettbewerber teilen.

Unter Berücksichtigung des Vorschlags 1. würde jeder von zwei Betreibern nur je drei exklusiv und eine gemeinsam benutzbare Trägerfrequenz (zusammen 48 Kanäle) erhalten. Der Bündelungsgewinn würde dabei stark sinken.

4. Lizensierung im DECT-Band, aber teilweise Trennung der konkurrierenden öffentlichen Betreiber durch zusätzliche Bereitstellung eines DECT-Erweiterungsbandes (benachbart zum DECT-Band). Das Erweiterungsband (z. B. x MHz), wird

   - von beiden Betreibern gemeinsam genutzt (z. B. x = 10 MHz),
   - von jedem Betreiber nur zu einem Teil (z. B. x = 5 MHz) exklusiv genutzt.

5. Lizensierung öffentlicher Betreiber in einem Erweiterungsband (FPLMTS-Band) mit ca. 20 bis 30 MHz Bandbreite in einer von zwei Varianten:

   - beide Betreiber nutzen im Wettbewerb dasselbe Band,
   - jeder Betreiber erhält exklusiv einen Teil des Bandes zugewiesen.

Diese Lösung entspricht der Lizensierung von Zellularsystemen, wie sie auch für Systeme der dritten Generation (FPLMTS) erwartet wird. Die Vor- und Nachteile beider Lösungen sind bereits behandelt worden.

6. Lizensierung nach einem der o. g. Modelle (1., 2., 3.) im DECT-Band für eine Einführungsphase (in der zunächst nur mit geringer Belastung gerechnet wird) mit der Option, später bei Bedarf ein Erweiterungsband für die gemeinsame oder (teilweise) getrennte Nutzung durch konkurrierende öffentliche Betreiber zur Verfügung zu stellen.

Aus der Vielzahl der genannten Möglichkeiten erscheint die letztgenannte Lösung unter den bestehenden Randbedingungen als pragmatisch und am ehesten gangbar.

5.15 DECT-Abkürzungsverzeichnis

APB	Adaptive Backward Prediction	FEC	Forward Error Correction
AQB	Adaptive Quantization Backward	FSK	Frequency Shift Keying
		FT	Fixed Radio Termination
ADPCM	Adaptive Differential Pulse Code Modulation	GMSK	Gaussian Minimum Shift Keying
ARQ	Automatic Repeat Request	GP	Guard Period
BER	Bit Error Ratio	GSM	Global System for Mobile Communications
BMC	Broadcast Message Control	HO	Handover
BSC	Base Station Controller	IRC	Idle Receiver Control
CBC	Connectionless Bearer Control	ISDN	Integrated Services Digital Network
CeBIT	Centrum Büro Information Telekommunikation	ISO	International Organization for Standardization
CCITT	Comité Consultatif International des Télégraphique et Téléphonique	LAN	Local Area Network
		LLME	Lower Layer Management Entity
CEPT	Conference of European Posts and Telecommunications Administration	LMS	Least Mean Square
		LOS	Line Of Sight
CIR	Carrier Interference Ratio	MAC	Medium Access Control
CMC	Connectionless Message Control	MAHO	Mobile Assisted Handover
C-Plane	Control-Plane	MBC	Multiple Bearer Control
CRC	Cyclic Redundancy Check	MCHO	Mobile Controlled Handover
CT	Cordless Telephone	MSC	Mobile Services Switching Center
DBC	Dummy Bearer Control	MSK	Minimum Shift Keying
DCA	Dynamic Channel Allocation	NLOS	Non Line Of Sight
DCS	Dynamic Channel Selection	NSH	Non Seamless Handover
DECT	Digital European Cordless Telecommunications	NWK	Network Layer
		OSI	Open Systems Interconnection
DLC	Data Link Control	PABX	Private Automatic Branch Exchange
DSP	Digital Signal Processor		
ETSI	European Telecommunications Standards Institute	PAM	Pulse Amplituden Modulation
		PCM	Pulse Code Modulation
FCA	Fixed Channel Allocation	PDU	Protocol Data Unit
FDMA	Frequency Division Multiple Access	PER	Packet Error Ratio

PHL	Physical Layer	SH	Seamless Handover
PT	Portable Radio Termination	TBC	Traffic Bearer Control
RFP	Radio Fixed Part	TDD	Time Division Duplex
RSSI	Radio Signal Strength Indicator	TDMA	Time Division Multiple Access
SAP	Service Access Point	U-Plane	User-Plane

6 Integration des DECT-Systems in GSM/DCS1800-Zellularnetze

Unter Mitwirkung von Holger Hussmann und Christian Plenge

Dieses Kapitel stellt Konzepte zum Anschluß von DECT-Systemen an das GSM-Festnetz vor. Die DECT-Festnetzseite ist im Standard nicht spezifiziert, sondern herstellerabhängig.

DECT- und GSM-Protokolle haben die Aufgaben, eine Verbindung aufzubauen, zu betreiben und wieder abzubauen *(Call Control)* bzw. die Mobilität der Mobilstationen zu unterstützen *(Mobility Management)*.

Eine *Interworking Unit* (IWU) ist in allen DECT-Systemen vorgesehen, um eine Verbindung mit externen Systemen herzustellen. Deshalb wird vorausgesetzt, daß die Hersteller ein geeignetes Protokoll, entsprechend dem BSSAP-Protokoll im GSM-Netz, zwischen dem *DECT Fixed System* (DFS) und der IWU zur Verfügung stellen, um die Protokolle *Mobility Management* (MM) und *Call Control* (CC) des DECT-Systems zu übertragen, vgl. Kap. 3.5, Band 1. Deshalb wird auf diese beiden Protokolle und deren Umsetzung besonderer Wert gelegt. Die Umsetzung erfolgt mit Hilfe einer Interworking-Funktion [28].

Dazu ist die Aufteilung der Funktionen zwischen DECT und GSM wichtig, bzw. eine Regelung, welche Funktionen die DECT-Festnetzseite selbständig durchführt und welche Funktionen die GSM-Benutzerverwaltung leisten muß. Alle vom GSM-Netz benötigten Daten müssen von der IWU so geliefert werden, daß das GSM-Netz mit der IWU wie mit einem BSS kommuniziert. Daraus folgt, daß die IWU auf der GSM-Seite ein BSS mit allen Protokollen und Timern simulieren muß und die im DECT-System benutzten Protokolle MM und CC bzw. die entsprechenden GSM-Protokolle ineinander umsetzen muß. Dafür benötigt die IWU entsprechende Informationen, die vom DECT-System geliefert werden müssen. Auf der DECT-Seite muß die IWU so beschaffen sein, daß sie alle vom GSM-Netz benutzten Protokolle in die entsprechenden DECT-Protokolle umsetzt. Auf der GSM-Seite gilt entsprechendes.

6.1 Ansätze zur Integration von DECT in das GSM900/1800

6.1.1 Schnittstelle DECT–GSM

Die Verbindung zweier Systeme erfolgt über Schnittstellen. Von besonderem Interesse ist hier der Anschluß einer Interworking Unit von DECT an das GSM. Zu berücksichtigen ist, daß die bestehenden Standards von GSM und DECT nicht verändert werden sollen und der Anschluß mit möglichst geringem Aufwand durchzuführen sein soll. Dazu werden verschiedene GSM-Schnittstellen untersucht.

U_m-**Funkschnittstelle:** Die Funkschnittstellen von DECT und GSM sind verschiedenartig aufgebaut. Neben verschiedenen Trägerfrequenzen sind auch die Kanalstruktur und die Sprachcodierung sowie die Protokollstruktur der Systeme unterschiedlich. Eine gemeinsame Funkschnittstelle von DECT und GSM ist nicht möglich, da beide Systeme an der Funkschnittstelle fest spezifiziert sind. Dies ist auch nicht erwünscht, weil der Vorteil von DECT gegenüber GSM im lokalen Bereich gerade aus dieser unterschiedlichen Funkschnittstelle herrührt. Um die Vorteile der Integration von DECT in das GSM sinnvoll nutzen zu können, müssen die Frequenzen und die dynamische Kanalvergabe von DECT benutzt werden.

A_{bis}-**Schnittstelle:** Das BSS ist eine logische Einheit, bestehend aus mehreren BTS und einem BSC, wobei BTS und BSC über die A_{bis}-Schnittstelle miteinander verbunden sind, vgl. Abb. 3.1, Band 1. Das BSC steuert verschiedene

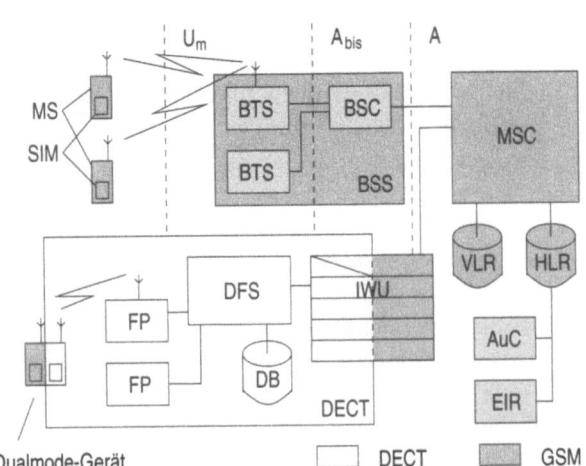

Abbildung 6.1: DECT-Anbindung an die GSM-A-Schnittstelle

6.1 Ansätze zur Integration von DECT in das GSM900/1800 219

Funktionen des BTS wie Funkkanalverwaltung, Reihenfolge des Frequenzwechsels und Handover-Funktionen über die A_bis-Schnittstelle. Aufgrund der verschiedenartigen Kanalzugriffsverfahren und Kanalstrukturen können diese Informationen vom DECT-System nicht bearbeitet werden, und vom BSC benötigte Steuerinformationen werden von DECT nicht geliefert. Deshalb ist auch diese Schnittstelle für eine Verbindung von DECT und GSM nicht geeignet.

A-Schnittstelle: Über die A-Schnittstelle zwischen MSC und BSC werden keine Steuerinformationen für die Funkschnittstelle übertragen. Daten, die durch die Netzschicht übertragen werden, gehören zu den Protokollen CM, MM und BSSAP, die für den Verbindungsaufbau und das Routen zuständig sind, vgl. Abb. 3.29, Band 1. Die Übertragung der Daten erfolgt über PCM-30-Systeme nach ISDN-Standard (ITU-T-Serie G.732), die 15 vollduplex B-Kanäle mit zusammen 2,048 Mbit/s zur Verfügung stellen. Weiterhin gibt es einen Signalisier- und einen Synchronisationskanal (je 64 kbit/s).

DECT übernimmt an der Funkschnittstelle den dynamischen Funkkanalzugriff und die Intrazell-Handoversteuerung selbständig durch die Mobilstation. Die Informationen, die von DECT über eine Interworking Unit in externe Netze wie GSM übertragen werden müssen, betreffen die Signalisierprotokolle CC und MM, sowie die Übertragung der Benutzerdaten. Die Benutzerdaten sind digitale Sprachdaten, die in DECT ADPCM-codiert und in GSM an der Funkschnittstelle RPE-LTP-codiert sind, oder Daten von rechnergestützten Anwendungen.

Eine Interworking Unit hat an der A-Schnittstelle folgende Aufgaben:

Umsetzung der Protokolle CC und MM: Die Protokolle Call Control (CC) und Mobility Management (MM) sind in DECT und GSM von den Aufgaben beim Verbindungsauf- und abbau sowie bei den Funktionen zur Unterstützung der Mobilität vergleichbar. Die Umsetzung der Protokolle in der IWU bedeutet, die Inhalte der versendeten Nachrichten in die Syntax des jeweils anderen Protokolls umzusetzen.

Umsetzung von Sprache und Daten: DECT überträgt Sprache ADPCM-codiert mit 32 kbit/s. Das GSM-Netz codiert die Daten an der Funkschnittstelle nach RPE-LTP mit 13 kbit/s. Hinter einem Umcodierer (*Transcoder/Rate Adaptor Unit*, TRAU), vgl. Abschn. 3.2.1.2, Band 1, werden die Sprachdaten nach ISDN-Standard mit 64 kbit/s übertragen. Die Sprachdaten müssen entsprechend dem Standort der TRAU von 32 kbit/s auf 13 kbit/s (vor der TRAU) oder 64 kbit/s (nach der TRAU) umgesetzt werden. Dieses Problem wird in Abschn. 6.2.2 genauer behandelt. Die Umsetzung der Daten vom Format an der DECT-

Funkschnittstelle auf im ISDN übliches Format ist an der A-Schnittstelle, ähnlich wie für das GSM, durchzuführen und betrifft das GSM nicht.

Offenbar ist die A-Schnittstelle besonders geeignet für die Verbindung von DECT und GSM-Festnetz. Sie wird im DECT Reference Document [33] und auch in verschiedenen anderen Veröffentlichungen als Referenzschnittstelle angeführt [143, 4, 7]. Diese Ausführung ist in Abbildung 6.1 dargestellt.

Andere vorhandene GSM-Schnittstellen: Als weitere Schnittstelle wird die E-Schnittstelle zwischen zwei MSCs kurz diskutiert. Über diese Schnittstelle werden sicherheitsrelevante Daten, wie Datensätze zur Authentisierung, übertragen, die RAND und SRES enthalten. Diese Daten dürfen das Netz eines Betreibers nicht verlassen und nicht über eine private Nebenstellenanlage hinweg übertragen werden. Neben den sicherheitsrelevanten Problemen kann DECT nicht die Benutzerverwaltung eines MSC übernehmen oder diese ersetzen. Diese Schnittstelle ist für den DECT-Anschluß an GSM deshalb nicht geeignet.

Alle anderen vorhandenen Schnittstellen im GSM-Netz sind ebenfalls nicht geeignet, da über sie keine Benutzerdaten bzw. Signalisierungsdaten übertragen werden.

Neue Schnittstelle zum MSC: Die ETSI prüft z. Z. die Möglichkeit, eine neue standardisierte Schnittstelle zum MSC zu definieren. Diese Schnittstelle wird angelehnt an ISDN sein und folgende Funktionen haben, vgl. Abb. 6.2:

Schicht 1: basiert auf ISDN Schicht 1.

Schicht 2: basiert auf ISDN LAPD.

Schicht 3: basiert auf dem bestehenden ISDN-DSS.1-Protokoll (nach ITU-T Q.931). Das DSS.1-Protokoll übernimmt die Funktionen der Verbindungssteuerung *(Call Control)*. Zusätzlich werden Funktionen zur Mobilitätsverwaltung *(Mobility Management)* benötigt. Diese Erweiterung des DSS.1-Protokolls um die Mobility-Management-Funktionen

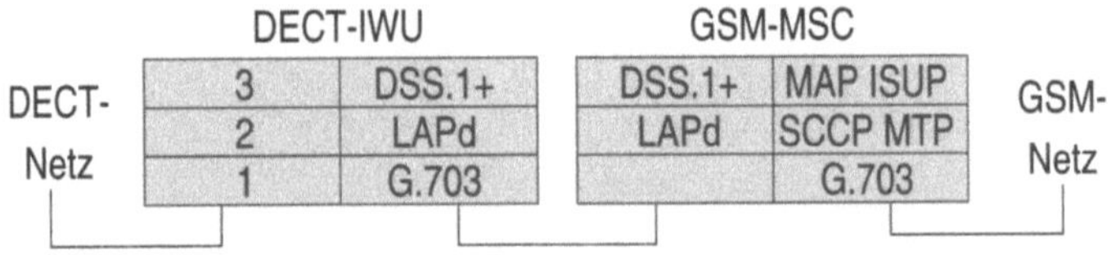

	DECT-IWU		GSM-MSC		
DECT-Netz	3	DSS.1+	DSS.1+	MAP ISUP	GSM-Netz
	2	LAPd	LAPd	SCCP MTP	
	1	G.703		G.703	

Abbildung 6.2: DSS.1+-Verbindung zwischen DECT und GSM

6.1 Ansätze zur Integration von DECT in das GSM900/1800   221

wurde bei ETSI 1994 erarbeitet. Das DSS.1+-Protokoll hat damit gute Chancen, ein Standard für die Integration von mobilen Kommunikationsnetzen an gemeinsamen Schnittstellen zu werden [129, 143, 4], vgl. Abb. 6.3.

6.1.2 Schichtenmodell und Protokolle

Die A-Schnittstelle ist eine gute Möglichkeit zur Verbindung von DECT mit GSM. Eine mögliche Interworking Unit an der A-Schnittstelle von GSM ergibt sich aus Abbildung 6.4.

Die Verbindungssteuerung wird im ISO/OSI-Schichtenmodell durch die Netzschicht (Schicht 3) wahrgenommen, die sämtliche Call-Control- und Mobility-Management-Dienste für die Verbindungssteuerung und Mobilitätsverwaltung erbringt.

GSM baut auf die in Schicht 1 und 2 des SS.7-Protokollstapels liegenden Protokolle SCCP und MTP und das Schicht-3-Protokoll BSSAP *(Base Station Subsystem Application Part)* auf. BSSAP ist das unterste Schicht-3-Protokoll und unterstützt alle höheren Protokolle. Dies sind *Mobility Management* (MM) und *Call Management* (CM), wobei eine MM-Verbindung bestehen muß, um eine CM-Nachricht zu übertragen. Das CM besteht aus drei parallelen Instanzen: *Call Control* (CC), *Short Message Service* (SMS) und *Supplementary Services* (SS), vgl. Abschn. 3.5, Band 1.

Die Netzschicht in DECT-System, oberhalb der *Data Link Control* (DLC)-Schicht, korrespondiert in der Interworking Unit mit der GSM-Netzschicht, vgl. Abb. 6.4. Die *Link Control Entity* (LCE) als unterste Teilschicht der Schicht 3, liegt oberhalb der DLC-Teilschicht, welche die Schicht-3-Nachrichten gegen Übertragungsfehler sichert. Neben den in Abb.6.4 gezeigten Schicht-3-Diensten CC und MM sind noch die *Call Independent Supplementary Services* (CISS), *Connection Oriented Message Service* (COMS) und *Connectionless Message Service* (CLMS) zu erwähnen.

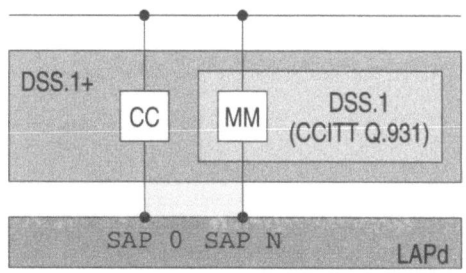

Abbildung 6.3: Das DSS.1+-Protokoll

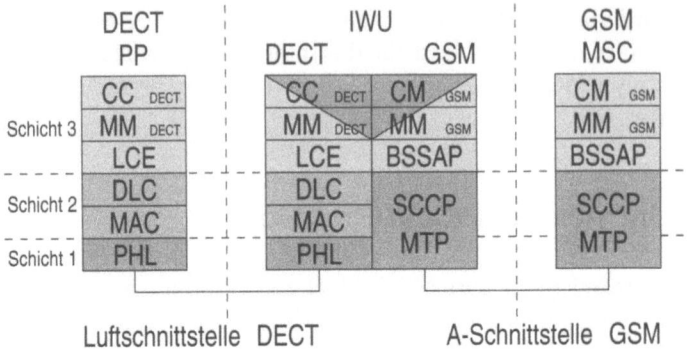

Abbildung 6.4: Schichten eines Verbundes GSM-DECT

Die Interworking Unit muß auf jeder ihrer zwei Seiten mit den vorgeschriebenen Protokollen arbeiten, die sie intern umsetzt. In einer ersten Phase werden nur die Signalisierungsdaten zum Verbindungsauf- und abbau, sowie die Mobilitätsverwaltungsdaten umgesetzt. Geplant ist ein Ausbau der Funktionen der Interworking Unit auf sämtliche Zusatzdienste *(Supplementary Services)* von GSM.

6.1.3 Verwaltung der Benutzerdaten

Beim Zusammenspiel zweier Systeme müssen die jeweiligen Aufgaben festgelegt werden, um ihre Möglichkeiten zu berücksichtigen, bestimmte Aufgaben zu erfüllen.

Damit ein Dualmode-Gerät nach DECT und GSM-Standard arbeiten kann, muß die Mobilstation durch einen geeigneten Algorithmus unterscheiden, welcher Modus gewählt wird. Dies geschieht durch periodischen Empfang von DECT- und GSM-Frequenzen. Die Entscheidung, welches System benutzt wird, liegt dezentral bei der Mobilstation, wobei die Priorität auf einer Verbindung über DECT liegt, soweit die MS sich in einem DECT-Versorgungsgebiet befindet. Wechselt die Mobilstation den Aufenthaltsbereich, dann teilt sie das selbständig dem Netz (DECT oder GSM) mit.

Das Netz ist für die Benutzerverwaltung und die Mobilitätsverwaltung der Teilnehmer zuständig. Wie die Benutzerverwaltung in DECT genau realisiert wird, hängt von der Auslegung des DECT-Systems im einzelnen ab. Zur Aufgabenverteilung in der Benutzerverwaltung werden drei grundsätzliche Systeme betrachtet.

6.1 Ansätze zur Integration von DECT in das GSM900/1800

DECT-Systeme ohne Benutzerverwaltung sind die vom Aufbau her einfachsten Systeme. Die Mobilstationen (PP) werden von einer oder mehreren Feststationen (FP) versorgt, die mit einer Steuerung (DFS) ohne Benutzerverwaltung verbunden sind, vgl. z. B. Abb. 5.2. Alle Daten werden über eine Interworking Unit und die A-Schnittstelle an das MSC gesendet, vgl. Abb. 6.4. Dort findet die Benutzerverwaltung der DECT-Mobilstationen in den Dateien HLR, VLR des GSM statt, in denen auch die GSM-Mobilstationen verwaltet werden.

Vorteile: Die Ausdehnung der GSM-Benutzerverwaltung auf das DECT-System vereinfacht das DFS. Diese Lösung ist für die Betreiber von GSM-Netzen interessant, weil sie mit geringem Aufwand DECT-Indoorsysteme anschließen können und ihre vorhandenen GSM-Betriebsmittel ggf. besser auslasten können.

Nachteile: Alle einfachen DECT-Geräte und Dualmode-Geräte müssen von der Benutzerverwaltung des GSM-Netzes verwaltet werden, wo auch Daten über den aktuellen Aufenthaltsbereich verwaltet werden müssen. Das bedeutet einen erhöhten Verarbeitungs- und Signalisieraufwand für GSM.

DECT-Systeme mit begrenzter Benutzerverwaltung verfügen über eine Steuerung (DFS) mit integrierter Benutzerverwaltung, in der alle DECT-Mobilstationen verwaltet werden. Die Dualmode-Geräte werden über die Interworking Funktion und die A-Schnittstelle hinweg vom GSM verwaltet. Die Verwaltung der Dualmode-Geräte entspricht der Verwaltung der GSM-Mobilstationen im GSM-Netz.

Vorteile: Die DECT-Mobilstationen unterliegen einer DECT-internen Benutzerverwaltung, was zu einer Entlastung der Signalisierung zwischen GSM und DECT führt. Die GSM-Betriebsmittel im Festnetz werden von den DECT-Mobilstationen nicht belastet.

Nachteile: Die DECT-Benutzerverwaltung muß in das DFS integriert werden; die sicherheitsrelevanten Dateien müssen vor unberechtigtem Zugriff geschützt werden. Für den Verbindungsaufbau und die Authentisierung muß zwischen einem DECT-Gerät und einem Dualmode-Gerät im DECT-Modus unterschieden werden.

DECT-Systeme mit vollständiger Benutzerverwaltung verwalten alle im Versorgungsgebiet befindlichen DECT- und Dualmode-Geräte.

Vorteile: Das GSM ist weitestgehend von der Verwaltung der Dualmode-Geräte entlastet. Diese sind im GSM-VLR gespeichert, wobei der im

VLR gespeicherte Aufenthaltsbereich dem DECT-Versorgungsgebiet entspricht. Durch eine eigene und vollständige Benutzerverwaltung in DECT ist eine Abgrenzung zu anderen externen Systemen wie GSM gewährleistet. Das bedeutet, daß dieses System eine eigenständige Nebenstellenanlage darstellt, die durch die Wahl einer geeigneten Interworking Unit an jedes offene System angeschlossen werden kann.

Nachteile: Ein eigenständiges System braucht eine eigene Benutzerverwaltung. Trotzdem muß eine Verbindung zum GSM für die Dualmode-Geräte hergestellt werden, um sie für Gespräche authentisieren zu können. Das GSM sieht das DECT-System hinter der Interworking Unit als GSM-Feststationssystem (BSS) an. Folgerichtig wird die mobile Vermittlungsstelle (MSC) in GSM kein Gespräch von einer Mobilstation zulassen, die nicht vorher authentisiert wurde. In diesem Fall muß jedes Dual-Mode-Gerät vom DECT-System beim GSM-Netz angemeldet und authentisiert werden.

Die Selbständigkeit der Nebenstellenanlage, die ihre Teilnehmer selber verwaltet, ist ein entscheidender Vorteil. Die DECT-interne Benutzerverwaltung ermöglicht, ein DECT-System, das über eine Interworking Unit an beliebige Telekommunikationsnetze angeschlossen werden kann. Der Anschluß an das GSM ist ein Sonderfall und wird entsprechend behandelt. GSM übernimmt die globale Benutzerverwaltung bei weiträumigem Roaming, die von DECT aus nicht möglich ist.

6.1.4 Sicherheitsanforderungen

6.1.4.1 Numerierung

Das Gesamtsystem sollte nur eine einzige Rufnummer innerhalb und außerhalb des DECT-Versorgungsbereiches erfordern. In DECT gibt es sieben verschiedene Möglichkeiten, um einer Mobilstation eine Identität zuzuweisen.

IMSI↔IPUI: Wie aus Abb. 6.5 ersichtlich, wird für DECT eine *International Portable User Identity* (IPUI) Typ R benutzt. Sie besteht aus einem Typbezeichner (*Portable User Type*, PUT) mit 4 bit Länge und der *Portable User Number* (PUN). Die PUN besteht aus 60 bit und beinhaltet eine GSM-konforme Identitätsnummer *IMSI*. Mit dieser *IMSI* kann das Dualmode-Gerät über GSM erreicht werden, vgl. Abschn. 3.2.1.1, Band 1. Bei Eintritt in den DECT-Versorgungsbereich benutzt DECT den IPUI Typ R und benutzt dafür dieselbe IMSI.

6.1 Ansätze zur Integration von DECT in das GSM900/1800

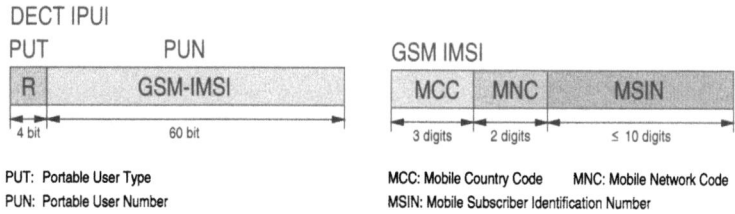

Abbildung 6.5: Vergleich von IMSI und IPUI

TMSI↔TPUI: In GSM wird der Mobilstation eine temporäre Rufnummer TMSI zugeteilt. Diese Rufnummer ist im VLR gespeichert und wird benutzt, um eine Mobilstation anzusprechen. Sie kann auch unter DECT verwendet werden. Die TMSI wird dabei als eine vom DECT-System festgelegte Identität für die Mobilstation angesehen. Ein Element in DECT erlaubt die Aufnahme der GSM-TMSI: Das weiter unten beschriebene *Network Assigned Identity* Element nimmt die TMSI mit maximal vier Oktetts (Oktett 5–8) auf, wenn der Typ in Oktett 3 mit 1110100 zu einer GSM *Temporary Mobile Subscriber Identity* deklariert wurde. Die TMSI wird im DECT-System zu einer *Temporary Portable User Identity* (TPUI) [36].

IMEI↔IPEI: Problematisch ist die Identifizierung der Dualmode-Geräte mittels der Gerätekennung. DECT und GSM benutzen bei der IMEI (GSM), vgl. Abschn. 3.2.1.4, Band 1, und der *International Portable Equipment Identity* IPEI (DECT) zwei unterschiedliche Strukturen. In GSM besteht die Gerätenummer aus einer 15stelligen Zahl, die sich aus *Type Approval Code* (TAP), *Final Assembly Code* (FAC) und der Seriennummer zusammensetzt. Im Gegensatz zur IMEI besteht die IPEI aus 36 bit. Die ersten 16 bit enthalten den *Equipment Manufacturers Code* (EMC), gefolgt von der 20 bit langen *Portable Equipment Serial Number* (PSN).

Location Area Codes: Ein DECT-System kann von GSM als ein Aufenthaltsbereich angesehen werden. Es ist möglich, innerhalb eines DECT-Systems

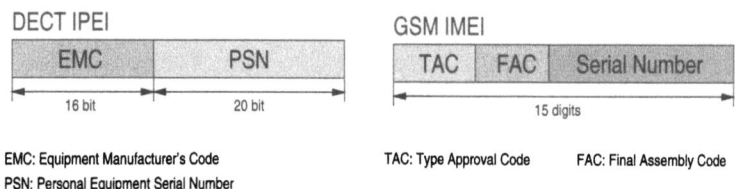

Abbildung 6.6: Vergleich von IMEI und IPEI

mehrere Aufenthaltsbereiche zu unterscheiden, wobei sich die DECT-Aufenthaltsbereiche nicht über die GSM-Aufenthaltsbereichsgrenzen hinaus erstrecken dürfen [143]. Dadurch wird ein unnötiger Aktualisierungsverkehr im GSM vermieden. Die Location Areas besitzen eine eigene Kennung, die kontinuierlich ausgesendet wird. Diese Kennung ist der *Location Area Code* (LAC) in GSM. Innerhalb von DECT kann ein LAC entsprechend dem GSM LAC an die DECT Location Areas vergeben werden. Ein Transport des LAC erfolgt mit dem Location Area Element, daß auch für den Transport eines GSM LAC vorgesehen ist. DECT benutzt deshalb einen LAC nach GSM.

6.1.4.2 Verschlüsselung

Die Codierung auf dem GSM-Funkkanal beginnt in der Mobilstation und endet in der BTS oder BSC, vgl. Abb. 3.1, Band 1. An der A-Schnittstelle werden keine verschlüsselten Daten übertragen. Der Codierungsschlüssel wird im MSC und in der MS errechnet, vgl. Abschn. 3.13, Band 1, und die Verschlüsselung in drei Schritten stufenweise gestartet. DECT verschlüsselt seine Daten auf dem Funkkanal selbständig und benötigt dazu keine äußere Steuerung.

Bei der Verbindung von DECT und GSM an der A-Schnittstelle ist es für das DECT-System nicht notwendig, daß eine Aufforderung zum Verschlüsseln eingeht. Die MSC versucht jedoch, den GSM-Richtlinien entsprechend eine Verschlüsselung zu initiieren. Eine Interworking Unit muß darauf entsprechend reagieren, um das MSC nicht zu einem Verbindungsabbruch zu veranlassen.

Folgende Maßnahmen sind möglich:

Änderung der MSC-Steuerung: Durch eine Änderung der Software in der MSC kann sie erkennen, an welchen A-Schnittstellen ein DECT-System angeschlossen ist. In einem solchen Fall wird keine Verschlüsselung vom MSC gestartet. Diese Möglichkeit erfordert eine Änderung im GSM.

Ablehnung der Verschlüsselung: Die Verschlüsselung wird durch die BSSMAP-Nachricht Cipher_Mode_Command vom Netz gestartet, vgl. Abb. 3.83 in Band 1. Gegebenenfalls kann die Interworking Unit eine Verschlüsselung mit Cipher_Mode_Reject ablehnen. Als Begründung wird Ciphering_Algorithm_not_supported gesendet, wodurch das BSS im Regelfall anzeigt, daß die Verschlüsselung nicht durchgeführt werden kann. Da das BSS von einer Interworking Unit ersetzt wurde, kann diese eine entsprechende Antwort senden.

Verschlüsselung eines imaginären Funkkanals: Erhält die IWU über die A-Schnittstelle ein GSM-BSSMAP_Cipher_Mode_Command, kann sie eine

6.1 Ansätze zur Integration von DECT in das GSM900/1800

DECT-MM_Cipher_Request-Nachricht an die DECT-Mobilstation weiterleiten. Diese Aufforderung wird von dieser mit einer verschlüsselten Nachricht beantwortet. Nach Erhalt der ersten verschlüsselten Nachricht kann die IWU der MSC die Antwort GSM-BSSMAP_Cipher_Mode_Complete schicken. Damit wird dem Netz bestätigt, daß die Funkschnittstelle codiert ist, wobei das DECT-System seine internen Verschlüsselungsmechanismen benutzt.

6.1.4.3 Authentisierung

Die Authentisierung der Dualmode-Geräte muß für GSM und für DECT gewährleistet sein. Beide Systeme benutzen verschiedene Verfahren für die Authentisierung. Gemeinsam ist beiden eine Smart-Card, auf der Informationen sowie Algorithmen für die Identifizierung gespeichert sind. DECT benutzt eine beidseitige Authentisierung, bei der sich die Mobilstation und das Netz authentisieren müssen. Bei GSM wird nur eine Authentisierung der Mobilstation durchgeführt. Bei einer Verbindung der beiden Systeme DECT und GSM ist es wünschenswert, die Authentisierung für beide Systeme mit Hilfe einer geeigneten Smart-Card auszuführen. Zwei Möglichkeiten sind zu vergleichen: Die Benutzung des SIM von GSM auch für DECT, oder die Benutzung des DAM von DECT auch für GSM. Beide Methoden werden hier vorgestellt:

DECT-Authentisierung mittels SIM Das *Subscriber Identity Module* (SIM) des GSM, vgl. Abschn. 3.2.1.1, Band 1, kann unter folgenden Voraussetzungen für die DECT-Authentisierung eingesetzt werden:

- Das *Fixed Terminal* (FT) des DECT-Systems muß wissen, daß eine GSM-Authentisierung im Dualmode-Gerät durchgeführt werden soll. Dazu werden DECT-Verschlüsselungsalgorithmen für den Funkkanal und DECT-Protokolle benutzt.

- Die Standardlängen aller benutzten DECT-Authentisierungsparameter werden benutzt. Die Parameter RS, RAND F und DCK haben die Länge von 64 bit, RES 1 besteht aus 32 bit.

- Die Authentisierung von SIM und DAM *(DECT Authentification Module)* werden von demselben Kommando RUN_GSM_ALGORITHM aufgerufen.

- Das Protokoll und die Schnittstelle zwischen DAM und dem DECT *Portable Part* (PP) sind identisch mit dem im GSM-Netz korrespondierenden Protokoll und der Schnittstelle zwischen SIM und GSM-Mobilstation, vgl. Abb. 3.80, 3.81, Band 1, und 6.7.

- Es darf kein *Session Key* (SK) in DECT verwendet werden.

Der PP-Prozessor beginnt eine Authentisierung mit einem dem RUN_GSM_-Algorithm ähnlichen Kommando. Dabei werden RS (64 bit) und RAND F (64 bit) seriell vom SIM eingelesen und dort als RAND (128 bit) interpretiert. Das SIM führt die GSM-Algorithmen A3 und A8 durch. Die Ergebnisse SRES (32 bit) und Kc (64 bit) werden ausgegeben und als RES 1 (32 bit) und DCK (64 bit) interpretiert und als solche auch im DECT-System verwendet.

GSM-Authentisierung mittels DAM Eine andere Möglichkeit der Authentisierung ist die Verwendung des DAM für eine GSM-Authentisierung. Dualmode-Geräte, die sich außerhalb eines DECT-Bereiches aufhalten, müssen im GSM authentisiert werden können. Eine Möglichkeit, das DAM für eine Authentisierung in GSM zu benutzen ist vorgesehen. Dazu müssen folgende Voraussetzungen erfüllt sein:

- Die Netzseite von GSM muß wissen, daß eine DECT-Authentisierung durchgeführt wird. Dabei benutzt das Dualmode-Gerät die GSM-Protokolle und die GSM-Codierung auf dem Funkkanal. Der Authentisierungsschlüssel K muß im GSM-Netz bekannt sein.

- Es werden nur die Standardlängen der DECT-Parameter benutzt. Das sind 64 bit für RS, RAND F und DCK und 32 bit für RES 1.

- Die Authentisierung von SIM und DAM werden von derselben Prozedur aufgerufen.

- Das Protokoll und die Schnittstelle zwischen DAM und dem DECT Portable Part sind identisch mit dem entsprechenden Protokoll und der Schnittstelle im GSM zwischen SIM und GSM-Mobilstation.

Der Prozessor in der GSM-Mobilstation benutzt Run_GSM_Algorithm, um die Authentisierung zu starten. Dabei wird die Zahl RAND (128 bit) seriell ins DAM eingelesen, wobei die ersten 64 bit als RS und die nächsten 64 bit als RAND F

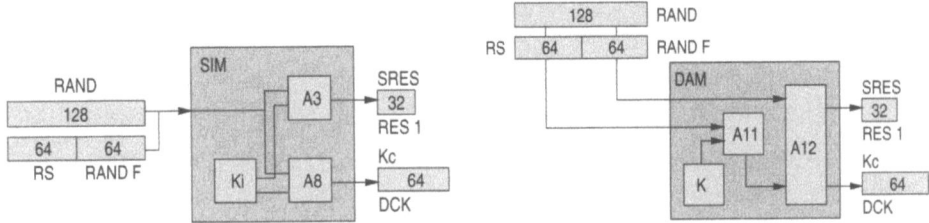

Abbildung 6.7: Authentisierung in DECT mittels SIM

Abbildung 6.8: Authentisierung in DECT mittels DAM

6.1 Ansätze zur Integration von DECT in das GSM900/1800

angesehen werden, vgl. Abb. 6.8. Das DAM führt die DECT-Berechnungen durch und erhält RES 1 (32 bit) und DCK (64 bit). RES 1 wird als SRES und DCK als Kc interpretiert und als solches auch im GSM-Netz verwendet.

In der Praxis wird die erste Methode, also die Authentisierung mit dem GSM-SIM für DECT verwendet [7]. Dabei müssen die oben beschriebenen Voraussetzungen erfüllt werden.

6.1.5 Handover

Handover sind unproblematisch, solange sie innerhalb eines Systems (GSM-intern bzw. DECT-intern) stattfinden.

GSM zu GSM: GSM steuert den Handover vom BSS aus, vgl. Kap. 3.6, Band 1. Von Interesse ist hier nur der Inter-BSC-Handover, da er auf MSC-Ebene zwischen verschiedenen BSCs bzw. zu einem DECT-Versorgungsgebiet umschalten kann. Die Pegel der Mobilstationen werden gemessen und bewertet. Weitere Informationen erhält das Netz aus entsprechenden Empfangspegelwerten, die von der Mobilstation ans Netz übermittelt werden. Bei einem zu niedrigen Pegel sendet das BSS ein Handover_Required an die MSC, vgl. Abb. 6.9 (und 3.52, Band 1). Von dort erfolgt ein Handover_Request zu der neuen BSS, die mit Handover_Request_Acknowledge antwortet. Während dieses Vorgangs wird eine Handover-Referenznummer vereinbart, anhand derer die Mobilstation vom neuen BSS erkannt wird und das richtige Gespräch zugewiesen bekommt. Nun sendet das MSC den Handover_Command an das alte BSS und von dort an die Mobilstation. Diese meldet sich darauf

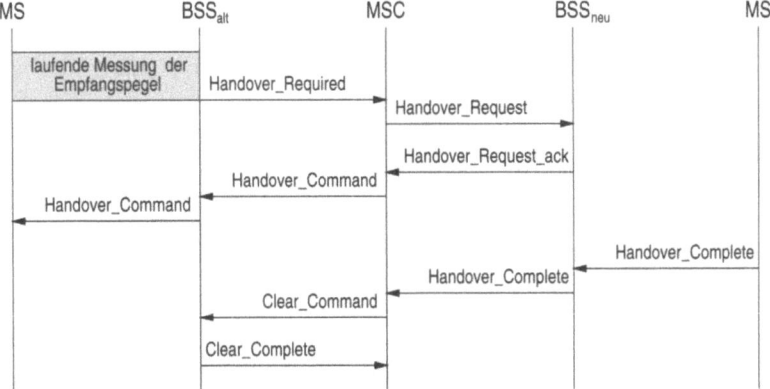

Abbildung 6.9: Inter-BSC-Handover bei GSM

mit **Handover_Complete** und der oben vereinbarten Referenznummer bei den neuen BSS. Das neue BSS schickt ein **Handover_Complete** ans MSC weiter, das daraufhin die alte Verbindung mittels **Clear_Command** abbaut. Das alte BSS bestätigt dies mit einem **Clear_Complete**.

DECT zu DECT: DECT benutzt einen dezentralen Algorithmus, der von der Mobilstation gesteuert wird. Die DECT-Mobilstation vergleicht die Empfangspegel der empfangbaren Feststationen und wechselt, sobald erforderlich, zur Feststation mit höherem Pegel. Der Ablauf erfolgt durch den Aufbau einer neuen Verbindung zur neuen Feststation. Wenn die neue Verbindung besteht, wird das Gespräch von der alten auf die neue Verbindung umgeleitet und die alte Verbindung abgebaut. Die Handoverabwicklung im DECT-System muß laufende Gespräche über eine neue Feststation und die neu aufgebaute Verbindung schicken können, ohne daß Daten verloren gehen. Eine entsprechende Umschaltung von der alten auf die neue Verbindung muß auch in der DECT-Mobilstation erfolgen. Bei einem Wechsel in einen neuen Aufenthaltsbereich muß der Wechsel der DECT-Steuerung (DFS) mitgeteilt werden.

Bei einer Verbindung von DECT und GSM treten auch Handover zwischen den Systemen auf. Zu berücksichtigen sind zwei Fälle:

GSM zu DECT: Ein Handover von GSM zu DECT ist nur möglich, wenn die GSM-Verbindung eine ausreichend hohe Qualität hat. Das Dualmode-Gerät erstellt eine Verbindung zu DECT und teilt den Handover-Wunsch mit. Weiterhin muß das BSS im GSM, das über Handover entscheidet, zu einem Handover veranlaßt werden. Eine Möglichkeit hierzu ist das Melden schlechter Empfangspegel von der Mobilstation an das Netz. Hat das BSS die Durchführung eines Handovers entschieden, läuft der Handovervorgang ab, wie in Abb. 6.9 dargestellt. Sobald die GSM-Mobilstation vom alten BSS das **Handover_Command** erhält, meldet es sich als DECT-PP im DECT-System. Nun muß die IWU von DECT ein **Handover_Complete** an die GSM-MSC schicken, damit die alte Verbindung gelöst wird. Eine Möglichkeit, dies der IWU mitzuteilen, besteht mittels des **IWU_Packet**-Elements. Die IWU erkennt den durchgeführten Handover und meldet dies dem GSM. Die GSM-MSC schaltet die Verbindung auf das neue BSS um, das hier von einer DECT-IWU ersetzt wurde.

DECT zu GSM: Ein Handover von DECT zu GSM erfolgt bei Verlassen des DECT-Versorgungsbereichs. Da DECT eine geringere Reichweite hat, kann es durch Abschattung schneller zu einem Verbindungsabbruch kommen als in anderer Richtung, wenn kein rechtzeitiger Handover durchgeführt wird. Eine Verschlechterung des DECT-Empfangspegels muß daher vom Dualmode-Gerät erkannt werden, das daraufhin einen Handover bei der IWU anfordert.

6.1 Ansätze zur Integration von DECT in das GSM900/1800 231

Die IWU sendet daraufhin ein Handover_Required an die MSC. Der weitere Ablauf ist wie oben beschrieben. Nach einem Handover_Command vom MSC an die IWU sendet diese eine Nachricht an das Dualmode-Gerät, welches daraufhin auf den GSM-Mode umschaltet und ein Handover_Complete an das neue BSS sendet. Die Verbindung zu DECT wird dabei abgebaut.

Eine genauere Betrachtung der Handoversteuerung ist notwendig, um den Aufwand an Hard- und Software für Handover festzustellen.

Ungeklärt ist, ob der Handover über Systemgrenzen hinweg berücksichtigt werden sollte. Solche Handover sind keine zwingend notwendige Funktion [143] und bei ersten Implementierungen vorerst nicht eingeplant [7].

6.1.6 Vorbereitete DECT-Elemente zur GSM-Integration

In verschiedenen DECT-Meldungen wurde eine Verbindung mit dem GSM schon vorbereitet. Dies ist vorteilhaft, weil einige Meldungselemente in der IWU nicht mehr umgesetzt werden müssen, sondern ohne Bearbeitung vom GSM zur Mobilstation durchgereicht werden können. Dies sind im besonderen:

Auth-Type Element: Mit dem Auth-Type Element wird der Authentisierungsalgorithmus des DECT-Systems übergeben. Die Codierung 0000 0001 kennzeichnet den DECT Standard-Authentisierungsalgorithmus. Ein 0100 0000 kennzeichnet eine Authentisierung nach GSM-Standard. Das heißt, daß in Nachrichten, in denen das Auth-Type Element übertragen wird, auf den GSM-Standard-Algorithmus verwiesen werden kann. Diese Meldungen sind:

- MM_Authentication_Request
- MM_Authentication_Reject
- MM_Access_Rights_Request
- MM_Access_Rights_Accept

Identity Type Element: Es beschreibt den Typ der Identität, mit der eine Mobilstation vom Netz angesprochen wird. Dieses Element der Meldungen besteht aus 4 Oktetten. In Oktett 3 dieses Elements wird in den Bits 1–4 die Identitätsgruppe festgelegt. Für DECT-Systeme wird hier 0000 eingetragen, was *Portable Identity* bedeutet. In den Bits 1–7 im Oktett 4 ist danach der Typ festgelegt. 000 0000 bedeutet *International Portable User Identity* (IPUI), 001 0000 bedeutet *International Portable Equipment Identity* (IPEI) und 010 0000 bedeutet *Temporary Portable User Identity* (*TPUI*).

Für DECT-Systeme mit Verbindung zum GSM ist Identitätsgruppe 0001 in Oktett 3 vorgesehen, was auf die Gruppe *Network Assigned Identity* weist. Danach folgt eine 111 0100 in den Bits 1–7 von Oktett 4. Das bedeutet, daß die Mobilstation mit der GSM *Temporary Mobile Subscriber Identity* (TMSI) angesprochen wird. Der Identity Type wird in folgenden Meldungen benutzt:

- CC_Release_Complete
- MM_Identity_Request

IWU Attributes Element: Diese Informations-Elemente dienen dazu, um Kompatibilitäts-Informationen zwischen der Mobilstation und der Interworking Unit auszutauschen. Diese Informationen ermöglichen einen kompatiblen Datenaustausch zwischen Mobilstation und IWU mittels des IWU Packet Elements. Die Informationen sind für das DECT-System nicht relevant. Das DECT-System ist für dieses Element transparent.

Für GSM kann in Oktett 8 das GSM 04.06 LAPDm-Protokoll angegeben werden, das in den Bits 1–5 mit 1 0010 codiert ist und ein ISO-OSI-Schicht-2-Protokoll ist. Dieses Element wird in folgenden Meldungen benutzt:

- CC_Setup
- CC_Call_Complete
- MM_Identity_Request

IWU Packet Element: Die IWU Packet Elements können alle externen strukturierten oder unstrukturierten Daten aufnehmen und zwischen Mobilstation und Interworking Unit transportieren. Wenn die externen Datenmengen zu groß sind, um in einem IWU Packet Element transportiert zu werden, dann können diese Daten mit Hilfe des Segment Info Elements in mehrere IWU Packet Elements verteilt werden. IWU Packet wird als optionales Element in fast allen Meldungen verwendet. Zur Übertragung kann die IWU-Information-Meldung verwendet werden. Diese hat dann die alleinige Aufgabe, das IWU Packet Element zu transportieren.

IWU to IWU Element: In den IWU to IWU Elementen können alle Nachrichten transportiert werden, die nicht durch ein anderes DECT Element durchgeführt werden können. Wie auch beim IWU Packet können die Daten segmentiert werden. IWU to IWU wird als optionales Element in fast allen Meldungen verwendet. Zur Übertragung kann das IWU to IWU Element, wenn keine andere Meldung gesendet wird, an die IWU-Information-Meldung angehängt werden. Die IWU-Information-Meldung hat die Aufgabe, die IWU-Elemente zu transportieren.

Location Area Element: Mit dem Location Area Element wird die Identifikation eines Aufenthaltsbereichs übertragen. In Oktett 4 in den Bits 5–8 kann mit der Codierung 1111 die *GSM Location Information* übertragen werden. Diese besteht aus dem *Mobile Country Code* (MCC), dem GSM *Mobile Network Code* (MNC), dem *GSM Location Area Code* (LAC), vgl. Abb. 3.57, Band 1, und der *GSM Cell Identity* (CI). Die CI wird für externe Handover benötigt. Das Location Element wird (teilweise optional) in folgenden Meldungen transportiert:

6.2 Interworking Unit DECT-GSM 233

- CC_Information
- CC_Release_Complete
- MM_Access_Rights_Accept
- MM_Info_Accept
- MM_Info_Suggest

- CC_Setup_Acknowledge
- MM_Locate_Accept
- MM_Locate_Request
- MM_Info_Request

Network Assigned Identity Element: Mit diesem Element wird eine vom Netz festgelegte Identität übertragen. Bei einer Codierung 111 0100 der Bit 1–7 im dritten Oktett des Elements entspricht diese vom Netz benutzte Nummer der GSM *Temporary Mobile Subscriber Identity* (TMSI). Die Länge der TMSI sollte hierbei nicht länger als 4 Oktette sein. Dieses Element wird in folgenden Messages übertragen:

- CC_Information
- MM_Identity_Reply
- MM_Locate_Request
- MM_Info_Request
- MM_Temporary_Identity_Assign

- MM_Detach
- MM_Locate_Accept
- MM_Info_Accept
- MM_Info_Suggest

Portable Identity: Dieses Element überträgt eine eindeutige Identität der Mobilstation innerhalb von DECT. Die Identität kann durch einen Typ im Oktett 3 genauer deklariert werden. 000 0000 bedeutet IMSI, 001 0000 IPEI und 010 0000 TPUI. Diese oben genannten Identitäten können nach entsprechender Zuweisung den Nummern eines GSM entsprechen. Der Typ R der IPUI ist speziell zur Aufnahme einer GSM-IMSI ausgelegt. Die TPUI kann eine vom Netz festgelegte Identität annehmen, die einer TMSI von GSM entspricht.

Network Parameter Element: Mit diesem Informationselement werden Netzdaten übertragen, wie z.B. eine Handover Referenznummer, wie sie von GSM für einen Handover benötigt wird. Das Network Parameter Element wird innerhalb folgender Nachrichten übertragen:

- CC_Information
- MM_Info_Accept
- MM_Info_Suggest

- CC_Release_Complete
- MM_Info_Request

6.2 Interworking Unit DECT-GSM

Eine Interworking Unit verbindet zwei unterschiedliche Systeme setzt Protokolle und codiert Daten um. Die Interworking Unit zwischen DECT und GSM ist verantwortlich für die korrekte Umsetzung der Protokolle *Call Control* (CC) und *Mobility Management* (MM), die in den Signalisierungsphasen benutzt werden.

Daneben müssen die Sprachsignale der U-Plane umcodiert und die Datenübertragungsprotokolle der Funkschnittstelle korrekt abgeschlossen und ggf. umgesetzt werden.

6.2.1 Umsetzung der Signalisierungsnachrichten

DECT und GSM arbeiten mit ähnlichen Protokollen deren Protokolldateneinheiten (PDU) durch die Interworking Unit umgesetzt werden. Diese Umsetzung berücksichtigt Struktur und Inhalt der einzelnen Meldungen und bedingt ihren aufeinander abgestimmten schematischen Ablauf.

Es erfolgt ein Vergleich von Inhalt und Struktur der MM- und CC-Meldungen.

MM Prozeduren: Die einzelnen MM-Meldungen sind verschieden strukturiert, haben aber z. T. denselben Inhalt und ähnliche Funktionen. In Tab. 6.1 sind vergleichbare Meldungen aufgelistet. Sie dienen derselben Aufgabe und werden in einer Interworking Unit ineinander überführt, soweit möglich.

Die einzelnen Meldungen haben in ihren Systemen dieselben Funktionen zu erfüllen und werden bei einer Umsetzung ineinander überführt. Die GSM-Meldungen haben eine Struktur wie in Abb. 6.10 gezeigt. Die Struktur der DECT-Meldungen ist in Abb. 6.11 gezeigt. Der Kopf beider Meldungen besteht aus einem `Protocol Discriminator` (4 bit) und einem `Transaction Identifier` (4 bit). Danach folgt der Meldungstyp, der jedoch verschieden codiert ist. In Tab. 6.1 dienen nicht vergleichbare Meldungen systemspezifischen Funktionen und können nicht umgesetzt werden.

CC Prozeduren: Wie beim MM-Dienst gibt es Meldungen im Call-Control-Dienst, die vergleichbar sind, d. h. dieselben Aufgaben haben, vgl. Tab. 6.2.

Die einzelnen Meldungen lassen sich relativ einfach ineinander umsetzen, da sie sich inhaltlich gleichen und derselben Aufgabe dienen. Die Struktur ist aber auch hier unterschiedlich, vgl. Abb. 6.12 und Abb. 6.13. Auch hier gibt es Meldungen bei GSM und DECT, die sich auf systemspezifische Eigenschaften beziehen und nicht umgesetzt werden können.

Bei beiden Diensten und zugehörigen Protokollen (MM und CC) ist das Ziel zu beachten, daß sich die Funktionen von DECT auf die Funktionen von GSM beschränken sollten. Dies betrifft die Meldungen, die ausgehend vom Netz an die IWU gesendet werden. Probleme treten auf, wenn die Meldung von der IWU nicht in eine DECT-Meldung umgesetzt werden kann. Dies ist der Fall, wenn in den Tabellen 6.1 und 6.2 für eine GSM-Meldung (Netz-MS) keine entsprechende Partnermeldung existiert.

6.2 Interworking Unit DECT-GSM

Tabelle 6.1: Vergleich der MM-Meldungen GSM-DECT

GSM-Message	Richtung	DECT-Message	Richtung
Location_Update_Req.	MS-Netz	Locate_Request	PP-Netz
Location_Update_Acc.	Netz-MS	Locate_Accept	Netz-PP
Location_Update_Rej.	Netz-MS	Locate_Reject	Netz-PP
IMSI_Detach_Indication	MS-Netz	Detach	PP-Netz
Authentication_Request	Netz-MS	Authentication_Request	beide
Authentication_Response	MS-Netz	Authentication_Reply	beide
Authentication_Reject	Netz-MS	Authentication_Reject	beide
Identity_Request	Netz-MS	Identity_Request	Netz-PP
Identity_Response	MS-Netz	Identity_Reply	PP-Netz
TMSI_Realloc._Com.	Netz-MS	Temporary_Ident._Assign	Netz-PP
TMSI_Realloc._Compl.	MS-Netz	Temporary_Ident._Assign_Ack.	PP-Netz
MM_Status [1]	beide	Temporary_Ident._Assign_Rej.	PP-Netz
CM_Service_Request	MS-Netz	LCE	
CM_Service_Accept	Netz-MS	LCE	
CM_Service_Abort	MS-Netz	LCE	
CM_Service_Reject	Netz-MS	LCE	
CM_Reestab._Request	MS-Netz	LCE	
Abort	Netz-MS	CC	
		Access_Rights_Request	PP-Netz
		Access_Rights_Accept	Netz-PP
		Access_Rights_Reject	Netz-PP
		Access_Rights_Terminate_Req.	PP-Netz
		Access_Rights_Terminate_Acc.	Netz-PP
		Access_Rights_Terminate_Rej.	Netz-PP
		Key_Allocate	Netz-PP
		MM_Info_Suggest	Netz-PP
		MM_Info_Request	PP-Netz
		MM_Info_Accept	Netz-PP
		MM_Info_Reject	Netz-PP
BSSMAP		Cipher_Suggest	PP-Netz
BSSMAP		Cipher_Request	Netz-PP
BSSMAP		Cipher_Reject	PP-Netz

Die Funktionen von GSM sind für die Interworking Unit dann wichtig, wenn das GSM von der IWU Reaktionen fordert oder wenn DECT die IWU auffordert, einen Dienst vom GSM-Netz anzufordern. Dies betrifft die DECT-Meldungen, die an die IWU gesendet werden, aber dort nicht umgesetzt werden können.

6.2.2 Übertragung der Sprachdaten

Die Sprachdaten werden von DECT nach dem ADPCM-Standard mit 32 kbit/s codiert [37]. Diese Sprache muß von der Interworking Unit in eine für externe Netze standardisierte Norm transcodiert werden. Für digitale externe Netze ist ein

Tabelle 6.2: Vergleich der CC-Meldungen GSM-DECT

GSM-Message	Richtung	DECT-Message	Richtung
Setup	beide	CC_Setup	beide
Emergency Setup	MS-Netz	CC_Setup	beide
Alerting	beide	CC_Alerting	beide
Connect	beide	CC_Connect	beide
Connect Acknowledge	beide	CC_Connect_Acknowledge	Netz-PP
Call_Proceeding	Netz-MS	CC_Call_Proceeding	Netz-PP
Release	beide	Release	beide
Release Complete	beide	Release Complete	beide
Facility	beide	Facility	beide
Hold	MS-Netz	Hold	beide
Hold_Acknowledge	Netz-MS	Hold_Acknowledge	beide
Hold_Reject	Netz-MS	Hold_Reject	beide
Retrieve	MS-Netz	Retrieve	beide
Retrieve_Acknowledge	Netz-MS	Retrieve_Acknowledge	beide
Retrieve Reject	Netz-MS	Retrieve Reject	beide
Notify	beide	CC_Notify	Netz-PP
Start_DTMF	MS-Netz	in allen Messages enthalten	beide
Stop_DTMF	MS-Netz	in allen Messages enthalten	beide
Modify	beide	CC_Service_Change	beide
Modify_Complete	beide	CC_Service_Accept	beide
Modify_Reject	beide	CC_Service_Reject	beide
User_Information	beide	IWU_Information	beide
Congestion_Control	beide		
Progress	Netz-MS		
Call_Confirmed	MS-Netz		
Disconnect	beide		
Start_DTMF_Acknowledge	Netz-MS		
Start_DTMF_Reject	Netz-MS		
Stop_DTMF_Acknowledge	Netz-MS		
Stop_DTMF_Reject	Netz-MS		
Status_Enquiry	beide		
Status	beide		
		CC_Setup_Acknowledge	Netz-MS
		CC_Information	beide

6.2 Interworking Unit DECT-GSM

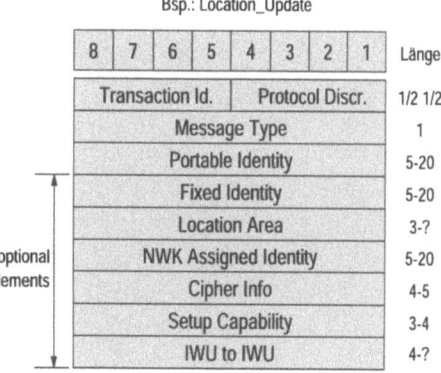

Oktett	8	7	6	5	4	3	2	1	Länge
1	Skip Indicator				Protocol Discr.				1/2 1/2
2	Message Type								1
3	Loc. Upd. Type				Cipher Key Nr.				1/2 1/2
4-8	Location Area Identification								5
9	Mobile Station Classmark								1
10-18	Mobile Identity								1-9

Bsp.: Location_Update_Request

Abbildung 6.10: MM-Meldungs-Struktur im GSM am Beispiel Location_Update_Request

Bsp.: Location_Update

	8	7	6	5	4	3	2	1	Länge
	Transaction Id.				Protocol Discr.				1/2 1/2
	Message Type								1
	Portable Identity								5-20
	Fixed Identity								5-20
	Location Area								3-?
optional Elements	NWK Assigned Identity								5-20
	Cipher Info								4-5
	Setup Capability								3-4
	IWU to IWU								4-?

Abbildung 6.11: MM-Meldungs-Struktur am Beispiel Locate_Update

Referenzpunkt definiert, an dem die digitalen Sprachdaten in einer spezifizierten Form nach PCM-Standard vorliegen.

In GSM werden die digitalen Sprachdaten nach RPE-LTP mit 13 kbit/s codiert und über den Funkkanal übertragen. Im BTS befindet sich ein Sprachumsetzer mit Ratenanpassung (TRAU), der die GSM-codierte Sprache in PCM-Sprache mit 64 kbit/s umcodiert. Obwohl die TRAU funktionell zum BTS gehört, wird sie physikalisch im MSC untergebracht. Das hat den Vorteil, daß die Sprachdaten über die A- und A_{bis}-Schnittstelle mit einer geringeren Datenrate übertragen werden können.

GSM ist an ISDN angelehnt und benutzt an der A-Schnittstelle einen ISDN-Multiplex-Kanal mit 2 Mbit/s nach ITU-T G.703. Damit stehen an dieser Schnittstelle 30 Datenkanäle mit 64 kbit/s und zwei Signalisierungskanäle zur Verfügung. Diese 64 kbit/s-Kanäle werden durch Submultiplex in vier Submultiplexkanäle mit jeweils 16 kbit/s eingeteilt, über die die 13 kbit/s-Sprachdaten übertragen werden [126].

Die Interworking Unit zwischen DECT und GSM muß gewährleisten, daß die Sprachdaten in der richtigen Codierung und der richtigen Datenrate an das GSM weitergeleitet werden, bzw. in anderer Richtung empfangen werden. GSM kann PCM-codierte Sprachdaten mit 64 kbit/s verarbeiten, wenn die Multiplexleitung nicht an ein TRAU im MSC angeschlossen ist. GSM kann jedoch auch RPE-LTP-codierte Sprachdaten mit 13 kbit/s verarbeiten, wenn diese in einer TRAU im MSC in 64 kbit/s-Signale umgewandelt werden. Es gibt folglich zwei Möglichkeiten der Verbindung:

6 Integration des DECT-Systems in GSM/DCS1800-Zellularnetze

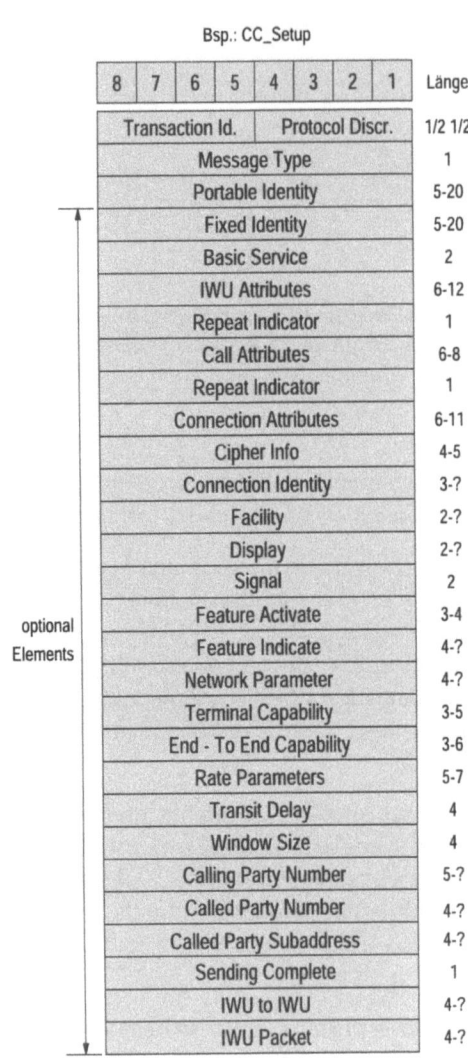

Bsp.: Setup

Oktett	8	7	6	5	4	3	2	1	Länge
1			Transaction Id.			Protocol Discr.			1/2 1/2
2	Message Type									1
3	Repeat Indicator									1
4-14	Bearer Capability 1									3-11
15-25	Bearer Capability 2									3-11
26-27	Facility									2-?
28-31	Progress Indicator									4
32-33	Signal									2
34-47	Calling Party BCD Number									3-14
48-70	Calling Party Subaddress									2-23

Abbildung 6.12: CC-Meldungs-Struktur im GSM am Beispiel Setup

Abbildung 6.13: CC-Meldungs-Struktur am Beispiel CC Setup

6.2 Interworking Unit DECT-GSM

- Zur Verbindung von DECT mit GSM können die DECT-Sprachdaten nach RPE-LTP auf 13 kbit/s reduziert und auf 4 Submultiplexkanälen pro 64 kbit/s-Kanal übertragen werden. Vorteil hierbei ist die geringe Übertragungsrate an der A-Schnittstelle, wodurch die Übertragungskapazität wesentlich erhöht wird. Der Nachteil bei diesem Verfahren ist eine Verschlechterung der DECT-Sprachqualität auf GSM-Niveau.

- Das GSM kann die Verbindung zum DECT-Versorgungsgebiet ohne TRAU schalten, da die Daten von der Interworking Unit für das MSC in einer 64 kbit/s-PCM-Rate bereitgestellt werden können. Dabei setzt ein Transcoder der Interworking Unit die Benutzerdaten des DECT-PCM-Referenzpunktes um in die Form der Daten am PCM-A-Referenzpunkt von GSM und umgekehrt [37].

Der Vorteil ist eine hohe Sprachqualität von DECT bis zu anderen digitalen Endgeräten mit gleichhoher Datenrate. Nachteilig ist die hohe Belastung der 2 Mbit/s-Übertragungsstrecke an der A-Schnittstelle. Die Sprachdaten müssen umgesetzt werden, da DECT an der Referenzschnittstelle ADPCM-Sprache mit 32 kbit/s zur Verfügung stellt.

6.2.3 Alternative Signalisierung

Eine alternative Form der Signalisierung wäre möglich, wenn das Dualmode-Gerät für die Signalisierung mit dem GSM die GSM-Meldungen verwendet, die als *externe Benutzerdaten* angesehen und unverändert transportiert werden, falls eine Verbindung zu DECT besteht. Das DECT-System ist für diese Signalübertragung transparent. Der Transport erfolgt mittels der IWU-Packet-Elemente, vgl. Abb. 6.14.

Bei der transparenten Übertragung der Signalisierungsdaten entfällt die Umsetzung der Protokolle CC und MM zwischen DECT und GSM. Das DECT-System bietet hierzu als geeignetes Element das `IWU Packet Element` an. Hiermit können externe Benutzerdaten transparent durch DECT hindurch zwischen Mobilstation und der angeschlossenen Interworking Unit übertragen werden. Dabei werden die GSM-Meldungen an der IWU als externe Benutzerdaten deklariert und mit Hilfe der `IWU Packet Elemente` über eine bestehende DECT-Verbindung an das Dualmode-Gerät geleitet. Diese Elemente können in den meisten CC- und MM-Meldungen von DECT transportiert werden. Gibt es zu einem Zeitpunkt keine DECT-Meldung, an die ein solches Element angehängt werden kann, dann sendet DECT die `IWU_Information`-Meldung, die dann nur zum Transport dieser Elemente dient. Am Ziel (Mobilstation oder Interworking Unit) werden die DECT-Meldungen verarbeitet und der Inhalt der `IWU Packet Elemente`, der den GSM-

Meldungen entspricht, wird an den GSM-Teil des Dualmode-Gerätes bzw. der Interworking Unit weitergegeben. Die Übertragung in beide Richtungen erfolgt nach dem gleichen Schema. Zu beachten ist, daß vor der Übertragung der ersten GSM-Meldung eine DECT-CC-Verbindung zur Weiterleitung der IWU Packet Elemente bestehen muß, die wie jede normale DECT-Verbindung aufgebaut wird.

Bei diesem Verfahren entfällt nur die Umsetzung der Signalisierungsdaten an der IWU. Die verschieden codierten Benutzerdaten müssen von einer IWU umcodiert werden. Das Dualmode-Gerät muß auch weiterhin eine Verbindung mit dem DECT-System aufgebaut haben, bevor eine Verbindung zu GSM erfolgen kann.

Nachteilig bei dieser Lösung ist, daß über den DECT-Funkkanal mehr Daten transportiert werden müssen, als bei einer Umsetzung der Meldungen in DECT-Format. Zudem müssen bei transparenter Übertragung alle Signalisierungsdaten jeweils für DECT und für GSM übertragen werden. Bei herkömmlicher Umsetzung der Meldungen werden verschiedene für DECT verwendete Meldungen in ähnlicher Form auch von GSM verwendet.

6.2.3.1 Hardware-Ausführung

Probleme ergeben sich bei der Menge der zu übertragenden Daten und bei den Sicherheitsprozeduren. Im Dualmode-Gerät muß die DECT-Authentisierung und die Codierung korrekt ablaufen. Nach bestehender DECT-Verbindung muß weiterhin eine GSM-Authentisierung durchgeführt werden.

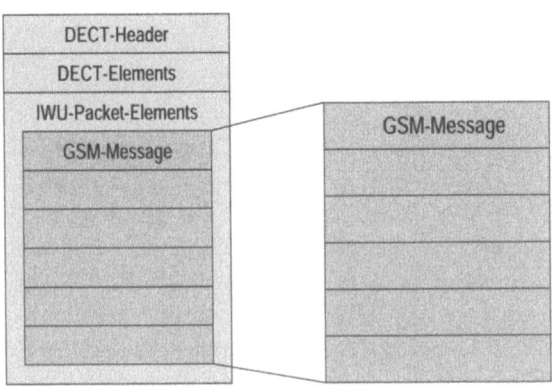

Abbildung 6.14: Struktur einer DECT-Meldung, die eine GSM-Meldung transportiert

6.2.3.2 Schematische Abläufe

Ein möglicher Meldungsablauf bei transparenter Übertragung ist in Abb. 6.15 dargestellt. Man sieht, daß die Setup-Message zweimal übertragen wird, je einmal für DECT und GSM. Der entstehende Mehraufwand für die Signalisierung ist neben der erhöhten Belastung der Funkschnittstelle auch für die erhöhte Zeitdauer des Verbindungsaufbaus verantwortlich.

6.3 Dualmode-Gerät DECT-GSM

Das Dualmode-Gerät ist das Teilnehmerendgerät, mit dem ein Teilnehmer über DECT oder über GSM eine Verbindung herstellen kann. Welches der beiden Systeme das Gerät benutzt, wird von einem geeigneten Algorithmus gesteuert, der den Verbindungsaufbau über DECT bevorzugt. Der Vorteil liegt in der besseren Verfügbarkeit der DECT-Funkkanäle und in der Kostenersparnis bei einer privaten DECT-Nebenstellenanlage. Das Dualmode-Gerät ist auch eine vollwertige GSM-Mobilstation.

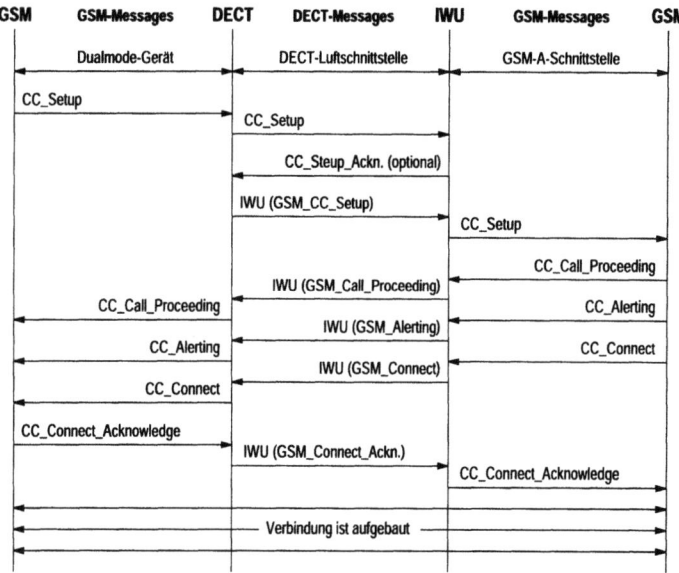

Abbildung 6.15: Ablauf des Verbindungsaufbaus

242   6 Integration des DECT-Systems in GSM/DCS1800-Zellularnetze

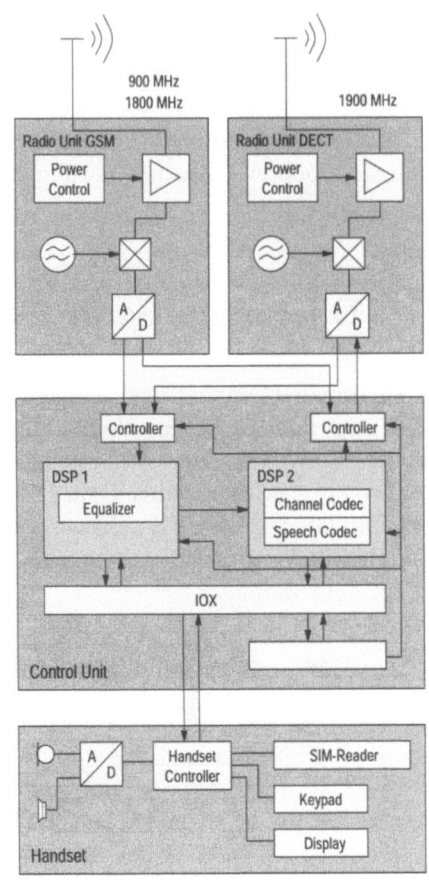

Abbildung 6.16: Blockschaltbild eines Dualmode-Gerätes

Ist das Dualmode-Gerät eingeschaltet und im Bereitschaftszustand, hört es periodisch die GSM- und DECT-Frequenzen ab. GSM-Feststationen senden eine Kennung aus, aus der die Mobilstation den aktuellen Aufenthaltsbereich erkennen kann. Stimmen die empfangene Location Area Identification (LAI) nicht mit der im SIM gespeicherten überein, erfolgt eine GSM-Aufenthaltsbereichaktualisierung. Erreicht das Gerät einen DECT-Versorgungsbereich, wird über DECT ein *Location Update* vorgenommen und dem GSM wird das DECT-Gebiet als neuer Aufenthaltsbereich angegeben. Das DECT-System verwaltet das Dualmode-Gerät nun als DECT-Gerät.

Bis auf die zwei Hochfrequenzteile und zugehörigen erwarteten Steuerfunktionen entspricht der Aufbau eines Dualmode-Gerätes dem eines GSM-Gerätes.

6.3 Dualmode-Gerät DECT-GSM

Mobilstationen können grob in drei Funktionseinheiten aufgeteilt werden: Die Funkeinheit *(Radio Unit)*, die Steuereinheit *(Control Unit)* und das Bedienteil *(Handset)* als Schnittstelle zwischen Benutzer und Mobilstation.

Die Funkeinheit *(Radio Unit)* stellt die Funkverbindung zwischen Mobil- und Feststation her und beinhaltet alle dazu nötigen Baugruppen. Die von der Steuereinheit kommenden digitalen Daten werden digital-analog umgesetzt, moduliert, verstärkt und zur Antenne geschickt.

Empfangene Signale werden von der Antenne kommend verstärkt, anschließend demoduliert, durch einen Analog-Digital-Wandler in digitale Signale umgesetzt und an die Steuereinheit übergeben [27].

Das Dualmode-Gerät benötigt zwei Funkeinheiten, die auf den GSM-Frequenzen (900/1800 MHz) und DECT-Frequenzen (1900 MHz) arbeiten und eine gemeinsame Steuereinheit. Die Kombination beider Funkeinheiten in einem Gerät ist möglich und am Markt verfügbar.

Die Steuereinheit *(Control Unit)* enthält Signalprozessoren zur Sprach- und Kanalcodierung und für den Entzerrer *(Equalizer)*. Beide Signalprozessoren stehen mit einem *Input/Output Expansion Device* (IOX) in Verbindung, der eine Schnittstelle zum Bedienteil hat. Gesteuert werden alle Teile durch einen Control Processor [27].

Ein Dualmode-Gerät, das über DECT wie auch über GSM kommunizieren muß, kann beide Signalprozessoren verwenden, um die Signale für beide Betriebsarten zu verarbeiten. Die entsprechende Software kann bei Bedarf aus einem Speicher geladen werden. Das Gerät ist demnach ein sog. *Software Radio*, das softwaregesteuert seine Sende/Empfangssignalverarbeitung ändern kann.

Das Bedienteil *(Handset)* ist die Schnittstelle zwischen dem Benutzer und der Mobilstation. Die digitalen Signale werden, vom *Handset Controller* kommend, mit einem Digital-Analog-Umwandler in analoge Signale für den Lautsprecher umgesetzt. Entsprechend werden die vom Mikrophon kommenden analogen Signale in einem Analog-Digital-Wandler in digitale Sprachdaten umgewandelt. Über den Handset Controller werden Anzeige, Tastatur und der SIM-Kartenleser gesteuert [27].

Das Bedienteil eines Dualmode-Gerätes entspricht dem eines GSM- oder DECT-Endgerätes. Anzeigen, Tastatur sowie Lautsprecher und Mikrophon müssen nicht geändert werden. Der SIM-Kartenleser muß in der Lage sein, auch ein DAM lesen zu können. Die Software muß an den Dualmode-Betrieb angepaßt werden.

7 Wireless-Local-Loop-Systeme

Der Aufbau drahtgebundener Kommunikationsnetze ist enorm kosten- und zeitaufwendig. Der wachsende Bedarf an Telekommunikation sowie die bevorstehende Liberalisierung des Telekommunikationsmarktes in Europa hat das Interesse an funkbasierten Zugangsnetzen, sog. *Wireless Local Loops* (WLL), auch *Radio in the Local Loop* (RLL) genannt, enorm gesteigert.

Zukünftigen Wettbewerbern von Telekommunikations-Monopoldienstleistern, die wie z. B. Energieversorger schon über eigene Weitverkehrsnetze verfügen, fehlen in der Regel die Zugangsnetze zu den Endteilnehmern. Nachrichtenübertragung über die bestehenden Energieversorgungsleitungen wird z. Zt. mit CDMA-Übertragung untersucht und erlaubt Raten um einige Mbit/s. Dafür besteht ein Standard CEN 50 065, bei dem Trägerfrequenzen von bis zu 140 kHz verwendet werden. Northern Telecom führt 1997 einen ersten Feldversuch in Großbritannien durch. Bei Erfolg könnte in Zukunft das Energieversorgungsnetz als Teilnehmerzugangsnetz für Sprach- und Datendienste eingesetzt werden und würde den Wettbewerb und Preisverfall von Telekommunikationsdiensten erheblich voran treiben.

Für die Überbrückung der „letzten Meile", der Strecke zwischen den Festnetzzugängen privater Netzbetreiber (*Point of Presence*, POP) und dem Teilnehmer, erfüllen drahtlose Techniken folgende Forderungen sehr gut:

- schneller und wirtschaftlicher Netzaufbau,

- wirtschaftlicher Netzbetrieb,

- flexible und erweiterbare Netzstruktur,

- möglicher Zusatznutzen durch (eingeschränkte) Mobilität.

Für den Teilnehmer ersetzt der Anschluß über ein WLL-System den verdrahteten Festnetzanschluß und sollte die gleichen Dienstgütemerkmale – Übertragungsqualität, Verzögerungszeit und Blockierwahrscheinlichkeit – wie das öffentliche analoge Fernsprechnetz (*Public Switched Telephone Network*, PSTN) oder sogar das dienstintegrierte digitale Fernsprechnetz (*Integrated Services Digital Network*, ISDN) gewährleisten.

In Abb. 7.1 sind die verschiedenen Stufen der Mobilität eines WLL-Teilnehmers dargestellt. Neben Anschlüssen ohne Mobilität, bei denen der Teilnehmer einen normalen Telefonapparat besitzt, der durch ein Kabel mit der Antenne an der Hauswand verbunden ist, wird es auch Systeme mit eingeschränkter Mobilität geben, bei denen der Teilnehmer sich in einem eingeschränkten Gebiet, z. B. einer durch eine hausinterne Basisstation definierten Funkzelle bewegen kann. Systeme, in denen der Benutzer Mobilität wie in zellularen Mobilfunknetzen (z. B. GSM) genießt, werden *Personal Communication System* (PCS) genannt, vgl. Abschn. 3.16, Band 1.

Da das Interesse an WLL-Technologien aus den genannten Gründen groß ist, hat die im Januar 1993 gegründete ETSI-Arbeitsgruppe *(Working Party) Radio Equipment and Systems 3* (ETSI RES 3) im November 1993 einen Bericht [52] herausgegeben, der Marketingaspekte, verschiedene WLL-Technologien sowie Szenarien und Aspekte behandelt, die zur Dimensionierung von WLL-Systemen interessant sind wie Funkreichweite und Kapazitätsaspekte. Das in Abb. 7.2 dargestellte Referenzmodell stammt aus diesem Bericht.

Das Referenzmodell zeigt die Schnittstellen eines WLL-Systems und seine Elemente. Die Feststation (*Base Station*, BS) hat neben der Antenne Einrichtungen zur Messung und Steuerung der Funkverbindung mit dem Funkabschluß *(Radio Termination)* der Benutzereinheit *(Customer Terminal)*. Die Steuereinheit *(Controller)* verbindet die Feststation mit der Ortsvermittlungsstelle (*Local Exchange*, LE) und steuert die Feststation.

7.1 Technologien für WLL-Systeme

Folgende Technologien eignen sich für WLL-Systeme [153, 156]:

- analoger zellularer Mobilfunk;

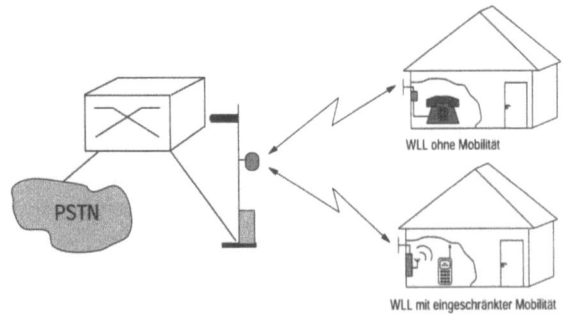

Abbildung 7.1: WLL ohne und mit eingeschränkter Mobilität

7.1 Technologien für WLL-Systeme

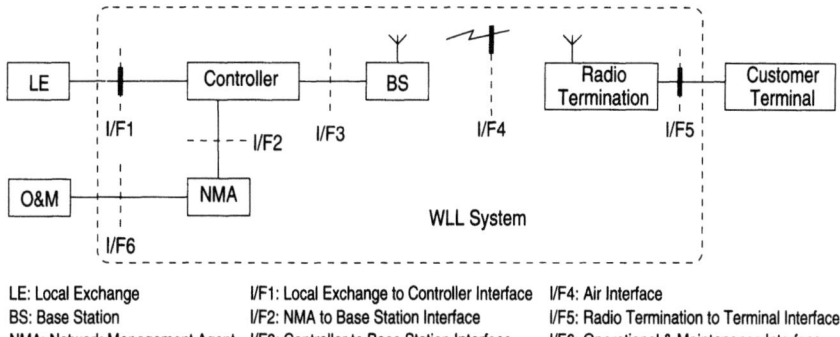

Abbildung 7.2: ETSI-Referenzmodell für WLL-Systeme

- GSM/DCS1800-Abkömmlinge;
- CDMA-Systeme nach US-TIA-Standard (IS95);
- digitale schnurlose Funknetze:
  - DECT,
  - *Personal Handyphone System*, PHS (Japan),
  - US *Personal Access Communication System* (PACS);
- digitale *Punkt-zu-Mehrpunkt-*(PMP-)Richtfunksysteme.

Üblicherweise sieht man am ortsfesten Hausanschluß eine gerichtete Antenne mit z. B. 5–12 dB Gewinn vor, so daß auch bei großen Versorgungsradien der Basisstation (typisch 2–5 km) eine kleine Bitfehlerwahrscheinlichkeit auf dem Funkkanal erzielt wird. Es werden jedoch auch Systemvarianten diskutiert, bei denen der ortsfeste Teilnehmeranschluß mit einer Antenne im Gebäude auskommt, die dann klein und unauffällig sein muß. Dann muß die Basisstation naturgemäß mit kleineren Versorgungsradien arbeiten.

Die Eignung der o. g. Systeme hängt stark von den Benutzertypen bzw. den erforderlichen Diensten ab, die durch das WLL-System angeboten werden sollen. Man unterscheidet folgende Benutzertypen [153]:

- private Benutzer, die einen analogen Hauptanschluß oder einen ISDN-Basisanschluß benötigen;
- kleine Geschäftskunden, die eine kleine Nebenstellenanlage betreiben und dafür mehrere ISDN-Basisanschlüsse ($n \cdot 144$ kbit/s) benötigen, für die aber ein ISDN-Primärmultiplexanschluß zu aufwendig ist;

- große Geschäftskunden, die größere Nebenstellenanlagen betreiben und neben Telefonieanwendungen auch Übergänge zu Datennetzen wie X.21 oder X.25 und Frame Relay benötigen. Sie benötigen Anschlußkapazität in der Größenordnung von einem oder mehreren ISDN-Primärmultiplexanschlüssen ($n \cdot 2048$ kbit/s, $n = 1, 2, \ldots$).

7.1.1 Zellulare Mobilfunknetze

Das Ericsson RAS 1000 System, das auf dem NMT-Standard *(Nordic Mobile Telephony)* basiert, wurde von der Deutschen Telekom AG (DTAG) 1993 zum Anschluß von etwa 13 000 Teilnehmern in Potsdam eingesetzt [153]. Analoge zellulare Systeme sind aufgrund ihrer hohen Kosten pro Anschluß und der Nachteile gegenüber digitalen Netzen jedoch nicht mehr konkurrenzfähig zu den anderen hier vorgestellten Technologien.

Mit digitalen Mobilfunknetzen wird z. Zt. experimentiert. Für Systeme wie GSM900/1800 wird auch untersucht, ob die in Abb. 7.1 unten gezeigte Möglichkeit realisierbar ist. Sie würde erlauben, daß der Teilnehmer im Gebäude kostengünstig über seine Heimbasisstation verkehrt und außerhalb mit demselben Endgerät das entsprechende Zellularnetz nutzt. Die Mobilfunknetze bieten jedoch nur Schmalbandkanäle an und können deshalb die Dienstgüte des Hauptanschlusses der Deutschen Telekom für feste Teilnehmer nicht erreichen. Trotzdem kommen alle Teilnehmer für den drahtlosen Anschluß über Mobilfunknetze infrage, die nur telefonieren wollen.

7.1.2 Digitale schnurlose Funknetze

Manche neue Netzbetreiber setzen Hoffnungen auf WLL-Systeme, die auf dem DECT-Standard bzw. CT2 oder PHS beruhen. Die Kosten pro Anschluß liegen mit 300–400 US$ [153] erheblich niedriger als bei GSM-basierten Lösungen. DECT kann sowohl eine Versorgung über die Dächer *(Over the Roofs)* als auch eine Versorgung unterhalb der Dachkanten *(Below the Roofs)* unterstützen, vgl. Abb. 7.3 und 7.4. Erstere kann die Straßenschluchten nicht versorgen, kommt aber mit Niedriggewinn-Empfangsantennen an den Häuserwänden aus. *Below the Roofs*-Systeme arbeiten mit Feststationen (*Radio Fixed Parts*, RFP), die unter den Dachkanten installiert werden, wobei die Straßenschluchten ausgeleuchtet werden und volle Mobilität des PCS-Systems im Haus und im Freien ermöglicht wird.

7.1 Technologien für WLL-Systeme 249

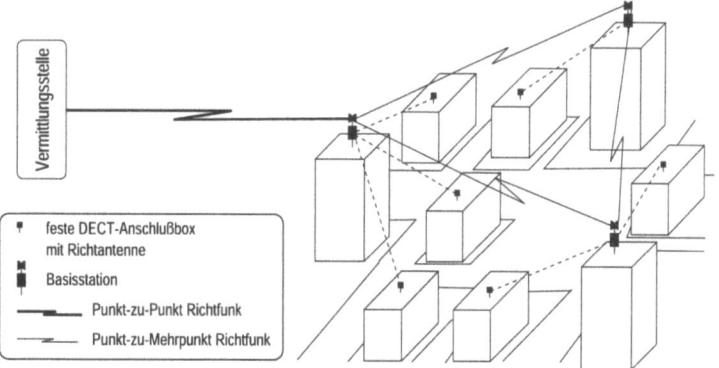

Abbildung 7.3: Versorgung von Teilnehmern über die Dächer

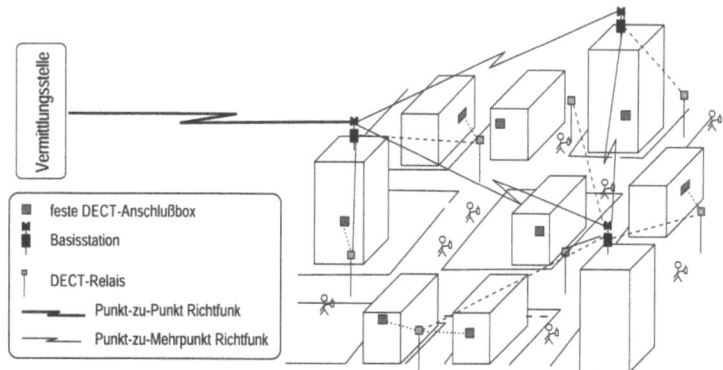

Abbildung 7.4: Versorgung von Teilnehmern unterhalb der Dachkanten

7.1.3 Digitale PMP-Systeme

Punkt-zu-Mehrpunkt-Richtfunksysteme bieten interessante Möglichkeiten zum Anschluß insbesondere von Geschäftskunden, da diese Systeme Kanäle mit hohen Übertragungsraten beim Teilnehmer verfügbar machen können. In Tab. 7.1 sind die für PMP-WLL-Anwendungen vorgesehenen Frequenzen angegeben [78].

Auf PMP-Technologie basierende WLL-Systeme werden von vielen Herstellern angeboten und bilden für städtische und ländliche Gebiete eine interessante Anschlußmöglichkeit, da im Grenzfall Entfernungen bis zu 20 km überbrückt werden können. Da die über PMP-Systeme angeschlossenen ortsfesten Teilnehmer u. U. ei-

Tabelle 7.1: Vorgesehene Frequenzbänder für WLL-Systeme

Frequenzband	Bemerkungen	Kanalraster [MHz]
24,549–26,061 GHz	PMP-Richtfunk	3,5 7, 14
17 GHz	Richtfunk für Hiperlan/4	
3,41–3,60 GHz	PMP-Richtfunk	3,5
2,5–2,67 GHz	PMP-Richtfunk	
1,88–1,9 GHz	DECT-WLL	1,7

ne zeitvariante Übertragungskapazität benötigen, gibt es PMP-Richtfunksysteme, die ihre (geschalteten) Kanäle dynamisch bzgl. der Kapazität ändern und jeweils dort örtlich zuordnen können, wo sie gerade am dringendsten benötigt werden, vgl. Abb. 7.6. PMP-Systeme werden häufig auch als Multihop-Systeme realisiert, wie in Abb. 7.5 dargestellt. Dabei werden mehrere Richtfunkstrecken (*Line of Sight Radio*, LOS), die zu Punkt-zu-Punkt- oder Punkt-zu-Mehrpunkt-Systemen (*Point to Multipoint*, PMP) gehören, sequentiell angeordnet, um die Strecke zwischen Festnetzzugang (*Point of Presence*, POP) und Teilnehmeranschluß zu überbrücken. Die Kombination von PMP-Systemen mit DECT-Zellen zum Anschluß von Privatkunden, die von mehreren Herstellern angeboten wird, bietet weitere interessante Möglichkeiten.

7.2 Untersuchte WLL-Szenarien

Die hier untersuchten Wettbewerbs-Szenarien basieren auf Standardszenarien von ETSI RES-3 [52]. Folgende Szenarien wurden definiert:

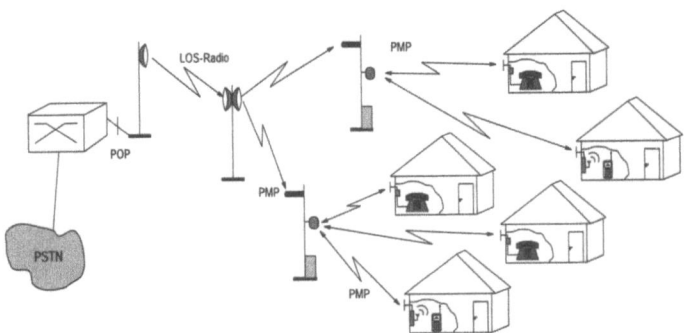

Abbildung 7.5: Multihop-PMP-System

7.2 Untersuchte WLL-Szenarien

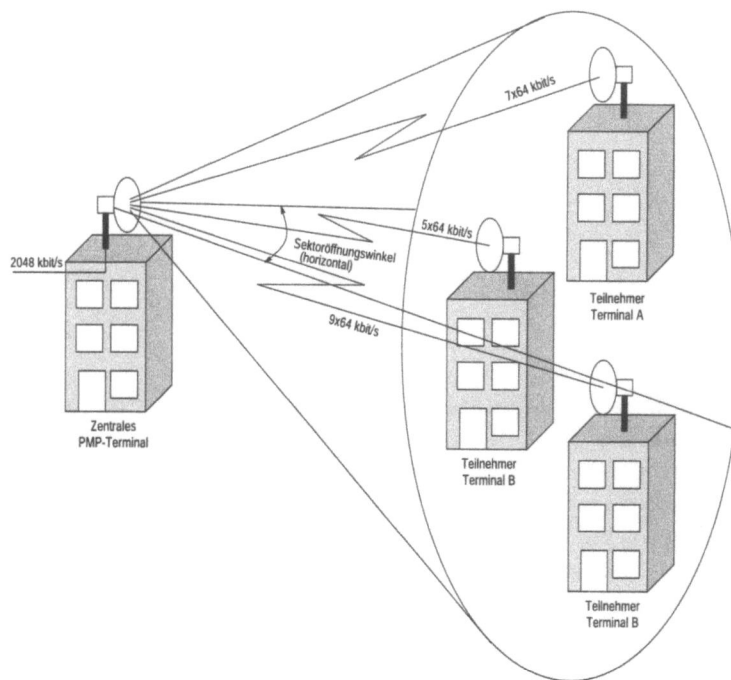

Abbildung 7.6: PMP-Funksystem mit fester Zuordnung einer anteiligen Übertragungsrate des zentralen Terminals an einzelne Teilnehmerterminals

- bestehender Betreiber, neu zu erschließendes Gebiet;
- Ersetzen von Kupferleitungen durch WLL;
- Erreichen der Kapazitätsgrenze eines existierenden Festnetzes;
- neuer Betreiber im Wettbewerb zu bestehendem Betreiber.

Für Kapazitätsuntersuchungen wird hier das Szenarium 4 der ETSI zur Modellierung betrachtet, vgl. Abb. 7.7. Es wird angenommen, daß ein Anbieter von Telekommunikationsdiensten in Wettbewerb mit der nationalen Telekom und gegebenenfalls mit anderen Betreibern tritt. Im Modellszenario sind drei Bereiche definiert, von denen nur die Gebiete A und B betrachtet werden, vgl. die Annahmen in Tab. 7.2. Es wird angenommen, daß es sich nicht lohnt, das dünnbesiedelte Gebiet C zu versorgen.

Unterstellt man eine angestrebte Durchdringung des entsprechenden Gebietes, z. B. Anschluß von $x\%$ der Teilnehmer an das WLL-System, und kennt man die

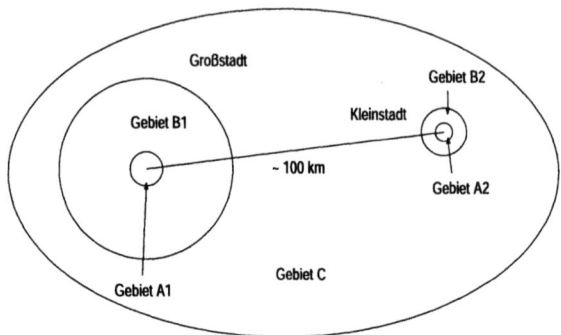

Abbildung 7.7: ETSI-Szenarium 4

Kapazität (Erl./km^2) des diskutierten WLL-Systems, dann stellt man in Modellrechnungen fest, daß Sprachtelefonie mit jeder der o. g. WLL-Technologien realisiert werden kann. Allerdings sind die Anfangsinvestitionen zur Erschließung eines Anschlußbereiches hoch und der Betrieb vor allem in der Anfangsphase wenig wirtschaftlich, weil die Teilnehmer erst schrittweise dem Festnetzbetreiber abgeworben werden müssen. Auf lange Sicht erscheinen alle WLL-Technologien wirtschaftlich und erfolgversprechend[1].

Für die Einführung eignen sich vor allem Systeme, die mit wenig Infrastruktur auskommen, die also in Frequenzbereichen mit großer Beugung arbeiten und deshalb mit wenig Aufwand ein Versorgungsgebiet ausleuchten können. Dazu gehört auch, daß eine ausreichend große Sendeleistung von 2–8 W erlaubt wird, da sonst zuviele Basisstationen nötig sind. Bei steigender Teilnehmerzahl wird dann die Basisstationszahl erhöht und die Sendeleistung zurückgenommen, wie von Zellularsystemen bekannt ist.

7.3 Direkter Teilnehmeranschluß im Zugangsnetz

In deregulierten Märkten wird typischerweise dem ehemaligen Monopol-Eigentümer des Teilnehmerzugangsnetzes *(Incumbent)* auferlegt, Wettbewerbern einen sog. entbündelten Teilnehmerzugang über sein Festnetz zu ermöglichen. Dabei muß der Incumbent dem Wettbewerber gegen angemessene Kostenerstattung den direkten Zugang zu den Zweidrahtleitungen im Teilnehmerzugangsnetz ermöglichen. Nicht entbündelter Zugang bedeutet dagegen, daß der Wettbewerber Multiplex-

---

[1] Falls aufgrund gesetzlicher Vorgaben der Wettbewerber das bestehende Teilnehmerzugangsnetz entbündelt nutzen kann, d. h. direkten Zugang zu einzelnen Teilnehmeranschlüssen erhält und falls die Kosten dafür wie in Deutschland (2,3 Pfg./min) gering sind, kann dadurch die Wettbewerbsfähigkeit von WLL-Systemen erheblich beeinträchtigt werden.

7.3 Direkter Teilnehmeranschluß im Zugangsnetz

Tabelle 7.2: Definition der Gebiete des ETSI-Szenariums

	Großstadt	Kleinstadt
Anzahl der Verbindungen	500 000	50 000
Dichte inneres Gebiet	2000/km^2	1000/km^2
Dichte äußeres Gebiet	500/km^2	500/km^2
Radius inneres Gebiet	4,5 km	2 km
Radius äußeres Gebiet	16 km	5 km
durchschnittl. Verkehr	70 mErl/User	70 mErl/User
Durchdringung	1 % Zugewinn der Benutzer p. a. in den ersten 10 Jahren	

systeme des Incumbent benutzen (und bezahlen) muß, um einen Teilnehmer zu erreichen.

Aufgrund der Umstellung von Analog- auf Digitaltechnik (ISDN) verfügen alteingesessene Telekoms über genügend Platz in ihren sog. Hauptverteilern, so daß der direkte Zugang tatsächlich einfach in Telekomräumen realisierbar ist. Zur Zeit ist unklar, in welchem Umfang neue Netzbetreiber vom direkten Zugang Gebrauch machen werden.

8 Schnurlose Breitbandsysteme (Wireless ATM)

Unter Mitwirkung von Andreas Hettich, Arndt Kadelka, Andreas Krämling, Dietmar Petras, Dieter Plaßmann

Als Breitbandsysteme sind allgemein solche Systeme anzusehen, die eine besonders hohe Übertragungsrate ermöglichen. Die genaue Definition des Begriffes findet man in der ITU-T-Empfehlung I.113. Hier werden Breitbanddienste dadurch charakterisiert, daß die erforderliche Übertragungsrate höher als bei einem Primärmultiplexanschluß im ISDN (2 048 kbit/s) ist.

Nachfolgend wird ein kurzer Überblick über den derzeitigen Stand der Entwicklung schnurloser Breitbandsysteme gegeben. Dazu werden die Grundlagen der ATM-Übertragungstechnik im B-ISDN vorgestellt. Anschließend werden wichtige Aspekte bei der Entwicklung schnurloser beweglicher bzw. mobiler ATM-Systeme vorgestellt.

8.1 Europäische Forschung bei Breitbandsystemen

Die Bedeutung der schnurlosen Breitbandsysteme wird durch die Zahl von Projekten z. B. im europäischen Forschungsprogramm ACTS[1] deutlich [2], die sich mit diesem Thema beschäftigen:

ACTS/MEDIAN: Drahtloses LAN bei 60 GHz mit Übertragung von ATM-Zellen;

ACTS/Cobucco: Multimediales Terminal;

ACTS/FRANS: Hochbitratiger Teilnehmeranschluß;

ACTS/MagicWAND: Gebäudeinternes schnurloses ATM-System bei 5 GHz;

ACTS/OnTheMove Mobile Multimedia-Mehrwertdienste;

ACTS/SAMBA: Zellulares ATM-Breitbandsystem bei 40 GHz;

---
[1] *Advanced Communication Technologies and Services*

ACTS/CABSINET: Zellulares interaktives Multimedia-Kommunikationssystem für Stadtszenarien (bei 5, 17, 40 GHz);

ETSI/RES 10: HIPERLAN 1 (Wireless-LAN mit ca. 10 Mbit/s Nettobitrate) bei 5 GHz, vgl. Kap. 9;

ETSI/BRAN: Breitbandige, drahtlose Zugangsnetze, die auch ATM unterstützen;

ATM Forum: TCP over ATM, MPEG over ATM, Wireless ATM;

DAVIC: Digital And Video Council;

ATMmobil: BMBF Förderschwerpunkt: Entwicklung drahtloser ATM-Systeme (bei 5, 19, 40, 60 GHz).

Bis 1995 dienten die EU-Förderprogramme RACE[2] I und RACE II der Entwicklung und Überprüfung von Ansätzen für Systeme mit breitbandiger Funkübertragung.

Im RACE-II-Programm wurde von 1992 bis 1994 die Entwicklung von Mobilfunksystemen der dritten Generation gefördert, um die Integration von Systemen wie GSM, DECT, Funkruf, mobilem Satellitenfunk und Bündelfunk und ihren unterschiedlichen Anwendungsbereichen zu einem universellen Mobilfunksystem (*Universal Mobile Telecommunications System*, UMTS) mit Datenraten bis zu 2 Mbit/s voranzutreiben. Dabei wurde die Entwicklung einheitlicher Endgeräte und die Erweiterung um Dienste mit hohen Datenraten bearbeitet [64].

Neben diesen auf hohe Mobilität ausgelegten Systemen wurde im RACE-II-Projekt MBS *(Mobile Broadband System)* die Technologie und das Systemkonzept für ein drahtloses ATM-System bei 60 GHz entwickelt und erprobt, das die Möglichkeit von Videoübertragung mit 16 Mbit/s Übertragungsrate (netto) bei 50 km/h Bewegungsgeschwindigkeit demonstriert hat [142].

8.1.1 MBS

Das RACE-II/MBS-Projekt hat Techniken für den Anschluß mobiler Terminals an stationäre Breitbandnetze mit Datenraten an der Multiplex-Funkschnittstelle bis zu 155 Mbit/s untersucht. Auch schmalbandige Dienste sollten weiterhin verfügbar sein. MBS hat insbesondere Beiträge geleistet und die Fachwelt überzeugt, daß die Bereitstellung der Dienste des Breitband-ISDN für mobile Teilnehmer durch schnurlose ATM-Übertragung möglich ist [135, 21, 110, 141, 148].

---

[2] Research and Technology Development in Advanced Communications Technologies in Europe

8.1 Europäische Forschung bei Breitbandsystemen

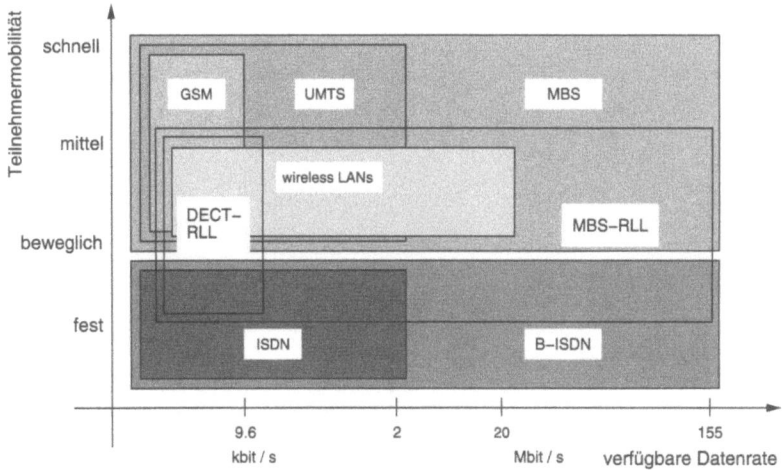

Abbildung 8.1: MBS und andere Datennetze

Das Konzept von MBS sieht neben dem Anschluß an das Breitband-ISDN auch die Zusammenarbeit mit anderen Systemen wie UMTS vor. Dabei kann der Typ des Netzes und der Integrationsgrad von einem privat betriebenen MBS-System mit niedriger Dienstintegration und Mobilität bis hin zum öffentlichen MBS-System mit starker Integration, weitreichender Mobilität und großem Versorgungsbereich variieren [19]. In Abb. 8.1 wird MBS zu anderen Systemen in Beziehung gesetzt, die unterschiedliche Mobilität ihrer Terminals und Übertragungsraten unterstützen. Man sieht, daß MBS das breite Dienstespektrum des Breitband-ISDN mit der Mobilität von Mobilfunknetzen kombiniert und die Dienste schmalbandiger Systeme wie UMTS, W-LAN, GSM und DECT mit abdeckt, d.h. anbietet.

Aufgrund der Flexibilität von MBS und der Verfügbarkeit der Dienste des B-ISDN ist eine Vielfalt verschiedener Anwendungen möglich. Man kann sie (ohne Anspruch auf Vollständigkeit) durch die benötigten Datenraten und die Mobilität ihrer Benutzer kennzeichnen, vgl. Abb. 8.2.

Der Autor und seine Mitarbeiter waren für den Entwurf der Funk- und Netzprotokolle in MBS verantwortlich, die zwar nicht im Demonstrator implementiert wurden, aber von allen Nachfolgeprojekten im ACTS-Programm aufgegriffen und weiterentwickelt worden sind, vgl. Abschn. 8.1.2. Beispielsweise wurde in MBS erstmals eine ATM-basierte Breitbandfunkschnittstelle vorgeschlagen und in Teilen spezifiziert [157, 136].

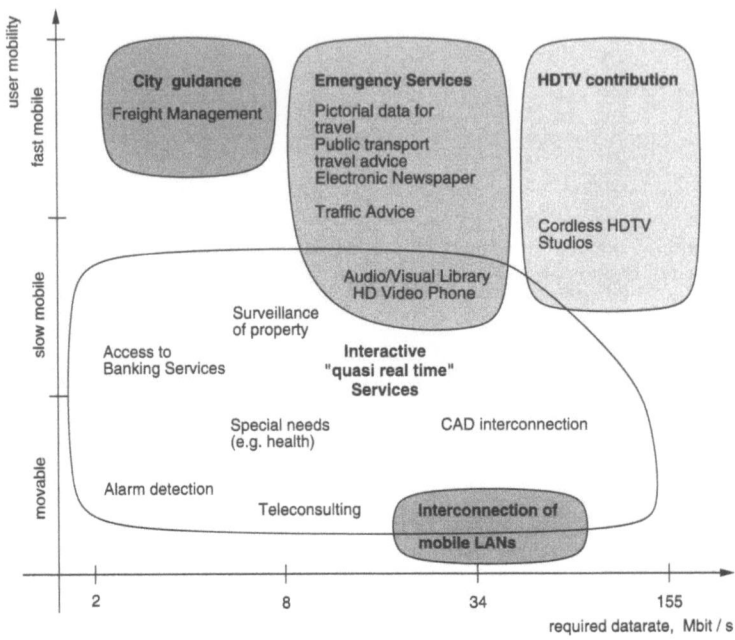

Abbildung 8.2: Anwendungen und Dienste des MBS

8.1.2 Drahtlose Breitband-Kommunikation im ACTS-Programm

Das EU-ACTS-Forschungsprogramm [3] führt als Nachfolger von RACE II zu Feldversuchen und Demonstratoren um die entwickelten Systeme im realistischen Einsatz zu überprüfen.

Neben der Weiterentwicklung von UMTS werden die erfolgversprechenden Ansätze von MBS in folgenden ACTS-Projekten weiterentwickelt:

8.1.2.1 MEDIAN

MEDIAN *(Wireless Broadband CPN/LAN for Professional and Residential Multimedia Applications)* entwickelt Übertragungstechnik bei 60 GHz für drahtlose ATM-Netze mit einer verfügbaren Datenrate von bis zu 155 Mbit/s für Multimedia, Sprach- und Videoanwendungen.

8.1 Europäische Forschung bei Breitbandsystemen

Ziel ist die Entwicklung eines Demonstrationssystems für Multimedia-Anwendungen, wofür Untersuchungen zu Modulation, Kanalcodierung, Kanalzugriffsverfahren und Zusammenarbeit mit ATM-Festnetzen bei hohen Datenraten vorgesehen sind. MEDIAN wird Dienste des B-ISDN dem mobilen Teilnehmer zugänglich machen. Dabei werden die ATM-Zellen des B-ISDN transparent über die Funkschnittstelle übertragen.

8.1.2.2 Magic WAND

WAND *(Wireless ATM Network Demonstrator)* wird die ATM-Technik auf den mobilen Teilnehmer ausdehnen und realistische Benutzerumgebungen untersuchen. Das Anwendungsgebiet betrifft Internet-Dienste über ATM im Indoor-Bereich mit 20 Mbit/s Übertragungsrate bei 5 GHz. Das Projekt wird ein gebäudeinternes, drahtloses ATM-Demonstrationsnetz zeigen.

Schwerpunkte sind die Modellierung des Funkkanals, die Entwicklung von Kanalzugriffsprotokollen und von neuen Steuerungs- und Signalisierungsfunktionen, die der ETSI vorgelegt und unter Umständen in einen späteren europäischen Standard für drahtlose ATM-Systeme aufgenommen werden sollen.

8.1.2.3 SAMBA

SAMBA *(System for Advanced Multimedia Broadband Applications)* erweitert das ATM-Festnetz durch ein zellulares Funkzugangsnetz, um breitbandige Multimedia-Anwendungen für mobile Teilnehmer zugänglich zu machen. Mobile ATM-Endgeräte können vergleichbare Übertragungsdienste nutzen wie Endgeräte des ATM-Festnetzes. Daher sind die Integration mit dem ATM-Festnetz und die Mobilitätsunterstützung wesentliche Schwerpunkte von SAMBA. Es wird ein Demonstrationssystem bei 40 GHz geschaffen, das transparente ATM-Verbindungen mit bis zu 34 Mbit/s netto Übertragungsrate für alle ATM-Dienstklassen bereitstellen kann.

Im Unterschied zu anderen ACTS-Breitbandprojekten werden auch die zeitkritischen ATM-Dienste CBR und VBR unterstützt und entsprechende Maßnahmen der Funkprotokolle vorgesehen, um den Funkkanal mit vergleichbarer Dienstgüte wie eine Glasfaserübertragungsstrecke (im Rahmen der ATM-Dienstgüteforderungen) erscheinen zu lassen.

Das SAMBA-Projekt entwickelt auch die beim ATM-Forum bisher nicht vorgesehenen Techniken für einen Verbindungshandover zwischen verschiedenen ATM-Festnetzzugängen. Der Autor und seine Mitarbeiter sind für die Implementierung der Protokolle der Funkschnittstelle und der ATM-Netzprotokolle verantwortlich und nutzen dabei die in MBS gewonnen Erfahrungen, vgl. Abschn. 8.1.1 [114, 116].

8.1.2.4 AWACS

Das Project AWACS *(ATM Wireless Access Communication System)* entwickelt ein System und einen Demonstrator für einen öffentlichen Zugang an das ATM-Festnetz, wobei Terminals mit geringer Mobilität unterstützt werden. Das System arbeitet im 19 GHz Bereich und stellt den Teilnehmern eine Benutzerdatenrate von bis zu 34 Mbit/s zur Verfügung.

Neben der Entwicklung des Demonstrators werden im Rahmen von AWACS weitergehende Untersuchungen in den Bereichen Kanal- und Quellencodierung, intelligente Antennen, Optimierung der LLC-Protokolle, 40 GHz Übertragungstechnik und Mobilitätsverwaltung durchgeführt.

8.1.2.5 AMUSE

AMUSE *(Advanced Multimedia Services for Residential Users)* spezifiziert und entwickelt einen Demonstrator für fortschrittliche Multimedia-Dienste zum Anschluß von Haushalten an eine ATM-Infrastruktur. Die angebotenen Dienste sollen dabei unter realen Bedingungen unter Verwendung von verschiedenen Technologien wie HFC *(Hybrid Fibre Coax)*, ADSL *(Asymmetrical Digital Subscriber Line)* und FTTC/FTTB *(Fibre to the Curb/Building)* erfolgen.

Dabei wird die Möglichkeit zum Aufbau von Ende-zu-Ende-Verbindungen für verschiedene Zugangsnetze geschaffen. Weiterhin werden die einzelnen Feldversuche über das europäische ATM-Netz verbunden.

Der Aufbau geschieht dabei in zwei Phasen: in der ersten Phase werden Dienste wie *Video on Demand* (VoD), *News on Demand* (NoD) und schneller Internetzugang zur Verfügung gestellt. In der zweiten Phase werden weiterführende Dienste angeboten.

8.1.3 ATMmobil

Dieser Förderschwerpunkt des Bundesministeriums für Bildung und Forschung (BMBF) in Deutschland entwickelt die Konzepte und zugehörigen Demonstratoren für drahtlose ATM-Systeme in vier Ausprägungen.

8.1 Europäische Forschung bei Breitbandsystemen

Das Konzept ATM-RLL befaßt sich mit der Überbrückung der letzten Meile im Ortsnetzbereich mit Hilfe von ATM-Punkt-zu-Mehrpunkt-Richtfunk bei (26/40 GHz).

Ein zweites Konzept W-ATM LAN untersucht den drahtlosen Anschluß mobiler Arbeitsplatzrechner mit Multimediaunterstützung bei 5 und 19 GHz.

Das dritte Konzept (Zellulares W-ATM) verbindet mobile Geräte mit ATM-Funkschnittstelle über ein zellulares Netz bei 5 GHz mit dem ATM-Breitbandnetz.

Das vierte Konzept (*Integrated Broadband Mobile System*, IBMS) entwickelt drahtlose Übertragungstechnik für innen und außen. Neben Infrarot als Medium für gebäudeinterne Zwecke werden Millimeterwellen bei 5, 17, 40 und 60 GHz eingesetzt. Adaptive Antennen, Übertragungstechnik, Funkschnittstelle, Funkbetriebsmittel- und Mobilitätsverwaltung sind Schwerpunkte der Untersuchungen.

Ähnlich wie bei UMTS für Mobilfunksysteme mit Multiplexübertragungsraten bis zu 2 Mbit/s an der Funkschnittstelle wird in ATMmobil ein integratives Konzept für die o. g. Einzelkonzepte verfolgt. Der Autor und seine Mitarbeiter leiten die ATMmobil Systemgruppe, sind an Implementierungsarbeiten des zweiten und dritten Konzeptes beteiligt und arbeiten in der ETSI-BRAN-Standardisierung mit.

8.1.4 Der Beitrag des ATM-Forums zur Standardisierung drahtloser ATM-Systeme

Obwohl das ATM-Forum kein offizielles Standardisierungsgremium ist, spielt es eine entscheidende Rolle bei der Quasi-Standardisierung bestimmter Ausprägungen von ATM-Festnetzen, da es die Industrie und ihre Produkte repräsentiert. Das ATM-Forum hat sich im Juni 1996 mit der WLAN-Standardisierung befaßt. Ursprünglich wollte sich die WLAN-Gruppe hauptsächlich mit der Mobilitätsunterstützung durch ATM-Festnetze befassen, die bis ins erste Quartal von 1999 dauern soll [117]. Inzwischen sprechen Anzeichen dafür, daß auch die Funkschnittstelle bearbeitet werden wird. Der erwartete Markt für drahtlose ATM-Systeme wird aus der Sicht von 1997 bereits als so groß angesehen, daß man die Standardisierung der Funkschnittstelle für den weltweiten Gebrauch nicht Europa (der ETSI) allein überlassen wird.

8.1.5 Der ETSI-Beitrag zur ATM-Standardisierung

Die Standardisierungsgruppe ETSI RES 10(*Radio Equipment and Systems*, RES), jetzt ETSI BRAN *(Broadband Radio Access Networks)* ist dabei, unter der Bezeichnung HIPERLAN *(High Performance Radio Local Area Network)* eine Familie von Standards für die drahtlose Breitbandkommunikation bei 5 bzw. 17 GHz zu entwickeln. Vier HIPERLAN-Typen werden unterschieden:

HIPERLAN Type 1 ist ein Standard für drahtlose Kommunikation zwischen Rechnersystemen im Nahbereich, vgl. Kap. 9.

HIPERLAN Type 2 bezeichnet den drahtlosen Zugang zu ATM-Festnetzen mit einer Multiplexbitrate von 25 Mbit/s für ein W-ATM LAN.

HIPERLAN Type 3 ist eine Anwendung der HIPERLAN Type 2 Technologie im Außenbereich für Entfernungen bis zu 1 km (W-ATM RLL).

HIPERLAN Type 4 wird bei 17 GHz Raten bis zu 155 Mbit/s für kurze Entfernungen zur Verbindung von W-ATM-Systemen anbieten.

Die Gruppe ETSI BRAN standardisiert die Funkschnittstelle [59], vgl. Abb. 8.3.

Anstelle von HIPERLAN Type 3 spricht man auch von HIPERACCESS und anstelle von HIPERLAN Type 4 wird die Bezeichnung HIPERLINK verwendet. Tabelle 8.1 zeigt die wesentlichen Merkmale der Systeme im Vergleich.

8.2 Dienste im Breitband-ISDN

Die Integration von drahtlosen breitbandigen Anwendungen in das B-ISDN erfordert Multiplex-Datenraten von bis zu 155 Mbit/s auf dem drahtlosen Teilnehmeranschluß. Derartige Anwendungen benötigen sowohl Dienste für kontinuierliches als auch für büschelartiges, interaktives Datenaufkommen. Zu den Anwendungen mit kontinuierlichen Bitströmen gehören neben Sprachübertragung die Videokonferenz, wobei auch strenge Echtzeitbedingungen eingehalten werden müssen. Interaktive Dienste sind durch stark schwankende Anforderungen der erforderlichen

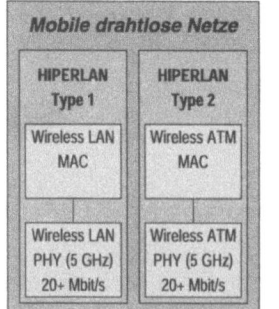
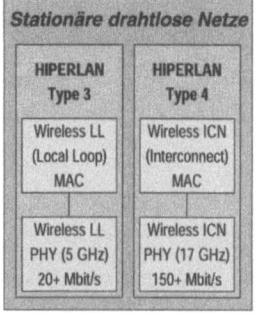

Abbildung 8.3: Die vier verschiedenen HIPERLAN-Typen

8.2 Dienste im Breitband-ISDN

Tabelle 8.1: Parameter der ETSI BRAN HIPERLANs

HIPERLAN Wireless	Typ 1 LAN	Typ 2 ATM	Typ 3 Local Loop	Typ 4 Point-to-Point
Trägerfreqenz	5 GHz	5 GHz	5 GHz	17 GHz
Netztopologie	dezentral	zentral	PTP	PTP
Antenne	omni	omni	Keule	gerichtet
Zellform	pico	pico	„Zigarre"	Richtfunk
Einsatzgebiet	innen/außen	innen/außen	außen	innen/außen
Betreiber	privat	privat/öffentl.	privat/öffentl.	privat
Mobilität	tragb./bewegl.	tragb./bewegl.	stationär	stationär
Backbone	LAN	B-ISDN, ATM	ATM-Netz	B-ISDN
Datenrate	20 Mbit/s	24 Mbit/s	48 Mbit/s	155 Mbit/s
Komm.-bereich	50–100 m	50–100 m	5000 m	50-500 m
Produkt	1998	2000	nach 2000	nach 2000

Bitrate charakterisierbar. So kann eine kurze Anfrage bei einer Datenbank eine umfangreiche Antwort zur Folge haben, mit hoher erforderlicher Übertragungsrate. Man unterscheidet:

- Interaktive Dienste
    - Telefonie
    - Bildtelefonie
    - Breitbandvideokonferenz
- Abrufdienste
    - Zugriff auf Datenbanken
    - Radio, TV, HDTV, Video on Demand
    - elektronische Zeitung
    - Videopost
- Datenkommunikation
    - LAN-Verbindungen
    - Filetransfer
    - CAM-Verbindungen
    - hochauflösende Bildübertragung

Die sehr unterschiedlichen Anforderungen der Breitbanddienste lassen sich mit synchronen Übertragungsverfahren (STDM) nur schwer erfüllen. Eine Überdimensionierung der Übertragungskapazität von synchronen Kanälen verringert zwar die Wartezeiten, führt jedoch zu einer schlechten Kapazitätsausnutzung des Übertragungsmediums. Solchen Anforderungen ist die ATM-Technologie *(Asynchronous Transfer Mode)* besser gewachsen.

8.2.1 ATM als Übermittlungstechnik im B-ISDN

Der *Asynchronous Transfer Mode* (ATM) ist das verbindungsorientierte Paketvermittlungsverfahren des B-ISDN. ATM kombiniert die Vorteile der verbindungs-

und paketorientierten Vermittlung miteinander, nämlich statistisches Multiplexen von Daten unterschiedlicher Verbindungen auf ein Medium und Speichervermittlung von Paketen in den Netzknoten zwischen den kommunizierenden Terminals. Die zu übertragenden Datenströme werden in kurze Blöcke fester Länge aufgeteilt, die sog. ATM-Zellen. Die Zellen von verschiedenen Verbindungen werden zeitlich verschachtelt über einen physikalischen Kanal übertragen. Entsprechend ihrer Datenrate erhalten die Verbindungen unterschiedlich viel Übertragungskapazität dynamisch zugewiesen, wobei manche viele, andere nur wenige Zellen pro Zeiteinheit übertragen. Die Zellen jeder Verbindung werden entsprechend der Reihenfolge ihrer Ankunft übertragen.

Der ATM-Multiplexer fügt Leerzellen in den Multiplex-Datenstrom ein, falls keine der Verbindungen Übertragungskapazität benötigt und ein synchrones Übertragungsverfahren verwendet wird.

8.2.2 Aufbau einer ATM-Zelle

Eine ATM-Zelle umfaßt 53 byte und besteht aus einem 5 byte langen Kopf- und einem 48 byte langen Informationsfeld, das Nutzdaten enthält. Die Vermittlung der Zellen ist verbindungsorientiert. Alle Zellen einer virtuellen Verbindung nehmen den gleichen Übertragungsweg, der beim Verbindungsaufbau durch das Einrichten virtueller Kanäle auf den verschiedenen Vermittlungsabschnitten im Netz festgelegt wird. Die Steuerung der Zellen durch das Netz erfolgt anhand der im Zellkopf gespeicherten Routinginformation, vgl. Abb. 8.5.

VCI *(Virtual Channel Identifier)*, **2 byte:** Die Identifizierung des virtuellen Kanals dient der Unterscheidung der verschiedenen, gleichzeitigen logischen Kanäle bzw. ihrer Zellen. Die virtuelle Kanalnummer wird jeweils nur für einen Vermittlungsabschnitt vergeben.

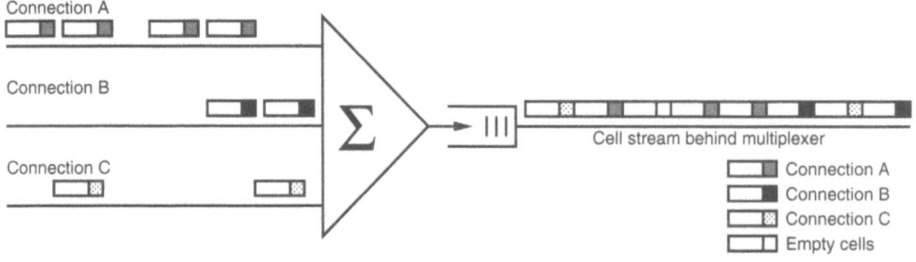

Abbildung 8.4: Statistisches Multiplexen von Zellen auf ein Medium

8.2 Dienste im Breitband-ISDN

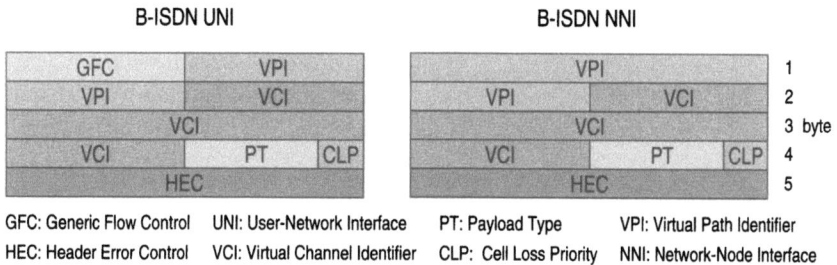

Abbildung 8.5: Kopf einer ATM-Zelle

VPI *(Virtual Path Identifier)*, **8 oder 12 bit:** Ein Kanalbündel wird durch den Parameter VPI bezeichnet. Es können viele Bündel der gleichen Richtung unterschieden werden, die jeweils mehrere virtuelle Kanäle beinhalten. Zellen von Kanälen des gleichen Bündels können besonders schnell vom Koppelnetz der Vermittlung verarbeitet und weitergeleitet werden; dafür benutzt man sog. *Cross-Connects.*

PT *(Payload Type)*, **3 bit:** Dieser Parameter kennzeichnet die Art des Informationsfeldes und dient der Unterscheidung von Nutz- und Signalisierinformation. Signalisierinformation wird z. B. zur Aktualisierung der in den Vermittlungsstellen verwalteten Routingtabellen benötigt. Hierzu muß eine Vermittlungstelle neben dem Kopffeld auch das Informationsfeld der ATM-Zelle auswerten. Werden im Informationsfeld einer ATM-Zelle Nutzdaten übertragen, so bleibt deren Inhalt von der Vermittlung unbeachtet.

HEC *(Header Error Control)*, **1 byte:** Da der Kopf einer ATM-Zelle Daten enthält, die für den Transport der Zellen lebenswichtig sind, wird dieser durch eine Prüfsumme gesichert. Sie ermöglicht das Erkennen von Übertragungsfehlern.

CLP *(Cell Loss Priority)*, **1 bit:** Dieser Parameter kennzeichnet Zellen niedriger Priorität, die bei Warteschlangenüberlauf in der ATM-Vermittlungsstelle verworfen werden. Das Bit wird u. a. von Multiplex- und Vermittlungsknoten für die Flußsteuerung *(Flow Control)* und Verkehrsglättung *(Traffic Shaping)* genutzt.

8.2.3 ATM-Vermittlungstechnik

Die Vermittlung der ATM-Zellen erfolgt, wie bei anderen Paketvermittlungsverfahren, aufgrund der im Zellkopf enthaltenen Routinginformation. Um diese möglichst kompakt zu halten und hierdurch den Durchsatz zu erhöhen, wird lediglich beim Verbindungsaufbau die komplette Ursprungs- und Zieladresse versendet. Für die verschiedenen Abschnitte der Verbindung werden Identifizierungen von logischen Kanälen vergeben (VCI, VPI). Die ATM-Vermittlungsstellen tragen während der Verbindungseinrichtung aufgrund der einlaufenden Steuerinformationen Zuordnungen zwischen Eingangs- und Ausgangsidentifizierung (Leitung + logische Kanalidentifizierung) in ihre Routingtabellen ein.

Die Vermittlung der Zellen wird mittels dieser Tabellen vorgenommen und läuft wie folgt ab: Die Vermittlungssteuerung entnimmt den eintreffenden Zellen die logischen Kanalidentifizierungen VCI, VPI. Über die Zuordnung von kommenden und gehenden Paarungen (VCI, VPI) in ihrer Routingtabelle wird die Kennung VPI, VCI des folgenden Verbindungsabschnitts ermittelt, in den Zellkopf eingetragen und die Zelle zum entsprechenden Ausgang des Koppelnetzes durchgeschaltet.

Abbildung 8.6 zeigt die in den Vermittlungsstellen verwendeten Koppelelemente. Man unterscheidet zwischen *VP-Switch* und *VC-Switch*. Ein VP-Switch wertet nur die VPI-Werte der Zellen aus, so daß eine schnelle Vermittlung der Zellen möglich ist. Die Einträge der VCI-Felder bleiben unverändert. Nur beim Durchgang durch einen VC-Switch werden die VCI-Kennungen verändert.

8.2.4 ATM-Referenzmodell

Entsprechend den Empfehlungen des OSI-Referenzmodells kann auch ein ATM-Referenzmodell mit vier Schichten angegeben werden, vgl. Abb. 8.7. Dies sind die Schichten *Physical Layer*, *ATM Layer*, *ATM Adaptation Layer* (AAL) und eine Schicht, die die Funktionen der höheren Schichten repräsentiert *(Higher Layers)*. Außerdem sind drei unterschiedliche Ebenen definiert. Die Benutzerebene *(User Plane)*, die Steuerungsebene *(Control Plane)* und die Verwaltungsebene *(Mana-*

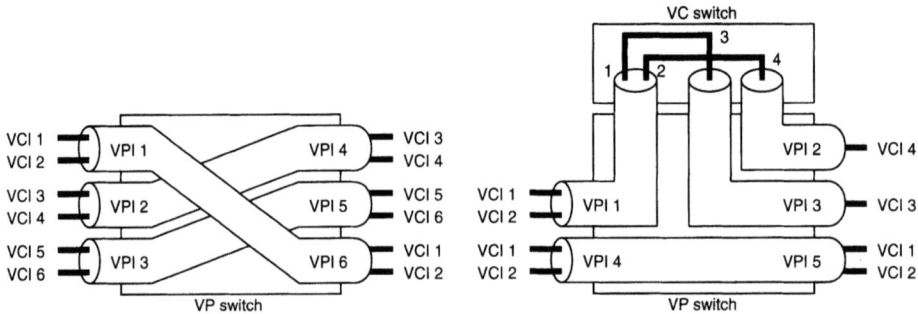

Abbildung 8.6: Virtual Path Switching und Virtual Channel Switching

8.2 Dienste im Breitband-ISDN

gement Plane). Die Management Plane umfaßt die Funktionen zur Ebenenverwaltung *(Plane Management)* und die Funktionen zur Verwaltung der Schichten *(Layer Management)*. Das Plane Management verwaltet das gesamte System, während das Layer Management die einzelnen Schichten steuert.

Die Dienste, Protokolle und Schnittstellen des Physical Layer sind vom Übertragungsmedium abhängig und enthalten alle erforderlichen Funktionen zum bitweisen Übertragen von Informationen. Zu den Aufgaben der ATM-Schicht zählen:

- Multiplexen und Demultiplexen der Zellen verschiedener Verbindungen,
- Steuerung der VCI- und VPI-orientierten Funktionen,
- Erzeugen bzw. Auswerten der Zellkopf-Informationen,
- Generische Flußsteuerung an der Benutzer-Netz-Schnittstelle (*User to Network Interface*, UNI),
- Einrichtung, Routen, Betrieb und Auslösen der Verbindung.

Die ATM-Anpassungsschicht paßt die übergeordneten Schichten an die ATM-Schicht an. Sie führt die notwendige sendeseitige Segmentierung von Datenströmen in Zellen und ihre Reassemblierung empfangsseitig zu Nachrichten durch und sorgt für eine gesicherte Übertragung. Die AAL-Schicht wird in zwei Teilschichten unterteilt:

1. *Segmentation-and-Reassembly*-Teilschicht (SAR-Teilschicht), zur Abbildung der Protokolldateneinheiten der höheren Schichten auf die ATM-Zellen und umgekehrt.

2. *Convergence Sublayer* (CS), der unerwünschte Effekte durch unterschiedliche Zellaufzeiten verschiedener Dienste ausgleicht.

Beispielsweise werden die für die Sprachübertragung benutzten digitalen Abtastwerte über einen gewissen Zeitraum zusammengefaßt, um die Kapazität einer

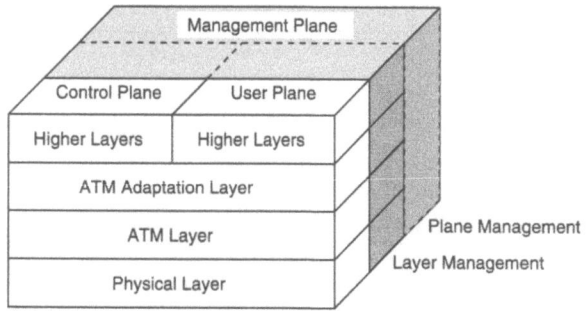

Abbildung 8.7: Das ATM-Referenzmodell

ATM-Zelle vollständig auszunutzen. Der Empfänger erzeugt aus den eintreffenden ATM-Zellen wieder einen kontinuierlichen Datenstrom.

Unterschiedliche Laufzeiten der Zellen durch das Netz werden durch die ATM-Anpassungsschicht beim Empfänger ausgeglichen. Dies wird durch das Hinzufügen einer konstanten zeitlichen Verzögerung vor der Ausgabe erreicht.

8.2.5 ATM-Dienstklassen

Um die Anzahl der benötigten Protokolle der ATM-Anpassungsschicht gering zu halten, werden die Dienste gemäß den Parametern Zeitbezug zwischen Quelle und Senke, Bitrate und Verbindungsart in vier verschiedene Klassen unterteilt, vgl. Tab. 8.2. Man unterscheidet zeitkontinuierliche Dienste mit konstanter bzw. variabler Bitrate, die verbindungsorientiert oder verbindungslos realisiert werden.

Den Nutzinformationen werden in Abhängigkeit von der benutzten Dienstklasse zusätzlich Steuerdaten angefügt. Sie dienen dazu, Nutzdaten wiederherstellen zu können, die in mehrere Zellen aufgeteilt worden sind. Die Steuerdaten werden von der SAR-Teilschicht beim Aufteilen der Daten in Zellen erzeugt. Im Empfänger muß die entsprechende SAR-Teilschicht die Daten anhand der Steuerdaten wieder in der richtigen Reihenfolge zusammenfügen.

Zur Kennzeichnung der Reihenfolge der einzelnen ATM-Zellen erhalten sie Sequenznummern, damit der Empfänger den Verlust von Zellen erkennen kann. Während die Sequenznummer bei allen Dienstklassen vorhanden ist, sind zusätzliche Sicherungsdaten und verschiedene Segmenttypen nur bei einigen Klassen vorgesehen. Durch den unterschiedlichen Steuerdatenanteil ergibt sich ein Nutzdatenanteil von 44–48 byte [145].

Tabelle 8.2: Klassifizierung der AAL-Dienste

Klasse	1	2	3	4
Zeitbezug	kontinuierlich	kontinuierl.	nicht kontin.	nicht kontin.
Bitrate	konstant	variabel	variabel	variabel
Verb.-art	verb.-orient.	verb.-orient.	verb.-orient.	verb.-los
Beispiele	Emul. der sync. Durchschalteverm. (Sprache)	variable Bitrate (Video)	verb.-orient. Datenübertr.	verb.-lose Datenübertr.

8.2 Dienste im Breitband-ISDN

Das ATM-Forum unterscheidet in seiner Spezifikation *Traffic Management (V 4.0)* [66] verschiedene Dienstklassen, die verschiedene Anwendungen repräsentieren. Es werden im einzelnen folgende Dienstklassen aufgeführt, deren spezifizierte Dienstgüteparameter in Tab. 8.3 dargestellt sind:

Unspecified Bit Rate: Für die UBR-Dienstklasse sind keine Dienstgüteparameter spezifiziert. Dieser Klasse werden keine Garantien gegeben, was bedeutet, daß sie nur einen bestmöglichen Dienst *(Best Effort Service)* erfährt.

Available Bit Rate: Die ABR-Dienstklasse ist besonders für Anwendungen geeignet, die nicht echtzeitorientiert sind und auch keine Anforderungen bezüglich der Übertragungsrate voraussetzten. Nur die Zellverlustrate ist als Parameter für die Dienstgüte definiert.

Constant Bit Rate: Die CBR-Dienstklasse ist für echtzeitorientierte Dienste mit konstanter Bitrate vorgesehen, die enge Anforderungen an Zellverlustrate *(Cell Loss Ratio*, CLR), Zellverzögerung *(Cell Transfer Delay*, CTD) und Varianz der Zellverzögerung *(Cell Delay Variance*, CDV) stellen.

Non-Realtime Variable Bit Rate: Die VBR-Dienstklasse ist ein Kompromiß zwischen der VBR und der ABR Dienstklasse. Hiermit werden Anwendungen betrieben, die mehr Dienstgütegarantien als die ABR-Klasse benötigen, aber keinen Wert auf eine Sicherstellung einer bestimmten Varianz der Zellübertragungszeiten (CDV) legen.

Realtime Variable Bit Rate: Echtzeitorientierte Anwendungen, die hohe Anforderungen an die Verzögerungen und ihre Varianz, sowie die Zellverlustrate stellen, benötigen einen Realtime-VBR-Dienst.

Tabelle 8.3: Dienstklassen und ihre Quality of Service Parameter

Attribute	ATM Layer Service Categories				
	CBR	VBR(RT)	VBR(NRT)	ABR	UBR
CLR	×	×	×	×	—
CTD	×	×	×	—	—
CDV	×	×	—	—	—

CBR	Constant Bit Rate;	VBR	Variable Bit Rate;	UBR	Unspecified Bit Rate;
RT	Real Time;	NRT	Non Real Time;	ABR	Available Bit Rate;
×	specified	—	unspecified		

8.2.6 Funktionen und Protokolle der AAL-Schicht

Da auch bei Glasfasertechnologie Übertragungsfehler nicht vollständig verhindert werden können, wird in der AAL-Schicht abhängig vom Diensttyp ein Ende-zu-Ende-Fehlerkorrekturverfahren vorgesehen.

Für die echtzeitorientierten CBR- und VBR-Dienste werden die AAL-Protokolle Typ 1 und Typ 2 verwendet. Sie versehen ihre Protokolldateneinheiten (*Protocol Data unit*, PDU) mit Laufnummern und Prüfsummen, um verlorene oder fehlerhafte eingefügte ATM-Zellen zu erkennen. Optional können durch Verwendung eines FEC-Verfahrens Bitfehler korrigiert werden [93]. Übersteigt die Bitfehlerwahrscheinlichkeit in der ATM-Schicht die Korrekturfähigkeit des benutzten Codes, was insbesondere auf einer Funkübertragungsstrecke zeitweise zutrifft, kann die vom Anwender geforderte Dienstgüte durch diese Verfahren nicht garantiert werden.

In den AAL-Protokollen Typ 3/4 und Typ 5 ist in der obersten Teilschicht des AAL (Service Specific Convergence Sublayer, SSCS) ein ARQ-Protokoll vorgesehen, das sich auf die Funktionen zur Erkennung von Bitfehlern und Zellverlusten der tieferen AAL-Teilschichten (*Common Part Convergence Sublayer*, CPCS und *Segmentation and Reassembly*, SAR) stützt [74]. Eine effiziente Ausführung dieser ARQ-Protokolle ist nach [76] bei einer Paketverlustwahrscheinlichkeit von 10^{-3} möglich. Um diese Paketverlustwahrscheinlichkeit für Pakete von 1 kbyte Länge einzuhalten, darf die Bitfehlerwahrscheinlichkeit 10^{-7} nicht übersteigen. Die Bitfehlerwahrscheinlichkeit einer durch FEC-Verfahren geschützten Funkübertragungsstrecke liegt in der Regel darüber und ist damit für eine effiziente Ausführung der ARQ-Verfahren im AAL zu hoch.

8.3 Architektur der ATM-Funkschnittstelle

Abbildung 8.8 zeigt schematisch den Aufbau eines zellularen ATM-Mobilfunksystems [142, 57]. Die Zugangspunkte zum ATM-Festnetz liegen zwischen Funkzugangssystem (*Radio Access System*, RAS) und ATM-Festnetz. Jedes Zugangsnetz enthält einen oder mehrere Sende-/Empfangseinrichtungen (*Transceiver*) und eine Steuereinheit (*Base Station Controller*, BSC), welche die Protokolle der Basisstation ausführt. Üblicherweise wird die UNI-Schnittstelle zwischen RAS und ATM-Netz vorgesehen.

Ein derartiges Funknetz ermöglicht den schnurlosen ATM-Zugang von beweglichen bzw. mobilen Terminals (*Wireless Terminal*, WT) in ausgewählten Bereichen z. B. in Gebäuden, im freien Gelände oder in der Nähe von Gebäuden.

8.3 Architektur der ATM-Funkschnittstelle

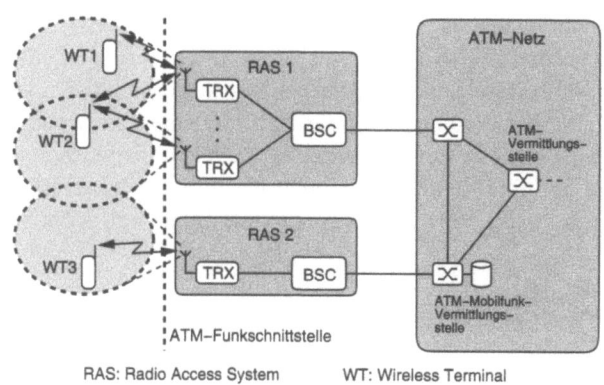

Abbildung 8.8: Architektur eines zellularen ATM-Mobilfunknetzes

RAS: Radio Access System   WT: Wireless Terminal

8.3.1 Funkzugangssystem als verteilter ATM-Multiplexer

Schnurlose lokale Netze (*Wireless Local Area Networks*, W-LAN) sind ein typischer Einsatzbereich von zellularen ATM-Mobilfunknetzen. Hier ist es wünschenswert, dem schnurlosen Terminal bei eingeschränkter Betriebsdauer (wegen batteriegestützter Energieversorgung) und verringerter Datenrate (aufgrund der Funkübertragung) die gleichen Dienste zur Verfügung zu stellen wie einem ATM-Terminal am Festnetz. Insbesondere sollten alle verfügbaren ATM-Anwendungen unverändert einsetzbar sein, d. h. sowohl in schnurlosen als auch in drahtgebundenen Terminals auf denselben Diensten des AAL aufsetzen.

Abbildung 8.9 verdeutlicht, daß es sich bei den AAL-Protokollen um Ende-zu-Ende-Transportprotokolle handelt, weil sie nur zwischen den Terminals betrieben wer-

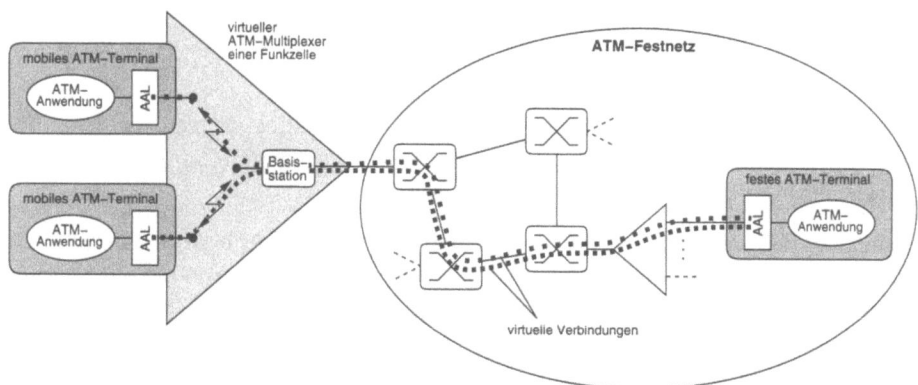

Abbildung 8.9: Verbindung eines zellularen ATM-Funknetzes mit einem ATM-Festnetz

den und in den Netzknoten nicht auftreten. Die Übertragung über die ATM-Funkschnittstelle erfolgt innerhalb der ATM-Schicht, mithilfe einzelner ATM-Zellen, wobei die Einflüsse der Funkschnittstelle den Dienstbenutzern der ATM-Schicht (den Instanzen des AAL) verborgen bleiben. Dies wird im folgenden als transparente Übertragung von ATM-Zellen bezeichnet. Aus Benutzersicht verhalten sich die Terminals einer Funkzelle, die über das RAS virtuelle Verbindungen betreiben, als wären sie über ein Kabel mit einem ATM-Multiplexer verbunden, vgl. Abb. 8.9.

8.3.2 Frequenzen und Frequenzetiketten für W-ATM-Systeme

Für W-ATM-Systeme ist in Europa und den USA z. Zt. das Frequenzband 5,15–5,25 GHz vorgesehen, wobei die ERC dieses Band für HIPERLAN 1 zugewiesen hat. Die FCC in den USA spricht vom *High Speed Multi-Media Unlicensed Spectrum*. WRC97 studiert noch die Problematik. Im HIPERLAN-Erweiterungsband 5,25–5,3 GHz gibt es nationale Probleme wegen Vorabnutzungen und in den USA im gesamten Band 5,25–5,35 GHz. WRC99 wird das gesamte Band 5,15–5,87 GHz wahrscheinlich für den Gebrauch durch breitbandige lokale Funknetze zuweisen. Dafür ist die Neuzuweisung schon belegter Bänder für die Nutzung durch Breitbandfunknetze erforderlich, man spricht von *Re-Farming* eines Bandes. Wegen der erwarteten Vielfalt von Systemen (alten und neuen) muß die Koexistenzfähigkeit der Systeme sichergestellt werden.

8.3.2.1 Frequenzetiketten

Es wird damit gerechnet, daß verschiedene Standards im gleichen Band koexistieren müssen. Deshalb werden sog. Regeln zur gemeinsamen Nutzung eines Bandes, *Frequency Sharing Rules* bzw. *Etiquettes* genannt, diskutiert die für ein Band und seine Nutzung am gleichen Ort durch Systeme nach gleichem oder verschiedenen Standards gelten.

Eine Etiquette ist allg. eine Menge von Regeln, die von den Betroffenen vereinbart worden sind, damit eine Gruppe von Individuen miteinander kooperieren können, ohne daß sie miteinander kommunizieren müssen.

Man erwartet anstelle einer exklusiven Frequenzzuweisung für ein bestimmtes System wahrscheinlicher einen Betrieb ähnlich wie in ISM-Bändern *(Industrial Scientific and Medical)* üblich, mit zusätzlichen Einschränkungen, z. B. Vorgaben für die zeitliche Nutzung des Bandes.

Es wurde vorgeschlagen, das gemeinsame Band so zu nutzen, daß reservierende Systeme (z. B. kanal- oder periodenorientierte Systeme) im Band von paketorientiert übertragenden Systemen getrennt werden, mit einem Überlappungsbereich,

8.3 Architektur der ATM-Funkschnittstelle

den beide Systemtypen bei Bedarf nutzen können. Für die zeitliche Koordination der Übertragung verschiedener Systeme im selben Band wird eine Technik mit zyklisch zwischen den Basisstationen (TRX) umlaufenden Zeitcontainern favorisiert, die das abwechselnde Übertragen benachbarter (interferierender Systeme) ermöglichen soll. Bisher ist noch nicht abzusehen, welche koordinierenden Maßnahmen ergriffen werden, um sicherzustellen, daß Systeme Dienstgüten für ATM-Verbindungen laut Standard garantieren können.

8.3.2.2 Übertragungsverfahren für W-ATM-Systeme

Da eine hohe Multiplexübertragungsrate von ca. 20 Mbit/s an der drahtlosen Schnittstelle angestrebt wird, kommen DS-CDMA-Verfahren wegen des resultierenden Bandbreitebedarfs nicht infrage. Neuere Demonstrationssysteme benutzen Vielträgerverfahren (*Orthogonal Frequency Division Multiplexing*, OFDM) mit symbolweiser paralleler Signalübertragung über 16 bzw. 64 FDM-Träger auf Abwärts- und evtl. auch Aufwärtsstrecke. Daneben werden 64 QAM und Hybridmodulationsverfahren eingesetzt. Die Kapazitätsaufteilung erfolgt üblicherweise im Frequenz- und Zeitbereich (FDM, TDM, FDMA, TDMA, FDD, TDD). Neuerdings wird auch mit adaptiven Antennen experimentiert um Interferenzen zu vermeiden und die Dienstgüte zu verbessern. Dabei ist auch Raummultiplex (*Space Division Multiple Access*, SDMA) möglich.

8.3.3 Protokollstapel der ATM-Funkschnittstelle

Die Funkschnittstelle als verteilter ATM-Multiplexer erfordert gegenüber dem Festnetz die zusätzliche Betrachtung funkspezifischer Aspekte:

Funkausbreitung: z. B. Beugung, Abschattung, Reflexionen und Mehrwegeausbreitung.

Kanalzugriff: Koordination des Zugriffs auf den gemeinsam benutzten Funkkanal zur Realisierung der durch eine Scheduler-Funktion des RAS vorgegebenen Übertragungsreihenfolge der ATM-Zellen.

Fehlersicherung: Die unzuverlässigen Übertragungsbedingungen auf dem Funkkanal erfordern den Einsatz von Fehlersicherungsverfahren, um abhängig von den einzelnen Dienstklassen, die Dienstgüteanforderungen der individuellen virtuellen Verbindungen zu erfüllen.

Um die geforderte Dienstgüte auf der Funkstrecke zu erreichen, wird zusätzlich zu den Fehlerschutzmaßnahmen des AAL ein Sicherungsprotokoll (ARQ-Protokoll) in der LLC-Teilschicht unmittelbar an der Funkschnittstelle eingesetzt, um die Transparenz gegenüber dem AAL zu gewährleisten. Dabei handelt es sich um ein dienstklassenspezifisches ARQ-Protokoll, wobei über einen eigenen Dienstzugangspunkt je ATM-Dienstklasse in der LLC-Teilschicht der Aufwand für die Fehlersicherung den individuellen Anforderungen der einzelnen virtuellen Verbindung angepaßt werden kann.

Abbildung 8.10 zeigt den resultierenden Protokollstapel an der Funkschnittstelle *(Wireless UNI)*, der eine Bitübertragungsschicht, die die Besonderheiten der Funkübertragung berücksichtigt (*Wireless Physical Layer*, W-PHY), und eine Sicherungsschicht (*Data Link Layer*, DLC) enthält. Die DLC-Schicht besteht aus einer Teilschicht zur Koordinierung des Kanalzugriffs (*Medium Access Control*, MAC) und aus einer Teilschicht, die die logischen Kanäle steuert und Funktionen zur Fehlersicherung enthält (*Logical Link Control*, LLC).

Bei ETSI BRAN wird z. Zt. der in Abb. 8.11 gezeigte Protokollstapel diskutiert. Gezeigt werden neben dem W-ATM-Terminal ein W-ATM-Zugangspunkt und eine um mobilitätsunterstützende Funktionen erweiterte ATM-Vermittlung. Die ITU-T Signalisierung nach Q.2931 liegt oberhalb der *Signalling ATM-Anpassungsschicht* (SAAL), während Anwendungen sich auf die AAL-X (X = 1, 2, ..., 5) stützen. An der Funkschnittstelle (*Radio*, R) sind zwei Schichten für die gesicherte Übertragung mit Fehlerbehebung verantwortlich: die Sicherungsschicht *(Data Link Control)* und die Bitübertragungsschicht.

8.3.4 Kanalzugriff

Bei drahtlosen ATM-Netzen müssen sich mehrere Teilnehmer den gleichen physikalischen Kanal teilen. Der Zugriff auf das Medium muß dazu koordiniert werden. In den in Abschn. 8.1 beschriebenen Projekten und anderen firmenspezifischen Ar-

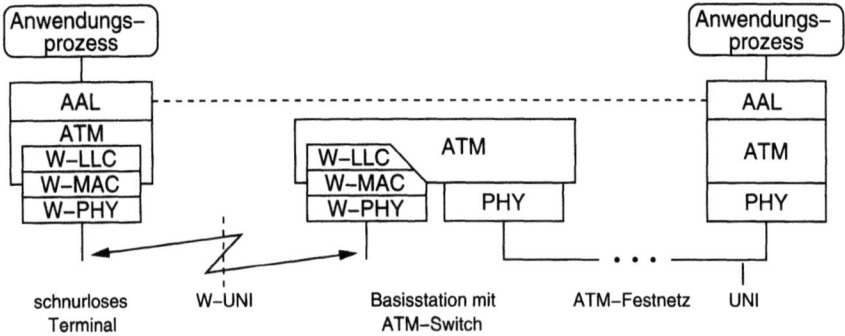

Abbildung 8.10: Protokollstapel der ATM-Funkschnittstelle (Benutzerebene)

8.3 Architektur der ATM-Funkschnittstelle

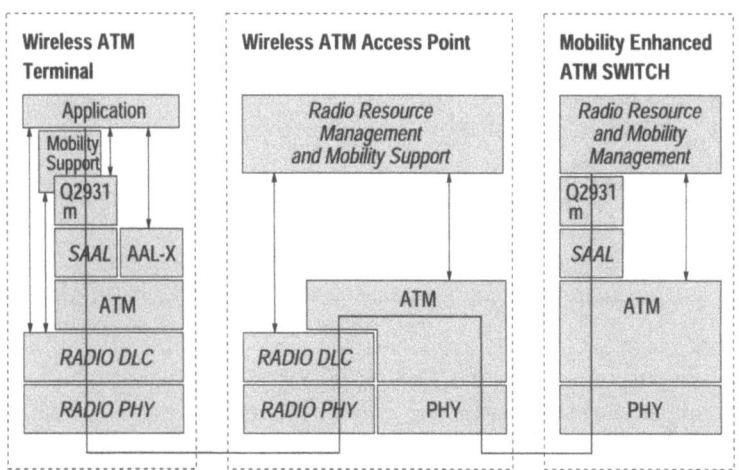

Abbildung 8.11: HIPERLAN/2-Schichten-Architektur

beitsgruppen (weltweit) wurden verschiedene Kanalzugriffsprotokolle entwickelt und zur Berücksichtigung für die ETSI/BRAN-Standardisierung vorgeschlagen, deren gemeinsame Ansätze im folgenden vorgestellt werden.

Der physikalische Kanal wird unter Verwendung eines TDMA-Verfahrens in Zeitschlitze gleicher oder unterschiedlicher Länge unterteilt. Innerhalb dieser Zeitschlitze werden Signalisierinformationen und ATM-Zellen mit Benutzerdaten zwischen mobilem Terminal und Basisstationssteuerung ausgetauscht. Die Zuordnung der Übertragungskapazität geschieht dynamisch entsprechend den Kapazitätsanforderungen der Terminals.

Die meisten Ansätze beruhen darauf, daß der Zugriff auf den gemeinsamen physikalischen Kanal durch eine zentrale Instanz, die Basisstation, koordiniert wird. Sie weist den Terminals dynamisch Übertragungskapazität in Form von Zeitschlitzen zu, wobei durch die Einführung von Prioritäten Verbindungen mit hohen Dienstgüteanforderungen bevorzugt werden. Die Basisstation benötigt deshalb Informationen über die Anzahl und Dienstklasse von in den Terminals auf Übertragung wartenden ATM-Zellen.

Dabei realisiert sie einen verteilten ATM-Multiplexer, der bei drahtgebundenen Terminals durch einen Puffer und eine Reihenfolgesteuerung *(Scheduler)* im Multiplexer realisiert ist, an der Funkschnittstelle wie folgt: Die Pufferung der zu übertragenden Zellen erfolgt in den Terminals, die Steuerung der Übertragungsreihenfolge der Zellen über den Funkkanal erfolgt durch die Basisstation, wobei auch die wiederholte Übertragung fehlerhaft empfangener Zellen berücksichtigt wird.

Die Basisstation teilt auf der Abwärtsstrecke in einer Signalisiernachricht den Terminals mit, in welchen zukünftigen Zeitschlitzen der Aufwärtsstrecke sie exklusiv übertragen dürfen, die auf die Signalisiernachricht folgen. Ebenso werden andere Zeitschlitze für die Downlinkübertragung an bestimmte Terminals deklariert, wodurch eine Periodenstruktur entsteht, vgl. Abb. 8.12. Innerhalb einer Signalisiernachricht werden alle Informationen festgelegt, die in der kommenden Periode auftreten, anschließend folgt die Signalisiernachricht der nächsten Periode.

Eine Periode setzt sich jeweils aus einer Downlink- und einer Uplink-Datenübertragungsphase zusammen. In der Downlink-Datenübertragungsphase werden innerhalb von reservierten Zeitschlitzen Informationen von der Basisstation zu den Terminals übertragen; in der Uplink-Datenübertragungsphase von den Terminals zur Basisstation. Die Länge einer Periode kann konstant oder dynamisch veränderlich sein. Das Verhältnis der Dauern von Uplink- zu Downlinkdatenphase kann konstant oder variabel sein. Bei einem variablen Verhältnis können unsymmetrische Verkehrsbeziehungen besser berücksichtigt werden, wodurch die Kanalkapazität des Funkmediums besser ausgenutzt wird.

Die Richtungstrennung der Übertragung kann nach dem TDD- oder FDD-Verfahren erfolgen, vgl. Abb. 8.12.

Die Kapazitätsanforderungen (z. B. Zahl wartender Zellen) können huckepack mit ATM-Zellen während der Uplinkdatenphase oder über Signalisierzeitschlitze des Uplinks übertragen werden, die für die einzelnen Terminals reserviert sein können oder im Zufallszugriff benutzt werden. Da ein Signalisierzeitschlitz aufgrund der zu übertragenden Nachrichtenlänge im Vergleich zu einer ATM-Zelle kurz ist, kom-

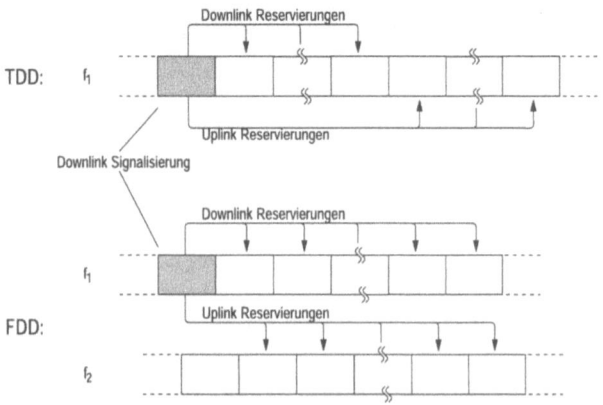

Abbildung 8.12: MAC-Signalisierung bei Verwendung von TDD und FDD

8.3 Architektur der ATM-Funkschnittstelle 277

men dafür Teilzeitschlitze infrage. Eine W-ATM-Basisstation wird funkreichweitebedingt in der Regel gleichzeitig nur wenige aktive Terminals versorgen. Deshalb ist u. U. ein reservierendes *(Poll)* Verfahren zur Übertragung der Kapazitätsanforderungen von Terminals an die Basisstation sinnvoll.

8.3.5 Die LLC-Schicht

Im Festnetz ist als Übertragungsmedium das Glasfaserkabel vorgesehen. Neben der hohen Übertragungskapazität zeichnet sich das Medium durch eine sehr geringe Paketfehlerrate aus, die in dem Bereich von 10^{-9} liegt. Daher ist eine Sicherung gegen Übertragungsfehler für zum Beispiel echtzeitorientierte Dienste nicht erforderlich. Datentransferdienste, die noch geringere Fehlerraten erfordern, werden in der ATM-Anpassungsschicht gegen Übertragungsfehler gesichert, vgl. Abschnitt 8.2.6.

Der Funkkanal dagegen ist ein Übertragungsmedium mit sehr hoher Paketfehlerhäufigkeit. Sie liegt in der Größenordnung von 10^{-3}. Da selbst echtzeitorientierte Dienste höhere Anforderungen stellen, wird eine Sicherung aller Dienste gegen Übertragungsfehler notwendig.

Dazu stehen drei Verfahren zur Auswahl: Fehlersicherung durch Fehlererkennung und -korrektur: FEC *(Forward Error Correction)* und Behebung durch Datenquittierung und ggf. Paketwiederholungen: ARQ *(Automatic Repeat Request)* und Behebung in Kombination mit FEC.

Üblicherweise wird die letzte Variante vorgesehen. Die physikalische Schicht des Protokollstapels der Funkschnittstelle übernimmt dabei die Funktion *Forward Error Correction*. In der *Logical Link Control* (LLC) Schicht ist ein ARQ-Verfahren vorgesehen, das die Verbindungen gegen Übertragungsfehler sichert.

8.3.5.1 Verwerfen von Zellen

Konventionelle ARQ-Protokolle sind für nicht zeitkritische Dienste geeignet. Bei zeitkritischen Diensten ist es zweckmäßig, zusätzlich die maximale Übertragungsverzögerung der Datenpakete zu berücksichtigen. Denn es ist sinnlos, ein verspätetes Paket zu übertragen, das anderen wartenden Paketen Übertragungskapazität nimmt. Der Sender sollte alle Datenpakete erfolgreich übertragen, bevor deren zulässige Übertragungsverzögerung überschritten ist. Pakete, für die dies absehbar nicht gelingt, brauchen nicht mehr übertragen zu werden und sollten verworfen werden. Man unterscheidet zwei Fälle:

1. Das Paket wurde noch nicht übertragen, bevor es verworfen wird;

2. Das Paket soll wiederholt übertragen werden, da es erneut angefordert wurde.

Bei (1.) muß der Sender den Empfänger nicht über das Verwerfen informieren, da noch keine dem Empfänger bekannte Sequenznummer zugeteilt worden ist und der Empfänger das Fehlen des verworfenen Paketes nicht feststellen kann. Bei (2.) hat das Datenpaket bereits eine Sequenznummer erhalten, die dem Empfänger bekannt ist. Der Empfänger muß deshalb in Kenntnis gesetzt werden, welches Paket verworfen wurde. Sonst blockiert der Empfänger und gibt alle nachfolgenden Pakete nicht an die nächsthöhere Schicht weiter, weil ein Paket in der Reihenfolge fehlt.

8.3.6 Dynamische Kapazitätszuweisung bei paketorientierten Funkschnittstellen

Paketorientierte Funkschnittstellen benötigen eine besonders effiziente Methode für den Medienzugriff, weil dieser Vorgang ständig für jedes Paket und nicht nur einmal pro Verbindung für die Einrichtung eines Kanals nötig ist.

Die Reservierung von Übertragungskapazität am Uplink kann sehr einfach durch eine zentrale Basisstation realisiert werden; am Downlink bestimmt sie die Nutzung ohnehin. Die Basisstation ist entweder direkt mit dem Festnetz verbunden oder benutzt eine drahtlose Verbindung, um eine benachbarte Basisstation auf der Route zum Festnetzzugang zu erreichen. Auch die Verbindung der Basisstationen untereinander kann am einfachsten unter zentraler Steuerung für die paketweise Übertragung erfolgen, vgl. Abb. 8.13.

Dementsprechend beruhen die derzeitigen Vorschläge für die Steuerung des Zugangsrechtes zum Funkmedium auf zentralen Einrichtungen [113, 135]. In einfachen Ausführungen muß paketweise über das S-Aloha-Protokoll Übertragungskapazität

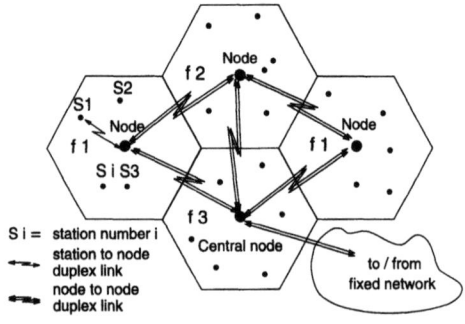

Abbildung 8.13: Zellulares W-ATM-Netz mit zentraler Steuerung der Stationen durch die Basisstation. Die Basisstationen benutzen Frequenzen f_i in einem 3er-Cluster, die drahtlose Kommunikation zwischen den Knoten wird von einer zentralen Basisstation gesteuert.

8.3 Architektur der ATM-Funkschnittstelle

angefordert werden, was sehr ineffizient ist. Im günstigsten Fall kann mit einem übertragenen Paket der Reservierungswunsch für das folgende Paket übertragen werden, falls es schon wartet.

Die zentral durch eine Basistation geordnete Nutzung des Uplinks funktioniert solange ungestört, wie in ihrer Störreichweite keine weitere Basisstation aktiv ist, die unkoordiniert Zeitschlitze für Paketübertragungen an ihre Mobilstationen zuteilt. Andernfalls würden die Mobilstationen verschiedener Basisstationen gleichzeitig oder überlappend übertragen und evtl. kollidieren.

Auch der Empfang von Paketen der eigenen Basisstation bei einer Mobilstation würde durch Interferenz fremder Basisstationen gestört werden.

Um wechselseitige Interferenz der Versorgungsgebiete von Basisstationen zu vermeiden, werden Zellcluster mit fest zugeordneten Frequenzen pro Zelle benutzt, vgl. Abb. 8.13. Daneben werden Frequenzetiketten diskutiert, um die zeitliche Nutzung jeder Frequenz dezentral zu koordinieren.

Verzichtet man auf Clusterung, dann gibt es vielfältige Möglichkeiten der gegenseitigen Störung benachbarter Basis- und Mobilstationen, vgl. Abb. 8.14. Dort ist die Versorgungsreichweite als Kreis um jede Basisstation eingetragen und angenommen, daß die Störreichweite deutlich größer ist, und daß die beiden zentral gesteuerten Systeme mit den Basisstationen N1 und N2 nicht sychronisiert sind. Man sieht, daß sich Basis- und Mobilstationen in jeder Kombination stören können. Um durch eine statische Frequenzplanung (mit Clusterbildung) diese Störungen zu vermeiden, muß die Clustergröße deutlich größer sein als mit synchronisierten Basisstationen nötig.

Frequenzetiketten helfen, wechselseitige Störungen zu vermeiden, reduzieren aber tendenziell die Spektrumseffizienz gegenüber Systemen mit dynamischer Kanalvergabe, weil die Kapazität den Stationen und Systemen zeitlich fest zugeordnet ist und nicht dynamisch geändert werden kann, z. B. wenn ein System seine Kapazität momentan nicht braucht, ein benachbartes System aber einen Engpaß hat.

Für den Einsatz einer dynamischen, flexiblen Kanalvergabe benötigt man Kriterien, um aus der aktuellen Belegung des Mediums auf die zukünftige Nutzung zu schließen. Ein Beispiel für eine effiziente Kanalvergabe ist im DECT-System standardisiert, vgl. Kap. 5.

8.3.7 Ein Kanalkonzept für eine paketorientierte Funkschnittstelle

Folgende Aussagen gelten generell [8]:

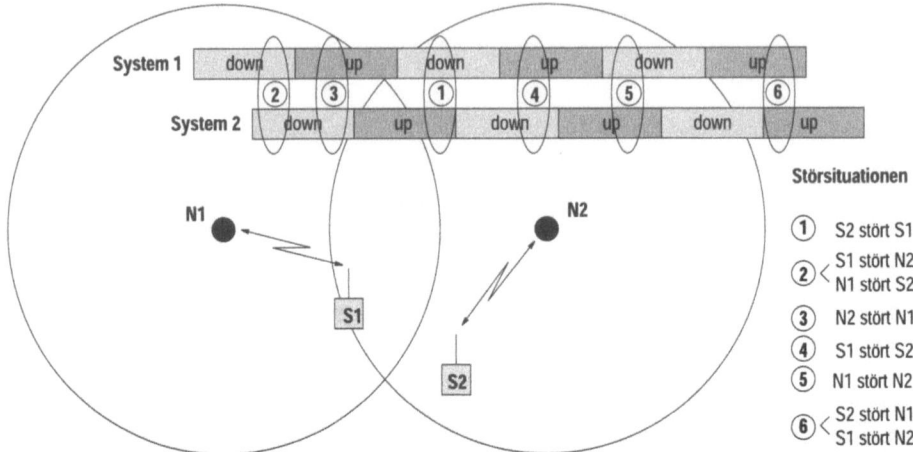

Abbildung 8.14: Anders als in zellularen Netzen mit fester Rahmenlänge und Richtungssteuerung durch FDD stören sich zu zufälligen Zeitpunkten alle Stationen jeweils paarweise.

1. Man kann einen Funkkanal besonders effizient unter mehrere Benutzer aufteilen, wenn sie eine vorher bekannte konstante Bitrate benötigen (*Constant Bitrate*, CBR).

2. Während einer genügend kurzen Zeitspanne T_c hat jede Kommunikationsbeziehung die CBR-Eigenschaft.

3. Als praktische untere Grenze für T_c kann man den Zeitbedarf ansehen, der für die Einrichtung einer Verbindung erforderlich ist.

4. Multiplext ein Endgerät mehrere Dienste auf eine Verbindung, dann wird die Dauer T_c größer.

5. Multimedia-Endgeräte benötigen Protokolle, die zentralisiert gesteuerte und Ad-hoc-Netze unterstützen.

Wünscht man sich Eigenschaften wie

- einfache Zuordnung der Übertragungskapazität,
- Unterstützung von Endgeräten mit stark unterschiedlicher Bitrate,
- Mechanismen um Kollisionen zu vermeiden,
- Übertragung über Funk durch Endgeräte mit verschiedenen Modulationsverfahren,

8.3 Architektur der ATM-Funkschnittstelle

- transparente Unterstützung für Schicht-3-Protokolle und Anwendungen darüber,

- Kompatibilität mit Protokollen mit zentraler und dezentraler (Ad-hoc-) Steuerung,

dann ergibt sich eine kanalorientierte reservierende Vergabe des Mediums als interessante mögliche Lösung.

8.3.7.1 Büschelartige Informationsquellen und Packet Trains

Man kann büschelartige Verkehrsquellen durch das sog. Packet-Train-Modell beschreiben [109] mit mindestens zwei Zuständen, wobei in einem Zustand nach kurzen und im anderen nach längeren zufälligen Zeitdauern „Wagen" des „Zuges" (Pakete) erzeugt werden, vgl. Abb. 8.15. Die längeren Pausen entsprechen den Inter-Train-Zeiten, die kurzen Pausen den Inter-Car-Zeiten.

Sieht man die Inter-Car-Zeit T_i als Parameter, dann kann man für dieselbe Verkehrsquelle verschieden lange Züge definieren und die Häufigkeit der Züge beeinflussen [154]. Offenbar sollte T_i mit T_c korrespondieren, indem T_i mit T_c wächst.

Entsprechend Abb. 8.15 wird nur für die Dauer eines Trains eine (vorher eingerichtete) virtuelle Verbindung mit Übertragungskapazität des Funkkanals unterlegt (*Real Channel Connection*, RCC) und die Kapazität nach Ende des Trains entzogen.

Der Empfänger benutzt einen Rückkanal zum Sender mit passender Übertragungsrate, um einzelne oder Gruppen von *Cars* des Trains zu quittieren bzw. eigene Daten zu übertragen und Quittungen huckepack zu schicken. Bei starren TDD-

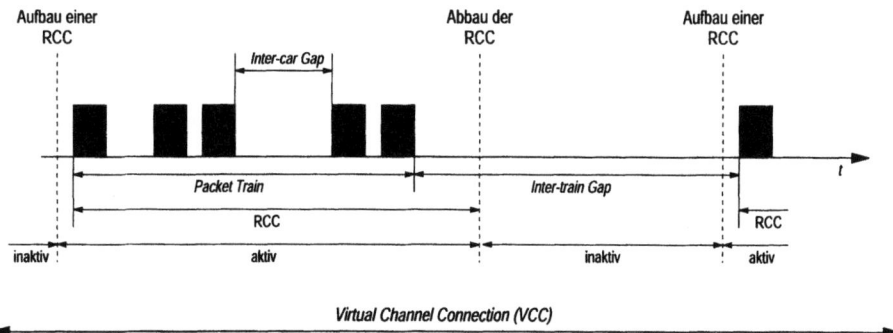

Abbildung 8.15: Das Modell der Packet Trains

Systemen mit festem Zeitabstand der Übertragungsrichtungen und gleichen Übertragungsraten pro Richtung folgt aus der Belegung eines TDD-Kanals auch die Belegung des anderen in Gegenrichtung. Bei asymmetrischer Zuteilung von Kanalkapazität muß jeder Empfänger seine Empfangszeitkanäle in seinem Rückkanal identifizieren d. h. angeben, so daß andere Stationen sich ein Belegungsbild machen können.

Der bidirektionale physikalische Kanal kann so während der Dauer eines Trains von allen im Detektionsradius des jeweiligen Empfängers befindlichen Stationen als belegt erkannt und respektiert werden, so daß die spontane Störung durch zugreifende Stationen, die für einen Empfänger versteckte Stationen sind, sicher vermieden wird.

Es bleibt zu organisieren, wieviel Kapazität je physikalischem Kanal für die Dauer eines Trains zugewiesen wird und wie der Verbindungsaufbau stattfindet, vgl. die Vorschläge in [8, 154]. Dafür gibt es auch Hinweise im DECT-Standard, der ein Multilink-Protokoll angibt.

8.3.7.2 Verbindungsannahme-Steuerung bei ATM-Funkschnittstellen

Folgt man dem Packet-Train-Modell und richtet physikalische Verbindungen nur für die Dauer des Bedarfs ein, dann muß die Verbindungsannahme-Steuerung dafür sorgen, daß für jede akzeptierte virtuelle Verbindung jeder neue Zug mit nur kleiner Verzögerung einen physikalischen Kanal garantiert erhält. Dafür scheinen die von ATM-Netzen bekannten Mechanismen unmittelbar übertragbar zu sein.

Wählt man die dezentrale Organisation eines Ad-hoc-Netzes, dann ist die Verbindungsannahme-Steuerungsinstanz verteilt zu realisieren. Einen Vorschlag dafür findet man in [154].

In den erwarteten W-ATM-Anwendungen werden echtzeitbedürftige VBR-Dienste, vgl. Tab. 8.3, nur einen relativ geringen Auslastungsbeitrag liefern. Sieht man vor, für ABR-Dienste reservierte physikalische Kanäle trotz laufender Packet-Trains jederzeit zu unterbrechen, dann ist zu erwarten, daß ihre Dienstgüte garantierbar ist.

8.4 Mobilitätsunterstützung für W-ATM-Systeme

Die Architektur eines breitbandigen Mobilfunksystems sieht als Transportplattform, vgl. Abb. 5.2, Band 1, ein ATM-Netz vor. Das ATM-Festnetz enthält keine Funktionen zur Unterstützung von Mobilität wie Aufenthaltsverwaltung mobiler

8.4 Mobilitätsunterstützung für W-ATM-Systeme

Teilnehmer und Unterstützung von Handover. In Abschn. 8.16 ist ein typischer W-ATM-Protokollstapel der *Control Plane* dargestellt [112]. Entsprechend dem ATM-Festnetz werden in der *Fixed Control Plane* zur Rufsteuerung (CC) die Standardprotokolle der Teilnehmer-Netzsignalisierung (UNIsig, [95]) unterstützt, vgl. schattierte Bereiche. Das Funkzugangssystem ist transparent für diese Protokolle. Protokolle zur Verwaltung der Funkressourcen (RM) und zur Mobilitätsverwaltung (MM) werden in der *Wireless Control Plane* innerhalb des Funkzugangssystems unterstützt (*Mobility and Resource Management Protocol*, MRP).

8.4.1 Funk-Handover

Der Funk-Handover *(Radio-Handover)* erfolgt zwischen zwei Transceivern (BST) derselben Basisstation, vgl. Abb. 8.17. Das Umschalten der virtuellen Verbindungen wird innerhalb des *Base Station Controllers* (BSC) ausgeführt und ist unabhängig vom ATM-Festnetz.

Ein Handover kann in drei Stufen unterteilt werden:

1. **Messung der Funk-Ressourcen:** Ein Handover wird in der Regel aufgrund von schlechten Übertragungsverhältnissen und der daraus resultierenden unbefriedigenden Dienstgüte des Funkkanals durchgeführt. Um diese Verhältnisse

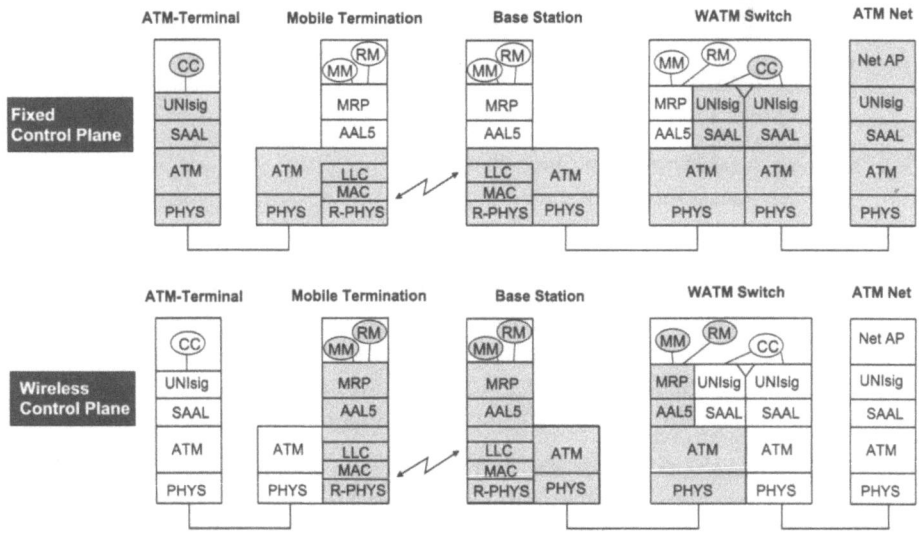

Abbildung 8.16: Protokollstapel im Wireless ATM

284   8 Schnurlose Breitbandsysteme (Wireless ATM)

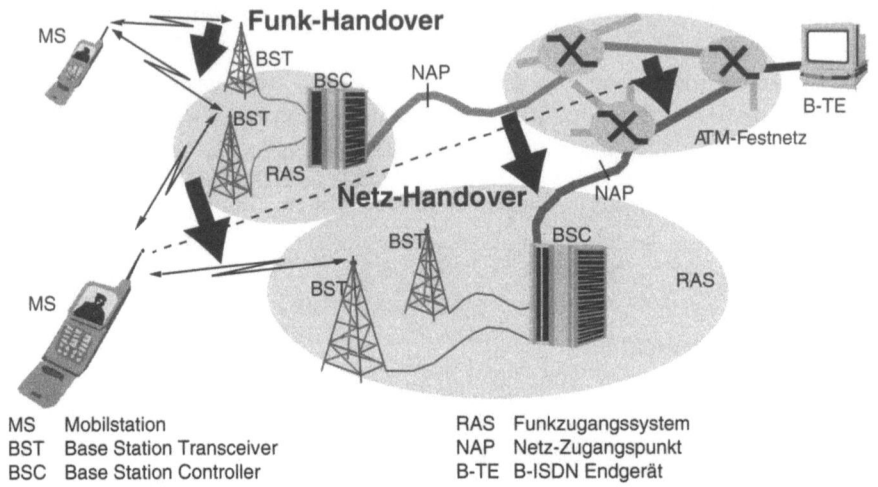

MS	Mobilstation	RAS	Funkzugangssystem
BST	Base Station Transceiver	NAP	Netz-Zugangspunkt
BSC	Base Station Controller	B-TE	B-ISDN Endgerät

Abbildung 8.17: Funk- und Netz-Handover im Wireless-ATM

einschätzen zu können, müssen ausreichend häufig Messungen durchgeführt werden. Außerdem müssen Effekte der Funkausbreitung erkannt und berücksichtigt werden. Dabei sind nicht nur Messungen der aktuellen Verbindung, sondern auch die der alternativen Funkkanäle notwendig.

2. **Handover-Entscheidung:** In dieser Phase des Handovers wird die Entscheidung getroffen, ob ein Handover ausgeführt werden soll. Der zugehörige Algorithmus berücksichtigt gemittelte Meßwerte der Funkverhältnisse und die Auslastung der Funkzellen als Kriterien.

3. **Handover-Ausführung:** In dieser Stufe des Handovers wird das Signalisierungsprotokoll ausgeführt, um die betroffene MAC-Verbindung von einer Funkzelle auf eine andere umzuschalten.

Für drahtlose ATM-Systeme ist es zweckmäßig, daß Terminal und Basisstation unabhängig voneinander einen Handover veranlassen können. Das Terminal kann einen Handover aufgrund der Empfangsverhältnisse veranlassen. Die Basisstation kann ein Terminal zur Durchführung eines Handovers zwingen *(Forced Handover)*, falls die Empfangsverhältnisse oder die Auslastung der Zelle dies erfordern.

Ein vom Terminal veranlaßter Handover ist in zwei Varianten möglich. Wird der Handover auf der aktuellen Verbindung durchgeführt werden, heißt er *Backward Handover*. Falls die Verbindung bereits abgerissen oder zu schlecht ist, so muß die Handover-Signalisierung über einen alternativen Kanal des Mediums durchgeführt werden *(Forward Handover)*.

8.4 Mobilitätsunterstützung für W-ATM-Systeme

8.4.2 Netz-Handover

Bei jedem Netz-Handover wird eine Änderung des Leitweges der virtuellen Kanalverbindung im ATM-Festnetz notwendig, die von heutigen ATM-Netzen nicht unterstützt wird, vgl. Abb. 8.17. Im folgenden werden verschiedene Netz-Handover-Konzepte vorgestellt, wie sie u. a. beim ATM-Forum diskutiert werden.

Das einfachste Protokoll zum Wechsel zwischen Netz-Zugangspunkten des ATM-Festnetzes besteht im kompletten Abbau der alten und Aufbau einer neuen Ende-zu-Ende-Verbindung. Eine solche Vorgehensweise führt zu einer vollständigen Dienstunterbrechung, welche von Benutzern kaum akzeptiert wird. Sie wird deshalb im folgenden nicht weiter diskutiert.

Eine zeitliche Überlappung der alten und neuen Verbindung während des Netz-Handovers würde das korrespondiere Endgerät (am Festnetz) mit zwei gleichzeitigen Verbindungen konfrontieren. Die Benutzerdaten wären zeitweise auf beide Verbindungen in einer, dem korrespondieren Endgerät unbekannten Art verteilt, und könnten ohne Modifikation seiner Protokolle nicht empfangen werden. Eine dynamische Modifikation der Protokolle von Endgeräten würde wegen der großen Entfernung und dadurch bedingten schwierigen Synchronisation der Datenströme beider Verbindungen zu einer Verminderung der Dienstgüte führen. Ganz davon abgesehen würde eine solche Modifikation alle ATM-Endgeräte betreffen und ist deshalb nicht durchführbar.

Heutige Mobilfunksysteme, z. B. GSM, verfügen in Gestalt der Mobilfunk-Vermittlungsstelle (MSC) über die erforderlichen Funktionen für den Netz-Handover zwischen alter und neuer Verbindung ohne Informationsverlust. Eine entsprechende Lösung ist auch auf ATM-Basis möglich. Dazu wird die virtuelle Ende-zu-Ende-Kanalverbindung in zwei virtuelle Kanalverbindungen zerlegt, je eine von der Mobilfunk-Vermittlungsstelle zur Mobilstation und zum korrespondierenden Endgerät, vgl. Abb. 8.18. Wird während der Ausführung des Netz-Handovers vom neuen Netz-Zugangspunkt (*Network Access Point*, NAP) eine virtuelle Kanalverbindung zwischen Mobilstation und Mobilfunk-Vermittlungsstelle eingerichtet, kann sie u. U. mit Hilfe einer Brückenfunktion einen nicht spürbaren (*Seamless*) Handover zwischen alter und neuer virtueller Kanalverbindung in der Mobilfunk-Vermittlungsstelle realisieren.

Virtuelle Kanalverbindungen werden zwischen Instanzen der ATM-Anpassungsschicht (AAL) eingerichtet, vgl. Abb. 8.10. Eine Aufteilung der Ende-zu-Ende-Verbindung in zwei virtuelle Kanalverbindungen nach Abb. 8.18 erfordert dementsprechend eine Übergangsfunktion zwischen den terminierenden ATM-Anpassungsschichten der beiden virtuellen Verbindungstypen in der Mobilfunk-Vermittlungsstelle. Eine Vermittlungsfunktion, sowie die Brückenfunktion als einer der Hauptbestandteile der Netz-Handover-Ausführung, findet bei diesem Ansatz in der ATM-Anpassungsschicht (AAL) statt.

Alternativ besteht die Möglichkeit die Funktion der Mobilfunk-Vermittlungsstelle in die ATM-Schicht zu verlagern. Die tatsächliche Vermittlung wird damit von einer mit Mobilitätsfunktionen erweiterten ATM-Vermittlungsstelle ausgeführt, die demzufolge auch als ATM-Mobilfunkvermittlungsstelle (*ATM Mobility Enhanced Switch*, AMES) bezeichnet wird. Die virtuelle Ende-zu-Ende-Kanalverbindung bleibt in diesem Fall erhalten, vgl. Abb. 8.19. Für die Rufsteuerung des Netzes existiert damit nur eine Ende-zu-Ende-Verbindung. Außerdem werden keine Übergangsfunktionen oder Anpassungsfunktionen zwischen Teilstrecken benötigt. Die Aufgabe der Brückenfunktion im AMES ist wegen der standardgemäß asynchronen Übertragung und fehlenden Numerierung der ATM-Zellen schwieriger zu realisieren. Je Ausführung des Netz-Handovers besteht deshalb die Gefahr, ATM-Zellen zu verlieren.

Ein Netz-Handover in der ATM-Schicht erfordert das Umrouten des Leitweges einer virtuellen Ende-zu-Ende-Kanalverbindung im VP- oder VC-Switch innerhalb der ATM-Schicht des ATM-Festnetzes. Im folgenden werden zwei typische Konzepte für die Realisierung des Netz-Handovers vorgestellt. Sie basieren auf dem Umrouten einer virtuellen Kanalverbindung.

8.4.2.1 Virtueller Baum

Für die Durchführung des Netz-Handovers gibt es unterschiedliche Vorschläge. Man muß z. B. zwischen Backward und Forward Handover-Protokollen unterschei-

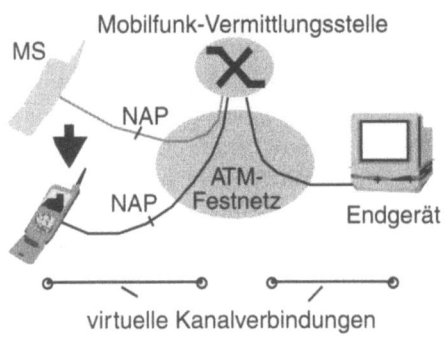

Abbildung 8.18: Netz-Handover-Unterstützung in der AAL-Schicht

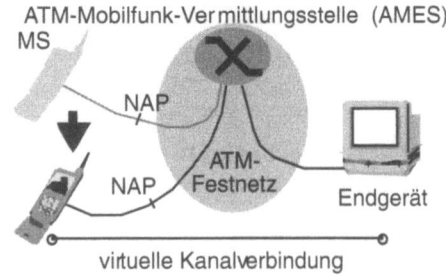

Abbildung 8.19: Netz-Handover-Unterstützung in der ATM-Schicht

8.4 Mobilitätsunterstützung für W-ATM-Systeme

den, falls der Handover von der Mobilstation ausgelöst wird, vgl. Abschn. 8.4.1. Die Realisierung eines geeigneten Netz-Handover-Protokolls wird maßgeblich durch die Wahl des Funk-Handover-Protokolls bestimmt.

Beim Backward-Handover-Protokoll meldet sich die Mobilstation bei einem Netz-Handover beim alten Funkzugangssystem (*Radio Access System*, RAS), das aus BSC und mehreren BSTs besteht ab, bevor sie zum neuen RAS wechselt. Somit kann vom AMES aus, über den die Verbindung zur Zeit geführt wird, eine virtuelle Kanalverbindung zum neuen Funkzugangssystem vorbereitend aufgebaut werden. Während des Netz-Handovers wird die Ende-zu-Ende-Verbindung dorthin umgeschaltet.

Beim Forward-Handover-Protokoll kann der AMES nicht im voraus informiert werden. Die Mobilstation meldet sich über die Funkschnittstelle bei dem neuen Funkzugangssystem an, das eine neue virtuelle Kanalverbindung zum AMES einrichten muß. Die Zeit, die zum Einrichten einer neuen ATM-Netzverbindung benötigt wird, liegt in der Größenordnung von 100 ms pro ATM-Netzelement. Damit können sich, je nach Netz-Topologie, Werte bis in den Sekundenbereich aufsummieren. Verbindungsaufbauzeiten während der Netz-Handover-Ausführung in dieser Größenordnung können vom Netz nicht durch Zwischenspeicherung und beschleunigte Übertragung aufgefangen werden, sondern führen zur Unterbrechung des Dienstes. Je nach Häufigkeit von Handover-Ereignissen entsteht durch Verbindungsaufbau und Abbau eine zusätzliche Belastung für das ATM-Festnetz durch Signalisierungsverkehr und Vermittlungsverarbeitung.

Eine Dienstunterbrechung kann mittels im voraus reservierter virtueller Kanalverbindungen zwischen allen RAS und dem AMES erreicht werden. Sie können dann beim Netz-Handover sofort genutzt werden und erübrigen den jeweiligen Verbindungsaufbau. Jedes RAS muß dann jedoch ständig reservierte virtuelle Kanalverbindungen zum AMES unterhalten. Es entsteht dabei pro Verbindung einer Mobilstation zum AMES ein sog. virtueller Verbindungsbaum, vgl. Abb. 8.20. Jeder virtuelle Zweig dieses Baums besteht aus zwei virtuellen Kanalverbindungen (je Übertragungsrichtung eine), welche sich ihrerseits aus einer Kette von virtuellen Kanälen zwischen ATM-Netzelementen zusammensetzen. In Abb. 8.20 sind die virtuellen Zweige abstrahierend als direkte Linie dargestellt.

Der virtuelle Baum wird für jeden Ruf aufgebaut und bleibt während der gesamten Rufdauer bestehen. Nur ein virtueller Zweig eines Baumes trägt Benutzerdaten, während alle anderen virtuellen Zweige ungenutzt sind. Sie sind damit zwar eingerichtet, d. h. alle Einträge in den Routing-Tabellen der ATM-Netzelemente sind vorhanden, aber es werden keine ATM-Zellen übertragen. Bei einem Netz-Handover wird der virtuelle Zweig des neuen Funkzugangssystems benutzt, während der alte virtuelle Zweig leerläuft, aber bestehen bleibt.

Im AMES muß dieser Wechsel von einer Vermittlungsfunktion unterstützt werden, welche je nach Übertragungsrichtung unterschiedlich ausgeführt wird. Hierzu existieren verschiedene Konzepte [1, 157]. Virtuelle Bäume binden zusätzliche Kapazität im Festnetz, da alle Zweige die für ein RAS erforderliche Dienstgüte erbringen können müssen.

8.4.2.2 Verlängerung von virtuellen Kanalverbindungen zwischen Funkzugangssystemen

Statt den Leitweg zwischen verschiedenen virtuellen Zweigen umzuschalten, kann die virtuelle Kanalverbindung bei der Ausführung des Netz-Handovers verlängert werden, wobei die Verlängerung die Teilstrecke zwischen altem und neuem Funkzugangssystem umfaßt. Das aktuelle Funkzugangssystem übernimmt hier die Funktion des AMES.

Bei der Einrichtung einer Verbindung wird durch den Aufenthaltsort der Mobilstation das erste Funkzugangssystem als Anker der gesamten Verbindung festgelegt. Kommt es zu einem Netz-Handover wird die virtuelle Kanalverbindung bidirektional vom Anker zum neuen Funkzugangssystem verlängert. Bei allen folgenden Netz-Handovern kommt es zu einer weiteren Verlängerung zwischen dem jeweils letzten aktuellen und einem neuem RAS, so daß eine Kette von Verlängerungen wie in Abb. 8.21 dargestellt entsteht. Ebenso kann der Leitweg auch wieder beim Netz-Handover verkürzt werden, wenn die Mobilstation zurück zu einem früher benutzten RAS wechselt.

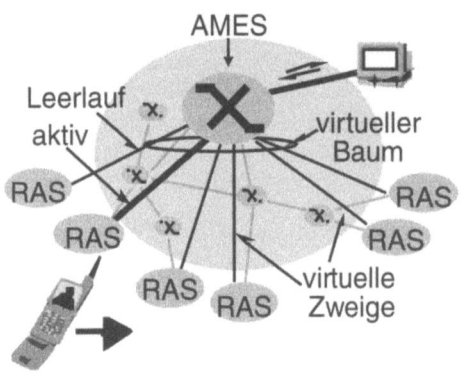

Abbildung 8.20: Virtueller Verbindungsbaum

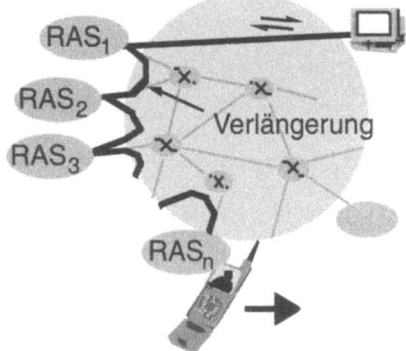

Abbildung 8.21: Verlängerung von virtuellen Kanalverbindungen

8.4 Mobilitätsunterstützung für W-ATM-Systeme

Auch hier muß zwischen Backward- und Forward-Handover unterschieden werden. Im ersten Fall kann die Verlängerung vor dem Wechsel des Funkzugangssystems eingerichtet werden. Im zweiten Fall muß nach dem Funk-Handover vom neuen Funkzugangssystem die Verlängerung der bidirektionalen virtuellen Kanalverbindung zum alten Funkzugangssystem aufgebaut werden.

Ein solcher Verbindungsaufbau kann, wie in Abschn. 8.4.2.1 diskutiert, zu einer Dienstunterbrechung führen, weshalb die Verwendung reservierter virtueller Kanäle zwischen benachbarten RAS zweckmäßig ist. Ähnlich dem virtuellen Baum sollte vorsorglich für jede kommunizierende Mobilstation eine bidirektionale virtuelle Kanalverbindung zu jedem benachbarten RAS aufgebaut werden, das für einen Netz-Handover in Frage kommt.

8.4.2.3 Garantie der Dienstgüte

Wesentlich für Netz-Handover in Wireless-ATM-Systemen ist die Einhaltung der Dienstgüte der betreffenden ATM-Verbindung. Die in den vorangegangenen Abschnitten beispielhaft vorgestellten Verfahren ermöglichen eine beschleunigte Netz-Handover-Ausführung durch die Verwendung voreingestellter Kanäle. Diese Konzepte allein können dennoch nicht garantieren, daß die beim Verbindungsaufbau vereinbarte Dienstgüte auch während eines Netz-Handovers eingehalten werden kann.

In Abb. 8.22 wird deutlich, daß im virtuellen Baum ATM-Zellen beim Netz-Handover verloren gehen können. Beim Forward-Handover wird dem AMES vom neuen Funkzugangssystem (RAS 2) mitgeteilt, daß ein Handover stattgefunden hat. Der AMES schaltet daraufhin die virtuelle Kanalverbindung auf den neuen Zweig des Baumes um. ATM-Zellen, die sich nach dem Handover auf dem alten Zweig be-

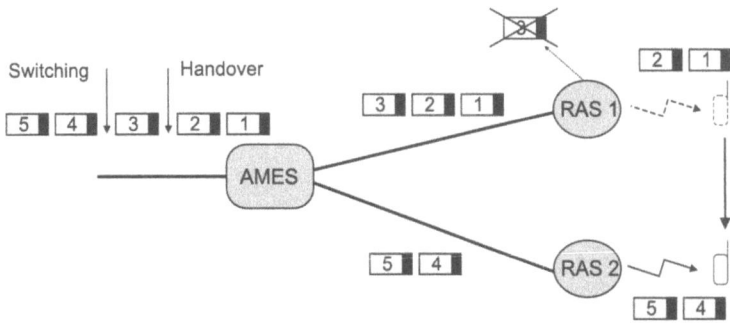

Abbildung 8.22: Zellverlust bei Handover im einfachen virtuellen Baum

finden, gehen verloren (hier: Zelle 3). Es ist offensichtlich, daß die Anzahl der verlorenen Zellen von der Datenrate des Dienstes und von der Handover-Signalisierungsdauer abhängt.

Derzeit werden Protokolle spezifiziert, die die Dienstgüte beim Netz-Handover möglichst wenig beeinflussen. Die Dienstgüte des ATM-Festnetzes kann generell in einem mobilitätsunterstützenden Wireless-ATM-System nicht in allen Situationen garantiert werden.

9 HIPERLAN/1, eine Einführung

Unter Mitwirkung von Christian Plenge

9.1 Wireless LANs

Seit der Einführung von leichten, tragbaren Computern (Laptops, Notebooks) richtet sich besondere Aufmerksamkeit auf die Entwicklung von drahtlosen Computernetzen (*Wireless Local Area Network*, WLAN).

Dank der Standardisierung im Bereich lokaler Netze ist es vergleichsweise einfach, ein System zu finden, welches auch in einigen Jahren noch erweiterbar ist. So basieren etwa 70 % aller in einem Netz angeschlossenen Computer auf den Standards IEEE 802.3 *(Ethernet)* und IEEE 802.5 *(Token Ring)*. Die Verbindung erfolgt üblicherweise über einen drahtgebundenen, festinstallierten Anschluß. Problematisch sind dabei nach mehreren Jahren auftretende mechanische Defekte (Korrosion), und die Verletzung von Störstrahlbestimmungen. Solche Netze lassen sich einer sich ändernden Büroumgebung nur schwer anpassen. Mobile Netzknoten sind nicht möglich.

Es liegt nahe, das Kabel ganz wegzulassen. Die Idee ist etwa so alt wie das sog. ALOHA-System. Es verband Terminals über Funk mit ihrem Verarbeitungsrechner. Neuere Wireless LANs arbeiten mit modernster Funktechnik. Es finden eine Verschlüsselung der Daten und eine umfangreiche Fehlersicherung statt. Die Datenintegrität ist also gewährleistet.

Wie drahtgebundene LANs lassen sich Wireless LANs in verschiedene Architektur- und Leistungsklassen einteilen. Viele Firmen bieten Produkte für drahtlose Punkt-zu-Punkt-Verbindungen an, nur wenige bauen allerdings LANs für Mehrpunkt-Kommunikation. Drahtlose Netze benutzen heute Spread-Spectrum-, Schmalbandmikrowellen- oder Infrarotsignale für die Übertragung, vgl. Tab. 9.1. Aufgrund gesetzlicher Bestimmungen dürfen die Netze mit Spread Spectrum und Schmalbandmikrowelle in den meisten Staaten nicht ohne besondere Zulassung betrieben werden.

Tabelle 9.1: Eigenschaften verschiedener Übertragungstechniken

	Spread Spectrum	Mikrowelle	Infrarot
Frequenz	1–6 GHz	18,825–19,205 GHz	30000 GHz
Reichweite	30–250 m	10–50 m	25 m
Leistung	< 1 W	25 mW	—

Wireless LANs haben bislang nur einen sehr geringen Marktanteil. Dies liegt zum Teil an den höheren Kosten je Netzknoten, sicherlich aber auch an der derzeit fehlenden Standardisierung. Trotzdem rechnen die Anbieter drahtloser Netze mit einem Wachstum für die nächsten Jahre. Standards wie IEEE 802.11 oder das im folgenden besprochene HIPERLAN/1 werden dazu beitragen, die Akzeptanz von Wireless LANs bei Anwendern zu erhöhen.

9.2 Standards

Die Vielfalt der möglichen LAN-Systeme bei Verkabelung, Übertragungstechnik, Übertragungsgeschwindigkeit, Zugriffsverfahren und deren Varianten usw. machte eine Standardisierung notwendig um ihre Akzeptanz und eine Zusammenarbeit verschiedener LANs zu ermöglichen.

Die Arbeitsgruppe 802 des IEEE hat einen Standardisierungsvorschlag für lokale Netze mit einer Geschwindigkeit von bis zu 20 Mbit/s vorgelegt, der sowohl für Hersteller als auch für Anwender Sicherheit hinsichtlich der nachrichtentechnischen Basis bietet und weitestgehend akzeptiert ist.

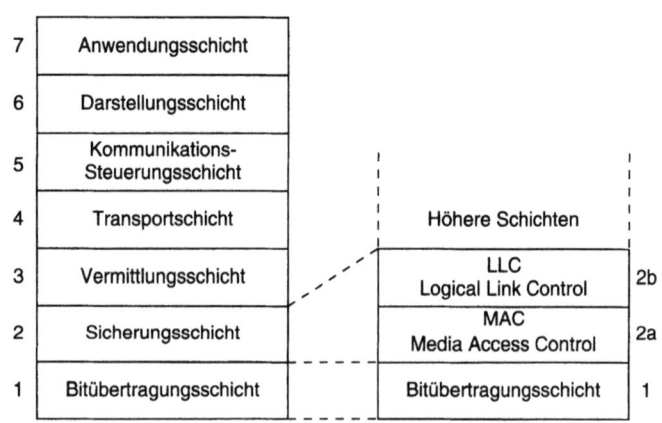

Abbildung 9.1: Der Standard IEEE 802/- ISO 8802

In der Hauptsache beschränkt sich der Standard auf die unteren zwei Schichten des ISO-Referenzmodells, vgl. Abb. 9.1. Es wird eine Trennung zwischen *Logical Link Control* (LLC) und *Medium Access Control* (MAC) vorgenommen. Die LLC-Schicht bietet nach oben hin für alle Systeme eine einheitliche Schnittstelle zum Aufbau logischer Verbindungen. Die Medium-Zugriffssteuerungs-Teilschicht unterstützt Protokolle wie Token Ring, Token Bus, CSMA/CD *(Ethernet)* und in Zukunft die der Funk-LANs.

In Westeuropa werden die Standards für drahtlose Funk-LANs von der ETSI festgelegt. Die Fachgruppe RES 10 *(Radio Equipment & Systems)* entwickelt dort HIPERLAN/1, den europäischen Standard für Wireless LANs [56]. Für dieses WLAN werden europaweit die Frequenzbänder um 5,2 GHz und 17,1 GHz reserviert.

HIPERLAN Type 1 (kurz HIPERLAN/1) beschreibt ein drahtloses LAN für die Rechner–Rechner/Terminal Kommunikation. Daneben bestehen bei der ETSI RES 10 Arbeitsgruppen, die drahtlose ATM-Systeme *(Asynchronous Transfer Mode)* unter der Bezeichnung HIPERLAN Type 2 *(Wireless-ATM LAN)* und HIPERLAN Type 3 *(Wireless-ATM Local Loop)* spezifizieren. Ergebnisse werden in 1998/99 erwartet, vgl. Kap. 8.1.5.

Parallel zum europäischen HIPERLAN/1 wurde in den USA beim *Institute of Electrical and Electronics Engineers* (IEEE) mit 802.11 ein weiterer Standard für WLANs festgelegt [81].

Beide Standards sind mit einer nach IEEE 802.2 bzw. ISO 8802 kompatiblen Schnittstelle ausgestattet. Sie können damit die oben beschriebenen Übertragungssysteme ersetzen. Durch die Einschränkungen des Funkmediums (z. B. Funkreichweite) ergibt sich daraus, daß beide Standards Funktionen zur Verwaltung und Aufrechterhaltung des Funknetzes enthalten müssen, die weit über die üblichen Aufgaben der MAC-Teilschicht hinausgehen. Diese werden neben den technischen Eigenschaften in den folgenden Kapiteln beschrieben.

9.3 Die technischen Eigenschaften von HIPERLAN/1

HIPERLAN/1 kann als allgemein genehmigtes, breitbandiges und flexibles Ad-hoc-LAN, vgl. Abschn. 9.4.1, eingesetzt und hierbei mit anderen LANs vernetzt werden. Für HIPERLAN/1 sind bis zu fünf Frequenzkanäle im Bereich von 5,15 bis 5,30 GHz vorgesehen.

Ein Kanal stellt eine Bitrate von 23,5294 Mbit/s für Nutz- und Steuerdaten zur Verfügung. Durch den *Overhead*, der durch die Protokolle der verschiedenen Teil-

Tabelle 9.2: Frequenzen der HIPERLAN-Kanäle

Kanalnummer	Mitten-Frequenz
0	5 176,4680 MHz
1	5 199,9974 MHz
2	5 223,5268 MHz
3	5 247,0562 MHz
4	5 270,5856 MHz

schichten hinzukommt, und durch das Kanalzugriffsverfahren verringert sich die dem Nutzer zur Verfügung stehende Datenrate auf 10–20 Mbit/s. Die Reichweite eines HIPERLAN/1-Knotens soll bei max. 1 W Sendeleistung innerhalb von Räumen etwa 50 m betragen.

Im Standard werden drei Sende- und Empfangsklassen mit unterschiedlicher Leistung bzw. Empfindlichkeit spezifiziert. Auf dem Funkkanal wird ein GMSK-Modulationsverfahren mit einem Bandbreite-Zeitprodukt von 0,3 verwendet.

Unterstützt werden sowohl asynchrone als auch Anwendungen mit Echtzeitanforderungen. Bei asynchronem Verkehr spielt die Übertragungszeit keine so große Rolle, z. B. bei elektronischer Post oder automatischem Dateimanagement.

Der Standard enthält Mechanismen, um sensible Daten vor der Übermittlung zu verschlüsseln.

HIPERLAN/1-Endgeräte müssen klein sein, damit sie in tragbaren Computern eingesetzt werden können. Es ist vorgesehen, daß sie die Größe einer PCMCIA-Karte (*Personal Computer Memory Card Interface Association*) mit den Abmessungen 85x54x10,5 mm haben werden (Antennensystem ausgeschlossen).

Da HIPERLAN/1-Systeme Anwendungen im Bereich von batteriebetriebenen Systemen unterstützen, müssen sie einen geringen Energieverbrauch von wenigen hundert mW aufweisen. HIPERLAN/1 stellt einen Energiesparmodus zur Verfügung.

HIPERLAN/1-Netze sollen die Mobilität der Endgeräte unterstützen. Deshalb wurde vorgesehen, daß HIPERLAN/1-Stationen bis zu einer Geschwindigkeit von 10 m/s, das entspricht 36 km/h, bzw. bis zu einer Drehgeschwindigkeit von 360 °/s Informationen untereinander austauschen können.

9.4 Netzumgebungen für HIPERLAN/1

Im technischen Report ETR 069 [60] der ETSI-Fachgruppe RES 10 wurden die angestrebten Dienste und Möglichkeiten von HIPERLAN/1 festgelegt. Einige Anwendungen, für die sich dadurch neue Lösungen ergeben, und eine Übersicht über HIPERLAN/1-Netztopologien werden in den folgenden Abschnitten erläutert [158]. Nachfolgend wird der Zusatz /1 weggelassen.

9.4.1 HIPERLAN-Anwendungen

Drahtloses Büro: In denkmalgeschützten Gebäuden oder in Umgebungen, wo so oft umgebaut wird, daß eine Verkabelung nicht durchgeführt werden kann, z. B. in einem Film- oder Fotostudio, kann ein WLAN besser eingesetzt werden als ein Festnetz. Weiterhin sollen z. B. tragbare Computer an verschiedenen Orten eingesetzt und einfach an ein Netz angeschlossen werden können.

Ad-hoc-Netze: Ad-hoc-Netze bezeichnen Funknetze ohne jegliche feste Kommunikationsinfrastruktur. Eine Gruppe von Benutzern kann einen in sich geschlossenen Verbund bilden. In Konferenzen, auf Kongressen, bei Großveranstaltungen oder bei Unfällen und Katastrophen können Computer dadurch miteinander kommunizieren, ohne vorher miteinander verkabelt werden zu müssen. Jeder Teilnehmer trägt in Form seines Computers mit Funk-LAN-Anschluß seinen Teil des Netzes bei.

Medizin: Innerhalb eines Funk-LAN könnten Ärzte bei der Patientenvisite direkt und interaktiv auf entfernte Daten wie Röntgenbilder zugreifen. Das könnte die Arbeit von Ärzten komfortabler gestalten und für die Patienten in besseren und schnelleren Diagnosen resultieren.

Industrielle Anwendungen: Mehr und mehr Arbeiten in der Industrie werden automatisiert. In vielen Fällen sind die steuernden Rechner zentral untergebracht und steuern eine Vielzahl von Maschinen. Die Maschinen sind an ihren Standort gebunden. Durch eine drahtlose Verbindung mit dem Netz wären die Maschinen (z. B. Industrieroboter oder unbemannte Fahrzeuge) freier in ihrer Bewegung und könnten flexibler eingesetzt werden. Wartungspersonal kann über *Laptops* Zugriff auf für die Diagnose nötige Daten erlangen.

9.4.2 Netztopologien

Ein HIPERLAN wird nicht zentral organisiert, sondern hat eine vollständig verteilte Architektur mit einer dynamischen Vergabe von Netz- und Netzknoten-Identifikatoren. Jede Station (Knoten) ist von der anderen durch einen eindeutigen *Node Identifier* (NID) unterschieden. Mehrere Stationen werden zu einem Netz mit gemeinsamem HIPERLAN-Identifier (HID) zusammengefaßt. Ein solches Netz bildet ein HIPERLAN.

Im Unterschied zu einem verdrahteten Netz lassen sich verschiedene HIPERLANs, die denselben Funkkanal verwenden, nicht voneinander trennen. Es können Überlappungen auftreten. Ein weiteres Problem des Funkkanals ist die eingeschränkte Reichweite. Mobile HIPERLAN-Knoten und ungünstige Ausbreitungseigenschaften können zu einer Fragmentierung des Netzes führen.

Aus den Eigenschaften des Kanals und den vorgestellten Anwendungen ergeben sich verschiedene Netztopologien:

Unabhängige HIPERLANs: Zwei HIPERLANs A und B, in denen sich kein Mitglied aus HIPERLAN A in der Übertragungsreichweite eines Mitglieds aus Netz B befindet, werden als unabhängig voneinander betrachtet, vgl. Abb. 9.2. Selbst wenn in beiden Netzen dieselben Frequenzen zur Übertragung verwendet werden, wird angenommen, daß sich die Teilnetze A und B das Kommunikationsmedium nicht teilen und somit auch keine Störungen im jeweils anderen Netz verursachen. HIPERLAN A könnte ein für eine Konferenz eingerichtetes *Ad-hoc*-Netz der Firma X, HIPERLAN B ein in den Fabrikationshallen benutztes LAN der Firma Y sein.

Überlappende HIPERLANs: Sollte sich die Funkreichweite einiger Stationen des Netzes A mit der einiger Stationen des Netzes B überlappen, so teilen sich

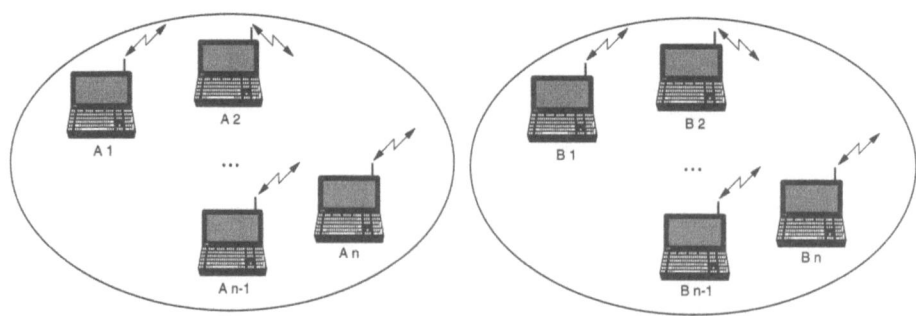

Abbildung 9.2: Unabhängige HIPERLANs

9.4 Netzumgebungen für HIPERLAN/1

diese Mitglieder das Kommunikationsmedium und dessen Übertragungskapazität im Überlappungsbereich, vgl. Abb. 9.3.

Als Folge der Überlappung der Netze treten zwei Effekte auf:

- Die Sender in den verschiedenen HIPERLANs benutzen dasselbe Frequenzband. Dadurch treten vermehrt Interferenzen auf. Als Konsequenz kann das Frequenzband nicht mehr optimal genutzt werden, da sich die Stationen untereinander nicht alle gegenseitig empfangen *(Hidden Station)* und deshalb stören können.

- Eine Station empfängt Datenpakete von mehreren HIPERLANs mit unterschiedlichen HIDs. Alle empfangenen Datenpakete werden ausgewertet, und nur solche mit der eigenen HID werden angenommen. Dadurch sinkt die maximal mögliche Datenübertragungskapazität und somit auch die Datenübertragungsrate in diesem Bereich.

Durch die Einführung von mehreren Frequenzkanälen können diese Effekte reduziert werden. Bei HIPERLAN werden bis zu fünf Frequenzkanäle im Bereich von 5,15 bis 5,30 GHz vorgesehen.

Multi-Hop-Netz: In einem Multi-Hop-Netz versehen einige Stationen neben ihren ursprünglichen Aufgaben als Sende- und Empfangsstationen für die eigenen Endgeräte auch die Funktion von Relaisstationen. Dadurch können trotz der begrenzten Reichweite des Funkmediums Daten über größere Strecken übertragen werden. In Abb. 9.4 leiten die Relaisstationen *(Forwarder)* 2, 4 und 6 den Verkehr des Knotens 1 an das Ziel 7 weiter.

Interworking: Da die meisten HIPERLAN-Anwendungen schon existieren, muß HIPERLAN mit den üblichen Festnetzen verbunden werden können, vgl.

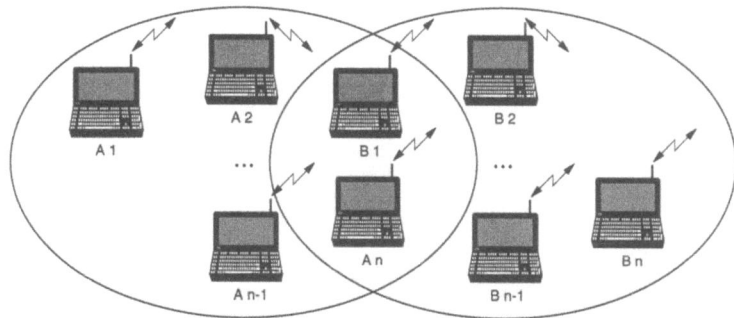

Abbildung 9.3: Überlappende HIPERLANs

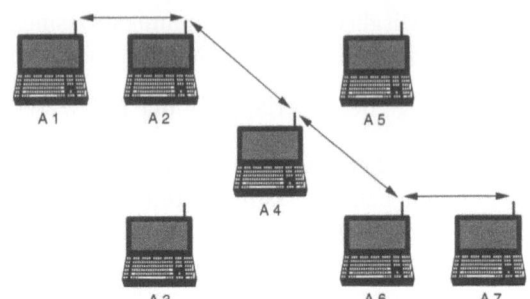

Abbildung 9.4: Kommunikation im Multi-Hop-Funknetz

Abb. 9.5. Dies betrifft die Vermittlungsschicht und ist nicht Teil des HIPERLAN-Standards.

9.5 HIPERLAN-Referenzmodell

Das HIPERLAN-Referenzmodell definiert die Komponenten, die zum Aufbau eines privaten Funk-Teilnetzes benötigt werden. Es stützt sich auf das ISO/OSI-Referenzmodell und besteht aus der *Medium-Access-Control*-Teilschicht (MAC), der *Channel-Access-Control*-Teilschicht (CAC) und der physikalischen Schicht, vgl. Abb. 9.6.

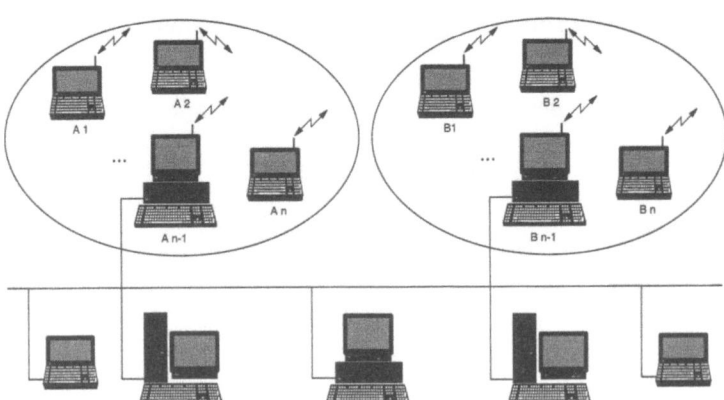

Abbildung 9.5: Anschluß an Festnetze

9.5 HIPERLAN-Referenzmodell

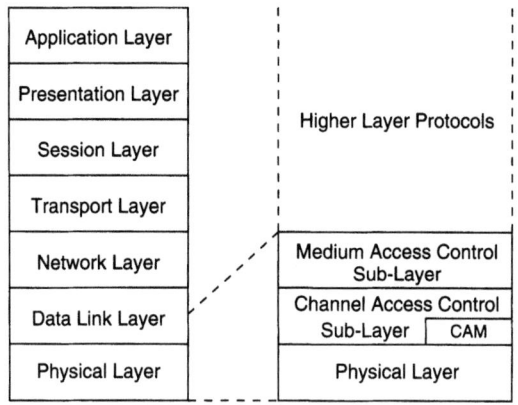

Abbildung 9.6: OSI- und HIPERLAN-Referenzmodell

Der organisatorische Teil des Zugriffs wird in der MAC-Teilschicht beschrieben, der Zugriff auf den Funkkanal geschieht in der CAC-Teilschicht. HIPERLAN stellt eine ISO-8802-Standardschnittstelle zur Verfügung.

Gemäß dem OSI-Dienstbenutzer-/Diensterbringer-Modell erbringt jede Schicht Dienste für die höhere Schicht. Diese Dienste werden an den Dienstzugangspunkten zwischen den Schichten angeboten und über Dienst-Dateneinheiten (*Service Data Unit*, SDU) in Anspruch genommen.

Die einzelnen Teilschichten werden in den nächsten Kapiteln näher beschrieben. Abbildung 9.7 zeigt das HIPERLAN-Dienstemodell.

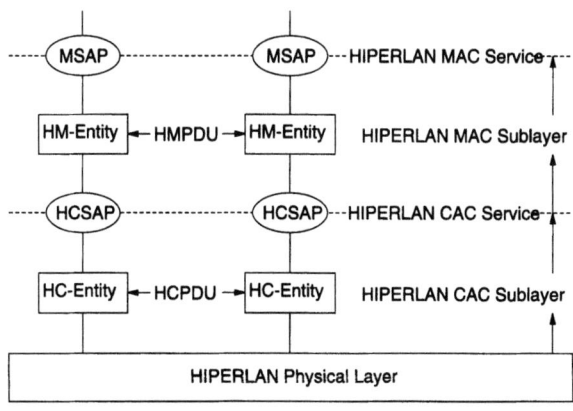

Abbildung 9.7: Dienstemodell der MAC- und CAC-Teilschicht

9.6 Die HIPERLAN-Medium-Access-Control-Teilschicht

9.6.1 Aufgaben der MAC-Teilschicht

Für den reibungslosen und sicheren Betrieb eines HIPERLAN stellt die MAC-Teilschicht die folgenden Funktionen zur Verfügung.

9.6.1.1 MAC-Adreßabbildung

Da sich HIPERLAN-Stationen den Funkkanal teilen, kann es zu einer Überlappung benachbarter HIPERLANs kommen, bei der sich die Funkreichweiten mehrerer drahtloser Netze im gleichen Funkkanal überschneiden, vgl. Abb. 9.3.

Aufgrund der begrenzten Funkreichweite, der Mobilität der Stationen sowie ungünstiger Ausbreitungsbedingungen kann es zu einer Fragmentierung eines HIPERLANs kommen, vgl. Abb. 9.2, wobei A und B getrennte Teilnetze desselben HIPERLANs sind.

Der Standard definiert interne Adreßstrukturen. Eine HIPERLAN-Adresse besteht aus einem HIPERLAN-Namen (HID) und einer Stationskennung (NID). Der HID wird vom MAC-Protokoll benutzt, um zwischen der MAC-Kommunikation der einzelnen HIPERLANs zu unterscheiden. Wird der HID dynamisch zugewiesen, um eventuelle Überlappungen von Zellen zu berücksichtigen, wird das Auftreten einer gemischten Kommunikation unwahrscheinlicher. Das MAC-Protokoll reserviert den Gebrauch eines speziellen HIDs für die Kommunikation zwischen Stationen benachbarter HIPERLANs.

Über den Namen ist es dem Benutzer möglich, sein Netz besser zu kennzeichnen, als dies über die numerische HID möglich ist. Der Name wird auch von der Lookup-Funktion verwendet, um HIPERLANs in der Umgebung zu erkunden.

Da es für HIPERLAN-Identifikationen keine eindeutige Festlegung und keine administrative Koordination gibt, ist es möglich, daß eine MAC-Kommunikation von nicht unterscheidbaren HIPERLANs eintritt. Durch das verwendete MAC-Identifikationsschema ist diese Situation sehr unwahrscheinlich.

Die Adressabbildungsfunktion setzt die IEEE-MAC-Adressierung in die HIPERLAN-Adressierung um.

9.6.1.2 Kommunikationssicherheit

Der Funkkanal ist in einem begrenzten Gebiet abhörbar. Daher wird in der MAC-Teilschicht ein Verschlüsselungsalgorithmus mit entsprechendem Schlüsselmanagement bereitgestellt. Dies schützt vertrauliche Daten bei unerlaubtem Abhören und gewährleistet die Kommunikationssicherheit auch für das Funknetz.

Das Verschlüsselungsschema von HIPERLAN sieht einen gemeinsamen Satz von Schlüsseln vor, von denen einer für die Verschlüsselungsoperation verwendet wird. Jeder Schlüssel besitzt eine Nummer, die mit den verschlüsselten Daten an den Empfänger übertragen wird. Weiterhin wird ein gemeinsamer Initialisierungsvektor für Ver- und Entschlüsselung benötigt und bei Bedarf übertragen.

Der Grad der Übertragungssicherheit steigt mit der Häufigkeit, mit der Schlüssel und Initialisierungsvektoren gewechselt werden.

9.6.1.3 Adressierung der Dienstzugangspunkte

Um zur ISO-MAC-Dienstedefinition kompatibel zu sein, verwendet der MAC-Dienst (HM-Dienst) 48-bit-LAN-MAC-Adressen für die Identifizierung von MAC-Dienstzugangspunkten (*MAC Service Access Point*, MSAP), vgl. Abb. 9.7. Der Standard kennt individuelle Adressen für einzelne MAC-Dienstzugangspunkte und Gruppenadressen, um mehrere MSAPs anzusprechen.

Eine HM-Entity ist mit einem einzelnen MSAP verknüpft, über den sie MAC-Dienste anbietet. Außerdem ist sie mit einem einzigen *HIPERLAN CAC Service Access Point* (HCSAP) verbunden, über den sie die HIPERLAN-CAC-Dienste benutzt.

Eine individuelle 48-bit-LAN-MAC-Adresse wird als MSAP-Adresse verwendet, um darüber den Dienstzugangspunkt, die HM-Entity und den HIPERLAN-MAC-Dienste-Benutzer zu adressieren. Eine gleichlange Adresse wird verwendet, um eine Gruppe von MSAPs und die damit verbundenen Benutzer zu identifizieren.

9.6.1.4 Weiterleiten *(Forwarding)*

Um eine Übertragung von Daten über die Grenzen des Sendebereiches einer Station hinaus zu ermöglichen, sieht das MAC-Protokoll das Weiterleiten von Daten über mehrere Stationen hinweg vor *(Multihop Relaying)*. Eine HM-Entity ist entweder ein Forwarder oder ein Non-Forwarder. Nur Forwarder leiten bei Bedarf MSDUs weiter. Für die Übermittlung von Paketen sind sowohl Punkt-zu-Punkt- *(Unicast)* wie auch Rundsendeübertragungen *(Broadcast, Multicast)* möglich.

Die Vermittlung von Rundsendeübertragungen *(Broadcast Relaying)* wird verwendet, um Informationen an alle HM-Entities weiterzureichen, oder wenn die Übertragungsroute nicht bekannt ist. Jede Station, die eine Route zur Zielstation kennt, leitet das Datenpaket entsprechend weiter. Um zu vermeiden, daß ein Datenpaket gleichzeitig von mehreren Stationen weitergleitet wird, muß darauf geachtet werden, daß nur eine begrenzte Anzahl von Stationen Daten vorwärtsrouten *(Forwarden)* kann. Abbildung 9.8 zeigt eine von Station 4 ausgehende *Broadcast*-Übertragung.

Die Weiterleitung von an einen bestimmten Empfänger gerichteten Paketen ist effizienter, wenn dazu eine *Unicast*-Übertragung verwendet wird, vgl. Abb. 9.9. Ein Paket wird dabei auf dem Weg zu seinem Ziel in aufeinanderfolgenden gezielten Sprüngen *(Hops)* gemäß einer (optimalen) Route weitergereicht. Ist die Route nicht bekannt, muß wie schon erwähnt das *Broadcast Relaying* verwendet werden.

Jede HM-Entity sammelt und verwaltet Routing-Informationen in ihrer *Routing Information Base* (RIB). Diese Informationen werden kontinuierlich erneuert. Die Daten in der RIB altern und werden nach Ablauf ihrer Gültigkeitsdauer verworfen. Durch die ständige Aktualisierung der Routing-Informationen können selbst in einem sich ständig ändernden HIPERLAN quasi-optimale Pfade für das Weiterleiten der Pakete festgelegt werden.

9.6.1.5 Energiesparmechanismen

Das MAC-Protokoll sieht mit der Energiesparfunktion *(Power Conservation)* einen Energiesparmechanismus vor, der einen geringen Energieverbrauch batteriebetrie-

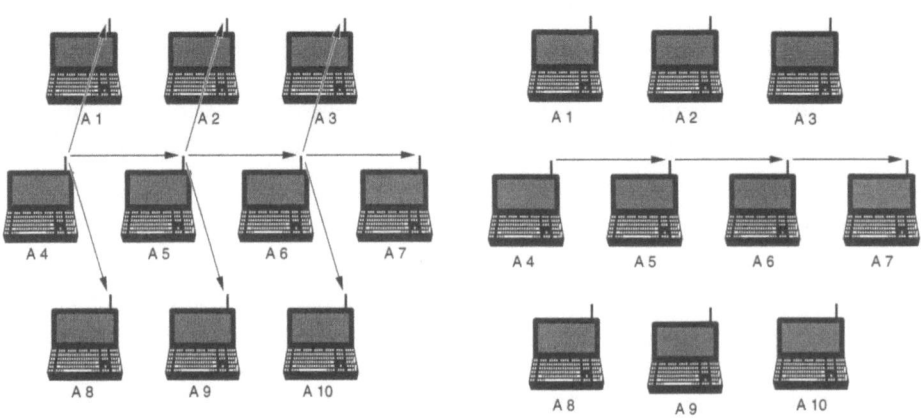

Abbildung 9.8: Broadcast-Übertragung   **Abbildung 9.9:** Unicast-Übertragung

9.6 Die HIPERLAN-Medium-Access-Control-Teilschicht 303

bener Systeme sicherstellt. Die Energiesparfunktion ist eine optionale Funktion. Sie kennt zwei Typen von Stationen:

- Das energiesparende Endgerät *(P-Saver)* definiert Zeitintervalle, zu denen es aktiviert ist. Nur dann empfängt und versendet es Daten.

- Der *P-Supporter* überträgt Daten an seine energiesparenden Nachbarn nur, wenn diese aktiv sind.

9.6.2 MAC-Dienste

Die MAC-Teilschicht stellt als Diensterbringer (HMS-Provider) der darüber liegenden LLC-Teilschicht ihre Dienste (*HIPERLAN MAC Service*, HMS) am MS-AP zur Verfügung. Die LLC-Schicht ist jetzt HIPERLAN-MAC-Dienstbenutzer *(HMS-User)* des von der MAC-Teilschicht angebotenen Dienstes, vgl. Abb. 9.10.

Für die Übertragung der MAC-Dienstdateneinheiten (*MAC Service Data Units*, MSDUs) ist folgendes definiert:

- Eine MSDU wird vom Quell-MSAP zu einem einzelnen Ziel-MSAP oder einer Gruppe von Ziel-Dienstzugangspunkten in einer einzelnen Anforderung des MSDU-Transfer-Dienstes übertragen. Es steht ein verbindungsloser Dienst zur Verfügung, d. h. der Transfer erfolgt, ohne daß eine Verbindung explizit aufgebaut und später wieder abgebaut werden muß.

- Jede MSDU-Übertragung ist unabhängig von allen anderen.

- MSDUs werden ohne Beschränkungen auf ihren Inhalt, ihr Format oder ihre Codierung übertragen; MSDUs werden nie bezüglich ihrer Struktur oder ihres Inhalts interpretiert.

- Der HMS-Benutzer kann mit der Benutzerpriorität und der MSDU-Lebensdauer die gewünschte Dienstgüte angeben (*HIPERLAN MAC Quality of Service*, HMQoS). Weitere Mittel zur Beeinflussung des HMS-Diensterbringers sind nicht vorgesehen.

- Der HMS-Erbringer *(HMS-Provider)* kann folgende Aktionen ausführen:

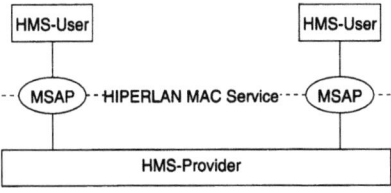

Abbildung 9.10: HIPERLAN-MAC-Dienstmodell

- Verwerfen von MSDUs,
- Ändern der Reihenfolge von MSDUs,
- Duplizieren von MSDUs.

Über den HMQoS-Fehler-Report teilt der HMS-Diensterbringer dem HMS-Benutzer mit, daß einer der vorherigen Aufrufe der MSDU-Transfer-Funktion nicht mit der gewünschten Dienstgüte erfüllt werden konnte.

Mit dem HIPERLAN-Lookup-Dienst kann der HMS-Benutzer HIPERLANs in seiner Nachbarschaft erkunden.

9.6.2.1 MSAP-Adressen

Laut Abschn. 9.6.1.3 existieren zwei Arten von MSAP-Adressen:

- Individuelle MSAP-Adressen zur Identifizierung eines einzelnen MSAP.
- Gruppen-MSAP-Adressen, die eine Gruppe von MAC-Dienstzugangspunkten adressieren.

Individuelle MSAP-Adressen dürfen als Quell- und als Zieladresse verwendet werden, eine Gruppen-MSAP-Adresse nur zur Adressierung eines Ziels.

9.6.2.2 Dienstgüteparameter

Bei der Übergabe einer MSDU an die *User Data Acceptance*, vgl. Abschn. 9.6.3.4, kann der MAC-Dienstbenutzer Dienstgüteparameter angeben, vgl. Tab. 9.3:

Benutzerpriorität (*User Priority*, UP): Sie gibt die Wichtigkeit der MDSU an. Die Benutzerpriorität steuert die Dienstgüte zeitkritischer Dienste.

Gültigkeitsdauer der Daten (*Lifetime*): Sie legt die Lebensdauer einer MSDU fest, die maximal zwischen Versand und Ankunft vergehen darf.

Restliche Gültigkeitsdauer (*Residual Lifetime*): Sie gibt die Zeit an, die von der *Lifetime* noch verblieben ist.

Tabelle 9.3: Wertebereiche der Dienstgüteparameter

Parameter	Erlaubter Wertebereich	Default-Wert
User Priority	0–1	1
MSDU Lifetime	0–32767	500
Residual Lifetime	0–32767	—

9.6.2.3 MAC-Dienstprimitive

Die vom ISO/OSI-Standard abgeleiteten HIPERLAN-MAC-Dienstprimitive repräsentieren die möglichen Interaktionen zwischen HMS-Benutzer und HMS-Diensterbringer. In Tab. 9.4 werden die Dienstprimitive am HIPERLAN-MAC-Dienstzugangspunkt und deren Parameter aufgelistet.

Neben den Dienstgüteparametern werden noch folgende Parameter verwendet:

Quelladresse (*Source Address*, SA): Die individuelle Sendeadresse des MSAP.

Zieladresse (*Destination Adress*, DA): Adresse eines einzelnen MSAP oder einer Gruppe von MSAP, an die das Paket gerichtet ist.

MAC-Dienst-Dateneinheit (*MAC Service Data Unit*, MSDU): Daten, die ohne Modifikation durch den HM-Diensterbringer zwischen HMS-Benutzern transportiert werden. Die Größe des Pakets liegt zwischen Null und einem vom HMS-Erbringer vorgegebenen Wert.

HIPERLAN-Informationen (*HIPERLAN Information*): Informationen an weitere HIPERLANs in der Umgebung des HMS-Benutzers.

9.6.2.4 Beschreibung der Dienstprimitive der MAC-Teilschicht

MSDU-Übertragung Liegt ein Datenpaket zur Übertragung an, wird die MAC- von der LLC-Teilschicht darüber durch ein HM_Unitdata_Request informiert. Alle Informationen, die für eine Übertragung zu einem MSAP oder einer Gruppe von

Tabelle 9.4: HMS-Primitive und deren Parameter

Aufgabe	Dienst	Primitiv	Parameter
Data Transfer	MSDU Transfer	HM_Unitdata_req	Source Address, Destination Address, MSDU, User Priority, MSDU lifetime
		HM_Unitdata_ind	Source Address, Destination Address, MSDU, User Priority, MSDU Lifetime, Residual MSDU Lifetime
Control	HMQoS Failure Report	HM_Qosfailure_ind	Destination Address, User Priority, MSDU Lifetime
	HIPERLAN Lookup	HM_Lookup_req	—
		HM_Lookup_conf	HIPERLAN Information

MSAPs nötig sind, werden mitgeliefert. Das Paket wird als unabhängig von vorangegangenen oder folgenden Paketen angesehen und im verbindungslosen Modus übertragen. Der Empfänger kann die Rate, mit welcher der Sender Pakete verschickt, nicht steuern. Abbildung 9.11 zeigt die Primitive für einen erfolgreichen Transfer.

Die LLC-Teilschicht erhält keine Bestätigung *(Acknowledgement)*, ob das Datenpaket innerhalb der Lebenszeit *(Lifetime)* der MSDU erfolgreich übertragen wurde.

HMQoS-Fehler-Report Konnte die MSDU nicht mit der vom Benutzer vorgegebenen Dienstgüte übertragen werden, sondern erst nach Verstreichen der *Lifetime* der Daten, informiert die MAC- die LLC-Teilschicht durch HM_Qosfailure_Indication über die fehlgeschlagene Übertragung. Die MAC-Teilschicht verwirft dann die MSDU.

Der HMS-Benutzer erhält durch den Fehler-Report die Möglichkeit, die Übertragung mit angepaßten Dienstgüteparametern zu wiederholen, vgl. Abb. 9.12.

9.6.3 HIPERLAN-MAC-Protokoll

Abbildung 9.13 gibt einen Überblick über die Elemente der MAC-Teilschicht, die in den folgenden Abschnitten genauer erläutert werden.

In der MAC-Teilschicht wird zur Kommunikation zwischen den HM-Entities das MAC-Protokoll verwendet, das die von der *HIPERLAN-Channel-Access-Control-*Teilschicht angebotenen und in Kapitel 9.7.2 vorgestellten Dienste voraussetzt. Für die Kommunikation werden HM-Protokoll-Dateneinheiten (*HIPERLAN MAC Protocol Data Units*, HMPDUs) zwischen den HM-Entities ausgetauscht, die über eine HC-Verbindung übertragen werden. Zur Erkennung schon empfangener PDUs erhält jedes Paket eine Folgenummer *(Sequence Number)* aus dem Bereich von 0–65 535.

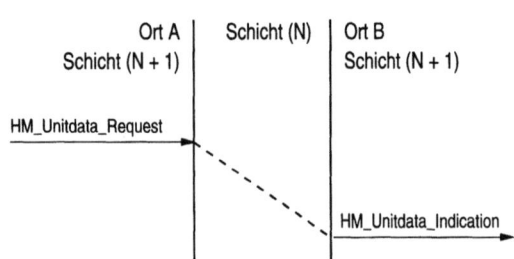

Abbildung 9.11: Folge von Primitiven bei einer erfolgreichen Datenübertragung

9.6 Die HIPERLAN-Medium-Access-Control-Teilschicht

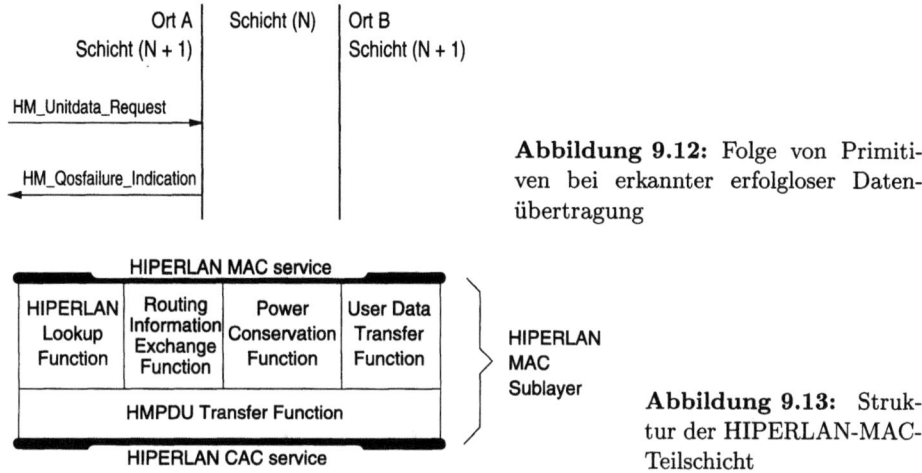

Abbildung 9.12: Folge von Primitiven bei erkannter erfolgloser Datenübertragung

Abbildung 9.13: Struktur der HIPERLAN-MAC-Teilschicht

HMPDUs werden, initiiert durch den HMS-Benutzer, bzw. spontan (zur Verwaltung), innerhalb der MAC-Teilschicht erzeugt. Alle HMPDUs werden in einer Warteschlange gesammelt, in der sie verbleiben, bis sie übertragen oder aufgrund ihrer abgelaufenen Lebensdauer verworfen worden sind.

Das HM-Protokoll sieht HMSDUs mit der maximalen Größe von 2 385 byte Länge vor.

9.6.3.1 HIPERLAN-Lookup-Funktion

Die Lookup-Funktion dient zur Erkundung der Kommunikationsumgebung eines HIPERLANs. Hierbei werden folgende Teilfunktionen unterstützt.

Find: Ein durch seinen Namen bekanntes HIPERLAN, kann gefunden werden, indem der mit diesem Namen verbundene HIPERLAN-Identifier (HID), herausgefunden wird.

Create: Zum vorgegebenen HIPERLAN-Namen wird ein in der gegenwärtigen Kommunikationsumgebung nicht benutzter HID ausgewählt, um ein neues HIPERLAN zu erzeugen.

Destroy: Ein HIPERLAN wird implizit aufgelöst, wenn kein Teilnehmer dessen HID benutzt.

Join: Ein Teilnehmer schließt sich implizit einem HIPERLAN an, indem er dessen HID und die benutzten *Encryption*- und *Decryption*-Schlüssel abruft und seine Datenpakete im folgenden mit diesem HID sendet.

Leave: Ein Teilnehmer verläßt ein HIPERLAN implizit, indem er dessen HID in seinen Datenpaketen nicht mehr benutzt und Pakete mit dieser HID nicht mehr auswertet.

Die Lookup-Funktion wird nach dem Empfang eines HM_Lookup_Request-Dienstprimitives aufgerufen. Sie generiert eine LR-HMPDU, adressiert an alle HIPERLAN-Nachbarn. Es wird ein Timer (T_{1rr}) gestartet, vor dessen Ablauf alle Antworten der Nachbarstationen eintreffen müssen, vgl. Tab. 9.17.

Alle Empfänger des LR-HMPDU erzeugen eine LC-HMPDU, adressiert an den Absender des LR-HMPDU. In diesem Paket werden der HIPERLAN-Name und die HID des HIPERLAN eingetragen, zu dem die Station gehört.

Die Informationen aller LC-HMPDUs, die vor Ablauf des Timers bei der HM-Entity eintreffen, werden in eine Tabelle abgelegt. Mit einem HM_Lookup_Confirm-Dienstprimitiv werden diese Daten an den anfragenden HMS-Benutzer weitergegeben. LC-HMPDUs, die nach Ablauf des T_{1rr} Timers eintreffen, werden verworfen.

9.6.3.2 Routing-Information-Austauschfunktion

Die *Routing Information Exchange Function* ermöglicht den HM-Entities, eine für das Routing nötige Datenbasis (*Routing Information Base*, RIB) aufzubauen. Die RIB enthält Listen, in denen Nachbarschaftsbeziehungen zwischen zwei HM-Entities und Informationen über einzelne HM-Entities verwaltet werden. Folgende Datensätze werden unterschieden:

- Ein *Neighbour Tuple* (N-Tuple) mit der MSAP-Adresse eines Nachbarn und dem Nachbarschaftsverhältnis zu dieser Station. Alle N-Tuples bilden die *Neighbour Table* (N-Table). N-Tuples, die benachbarte Forwarder enthalten, werden zu einer *Multipoint Relay Table* (MRT) zusammengefaßt. Bei jeder Änderung dieser Liste wird eine zugeordnete Folgenummer (MRSC-SN) erhöht.

- *Source Multipoint Relay Tuple* (SMR-Tuple) enthalten die MSAP-Adresse und die MRSC-SN eines Nachbarn, der diese Station als Forwarder verwendet. Alle SMR-Tuple werden in der *Source Multipoint Relay Table* (SMR-Table) zusammengefaßt.

- Ein *Topology Tuple* (T-Tuple) enthält die MSAP-Adresse einer HM-Entity im Netz, die zugehörige MRSC-SN und die MSAP-Adresse des letzten Sprungs (*hops*) auf dem Weg zu dieser Station. Die zugehörige Liste ist die *Topology Table* (T-Table).

9.6 Die HIPERLAN-Medium-Access-Control-Teilschicht

- Das *Routing Tuple* (R-Tuple) gibt zu einer HM-Entity die MSAP-Adresse der nächsten Station auf dem Weg zur HM-Entity und die insgesamt notwendige Anzahl von *Hops* an. Alle R-Tuples bilden die *Routing Table* (R-Table).

Ein Forwarder verwaltet alle oben genannten Listen für alle bekannten Stationen im HIPERLAN, ein Non-Forwarder benötigt nur die SMR-Table.

Durch die *Routing Information Exchange Function* werden Informationen ausgetauscht, die eine Kommunikation über die Funkbereichsgrenze hinaus ermöglichen. Die in den folgenden Abschnitten vorgestellten Prozeduren helfen einer Station die unmittelbare Nachbarschaft und den Aufbau des HIPERLAN zu erkunden.

Hello-Prozedur Die Hello-Prozedur wird in regelmäßigen Abständen (T_{hr}) von der MAC-Teilschicht aufgerufen, um die *Neighbour Table*, die *Multipoint Relay Table* und die *Source Multipoint Relay Table* aufzubauen, vgl. Tab. 9.17. Dazu werden alle N-Tuples in ein H-MPDU eingetragen und dieses an alle Nachbarn verschickt. Zusätzlich wird noch die Folgenummer der eigenen *Multipoint Relay Table* und der Typ der Station (Forwarder/Non-Forwarder) übertragen.

HM-Entities, die eine H-HMPDU empfangen, passen ihre MRT, N- und SMR-Table entsprechend der im Informationsfeld enthaltenen Daten an. Existiert noch kein N-Tuple für den Absender, so wird eines erzeugt. Verwendet der Absender diese HM-Entity als Forwarder, so wird ein SMR-Tuple angelegt. Für alle erzeugten bzw. geänderten Datensätze wird ein Timer mit T_{hr} gestartet, nach dessen Ablauf die abgelaufenen N-Tuple bzw. SMR-Tuple verworfen werden *(Aging)*.

Topology Control Die *Topology Control*-Prozedur erlaubt den Austausch von Informationen zur Topologie des HIPERLAN. Zu festen Zeitpunkten (alle T_{tcr}) und immer, wenn sich die SMR-Table geändert hat, wird von einer HM-Entity ein TC-HMPDU erzeugt. Es enthält die Liste der SMR-Tuple und die zugehörige Folgenummer. Das Paket wird an alle HM-Entities verschickt, und soll von diesen auch weitergeleitet werden. Für alle Listenelemente wird ein Timer mit T_{tcr} gestartet, nach dessen Ablauf das entsprechende Tuple gelöscht wird.

Der Empfänger eines TC-HMPDU erzeugt für alle darin enthaltenen SMR-Tuple je ein T-Tuple, bzw. erneuert schon vorhandene T-Tuples. Aufgrund der vorhandenen T-Tuple wird nach einer Änderung in der T-Table die *Routing Table* neu berechnet. Wenn die maximal erlaubte Anzahl von Hops noch nicht erreicht ist, und für den Erzeuger des TC-HMPDU ein R-Tuple, also ein Pfad, existiert, so wird das TC-HMPDU mit erhöhtem *Hop*-Zähler weitergeleitet.

Multipoint Relay Determination In regelmäßigen Zeitabständen (alle T_{hr}) wird die MRT, also die Teilmenge der N-Table, die die für diese Station wichtigen Forwarder enthält, neu berechnet. Hat sich diese geändert, wird die zugehörige Folgenummer erhöht und die *Topology Control*-Prozedur aufgerufen.

9.6.3.3 Power-Conservation-Funktion

Um Energie zu sparen, ist es einer HM-Entity *(P-Saver)* erlaubt, nur zu festgelegten Zeitpunkten an der Kommunikation teilzunehmen. Die *Power Conservation Function* stellt die Mittel bereit, anderen Stationen aktive und inaktive Perioden mitzuteilen. Bestimmte Stationen dienen als sogenannte *P-Supporter*, indem sie die Nachrichten für bestimmte HM-Entities (Unicast-Verkehr) verzögern. Die unterstützten Stationen müssen in der vom *P-Supporter* verwalteten P-Saver-Liste eingetragen sein.

Wake Pattern Declaration Bevor eine Station ihre Energiespar-Operationen einleitet, verschickt sie ein *Wake Pattern Declaration*-Paket (WPD-HMPDU). Darin trägt sie die Zeit seit dem letzten Wach-Zustand, den zeitlichen Abstand zwischen zwei Wach-Zuständen und die Dauer des Zustandes ein. Verschickt wird dieses Paket an alle Nachbarn.

Nach einem Empfang des Pakets durch einen *P-Supporter* fügt er die Station mit den nötigen Parametern der Liste der unterstützten *P-Saver* hinzu, bzw. paßt die Werte an. Jeder Eintrag hat nur die Lebensdauer T_{wp} und wird danach verworfen.

Deferred Multicast Pattern Declaration (DMPD) Um auch den verzögerten Empfang von Broadcast-Verkehr zu ermöglichen, definieren *P-Supporter* Zeitintervalle, bis zu denen sie alle empfangenen Rundsende-Nachrichten verzögern. Um daran teilzunehmen, sollten *P-Saver* ihre Wach-Zustände entsprechend wählen.

Zur Koordination verschickt der *P-Supporter* in festen Abständen und vor jeder verzögerten Übertragung ein DMPD-HMPDU. Dieses enthält die Zeit seit dem letzten Übertragungsfenster, den zeitlichen Abstand zwischen zwei Bereichen und die Dauer des Zustandes. Verschickt wird dieses Paket an alle Nachbarn.

P-Saver, die die Sendezeiten des Absenders verwenden, um verzögerten Multicast-Verkehr zu empfangen, passen nach dem Empfang des DMPD-Pakets die Dauer und die Zeit für ihren nächsten aktiven Zustand entsprechend der Werte an.

Der *P-Saver* kann auch zusätzliche Wachzustände definieren, um am Broadcast-Verkehr teilzunehmen. Dazu wird ein neuer Eintrag in der entsprechenden Liste vorgenommen. Die Gültigkeit des Eintrags erlischt nach der Zeit T_{dmp}.

9.6.3.4 User-Data-Transfer-Funktion

Die *User Data Transfer Function* übernimmt gemäß den vorgegebenen Dienstgüteparametern und abhängig von vorhandenen Routing-Informationen die Übertragung von Daten zwischen zwei HMS-Benutzern.

Üblicherweise wird eine MSDU vom HMS-Benutzer an die HM-Entity übergeben. Verpackt in ein DT-HMPDU, wird das Paket von HM-Entity zu HM-Entity weitergereicht, bis es sein Ziel erreicht hat, oder die vorgegebenen Dienstgüteparameter (HMQoS) nicht mehr eingehalten werden. Die Ziel HM-Entity gibt die MSDU an ihren HMS-Benutzer ab.

User Data Acceptance Nach einem HM_Unitdata_Request seitens des HMS-Benutzers muß die *User Data Acceptance*-Funktion entscheiden, ob sie die Übertragung mit der gewünschten Dienstgüte durchführen kann. Sie nimmt die MSDU an oder gibt eine Fehlermeldung zurück. Kriterien für die Entscheidung könnten durchschnittliche Kanalverzögerungen oder andere Parameter sein, die aber nicht im Standard festgeschrieben sind.

Aus der angenommenen MSDU und den Dienstgüteparametern (*Lifetime* und Benutzerpriorität) wird ein DT-HMPDU erzeugt. Über die Ziel-Adresse wird in der *Alias-Resolution*-Prozedur der Typ des DT-HMPDU bestimmt. Möglich sind vier Varianten, DT0 (Default-Typ) bis DT3, die sich in der Anzahl der Adreßfelder unterscheiden. Die zusätzlichen Felder enthalten Alias-Adressen zu MSAPs, die für das Routing der DT-HMPDUs benötigt werden (siehe auch *Alias Auflösung*). Parameter und Timer der PDUs findet man in Abschn. 9.9.

Die Routing-Funktion wird aufgerufen, um die nächste HM-Entity auf dem Weg zum Ziel zu ermitteln.

HMQoS-Fehler-Report Nach Ablauf der *Lifetime* einer von diesem HMS-Benutzer erzeugten MSDU, wird das zugehörige Paket verworfen. Dann erhält der HMS-Benutzer einen entsprechenden Fehler-Report.

User Data Delivery Diese Funktion liefert empfangene, an diesen HMS-Benutzer gerichtete Pakete ab. Dazu wird die MSDU aus dem DT-HMPDU entnommen und in einem HM_Unitdata_Indication-Primitiv über den MAC-Dienstzugangspunkt an den HMS-Benutzer, mit Angabe der erreichten Dienstgüte abgeliefert.

Alias-Auflösung Die *Alias-Resolution*-Funktion löst mögliche Abbildungen zwischen Alias-Adressen und MSAP-Adressen auf. Sie ist für das Routing von DT-

HMPDUs notwendig, generiert DT-HMPDUs des entsprechenden Typs (DT0 bis DT3) und setzt die zugehörigen Adreßfelder.

Die Alias-Auflösung wird von der *User-Data-Acceptance*-Funktion und der Forwarding-Funktion initiiert, bevor die Routing-Prozedur den Pfad des Paketes ermittelt.

Die Alias-Tabelle wird nach Alias-Adressen für die Quell- (SA) und Ziel-Adresse (DA) durchsucht. Die *Alias Source Address* (ASA) und die *Alias Destination Address* (ADA) werden verwendet, um neue DT-HMPDUs mit entsprechend gesetzten Adreßfeldern zu erzeugen. Die Wahl des DT-HMPDUs, abhängig von den Alias-Adressen, zeigt Tab. 9.5.

Um die Alias-Tabellen aufzubauen und zu pflegen, wird nach jedem DT-HMPDU-Empfang mit den Typen DT1, DT2 oder DT3 (nur diese enthalten Alias-Adressen) die Alias-Lern-Funktion aufgerufen. Diese trägt noch nicht bekannte Alias-Kombinationen in ihre Tabellen ein. Alle Elemente der Alias-Tabelle unterliegen einer Alterung. Nach Ablauf einer Zeit von T_{ah} werden sie verworfen.

Routing Die Routing-Funktion ermittelt anhand der *Routing Tuples* die Adresse des nächsten HCSAP um zur nächsten HM-Entity zu gelangen, und die Zahl der verbleibenden *Hops* auf dem Pfad zur Ziel-HM-Entity. Diese Funktion wird von der *User-Data-Acceptance*-Funktion nach einem HM_Unitdata_Request und von der Forwarding-Funktion aufgerufen. Wenn für das Ziel keine Routing-Informationen vorhanden sind, wird die Adresse eines Nachbar-Forwarders gewählt. Ist auch dieser nicht bekannt, so wird die reservierte Adresse für alle Nachbarn verwendet.

Forwarding Nach dem Empfang einer DT-HMPDU, welche nicht an diese HM-Entity gerichtet ist, muß ein Forwarder das Paket weiterreichen. Die Forwarding-Funktion nimmt dabei nur in einer Unicast-Übertragung verschickte Pakete an, deren Anzahl von *Hops* den Maximalwert nicht überschreitet und deren letzter

Tabelle 9.5: Wahl des DT-HMPDUs anhand der Alias-Adressen

| Alias-Adresse bekannt für | | Erzeugter | Anzahl und Art |
SA	DA	HMPDU-Typ	der Adressfelder
—	—	DT0	2 (SA, DA)
×	—	DT1	3 (SA, ASA, DA)
—	×	DT2	3 (SA, DA, ADA)
×	×	DT3	4 (SA, ASA, DA, ADA)

9.6 Die HIPERLAN-Medium-Access-Control-Teilschicht

Absender in der SMR-Table eingetragen ist. Mit Hilfe der Routing-Funktion werden für das Paket nun der nächste Sprung und die verbleibende Anzahl *Hops* berechnet.

9.6.3.5 HMPDU-Transfer-Funktion

Die HMPDU-Transfer-Funktion verschickt MAC-Protokoll-Dateneinheiten zwischen HM-Entities. Um den jeweiligen Dienst mit der angeforderten Dienstgüte zu erbringen, wird zu Beginn einer Übertragung das Datenpaket mit der größten Kanalzugriffspriorität durch die HMPDU-Transfer-Funktion ermittelt.

Aus der verbleibenden Lebensdauer *(Residual Lifetime)* der HMPDUs und der Anzahl der noch erforderlichen Teilstrecken *(Hops)*, um den Empfänger zu erreichen, wird die normalisierte verbleibende Lebensdauer (*Normalised Residual MSDU Lifetime*, NRML) berechnet.

$$\text{NRML} = \frac{residual\ lifetime}{number\ of\ hops} \tag{9.1}$$

Die Kanalzugriffspriorität ergibt sich dann aus der NRML und der Benutzerpriorität UP gemäß Tab. 9.6 und wird in jedem Sendezyklus aktualisiert.

HMPDU-Auswahl Diese Funktion wählt aus der HMPDU-Warteschlange das nächste zu versendende Paket nach folgenden Regeln aus.

- wähle HMPDU(s) mit der höchsten Kanalzugriffspriorität;
- von diesen das/die mit der kleinsten NRML;
- davon irgendeines.

Daten, bei denen die *Residual Lifetime* abgelaufen ist, werden nicht übertragen.

Tabelle 9.6: Abbildung der Dienstgüteparameter auf die und Kanalzugriffspriorität

	Kanalzugriffspriorität	
NRML	Hohe UP	Normale UP
NRML < 10 ms	0	1
10 ms ≤ NRML < 20 ms	1	2
20 ms ≤ NRML < 40 ms	2	3
40 ms ≤ NRML < 80 ms	3	4
NRML ≥ 80 ms	4	4

DT-HMPDU-Verschlüsselung Vor der Übermittlung durch die HMPDU-Übertragungs-Funktion während der Erzeugung einer HCSDU (HIPERLAN-CAM-Dienst-Dateneinheit) kann der Inhalt des DT-HMPDUs verschlüsselt werden, indem ein Schlüssel aus dem vorhandenen Satz zur Codierung der Daten ausgewählt wird. Die Nummer des benutzten Schlüssels und der verwendete Initialisierungsvektor werden in die PDU eingetragen.

Der Empfänger einer codierten DT-HMPDUs entnimmt die Schlüsselnummer und den Initialisierungsvektor und kann damit das Paket entschlüsseln.

Prüfsummenbildung Zur Erkennung von Übertragungsfehlern werden alle PDUs mit einer CRC32-Prüfsumme versehen.

HMPDU-Übertragung Bei jedem HC_Sync_Indication-Primitiv oder jederzeit nach einem HC_Free_Indication-Primitiv, vgl. Abschn. 9.7.2.3, kann die HM-Entity eine HMPDU zur Übertragung an den CAC-Dienstgeber weiterreichen. Dazu wird über das oben beschriebene Verfahren das Paket mit der größten Dringlichkeit ausgewählt. Über ein HC_Unitdata_Request-Primitiv wird die HMPDU mit den notwendigen Parametern am *HIPERLAN CAC Service Access Point* (HCS-AP) an die CAC-Teilschicht übergeben. Die HMPDU wird dabei unverändert zur HCSDU. Das Ende der Übertragung wird durch HC_Status_Indication angezeigt.

Die Empfänger HM-Entity muß nach Erhalt eines HC_Data_Indication-Primitives die empfangene HCSDU als HMPDU übernehmen und sie entsprechend ihrem Typ oder ihrem Ziel bearbeiten.

9.7 Die HIPERLAN-Channel-Access-Control-Teilschicht

9.7.1 Aufgaben der CAC-Teilschicht

Der Kanalzugriff geschieht in der *Channel-Access-Control*-Teilschicht (CAC) durch ein Kanalzugriffsverfahren, den *Channel Access Mechanism* (CAM). Hier wird in verschiedenen Phasen entschieden, welche Station den Zugriff auf den Funkkanal erhält, um asynchronen oder zeitkritischen Verkehr über die Bitübertragungsschicht an den Empfänger zu senden. Die CAC-Teilschicht enthält die in den folgenden Abschnitten erläuterten Funktionen.

9.7.1.1 Wahl des HIPERLAN-Funkkanals

Obwohl das CAC-Protokoll für den Betrieb mit mehreren Funkkanälen spezifiziert wurde, ist die Kanalwahl nicht im Standard festgelegt.

9.7.1.2 Das Kanalzugriffsverfahren NPMA

Das MAC-Protokoll erwartet, daß die CAC-Teilschicht mit dem CAM einen hierarchisch unabhängigen Kanalzugriffsmechanismus zur Verfügung stellt, um zeitkritischen Verkehr zu unterstützen.

Für HIPERLAN wird ein erweitertes *Non-preemptive Priority Multiple Access*-Zugriffsverfahren (NPMA) verwendet. Dieses stellt sicher, daß Verkehr hoher Priorität nicht von dem niedrigerer Priorität unterbrochen wird.

Das NPMA-Verfahren arbeitet in Kanalzugriffszyklen *(Channel Access Cycles)* auf dem Funkkanal. Ein Zugriffszyklus folgt auf den vorangegangenen Zyklus oder jederzeit, nachdem der Kanal als frei angesehen wurde. Jeder Übertragungsversuch erfolgt anhand einer Zugriffspriorität und wird auf die gerade im Kanal ablaufenden Zugriffszyklen synchronisiert.

Ein NPMA-Kanalzugriff erfolgt, wie in Abb. 9.14 dargestellt, in drei Phasen: der Prioritätsphase *(Priority Phase)*, der Konkurrenzphase *(Contention Phase)* und der Übertragungsphase *(Transmission Phase)*.

In der Prioritätsphase werden alle Stationen, die nicht die momentan höchste Priorität besitzen, ausgesondert. Das Zugriffsverfahren ist nicht unterbrechend, d. h. nur solche Stationen dürfen einen Versuch durchführen, die zu Beginn des Zyklus bereit sind. Andernfalls müssen sie den nächsten Zyklus abwarten.

Nach der Prioritätsphase folgt die Konkurrenzphase, an der nur Stationen mit ausreichend hoher Priorität teilnehmen. Das Verfahren stellt sicher, daß jede Station statistisch die gleiche Chance erhält, den Kanal zu erhalten. HIPERLAN verwendet eine zweistufige Konkurrenzphase.

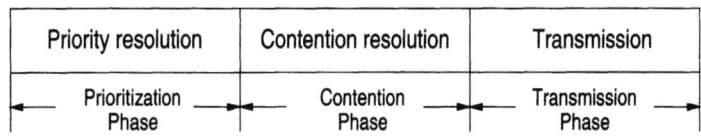

Abbildung 9.14: Schematischer Ablauf eines NPMA-Kanalzugriffszyklus

Alle dabei nicht ausgeschiedenen Stationen senden anschließend ihr Datenpaket. Senden mehrere Stationen, so tritt eine Kollision auf.

9.7.2 CAC-Dienste

Die CAC-Teilschicht stellt als Diensterbringer (*HIPERLAN CAC Service-Provider*, HCS-Provider) der darüber liegenden MAC-Teilschicht ihre Dienste (*HIPERLAN CAC Service*, HCS) am CAC-Dienstzugangspunkt zur Verfügung. Die MAC-Teilschicht ist in diesem Fall HIPERLAN-CAC-Dienstbenutzer *(HCS-User)* des von der CAC-Teilschicht angebotenen Dienstes. Ein Modell für diesen Zusammenhang ist in Abb. 9.15 dargestellt.

Für die Übertragung der CAC-Dienstdateneinheiten (*HIPERLAN CAC Service Data Units*, HCSDUs) ist folgendes definiert:

- Eine HCSDU wird von dem Quell-HCSAP zu einem einzelnen Ziel-HCSAP oder einer Gruppe von Ziel-Dienstzugangspunkten in einer einzelnen Anforderung des HCSDU-Transferdienstes übertragen. Der HCS-Dienstbenutzer kann sich selbst identifizieren und einen oder mehrere Ziel-HCSAPs angeben. Es steht ein verbindungsloser Dienst zur Verfügung, d. h. der Transfer erfolgt, ohne daß eine Verbindung explizit aufgebaut und später wieder abgebaut werden muß.

- Jede HCSDU-Übertragung ist unabhängig von allen anderen.

- Der Aufruf des HCSDU-Transfer-Dienstes wird vom HC-Diensterbringer gesteuert, unter Berücksichtigung des NPMA-Kanalzugriffsverfahrens.

- Jeder Aufruf des HCSDU-Transferdienstes wird mit einem Hinweis bestätigt, ob die Übertragung erfolgreich war oder nicht.

- Der HCS-Benutzer kann für die Übertragung die gewünschte Kanalzugriffspriorität angeben. Außer diesem Parameter hat er keinen Einfluß auf die vom HCS-Diensterbringer für die Übertragung verwendeten Mittel.

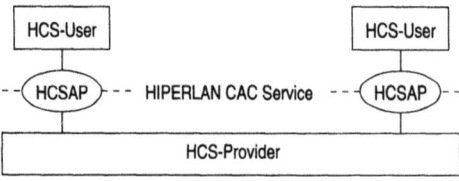

Abbildung 9.15: HIPERLAN-MAC-Dienstmodell

9.7 Die HIPERLAN-Channel-Access-Control-Teilschicht

- HCSDUs werden ohne Beschränkungen auf ihren Inhalt, ihr Format oder ihre Codierung übertragen; HCSDUs werden nie bezüglich ihrer Struktur oder ihres Inhalts interpretiert.

9.7.2.1 HCSAP-Adressen

Eine HIPERLAN-CAC-Entity (HC-Entity) bietet ihre Dienste über einen *HIPERLAN CAC Service Access Point* (HCSAP) einem einzelnen HCS-Benutzer an.

Daraus folgt, daß jede HC-Entity mit genau einer HM-Entity verknüpft ist. Aus praktischen Gründen wird deshalb zur Adressierung des HCSAP, der HC-Entity und des HCS-Users dieselbe individuelle 48-bit-LAN-MAC-Adresse verwendet wie für den MSAP.

Die MSAP-Gruppenadresse wird analog zur Identifizierung einer Gruppe von HCS-APs und deren Dienstbenutzern verwendet.

9.7.2.2 HC-Dienstgüteparameter

Der CAC-Dienst kennt als Dienstgüteparameter nur die Kanalzugriffspriorität. Diese im NPMA definierte Priorität gibt die relative Wichtigkeit der CAC-Dienst-Dateneinheit beim Zugriff auf den gemeinsam genutzten Kanal an, vgl. Tab. 9.7. Numerisch kleinere Werte bedeuten eine höhere Kanalzugriffspriorität.

9.7.2.3 HIPERLAN-CAC-Dienstprimitive

In Tab. 9.8 wird eine Übersicht über die am CAC-Dienstzugangspunkt möglichen Dienstprimitive gegeben. In der letzten Spalte sind zu jedem Primitiv die für die Übertragung notwendigen Parameter aufgelistet.

Neben der Kanalzugriffspriorität werden folgende Parameter verwendet:

Quelladresse *(Source Address)*: Individuelle Adresse des HCSAP des Senders.

Tabelle 9.7: Mögliche Werte für die Kanalzugriffspriorität

Parameter	Wertebereich	Defaultwert
Kanalzugriffspriorität	0–4	4

Tabelle 9.8: HCS-Primitive und deren Parameter

Funktion	Dienst	Primitiv	Parameter
Data Transfer	HCSDU Transfer	HC_Unitdata_Request	(Source Address, Destination Address HCSDU, HIPERLAN Identifier, Channel Access Priority)
		HC_Unitdata_Indication	(Source Address, Destination Address HCSDU, HIPERLAN Identifier)
Control	Transfer Control	HC_Sync_Indication	—
		HC_Free_Indication	—
		HC_Status_Indication	(Transfer Status)

Zieladresse *(Destination Address)*: Adresse eines einzelnen HCSAP oder einer Gruppe von HCSAP, an die das Paket gerichtet ist.

CAC-Dienstdateneinheit: Daten, die ohne Modifikation durch den HC-Diensterbringer, zwischen HCS-Benutzern transportiert werden.

HIPERLAN Identifier: HID des Ziel-HIPERLANs.

Transferstatus: Tabelle 9.9 zeigt die möglichen Transferzustände für die Quittierung der Übertragung durch das HC_Status_Indication-Primitiv.

9.7.2.4 Beschreibung der Dienstprimitive der CAC-Teilschicht

Der Aufruf der HCSDU-Transfer-Funktion durch den HCS-Benutzer wird grundsätzlich von der *Transfer Control*-Funktion der Teilschicht koordiniert. über diese

Tabelle 9.9: Übertragungsstatus

Parameter	Wert	Bedeutung
Transfer Status	*Transfer Successful*	Die HCSDU-Übertragung war erfolgreich
	Transfer Unsuccessful	Die HCSDU-Übertragung war erfolglos. Dieser Status wird ebenfalls genutzt, wenn der *HCS-Provider* nicht mehr zu einer HCSDU-Übertragung bereit ist

9.7 Die HIPERLAN-Channel-Access-Control-Teilschicht 319

Funktion wird der MAC-Teilschicht mitgeteilt, wann die CAC-Teilschicht bereit ist, ein HCSDU entgegenzunehmen, um einen Kanalzugriffszyklus zu beginnen.

Der HC-Diensterbringer unterscheidet zwischen zwei Arten des HCSDU-Transfers. Bei einem synchronisierten HCSDU-Transfer folgen die Übertragungen direkt aufeinander. In diesem Fall darf ein Kanalzugriff nur direkt nach dem Ende des gerade gesendeten Pakets beginnen. Dies ist nötig, um das Funktionieren des NPMA-Kanalzugriffsverfahrens zu gewährleisten. Ist der Kanal für längere Zeit ungenutzt, kann unmittelbar nach Anliegen der HCSDU die Übertragung beginnen. Eine Synchronisierung auf andere Transfers findet nicht statt.

Jede erfolgreiche oder erfolglose Übertragung wird von der CAC-Teilschicht quittiert.

Synchronisierter HCSDU-Transfer Ist nur synchronisierter Verkehr zugelassen, teilt die CAC-Teilschicht dies der MAC-Teilschicht zum Zeitpunkt eines neuen Kanalzugriffszyklus (t_{SYNC}) durch ein HC_Sync_Indication mit. Dadurch wird dem HCS-Benutzer signalisiert, daß die CAC-Teilschicht für den folgenden Zugriffszyklus auf den Funkkanal Daten entgegennehmen kann.

Hat die MAC-Teilschicht HCSDUs zur Übertragung vorliegen, so muß sie sofort nach Eintreffen der HC_Unitdata_Indication-Meldung ein HC_Unitdata_Request-Primitiv mit dem zu sendenden Paket erzeugen, um den HCSDU-Transfer einzuleiten. Zu einem anderen Zeitpunkt darf die HCSDU-Transferfunktion nicht aufgerufen werden. Abbildung 9.17 zeigt die Abfolge der Primitive bei einer erfolgreichen Übertragung für den synchronisierten Zugriff auf den Kanal.

Durch den verwendeten Kanalzugriffsmechanismus ist es möglich, daß die HCSDU nicht übertragen werden konnte, weil eine andere Station den Kanal erlangt hat oder eine Kollision eingetreten ist. Dann erfolgt eine negative Quittierung des Transfer-Aufrufs, vgl. Abb. 9.16.

HCSDU-Transfer bei freiem Kanal Die Kanalauslastung ist nicht immer so hoch, daß sich die CAC-Teilschicht synchronisieren muß. Ist der Funkkanal über einen längeren Zeitraum frei (Idle), teilt der HCS-Erbringer dies der MAC-Teilschicht durch ein HC_Free_Indication mit. Damit zeigt die CAC-Teilschicht an, daß bis auf Widerruf jederzeit die HCSDU-Transfer-Funktion seitens des HCS-Benutzers aufgerufen werden kann. Bei einer Änderung des Kanalzustands wird diese dem HCS-Benutzer über ein HC_Status_Indication angezeigt.

Abbildung 9.18 zeigt den Fall, daß an der MAC-Teilschicht während der Dauer des freien Kanals keine HCSDUs zur Übertragung anliegen. Nach Erhalt des

320   9 HIPERLAN/1, eine Einführung

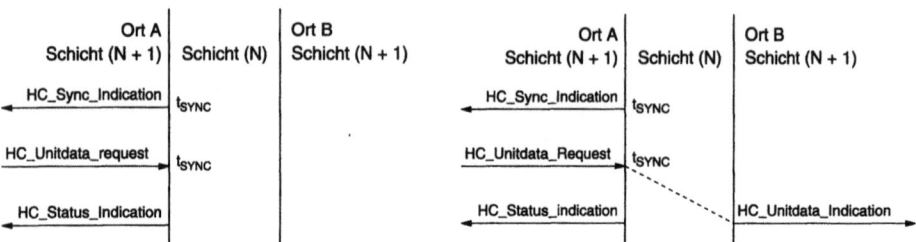

Abbildung 9.16: Folge von Primitiven bei erfolgloser Übertragung über den synchronisierten Kanal

Abbildung 9.17: Folge von Primitiven bei erfolgreicher Übertragung über den synchronisierten Kanal

HC_Status_Indication-Primitivs ist ein Aufruf der HCSDU-Transferfunktion nicht erlaubt.

Erhält oder generiert die MAC-Teilschicht eine HCSDU während der Zeit, in der der Kanal als frei angesehen wird, so kann sie diese jederzeit in einem Aufruf der HCSDU-Transferfunktion zur Übertragung an die CAC-Teilschicht geben. Wiederum kann der Transfer fehlschlagen. Die Abfolgen der Dienstprimitive für den erfolgreichen und erfolglosen HCSDU-Transfer sind in den Abbildungen 9.19 und 9.20 dargestellt.

In jedem Fall erhält der HCS-Benutzer eine Quittung seines HC_Unitdata_Request-Aufrufes mittels eines HC_Status_Indication-Primitivs.

9.7.3 HIPERLAN-CAC-Protokoll

Das CAC-Protokoll dient der Kommunikation zwischen zwei HC-Entities. Es unterstützt die dem HCS-Benutzer angebotenen und in Abschn. 9.7.2 beschriebenen Dienste. Das HC-Protokoll sieht den Transport von HCSDUs mit maximal 2422 byte Länge vor. Zwischen den HC-Entities werden HC-Protokolldateneinhei-

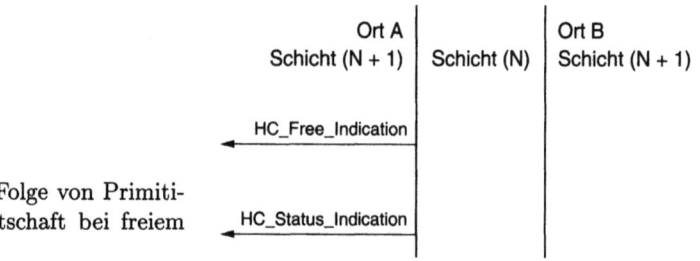

Abbildung 9.18: Folge von Primitiven zur Sendebereitschaft bei freiem Kanal

9.7 Die HIPERLAN-Channel-Access-Control-Teilschicht

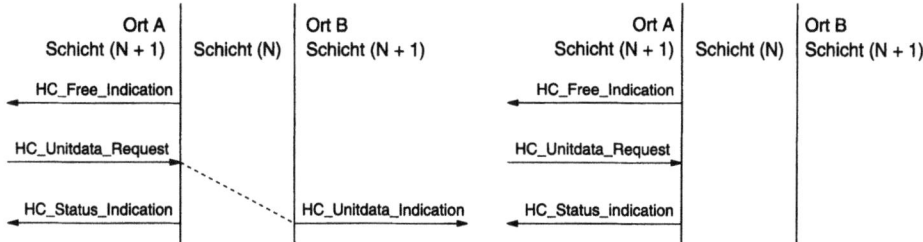

Abbildung 9.19: Folge von Primitiven für eine erfolgreiche Übertragung bei freiem Kanal

Abbildung 9.20: Folge von Primitiven für eine nicht erfolgreiche Übertragung bei freiem Kanal

ten (*HIPERLAN CAC Protocol Data Units*, HCPDUs) ausgetauscht, die über eine Verbindung in der physikalischen Schicht übertragen werden, vgl. Tab. 9.10.

Die HCPDU kann vom Aufbau her zwei Teile haben. Einen Teil, der mit niedriger Bitrate (*Low-Bit-Rate Part*, LBR-Part, LBR-Teil) übertragen wird, und einen, der mit hoher Bitrate (*High-Bit-Rate Part*, HBR-Part, HBR-Teil) übertragen wird. Der HBR-Anteil besteht immer aus 1 bis 47 Blöcken zu je 52 byte. Aufgrund ihrer Struktur sind zwei Typen von HCPDUs möglich:

- LBR-HCPDU, welche nur einen LBR-Teil enthält;
- LBR-HBR-HCPDU, welche einen LBR- und einen HBR-Anteil besitzt.

Die Übertragung einer HCPDU über den Kanal ist in Kap. 9.8 beschrieben. Die für das Protokoll notwendigen Prozeduren werden im folgenden erläutert.

9.7.3.1 Das EY-NPMA-Kanalzugriffsverfahren

ETSI RES10 hat für den HIPERLAN-Standard das *Elimination Yield – Nonpreemptive Priority Multiple Access* (EY-NPMA) als Kanalzugriffsverfahren festgelegt. Bei diesem Verfahren ist die Kollisionsrate weitgehend unabhängig von der

Tabelle 9.10: HIPERLAN-CAC-Protokoll-Dateneinheiten

PDU-Name	PDU-Typ	Bedeutung
AK-HCPDU	LBR-HCPDU	Acknowledgement
CP-HCPDU	LBR-HBR-HCPDU	Kanalfreigabe
DT-HCPDU	LBR-HBR-HCPDU	Datenübertragung

Anzahl der um den Kanal konkurrierenden Stationen. Es basiert auf dem in Abschn. 9.7.1.2 erläuterten NPMA-Verfahren. Als Erweiterung des NPMAs wird für die Konkurrenzphase eine Kombination aus einer Ausscheidungsphase *(Elimination Phase)* und einer Bewertungsphase *(Yield Phase)* verwendet.

In der Ausscheidungsphase sollen soviele Stationen wie möglich das Recht auf den Kanalzugriff verlieren, aber nicht alle. Die übrigen Stationen konkurrieren noch einmal in der Bewertungsphase.

Abbildung 9.21 zeigt die Phasen und die Kanalaktivitäten beim EY-NPMA-Kanalzugriffsmechanismus. Die folgenden Abschnitte beschreiben die einzelnen Phasen des EY-NPMA-Kanalzugriffsmechanismus; die dafür im HIPERLAN-Standard definierten Konstanten für die Parameter findet man in Abschn. 9.9.

Die Prioritätsphase Alle sendewilligen Stationen warten auf den Anfang des nächsten Zyklus, der der Kanalzugriffssynchronisation (CS) des vorherigen Zyklus folgt, oder darauf, daß der Kanal frei wird und starten dann mit der Prioritätsphase. Die Prioritätsphase ist $1 - m_{CAP}$ *Prioritization Slots* lang. Besitzt das zu übertragende Paket die Kanalzugriffspriorität n, beobachtet die Station den Kanal für eine Dauer von $n - 1$ Prioritätsslots *(Priority Detection)*. Ist der Funkkanal während dieser Zeit frei, sendet die Station sofort einen Burst *(Priority Assertion, PA)*. Sollte jedoch vor Ablauf der $n-1$ *Prioritization Slots* von einer anderen Station (A) ein Burst gesendet worden sein, beendet die Station (B) den Zugriffszyklus sofort und wartet auf den nächsten Zyklus, vgl. Abb. 9.22. Die Prioritätsphase endet mit dem gesendeten Burst PA.

Auf die Prioritätsphase folgt die Konkurrenzphase *(Contention Phase)*. Wollen mehrere Stationen Datenpakete mit gleicher Priorität übertragen, erfolgt in dieser Phase eine Selektion der Stationen. Hierbei wird entschieden, welche Station ihr Paket über den Funkkanal übertragen darf. Die Konkurrenzphase besteht aus Ausscheidungs- und Bewertungsphase.

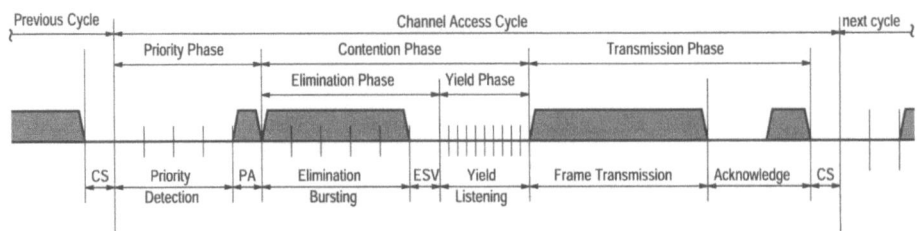

Abbildung 9.21: Die Kanalaktivitäten beim EY-NPMA-Verfahren

9.7 Die HIPERLAN-Channel-Access-Control-Teilschicht

Die Ausscheidungsphase Die Ausscheidungsphase (*Elimination Phase*, EP) ist zwischen 0 und m_{ES} Ausscheidungsslots (*Elimination Slots*, ES) lang. Jede Station sendet einen Burst (*Elimination Burst*, EB) der Länge $0 - m_{ES}$ Slots. Die Wahrscheinlichkeit für die Fortführung des Bursts im nächsten Slot beträgt p_E. Daraus ergibt sich die Wahrscheinlichkeit, daß eine Station für die Dauer von n ES ihren Burst sendet, aus der geometrischen Verteilung:

$$p_E(n) = \begin{cases} (p_E)^n \cdot (1 - p_E) & 0 \leq n < m_{ES} \\ (p_E)^{m_{ES}} & n = m_{ES} \end{cases} \quad (9.2)$$

Am Ende ihres letzten Bursts beobachtet die Station den Kanal für die Dauer eines *Elimination Survival Verification Interval* (ESV). Ist der Kanal in dieser Zeit frei, fährt die Station (A) mit der Bewertungsphase fort. Werden dagegen auf dem Kanal noch EBs anderer Stationen übertragen, so beendet sie (B) den Zyklus wie in Abbildung 9.23 dargestellt.

Die Bewertungsphase Die Bewertungsphase *(Yield Phase)* ist zwischen 0 und m_{YS} *Yield Slots* (YS) lang. Jede Station hört den Funkkanal für eine Dauer von $0 - m_{YS}$ Slots ab, wobei p_Y die Wahrscheinlichkeit angibt, daß eine Station auch im nächsten Slot eine Slotfolge hört. Die Wahrscheinlichkeit, daß eine Station den Kanal für eine Dauer von n *Yield Slots* beobachtet, ist geometrisch verteilt:

$$p_Y(n) = \begin{cases} (p_Y)^n \cdot (1 - p_Y) & 0 \leq n < m_{YS} \\ (p_Y)^{m_{YS}} & n = m_{YS} \end{cases} \quad (9.3)$$

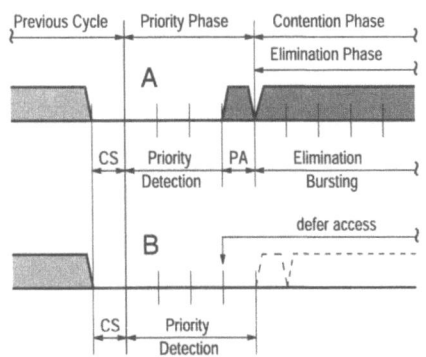

Abbildung 9.22: Prioritätsphase beim EY-NPMA-Verfahren

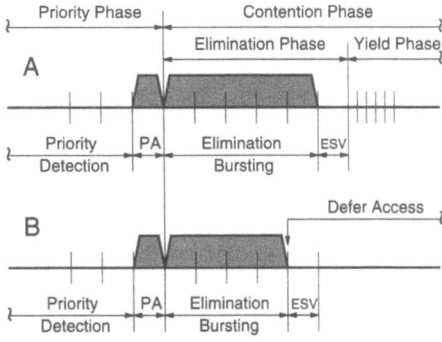

Abbildung 9.23: Ausscheidungsphase beim EY-NPMA-Verfahren

Wurde während der n *Yield Slots* einer Station keine andere Sendung detektiert, wird der Kanal als frei bewertet. Die Station hat die Konkurrenzphase damit überstanden und beginnt sofort mit der Übertragung ihrer Daten.

Stationen, die innerhalb der Bewertungsphase die Übertragung einer anderen Station beobachten, scheiden aus. Erst im nächsten Zyklus dürfen sie einen neuen Kanalzugriff versuchen.

Abbildung 9.24 zeigt die Kanalbelegung für zwei Stationen A und B, wobei A den Kanal erringt und B ihre Sendung aufschieben muß.

Übertragungsphase Innerhalb der Übertragungsphase *(Transmission Phase)* können folgende Arten von Sendungen zwischen HC-Entities auftreten:

- eine CP-HCPDU-Übertragung;
- eine Multicast-DT-HMPDU-Übertragung;
- eine Unicast-DT-HMPDU-Übertragung, gefolgt von einer AK-HCPDU-Übertragung als Bestätigung. Die Bestätigung muß spätestens nach der Dauer i_{ACKW} ab dem Ende der DT-Übertragung beginnen, vgl. Tab 9.16.

Bedingungen für den Kanalzugriff Der Kanalzugriff darf unter zwei möglichen Umständen erfolgen:

- Kanalzugriff bei freiem Kanal. Dazu muß der Kanal für mindestens die Dauer i_{IDLE} als frei detektiert werden.
- Synchronisierter Kanalzugriff. Ist der Kanal nicht frei, erfolgt eine Synchronisation auf das Ende der laufenden Übertragung. Nach einer Pause der Dauer i_{CS} (Zyklus-Synchronisation) beginnt der volle EY-NPMA-Kanalzugriffszyklus.

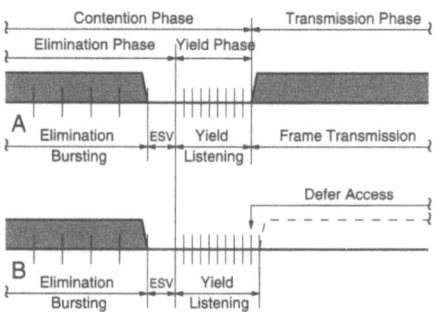

Abbildung 9.24: Bewertungsphase beim EY-NPMA-Verfahren

9.7.3.2 LBR-Teil-Fehlererkennung

Verschiedene Teile des LBR-Teils einer HCPDU werden bei der Generierung des Pakets mit einer 4-bit-Prüfsumme versehen. Jeder beim Empfang im Prüfsummentest erkannte Fehler in einer LBR-HCPDU führt dazu, daß das gesamte Paket verworfen wird. In einem LBR-HBR-HCPDU sind die Informationen im HBR-Teil nochmals enthalten, weshalb das Paket nicht ungültig wird.

9.7.3.3 HBR-Teil-Fehlererkennung

Wie der LBR-Teil, ist auch der HBR-Teil durch Fehlererkennung mittels Prüfsummen geschützt. Hier wird bei der Erzeugung der HCPDU eine 32-bit-Prüfsumme über den gesamten HBR-Teil generiert. Nach dem Empfang wird das Paket verworfen, wenn ein Fehler in der Prüfsumme aufgetreten ist.

9.7.3.4 Kanalfreigabe-Funktion

Der HIPERLAN-Standard legt die in Tab. 9.2 angegebenen fünf Frequenzen fest. Die Kanäle 0, 1 und 2 sind die üblichen Kanäle. Die Nutzung der restlichen Kanäle wird von nationalen Behörden festgelegt. Ist die Nutzung der Kanäle 3 und 4 erlaubt, so erfolgt deren Freigabe über eine CP-HCPDU.

Die CP-HCPDU wird von autorisierten Stationen erzeugt, um benachbarte Stationen über die Freigabe der Kanäle 3 und 4 zu benachrichtigen. Der Empfänger wertet das Paket aus und gibt die Kanäle entsprechend der Einträge frei, bzw. sperrt sie wieder. Die Gültigkeit dieser Freigabe wird zeitüberwacht regelmäßig überprüft. Nach Ablauf des Timers werden die Kanäle 3 und 4 von der Benutzung ausgeschlossen.

9.7.3.5 Benutzerdaten-Übermittlung

Die *User Data Transfer Function* übernimmt den Datentransport zwischen zwei HCS-Benutzern entsprechend der CAC-Dienstedefinition. HCSDUs werden vom HCS-Benutzer (der MAC-Teilschicht) mit einer Kanalzugriffspriorität für eine Übertragung an einen oder eine Gruppe von HCS-Benutzern übergeben. Die Transferfunktion darf nur aufgerufen werden, wenn der vorherige Aufruf bestätigt wurde. Eine Multicast-Übertragung wird nie bestätigt, somit deren Transfer als erfolgreich angesehen.

Die Prozeduren der Transferfunktion werden in den folgenden Abschnitten beschrieben.

Einladung zum Transfer Die Transfer-Funktion kennt zwei Methoden, der MAC-Teilschicht anzuzeigen, daß eine Übertragung möglich ist.

Mit einem HC_Sync_Indication-Primitiv wird dem HCS-Benutzer mitgeteilt, daß nun der nächste Kanalzugriffszyklus beginnt und er einen Benutzerdatentransfer einleiten kann.

Über das HC_Free_Indication-Primitiv erfährt der HCS-Benutzer, daß er ab nun jederzeit die *User Data Transfer Function* aufrufen kann. Dieser Zustand wird mittels eines HC_Status_Indication-Primitivs mit Inhalt *Übertragung nicht erfolgreich (Transfer unsuccessful)* wieder beendet.

Hat der HCS-Benutzer die Transferfunktion aufgerufen, ohne daß eine Aufforderung dazu an ihn ergangen ist, wird der HCSDU-Transfer mit der Meldung *Übertragung nicht erfolgreich* durch ein HC_Status_Indication-Primitiv abgewiesen.

Quittierung Das Acknowledgement-Paket AK-HCPDU dient der Bestätigung einer empfangenen DT-HCPDU. Sie wird erzeugt, nachdem die Unicast-Übertragung einer DT-HCPDU erfolgreich beendet worden ist.

Der Absender einer an eine einzelne HCSAP-Adresse gerichteten DT-HCPDU erwartet am Ende der Übertragung eine Bestätigung des Empfangs. Die empfangene AK-HCPDU muß die Kennung der verschickten DT-HCPDU enthalten und innerhalb der vorgesehenen Zeit eintreffen. Stimmt die Kennung nicht überein, oder bleibt die Bestätigung aus, so wird die Übertragung als fehlerhaft angesehen.

HCPDU-Übertragung Der HCS-Benutzer aktiviert mit dem HC_Data_Request-Primitiv die *User Data Acceptance*-Funktion. Sie führt die HCSDU-Transferanforderung des HCS-Benutzers aus und bestätigt sie. Die Prozedur generiert aus der HCSDU und den Übertragungsparametern eine DT-HCPDU. Dieses besteht aus dem LBR-Teil und dem HBR-Teil. Der HBR-Teil besteht aus Blöcken der Länge 52 byte. Der letzte Block wird bis auf diesen Wert mit Füllbytes aufgefüllt. Für die Daten werden die Prüfsummen berechnet.

Die DT-HCPDU wird übertragen, wenn der Kanal aufgrund des Kanalzugriffsverfahrens exklusiv für diese Station erlangt werden konnte, oder direkt, wenn der Kanal als frei angesehen wird.

Die Übertragung war erfolgreich, wenn eine Gruppe von HCSAP-Adressen angesprochen worden ist, oder die einzelne Station den Empfang mit einer AK-HCPDU bestätigt hat. Der HCS-Benutzer wird über den Ausgang der Übertragung in einem HC_Status_Indication-Primitiv mit dem Status *Übertragung erfolgreich* bzw. *Übertragung nicht erfolgreich* informiert.

9.8 Die Bitübertragungsschicht 327

Beim Empfang einer DT-HCPDU wird die DT-HCPDU-Empfangsprozedur aufgerufen. Das Paket wird ausgewertet, wenn die Zieladresse des Pakets der Adresse der HC-Entity entspricht und der Prüfsummentest erfolgreich war. Im anderen Fall wird die DT-HCPDU verworfen.

Ist die Zieladresse die Adresse eines einzelnen HCSAP, dann wird die Acknowledgement-Prozedur aufgerufen, um den korrekten Empfang zu bestätigen.

9.8 Die Bitübertragungsschicht

9.8.1 Aufgaben

Die Bitübertragungsschicht *(Physical Layer)* stellt die unterste Schicht im HIPERLAN-Referenzmodell dar. Sie bildet die Schnittstelle einer Station zum Funkkanal und übernimmt folgende Aufgaben:

- Modulation und Demodulation eines vorgegebenen Bitstroms auf den Träger einer Funkverbindung;
- Herstellen und Aufrechterhalten der Bit- und Paketsynchronität zwischen den Sendern und Empfängern;
- Übertragung oder Empfang einer vorgegebenen Zahl von Bits über eine spezielle Trägerfrequenz zu einer gewünschten Zeit;
- Einfügen und Entfernen der Synchronisationssequenz;
- Codierung und Decodierung nach Vorwärtsfehlerkorrekturschema;
- Melden der empfangenen Signalstärke;
- Feststellung des Kanalzustandes, um eine Entscheidung für einen Aufschub des Kanalzugriffs zu ermöglichen;
- Anpassung des Sende- und Empfangspegels.

9.8.2 Dienste der Bitübertragungsschicht

Der Standard führt die Dienstprimitive der Physikalischen Schicht auf, um die Beschreibung der Prozeduren der Schicht zu erleichtern. Diese Aufstellung ist eher abstrakt und kann von Implementation zu Implementation abweichen.

Die Dienste der Bitübertragungsschicht erlauben den HIPERLAN-CAC-Teilschichten Daten zwischen CAC-Entities auszutauschen.

Nachfolgend werden anhand der Dienstprimitive die Eigenschaften der Bitübertragungsschicht bezüglich der Datenübertragung dargestellt. Diese Primitive sind, mit Rücksichtnahme auf den Funkkanal, an die entsprechenden Primitive drahtgebundener LANs angelehnt.

Die Bitübertragungsschicht tastet den Funkkanal in regelmäßigen Abständen ab und teilt der CAC-Teilschicht den Kanalstatus durch ein HPh_Channel-State_Indication mit. Dieser Vorgang ist in Abb. 9.26 dargestellt. Ist der Kanal frei, wird damit der CAC-Teilschicht signalisiert, daß Daten übertragen werden können. Tabelle 9.11 gibt einen Überblick über die möglichen Kanalzustände.

Liegen Daten zur Übermittlung an, können diese nicht direkt übertragen werden, sondern müssen im Zugriffszyklus erst eine Prioritätsphase und eine Konkurrenzphase durchlaufen. Dabei werden verschiedene Bursts übertragen, wie in Abschn. 9.7.3.1 beschrieben.

Die Bitübertragungsschicht erhält ein HPh_Signal_Request durch den CAM der CAC-Teilschicht, wenn ein Burst übertragen werden soll. Daraufhin beginnt die Bitübertragungsschicht, einen Burst über den Funkkanal zu übertragen. Erst durch ein weiteres HPh_Signal_Request beendet die Bitübertragungsschicht die Übertragung des Bursts, vgl. Abb. 9.25. In Tabelle 9.12 sind die Parameter für ein HPh_Signal_Request angegeben.

Konnte sich die Station in der Prioritätsphase und in der Konkurrenzphase durchsetzen, erhält die Physikalische Schicht von der CAC-Teilschicht durch ein HPh_Unitdata_Request die Aufforderung, das Datenpaket zu übertragen. Die Bitübertragungsschicht der Empfängerstation gibt die Daten bei erfolgreichem Empfang mit einem HPh_Unitdata_Indication an ihre CAC-Teilschicht weiter. Daraufhin wird die Bitübertragungsschicht des Empfängers durch ein HPh_Unitdata_Request aufgefordert, ein Acknowledgement an die Sendestation zu übertragen.

Wird das Acknowledgement durch die Bitübertragungsschicht der Sendestation erfolgreich empfangen, wird der CAC-Teilschicht des Senders, wie in Abb. 9.27 dargestellt, durch ein HPh-UNITDATA indication mitgeteilt, daß das Datenpaket erfolgreich übertragen wurde.

Tabelle 9.11: Parameter der HPh_Channel-State_Indication-Primitive

Parameter	Description	Limits
channel-state	indication of whether the channel is busy or idle.	channel-state $\in$ {BUSY, IDLE}

9.8 Die Bitübertragungsschicht

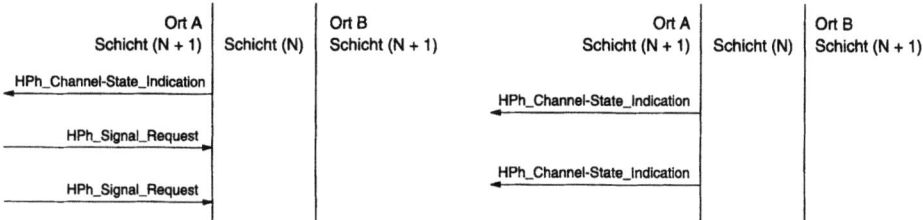

Abbildung 9.25: Folge von Primitiven zur Übertragung eines Bursts

Abbildung 9.26: Folge von Primitiven zur Angabe des Kanalstatus

Tabelle 9.12: Parameter der HPh_Signal_Request-Primitive

Parameter	Description	Limits
action	whether to start or stop transmission.	action $\in$ {start, stop}

In Abb. 9.28 werden anhand eines Beispiels die bei einem möglichen Transfer auftretenden Primitive in den verschiedenen Schichten dargestellt.

9.8.3 Übertragungsraten und Modulationsverfahren

Quittungen und Datenpakete werden von der Bitübertragungsschicht unterschiedlich moduliert und mit verschiedenen Signalraten übertragen. Datenpakete werden mit dem *Gaussian Minimum Shift Keying* (GMSK) moduliert und mit einer *High Bit Rate* (HBR) von 23,5294 Mbit/s gesendet. Zur Modulation von *Acknowledgements* wird das *Frequency Shift Keying* (FSK) eingesetzt, bevor sie mit einer *Low Bit Rate* (LBR) von 1,4706 Mbit/s übertragen werden, vgl. Tab. 9.13.

Die Abweichung der gewählten Funkfrequenz darf maximal 10^{-5} von der in Tab. 9.14 aufgelisteten Mittenfrequenz betragen.

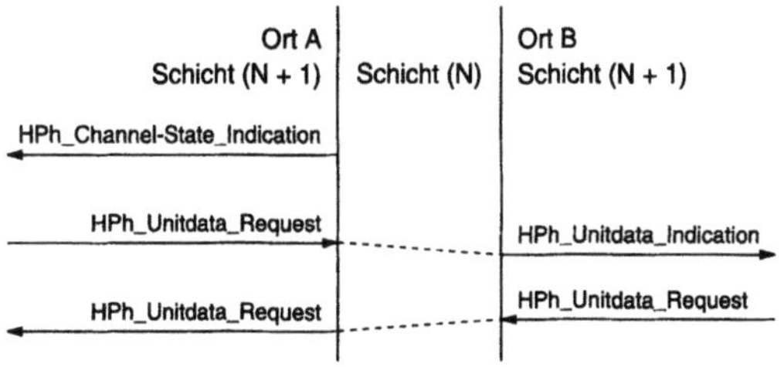

Abbildung 9.27: Folge von Primitiven bei einer Datenübertragung

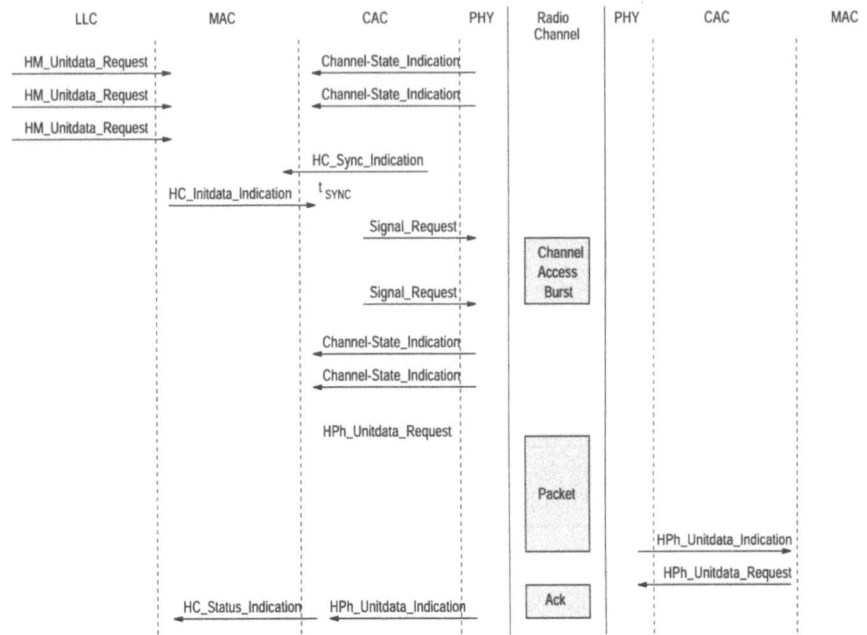

Abbildung 9.28: Bei einem Transfer auftretende Primitive

Tabelle 9.13: Physikalische Eigenschaften der Bitübertragungsschicht

	High Bit Rate Data	Low Bit Rate Data
Frame	Datenpaket	Acknowledgement
Signalrate	23,5294 Mbit/s	1,4706 Mbit/s
Abweichung der Signalrate	±235 bit/s	±15 bit/s
Modulationsverfahren	GMSK	FSK
BT	0,3	-

Tabelle 9.14: Mittenfrequenzen

Kanalnr.	Mittenfrequenz [MHz]	Kanalnr.	Mittenfrequenz [MHz]
0	5 176,4680	3	5 247,0562
1	5 199,9974	4	5 270,5856
2	5 223,5268		

9.8.4 Paketstruktur

Es existieren zwei Arten von Rahmen: Datenpakete, in denen Daten übertragen werden, und Quittungspakete (Acknowledgement).
Ein Datenpaket enthält folgende Informationen:

- *Low Bit Rate* Information

- Synchronisations- und Trainingssequenz, 450 *High Rate Bits*

- mindestens ein Datenblock mit 496 *High Rate Bits*; maximal 47 Datenblöcke

In Abb. 9.29 ist die Struktur eines Datenpaketes dargestellt. Die Zahlenangaben beziehen sich auf Bits mit der hohen Übertragungsrate. Das Acknowledgement-Paket besteht gemäß Abb. 9.30 lediglich aus *Low-Bit-Rate*-Informationen.

9.8.5 Empfängerempfindlichkeit

Die Sendeleistung der Datenpakete, die durch die Stationen übertragen werden, soll maximal 1 W betragen. In HIPERLAN werden drei Empfänger- und Senderklassen unterschieden. Erlaubte Kombinationen von Sender- und Empfängerempfindlichkeiten mit den zugehörigen Leistungen sind in Tab. 9.15 angegeben.

Um eine Bitfehlerhäufigkeit *(Bit Error Ratio)* von 0,001 zu gewährleisten, werden beim Empfang nur Datenpakete mit einem Signal-zu-Störleistungsverhältnis (*Carrier to Interference*, C/I) von $\geq$ 13 dB erfolgreich angenommen. Datenpakete mit einem C/I-Verhältnis kleiner als 13 dB können nicht fehlerfrei decodiert werden.

HIPERLAN bewertet den Kanalzustand über den empfangenen Leistungspegel. Anhand eines Schwellenwertes wird der Kanal als belegt oder frei angesehen. Dieser Schwellenwert muß so festgelegt werden, daß Nicht-HIPERLAN-Störungen die Entscheidung nicht beeinflussen. Es ist bekannt, daß HIPERLAN-Übertragungen burstartiger Natur sind. Weiterhin wird angenommen, daß Störungen einen relativ

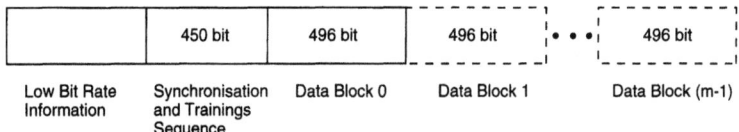

Abbildung 9.29: Paketstruktur eines Datenpaketes

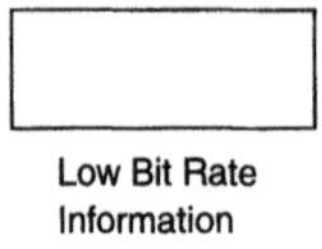

Abbildung 9.30: Paketstruktur eines Acknowledgements

| | Low Bit Rate Information |

Tabelle 9.15: Erlaubte Kombinationen von Sender- und Empfängerklassen

Empfänger- klasse	Senderklasse		
	A (+10 dBm)	B (+20 dBm)	C (+30 dBm)
A (−50 dBm)	Erlaubt	—	—
B (−60 dBm)	Erlaubt	Erlaubt	—
C (−70 dBm)	Erlaubt	Erlaubt	Erlaubt

konstanten Leistungspegel haben. Aus dieser Erkenntnis kann das Kanalbewertungsschema den Empfangspegel den Störungen so anpassen, daß Übertragungen während störungsarmer Perioden möglich sind.

Dazu wird der Empfangspegel in Bereiche eingeteilt, denen sogenannte *Signal Level Numbers* (SLN) zugeordnet werden. Die Parameter für die Einstufung des Empfangspegels sind in Tab. 9.18 aufgelistet. Der durch die Bitübertragungsschicht detektierte Kanal wird als frei betrachtet, wenn das empfangene SLN kleiner als der aktuelle Schwellenwert ist (*Maximum Adaptive Defer Threshold*, MADT). Der Standardschwellenwert wird bei HIPERLAN zu SLN 1 festgesetzt. Der maximale Wert für diese Schwelle liegt bei SLN 21, also bei einem Pegel von etwa −40 dBm.

Zur Anpassung wird der Schwellenwert zwei SLN-Stufen höher als der niedrigste, in einem Zeitraum von 5 ms empfangene Leistungspegel, eingestuft. Nach jeweils 100 ms wird der aktuelle Schwellenwert um eine Stufe erniedrigt *(Aging of Defer Threshold)*. Am Ende einer erfolgreichen Übertragung mißt die Station den Pegel in dem Kanal-Synchronisationszyklus und paßt den Schwellenwert auf zwei SLN darüber an, wenn dieser Wert mindestens zwei Stufen kleiner als der aktuelle MADT ist.

9.9 HIPERLAN – Parameter

Parameter des EY-NPMA-Kanalzugriffsverfahrens

Tabelle 9.16 listet die Parameter für den Kanalzugriff mittels EY-NPMA-Mechanismus auf, wie sie im Standard definiert sind. Dauern sind in Einheiten von HBR-Bit-Perioden (HBRBP) wie in Abschn. 9.8.3 in Tab. 9.13 angegeben.

9.9 HIPERLAN – Parameter

Tabelle 9.16: Konstanten des EY-NPMA-Kanalzugriffsverfahrens in HIPERLAN

Parameter	Bedeutung	Wert
m_{CAP}	Anzahl der Prioritätsslots	5
m_{ES}	Anzahl der Ausscheidungsslots	12
m_{YS}	Anzahl der Bewertungsslots	14
i_{PS}	Dauer eines Prioritätsslots	256 HBRBP
i_{PA}	Dauer des Prioritätsbursts	256 HBRBP
i_{ES}	Dauer eines Ausscheidungsslots	256 HBRBP
i_{ESV}	Dauer des *Elimination-Survival-Verification*-Intervalls	256 HBRBP
i_{CS}	Dauer des Kanalzugriffs-Synchronisationsintervalls	256 HBRBP
i_{YS}	Dauer eines Bewertungsslots	64 HBRBP
i_{ACKW}	Dauer zwischen Mitte des letzten Bits des DT-HMPDUs und Mitte des ersten Bits des AK-HMPDUs	512 HBRBP
i_{IDLE}	Dauer des Intervalls, das gewartet werden muß, bevor der Kanal als *frei* angesehen wird	1 700 HBRBP
p_E	Wahrscheinlichkeit für einen Burst im nächsten Ausscheidungsslot	0,5
p_Y	Wahrscheinlichkeit für Horchen im nächsten Bewertungsslot	0,9

Parameter und Datenformate der MAC-Teilschicht

Tabelle 9.17 listet die Parameter für Timer innerhalb des MAC-Protokolls und die Konstanten als Vorbelegungen in den verschiedenen HMPDUs auf.

Parameter der Physikalischen Schicht

Tabelle 9.18 gibt die in der Physikalischen Schicht benutzten Signal-Pegel-Nummern (*Signal Level Number*, SLN) wieder, die zur Klassifizierung des Empfangspegels benutzt werden.

Tabelle 9.17: Konstanten für die Parameter im MAC-Protokoll

Parameter	Bedeutung	Wert
Max_Hops	Maximale Anzahl von *Hops* für ein TC-HMPDU	128
T_{wp}	Gültigkeitsdauer der *Wake-Pattern-Declaration*-Einträge	30 s
T_{dmp}	Gültigkeitsdauer der *Multicast-Pattern-Declaration*-Einträge	30 s
T_{ah}	Gültigkeitsdauer der Alias-Einträge	30 s
T_{hr}	Zeit zwischen zwei Aufrufen der *Hello*-Funktion	10 s
T_{hh}	Gültigkeitsdauer der *Hello*-Einträge	20 s
T_{tcr}	Zeit zwischen zwei Aufrufen der *Topology-Control*-Funktion	20 s
T_{tch}	Gültigkeitsdauer der -Einträge	40 s
T_{lrr}	Zeit zwischen zwei Aufrufen der Lookup-Funktion	2 s

Tabelle 9.18: Zuordnung der SLNs zur Empfangsleistung

SLN	Pegel (dBm)	Toleranz
0	< SLN1	
1	-75,0	+3, -5 dB
2	-73,3	+4, -5 dB
3	-71,7	±5 dB
4	-70,0	±5 dB
5	-68,3	±5 dB
6	-66,7	±5 dB
7	-65,0	±5 dB
8	-63,3	±5 dB
9	-61,7	±5 dB
10	-60,0	±5 dB
...	...	...
20	-43,3	±5 dB
21	-41,7	±5 dB
22	-40,0	±5 dB
23	-38,3	±5 dB
24	-36,7	±5 dB
25	-35,0	±5 dB
26	-33,3	±5 dB
27	-31,7	±5 dB
28	-30,0	±5 dB
29	-28,3	±5 dB
30	-26,7	±5 dB
31	-25,0	±5 dB

9.9.1 Glossar

ADA	Alias Destination Adress – Alias-Zieladresse	HMS	HIPERLAN MAC Service
ASA	Alias Source Adress – Alias-Quelladresse	IEEE	Institute of Electrical and Electronics Engineers
ATM	Asynchronous Transfer Mode	ISDN	Integrated Services Digital Network
CAC	Channel Access Control	ISO	International Standardization Organization
CAM	Channel Access Mechanism		
CCITT	Comité Consultatif International des Télégraphique et Téléphonique	ITU	International Telecommunications Union
		LAN	Local Area Network
CEPT	Conférence Européenne des Postes et Télécommunications	LLC	Logical Link Control
		MAC	Medium Access Control
DA	Destination Address – Zieladresse	MRSC-SN	Multipoint Relay Set Change Sequence Number
DECT	Digital Enhanced Cordless Telecommunications	MRT	Multipoint Relay Table
		MSAP	MAC Service Access Point
DMPD	Deferred Multicast Pattern Declaration	MSDU	MAC Service Data Unit
		NRML	Normalized Residual MSDU Lifetime
ETSI	European Telecommunications Standards Institute		
		OSA	Originator Adress
FIFO	First In First Out	OSI	Open Systems Interconnection
HBRBP	High Bit Rate Bit Period		
HC	Hop Counter	PCMCIA	Personal Computer Memory Card Interface Association
HC-	HIPERLAN CAC-		
HCS	HIPERLAN CAC Service	RIB	Routing Information Base
HCSAP	HIPERLAN CAC Service Access Point	RML	Residual MSDU Lifetime
		SA	Source Adress – Quelladresse
HID	HIPERLAN Identifier	SDU	Service Data Unit Dienst-Daten-Einheit
HIPERLAN	High Performance Radio Local Area Network		
		TDA	Target Destination Address
HM-	HIPERLAN MAC-	T-AH	Alias Holding Timer
HMPDU	HIPERLAN MAC Protocol Data Unit	UP	User Priority
		WPD	Wake Pattern Declaration
HMQoS	HIPERLAN MAC Quality of Service	WLAN	Wireless Local Area Network

10 Mobile Satellitenkommunikation

Unter Mitwirkung von Branko Bjelajac und Alexander Guntsch

10.1 Grundlagen

Kommunikationssatelliten erlauben im Prinzip die gleichen Anwendungen wie auch die terrestrischen (drahtlosen und drahtgebundenen) Netze. Den Vorteilen der Satelliten, wie die schnelle flächendeckende Versorgung, Flexibilität in den Übertragungsparametern, Kostenunabhängigkeit von der Entfernung, stehen Nachteile wie eine begrenzte Kanalkapazität durch die verfügbaren Frequenzen und Orbitpositionen, hohe Anfangsinvestitionen und verhältnismäßig große Signallaufzeiten gegenüber. Dies hat dazu geführt, daß sich in der Vergangenheit nur bestimmte Einsatzgebiete für Satelliten entwickelt haben, bei denen deren Vorteile zum Tragen kommen.

10.1.1 Einsatzfelder

Satelliten werden immer mehr für Verteilungsfunktionen eingesetzt, z.B. von Fernseh- und Tonprogrammen, aber auch von Daten. Durch Satellitenanlagen können vorhandene Kommunikationsnetze vollständig überbrückt werden. Ein Zweig mit völlig neuen Anwendungen ist der Satelliten-Mobilfunk, der bislang fast ausschließlich in der See- und Luftfahrt sowie in Landfahrzeugen etabliert war. Satelliten-funkruffunkruf sowie GPS *(Global Positioning System)* bzw. GLONAS ist seit kurzem für den zivilen Gebrauch in der Einführung. Der Wunsch nach globaler, persönlicher Kommunikation führt zu großen Anstrengungen in der Entwicklung neuer, erdnah umlaufender Satellitensysteme.

Mobile Satellitensysteme werden z.Zt. hauptsächlich dort eingesetzt, wo keine anderen terrestrischen Kommunikationssysteme zur Verfügung stehen (Hochsee, Wüste, unwegsames Gelände etc.). Interessant sind solche Systeme auch für international operierende Nutzer, die sonst unterschiedliche terrestrische Mobilfunksysteme nutzen und deshalb Terminals verschiedener Standards mitführen müßten.

Entsprechend den Versorgungsgebieten eines Satellitsystems unterscheidet man weltweite, regionale und nationale Systeme. Bezüglich der institutionellen und organisatorischen Gestaltung lassen sich internationale, nationale und private Betreiber von Satellitensystemen unterscheiden. Die Tabellen 10.1–10.9 stellen die bekannten Parameter aller z. Zt. in Entwicklung befindlichen Systeme zusammen.

10.1.2 Satellitenorganisationen

Der kommerzielle Betrieb internationaler Satellitensysteme wird bislang fast ausschließlich von staatlichen Betriebsgesellschaften wie Intelsat, Eutelsat und Inmarsat abgewickelt, vgl. Anhang B, Band 1. Die primäre Aufgabe von Intelsat ist die weltweite Bereitstellung fester Funkdienste, also Telefon- und Datenverbindung sowie die Übertragung und Verteilung von TV- und Tonprogrammen. Satelliten für feste Funkdienste, die speziell auf Westeuropa zugeschnitten sind, werden von Eutelsat betrieben. Für den weltweiten maritimen Satellitenfunk wurde die Organisation Inmarsat *(International Maritime Satellite Organization)* eingerichtet.

Diese Betriebsorganisationen sind alle ähnlich strukturiert. Sie basieren auf internationalen Übereinkommen, die von den beigetretenen Ländern als nationales Gesetz ratifiziert wurden. Diese Mitgliedsländer legen die Ziele der Organisation fest und beauftragen nationale Fernmeldeverwaltungen oder Betriebsgesellschaften mit dem Aufbau der Erdfunkstellen. Die Satellitenorganisationen der Länder unterhalten keine Kundenbeziehung, sondern stellen die Satellitenkapazität zur Verfügung und bestimmen u. a. den Frequenzbereich für den Betrieb des Satellitensystem. Die Satellitendienste für den Kunden werden von den Betriebsgesellschaften zusammengestellt.

Den staatlich organisierten Betreibern von Satellitensystemen stehen die privaten Betreiber, internationale Firmen und Konsortien gegenüber, die sich vor allem mit der Realisierung neuer Konzepte, den weltweiten, satellitenbasierten Mobilkommunikationssystemen beschäftigen. Dabei setzen diese Firmen auf eine nahezu flächendeckende Versorgung der Erdoberfläche durch LEO- und MEO-Satellitensysteme. Im folgenden werden einige Satellitensysteme vorgestellt und dabei die Vor- und Nachteile von geostationären und nicht-geostationären Satellitensystemen besprochen.

10.1.3 Satellitenbahnen

Der vielleicht wichtigste Aspekt bei der Dimensionierung von Satellitensystemen ist die Bahnhöhe. Wie in Abb. 10.1 dargestellt unterteilt man die Systeme in *Low Earth Orbit-* (LEO), *Medium Earth Orbit-* (MEO), *Highly Elliptical Orbit-* (HEO)

10.1 Grundlagen

Tabelle 10.1: Schmalbandige Satellitensysteme mit Anwendungsschwerpunkt Telefonie, Teil 1

System	Globalstar	ICO	IRIDIUM	Odyssey	Ellipso	ECCO (später: Aries)
Firma	Loral, Qualcomm, Alcatel Espace	ICO Global Communications	Motorola	TRW, Teleglobe Canada	Mobile Communications Holdings	Constellation Inc., Telebras
Umlaufbahn	LEO (zirkular)	MEO (zirkular)	LEO (zirkular)	MEO (zirkular)	MEO (zirk. + ell.)	LEO (zirkular)
Bahnhöhe [km]	1414	10355	780	10354	520–7846 (ell.) 8040 (zirk.)	2000
Anzahl Sat. + Ersatzsat.	48 + 8	10 + 2	66 + 12	12 + 2 am Boden	14 + 3	11 + 1 (später zus. 35 + 7)
Anzahl Bahnen	8	2	6	3	3 (2 ellipt. u. 1 zirkular)	1 äquat. (später zusätzl. 7)
Anzahl Erdstationen	100	12	21	7	≥ 20	11 (später weitere)
Inklination [°]	52	45	86	50	116,5 (ellipt.) / 0 (zirk.)	0 (spätere 62)
Min. Elevation [°]	10	10	8	20	25–30	5
Zellen/Sat.	16	163	48	37	61	32
ISL	—	—	4/Sat.	—	—	—
Zugriffsverfahren	CDMA	FDMA/TDMA	FDMA/TDMA	CDMA	CDMA	CDMA
Duplexverfahren		FDD	TDD			
Clustergröße	6		180 (global) 5 (USA) 4 (Europa)	6,3		
Modulation	QPSK		QPSK	QPSK		BPSK
Fehlerbehandlung	FEC $r = \frac{1}{3} - \frac{1}{2}$		FEC MS: $r = \frac{4}{3}$ Erdst.: $r = \frac{1}{2}$	FEC $r = \frac{1}{2}$		FEC Voice: $r = \frac{1}{2}$ Data: $r = \frac{1}{4}$

Tabelle 10.2: Schmalbandige Satellitensysteme mit Anwendungsschwerpunkt Telefonie, Teil 2

System	Globalstar	ICO	IRIDIUM	Odyssey	Ellipso	ECCO (später: Aries)
Anz. Kanäle/Sat.	2 700 à 2,4 kbit/s	4 500 à 4,8 kbit/s	4 070 à 2,4 kbit/s	2 800		1 000
Anz. Kanäle im ges. System	130 000	45 000	283 000	27 600		11 000 (später 46 000)
Kanalbandbreite [kHz]		25,2				
Übertragungsrate [kbit/s]	2,4–9,6	4,8–38,4	2,4	2,4–9,6	0,3–9,6	
Übertragungsrate Sprache [kbit/s]	2,4/4,8/9,6	4,8	2,4	9,6		bis 9,6
Bitfehlerverhältnis Sprache/Daten	$10^{-3}/10^{-6}$		$10^{-2}/10^{-3}$	$10^{-3}/10^{-5}$		$10^{-3}/10^{-6}$
Frequenz UL [MHz]	1610–1621,35	1980–2010	1621,35–1626,5	1610–1621,35	1610–1621,35	1610–1621,35
Frequenz DL [MHz]	2483,5–2500	2170–2200	1621,35–1626,5	2483,5–2500	2483,5–2500	2483,5–2500
Bandbreite UL+DL [MHz]	27,85*	70	5,15	27,85*	27,85*	27,85*
Frequenz GW–Sat [GHz]	5,091–5,25	5,15–5,25	29,1–29,3	29,1–29,4	15,45–15,65	5,05–5,25
Frequenz Sat–GW [GHz]	6,875–7,055	6,975–7,075	19,4–19,6	19,3–19,6	6,875–7,075	6,825–7,025
Satellitengewicht [kg]	450	2300	689	2000	689 & 877	425
Antennentyp	planare Horn		planar	dual refl.		
Satellitenintelligenz	vorhanden	vorhanden	vorhanden	nein	nein	nein
Übertragungsmodus des Satelliten	transparent	regenerativ	regenerativ, vermittelnd	transparent	transparent	transparent

* Die UL- und DL-Frequenzbänder werden von den CDMA-Systemen gleichzeitig belegt

10.1 Grundlagen

Tabelle 10.3: Schmalbandige Satellitensysteme mit Anwendungsschwerpunkt Telefonie, Teil 3

System	Globalstar	ICO	IRIDIUM	Odyssey	Ellipso	ECCO (später: Aries)
Sendeleistung [W]	1 100	5 000	1 430	4 500	2 300	815
Leistungsreserve [dB]	3–10 dyn.		16	6		
max. Verzögerung [ms]	11,5		8,22	44,3		
Abhörsicherheit	möglich		hoch	möglich		
Endgerät (Handy)	Dual Mode	Dual Mode	Dual Mode	Dual Mode	Dual Mode	Dual Mode
Sendeleist. Endgerät [W]		3,8				
Dienste	Sprache, Daten, Fax, RDSS, SMS	Sprache, Daten, Fax, RDSS, SMS	Sprache, Daten, Fax, RDSS, SMS	Sprache, Daten, Fax, RDSS, SMS	Sprache, Daten, Fax, RDSS, SMS	Sprache, Daten, Fax, RDSS, SMS
RDSS Genauigkeit [km]	0,3–2		0,5			
Versorgungsgebiet [°]	74 S–74 N	global	global	global	55 S–90 N	23 S–23 N (sp. global)
Verfügbarkeit [%]	90–95		90–95	99,5 (Tln.) 99,9 (Erdst.)		
Anzahl der Benutzer [Mio]	2–5		1,4	2,3	1,0	> 1,0
Systemkosten [Mill. US$]	2,6	2,6	4,4	3,2	0,9	0,55 (sp. 1,7)
Preis des Endgerätes [US$]	750	1 000	2 000–3 000	550	1 000	1 500
Preis/min [US$]	0,35–0,53	1–2	3	0,65	0,12–0,5	
Start kommerz. Betrieb	1998	2000	1998	1998	2000	2000
Lebensdauer [a]	7,5	12	5–10	15	5	5
Deutsche Partner	DB Aerospace		Vebacom			
Lizenz	01/95 erteilt von FCC	10/95 Frequenzzuweis. durch ITU	01/95 erteilt von FCC	01/95 erteilt von FCC	06/97 erteilt von FCC	06/97 erteilt von FCC

Tabelle 10.4: Schmalbandige Satellitensysteme mit Anwendungsschwerpunkt Nachrichtenübermittlung, Teil 1

System	Orbcomm	E-Sat	Faisat	GE Starsys	GEMnet	LEO One
Firma	Megallan Systems, Teleglobe, Orbital Science	Echostar Communications	Final Analysis, Polyglott Enterp., VITA	GE American Comm., CLS North America	CTA Orbital Sciences	dBX Corp.
Umlaufbahn	LEO	LEO	LEO	LEO	LEO	LEO
Bahnhöhe [km]	775	1 260		1 067	1 000	950
Anzahl der Satelliten	28 + 8	6	26 + 4	24	38	48
Anzahl d. Bahnen	8		6	4		8
Anzahl Erdstationen	mind. 1 pro Land					USA 3, weitere in and. Ländern
Inklination [°]	45	—	—	—	—	50
Intersatellitenlinks	—					—
Zugriffsverfahren	CDMA			CDMA		
Übertragungsrate [kbit/s]	0,3–2,4		UL: 1,2–19,2 DL: 1,2–38,4			2,4–9,6
Frequenz Uplink [MHz]	148–149,9		Fin. An.: 455–456, 459–460 VITA: 148–149,9	148–149,9		148–150,05
Frequenz Downlink [MHz]	137–138		400–401 (Fin. An. & VITA)	137–138		137–138
Bandbreite UL+DL [MHz]	2,9			2,9		3,05
Frequenz GW-Sat [MHz]	148–149,9					148–150,05
Frequenz Sat-GW [MHz]	137–138					400,15–401
Satellitengewicht [kg]	46			80		125
Endgerät (Kommunikator)	×	×	×	×	×	×
Dienste (Überwachung, Steuerung, Nachrichten)	×	×	×	×	×	×

10.1 Grundlagen

Tabelle 10.5: Schmalbandige Satellitensysteme mit Anwendungsschwerpunkt Nachrichtenübermittlung, Teil 2

System	Orbcomm	E-Sat	Faisat	GE Starsys	GEMnet	LEO One
Versorgungsgebiet [°]	global	Nordamerika	global	global	global	65 S – 65 N
Systemkosten [Mill. $]	0,35	0,05	0,25	0,17	0,16	0,25
Preis des Endgerätes [$]						100–500
Start kommerz. Betrieb	1998	1998	2002	1999	1999	2000
Lebensdauer	4				5–7	5

Tabelle 10.6: Breitbandige Satellitensysteme mit Anwendungsschwerpunkt Datenübertragung, Teil 1

System	Teledesic	Celestri LEO	M-Star	SkyBridge
Firma	Teledesic	Motorola	Motorola	Alcatel Espace, Loral Space & Comm.
Umlaufbahn	LEO	LEO	LEO	LEO
Bahnhöhe [km]	1 375	1 400	1 350	1 457
Anzahl der Satelliten	288	63	72	64
Anzahl der Bahnen	12	7	12	16
Anzahl Erdstationen		2 Kontroll-, 6 Antennen-Center, viele GWs	6	
Inklination [°]	40	48	47	
Anzahl Zellen pro Sat.	576	260		
Intersatellitenlinks	8 pro Sat. (optisch)	6 pro Sat. (optisch)	4 pro Sat.	nein
Zugriffsverfahren	DL: Asynch. TDMA UL: MF-TDMA	DL: FDM/TDM UL: FDM/TDMA		
Anzahl Kanäle pro Satellit	125 000 à 16 kbit/s	simultan 395 000 à 64 kbit/s, insg. 1,8 Mio. Benutzer à 64 kbit/s		
Anz. Kanäle im ges. System	simultan 36 Mio.			
Übertragungsrate [Mbit/s]	UL: bis 2, DL: bis 64	bis 155,52	2,048–51,84	0,016–60

Tabelle 10.7: Breitbandige Satellitensysteme mit Anwendungsschwerpunkt Datenübertragung, Teil 2

System	Teledesic	Celestri LEO	M-Star	SkyBridge
Frequenz UL [GHz]	28,6–29,1 & 27,6–28,4 (Gigalinks)	28,6–29,1 & 29,5–30	47,2–50,2	14–14,5
Frequenz DL [GHz]	18,8–19,8 & 17,8–18,6 (Gigalinks)	18,8–19,8 & 19,7–20,2	37,5–40,5	11,7–12,7
Bandbreite UL+DL [MHz]	2600	2000	6000	1500
Frequenz GW-Sat [GHz]	im obigen Band	im obigen Band	im Band User-Sat.	12,75–13,25 & 13,75–14 & 17,3–17,8
Frequenz Sat-GW [GHz]	im obigen Band	im obigen Band	im Band User-Sat.	10,7–11,7
Endgerät	Festes Terminal (Ant.-Ø 0,16–1,8 m)	Festes Terminal	Festes Terminal (Ant.-Ø 0,66–1,5 m)	Festes Terminal
Sendeleistung Endg. [W]	0,01–4,7			
Dienste	Multimedia, Video, Daten	Multimedia, Video, Daten	Daten, Hochratige Netzanbindung	Multimedia, Video, Daten
Versorgungsgebiet	95 % der Oberfläche und 100 % der Bev.	70° S – 70° N (bei Celestri* global)	global	global
Systemkosten [Mill. US$]	9	12,9	6,1	3,5
Start kommerz. Betrieb	2002	2002	2002	2002
Lebensdauer [a]	10	8		
Lizenz von FCC	März 1997 erteilt	Bewerbung akzeptiert	Bewerbung akzeptiert	Bewerbung akzeptiert

* Das Celestri-System besteht aus den Systemen Celestri-LEO, M-Star und Millenium (GEO)

10.1 Grundlagen

Tabelle 10.8: Breitbandige GEO-Satellitensysteme mit Anwendungsschwerpunkt Datenübertragung, Teil 1

System	Spaceway	Expressway	Millenium (Celestri-GEO)	Astrolink	GE Star	PAC 1-8 u. Galaxy Sat.	Inmarsat-3
Firma	Hughes	Hughes	Motorola, Vebacom	Lockheed Martin Comm.	GE Americom	PanAmSat	Inmarsat Unterzeichner
Umlaufbahn	GEO	GEO	GEO	GEO	GEO	GEO	GEO
Bahnhöhe [km]	35 786	35 786	35 786	35 786	35 786	35 786	35 786
Anzahl der Satelliten	9 (Typ HS702)	14	4	9	9	16	5
Anzahl unterschiedl. Satellitenpositionen				5	5		
Anzahl Erdstationen						7	
Anzahl Zellen pro Sat.	48				44		
Intersatellitenlinks	ja			ja	nein		
Zugriffsverfahren	UL: TDM+FDMA DL: TDM			UL: TDM+FDMA DL: TDM			
Anz. Kanäle pro Sat.	276,48 á 16 kbit/s			64 á 125 MHz, 4 á 250 MHz			
Anz. Kanäle im ges. System	2 488,32	588 000		576 á 125 MHz			
Übertragungsrate [kbit/s]	16–6 000			16–9 600	384–40 000		
Frequenz Uplink [GHz]	28,35–28,6 & 29,25–30	V- u. Ku-Band	29,5–30	28,35–28,6 & 29,25–30	28,35–28,6 & 29,25–30	5,925–6,425	
Frequenz Downlink [GHz]	19,7–20,2 + 5 GHz im Band 17,7–18,8	V- u. Ku-Band	18,55–18,8 & 19,7–20,2	19,7–20,2 + 5 GHz im Band 17,7–18,8	19,7–20,2 + 5 GHz im Band 17,7–18,8	3,7–4,2	

Tabelle 10.9: Breitbandige GEO-Satellitensysteme mit Anwendungsschwerpunkt Datenübertragung, Teil 2

System	Spaceway	Expressway	Millenium (Celestri-GEO)	Astrolink	GE Star	PAC 1-8 u. Galaxy Sat.	Inmarsat-3
Bandbreite UL+DL [GHz]	2*		1,25	2*	2*	1	
Frequenz GW-Sat [GHz]	im Band User-Sat.			im Band User-Sat.	im Band User-Sat.	14,0–14,5	
Frequenz Sat-GW [GHz]	im Band User-Sat.			im Band User-Sat.	im Band User-Sat.	11,7–12,2	
Endgerät	Terminal (Ant.-ø 0,7 m)	Terminal	Terminal	Terminal	Terminal	Terminal	Terminal
Dienste	Multimedia, Video, Daten, Sprache		Video, Daten, Broadcast	Daten, Video, Internet	Daten, Video, Audio	Sprache, Daten, Fax, Multimedia, SS	Sprache, Daten, Fax, Pos.-bestimmung
Versorgungsgebiet	Kontinente bis auf Teile Rußlands	global	Amerika	global	Amerika, Europa, Asien, West-Pazifik, Karibik	global	70° S – 70° N
Systemkosten [Mill. $]	3,2	3,9	2,3	9	4	0,69	
Preis des Endgerätes [$]	1000			einige 100			
Start kommerz. Betrieb	2000		2001	2000		1997	in Betrieb
Lebensdauer	15					11	13
Lizenz von FCC	05/97			05/97	05/97		

* Frequenzband teilen sich mehrere Systeme

10.1 Grundlagen

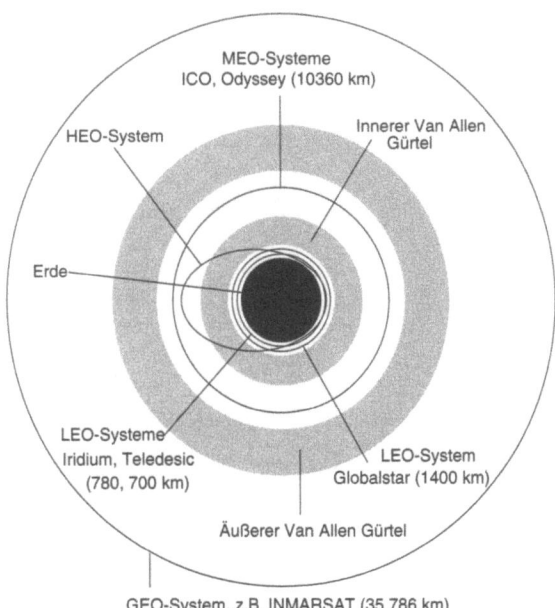

Abbildung 10.1: Umlaufbahnen der Satellitensysteme

und *Geostationary Orbit*-Systeme (GEO). Die Satelliten der LEO-Systeme befinden sich zwischen 200 km Höhe und dem Inneren van Allen Gürtel[1] auf 1500 km Höhe. Die Satelliten der MEO-Systeme befinden sich zwischen den beiden Van Allen Gürteln zwischen 5000 und 13000 km. Neben den zirkularen Systemen gibt es auch HEO-Systeme, die durch elliptische Bahnen eine bessere Abdeckung stärker bevölkerter Gebiete erreichen können, ohne auf die Vorteile niedrigerer Bahnen verzichten zu müssen.

In den sechziger Jahren begann die Diskussion zwischen den Entwicklern der ersten Systeme über die Vor- und Nachteile von LEO-, MEO- und GEO-Systemen. Die technischen Vorteile der LEO-Systeme, wie geringere Signallaufzeiten und Pfadverluste, wurden gegen die Praktikabilität der Geostationarität abgewogen. Die ersten Testsatelliten, wie TELSTAR, lagen in niedrigen Umlaufbahnen. Bevor mobile Anwendungen von Satelliten in Betracht gezogen wurden, sah man die GEO-Systeme als überlegen an. Insbesondere in den 60er Jahren waren Satellitenstarts noch wenig zuverlässig und die globale Abdeckung weniger wichtig als heute, so daß die mit nur einem Satelliten auskommenden GEO-Systeme favorisiert wurden. Mit steigendem Interesse an mobiler Kommunikation über Satelliten wurde die Entwicklung von Systemen mit niedrigeren Umlaufbahnen jedoch wieder beschleunigt.

---

[1] Benannt nach James Alfred van Allen, *1914, amerik. Physiker. Die van Allen Gürtel sind zwei Strahlungsgürtel der Erde (Zonen ionisierender Strahlung hoher Intensität).

10.1.4 Elevationswinkel und Ausleuchtzone

Bei LEO-Satellitensystemen ist die Funkausleuchtzone auf der Erde durch einen Satelliten in einzelne Zellen unterteilt, um Frequenzbänder innerhalb der Gesamtausleuchtzone wiederverwenden zu können. Die Größe der Ausleuchtzone wird bestimmt durch den minimalen Elevationswinkel ϵ_{min}, der sich aus dem maximal möglichen Abstand eines Mobilterminals von diesem Satelliten bestimmen läßt, vgl. Abb. 10.2.

Für die Elevation ϵ gilt:

$$\epsilon = \arccos\left(\frac{r_e + h}{d} \sin\phi\right) \qquad (10.1)$$

Theoretisch sind Elevationswinkel von 0° möglich. Um aber größere Bereiche ohne Funkversorgung wegen Abschattung zu vermeiden, ist man auf die Einhaltung eines minimalen Elevationswinkels ϵ_{min} angewiesen, der aus praktischen Gesichtspunkten bei typischerweise 10° liegt [125].

Der Radius einer Ausleuchtzone hängt vom Erdradius r_e und der Bahnhöhe h des Satelliten über der Erdoberfläche ab:

$$r_{cov} = r_e \left[\arccos\left(\frac{r_e}{r_e + h} \cdot \cos\epsilon_{min}\right) - \epsilon_{min}\right] \qquad (10.2)$$

Bei gegebenem maximalen Abstand d_{max} und minimaler Elevation ϵ_{min} ergibt sich die Bahnhöhe aus:

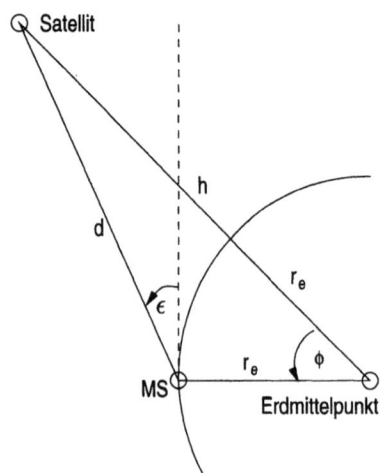

Abbildung 10.2: Elevationswinkel in LEO-Systemen

10.1 Grundlagen

$$h = \sqrt{d_{max}^2 + 2dr_e \sin \epsilon_{min} + r_e^2} - r_e \qquad (10.3)$$

Die von einem Satelliten versorgte Fläche ist dann:

$$A_{cov} = 2\pi r_e^2 (1 - \cos \phi) \qquad (10.4)$$

Aus diesen Gleichungen kann man nun den Radius der Ausleuchtzone, die Bahngeschwindigkeit des Satelliten und die Umlaufzeit um die Erde bestimmen. Wenn man die Anzahl der Zellen pro Ausleuchtzone vorgibt, kann man auch deren Größe bestimmen und schließlich eine erste Aussage über die Verweildauer eines Teilnehmers innerhalb einer Zelle machen. In Tab. 10.10 sind für einige Bahnhöhen die obigen Größen angegeben. Beispielsweise fliegt ein IRIDIUM-Satellit (auf 780 km Bahnhöhe) mit ca. 28 500 km/h über einen ortsfesten Erdpunkt und ist von dort nur ca 5–7 min lang zu sehen, vgl. Abb. 10.39.

10.1.5 Frequenzregulierung für mobile Satelliten

Die Frequenzvergabe ist ein sehr wichtiger Aspekt für die Planung von Satellitensystemen. Da sie den staatlichen Hoheitsbehörden obliegt, müssen Betreiber von globalen Satellitensystemen Lizenzabkommen mit allen Staaten abschließen, in denen sie ihre Dienste anbieten wollen. Die Mitgliedsländer der internationalen Fernmeldeunion ITU sind allerdings an die Beschlüsse der *World Radio Conference* (WRC) gebunden.

Tabelle 10.10: kreisförmige Satellitenbahnen

Bahnhöhe [km]	Umlaufzeit	Bahngeschw. [km/s]	Radius der Ausleuchtzone [km]
400	1 h 32 min	7681	1333
600	1 h 36 min	7569	1737
800	1 h 40 min	7463	2065
1000	1 h 45 min	7361	2349
1200	1 h 49 min	7263	2592
1400	1 h 54 min	7168	2805
2000	2 h 07 min	6906	3320
35786	23 h 56 min	3075	6027

Der kommerzielle Satellitenfunk benutzt zur Zeit im wesentlichen Frequenzen im C- und Ku-Band. Im C-Band sind dies der Bereich 5,925–6,425 GHz für den Uplink und der Bereich 3,7–4,2 GHz für den Downlink, im Ku-Band die Frequenzbereiche 11,7–12,2 GHz für den Downlink und 14–14,5 GHz für den Uplink. Aufgrund des zunehmenden Interesses an Satellitenkommunikation sind auf der WRC 1992 zusätzliche Frequenzen im S- und im K/Ka-Band für den Satellitenfunk reserviert worden. Im S-Band sind die Frequenzbänder 1980–2010 für den Uplink und 2170–2200 MHz für den Downlink für das sog. Satellitsegment des UMTS bereitgestellt worden. Mit jeweils 3,5 GHz Bandbreite (27,5–31 GHz und 17,7–21,2 GHz) wird im Ka-Band erheblich mehr Bandbreite zur Verfügung stehen als in den bisher bereitgestellten Frequenzbändern [65].

Da die Netze überwiegend durch amerikanische Unternehmen aufgebaut werden, werden zuerst Lizenzen bei der amerikanische Regulierungsbehörde *Federal Communications Commission* (FCC) beantragt. Diese sind dann richtungweisend für Regulierungen in anderen Ländern. Die FCC hat dementsprechend für mobile Satellitensysteme Frequenzen im Frequenzband 1610–1626,5 MHz als erste vergeben. Wie in Abb. 10.3 dargestellt, wurden 5,15 MHz an das IRIDIUM-TDMA-System sowie 11,35 MHz an die CDMA-Systeme Odyssey und Globalstar vergeben, die sich dieses Frequenzband teilen werden. Falls nur eines der CDMA-Systeme in Betrieb gehen wird, wird über das Frequenzband 1616,25–1621,35 MHz neu verhandelt [83, 17].

10.2 Geostationäre Satellitensysteme (GEO)

Die geostationäre Bahn befindet sich in einer Höhe von 35 786 km über der Erdoberfläche. Satelliten in dieser zirkularen Umlaufbahn haben eine Winkelgeschwindigkeit, die gleich der Rotationsgeschwindigkeit der Erde ist. Für einen Beobachter auf der Erde befindet sich ein Satellit damit an einer nahezu festen Position. Da ein geostationärer Satellit bis zu 60 km von seiner Position driften kann, sind Positionskorrekturen des Satelliten unerläßlich. Diesen Positionsänderungen können Erdstationen besser folgen als Mobilstationen.

Vorteile geostationärer Satellitensysteme gegenüber nicht-geostationären Systemen sind [147]:

- Einfache Konfiguration.

- Abdeckung großer Gebiete mit nur einem Satelliten. Große Distanzen können leicht überbrückt werden.

10.2 Geostationäre Satellitensysteme (GEO)

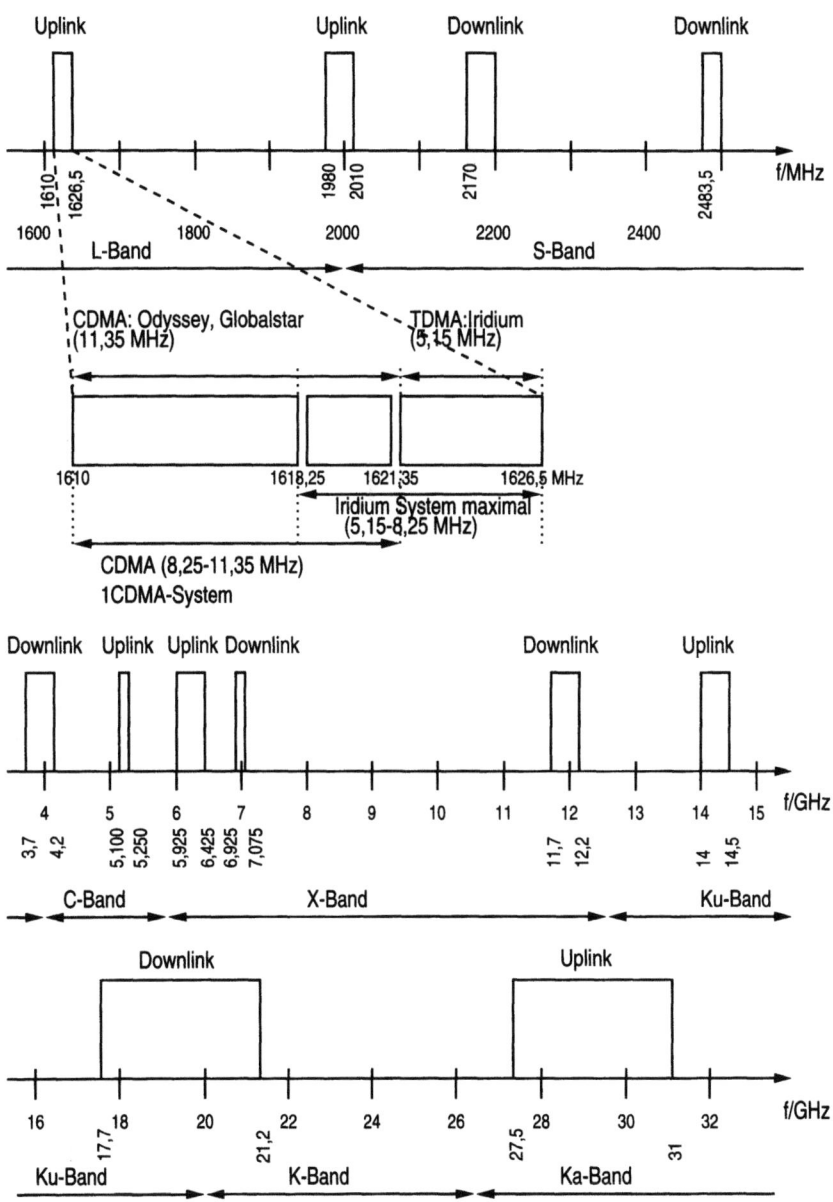

Abbildung 10.3: Frequenzen für den Satellitenfunk

- Geringe Routingprobleme in den Versorgungsgebieten aufgrund großer Ausleuchtzonen der Satelliten.
- Die geringe Relativbewegung zur Erde verursacht nur unerhebliche Dopplerverschiebungen der Signale.

Dem stehen folgende Nachteile gegenüber:

- Es werden hohe Sendeleistungen und große Empfangsantennen benötigt (aufgrund der Entfernung liegt die Dämpfung bei ca. 200 dB).
- Regionen hoher geographischer Breite können nicht versorgt werden. Der mit zunehmender geographischer Breite sinkende Elevationswinkel unterschreitet für Breitengrade $\varphi > 72°$ eine Elevation von 10°, so daß eine einwandfreie Verbindung nicht mehr gewährleistet ist.
- Die Versorgung von städtischen Gebieten ist abschattungsbedingt problematisch. In Deutschland (47°–55° nördlicher Breite) werden Elevationswinkel zwischen 20 und 30° erreicht. Der Empfang in diesen Breitengraden ist nur mit gerichteten Antennen möglich.
- Durch die große Entfernung entstehen hohe Signallaufzeiten. Sie betragen für eine Strecke ca. 125 ms. Deshalb sind übliche Datenübertragungsprotokolle mit hohem Signalisierungsaufwand und Mehrfachquittierung (ARQ) nicht geeignet.
- Der Transfer der Satelliten in den geostationären Orbit ist teuer.

Aufgrund der oben genannten Nachteile sind geostationäre Satellitsysteme für Mobilfunksysteme ungeeignet, die persönliche Kommunikation ermöglichen sollen. Sie sind primär für ortsfeste Dienste geeignet.

Satellitengestützte Mobilfunkdienste werden in der Bundesrepublik von der Deutsche Telekom AG seit 1982 angeboten. Sie nutzt dabei ein Satellitensystem, das die Inmarsat-Organisation unterhält. Deutschland ist seit der 1979 erfolgten Gründung Mitglied dieser Organisation, deren Sitz London ist und die von 63 Mitgliedsländern getragen wird. Die von Inmarsat angebotenen Mobilfunkdienste beschränkten sich zunächst nur auf den maritimen Einsatz. Inmarsat ist bis heute der einzige Anbieter globaler, mobiler Satellitenkommunikation zur See, zu Land und in der Luft.

Das Inmarsat-Satellitensystem besteht aus elf Satelliten, vier Betriebs- und sieben Reservesatelliten. Reservesatelliten können von verschiedenen Organisationen angemietet werden [159].

Alle Satelliten befinden sich auf der geostationären Umlaufbahn. Die vier Betriebssatelliten sind so verteilt, daß sie die gesamte Erde, mit Ausnahme der Polarre-

10.2 Geostationäre Satellitensysteme (GEO)

gionen, versorgen können. Die Reservesatelliten befinden sich auf Positionen in unmittelbarer Nähe der Betriebssatelliten, um diese im Bedarfsfall ersetzen zu können.

Die vier Ausleuchtzonen der Betriebssatelliten sind Atlantik West, Atlantik Ost, Indischer Ozean und Pazifik. Wie in Abb. 10.4 zu sehen, überlappen sich die Ausleuchtzonen unterschiedlich stark. Zwischen Atlantik West und Atlantik Ost sind die Überlappungen am größten. Der Grund hierfür ist, daß das große Verkehrsaufkommen zwischen Amerika und Europa besser bedient werden kann.

10.2.1 Inmarsat-A

Der Inmarsat-A-Dienst ermöglicht folgende Anwendungen:

- Herstellung von Telefonverbindungen in Selbstwahl vom und zum Benutzerterminal.

- Herstellung von Telexverbindungen (Halbduplex) in Selbstwahl vom und zum Benutzerterminal.

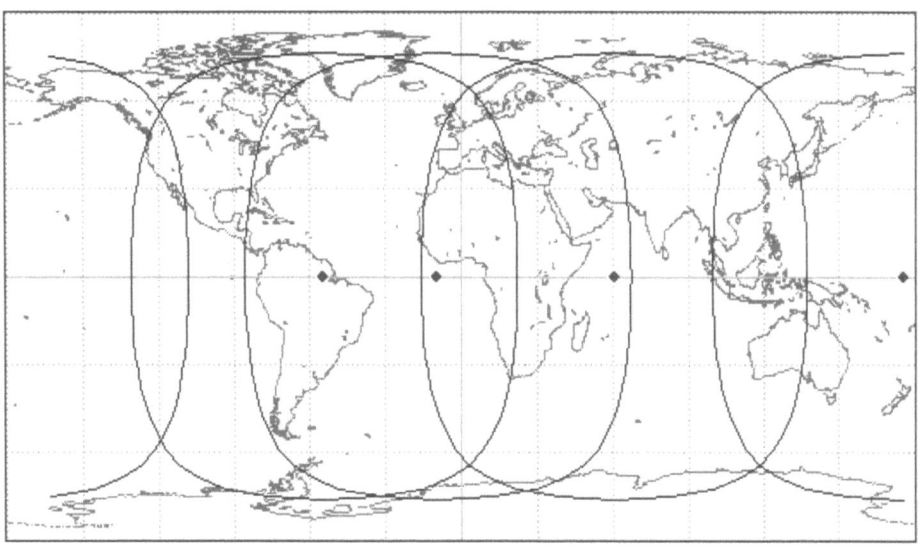

Abbildung 10.4: Konfiguration der Inmarsat-Betriebssatelliten

- Anruf des Terminals und Abfrage von Daten, die im Terminal gespeichert wurden. Die Aussendung erfolgt nur nach eindeutiger Identifikation des Anrufers.

- Nutzung der Telefonverbindung zur Übertragung von Telefaxnachrichten, Daten (via Modem bis zu 9 600 bit/s).

- Datenübertragung mit einer Datenrate von 64 kbit/s vom Terminal aus.

- Spezielle Anwendungen für Rundfunkübertragung, Video-Standbilder und Kommentator-Übertragungswege.

Inmarsat-A ist das erste von sechs Systemen, die Inmarsat betreibt. Es wurde 1979 in Betrieb genommen und überträgt analog modulierte Signale. Die transportablen Endgeräte benötigen eine Parabolantenne mit ca. 1 m Durchmesser und wiegen 20–60 kg. Bei Land-Terminals wird die Antenne von Hand zum gewünschten Satelliten ausgerichtet.

10.2.2 Inmarsat-B

Das Inmarsat-B-System besteht seit 1993 als Weiterentwicklung von Inmarsat-A. Die Verkehrskanäle übertragen digital mit Vorwärtsfehlerkorrektur, wodurch die Qualität der Sprach- und Datenübertragung stark verbessert werden konnte. Das zur Verfügung stehende Frequenzband sowie die Leistung des Satelliten werden ökonomischer genutzt. Durch die Verbesserung der Satellitentechnik sind die Übertragungskosten für ein Gespräch geringer. Die von Inmarsat-B angebotenen Kommunikationsdienste entsprechen denen von Inmarsat-A, vgl. Tab. 10.11.

10.2.3 Inmarsat-C

Inmarsat-C wurde für die weltweite Telex- und Datenübertragung (X.25) mit kleinen mobilen Endgeräten entwickelt. Folgende Anwendungen sind u. a. möglich:

- Datenübertragung im X.25-Modus von und zum Mobilterminal (*Mobile Earth Station*, MES) mit Datenraten bis zu 600 bit/s.

- Textübertragung von der MES im X.25-Modus und Ausgabe der Nachricht auf Telefaxgeräten.

- Datenübertragung im X.400-Modus zu Mailboxen.

- Positionsbestimmung der MES durch die Zentrale.

10.2 Geostationäre Satellitensysteme (GEO)

- Bildung von geschlossenen Benutzergruppen durch Vergabe von entsprechenden Rufnummern.

Die zu übertragende Nettobitrate beträgt in beide Richtungen 600 bit/s. Um eine sichere Datenübertragung zu garantieren, befinden sich in den Erdfunkstellen dynamische Zwischenspeicher (*Store-and-Forward* Übertragung). Die Erdfunkstelle kann gestörte oder fehlende Datenblöcke automatisch nachfordern. Erst wenn die Nachricht fehlerfrei in der Erdfunkstelle angekommen ist, wird sie an den Empfänger weitergegeben [159].

Die Signale werden sendeseitig verwürfelt und gespreizt, um Übertragungsfehler, die durch schnelles Fading auftreten, zu vermindern. Die Länge der Nachricht ist wegen der Größe des Zwischenspeichers auf 32 kbyte begrenzt.

Die im Inmarsat-C-Dienst benutzten Terminals sind relativ klein und wiegen ca. 5 kg. Sie bestehen aus einer Antenneneinheit, die die Signale in alle Richtungen abstrahlt und empfängt, einem Sender/Empfänger, einer Bedieneinheit und einem Drucker (je nach Bedarf). Die Leistungsaufnahme beträgt im Empfangsmodus 25 W und im Sendemodus impulsartig 100 W.

10.2.4 Inmarsat-Aero

Der 1992 eingeführte Inmarsat-Aero-Dienst erlaubt die Kommunikation von und zu Flugzeugen, vgl. den TFTS-Dienst in Kap. 4.1, Band 1. Es stehen zwei Antennentypen zur Verfügung:

- Niedriggewinnantennen (0 dBi) für Datenübertragung hauptsächlich zu internen Betriebszwecken der Flugzeuge.

- Hochgewinnantennen (12 dBi), die höhere Datenraten ermöglichen und dadurch eine Sprachverbindung zur Erde erlauben.

Tabelle 10.11: Technische Daten der Inmarsat-Systeme

Inmarsat	A	B	M	C	Aero
Kanalzugriff	Aloha	Aloha	S-Aloha	Aloha	Aloha
Modulationsart	BPSK	QPSK	BPSK	BPSK	BPSK
Codierung	BCH	1/2 FEC	1/2 FEC	1/2 FEC	1/2 FEC
Übertragungsrate [kbit/s]	4,8	24	3	0,6	0,6

10.2.5 Inmarsat-M

Sei 1993 wird der Inmarsat-M-Dienst angeboten, eine digitale Ergänzung zum Inmarsat-A-Dienst. Inmarsat-M-Terminals sind kleiner und erheblich leichter als Inmarsat-A-Terminals. Der Mobilfunkteilnehmer kann folgende Kommunikationsdienste nutzen:

- Telefon,
- Telefax,
- Datenübertragung (bis 4800 bit/s),
- Dienstvarianten des Inmarsat-C-Dienstes.

Wegen der niedrigen Übertragungsrate von 3 kbit/s ist die Sprachqualität schlechter als bei Verbindungen von Inmarsat-A und B. Durch den geringeren Antennendurchmesser des Endgerätes (30–50 cm) und seine geringere Sendeleistung ist der Gewinn im Inmarsat-M-System um 8 dB geringer als bei Inmarsat-A. Um trotz schlechterer Leistungsbilanz eine gute Übertragungsqualität zu erzielen, mußte die Datenrate auf 3 kbit/s reduziert werden.

10.3 Nicht-geostationäre Satellitensysteme

Vorteile von LEO- und MEO/ICO-Systemen gegenüber GEO-Systemen:

- Geringere erforderliche Sendeleistungen durch geringe Bahnhöhe.
- Höhere durchschnittliche Elevationswinkel; wegen der großen Anzahl von Satelliten kann immer der Satellit für die Kommunikation ausgewählt werden, der die geringste Distanz zum Mobilfunkteilnehmer hat.
- Hohe Betriebssicherheit durch erhöhte Redundanz.
- Gute Versorgung von Regionen hoher geographischer Breite (z. B. Polarregionen).
- Geringe Signallaufzeit.

Aufgrund der niedrigeren Bahnen ergeben sich aber auch Nachteile:

- Kurze Verbindungsdauer zum Satelliten unter sich ändernden Elevationswinkeln.
- Kleinere Versorgungsgebiete pro Satellit.
- Großer Aufwand bei der Systemsteuerung.

HEO-Satelliten nähern sich in ihrem erdnächsten Punkt *(Perigäum)* bis auf wenige hundert Kilometer der Erdoberfläche, um die größte Entfernung *(Apogäum)*

10.3 Nicht-geostationäre Satellitensysteme 357

im Bereich des geostationären Orbits zu erreichen. Dort werden sie für Kommunikationszwecke eingesetzt, da ihre Bahngeschwindigkeit dort am geringsten ist und ein Satellit somit von einem bestimmen Punkt lange sichtbar bleibt. Satelliten in diesen Bahnen durchstoßen immer wieder die van Allen Gürtel und sind damit einer erhöhten Strahlenbelastung ausgesetzt.

10.3.1 ICO

Inmarsat hat im September 1994 ein Unternehmen ICO zur Einführung und für den Betrieb des Inmarsat-P21-Projektes gegründet, vgl. Tab. 10.1. ICO hat INMARSAT (150 Mio US$) und Hughes Space and Communications (94 Mio US$) als größte Investoren. Das ICO-System ist das einzige mobile Satellitensystem, das von einem Betreiber eines bestehenden Satellitensystems initiiert wurde.

ICO wird 10 Satelliten in zwei Bahnen mit 45° Inklination benutzen, vgl. Abb. 10.5 und 10.22. Es wird Pfaddiversität ausgenutzt. Bei niedriger Elevation sind mit hoher Wahrscheinlichkeit zwei Satelliten sichtbar und es wird der Satellit mit der besseren Kanalqualität ausgewählt.

Es wird erwartet, daß der größte Anteil der Benutzer des ICO-Systems GSM-Dualmode-Terminals einsetzt, und das Satellitensystem nur nutzen wird, wenn

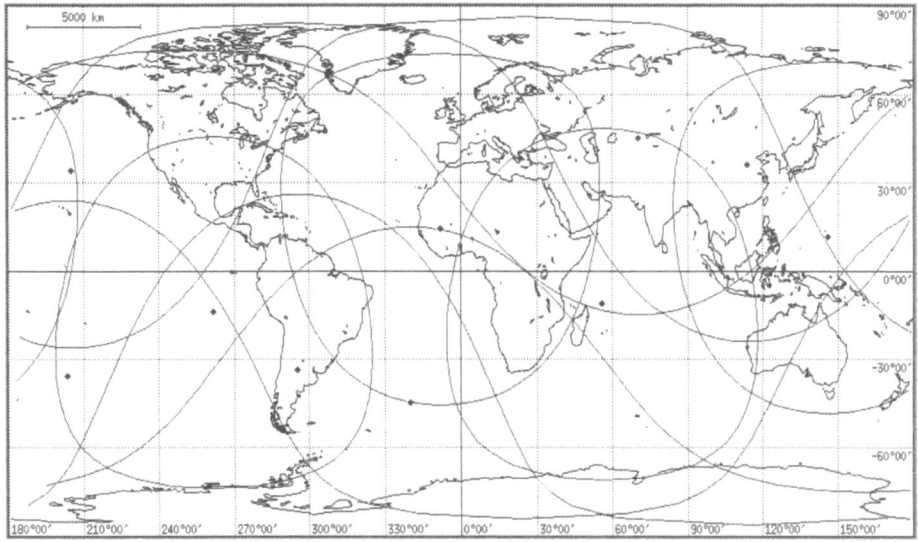

Abbildung 10.5: Ausleuchtzonen des ICO-Systems

ein GSM-Netz keine ausreichende Funkverbindung gewährleisten kann. Die DeTe-Mobil GmbH tritt als deutscher Partner von ICO auf, und das ICO-System wird wahrscheinlich als Ergänzung zum D1-Netz Verwendung finden.

ICO wird 12 Erdstationen (*Service Area Nodes*, SAN) über den Globus verteilen, vgl. Abb. 10.6, die durch ein Breitbandnetz (P-Net) miteinander verbunden sein werden. Da Verbindungen zwischen Satelliten nicht vorgesehen sind, werden Weitverkehrsverbindungen durch das P-Net zum nächsten Netzübergangsknoten *(Gateway)* weitergeleitet werden, der die Verbindung zu anderen Netzen wie PSTN, PLMN oder PSDN schafft.

Die *TT&C*-Stationen sind für den Betrieb und die Wartung der Satelliten zuständig, wie Regelung der Konfiguration durch Nachführung der Position. Daten – wie Batteriezustand und Position – werden aufgezeichnet. Die *Network Control Stations* (NCS) überprüfen die Verkehrslasten und Verbindungsqualitäten der verschiedenen Links und sind für die Kanalvergabe verantwortlich. Die *Network Control Center* (NCC) führen das Systemmanagement des Gesamtsystems durch [24, 111].

ICO plant, jeweils 10 MHz in den Frequenzbändern 1980–2010 MHz und 2170–2200 MHz für Up- und Downlink der Satelliten-Teilnehmerverbindung zu benutzen, vgl. Abb. 10.3. Für die Satelliten-SAN-Verbindung sind die Bereiche aus den Bändern zwischen 5100 und 5250 MHz sowie 6925 und 7075 MHz vorgesehen. Im Up- und Downlink wird ein TDMA/FDMA-Verfahren mit sechs Zeitscheiben pro

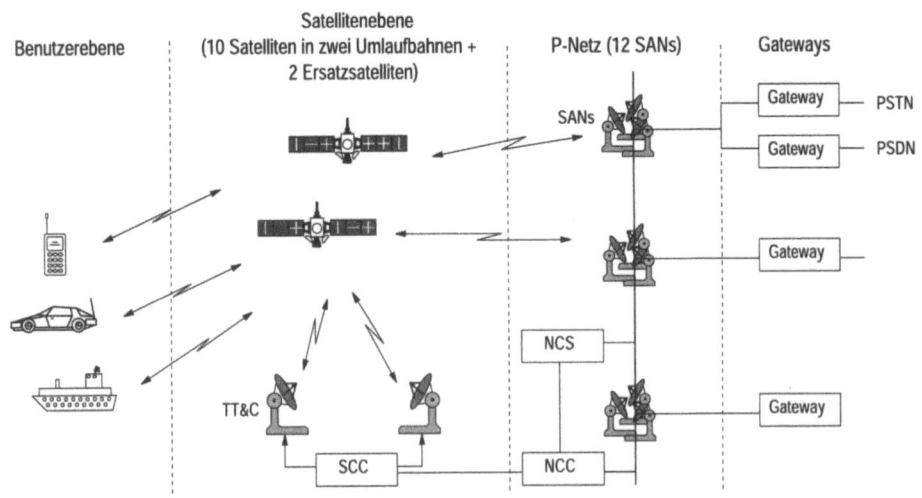

Abbildung 10.6: Architektur des ICO-Systems

10.3 Nicht-geostationäre Satellitensysteme

Träger eingesetzt und 163 Zellen pro Satellit verwendet. Die Satelliten sind so ausgelegt, daß sie 4500 Sprachkanäle tragen können.

10.3.2 IRIDIUM

Im Juni 1990 hat Motorola Inc. die Entwicklung des IRIDIUM-Systems bekanntgegeben. IRIDIUM ist ein LEO-System und basiert auf einer Konstellation von 66 Satelliten. Die Satelliten bewegen sich auf einer Höhe von 780 km auf polaren Bahnen mit einer Bahninklination von 86° um die Erde. Wie in Abb. 10.7 zu sehen, sind jeweils elf Satelliten auf sechs Umlaufbahnen angeordnet, so daß die gesamte Erdoberfläche versorgt wird, vgl. Abb. 10.11.

Die Ausleuchtzone jedes Satelliten wird mithilfe von 48 Antennenstrahlen *(Spot Beams)* in 48 Zellen unterteilt, wobei die Frequenzen gemäß einem 12er-Cluster wiederverwendet werden, vgl. Abb. 10.8. Als Satellitenantennen werden phasengesteuerte Gruppenantennen *(Phased-Array-Antennen)* eingesetzt, die mit unterschiedlichen Antennengewinnen der jeweiligen Strahlungsdiagramme die Differenzen der Pfadverluste zwischen inneren und äußeren Zellen ausgleichen.

Die ersten Satelliten wurden am im Juli 1997 in die Erdumlaufbahn gebracht. Es ist geplant, den kommerziellen Betrieb 1998 aufzunehmen. Das IRIDIUM-System benutzt Zwischensatellitenverbindungen *(Inter Satellite Links,* ISL), für die ebenso wie für die Gateway-Satellitenverbindung 200 MHz im Ka-Band eingeplant sind, vgl. Abb. 10.3. Durch die ISL kann ein große Anzahl von Gateways eingespart

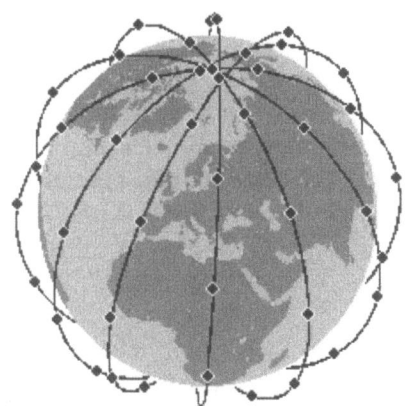
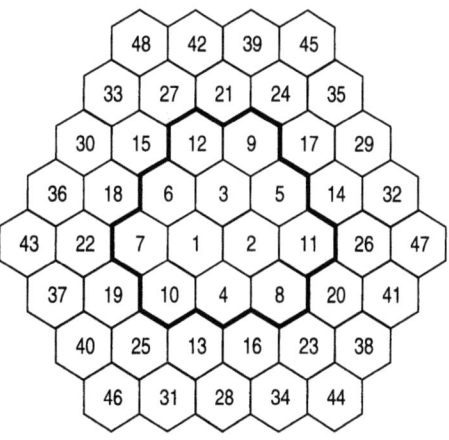

Abbildung 10.7: Umlaufbahnen des Satellitensystems IRIDIUM

Abbildung 10.8: Idealisierte Zellstruktur des IRIDIUM-Systems

werden. Außerdem wäre ohne ISL die Versorgung über den Ozeanen nicht gewährleistet. ISL bestehen zu den jeweils vier benachbarten Satelliten. Die Schwierigkeit besteht in den Interorbitverbindungen, da sich die Entfernungen und Richtungen für diese Verbindungen ständig verändern.

Das Mobilterminal hat Taschenformat. Es handelt sich um ein Dualmode-Gerät, das sowohl die Verbindung zum Satelliten als auch zu einem terrestrischen Mobilfunknetz ermöglicht. Die Übertragungsrate beträgt 4800 bit/s für Sprache und 2400 bit/s für Daten. Der Vielfachzugriff erfolgt mit einem kombinierten FDMA/TDMA/TDD-Verfahren. Der vorgesehene TDMA-Rahmen ist 90 ms lang und enthält jeweils vier Up- und vier Downlinkkanäle sowie einen Kanal zur Signalisierung und für Funkrufzwecke, vgl. Abb. 10.9.

Das IRIDIUM-System benutzt ein QPSK-Modulationsverfahren mit 50 kbit/s. Die Frequenzplanung für IRIDIUM vor der Zuweisung von nur noch 5,15 MHz durch die FCC ist in Abbildung 10.10 dargestellt. Die Kanalbandbreite beträgt 31,5 kHz und der Frequenzabstand 41,67 kHz [82].

Das Frequenzband von 5,15 MHz, das dem IRIDIUM-System von der FCC zugeteilt wurde, ist in 124 Träger unterteilt, die jeweils vier Duplexkanäle enthalten. Es stehen also 496 Kanäle insgesamt zur Verfügung. Da bei der gegebenen Zellstruktur die Frequenzen pro Satellit viermal wiederverwendet werden (12 Zellen pro Cluster, 48 Zellen pro Satellit), könnten theoretisch 1984 Verbindungen pro Satellit gleichzeitig bestehen. Aufgrund der begrenzten verfügbaren Batterieleistung von 1400 W kann der Satellit jedoch nur 1100 Verbindungen gleichzeitig betreiben.

10.3.3 Globalstar

Globalstar als ein weiterer Vertreter der LEO-Systeme deckt im Unterschied zu IRIDIUM, das für eine weltweite Versorgung entwickelt wird, nur Gebiete zwischen 70° nördlicher und südlicher Breite ab, vgl. Abb. 10.14. Dabei wurde besonders auf

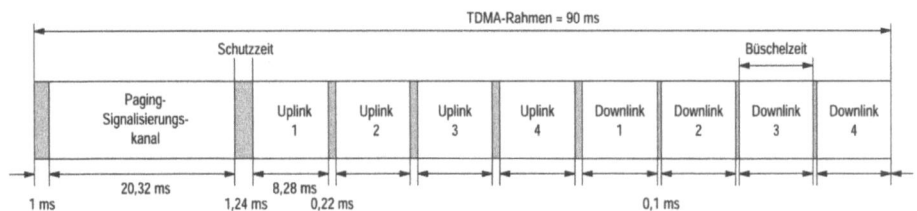

Abbildung 10.9: TDMA-Rahmen IRIDIUM

10.3 Nicht-geostationäre Satellitensysteme

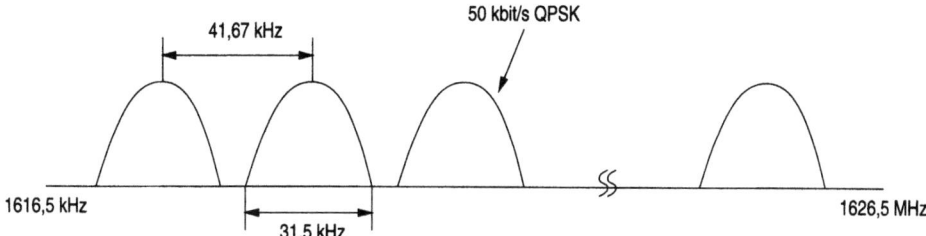

Abbildung 10.10: Frequenzplan im IRIDIUM-System bei 10 MHz Bandbreite

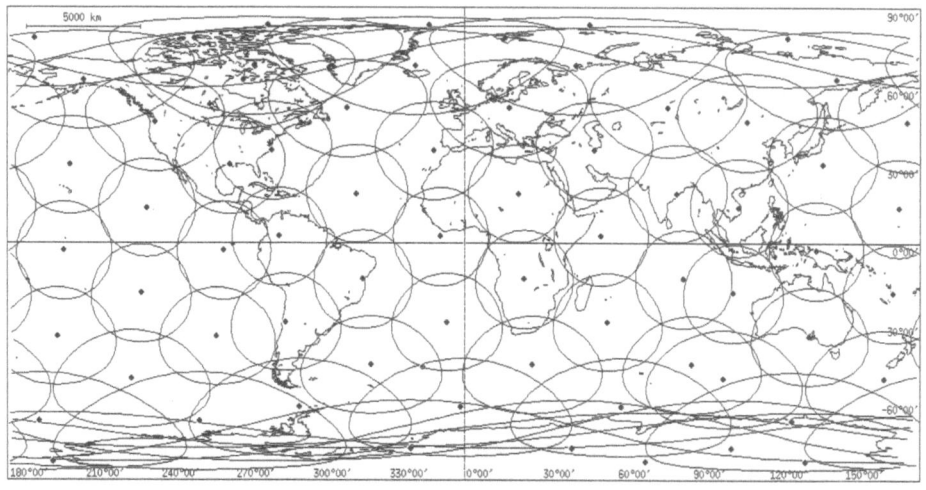

Abbildung 10.11: Ausleuchtzonen des IRIDIUM-Systems

die Versorgung der Industrieländer geachtet. Direkte Verbindungen (ISL) zwischen den Satelliten sind nicht vorgesehen.

48 Satelliten kreisen auf acht zirkularen Bahnen in einer Höhe von 1400 km, vgl. Abb. 10.13. Im Versorgungsgebiet des Systems sind ständig zwei Satelliten unter einem Elevationswinkel von mindestens 10° sichtbar. Das Ausleuchtgebiet eines Satelliten wird in 16 Zellen aufgeteilt, die sich in sechs bzw. acht Segmenten in einer konzentrischen Anordnung um den Satellitenfußpunkt gruppieren, vgl. Abb. 10.12. Es wird ein synchrones CDMA-Kanalzuteilungsverfahren benutzt, um Handover zu vereinfachen. Kommunikation zwischen Mobilstation und Satellit ist nur möglich, wenn sich eine Erdstation im Ausleuchtgebiet des Satelliten befindet, da der Satellit keine Vermittlungs-, sondern nur eine Transponder-Funktion hat. Deshalb muß das Signal einer Verbindung von zwei Mobilstationen die doppelte Entfer-

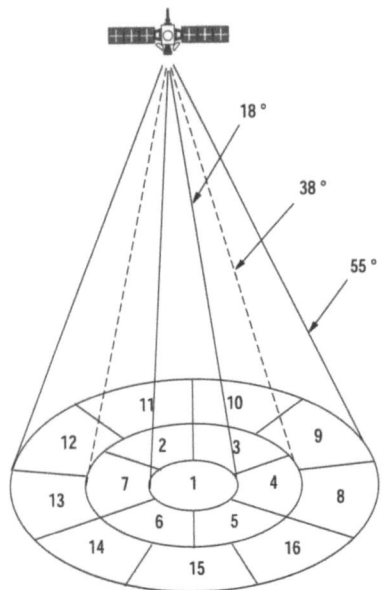
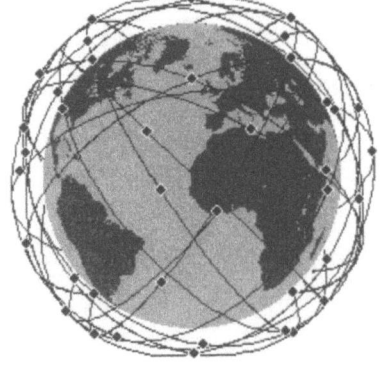

Abbildung 10.12: Anordnung der Zellen beim Globalstar-Downlink

Abbildung 10.13: Umlaufbahnen des Satellitensystems Globalstar

nung zurücklegen. Aufgrund der niedrigen Umlaufbahn sind die Signallaufzeiten dennoch kurz (ca. 70 ms). Für die Bewältigung des Verkehrsaufkommens werden beispielsweise in Nordamerika sechs Erdstationen benötigt.

10.3.4 TELEDESIC

Der Bedarf an breitbandigen Kommunikationssystemen ist in den letzten Jahren extrem gestiegen. Die Versorgung mit Glasfaser wird jedoch auch in den nächsten Jahren nicht weltweit gewährleistet sein. Die bisher diskutierten LEO- und MEO-Satellitensysteme bieten nur Dienste bis zu 9,6 kbit/s Übertragungsrate, was den Anforderungen an gute Sprachübertragung nicht genügt. Dienste wie Videokonferenz, Telelearning oder Videotelefonie benötigen ein Vielfaches an Bandbreite.

Das von Bill Gates, dem Eigentümer von Microsoft, und Craig McCaw, einem Eigentümer des weltweit größten Mobilfunknetzbetreibers, im Juni 1990 gegründete Unternehmen TELEDESIC plant ein Satellitensystem, das breitbandige Dienste mit bis zu 2 Mbit/s Übertragungsrate pro Endgerät über Satellit anbieten wird,

10.3 Nicht-geostationäre Satellitensysteme

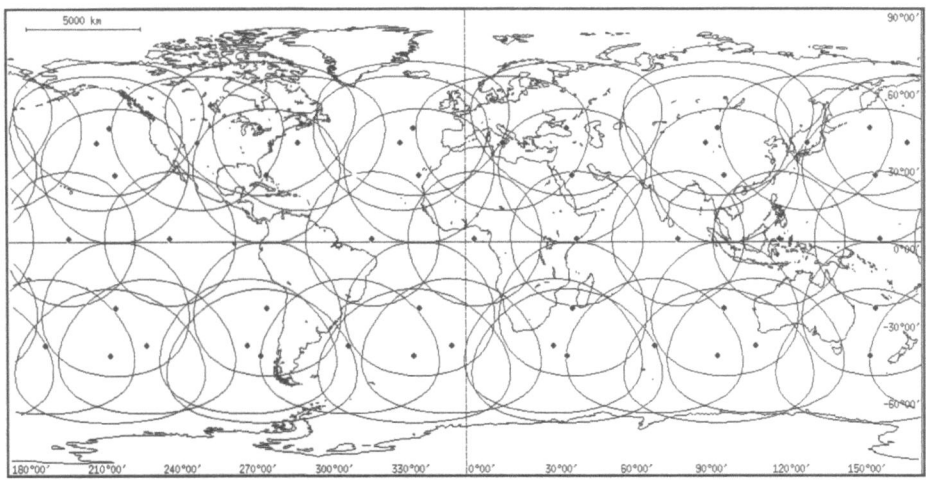

Abbildung 10.14: Ausleuchtzonen des Globalstar-Systems

vgl. Tab. 10.6. Die ersten Satelliten sollen 1999 in ihre Umlaufbahn geschossen werden, und 2002 ist die Aufnahme des Betriebes geplant.

Das TELEDESIC-System soll kompatibel zu Glasfasernetzen sein und Qualität und Dienste der Glasfasertechnologie in ländliche, entlegene Gebiete zu Preisen der Glasfaser in städtischen Gebieten bringen.

Um breitbandige Dienste zu ermöglichen, wird TELEDESIC im Gegensatz zu den anderen Systemen im Ka-Band operieren (30 GHz Downlink, 20 GHz Uplink). Kommunikation im Ka-Band wird sehr stark durch Regendämpfung beeinflußt. Um diesen Einfluß zu verringern, werden im TELEDESIC-System 924 Satelliten eingesetzt (840 Betriebs- und 84 Reservesatelliten), die sich auf 21 Bahnen in 700 km Höhe bewegen. Die Bahninklination beträgt 98°, so daß eine nahezu globale Abdeckung mit einer kleinen Lücke an den Polen erreicht wird, vgl. Abb. 10.15. Die vier Reservesatelliten sind gleichmäßig über die Bahnen verteilt. Bei Ausfall eines Satelliten verteilen sich die übrigen Betriebssatelliten und der nächstgelegene Reservesatellit auf der entsprechenden Bahn. Durch die hohe Anzahl an Satelliten ergibt sich eine minimale Elevation von 40°, wodurch der Einfluß der stark elevationsabhängigen Regendämpfung verringert wird. Das TELEDESIC-System ist für eine Verfügbarkeit von 99,9 % entwickelt worden.

Um die Anzahl an Raketenstarts gering zu halten, sollen pro Start acht Satelliten gleichzeitig in die Umlaufbahn gebracht werden. Die Satelliten werden im Vergleich mit anderen Systemen mit 700 kg Masse sehr leicht sein. In Abb. 10.16 ist ein Satellit dargestellt [128]. Er besteht aus einem quadratischen Solarpanel von

364   10 Mobile Satellitenkommunikation

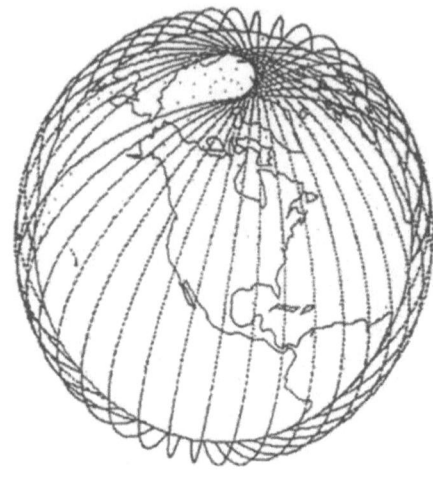

Abbildung 10.15: Satellitenbahn im TELEDESIC-System

Abbildung 10.16: Der TELEDESIC-Satellit

12 m Länge mit insgesamt 24 Platten, die in Blütenform mit acht *Blütenblättern* angeordnet sind. Die Platten enthalten die Phased-Array-Antennen. Die achteckige Grundplatte enthält acht Paar ISL-Antennen sowie die Antriebseinheit. Die Versorgungseinheit ist auf der Spitze des Solarpanels angebracht. Die Satelliten sind für über 20 verschiedene Abschußraketentypen ausgelegt.

Das TELEDESIC-Netz nutzt Verbindungen im 60 GHz-Band zur Kommunikation zwischen den Satelliten (ISL), um Verbindungen möglichst nah beim Zielteilnehmer in ein Festnetz zu speisen, wobei Intersatellitenverbindungen zu acht Nachbarsatelliten bestehen. Das Netz überträgt paketvermittelt und unterstützt Breitbandkommunikation nach dem ATM-Standard *(Asynchronous Transfer Mode)*. Die 512 bit langen Datenpakete enthalten im Paketkopf die Adresse und die Reihenfolgeinformation, die zur Wiederherstellung der Reihenfolge beim Empfänger dient, und Felder für Fehlersicherung und Nutzinformation. Abweichend vom ATM-Standard wird ein verbindungsloses Protokoll verwendet, vgl. Abb. 10.17. Daher müssen die Pakete, die über unterschiedliche Pfade am Empfänger ankommen, zwischengespeichert und die richtige Reihenfolge wiederhergestellt werden. Jeder Knoten routet das Paket unabhängig *(Distributed Adaptive Routing Algorithm)* über den Weg, der augenblicklich die niedrigsten Verzögerungen garantiert.

Auch in der Anordnung der Zellen geht TELEDESIC neue Wege. Im TELEDESIC-System sind die Zellen erdfest, was eine sehr einfache Zellplanung ermöglicht, aber auch mehr Aufwand in der Antennentechnik erfordert. Die Erdoberfläche wird

10.3 Nicht-geostationäre Satellitensysteme

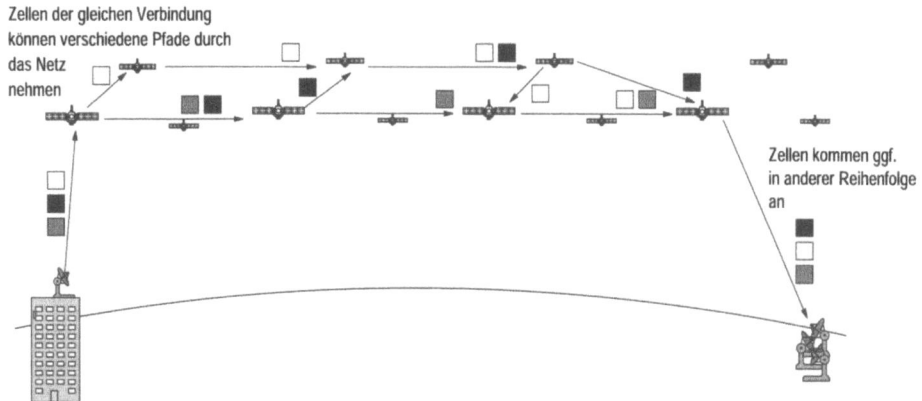

Abbildung 10.17: Paketvermittelndes verbindungsloses TELEDESIC-Netz

von 20 000 Großzellen *(Supercells)* überzogen. Diese sind in Bänder aufgeteilt, die am Äquator 250 und zu den Polen hin weniger Großzellen enthalten, so daß die Nord-Süd-Grenzen sich zwischen den Bändern verschieben. Wie in Abb. 10.18 dargestellt, besteht eine Großzelle aus 9 quadratischen Kleinzellen.

Erdfeste Zellen benötigen erheblich geringeren Verwaltungsaufwand als satellitenbezogene Zellen. Beim TELEDESIC-System werden phasengesteuerte Gruppenantennen *(Steering Phased Array Antennas)* eingesetzt, vgl. Abschn. 10.4.1.1. Wie Abb. 10.20 zeigt, steuert der Satellit seinen Antennenstrahl und gleicht die Satelliten- und Erdbewegung aus, wenn der Satellit sich über den Zellcluster hinwegbewegt. Im Gegensatz zu Satellitensystemen ohne erdfeste Zellen gibt es keine Handover zwischen Antennen des gleichen Satelliten *(Interbeam Handover)*.

Eine Großzelle wird von einer Antenne versorgt, die die 9 Zellen nacheinander bedient (SDMA). Dieser Zyklus, der sich aus Sendezeiten von 2,276 ms und Schutzzeiten von 0,292 ms zusammensetzt, beträgt 23,111 ms, vgl. Abb. 10.19. Die Zellen werden gemäß den Nummern in Abb. 10.18 bedient. Neben der hohen Anzahl an Satelliten bewirken die verschiedenen Multiplexverfahren eine hohe Systemkapazität. Das TELEDESIC-System wiederholt jede benutzte Frequenz 350 mal.

Jeder Satellit kann 64 Großzellen gleichzeitig bedienen. Jede Zelle hat 1800 Kanäle mit 16 kbit/s Übertragungsrate. Für Up- und Downlink sind jeweils 400 MHz Bandbreite vorgesehen. Wie in Abb. 10.21 dargestellt, werden im Uplink die 400 MHz auf 1800 FDM-Kanäle verteilt. Ein Zeitschlitz gehört zu einem 16-kbit/s-Kanal, und das Endgerät belegt einen oder mehrere Kanäle fest für die Dauer einer Verbindung. Im Downlink wird hingegen ein ATDMA-Verfahren *(A = adaptive)*

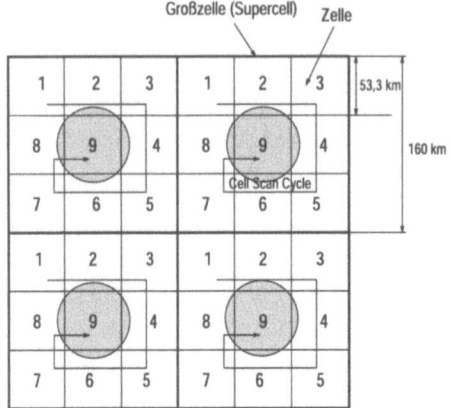

Abbildung 10.18: Zellstruktur des TELEDESIC-System

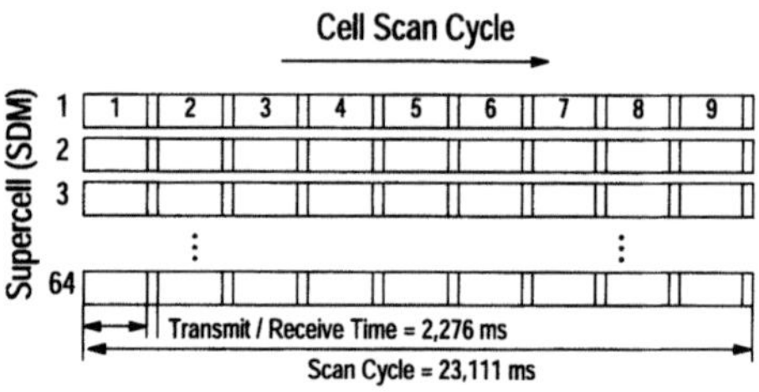

Abbildung 10.19: Cell Scan Cycle

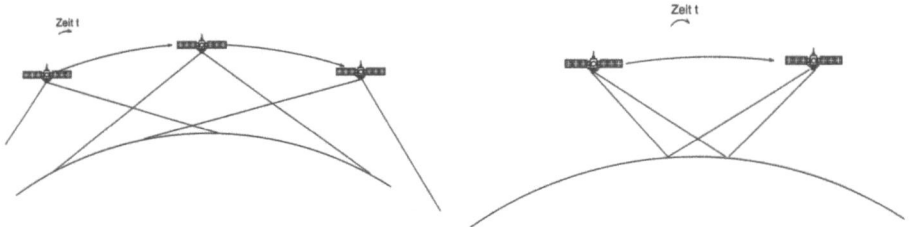

Abbildung 10.20: Links: mitbewegende Ausleuchtzone, rechts: erdfeste Zellen

verwendet. Durch die verbindungslose Übermittlung sind die Kanäle nicht fest vergeben. Daher muß das Endgerät alle Pakete lesen und den Kopf überprüfen, ob das Paket zur eigenen Verbindung gehört, bevor die Reihenfolge der Pakete wiederhergestellt wird. Die Pakete sind durch bestimmte Bitfolgen voneinander getrennt, damit Anfang und Ende von Paketen erkannt werden können. Hierbei sendet der Satellit immer nur solange sich noch Pakete in der Warteschlange befinden.

Eine Teilnehmerverbindung kann bis zu 128 Kanäle belegen, so daß Datenraten zwischen 16 und 2048 kbit/s unterstützt werden. Für besondere Anwendungen werden jedoch auch Datenraten von 155,52 Mbit/s bis 1,24416 Gbit/s unterstützt.

Im TELEDESIC-System sind ortsfeste und mobile Terminals vorgesehen. Je nach klimatischen Bedingungen, Anforderungen an die Verfügbarkeit und Übertragungsrate variiert die Sendeleistung der Endgeräte zwischen 0,01 W und 4,7 W und der Antennendurchmesser zwischen 16 cm und 1,8 m [149].

10.3 Nicht-geostationäre Satellitensysteme 367

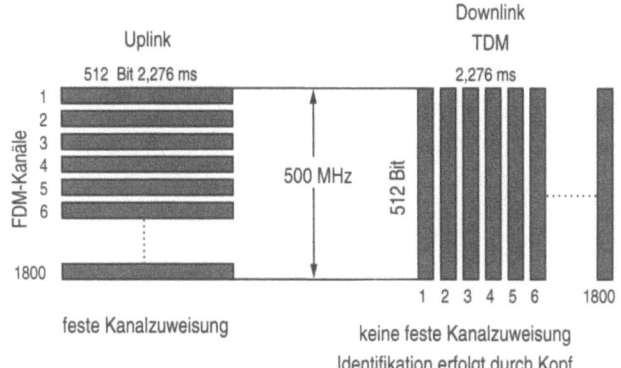

Abbildung 10.21: Kanalvergabe TELEDESIC

10.3.5 Odyssey

Als MEO-System besteht das Odyssey-Satellitensystem aus zwölf Satelliten, die sich in einer Höhe von 10 370 km auf drei Umlaufbahnen mit einer Inklination von 55° um die Erde bewegen. Die Antennen der Satelliten sind dynamisch steuerbar und werden vorzugsweise auf die Küsten und das Binnenland gerichtet. Mit den gesteuerten Antennen werden ähnlich wie beim TELEDESIC-System erdfeste Zellen realisiert, vgl. Abschn. 10.3.4. In Verbindung mit der etwa sechsstündigen Erdumlaufperiode und den relativ großen Ausleuchtzonen wird in der Regel während einer Verbindung kein Handover erforderlich sein.

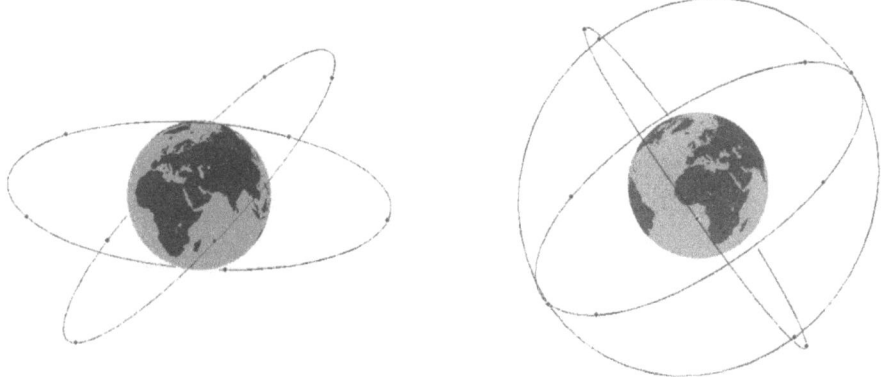

Abbildung 10.22: Umlaufbahnen der Satellitensysteme ICO (links) und Odyssey (rechts)

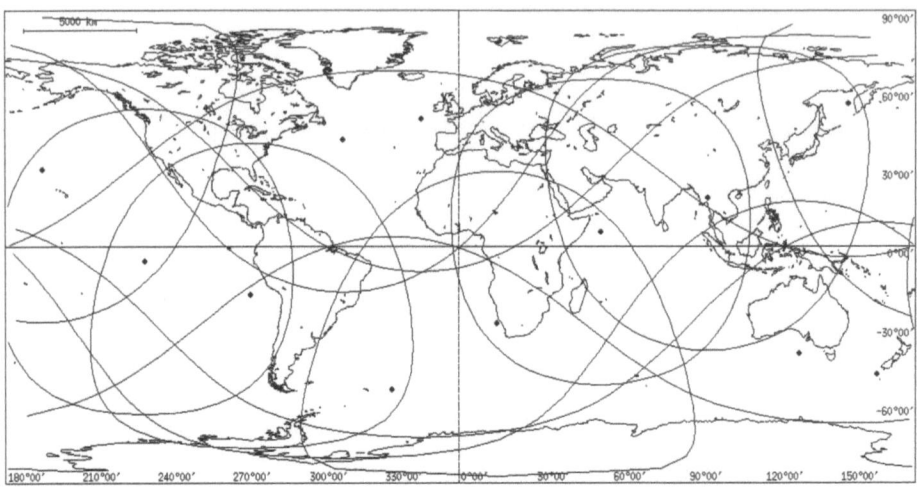

Abbildung 10.23: Ausleuchtzonen des Odyssey-Systems

Die Verbindung zwischen den Teilnehmern im System wird über eine von zehn bis elf über die Welt verteilten Erdfunkstellen geführt. Für den einwandfreien Betrieb in Nordamerika sind z. B. zwei Erdstationen ausreichend (West- und Ostküste). Als Zugriffsverfahren wird ein kanalorientiertes CDMA-Verfahren verwendet. Erste Starts sind für das Jahr 1997, die Betriebsaufnahme mit vorerst sechs Satelliten Anfang 1998 geplant.

10.4 Antennen und Satellitenausleuchtzonen

Bei der Modellierung einer Antenne sind viele Punkte zu berücksichtigen, da die Antennencharakteristik entscheidend für die Leistungsfähigkeit des Systems verantwortlich ist. Die Antennen bestimmen die Größe der Zellen und damit die Ausdehnung der Satellitenausleuchtzone. Wesentlich dabei ist, daß die Antennen im Bereich einer Zelle einen hohen Gewinn haben, am Zellrand der Gewinn jedoch stark abfällt, um unerwünschte Interferenzen zu vermeiden. Durch die Aufteilung der Satellitenausleuchtzonen in Zellen erhält man die Möglichkeit zur Mehrfachverwendung von Frequenzen.

10.4 Antennen und Satellitenausleuchtzonen

10.4.1 Antenne

10.4.1.1 Phasengesteuerte Gruppenantenne

Die geplanten Satellitensysteme in nicht-geostationären Bahnen benutzen phasengesteuerte Gruppenantennen *(Phased-Array-Antennen)*.

Einzelne Dipole wirken als Rundstrahler. Werden jedoch Dipolgruppen eingesetzt, so ergibt sich durch die Phasendifferenz am Empfänger, die im Fernfeld nur von der Richtung abhängig ist, eine bestimmte Richtcharakteristik. Die Richtcharakteristik einer Dipolgruppe ist von der Anordnung, den Phasen und den Amplituden der Dipole abhängig. Dies wird bei Phased-Array-Antennen ausgenutzt. Hierbei werden, wie in Abb. 10.24 für eine Antenne mit vier Dipolen dargestellt, die Phasen der Dipole elektrisch gesteuert. Damit sind hohe Strahlschwenkungsgeschwindigkeiten möglich [9].

Für Satellitensysteme ergibt sich eine Gewichtsersparnis gegenüber mechanisch gesteuerten Antennen. Auch bei Bodenantennen haben Phased-Array-Antennen Vorteile gegenüber mechanisch schwenkbaren Antennen, da bei Antennen mit hohem Gewinn bei Handovern zwischen verschiedenen Satelliten im Falle von mechanisch schwenkbaren Antennen aufgrund der langsamen Schwenkung zwei Antennen benötigt werden.

10.4.1.2 Parameter

Die Hauptaufgaben einer Satellitenantenne sind:

- Das gewünschte Signal mit einer gegebenen Polarisation in einem bestimmten Frequenzband zu empfangen.

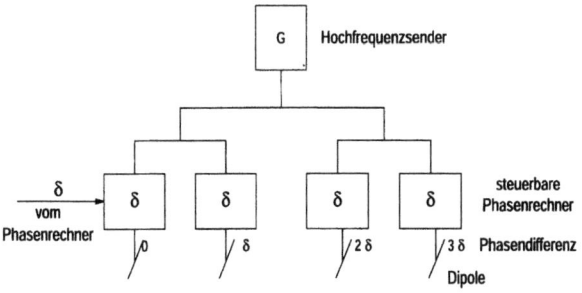

Abbildung 10.24: Prinzip der Phased-Array-Antenne

- Unerwünschte Signalanteile von anderen Sendern, welche im gleichen Frequenzband senden, zu unterdrücken (Gleichkanalinterferenz).
- Radiowellen innerhalb eines Frequenzbandes in die gewünschte Richtung zu senden.
- Die Sendeleistung durch Bündelung so klein wie möglich zu halten.

Maximaler Gewinn und Antenneneffektivität Der maximale Gewinn einer Antenne mit der äquivalenten elektromagnetischen Antennenfläche A_{eff} ist gegeben durch:

$$G_{\max} = \frac{4\pi}{\lambda^2} A_{eff} \qquad (10.5)$$

mit λ = Wellenlänge der Sendefrequenz. Eine Antenne mit einer zirkularen Apertur und einer geometrischen Abstrahlungsfläche von

$$A = \pi D^2/4 \qquad (10.6)$$

(mit D = Antennendurchmesser) besitzt dann die effektive Antennenfläche

$$A_{eff} = \eta A. \qquad (10.7)$$

Die Antenneneffektivität η hängt von ihrer physikalischen Beschaffenheit ab und liegt typischerweise im Bereich von 0,55 bis 0,75.

Aus Gl. (10.5) folgt für $G_{\max}$:

$$G_{\max} = \eta \left(\frac{\pi D}{\lambda}\right)^2 \qquad (10.8)$$

Abhängig vom Winkel Θ verringert sich der Gewinn der Antenne, gegenüber dem maximalen Gewinn für $\Theta = 0$.

Charakteristik Abbildung 10.25 zeigt die in CCIR-Rep. 558-4 modellierte Charakteristik der Satellitenantenne. Der Verlauf des steilen Abfalls wird beschrieben durch:

$$G(\theta) = G_{\max} - 3\left(\frac{\theta}{\theta_o}\right)^2 \quad [\text{dB}] \qquad (10.9)$$

10.4 Antennen und Satellitenausleuchtzonen

Für Winkel $\theta > \alpha_{SL}$ wird davon ausgegangen, daß der Antennengewinn sehr klein ist (-100 dB). Dies bedeutet, daß Signale, die aus einem Winkel $\theta > \alpha_{SL}$ auf die Antenne einfallen, nicht empfangen werden. Umgekehrt hat die Antenne keine Sendewirkung für $\theta > \alpha_{SL}$.

Für die mobilen Teilnehmer wird in der Regel eine Antenne mit Kugelcharakteristik angenommen. Der Antennengewinn ist für alle Winkel konstant 0 dB.

10.4.2 Satellitenversorgungsgebiet und Zellstruktur

Die Größe und Gestalt der von den Satellitenantennen erzeugten Zellen wird durch die Charakteristik der eingesetzten Antennen festgelegt. Es können zur Definition des Winkelparameters α der Antennencharakteristik nach Abb. 10.25 zwei Ansätze gewählt werden [14]:

1. Wenn eine Satellitenantenne mit *Beam Forming* angenommen wird, kann der Parameterwinkel α der Antennencharakteristik als der vom Erdmittelpunkt aus gesehene Raumwinkel β zwischen dem Zellmittelpunkt und einem weiteren Punkt auf der Erdoberfläche festgelegt werden, vgl. Abb. 10.26. Die Zellen sind dann kreisförmig mit einem Antennengewinn von $G = G_{max} - 3\ dB$ auf den Randkurven, vgl. Abb. 10.27.

2. Wenn kein *Beam Forming* an der Satellitenantenne möglich ist, wird der Parameterwinkel α der Antennencharakteristik als der vom Satelliten aus

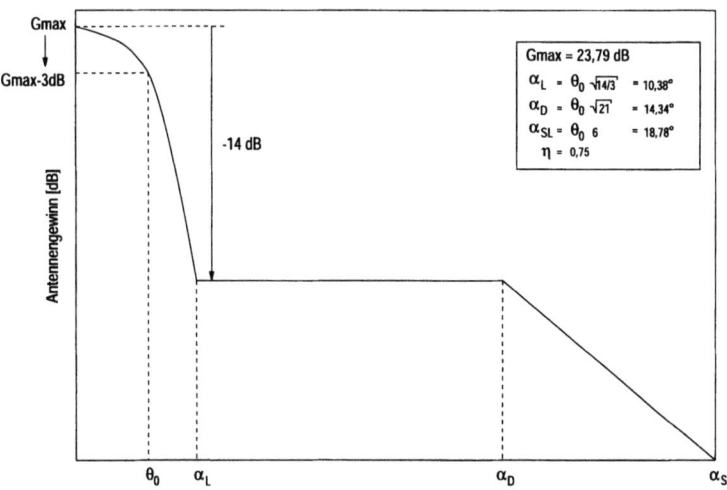

Abbildung 10.25: Charakteristik der Satellitenantenne (Werte für Iridium)

gesehene Raumwinkel γ zwischen dem Zellmittelpunkt und einem weiteren Punkt auf der Erdoberfläche festgelegt, vgl. Abb. 10.26. In diesem Fall sind die Zellränder und somit auch die Kurven gleicher Antennenverstärkung keine Kreise mehr.

10.4.2.1 Das Versorgungsgebiet eines Satelliten

Das Versorgungsgebiet eines Satelliten wird durch seine Ausleuchtzone beschrieben. Die Form des Ausleuchtgebietes kann beliebig sein. Es wird von dem Fall ausgegangen, daß der Satellit sein Versorgungsgebiet formen kann (*Beam-Forming*, Annahme 1). Im Modell wird das Gebiet durch einen Kreis auf der Erdoberfläche begrenzt. Der Offsetwinkel 2ϕ umschließt die Randkurve der Ausleuchtzone. Dieser Winkel ist der Raumwinkel der vom Erdmittelpunkt aus den Versorgungsbereich des Satelliten begrenzt. Für ϕ gilt folgender Zusammenhang:

$$\phi = arccos\left(\frac{r_e}{r_e + h} \cdot cos\epsilon_{min}\right) - \epsilon_{min} \qquad (10.10)$$

Hierbei ist r_e der Erdradius, h die Bahnhöhe des Satelliten und ϵ_{min} der minimale Elevationswinkel des Satellitensystems.

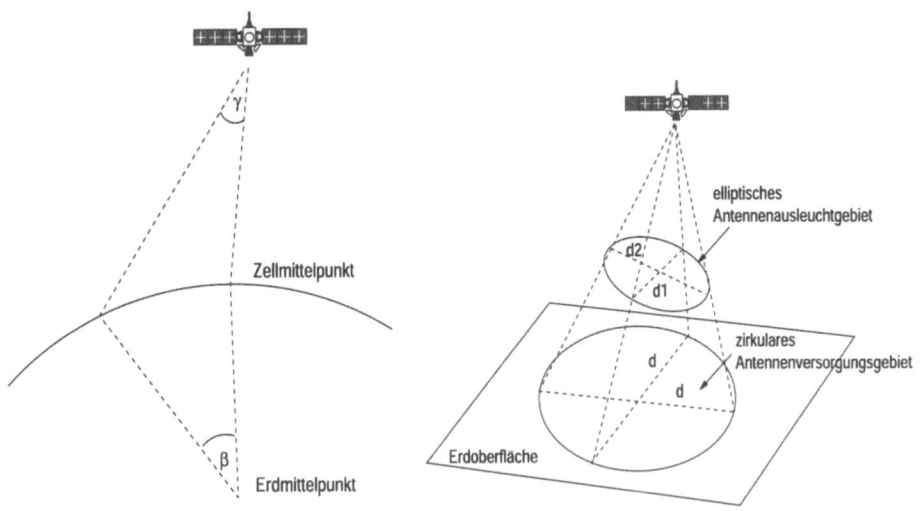

Abbildung 10.26: Definition der Antennenparameterwinkel β und γ

Abbildung 10.27: *Beam Forming* durch die Satellitenantenne

10.4 Antennen und Satellitenausleuchtzonen

10.4.2.2 Die Zellstruktur eines einzelnen Satelliten

Im Modell werden die Zellen symmetrisch um den Aufpunkt des Satelliten auf der Erde *(Subsatellite-Point)* angeordnet. Für ein Iridium-ähnliches Satellitensystem werden pro Satellit 48 Zellen um den Satellitenfußpunkt auf der Erdoberfläche angeordnet, vgl. Abb. 10.28. Für ein Globalstar-ähnliches System werden 19 Zellen in zwei Ringen angenommen. Die Größe der Zelle wird durch die Antennencharakteristik festgelegt. Der Zellrand ist die geschlossene Kurve, auf der die Nutzsignalleistung des Teilnehmers zu seinem Satelliten gegenüber der Lage im Zellmittelpunkt um die Hälfte (-3 dB) gesunken ist.

10.4.2.3 Zellstruktur im Satellitensystem

Die Überlappung der Gesamtausleuchtgebiete der Satelliten ist in der Regel ausgeprägter als die Überlappung der Zellen eines einzelnen Satelliten. Besonders an den Erdpolen sind die Überlappungsgebiete der Ausleuchtzonen wegen den vordefinierten Bahnen groß. Überlappen sich die Ausleuchtzonen zweier Satelliten in Äquatorialnähe, so können in Polnähe bis zu fünf Satelliten überlappen. Dadurch entstehen in Satellitensystemen sehr komplexe Zellstrukturen, die sich ständig mit der sich ändernden Überlappung der Satellitenversorgungsgebiete ändern. Durch die Antennencharakteristik und die Freiraumdämpfung werden die Zellstrukturen geformt.

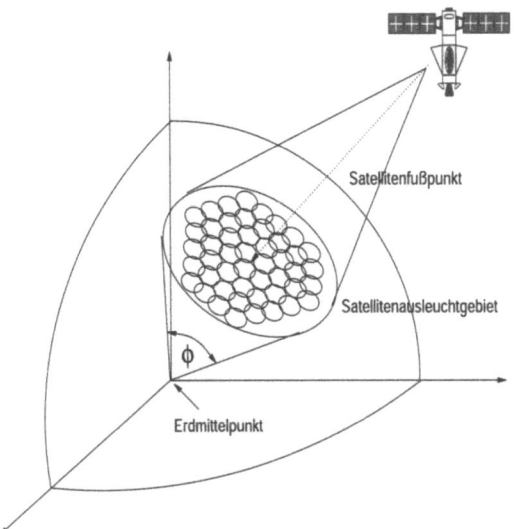

Abbildung 10.28: Lage der Zellen im Versorgungsgebiet des Satelliten

10.4.3 Funkausbreitung

Durch die zum Teil großen Distanzen in Satellitensystemen entstehen hohe Freiraumdämpfungen L_0 der Signale, vgl. Gl. (2.5), Band 1.

Wenn d in Kilometern und f in GHz ($f = c/\lambda$) gegeben sind, ergibt sich:

$$L_0(\text{dB}) = 92,4 + 20\log f_c(\text{GHz}) + 20\log d(\text{km}) \qquad (10.11)$$

Die Freiraumdämpfung erhöht sich logarithmisch mit der Pfadlänge, das entspricht 6 dB bei jeder Verdopplung der Distanz. Atmosphärische Dämpfung und Regendämpfung verschlechtern die Signalleistung zusätzlich. Vor allem bei höheren Frequenzen (über 10 GHz) muß dieser Effekt in die Übertragung mit einbezogen werden, vgl. Abb. 2.4, Band 1. Das Signal wird dann durch folgende Faktoren beeinflußt:

1. Zusätzliche Pfaddämpfung,

2. Veränderung der Polarisation und daraus resultierende zusätzliche Interferenzen,

3. Erhöhung der Rauschtemperatur.

10.4.3.1 Pfadverluste in LEO- und ICO-Satellitensystemen

Wie oben erwähnt, hängt die Freiraumdämpfung von der Frequenz und der Entfernung ab, die mobile Teilnehmer oder Feststationen auf der Erde zum Satelliten haben. Aufgrund der unterschiedlichen Konstellationen der Systeme ergeben sich unterschiedliche Freiraumdämpfungen. Besonders bei den LEO- und ICO-Konstellationen, in Abb. 10.29 für eine LEO-Konstellation dargestellt, besteht aufgrund der niedrigen Flugbahnen und der verhältnismäßig großen Ausleuchtzonen eine große Differenz zwischen maximaler und minimaler Entfernung.

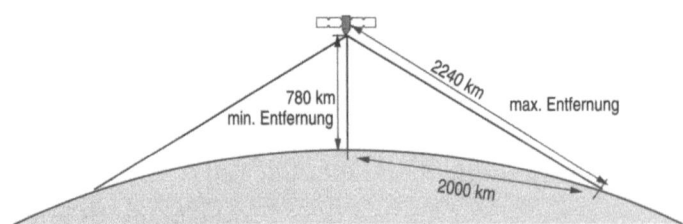

Abbildung 10.29: Distanzen bei einer LEO-Systemkonstellation

10.4 Antennen und Satellitenausleuchtzonen

Die Freiraumdämpfung ist nach Gl. (2.5), Band 1, von der Frequenz und von der Entfernung zwischen Satellit und Mobilstation abhängig. Die unterschiedlichen Entfernungen, die die Teilnehmer zu ihren Verbindungssatelliten haben können, führen zu unterschiedlich hohen Freiraumdämpfungen. Die Entfernung d eines Teilnehmers zum Satelliten ist abhängig vom Elevationswinkel.

$$d = \sqrt{r_e^2 + h^2 - (r_e \cos \epsilon)^2} - r_e \sin \epsilon \tag{10.12}$$

Dabei ist r_e der Erdradius, h die Satellitenhöhe und ϵ der Elevationswinkel.

Die sich innerhalb einer Satellitenausleuchtzone ergebenden minimalen und maximalen Freiraumdämpfungen sind in Tab. 10.12 für drei Satellitensysteme mit verschiedenen Bahnhöhen – IRIDIUM (780 km), Globalstar (1 389 km) und Odyssey (10 354 km) – exemplarisch angegeben.

Die Differenz zwischen maximaler und minimaler Freiraumdämpfung (letzte Spalte in Tab. 10.12) bei LEO-Systemkonstellationen sind wesentlich größer als bei der ICO-Konstellation von Odyssey, da die Entfernungsunterschiede zwischen dem Satellitenfußpunkt und dem Rand der Ausleuchtzone größer sind.

10.4.3.2 Witterungsbedingte Dämpfung (3 ... 180 GHz)

Bei Frequenzen über 1 GHz bewirkt die Streuung und Absorption der Strahlungsenergie durch Regen beträchtliche Dämpfungen der Signalamplitude. Diese Auswirkungen steigen mit wachsender Frequenz.

Tabelle 10.12: Min. und max. Freiraumdämpfung (dB) im Vergleich

Iridium	Mobilstation (Uplink)	-156,36	-163,28	6,93
	Mobilstation (Downlink)	-157,13	-164,06	6,93
	Erdstation (Uplink)	-167,28	-174,21	6,93
	Erdstation (Downlink)	-164,69	-171,62	6,93
Globalstar	Mobilstation (Uplink)	-161,51	-167,44	5,93
	Mobilstation (Downlink)	-162,30	-168,23	5,93
	Erdstation (Uplink)	-172,45	-178,38	5,93
	Erdstation (Dowlink)	-169,85	-175,78	5,93
Odyssey	Mobilstation (Uplink)	-178,81	-181,08	2,27
	Mobilstation (Downlink)	-179,59	-181,86	2,27
	Erdstation (Uplink)	-189,74	-192,01	2,27
	Erdstation (Downlink)	-187,15	-189,42	2,27

Statistik der Regenrate Die Problematik verstärkt sich durch die statistischen Eigenschaften der Regenrate. Die maximalen Regenraten übersteigen übliche Werte um ein Vielfaches. In Tabelle 10.13 sind die Regenraten angegeben, die 0,001, 0,01 und 0,1 % der Zeit in den Zonen C, D_1 und B_2 erreicht werden. Diese Zonen decken den größten Teil Europas ab. Der größte Teil Deutschlands, Frankreich und die Britischen Inseln gehören der Zone C, große Teile Südeuropas der Zone D_1 und Osteuropa B_2 an [139].

Berechnung der Regendämpfung Zur Vorhersage der Regendämpfung gibt es verschiedene Methoden. Nach der CCIR-Methode [139] ergibt sich die Dämpfung A zu:

$$A = aR^b L_{eff} [\text{dB}] \quad (10.13)$$

Die Größe aR^b bezeichnet die spezifische Dämpfung in dB/km und L_{eff} die effektive Pfadlänge durch den Regen. Die Koeffizienten a und b sind abhängig von Frequenz, Tropfengröße, Elevation und weiteren Faktoren, können aber folgendermaßen angenähert werden [132]:

$$a = \begin{cases} 4,21 \cdot 10^{-5} f^{2,42} & 2,9 < f < 54 \text{GHz} \\ 4,09 \cdot 10^{-2} f^{0,699} & 54 < f < 180 \text{GHz} \end{cases} \quad (10.14)$$

$$b = \begin{cases} 1,41 \cdot f^{-0,0779} & 8,5 < f < 25 \text{GHz} \\ 2,63 \cdot f^{-0,272} & 25 < f < 164 \text{GHz} \end{cases} \quad (10.15)$$

Zur Berechnung der effektiven Pfadlänge benötigt man nach der CCIR-Methode die Regenhöhe h_r, die vom Breitengrad ϕ abhängig ist:

$$h_r = 5,1 \text{km} - 2,15 \log(1 + 10^{(\phi-27)/25}) \text{km} \quad (10.16)$$

Tabelle 10.13: Statistik der Regenrate in mm/h verschiedener Regionen Europas [NASA Reference Publication 1082(03)]

Prozent eines Jahres	Zone C	Zone D_1	Zone B_2
0,001	78	90	70
0,01	28	35,5	23,5
0,1	7,2	9,8	6,1

10.4 Antennen und Satellitenausleuchtzonen

Die Pfadlänge L ist nun aus h_r und der Höhe des Empfängers über NN h_0 sowie dem Elevationswinkel θ folgendermaßen zu berechnen [139]:

$$L = \begin{cases} \dfrac{2(h_r - h_0)}{(\sin^2(\theta) + 2(h_r - h_0)/8\,500)^{\frac{1}{2}} + \sin(\theta)} \text{ km} & \theta < 10° \\ \dfrac{h_r - h_0}{\sin(\theta)} \text{ km} & \theta \geq 10° \end{cases} \quad (10.17)$$

Schließlich ergibt sich die Dämpfung zu:

$$A = aR^b L r_p \quad \text{mit} \quad r_p = \frac{90}{90 + 4L\cos\theta} \quad (10.18)$$

Zum Systementwurf wird üblicherweise der Wert $R_{0,01}$ zugrundegelegt [139], der die Regenrate angibt, die in 99,99 % der Zeit unterschritten wird, und für diese Regenrate wird die geforderte Übertragungsqualität gewährleistet. Wie man den Gleichungen entnehmen kann, ist die Regendämpfung von vielen Faktoren wie Regenrate, Frequenz, Elevation, geographischer Breite, Höhe der Erdstation sowie weiteren im Modell nicht berücksichtigten Größen wie Tropfendurchmesser abhängig.

Die Regendämpfung hat bei Frequenzen über 10 GHz einen großen Einfluß auf die Verbindungsqualität. Die Abhängigkeit von der Frequenz wurde durch Simulation für die geographische Breite von 40° sowie eine Elevation von 10° ermittelt und in Abb. 10.30 dargestellt. Die Regendämpfung wächst stark mit wachsender Frequenz an. Die Wahl der Frequenz beeinflußt also sehr stark die Übertragungsqualität, so daß sich Einschränkungen bezüglich der geeigneten Frequenzbänder ergeben.

In Abb. 10.31 ist die simulativ bestimmte Regendämpfung über der Elevation bei 20 GHz aufgetragen. Unter 30° Elevation steigt die Regendämpfung mit fallender Elevation stark an. Es sind deshalb Konstellationen mit hoher Elevation anzustreben. Dies ist nur durch eine hohe Anzahl von Satelliten zu erreichen, was hohe Kosten und Risiken verursacht, oder durch hohe Bahnhöhen, was die Signallaufzeiten erhöht.

10.4.4 Leistungssteuerung *(Power-Control)*

Die Blockierwahrscheinlichkeit von Verbindungen hängt u. a. von der Signalstärke ab, so daß die Pfadverluste durch eine Leistungssteuerung kompensiert werden

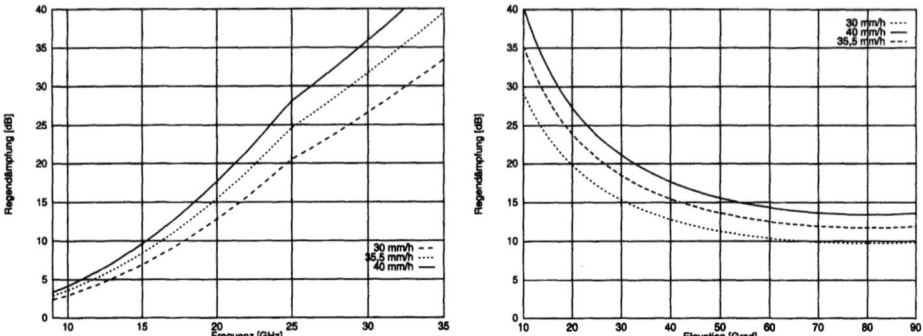

Abbildung 10.30: Regendämpfung über der Frequenz bei unterschiedlichen Regenraten und 10° Elevation

Abbildung 10.31: Regendämpfung über der Elevation bei 20 GHz

müssen. Andernfalls würden die Mobilstationen mit geringerer Distanz zum Satelliten eine hohe Signalstärke an den Antennen des Satelliten haben und damit verhältnismäßig starke Gleichkanalstörungen verursachen.

Allgemein dient die Leistungssteuerung in einem Satellitensystem folgendem Zweck:

- Kompensation der Ausbreitungsdämpfung

- Kompensation der entstehenden Verschlechterung der Funkausbreitungsbedingungen (z. B. durch meteorologische Einflüsse), um eine gute Verbindungsqualität zu erhalten

- Ausgleichen der Gleichkanalinterferenz. Sie tritt auf, wenn mehrere Mobilstationen eine Verbindung auf dem gleichen Kanal haben.

- Schonung der Batterien der Mobilstationen und des Satelliten durch die Senkung der emittierten Signalleistung

Eine denkbare Möglichkeit zur Lösung dieses Problems ist, daß sich in der Nähe des Satellitenfußpunktes aufhaltende Mobilstationen ihre Leistung zugunsten der Mobilstationen am Rand der Satellitenausleuchtzone reduzieren um:

$$L = 20\log\left(\frac{4\pi f d_{max}}{c}\right) \quad (10.19)$$

d_{max} ist die maximale Entfernung zwischen Satellit und einer Mobilstation am Rande der Ausleuchtzone, c die Lichtgeschwindigkeit und f die Frequenz.

10.5 Interferenzen im Satellitenfunknetz

Außer Dämpfungen erfahren die Signale Störungen durch Interferenzen anderer Signale. Dabei sind zwei Arten von Interferenzeinflüssen zu unterscheiden:

1. Gleichkanalinterferenz durch Benutzung des gleichen Funkkanals in einem benachbarten Cluster;
2. Nachbarkanalinterferenz durch Benutzung benachbarter Funkkanäle im gleichen Cluster.

10.5.1 Gleichkanalinterferenz

Kanalvergabeverfahren basieren auf der Bewertung des Störpegelabstandes (C/I), der an den Antennen des Satelliten und des mobilen Teilnehmers gemessen wird. Zur Erläuterung der Pegel soll hier ein einfaches Modell herangezogen werden. Es werden keine Witterungseinflüsse (Dämpfung, Polarisation) und Umgebungseinflüsse (Abschattung, Fading) berücksichtigt. Die empfangene und gesendete Signalstärke wird allein von der Freiraumdämpfung, den Charakteristika der eingesetzten Antennen und der Leistungssteuerung der Mobilstationen bestimmt. Deshalb entstehen Interferenzen im vereinfachten Modell durch das Nutzsignal einer Verbindung und die empfangenen Störsignale der Verbindungen anderer Mobilstationen. Störungen können nur entstehen, wenn beide Verbindungen denselben physikalischen Kanal benutzen.

In Abb. 10.32 ist zu erkennen, daß Uplink und Downlink aus verschiedenen Gründen gestört werden können und deshalb eine getrennte Ermittlung von C/I_{Uplink} und C/I_{Downlink} erforderlich ist. In den folgenden Abschnitten werden die Störpegelabstände berechnet.

10.5.2 Uplink-Störpegelabstand

Der vom Satelliten gemessene Störpegelabstand C/I_{Uplink} ist

$$C/I_{\text{Uplink}} = \frac{C_{\text{Uplink}}}{\sum_{x=1}^{N} I_x(\text{Mobilstation}_x)} \tag{10.20}$$

C_{Uplink} ist die auf einem Kanal vom Satelliten empfangene Nutzsignalleistung einer Mobilstation. I ist die auf dem gleichen Kanal empfangene Störleistung von Mobilstationen, die sich im Versorgungsgebiet des Satelliten befinden und eine

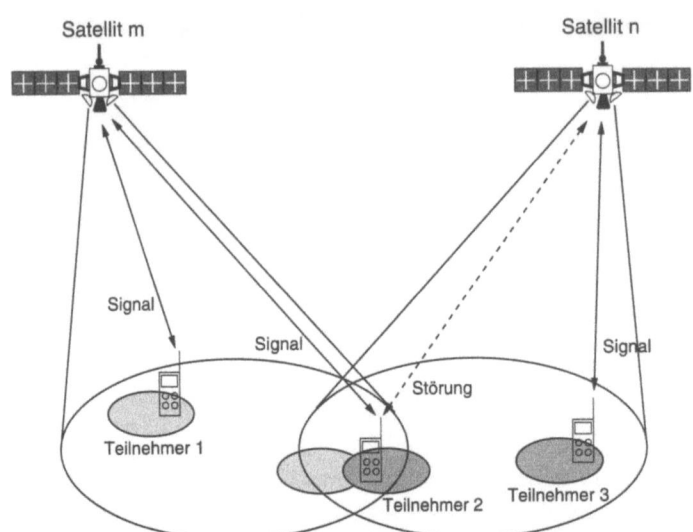

Abbildung 10.32: Gleichkanalstörung bei Benutzung des gleichen physikalischen Kanals

Verbindung zu diesem oder einem Nachbarsatelliten haben. N ist die Anzahl der Gleichkanal-Mobilstationen, die sich in der Ausleuchtzone des Satelliten befinden.

In Abb. 10.33 hat z. B. Teilnehmer 3 hat eine Verbindung zum Satelliten n (Antenne 1) aufgebaut, Teilnehmer 2 steht hingegen mit Satelliten m (Antenne 5) in Verbindung. Da beide Mobilstationen auf demselben Kanal senden, stört Mobilstation 2 das von Mobilstation 3 gesendete Nutzsignal. Für das am Satelliten n (Antenne 1) empfangene C/I_Uplink der Verbindung zum Teilnehmer 3 resultiert

$$C/I_\text{Uplink}(\text{Sat } n, \text{ Ant1}, \text{ MS 3}) = \frac{C(\text{Sat } n, \text{ Ant 1}, \text{ MS 3})}{I(\text{Sat } n, \text{ Ant 1}, \text{ MS 2})} \qquad (10.21)$$

10.5.3 Downlink-Störpegelabstand

Der an einer Mobilstation entstehende Störpegelabstand C/I_Downlink ist

$$C/I_\text{Downlink} = \frac{C_\text{Downlink}}{\sum_{x=1}^{N} \sum_{y=1}^{M_x} I_{xy}(\text{Satellitenantenne}_{xy})} \qquad (10.22)$$

C_Downlink ist der auf einem Kanal an der Mobilstation empfangene Nutzsignalpegel. N ist die Anzahl der Satelliten, in deren Versorgungsgebiet sich die kanalan-

10.5 Interferenzen im Satellitenfunknetz

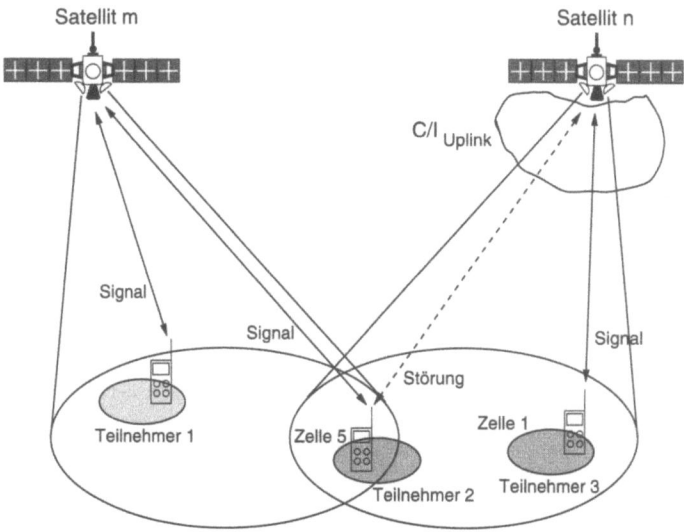

Abbildung 10.33: Entstehung des Uplink-Störpegels

fordernde Mobilstation befindet. M_x ist für jeden dieser Satelliten die Anzahl der Antennen, die auf dem gleichen Kanal eine Verbindung zu einer anderen Mobilstation halten. I_{xy} ist der an der Mobilstation empfangene Störpegel, welcher von den obengenannten Satellitenantennen gesendet wird.

Abb. 10.34 zeigt zur näheren Erläuterung ein Beispiel. Satellit n (Antenne 1) hat eine Verbindung zum Teilnehmer 3 aufgebaut. Satellit m (Antenne 5) steht hingegen mit Teilnehmer 2 in Verbindung. Da beide Satelliten auf dem gleichen Kanal senden, stört Satellit n (Antenne 1) das Nutzsignal des Satelliten (Antenne 5) an der Mobilstation 2. Für das an dieser Mobilstation empfangene CIR_{Downlink} der Verbindung zum Satelliten m (Antenne 5) resultiert:

$$C/I_{\text{Downlink}}(\text{Sat } m,\ \text{Ant } 5,\ \text{MS } 2) = \frac{C(\text{Sat } m,\ \text{Ant } 5,\ \text{MS } 2)}{I(\text{Sat } n,\ \text{Ant } 1,\ \text{MS } 2)} \quad (10.23)$$

10.5.4 DLR-Modell des landmobilen Satellitenkanals

Nachfolgend werden ein Kanalmodell zur Ermittlung von Bitfehlerwahrscheinlichkeiten und eine dem IRIDIUM-System nahestehende Kanalstruktur vorgestellt. Es wird nur die Kommunikationsverbindung zwischen Mobilfunkteilnehmer und Satellit betrachtet. Die Verbindung zwischen Satellit und Bodenstation *(Gateway)*

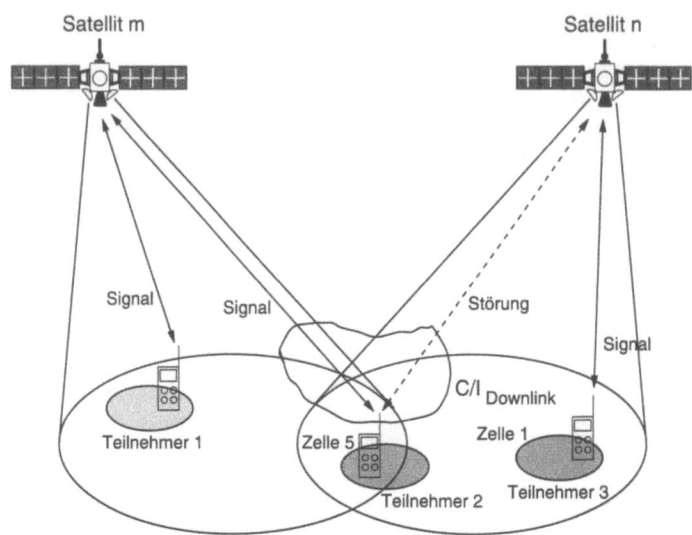

Abbildung 10.34: Entstehung des Downlink-Störpegels

wird aufgrund höherer Sendeleistung der Bodenstation mit höherem Antennengewinn (vgl. [63]) und einer ständigen Sichtverbindung als unkritisch angesehen und nicht weiter betrachtet.

Wie auch beim terrestrischen Mobilfunkkanal ist der landmobile Satellitenkanal durch folgende Störeinflüsse geprägt [13]:

Abschattungsschwund: Hindernisse, wie Bäume, Häuser usw., führen im Übertragungsweg kurzweilig zu Abschattungen und damit zu erheblichen Dämpfungen des Signals. Mit sinkender Satellitenelevation werden die abgeschatteten Flächen größer, wodurch eine untere umgebungsabhängig Elevationsgrenze gegeben ist.

Mehrwegeschwund: In unmittelbarer Umgebung des Mobilfunkteilnehmers befindliche Gegenstände verursachen Reflexionen von Signalanteilen mit unterschiedlichen Laufzeiten. Durch Überlagerung (Interferenz) mit den über die Sichtlinie übertragenen Signalanteilen entsteht ein kurzzeitiger Signalschwund.

Im Unterschied zu terrestrischen Kanälen, bei denen die Schwunddauer stark von der Bewegungsgeschwindigkeit der Mobilstation abhängt, fällt die Geschwindigkeit des Mobilterminals gegenüber dem Satelliten kaum ins Gewicht. So hat z. B. ein Satellit des IRIDIUM-Systems eine Bahngeschwindigkeit (Umlaufdauer:

10.5 Interferenzen im Satellitenfunknetz

1 h 40' 27") von rund 27 800 km/h. Unter Berücksichtigung der Erdrotation (am Äquator 1 670 km/h) ergibt sich durch vektorielle Addition die Relativgeschwindigkeit zur Erde, die um Größenordnungen über der Teilnehmergeschwindigkeit liegt. Der IRIDIUM-Satellit ist ca. 150 mal schneller als ein Auto, das sich mit 170 km/h bewegt. Demzufolge sind auch die Schwunddauern um den Faktor 150 kürzer als in terrestrischen Mobilfunknetzen.

Die Deutsche Forschungsanstalt für Luft- und Raumfahrt (DLR) hat zwischen 1984 und 1987 über den geostationären Satellit MARCES Kanalaufzeichnungen unter verschiedenen Elevationswinkeln und in unterschiedlichen Umgebungen durchgeführt. Ein moduliertes Trägersignal im L-Band (1,54 GHz) wurde von einer Bodenstation in Spanien (ESA in Villafrance) über den Satelliten zu einem Meßfahrzeug in verschiedenen Orten in Europa (Stockholm, Kopenhagen, Hamburg, München, Barcelona und Cadiz) gesendet [124].

Die Ergebnisse zeigen kurzzeitige Schwundsignale in freier Umgebung, die z. B. beim Autofahren durch Bäume, Brücken usw. verursacht worden sind. In Stadtgebieten sind wesentlich stärkere Mehrwege- und Abschattungsschwundsignale zu beobachten. Insbesondere Abschattungsschwund ist in der Stadt ausgeprägter und führt zu Zeitintervallen guter und schlechter Empfangsverhältnisse.

Anhand dieser Messungen wurde ein Modell für den landmobilen Satellitenkanal entwickelt, das das stochastische Verhalten des empfangenen Signalträgers reproduziert. Ausgangspunkt diese Modells sind zwei Kanalzustände, die sich in guten und schlechten Empfangsverhältnissen widerspiegeln. Dabei repräsentiert ein guter Kanalzustand eine direkte Sichtverbindung zum Satelliten, während ein schlechter Zustand die Abschattung des direkten Übertragungsweges kennzeichnet. In beiden Fällen wird das Satellitensignal durch eine Vielzahl in unmittelbarer Umgebung der Mobilstation befindlicher Gegenstände reflektiert. Die dadurch enstehenden Signalanteile werden von der Mobilstation mit unterschiedlichen Laufzeiten und Amplituden empfangen und überlagern sich mit denen des direkten Übertragungsweges.

Abbildung 10.35 zeigt das DLR-Modell des landmobilen Satellitenkanals. Es unterscheidet zwischen einem guten Kanalzustand mit Rice-Fading und einem schlechten Zustand mit lognormal-verteiltem Rayleigh-Fading und geringer Empfangsleistung. Der durch den Markov-Prozeß gesteuerte Schalter bildet eine zufällige Abfolge von guten und schlechten Kanalzuständen nach. Das Sendesignal wird dabei multiplikativ mit dem Schwundsignal $a(t)$ verknüpft, und anschließend wird weißes Rauschen (AWGN) addiert.

Das Kanalmodell wird durch den Rice-Faktor c, durch den Mittelwert μ und die Streuung σ^2 der lognormalen Dämpfung sowie durch die mittleren Dauern D_g und D_b der guten bzw. schlechten Kanalzustände charakterisiert. Der Zeitanteil der

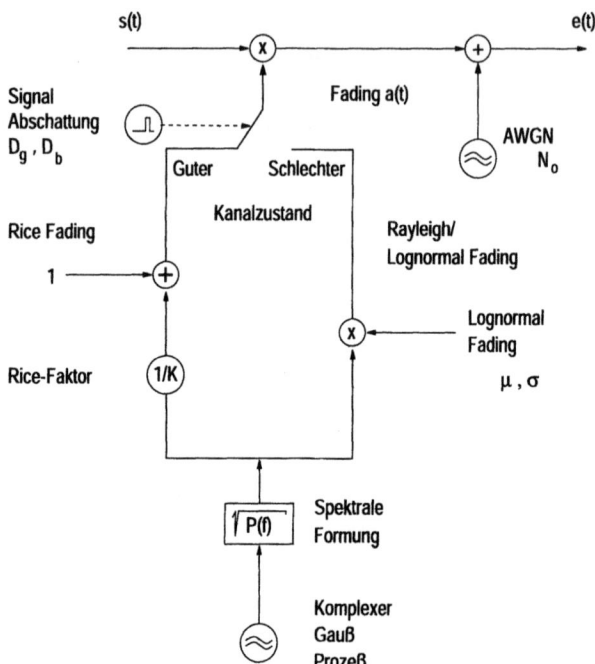

Abbildung 10.35: Analoges Modell des landmobilen Satellitenkanals

schlechten Kanalzustände wird als Abschattungsfaktor A bezeichnet [123]. Diese Parameter werden in [124] angegeben.

Die mittleren Dauern der Kanalzustände hängen von folgenden Faktoren ab:

- Umgebung *(Open, Suburban, Urban)*
- Elevation des sichtbaren Satelliten
- Teilnehmergeschwindigkeit

Den Signalverlauf eines landmobilen Satellitenkanals kann man so für verschiedene Empfangsbedingungen simulativ bestimmen. Abbildung 10.36 zeigt beispielhaft entsprechende bei uns erzeugte Ergebnisse für die Einhüllende des Empfangssignals. Im Demodulator des Empfängers wird die dem Trägersignal digital aufmodulierte Information zurückgewonnen und die aktuelle Kanalqualität durch Beurteilung der Fehlerkorrektureinheit im Empfänger geschätzt. Bei nicht ausreichender Kanalqualität ist die Verbindung gefährdet und muß durch eine Verbindung mit besserem Kanal ersetzt werden.

10.5 Interferenzen im Satellitenfunknetz

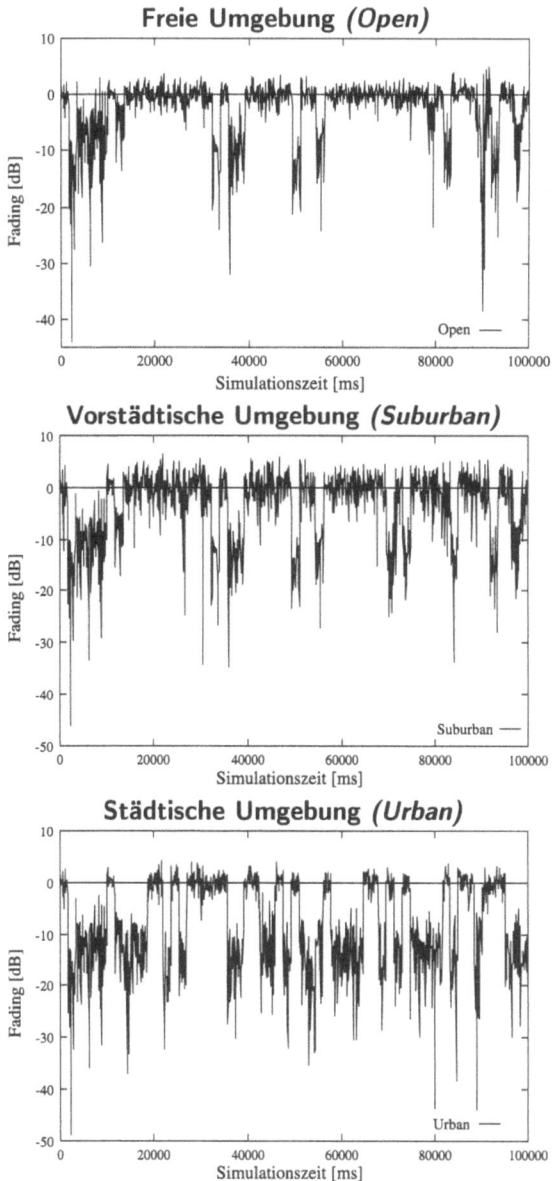

Abbildung 10.36: Signalverlauf in verschiedenen Umgebungen, $v = 108$ km/h, $21°$ Satellitenelevation

10.6 Handover in Mobilfunk-Satellitensystemen

Unter Handover versteht man den Wechsel des physikalischen Kanals, ohne daß die Verbindung unterbrochen wird. Der Handover trägt dazu bei, daß dem Teilnehmer eine Verbindung mit ausreichender Qualität zur Verfügung gestellt wird und ist somit ein wesentliches Leistungsmerkmal eines Mobilfunknetzes.

Im Gegensatz zu den ruhenden Zellstrukturen terrestrischer Zellularnetze, bei denen Handover aufgrund der Mobilität der Teilnehmer nötig sind, bewegen sich bei LEO-Satellitensystemen die Zellen relativ zur Erdoberfläche mit bis zu 7 km/s, vgl. Abb. 10.37.

10.6.1 Häufigkeit von Handover-Ereignissen

Die Zellen der Satellitensysteme sind im Vergleich zu terrestrischen Mobilfunksystemen sehr groß, bei IRIDIUM beträgt z. B. der Durchmesser ca. 500 km. Wären diese Zellen ortsfest auf der Erde, würde es während eines Gespräches nur sehr selten zu einem Zellwechsel kommen. Wenn man annimmt, daß die kommunizierenden Mobilfunkteilnehmer gleichmäßig in einem bestimmten Gebiet auf der Erde verteilt sind, kann man die in einem Zeitintervall neu überflogene Fläche und damit die durchschnittliche Zahl der Handover-Ereignisse berechnen.

In einer Minute überfliegt eine IRIDIUM-Satellitenzelle eine Fläche, die 1,12 mal so groß ist wie die Zellfläche, vgl. Abb. 10.38. Unter der Voraussetzung, daß in einer Zelle ein Verkehrsaufkommen von 80 Erl. liegt, beträgt die Zahl der Handover-Ereignisse durchschnittlich $80 \cdot 1,12 = 90$ pro Minute.

Die Zahl neuer Verbindungen bei einer durchschnittlichen Gesprächsdauer von 2 min und 80 Erl. Verkehr beträgt 40 pro Minute. Die Zahl der Handover-Ereignisse ist also um den Faktor 2,25 größer.

Kommunikation ist bei LEO-Satellitensystemen nur bei Sichtverbindung möglich. Daher ist die Zeitspanne der Sichtverbindung von großer Bedeutung. Sie ist abhängig von der Bahngeschwindigkeit des Satelliten, der Ausdehnung der Ausleuchtzone sowie der Position und Bewegungsrichtung relativ zur Erde. In eigenen Untersuchungen wurde gezeigt, daß man die maximale Aufenthaltsdauer in einer Ausleuchtzone berechnen kann:

$$t_{max}(r) = \frac{2\,r_{cov}}{v_g} \qquad (10.24)$$

10.6 Handover in Mobilfunk-Satellitensystemen

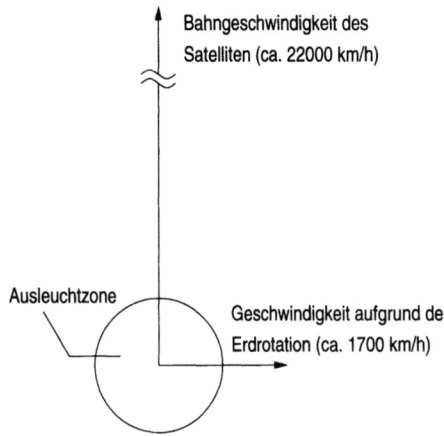

Abbildung 10.37: Bewegung einer Ausleuchtzone

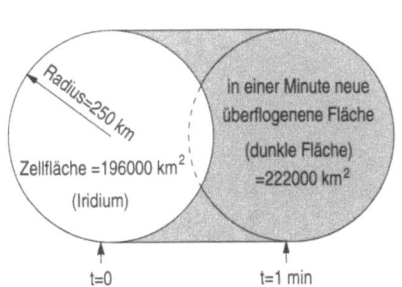

Abbildung 10.38: In einer Minute überflogenes Gebiet einer Zelle des IRIDIUM-Systems

Dabei wurde angenommen, daß der Teilnehmer sich nicht bewegt, da seine Geschwindigkeit gegenüber der Bahngeschwindigkeit des Satelliten und der Geschwindigkeit aufgrund der Erdrotation vernachlässigbar ist. In Gl. (10.24) ist r_{cov} der Radius der Ausleuchtzone und v_g die Geschwindigkeit des Satellitenfußpunktes relativ zur Erdoberfläche. Abb. 10.39 zeigt für zwei Elevationswinkel die maximale Aufenthaltsdauer eines Teilnehmers in einer Ausleuchtzone über dem Bahnradius.

10.6.2 Handover-Typen

Man unterscheidet den Intra-Satellite-Handover innerhalb der Ausleuchtzone eines Satelliten und den Inter-Satellite-Handover zwischen verschiedenen Satelliten. Der Intra-Satellite-Handover wird in Intra-Cell- und Inter-Cell-Handover unterteilt, vgl. Abb. 10.40.

10.6.2.1 Der Inter-Satellite-Handover

Selbst ortsfeste Terminals werden nur einige Minuten lang durch den selben Satelliten versorgt, vgl. Abb. 10.39.

Um die Anzahl von Handovern so gering wie möglich zu halten, muß beim Verbindungsaufbau und bei jedem Handover ein geeigneter Satellit gewählt werden, der über einen möglichst langen Zeitraum sichtbar bleibt. In dieser Zeitspanne

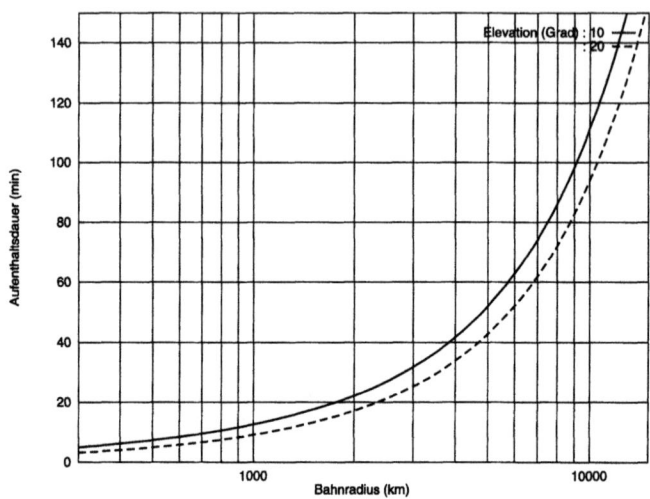

Abbildung 10.39: Maximale Aufenthaltsdauer in einer Ausleuchtzone

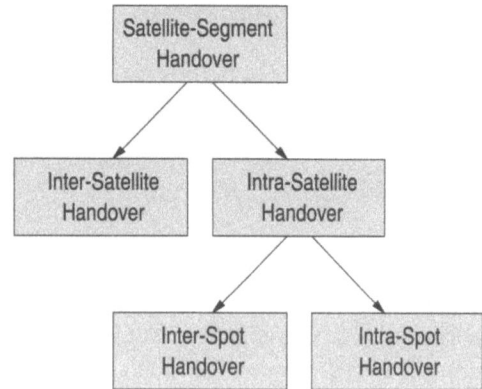

Abbildung 10.40: Handover-Typen des Satellitensegments

verändern sich zwangsläufig die Kanalparameter erheblich, weil auch ungünstige noch akzeptable Elevationen auftreten. Wählt man stattdessen einen Satelliten nach optimalen Kanalparametern aus, werden sehr wahrscheinlich mehr Handover ausgeführt werden müssen.

Es muß erreicht werden, den Elevationswinkel auf einem akzeptablem Niveau zu halten, um eine ausreichende Verbindungsqualität garantieren zu können. Hierzu sind zwei Verfahren bekannt [18].

Maximierung des momentanen Elevationswinkels: Bei dieser Strategie wird zu jedem Zeitpunkt einer bestehenden Verbindung der momentan unter dem größten Elevationswinkel sichtbare Satellit ausgewählt. Handover werden auch bei ausreichender Verbindungsqualität vorgenommen, um sie zu maximieren. Da die Verbindung ständig über den optimalen Elevationswinkel abgewickelt wird, wird die Abschattungswahrscheinlichkeit verringert. Nachteil dieses Verfahrens ist, daß evtl. viele unnötige Handover auftreten, da auch ein Satellit mit geringerer Elevation noch eine ausreichende Verbindungsqualität liefern könnte.

Minimierung der Inter-Satellite-Handoverrate: Dieses Verfahren läßt Handover nur bei Erreichen eines vorgegebenen minimalen Elevationswinkels ϵ_{min} zu. Für die neue Verbindung wird immer der noch am längsten sichtbare Satellit unter der Bedingung $\epsilon \geq \epsilon_{min}$ ausgewählt. Hierzu ist die Positionsbestimmung der Mobilstation erforderlich.

Bei diesem Verfahren kann die Handover-Rate niedrig gehalten werden, der ausgewählte Satellit kann aber u. U. zeitweise keine akzeptable Verbindungsqualität liefern.

Mögliche Kriterien für einen Inter-Satellite-Handover sind:

- Die Signalqualität fällt unter einen bestimmten Wert , d. h. die Entfernung zwischen Satellit und Teilnehmer ist zu groß geworden.

- Der Signal-Störabstand ist zu gering, weil weitere Teilnehmer den gleichen Kanal benutzen und Gleichkanalstörungen verursachen.

Ist der Handover eingeleitet worden, so wird der Satellit ausgewählt, der die beste Signalqualität bzw. den besten Elevationswinkel hat.

10.6.2.2 Inter-Segment-Handover

Mit Inter-Segment-Handover bezeichnet man eine wichtige Funktion zur Integration zukünftiger LEO-Satellitensysteme in terrestrische Zellularnetze. Der Inter-

Segment-Handover ermöglicht den Wechsel einer aktiven Verbindung von einer terrestrischen Zelle zu einer Satellitenzelle *(Spotbeam)* oder umgekehrt.

Typische Anwendungen sind z. B. die Unterstützung lokaler Zellularnetze (z. B. einer Stadt) durch das Satellitennetz in stadtfernen Gebieten.

Der Inter-Segment-Handover wird im folgenden anhand des GSM-Systems veranschaulicht. Es wird außerdem eine Möglichkeit der Integration von Bodenstationen *(Gateways)* in das GSM-Netz vorgestellt.

Integration auf Netzebene Bei diesem Integrationskonzept handelt es sich um eine direkte Verbindung von Satelliten-Gateways an Mobilvermittlungsstellen (MSCs) des GSM-Netzes, vgl. Kap. 3, Band 1. Wie in Abb. 10.41 dargestellt, bildet das Gateway zusammen mit einer Steuereinheit *(Controller)* ein *Satellite Relay Sub System* (SRSS), das ähnliche Funktion besitzt wie das *Base Station Subsystem* (BSS) des GSM. Darüber hinaus besitzt das SRSS eine eigene Datenbank, *Satellite Visitor Location Register* (S-VLR), in der alle aktiven Teilnehmer eingetragen sind, die sich innerhalb der Ausleuchtzone *(Footprint)* des Satelliten befinden. Diese Datenbank kann, wie das VLR im GSM, durch die MSC bzw. durch das *Home Location Register* (HLR) benutzt werden. Der Vorteil einer solchen Integration von Satellitensystem und GSM ist die Verwendung bereits bestehender Protokolle und Schnittstellen für die Mobilitätsverwaltung. Sie setzt eine enge Kooperation zwischen Satelliten- und GSM-Netzbetreibern voraus [140].

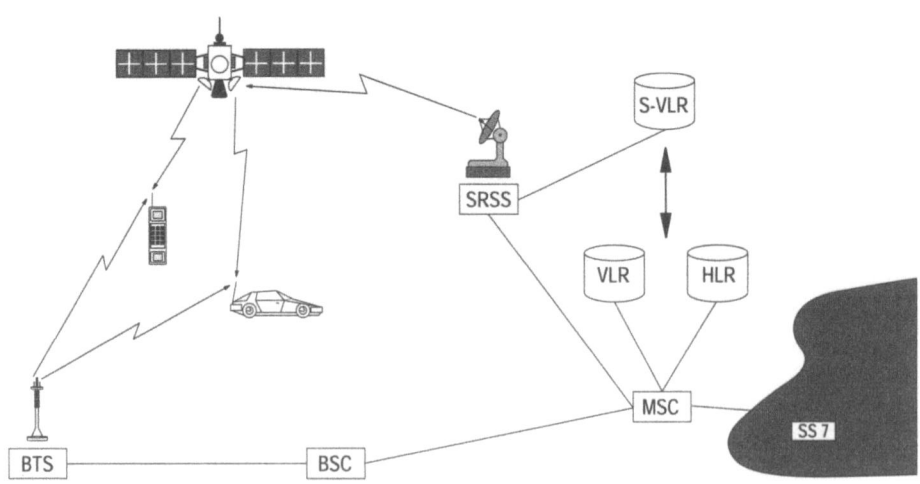

Abbildung 10.41: *System Level Integration* Szenario im GSM-System

10.6 Handover in Mobilfunk-Satellitensystemen

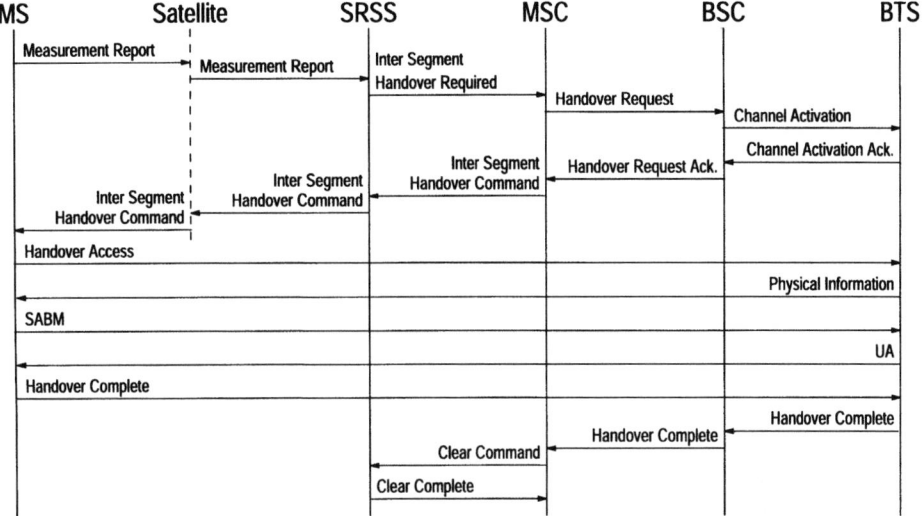

Abbildung 10.42: Inter-Segment-Handover-Protokoll für den Wechsel vom Satelliten- zum GSM-Segment

Inter-Segment-Handover im integrierten GSM-Satelliten-System Nachfolgend wird ein Inter-Segment-Handover-Protokoll vorgestellt, das dem Intra-MSC-Handover im GSM entspricht.

In Abb. 10.42 ist das Handover-Protokoll zum Wechsel in das GSM-Segment und in Abb. 10.43 in umgekehrter Übergangsrichtung dargestellt. In beiden Fällen ist die Verwandtschaft zum in Abschn. 3.6.8, Band 1, beschriebenen Intra-MSC-Handover-Protokoll unverkennbar. Auch die Protokollelemente sind im wesentlichen identisch. Änderungen im Satellitensegment gegenüber dem GSM-Protokoll erscheinen bezüglich Zell- und Kanalidentität nötig. Im nächsten Abschnitt wird auf eine Besonderheit beim Satellitenkanalzugriff eingegangen.

Zufallszugriff auf Satelliten Anders als im terrestrischen Netz, bei dem sich die Mobilstation, abgesehen vom Zeitverschiebungsfaktor *(Timing Advance)*, bereits vor dem Kanalzugriff auf den logischen Zeitmultiplexkanal für den Vielfachzugriff synchronisiert hat, ist eine Synchronisation im Satellitensegment während des Handovers nicht ohne weiteres möglich. Da die Signallaufzeiten nicht bekannt sind und vom momentanen Abstand zwischen Satellit und Teilnehmer bzw. Gateway abhängen, kann der Mobilstation vor dem Zugriff auf einen Satellitenkanal nicht mitgeteilt werden, welche Signallaufzeitkorrektur sie vornehmen muß, um die Rahmenstruktur beim Satelliten einzuhalten.

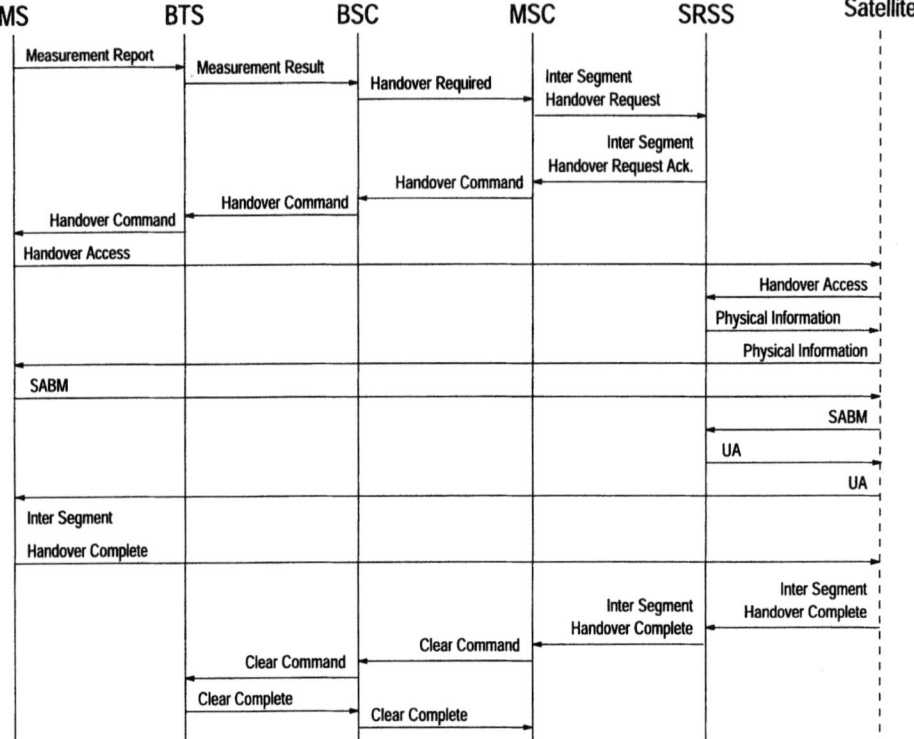

Abbildung 10.43: Inter-Segment-Handover-Protokoll für den Wechsel vom GSM- zum Satelliten-Segment

Deshalb existieren im Satellitensegment getrennte Kanäle zur Übertragung von Kanalzuweisungsanforderungen (Handover_Access, Channel_Request), die keine Synchronisation mit dem Satelliten und mit anderen Teilnehmern erfordern. Jede Mobilstation darf senden, ohne zu berücksichtigen, ob der Kanal schon belegt ist. Ein Beispiel für ein solches *Time Random Multiple Access*-Protokoll (TRMA=Protokoll) ist das Pure-ALOHA-Verfahren.

Senden mehrere Teilnehmer gleichzeitig auf dem Pure-ALOHA-Kanal, so kommt es zu Kollisionen, und zerstörte Datenpakete müssen erneut übertragen werden. Damit es bei der erneuten Übertragung nicht wieder zu einer Kollision kommt, werden die Pakete erst nach Ablauf einer zufälligen Wartezeit nochmals gesendet.

Wird, wie in Abb. 10.44 gezeigt, die Dauer eines Datenpakets mit T bezeichnet und vorausgesetzt, daß alle Pakete gleich lang sind, dann darf im Zeitraum von $-T$ bis $+T$ ($t = 0$ am Sendeende) keine weitere Station senden, damit die Nach-

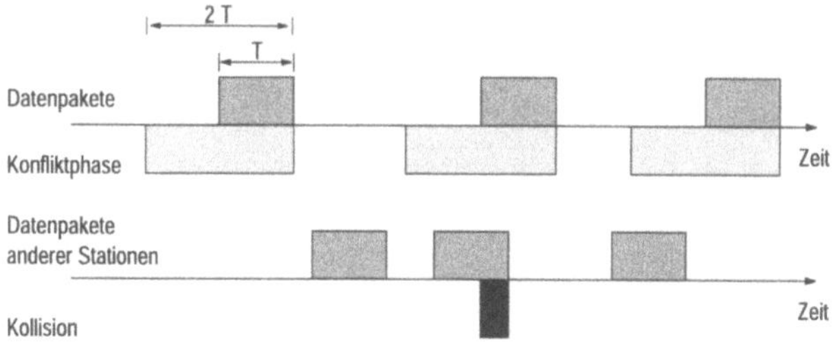

10.7 Verbindung drahtloser Zugangsnetze mit dem Festnetz über Satelliten 393

Abbildung 10.44: Pure ALOHA

richt korrekt empfangen wird. Die Konfliktphase, d. h. der Zeitraum, in dem keine andere Station senden darf, beträgt also $2T$. Sie ist damit doppelt so lang wie die Nachricht. Entsprechend der Herleitung für das Slotted-ALOHA-Verfahren in Abschn. 2.9.1, Band 1, kann man, bei unabhängigen Zugriffen der Mobilstationen, einen Poisson-Ankunftsprozeß von Paketen unterstellen und entsprechend Gl. 2.48 die Wahrscheinlichkeit für eine erfolgreiche Übertragung während der Dauer T berechnen, die den Durchsatz (Pakete/T) angibt.

$$S = G \cdot e^{-2G} \qquad (10.25)$$

Der maximale Durchsatz ist nur halb so groß ($1/2e$).

10.7 Verbindung drahtloser Zugangsnetze mit dem Festnetz über Satelliten

LEO-Satellitensysteme wie Globalstar oder IRIDIUM erreichen nur bei Sichtverbindung ausreichend gute Kanalqualitäten. Telefonieren in Gebäuden oder in abgeschatteten Gebieten ist mit diesen Systemen nicht möglich. Drahtlose terrestrische Zugangsnetze (RLL), vgl. Kap. 7, werden benutzt, um nicht versorgte Gebiete schnell an eine Telekommunikationsinfrastruktur anzuschließen. Nachfolgend wird diskutiert, ob sich LEO-Satellitensysteme dafür eignen, Basisstationen von RLL-Systemen mit dem Festnetz zu verbinden und dabei in Wettbewerb zu Punkt-zu-Mehrpunkt-Richtfunksystemen zu treten, die ebenfalls für diesen Zweck eingesetzt werden. Potentielle mit dem Festnetz zu verbindende Zugangsnetze sind in Abb. 10.45 dargestellt:

- Wireless-Local-Loop-Systeme,
- Feststationen zellularer Funknetze und
- Nebenstellenanlagen.

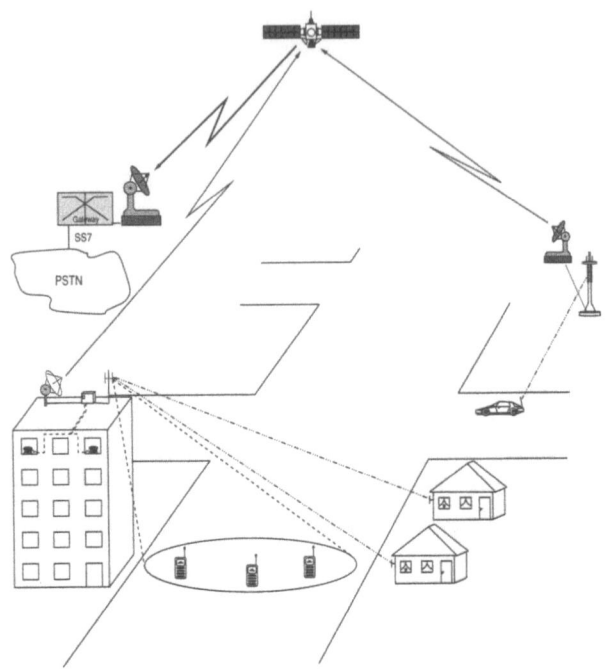

Abbildung 10.45: Szenarien des Satellitensystems als Transportnetz

Vorteile des satellitengestützten Punkt-zu-Mehrpunkt-Richtfunksystems gegenüber terrestrischen Richtfunksystemen sind:

- schnelle Installation, falls geeignete Satellitensysteme vorhanden sind;
- niedrige Zusatzkosten der Infrastruktur für neue Anschlüsse.

Nachteile sind

- höhere Signallaufzeiten,
- hohe Systemkosten des Satellitensystems.

Es stellt sich die Frage, wieviele Klein- beziehungsweise Großstädte von dem betrachteten LEO-System versorgt werden können. Als Beispiel wird eine Durchdringung von ein sowie von zehn Prozent betrachtet, wobei die WLL-Systeme einer Stadt als punktförmige Quellen angesehen werden. Bei Zellgrößen von 600 km ist diese Näherung auch hinreichend genau. Für die Kapazitätsuntersuchung des TELEDESIC-Systems wird die Fläche, über die sich die WLL-Systeme erstrecken, jedoch nicht zu vernachlässigen sein.

10.7.1 Einfaches fiktives WLL-System

Da die ersten niedrigfliegenden Satellitensysteme nur niedrige Übertragungsraten unterstützen, ist der Anschluß von z. B. WLL-Systemen gemäß DECT-Standard, nur über die Bündelung mehrerer Satellitenkanäle pro DECT-Kanal möglich. Dies würde die Anzahl der tragbaren Gespräche jedoch erheblich vermindern. Deshalb wird hier für die Kapazitätsuntersuchungen ein fiktives System mit einer dem Satellitenkanal angepaßten Übertragungsrate von 4,8 kbit/s angenommen. Die Sprachqualität ist dann zwar niedrig, es kann jedoch angenommen werden, daß es einen großen Markt für Dienste niedrigerer Qualität gibt, als bei Telekommunikationsnetzen in Zentraleuropa üblich, sofern der Preis niedriger ist. Ein Beispiel für ein System für Datenübertragung mit schlechter Qualität aber hoher Akzeptanz ist das Internet.

10.7.1.1 Anschluß von Feststationen zellularer Mobilfunknetze

Der Standort von Feststationen wird nach funktechnischen und wirtschaftlichen Gesichtspunkten ausgewählt. Da die funktechnisch idealen Positionen häufig hohe Anschlußkosten verursachen, werden oft Richtfunkstrecken zum Anschluß von Feststationen eingesetzt. Niedrig fliegende Satelliten können eine alternative Anschlußmöglichkeit sein.

Der Anschluß von Feststationen über Satelliten hat die in Abb. 10.46 dargestellte Architektur. Als neues Element kommt die Satelliten-Terminalsteuereinheit-Terminalsteuereinheit (S-TSC) hinzu, um mit Richtgewinn die Basisstation an das Satellitensystem anzuschließen.

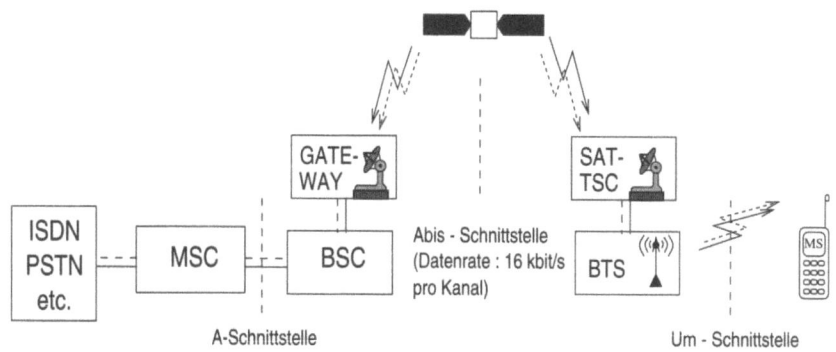

Abbildung 10.46: Anbindung von Feststationen über Satelliten

Eine solche Konfiguration stellt besondere Anforderungen an das Satellitensystem bezüglich Verzögerungszeit und Bitfehlerrate. Es muß gewährleistet werden, daß keine Zeitüberwachungen in Protokollen ablaufen, und daß die Nachrichten nicht zu oft wiederholt werden müssen, damit evtl. Verzögerungszeiten nicht zu groß werden.

10.7.1.2 Mögliche Systeme

Die Kapazität des IRIDIUM-Systems ist im Vergleich mit dem zu tragenden Verkehr zu niedrig, selbst wenn nur Sprachübertragung mit 4,8 kbit/s angenommen wird, vgl. Szenarium 1a in Abb 10.47. Man könnte jedoch die WLL-Verbindungen im L-Band realisieren, vgl. Abb. 10.47, Szenarium 1b, um z. B. GSM-Basisstationen auszuschließen.

Das TELEDESIC-System kommt als Transportnetz für WLL-Systeme eher infrage. Abbildung 10.48 zeigt ein Szenario zum Anschluß eines DECT-WLL-Systems. Da TELEDESIC erheblich mehr Kanäle als IRIDIUM zur Verfügung stellt und DECT als Repräsentant kleiner WLL-Systeme angesehen werden kann, erscheint diese Kombination interessant zu sein. Weiterhin wird die Eignung beider Systeme zur Anbindung von GSM-Feststationen diskutiert. In Abb. 10.48 wird auch der Anschluß größerer Teilnehmer, z. B. von GSM-Feststationen im Ka-Band dargestellt.

Überschlägige Berechnungen ergeben, daß das IRIDIUM-System nur in Sonderfällen und das TELEDESIC-System nur mit großen Einschränkungen als Anschlußtechnik für WLL-Basisstationen an das Festnetz infrage kommen, wenn ein nennenswerter Anteil (10 %) des Verkehrsaufkommens in Mitteleuropa getragen werden soll. Die Satellitenzellen sind für diese Anwendung noch viel zu groß. Der dort auftretende Verkehr übersteigt die Kapazität in Satellitensystemen um ein Vielfaches. Es bleibt also nur, diese Einsatzmöglichkeit in Einzelfällen einzusetzen, oder auf Satellitensysteme mit deutlich kleineren Zellradien und/oder deutlich größerer Kapazität zu warten.

Ganz anders stellt sich die Situation dar für die Telekommunikationserschließung von Ländern der dritten Welt mit sehr kleinem Verkehrsaufkommen pro Flächeneinheit. Hier erscheint selbst das IRIDIUM-System mit seiner kleinen Verkehrskapazität schon wirtschaftlich interessant zu sein. Das TELEDESIC-System kommt dort als Transportnetz für WLL-Systeme für weite Bereiche uneingeschränkt infrage [72].

10.7 Verbindung drahtloser Zugangsnetze mit dem Festnetz über Satelliten

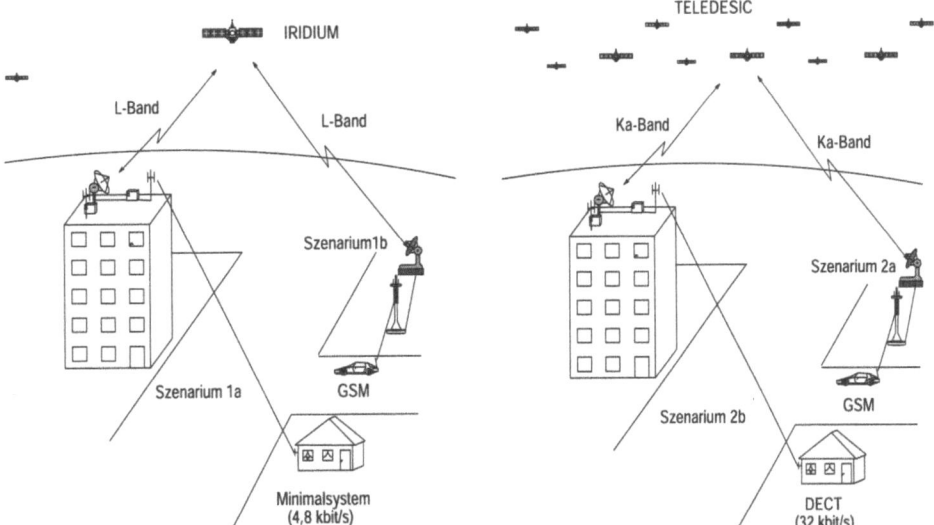

Abbildung 10.47: IRIDIUM zur Anbindung eines WLL-Systems

Abbildung 10.48: TELEDESIC zur Anbindung von DECT-WLL und GSM

11 UPT – Universelle Persönliche Telekommunikation

Unter Mitwirkung von Matthias Fröhlich

Der Mensch wird mobiler. Gleichzeitig wird das Bedürfnis, erreichbar zu sein und andere erreichen zu können, größer. Um diese Kommunikationsbedürfnisse zu befriedigen, existieren bereits vielfältige Systeme, die alle verschiedene Mobilitätsklassen ansprechen:

- Der Firmenangehörige ist auf dem gesamten Firmengelände durch ein DECT-Endgerät erreichbar.

- Der Handwerker ist innerhalb einer Stadt über ein *Digital Communication System* (DCS) anzurufen.

- Der Geschäftsmann ist via GSM in ganz Europa unabhängig von seinem Standort über die gleiche Rufnummer erreichbar.

- Der Abenteurer ist durch das INMARSAT-Satellitensystem mit der Zivilisation verbunden.

Für jedes dieser Kommunikationssysteme benötigt der Teilnehmer ein spezielles Endgerät.

Im Gegensatz zu diesen funkbasierten Systemen bestehen leitungsgebundene Telekommunikationssysteme, die in industrialisierten Ländern fast jeden Haushalt erreichen können. Die Festnetze bieten dem Teilnehmer keine Mobilität. Um an anderen Endgeräten erreichbar zu sein, muß der Teilnehmer dem Anrufer seinen neuen Aufenthaltsort in Form einer Rufnummer mitteilen. Beim Dienst Universal Personal Telecommunication (UPT) übernimmt das Telekommunikationsnetz die Aufgabe, aufgrund einer persönlichen Rufnummer durch Abfrage von Datenbanken den Aufenthaltsort des Teilnehmers festzustellen. Damit wird Mobilität in Telekommunikationsnetzen ohne Einsatz von speziellen neuen Endgeräten einer größeren Teilnehmerzahl verfügbar.

11.1 Klassifizierung von Telekommunikationsdiensten

Erst die Dienste eines Telekommunikationsnetzes ermöglichen dem Benutzer, über das Netz Informationen auszutauschen, zu kommunizieren. Als Dienst werden in [15] sämtliche Kommunikationsdienste bezeichnet, die den Benutzern zur Kommunikation über öffentliche und private Netze von Fernmeldeverwaltungen und privaten Dienstanbietern zur Verfügung gestellt werden.

Durch ITU-T werden in [102] zwei Arten von Diensten unterschieden:

Trägerdienste *(Bearer Services)*, auch Übermittlungsdienste genannt, dienen zur Übertragung von Daten zwischen genau definierten Benutzer-Netz-Schnittstellen. Im Sinne des OSI-Referenzmodells[1] wird ein Trägerdienst von den Schichten 1–3 zur Verfügung gestellt. Ein Beispiel hierfür ist der sogenannte B-Kanal im ISDN mit 64 kbit/s Übertragungskapazität.

Teledienste *(Teleservices)* bieten ihren Benutzern die Möglichkeit, über die Endgeräte des Netzes miteinander zu kommunizieren, und werden von den Schichten 1–7 des OSI-RMs zur Verfügung gestellt. Dabei werden auch die Kommunikationsfunktionen der Endgeräte festgelegt. Ein Beispiel hierfür ist der Telefondienst im ISDN.

Unabhängig davon wird bei beiden Arten zwischen interaktiven Diensten und Verteildiensten unterschieden, die entsprechend Abb. 11.1 weiter unterteilt werden.

Beschrieben werden die Dienste durch ihre Dienstmerkmale, die sie dem Benutzer zur Verfügung stellen. Dabei wird zwischen *allgemeinen Anschlußmerkmalen*, *Basisdienstmerkmalen* und *ergänzenden Dienstmerkmalen* unterschieden, vgl. Abb. 11.2.

Ergänzende Dienstmerkmale können nur in Verbindung mit einem Träger- oder Teledienst in Anspruch genommen werden und können sowohl außerhalb als auch innerhalb des Netzes erbracht werden. Innerhalb des Netzes unterliegen sie der Standardisierung und werden als *Zusatzdienste* bezeichnet, vgl. Abb. 11.3.

Als Mehrwertdienste (*Value Added Services*, VAS) werden ergänzende Dienstmerkmale bezeichnet, die von Dienstknoten außerhalb des Netzes, in den OSI-Schichten 4–7 erbracht werden. Solche Dienste enthalten meist Speicher-, Abruf- oder Konvertierungsfunktionen zur Schnittstellen-, Protokoll- und Bitratenanpassung. Sie benötigen eine Schnittstelle zu einem Träger- oder Teledienst des Netzes.

---

[1]Das *Open Systems Interconnection*-Referenzmodell (OSI-RM, [107, 73]) der ISO *(International Organization for Standardization)* beschreibt die Kommunikation zwischen offenen Systemen in sieben aufeinander aufbauenden Schichten.

11.2 Ergänzende Dienstmerkmale im ISDN und GSM

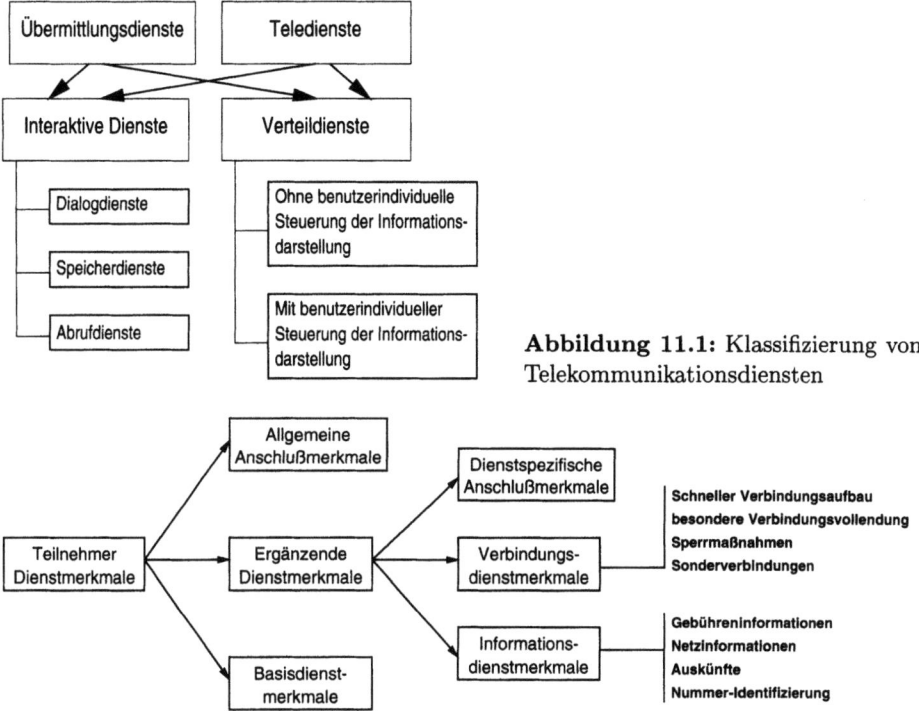

Abbildung 11.1: Klassifizierung von Telekommunikationsdiensten

Abbildung 11.2: Unterteilung der Dienstmerkmale von Telekommunikationsdiensten

Die Einordnung von Träger-, Tele-, Zusatz- und Mehrwertdienst in einem Telekommunikationsnetz ist in Abb. 11.4 wiedergegeben, wobei S die Zugangsschnittstelle des Benutzers zwischen Endgerät und Netz und Q die Schnittstelle zwischen Mehrwertdienst und Netz darstellt.

11.2 Ergänzende Dienstmerkmale im ISDN und GSM

Der inzwischen weltweite Erfolg des GSM beruht zu einem großen Teil auf den angebotenen Zusatz- und Mehrwertdiensten. Auf Grund der Harmonisierung zwischen ISDN und GSM stehen die meisten ergänzenden Dienstmerkmale des ISDN auch im GSM zur Verfügung. Im folgenden Abschnitt werden die wichtigsten Zusatz- und Mehrwertdienste des ISDN beschrieben. Die darüber hinaus gehenden Dienstmerkmale des GSM werden in Abschn. 11.2.2 beschrieben.

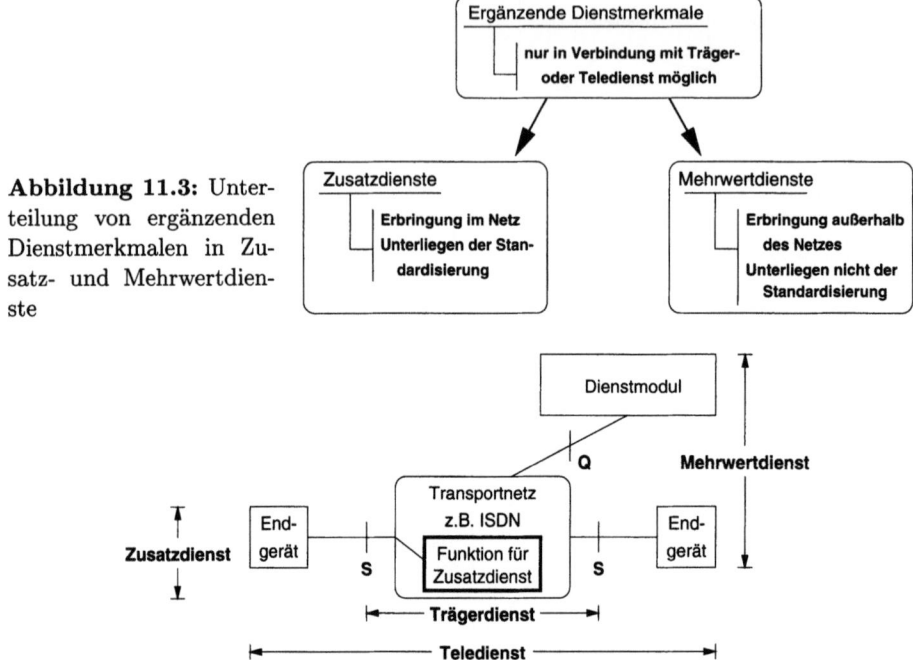

Abbildung 11.3: Unterteilung von ergänzenden Dienstmerkmalen in Zusatz- und Mehrwertdienste

Abbildung 11.4: Einordnung von Träger-, Tele-, Zusatz- und Mehrwertdiensten

11.2.1 Zusatz- und Mehrwertdienste im ISDN

Auf Grund der vollständigen Digitalisierung bietet das ISDN im Vergleich zum analogen Telefonnetz eine Vielzahl an ergänzenden Dienstmerkmalen, deren wichtigste sich in sieben Gruppen zusammenfassen lassen:

Nummer-Identifizierung ermöglicht die Anzeige der Rufnummer des Anrufenden oder des Angerufenen. Letzteres ist z. B. bei einer aktivierten Rufumleitung interessant. Es existieren Möglichkeiten, diese Zusatzdienste zu unterdrücken. Daneben werden mehrere Rufnummern an einem Anschluß unterstützt.

Rufumleitung erlaubt, einen eingehenden Ruf sofort, nach einer kurzen Wartezeit oder im Besetztfall an eine andere Nummer weiterzuleiten.

Besondere Verbindungsvollendung umfaßt ergänzende Dienstmerkmale wie Halten eines Anrufs für Rückfragen sowie automatischer Rückruf oder sogenanntes Anklopfen falls der angerufene Anschluß besetzt ist.

11.2 Ergänzende Dienstmerkmale im ISDN und GSM 403

Gruppenverbindungen hierzu zählen Konferenz- und Dreierschaltungen sowie geschlossene Benutzergruppen.

Gebührenfunktionen erlauben die ständige (z. B. beim Dienst 0130) oder fallweise Übernahme der Gebühren eines eingehenden Anrufs sowie die Anzeige der Gebühren einer Verbindung.

Zusatzinformationen können mit Hilfe der transparenten Benutzersignalisierung zwischen Endgeräten ausgetauscht werden.

Sperrmaßnahmen dienen sowohl der Unterdrückung unerwünschter eingehender Rufe als auch der Einschränkung bestimmter oder aller ausgehender Rufe.

Einige der im ISDN realisierten Zusatz- und Mehrwertdienste unterstützen erstmals die Mobilität des Benutzers bzw. eine Personalisierung der Dienste. So erlaubt z. B. die Rufweiterschaltung, eingehende Rufe an einen anderen Ort umzuleiten und unterstützt damit die Mobilität des Benutzers. Durch die ausschließliche Weitergabe einer Mehrfachrufnummer an einen bestimmten Personenkreis, oder die Sperrung bestimmter Rufnummern für eingehende Rufe wird eine Personalisierung in beschränktem Maße ermöglicht.

11.2.2 Zusatz- und Mehrwertdienste im GSM

Das GSM bietet systembedingt einige ergänzende Dienstmerkmale, die das ISDN nicht unterstützt. Es handelt sich dabei besonders um Dienste, die die Mobilität und Personalisierung direkt durch das System unterstützen. Dies sind im wesentlichen:

Gerätemobilität, d. h. die Möglichkeit sich im Bereich der Funkfeldausbreitung einer Basisstation während eines Gesprächs frei zu bewegen. Durch die automatische Umschaltung der Funkverbindung *(Handover)* ist es sogar möglich, beliebig zwischen benachbarten Basisstationen zu wechseln, ohne daß es zum Abbruch einer bestehenden Verbindung kommt.

Authentisierung des Benutzers, d. h. die Feststellung und Überprüfung der Identität unabhängig vom benutzten Endgerät. Dazu wird ein persönliches Identifikationsmodul *(Personal Identificiation Module*, PIM), meist in Form einer Plastikkarte mit integriertem Speicherchip *(Smartcard)* in Verbindung mit einer persönlichen Geheimzahl *(Personal Identification Number*, PIN) verwendet.

Lokalisierung beschreibt die automatische Feststellung und Abspeicherung des Aufenthaltsortes des Benutzers im Netz. Dadurch wird er unter seiner persönlichen GSM-Rufnummer unabhängig vom Aufenthaltsort erreichbar.

Registrierung bedeutet die Bereitstellung der abonnierten Dienste im Rahmen des mit dem Benutzer vereinbarten Vertrags (Dienstprofil). Gleichzeitig erfolgt dadurch die Verbuchung der anfallenden Kosten zu Lasten des persönlichen Dienst-Abonnements. Zur Vermeidung von Mißbrauch muß die Identität des Benutzers durch die Authentifizierung eindeutig festgestellt werden.

Personalisierung des Dienstprofils ermöglicht dem Benutzer im Rahmen des vereinbarten Dienstabonnements bestimmte Dienstmerkmale individuell zu konfigurieren. So kann z. B. ein Sprachspeicherdienst (Anrufbeantworter im Netz) aktiviert oder deaktiviert werden oder die Erreichbarkeit für eingehende Rufe unterbunden werden, wenn dies z. B. mit zusätzlichen Kosten oder unerwünschten Störungen verbunden wäre.

Die großen Teilnehmerzahlen in den GSM-Netzen unterstreichen die Nachfrage nach diesen ergänzenden Dienstmerkmalen, so daß deren Unterstützung auch im Festnetz – soweit technisch möglich – angestrebt wird. Der erste Ansatz dazu ist der Dienst zur universellen persönlichen Telekommunikation (*Universal Personal Telecommunication*, UPT), der im nächsten Abschnitt vorgestellt wird.

11.3 Der UPT-Dienst für die universelle, personalisierte Telekommunikation

Der UPT-Dienst wird seit Anfang der 90er Jahre entwickelt und wurde 1993 durch internationale Empfehlungen [103, 106] der ITU in seinen Grundzügen standardisiert. Die Einführung des UPTDienstes soll in mehreren Phasen erfolgen, von denen bisher nur die erste *(Service Set 1)* standardisiert ist [108].

In leitungsgebundenen Telekommunikationsnetzen wie dem ISDN ist die Rufnummer eines Benutzers fest an den Netzanschluß des Endgerätes gebunden. Alle von diesem Netzanschluß in Anspruch genommenen Dienste des Netzes werden dem Benutzer in Rechnung gestellt. Diese feste Beziehung zwischen Netzanschluß und Rufnummer des Benutzers wird beim UPT-Dienst aufgehoben.

Die Identifizierung des UPT-Benutzers erfolgt unabhängig von der Adressierung der Endgeräte und Zugangspunkte des Netzes. Dadurch wird dem Benutzer auf Basis einer eindeutigen UPT-Nummer die Möglichkeit gegeben, an jedem Zugangspunkt und von jedem Endgerät des Netzes aus, Rufe zu tätigen und zu empfangen.

Um den UPT-Dienst zu unterstützen, muß ein Telekommunikationsnetz verschiedene Zusatzdienste anbieten:

11.3 Der UPT-Dienst für die universelle, personalisierte Telekommunikation

Persönliche Mobilität ermöglicht einem UPT-Benutzer an verschiedenen Endgeräten, Rufe entsprechend seinem Dienste-Abonnement *(UPT User's Service Profile)* zu tätigen und zu empfangen.

Identifizierung von UPT-Benutzern anhand der netzunabhängigen UPT-Nummer.

Gebührenermittlung und Abrechnung erfolgt unabhängig vom Endgerät anhand der UPT-Nummer.

Einheitliche Zugangs- und Authentisierungsfunktionen für UPT-Dienste in verschiedenen Netzen.

Sicherheitsfunktionen, um die persönlichen Daten des UPT-Benutzers zu schützen.

Konfigurationsfunktionen, mit denen UPT-Benutzer und UPT-Abonnent die bezogenen Dienste individuell einstellen können.

Der UPT-Dienst der ersten Phase bietet diese Zusatzdienste in eingeschränkter Form an und unterstützt nur den Telefondienst im analogen Telefonnetz, im ISDN und in Mobilfunknetzen. Weitere Einschränkungen betreffen unter anderem den Umfang der Sicherheitsfunktionen sowie die Zugangs- und Authentisierungsfunktionen.

Die zweite Phase soll diese Zusatzdienste in weniger eingeschränkter Form anbieten und z. B. Datendienste unterstützen. Sie ist aber bisher noch nicht standardisiert.

11.3.1 Bisherige Untersuchungen zum UPT-Dienst

Eine weltweit einheitliche, personenbezogene Benutzernummer und ähnliche Zusatzdienste wie der UPT-Dienst soll das Mobilfunksystem UMTS *(Universal Mobile Telecommunications System)* [22, 130] unterstützen. Konzepte für die Benutzerverwaltung im UMTS mittels einer verteilten Datenbank werden in [118, 119] ausgearbeitet und anhand von Modellen quantitativ bewertet. Dabei erweisen sich flache Verzeichnishierarchien in Verbindung mit der Abfragetechnik *Passing* als besonders günstig.

Die ergänzenden Dienstmerkmale des ISDN wie Anrufumlenkung und Rufnummeranzeige ermöglichen die Realisierung UPT-ähnlicher Dienste durch einen an der Netzzugangsschnittstelle des Benutzers angeschlossenen PC. Ein solches System wird in [115] entwickelt und simulativ bewertet. Zum Vergleich werden mehrere Alternativen zur Implementierung von UPT im Netz der Deutschen Telekom simulativ untersucht. Dabei zeigen sich deutliche Vorteile bezüglich der Wartezeiten bei der Anforderung eines Dienstes im Falle der Realisierung mittels PC an der

Netzzugangsschnittstelle des Benutzers. Allerdings wird damit kein vollständiger UPT-Dienst realisiert, da systembedingt z. B. keine ausgehenden UPT-Rufe von fremden Endgeräten unterstützt werden können.

11.3.2 Weiterentwicklung von UPT

Die Einführung von UPT in bestehende Telekommunikationsnetze ist ein dynamischer Entwicklungsprozeß. Die in Kap. 11.3 genannten grundlegenden Ziele sind als Richtlinie zu sehen, die bei jeder Weiterentwicklung von UPT zu beachten sind [150].

Abbildung 11.5 zeigt projektierte Phasen in der Entwicklung von UPT. Dabei kann zwischen notwendigen und optionalen Dienstmerkmalen unterschieden werden. Notwendige Dienstmerkmale müssen bei Eintritt in die entsprechende Entwicklungsphase verfügbar sein, während das Angebot von optionalen Dienstmerkmalen von der Entscheidung des UPT-Anbieters abhängig ist. In beiden Gruppen

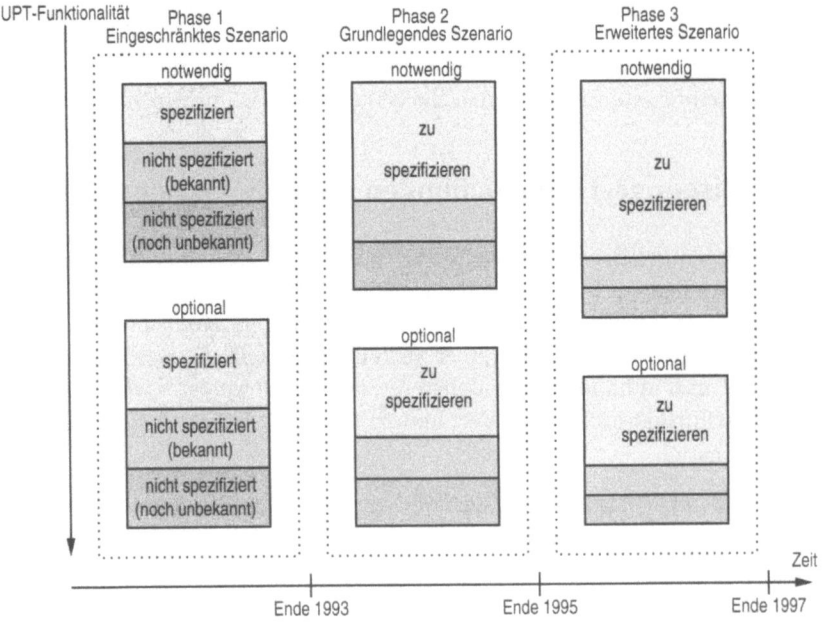

Abbildung 11.5: Zeitplan für die Entwicklung und Standardisierung von UPT-Dienstmerkmalen

11.3 Der UPT-Dienst für die universelle, personalisierte Telekommunikation 407

ist ein gewisser Teil der Dienstmerkmale bereits standardisiert. Der andere Teil ist zu einem Grad schon entwickelt und wartet auf seine zukünftige Standardisierung.

11.3.3 Phase 1 – Szenario mit eingeschränkter UPT-Funktionalität

In der Einführungsphase beschränkt sich UPT auf das PSTN *(Public Switched Telephone Network)*, das ISDN *(Integrated Services Digital Network)* und möglicherweise den ÖbL *(Öffentlich beweglicher Landfunk)*. Es werden nur Sprachtelefoniedienste angeboten. Bezüglich der Dienstmerkmale, Sicherheit und Benutzerfreundlichkeit ist UPT in Phase 1 eingeschränkt. Die erste Phase sollte nach Plan Ende 1993 abgeschlossen sein. Im IN-Betriebsversuch der Deutschen Telekom AG sind UPT-Funktionen der Phase 1 bereits verfügbar. Phase 1 soll möglichst ohne Eingriff in die bestehenden Netze durchgeführt werden.

11.3.4 Phase 2 – Szenario mit UPT-Grundfunktionalität

Phase 2 bietet dem UPT-Teilnehmer mehr Dienstmerkmale und unterstützt eine größere Zahl von Netzen. Hier wird UPT auch GSM-Netze und verbindungsorientierte Datennetze anbinden. Smartcards und Kartenleser bieten dem Benutzer bessere Sicherheit gegen Mißbrauch durch Dritte. Phase 2 wird die Technik der intelligenten Netze nutzen. Diese Phase soll 1995 abgeschlossen sein.

11.3.5 Phase 3 – Szenario mit erweiterter UPT-Funktionalität

Phase 3 soll erweiterte UPT-Funktionalität bieten. Um technische Neuentwicklungen besser einbinden zu können und um auf die wirtschaftliche Entwicklung der UPT-Dienste reagieren zu können, wird diese Phase nicht detailliert spezifiziert, sondern nur als Ziel für UPT angesehen. Projektiert ist Phase 3 für Ende 1997.

11.3.6 Dienstmerkmale von UPT in Phase 1 der Einführung

Wie bereits beschrieben, werden von ITU-T gewisse Dienstmerkmale als notwendig, andere als optional erachtet. Vier Dienstmerkmale sind in Phase 1 wesentlich für die Realisierung von UPT [103]:

- Durch Feststellung der UPT-Teilnehmeridentität *(Authentisierung)* schützen sich UPT-Anbieter und -Teilnehmer vor der unberechtigten Benutzung des UPT-Dienstes.

- Mit einer *In-Call-Registrierung* gibt der UPT-Teilnehmer dem Netz seinen Aufenthaltsort bekannt, an dem er durch ein Endgerät erreichbar ist. Diese Registrierung kann auf eine Zeitspanne beschränkt sein oder durch eine explizite Deregistrierung bzw. Neuregistrierung aufgehoben werden. Mehrere Teilnehmer können am selben Endgerät registriert sein.

- Ein *Outgoing UPT-Call* ermöglicht es dem UPT-Benutzer, ein Endgerät zu benutzen, wobei der Ruf auf seiner Abrechnung gebucht wird. Um Mißbrauch zu verhindern, muß, solange kein Dienstmerkmal *Follow-On* vorhanden ist, bei jedem UPT-Ruf eine Authentisierung durchgeführt werden. Das Dienstmerkmal *Follow* zeigt dem Netz an, daß auf Outcalls weitere Rufe folgen. Damit ist eine neuerliche Authentisierung nicht notwendig.

- *In-Call-Delivery* bezeichnet den Dienst der Anrufweiterleitung. Durch eine In-Call-Registrierung hat der UPT-Teilnehmer zuvor dem Netz seinen Aufenthalt bekannt gemacht. An dieses Endgerät wird nun der eingehende Ruf weitergeleitet. Dem Inhaber des Netzanschlusses muß es möglich sein, Registrierungen und Anrufweiterleitungen an sein Endgerät verhindern zu können.

In Abschn. 11.4.2 wird am Beispiel einer Registrierung ein Zugriff auf UPT-Funktionen gezeigt.

11.4 Geschäftsbeziehung des UPT-Benutzers zu Anbietern

Um Telekommunikationsdienste nutzen zu können, müssen Geschäftsbeziehungen zwischen Anbieter und Nutzer eingegangen werden.

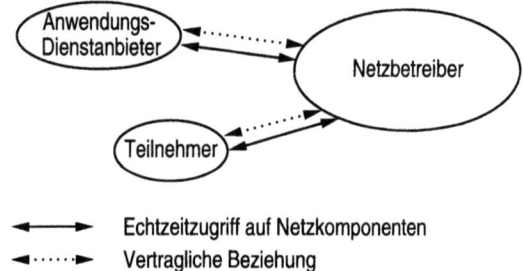

Abbildung 11.6: Geschäftsbeziehung eines herkömmlichen Telefoninhabers zum Netzbetreiber

Echtzeitzugriff auf Netzkomponenten
Vertragliche Beziehung

11.4 Geschäftsbeziehung des UPT-Benutzers zu Anbietern

Im herkömmlichen, monopolistisch organisierten Telekommunikationsmarkt sind drei verschiedene Marktteilnehmer festzustellen. Abbildung 11.6 zeigt diese drei Geschäftspartner,

- den Netzbetreiber, der Netzzugang und Übermittlungsnetz zur Verfügung stellt,
- den Teilnehmer und
- den Anwendungsdienstanbieter, der Mehrwertdienste im Netz beisteuert.

Direkte Geschäftsbeziehungen hat der Teilnehmer mit dem Netzbetreiber.

Bei UPT verkompliziert sich die Sicht für den Teilnehmer, vgl. Abb. 11.7. Neben

- Netzbetreiber,
- Teilnehmer und
- Anwendungsdienstanbieter sind
- UPT-Dienstanbieter,
- Netzzugangsanbieter sowie der
- Abonnent der UPT-Dienste

mit in das Geschäft um UPT-Dienste involviert.

Eine Geschäftsbeziehung zwischen Teilnehmer und Netzbetreiber besteht nicht mehr. Vielmehr kann ein Abonnent die UPT-Dienste bei einem UPT-Dienstanbieter bestellen. Dieser Abonnent wird bei Privatpersonen der Teilnehmer selbst sein. Bei Firmen wird das Unternehmen als Abonnent der UPT-Dienste auftreten und diese ihrem Mitarbeiter durch geeignete Einstellung im Teilnehmerdienstprofil zur Verfügung stellen. Da der Teilnehmer in erster Linie nicht sein eigenes Endgerät benutzt (Mobilität), wird eine Beziehung zu einem Netzzugangsanbieter notwendig, der den Zugang zum Netz ermöglicht.

Um eine Aufsplitterung der Beziehung Teilnehmer – Netzbetreiber zu ermöglichen, ist eine Deregulierung des Telekommunikationsmarktes nötig. In Deutschland war

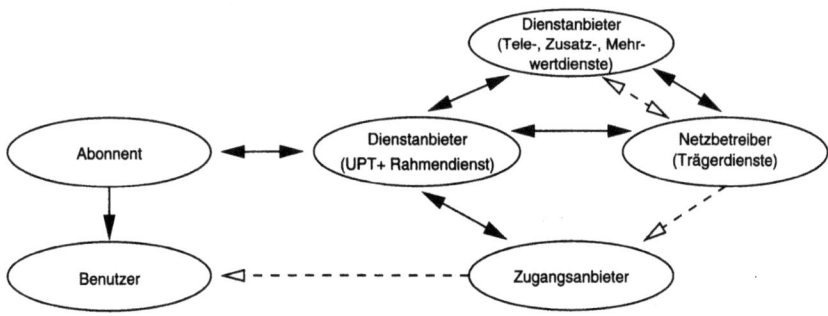

Abbildung 11.7: Geschäftsbeziehungen bei UPT

Ähnliches bei den Mobilfunknetzen zu beobachten, wo der Teilnehmer den Mobilfunkdienst bei einem Service-Provider erwirbt. Der Service-Provider ist nicht auch automatisch Netzbetreiber.

11.4.1 Gebührenerhebung – Neue Konzepte bei Einführung von UPT

Im herkömmlichen Telekommunikationsnetz bezahlt der rufende Teilnehmer für die Dauer eines erfolgreich zustandegekommenen Gespräches abhängig von Tageszeit und Entfernung zwischen Teilnehmer A und Teilnehmer B.

UPT ermöglicht es dem Teilnehmer B, nicht an seinem Heimatort registriert zu sein. Stattdessen befindet er sich an Anschluß C. Diese Entfernung Heimatanschluß – Besuchsanschluß ist dem rufenden Teilnehmer nicht bekannt. Somit hat er ohne Zusatzansagen keine Möglichkeit abzuschätzen, wieviel ihn dieser Anruf kosten wird. Denkbar wären deshalb folgende Szenarien:

- Teilnehmer A übernimmt sämtliche Kosten des Gesprächs, also sowohl Verbindung A–B als auch B–C.
- Teilnehmer A übernimmt Kosten für Verbindung A–B. Teilnehmer B übernimmt Kosten für seine Mobilität, somit Kosten für Verbindung B–C.
- Teilnehmer B übernimmt sämtliche Kosten.

Ideal erscheint die zweite Lösung, da die Kosten der längeren Verbindung dem auferlegt werden, der sie auch hervorruft. Es sind weitere Lösungen zur Feststellung der Gebühren denkbar, jedoch ist es für die Akzeptanz von neuen Diensten wichtig, daß der Nutzer die von ihm hervorgerufenen Kosten einfach abschätzen kann.

Bei UPT ist es möglicherweise notwendig, dem UPT benutzenden Teilnehmer auch nicht erfolgreich vermittelte Gespräche in Rechnung zu stellen. Der Grund dafür sind die laufenden Kosten und Investitionen in Datenbanken. Zumindest für ausgehende Rufe, wo die Zulässigkeit eines UPT-Rufes geprüft werden muß, könnte diese Maßnahme gerechtfertigt sein.

11.4.2 Beispiel einer Registrierung eines UPT-Teilnehmers

Abbildung 11.8 zeigt beispielhaft, wie eine Mensch-Maschine-Schnittstelle via Telefon die Kommunikation zwischen UPT-Teilnehmer und UPT-Dienstanbieter aussehen könnte.

11.4 Geschäftsbeziehung des UPT-Benutzers zu Anbietern

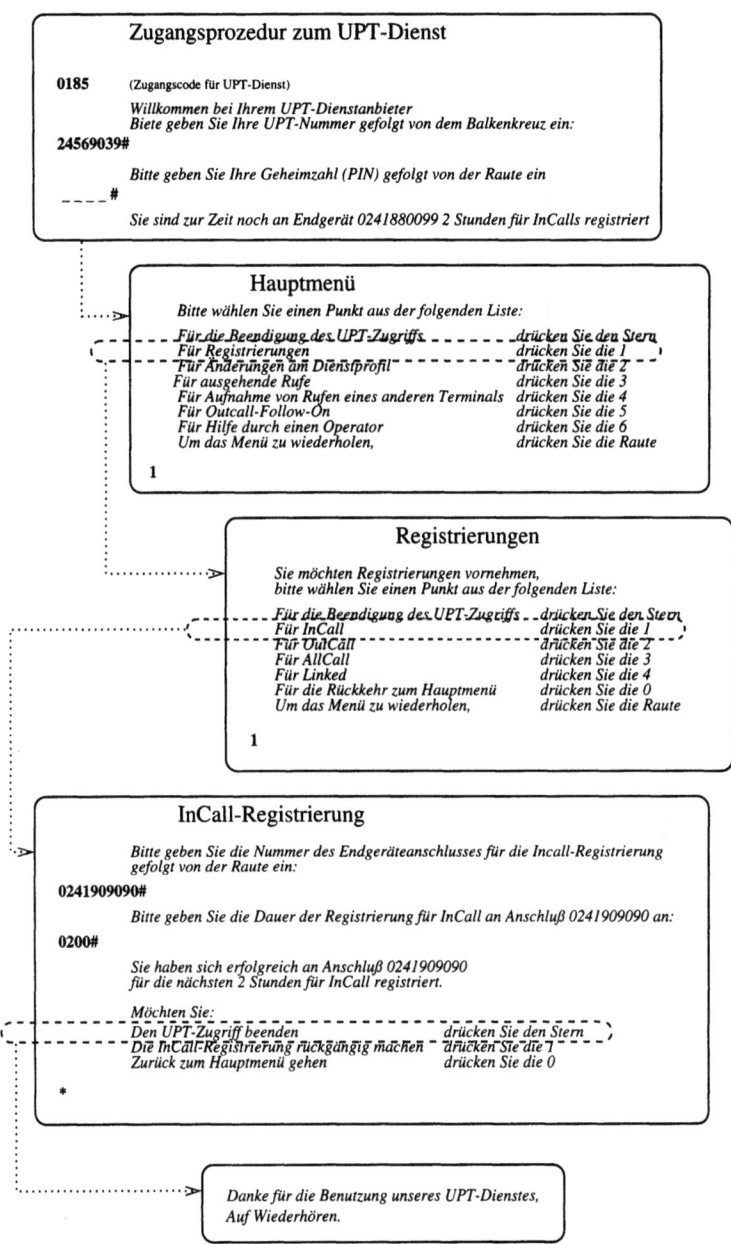

Abbildung 11.8: Beispiel einer In-Call-Registrierung beim UPT-Dienstanbieter

Diese UPT-Funktion kann auch über analoge Anschlüsse für Endgeräte abgewickelt werden.

Zunächst wählt der Teilnehmer den Zugangscode, der in Form einer bisher unbenutzten Vorwahlnummer gestaltet sein kann (im Beispiel 0185). Nachdem er sich durch die Eingabe seiner eigenen UPT-Nummer und seiner Geheimzahl authentifiziert hat, wählt er den Menüpunkt zur Registrierung. Anschließend wünscht er die Registrierung für eingehende Rufe. Nun kann er dem UPT-Dienst mitteilen, an welches Endgerät die Rufe für wie lange umgeleitet werden sollen. Damit endet der Zugriff auf den UPT-Dienst.

Bei der Mensch-Maschine-Kommunikation, insbesondere der akustischen, ist es besonders wichtig, dem Menschen die Rückkehr zu vorher bearbeiteten Dialogebenen zu ermöglichen, damit Fehler korrigiert werden können. Zusätzlich sollte der Bediener die Möglichkeit haben, in persönlichen Kontakt mit einem Operator treten zu können, um Hilfestellung zu erlangen.

11.4.3 Möglichkeiten der Authentisierung

Vor dem Zugriff auf UPT-Ressourcen muß der UPT-Teilnehmer aus Sicherheitsgründen authentisiert werden. Dies kann auf verschiedene Arten geschehen.

- Die einfachste Weise, die keinen Eingriff in Endgeräte oder das Netz erfordert, ist die Authentisierung mittels eines DTMF-Senders oder der Wahl von Nummern am Endgerät. Diese Signale werden von einer geeigneten Funktionseinheit aufgenommen und zur Auswertung weitergeleitet. Diese Authentisierung wird als schwach bezeichnet, da keine besondere Sicherheit erreicht werden kann. Allerdings ist ein Einsatz in jedem Netz und an jedem Endgerät möglich, was auch von der ITU-T [103] gefordert wird. Die Authentisierungsinformation läuft bei diesem Modell über den bereits geschalteten Verkehrskanal und belastet das Signalisierungsnetz nicht.

- Als Variante der vorstehenden Möglichkeit könnte die Authentisierung durch ein intelligentes Endgerät automatisch ausgeführt werden. Das Endgerät übernimmt dann die Übermittlung der DTMF-Signale. Signalisierungsfunktionen werden ebenfalls nicht benötigt.

- Mittels Kartenlesegeräten und Smartcards läßt sich eine bessere Sicherheit und höherer Komfort erreichen. Sobald eine Authentisierung erforderlich wird, liest das Kartenlesegerät die eingelegte Smartcard und führt die Authentisierung durch. Die Signalisierung kann über Verkehrskanäle oder über Signalisierungskanäle durchgeführt werden.

Je nach geforderter Endgeräte-Intelligenz oder Authentisierungssicherheit sind somit verschiedene Varianten möglich, die auch unterschiedlichen Benutzerkomfort bieten können.

11.5 Das UPT-Dienstprofil

Das die Funktionalität von UPT bestimmende Element ist unter anderem das Dienstprofil (*Flexible Service Profile*, FSP). Es ist ein Teil einer Datenbank und dient dazu, die *Service Control Functions* (SCFs) mit den zu einem UPT-Teilnehmer gehörenden Daten zu versorgen. Einer der wichtigsten Einträge im Dienstprofil ist die Anschlußkennung, an der sich der Teilnehmer z. Zt. für eingehende Rufe registriert hat. Bei jedem Ruf, ob eingehend oder ausgehend, muß das FSP nach bestimmten, den Ruf betreffenden Daten, abgefragt werden. In der Struktur des FSP wird zwischen festen und variablen Einträgen unterschieden. Feste Einträge betreffen Daten, die bei Einrichtung der UPT-Kennung feststehen und selten einer Änderung bedürfen. Variable Einträge betreffen Daten, deren Wert sich durch Aktionen des Benutzers wie der Veränderung seines Standortes ändern [122].

Feste nur durch den Dienstanbieter veränderbare Einträge sind:

- UPT-Nummer
- Kennung des Heimatendgeräteanschlusses
- durch den Abonnenten gebuchte Basisdienste
- gebuchte Zusatzdienste
- Anzahl der maximal möglichen Authentisierungsversuche
- Typ der Authentisierungsprozeduren
- Sicherheitsoptionen
- gesperrte Zielnummer (z. B. Polizei, Zeitansage).

Feste aber durch den Abonnenten einstellbare Einträge sind:

- eingeräumte Zahlungsmöglichkeiten *(z. B. Creditcard-Calling)*
- maximaler Gebührenrahmen
- maximale Anzahl der Zugriffe von einem fremden Terminal
- freigeschaltete Benutzerfunktionen.

Folgende variable Einträge dienen der Dienststeuerung:

- aktiver Authentisierungstyp
- aktive Option für Gebührenerhebung
- aktiver Sicherheitsmodus
- Zustand der Zusatzdienste.

Folgende variable Einträge dienen der Mobilitätskontrolle und -steuerung:

- aktuelle Endgerätenummer
- Letztmöglichkeit-Endgerät für eingehende Rufe
- aktuelles Endgerät für eingehende Rufe
- Standardanzahl der abgehenden Rufe je Registrierung
- Ziel für Rufweiterleitung – unbedingt
- Ziel für Rufweiterleitung – bei Besetzt
- Ziel für Rufweiterleitung – bei keiner Antwort
- Ziel für Rufweiterleitung – bei Nichterreichbarkeit.

11.6 Anforderungen an das UPT-unterstützende Netz

Damit die Anforderung an das UPT-unterstützende Netz formuliert werden können, ist in I.373 [94] ein Modell für die funktionale Architektur von UPT entwickelt. Abbildung 11.9 zeigt dieses Modell. Es besteht aus fünf hierarchisch untereinander liegenden Schichten, die später dem Netz zugeordnet werden. Diese Abstrahierung ist erwünscht, um keine Festlegung auf bestimmte Netzformen vornehmen zu müssen. So ist UPT in Fest- wie in Bewegtnetzen realisierbar.

Ein UPT-Ruf kann auf dem Weg vom rufenden Teilnehmer zum angerufenen Teilnehmer verschiedene Netze durchlaufen. Diese Netze haben unterschiedliche Fähigkeiten, UPT zu unterstützen. Zwischen den einzelnen Netzkomponenten wie Netz- und Dienstprofil existieren Verbindungen für Verkehrskanäle wie für Zeichengabe. Um einen Überblick über die Abhängigkeiten zwischen den einzelnen Komponenten zu erhalten, gibt I.373 ein Referenzmodell für UPT-Rufe vor, vgl. Abb. 11.10. Für jeden UPT-Ruf ist ein anderer Ablauf der Kommunikation zwischen den Netzkomponenten und dem Dienstprofil denkbar. Als Beispiel sei hier nur der Ruf zwischen zwei UPT-Teilnehmern gezeigt, vgl. Abb. 11.11.

11.6 Anforderungen an das UPT-unterstützende Netz

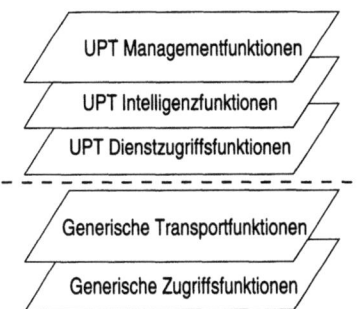

Abbildung 11.9: Funktionale Gruppierung von UPT

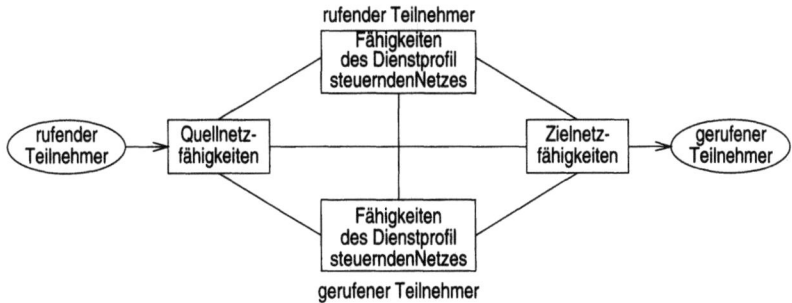

Abbildung 11.10: Referenzmodell des UPT-Rufs

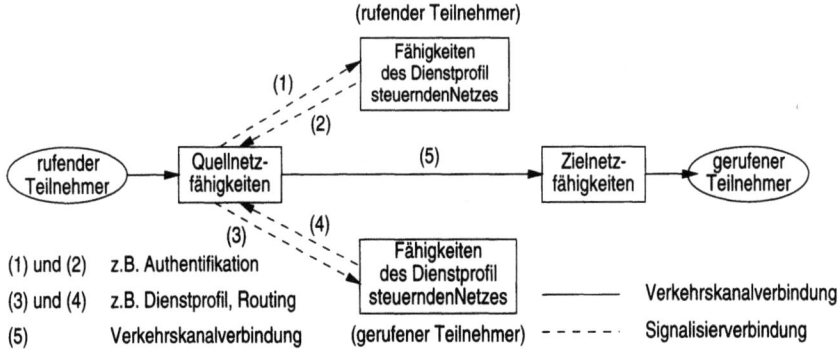

Abbildung 11.11: Beispiel für UPT-Ruf, Ruf zwischen zwei UPT-Teilnehmern

Bei dem Angebot von UPT in einer heterogenen Netzkonfiguration kann es durch die unterschiedlichen Fähigkeiten der Netze, UPT zu unterstützen, zu Konflikten kommen.

Abbildung 11.12 zeigt, wo Schnittstellen zwischen UPT unterstützenden Netzen und zwischen UPT nicht unterstützenden Netzen auftreten. Zwei Möglichkeiten sind bei Behandlung von UPT-Verbindungen über Netzgrenzen hinweg zu betrachten. Für Netze, die UPT nicht unterstützen, kann

- kein UPT-Dienst oder
- ein eingeschränkter UPT-Dienst

angeboten werden. Die gleichen Optionen gelten für UPT-Verbindungen, die über UPT nicht unterstützende Netze geroutet werden sollen. Die erste Möglichkeit ist wenig befriedigend, weshalb auch bei erhöhtem Aufwand die zweite Möglichkeit in Betracht gezogen werden sollte.

11.7 PSCS als Weiterentwicklung von UPT

Personal Services Communication Space (PSCS) ist ein Dienstkonzept, welches im Rahmen des EU-Forschungsprogramms RACE von den Mobilise-Projektpartnern entwickelt worden ist [71]. Es stellt eine Weiterentwicklung von UPT der Phase 1 dar und dient als Basis für die Projektierung von Diensten und Funktionen der UPT-Phasen 2 und 3. Es erweitert UPT in

- der Benutzerfreundlichkeit beim Zugriff,
- der Anwendung auf Dienste jenseits der Telefonie wie Fax, E-Mail und Datendiensten,
- dem Zugriff auf das Dienstprofil durch leichtere Zugriffsprozeduren und
- flexibleren Routing-Schemata, wie Umleitung einer E-Mail auf ein Fax-Gerät.

Um einen gewissen Grad von Benutzerfreundlichkeit erreichen zu können, fordert PSCS besondere Endgeräte mit zumindest einer alphanumerischen Anzeige und

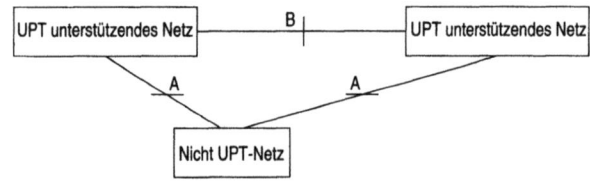

Abbildung 11.12: Schnittstellen in einer heterogenen Netzkonfiguration

einer Karteneseeinrichtung für Smartcards. Damit sind die Anforderungen von UPT nach einem Zugriff von jedem Endgerät aus nicht erfüllbar. Gewonnen wird jedoch eine weitaus flexibleres Mensch-Maschine-Schnittstelle.

11.8 Numerierung

In Telekommunikationsnetzen werden Teilnehmer durch Ziffernfolgen adressiert. Durch die Eingabe der Rufnummer des anzurufenden Teilnehmers (B-Teilnehmer) gibt der rufende (A-)Teilnehmer dem Netz die Anweisung, eine Verbindung herzustellen. Die Rufnummer kann aufgrund ihrer Struktur direkte Hinweise auf die Lokalisierung des B-Teilnehmers geben. Bei einem Direktwahlsystem entscheidet zudem die Rufnummer deterministisch über die Ruflenkung durch das Netz. Aufgrund der einzelnen Ziffern stellen Vermittlungsstellen den Weg zum B-Teilnehmer ein. In einem Indirektwahlsystem ist die Ruflenkung von der Rufnummer weitgehend entkoppelt. Es wird zwischen den zwei Teilnehmern ein Weg geschaltet, der aufgrund von Routingtabellen, die in den Vermittlungsstellen abgelegt sind, festgelegt wird. Hier dient die Rufnummer nur noch der Adressierung.

Neben der Adressierung von Teilnehmern wird die Rufnummer für die Tarifierung von Telekommunikationsdiensten benutzt. Damit erhält die Rufnummer neben einer technischen eine ökonomische Bedeutung.

Aus technischen Gründen war früher eine Direktsteuerung der Netzelemente durch die Rufnummer üblich. Daher hatte die Rufnummer einen direkten Zusammenhang zum Ort des B-Teilnehmers. Inzwischen ist die Direktsteuerung durch ein Indirektwahlsystem abgelöst worden, womit die Notwendigkeit entfällt, eine Assoziation zwischen Rufnummer und Ort des B-Teilnehmers herzustellen. Allerdings ist beim Nutzer von Telekommunikationsdiensten das Wissen vorhanden, aus der Rufnummer den Ort des B-Teilnehmers, Tarif und Art des Telekommunikationsdienstes abzulesen. Für die Akzeptanz neuer Numerierungsschemata ist es somit wichtig, diese Informationsfunktion beizubehalten [11].

In den folgenden Abschnitten werden bestehende sowie zukünftige Numerierungsschemata erläutert.

11.8.1 ISDN, PSTN

Im Öffentlichen Telekommunikationsnetz sowie im ISDN besteht eine Rufnummer aus 12 Ziffern. Eine Erweiterung dieses Nummernraumes auf 15 Ziffern ist bis Ende

1996 vorgesehen [89]. Die Struktur einer Rufnummer wird durch die ITU-Empfehlung E.163 vorgegeben [86]. Abbildung 11.13 zeigt den strukturellen Aufbau einer Rufnummer.

Für Deutschland lautet die Landeskennzahl 49. Die Ortsnetzkennzahlen zeigen in ihrer Struktur die bis ca. 1977 vorhandene direkte Steuerung des Netzes. Sie sind wie das Netz hierarchisch geordnet, wobei die

- die 1. Stelle die ZVSt,
- die 2. Stelle die HVSt,
- die 3. Stelle die KVSt und
- die 4. Stelle die EVSt bezeichnen.

Die Ortsnetzkennzahl ist für jedes Ortsnetz unterschiedlich und für ganz Deutschland eindeutig [26]. Je nach Größe des Ortsnetzes enthält die Ortsnetzkennzahl zwei bis vier Ziffern. Eine Ausnahme bilden einige Ortsnetze in den neuen Bundesländern, die aufgrund von Knappheit bei den vierstelligen, eine fünfstellige Ortsnetzkennzahl erhielten. Da die Rufnummerngesamtlänge von z. Zt. zwölf Ziffern nicht überschritten werden darf, stehen je nach Ortsnetz zwischen sechs und acht Ziffern zur Verfügung.

Ein Teilnehmer innerhalb des gleichen Ortsnetzes wird durch die Wahl der Teilnehmerrufnummer erreicht. Rufe zu Teilnehmern in Deutschland außerhalb des eigenen Ortsnetzes werden durch die Wahl der Verkehrsausscheidungsziffer 0, anschließend die Ortsnetzkennzahl sowie die Teilnehmerrufnummer angesprochen. Ein Teilnehmer außerhalb Deutschlands wird durch die Verkehrsausscheidungsziffern 00, die Landeskennzahl und die Teilnehmerrufnummer adressiert. Je nach Entfernung zwischen den Gesprächsteilnehmern ergibt sich somit eine mehr oder weniger lange zu wählende Rufnummer.

Spezielle Dienste werden durch besondere Vorwahlen vor der Teilnehmerrufnummer ausgewählt. Hierfür ist für die erste Ziffer die 1 reserviert. Beispielsweise werden die GSM-Netze D1, D2 und E1 über 171, 172 und 177 aus dem Festnetz erreicht.

Aufgrund der Ortsnetzkennzahlen werden die Gebühren für eine Telekommunikationsverbindung erhoben. Zusammen mit dem Wissen über den Aufbau der Ortsnetzkennzahlen hat der Nutzer somit eine Informationsquelle für die Kosten der Verbindung.

11.8.2 ÖbL – GSM

Die Numerierung im Öffentlich beweglichen Landfunk (ÖbL) ist ähnlich der im PSTN. Die ITU-Empfehlungen E.212 [87] und E.213 [88] geben dafür Strukturen vor. Das GSM basiert mit seinem Numerierungsschema auf diesen Empfehlungen.

11.8 Numerierung 419

Abbildung 11.14 zeigt den Aufbau einer ÖbL-Nummer. Sie besteht aus ÖbL-Landeskennzahl, ÖbL-Netzkennzahl und Endgeräte-Identifikationsnummer. Eine vollständige Integration in den ISDN/PSTN-Numerierungsplan wäre denkbar, wurde jedoch nicht durchgeführt. Stattdessen sind wie oben bereits erwähnt die GSM-Netze durch separate Vorwahlnummern als Verkehrsausscheidungsmerkmal von den PSTN getrennt.

11.8.3 UPT

Für eine Numerierung für UPT macht die ITU in E.168 [92] Vorschläge. Dabei ist eine UPT-Nummer definiert als die eindeutige Identifikation eines Teilnehmers und wird durch den Anrufer zur Anwahl benutzt. Ein UPT-Indikator ist der Teil einer UPT-Nummer, der einen Ruf als UPT-Ruf ausweist.

Aus der Sicht des Teilnehmers sind folgende Anforderungen an die UPT-Nummer zu stellen [91]:

- Die UPT-Nummer muß für den Teilnehmer als solche zu erkennen sein, um ihm die Möglichkeit zu geben zu erkennen, daß der Ruf ein UPT-Ruf ist, und damit in besonderer Weise behandelt und berechnet wird.

- Die UPT-Nummer muß so kurz wie möglich sein, damit die Anzahl der zu wählenden Ziffern minimiert wird.

- Die UPT-Nummer muß von jedem Endgerät im PSTN wählbar sein. Damit liegt der Ziffernvorrat bereits fest (Ziffern 0...9, sowie evtl. die Zeichen # und *).

- UPT-Teilnehmer sollten die Möglichkeit haben, beim Wechsel des Dienstanbieters die UPT-Nummer zu behalten.

- Zukünftig sollte die UPT-Nummer in allen Netzen, an allen Endgeräten sowie für die Benutzung jedes Dienstes gültig sein.

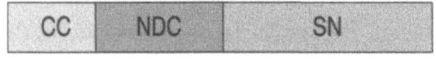

CC	NDC	SN

CC Country-Code, Landeskennzahl definiert in E.164
NDC National Destination Code, Ortsnetzkennzahl
SN Subscriber Number, Teilnehmernummer

MCC	MNC	MSIN

MCC Mobile Country Code, ÖbL Landeskennzahl
MNC Mobile Network Code, ÖbL Netzkennzahl
MSIN Mobile Station Identifier Number,
     Endgeräteidentifikationsnummer

Abbildung 11.13: Aufbau einer Rufnummer im ISDN

Abbildung 11.14: Nummernstruktur im GSM

- Eine Weiterentwicklung und Änderung des UPT-Nummernplans sollte bisherige UPT-Nummern möglichst wenig beeinflussen.

Der Netzbetreiber hat andere Anforderungen an die UPT-Nummer [79]:

- Ein UPT-Ruf muß für das Netz einfach erkennbar sein.
- Nummernkapazität muß auch bei Einführung von UPT bewahrt werden.
- Routing darf aufgrund von UPT-Nummern nicht beeinträchtigt werden.
- Die Administration von UPT-Nummern muß einfach gehalten werden.
- Die UPT-Nummer muß in bestehende Nummernpläne passen, vgl. E.164 [90].

E.168 unterscheidet drei Szenarien, die alle E.164 entsprechen und dabei den Anforderungen von Teilnehmer und Netzbetreiber gerecht werden wollen.

11.8.3.1 Szenario 1 – Teilnehmerbezogenes Konzept

Das teilnehmerbezogene Konzept zeigt dem Teilnehmer keinen Hinweis auf einen UPT-Ruf, vgl. Abb. 11.15. Sämtliche Information bezüglich des UPT-Teilnehmers wird von dem *Flexible Service Profile* (FSP) an seinem Heimatstandort verwaltet. In Szenario 1 bleibt CC die Landeskennzahl, NDC die Ortsnetzkennzahl und SN die Teilnehmerrufnummer. NDC und SN ergeben zusammen eine für ein Land eindeutige Rufnummer. Um den Ruf als UPT zu erkennen, muß, wegen fehlender anderer Kriterien, die gesamte Nummer ausgewertet und in einer Datenbank gesucht werden.

11.8.3.2 Szenario 2 – Landesbezogenes Konzept

Im landesbezogenen Konzept behält CC die Bedeutung als Landeskennzahl, vgl. Abb. 11.16. Im Gegensatz zu Szenario 1 kann jedoch aufgrund des NDC ein UPT-Ruf erkannt werden. Dies ist sowohl dem rufenden Teilnehmer als auch dem Netz möglich. Mit Hilfe spezieller Kennzahlen können statt eines Ortsnetzes UPT-Dienste bzw. UPT-Dienstanbieter ausgewählt werden. Dieses Konzept ist bereits für die Integration der Mobilfunknetze in Deutschland angewandt worden. Beispielsweise kann die erste NDC-Ziffer den UPT-Dienst auswählen, während weitere Ziffern für die Selektion des UPT-Dienstanbieters zuständig wären.

Abbildung 11.15: Teilnehmerbezogene UPT-Rufnummer

CC	NDC	SN

11.8.3.3 Szenario 3 – Landeskennzahlbezogenes Konzept

Das landeskennzahlbezogene Konzept deutet den CC als UPT-Indikator, vgl. Abb. 11.17. Zwei denkbare Möglichkeiten bestehen für das NDC-Feld:

- NDC ohne Landeskennzahl und
- NDC mit Landeskennzahl.

Der erste Fall gibt dem Teilnehmer keine Möglichkeit, das Zielland seines Rufes herauszufinden. Damit kann der Teilnehmer auch keine Abschätzung aufgrund der Rufnummer über die Kosten seines Rufes treffen. Hier müssen andere Informationsquellen Hinweise liefern. Zudem muß bei diesem Numerierungsschema die Rufnummer global verteilt werden, während Fall b) eine nationale Administration der Rufnummer ermöglicht.

11.8.3.4 Zusammenhang zwischen UPT und anderen Netznummern

Abbildung 11.18 zeigt, welche ITU-Empfehlungen in ein mögliches Szenario der UPT-Numerierung einfließen [92].

Mit der UPT-Nummer soll ausreichende Information für das Netz gegeben sein, mit Hilfe von Datenbanken die Netznummer des Teilnehmers herauszufinden.

11.8.3.5 Verantwortlichkeiten für Nummernzuteilung

Durch die verschiedenen Szenarien ergeben sich unterschiedliche Anforderungen an die Nummernadministration. Tabelle 11.1 zeigt, wo bei welchem Szenario die Zuständigkeit für die Zuteilung von Rufnummern liegt. Da zentrale Zuteilungen weniger flexibel als dezentrale erscheinen, wird vermutlich Szenario 2 der Vorzug gegeben werden. Dieser Weg wird, wie bereits erwähnt, in Deutschland bei Sonderdiensten beschritten.

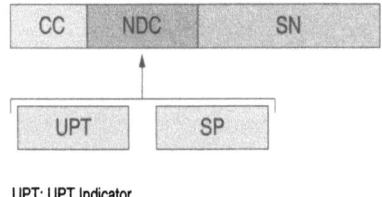

UPT: UPT Indicator
SP: Service Provider, Diensteanbieter-Indikator

Abbildung 11.16: Landesbezogene UPT-Rufnummer

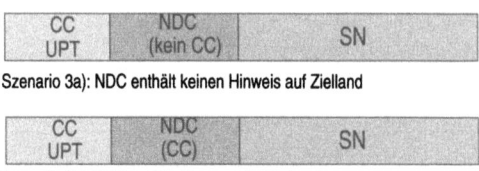

Szenario 3a): NDC enthält keinen Hinweis auf Zielland

Szenario 3b): NDC enthält Kennung für Zielland

Abbildung 11.17: Landeskennzahlbezogenes Konzept einer UPT-Rufnummer

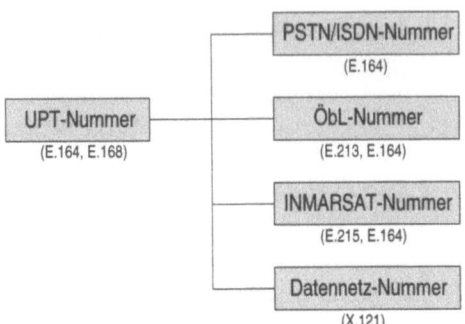

Abbildung 11.18: Zusammenhang zwischen UPT- und Netznummern

Tabelle 11.1: Zuständigkeit für die Nummernzuteilung

Szenario	Landeskennzahl	Ortsnetzkennzahl	Teilnehmerrufnummer
1	ITU	national	national
2	ITU	national	national
3	ITU	a) ITU	ITU
		b) ITU	national

11.8.3.6 Auswirkung der Numerierung auf den UPT-Teilnehmer

Die Numerierung im UPT hat große Auswirkungen auf die Akzeptanz bei möglichen UPT-Teilnehmern. Man stelle sich vor, als UPT-Nummer würde eine zwölfstellige (ab 1996 15-stellige) Ziffernkombination ohne jegliche erkennbare Struktur als persönliche Rufnummer vergeben werden. Während z. B. Teilnehmer A bisher acht verschiedene Teilnehmer im gleichen Ortsnetz mit sechsstelliger Rufnummer, und fünf verschiedene Teilnehmer in anderen Ortsnetzen aber mit vielleicht identischer Ortsnetzkennzahl erreichen konnte, soll er nun in der Lage sein, sich 13 verschiedene 15-stellige UPT-Rufnummern zu merken. Sicherlich ist solch ein Szenario nicht dazu gedacht, UPT den Durchbruch zu verschaffen.

Für den Nutzer muß ein Ruf als UPT-Ruf erkennbar sein, womit Szenario 1 aus E.168 nicht praktikabel erscheint. Bei Szenario 3 müßte ein Teilnehmer, um einen UPT-Teilnehmer zu erreichen, immer die vollständige Rufnummer (15-stellig) wählen. Auch diese Lösung ist nicht sehr bedienungsfreundlich. Dagegen bietet Szenario 2 die Möglichkeit, bei Verbindungen innerhalb eines Landes (immerhin sind nur ca. 3 % aller Gespräche in Deutschland Auslandsgespräche) die Landeskennzahl wegzulassen. Hier kann jedes Land auf seine Bedürfnisse am besten zugeschnittene Nummernpläne kreieren. Es sollte jedoch eine Übereinkunft über gleiche UPT-Indikationsnummern getroffen werden.

11.8 Numerierung

Beim Wechsel des UPTDienstanbieters müßte nach den bisher erörterten Szenarien auch die UPT-Nummer geändert werden, da sich der UPT-Indikator für den Dienstanbieter ändern würde. Es ergibt sich eine starke Bindung an den Anbieter, da ein Wechsel der Nummer mit Kosten verbunden ist. Damit diese Bindung aufgehoben wird, kann eine *Personal User Identity* (PUI) als indirekte Adresse zwischen UPT-Nummer und dem *Flexible Service Profile* des Angerufenen geschaltet werden. Die PUI ist eine Datenbank, die eine Zuordnung von UPT-Nummer zu der Adresse des FSP erzeugt. Beim Wechsel des Dienstanbieters oder des Heimatstandortes des FSP kann die UPT-Nummer beibehalten werden. Es reicht aus, die Adresse des FSP in der PUI zu ändern. Damit erhält die UPT-Nummer die Bedeutung einer echten, möglicherweise lebenslang gültigen, persönlichen Rufnummer. Für Teilnehmer, die ihr FSP bisher nicht gewechselt haben (vermutlich die meisten Teilnehmer), wäre die PUI eine Eins-zu-eins-Abbildung von UPT-Nummer auf FSP-Adresse.

Obwohl die Abfrage der PUI einen zusätzlichen Datenbankzugriff notwendig macht, ergeben sich daraus Vorteile, die die Akzeptanz von UPT erhöhen:

- Der Benutzer erhält eine wirklich persönliche Rufnummer, die dadurch auch wieder merkfähig wird.
- Der Netzbetreiber kann die internen Abläufe in seinem UPT-Netz verändern, ohne die UPT-Nummer wechseln zu müssen. Damit kann er auch problemlos Struktur und Ort seiner FSP-Datenbanken ändern.

Nachteilig ist, daß bei Wechsel des UPT-Teilnehmers von Anbieter A zu Anbieter B bei jedem Ruf die PUI von Anbieter A den Ruf zu Anbieter B leiten muß. Hier müssen also andere Datenbankverteilungen in Betracht gezogen werden:

1. Eine globale Datenbank hält für alle UPT-Teilnehmer die PUI.
2. Eine nationale Datenbank hält für alle UPT-Teilnehmer die PUI, die ihren ersten Dienstanbieter in dem entsprechenden Land hatten.
3. Eine Datenbank im Land des Anrufers hält die PUI.
4. Wie oben beschrieben hält der UPT-Anbieter die PUI für Teilnehmer, die erstmalig UPT bei ihm betrieben haben.

Alle Möglichkeiten haben Vor- und Nachteile. Am praktikabelsten erscheint die zweite Lösung. Die Mobilität zwischen Staaten ist nicht so groß wie zwischen Dienstanbietern. Somit kann jedes Land oder jeder Staatenbund (z. B. die EU bzw. ETSI) für die Zurverfügungstellung der persönlichen Rufnummern selbst sorgen. Die dritte Lösung wirft Probleme bei der Datenkonsistenz auf, während die vierte Lösung Aufgaben von UPT-Anbieter B dem UPT-Anbieter A aufbürdet. Dieser müßte Daten von einem Teilnehmer verwalten, der längst nicht mehr sein Kunde ist.

Aus Sicht der Benutzerfreundlichkeit ist dem Konzept einer durch eine PUI garantierten persönlichen Rufnummer der Vorrang zu geben. Die Problematik eines zusätzlichen Datenbankzugriffes kann durch Caching-Strategien abgemildert werden.

11.9 Intelligente Netze und ihre Mehrwertdienste

Zur Installation eines neuen Dienstes in einem Telekommunikationsnetz ist es bisher nötig, die Steuerprogramme in jeder Vermittlungsstelle zu aktualisieren, was mit einem enormen Zeit- und Kostenaufwand sowie mit schwer abschätzbaren operativen Risiken[2] verbunden ist.

Da es in Zukunft immer wichtiger wird, Dienste schnell und flexibel einführen und handhaben zu können, wurde Ende der 80er Jahre in USA und Europa begonnen, das Konzept der Intelligenten Netze (*Intelligent Network*, IN) zu entwickeln [5]. Dabei handelt es sich nicht um ein neues Telekommunikationsnetz, sondern um eine Architektur zur Weiterentwicklung bestehender und zur Neuentwicklung zukünftiger Netze.

Bei einem IN werden bestimmte Netzleistungen, die über die reinen Vermittlungs- und Übertragungsfunktionen hinausgehen in eigenständigen Netzknoten zusammengefaßt. Dadurch müssen neue Dienste nicht in jedem Vermittlungsknoten realisiert werden, sondern können zentral erbracht werden, wodurch eine schnelle Einführung im gesamten Netz ermöglicht wird.

Mittlerweile wird das Konzept der Intelligenten Netze durch internationale Empfehlungen von ITU in mehreren Ausbaustufen (*Capability Sets*, CS) standardisiert [104]. Bisher sind nur die Empfehlungen der ersten Ausbaustufe (CS-1) verabschiedet. Dieses Kapitel gibt eine Übersicht über Intelligente Netze unter besonderer Berücksichtung ihres Einsatzes zur Realisierung des UPT-Dienstes.

---

[2]So brach infolge der Installation neuer Software in den Vermittlungsstellen am 8. Mai 1997 ein Teil des Telefonnetzes der Deutschen Telekom AG im Großraum München zusammen. Dadurch waren einige Hunderttausend Telefonanschlüsse zur Hauptgeschäftszeit von jeder Kommunikation abgeschnitten [127]

11.9.1 Funktionsprinzip eines Intelligenten Netzes

Ein wesentlicher Vorteil der Intelligenten Netze gegenüber der herkömmlichen Netzarchitektur besteht in der Trennung der Vermittlungs- und Diensterbringungsfunktionen. Abbildung 11.19 verdeutlicht das Prinzip.

Die Erkennung von IN-Rufen erfolgt im digitalen Dienstvermittlungsknoten (*Service Switching Point*, SSP) anhand von Dienstkennzahlen (z. B. 0 130 für einen gebührenfreien Ruf im Netz der Deutschen Telekom AG). Mittels des Anwendungsprotokolls Intelligenter Netze (*Intelligent Network Application Protocol*, IN-AP) wird der Dienststeuerungsknoten (*Service Control Point*, SCP) über den IN-Ruf unterrichtet. Der SCP steuert die Ausführung des IN-Dienstes. Der Dienstverwaltungsknoten (*Service Management Point*, SMP) ermöglicht die Einrichtung, Veränderung, Verwaltung und Überwachung der IN-Dienste. Alle notwendigen Parameter der IN-Dienste werden in der an den SMP angeschlossenen Datenbank gespeichert, auf die auch der SCP zur Diensterbringung zugreift.

11.9.2 Beschreibung von Diensten im Intelligenten Netz

Die Beschreibung eines IN-Dienstes erfolgt im konzeptionellen Modell des Intelligenten Netzes (*IN Conceptual Model*, INCM) auf vier verschiedenen Ebenen, vgl. Abb. 11.20, die aufeinander aufbauen und jeweils verschiedene Aspekte der IN-Dienste berücksichtigen.

Service Plane (SP): In der Dienstebene wird ein Dienst ausschließlich aus der Sicht des Benutzers auf Grund seiner verschiedenen Dienstmerkmale (*Service Feature*, SF) sowie mittels Benutzungs-Szenarien beschrieben [98].

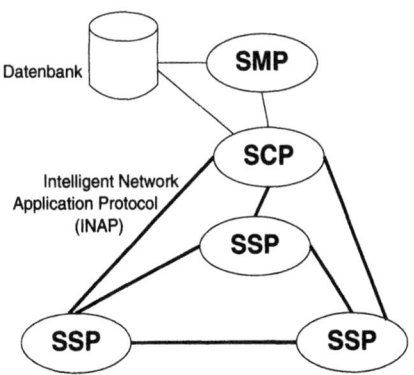

Abbildung 11.19: Prinzipdarstellung der Funktionsweise eines Intelligenten Netzes

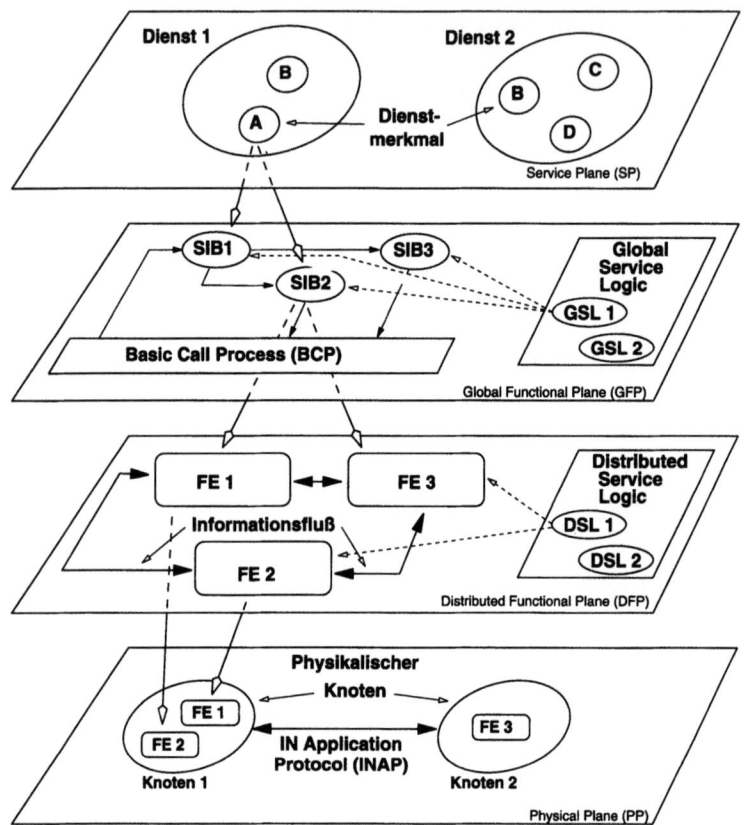

Abbildung 11.20: Schichtenmodell zur Beschreibung von Diensten im Intelligenten Netz

Global Functional Plane **(GFP):** Die globale Funktionsebene zerlegt aufbauend auf der Beschreibung in der Dienstebene den Dienst in dienstunabhängige Bausteine (*Service Independent Building Blocks*, SIB), die sequentiell aneinander gereiht werden [97]. Zur Konfiguration eines Bausteins sind dienstunterstützende Daten (*Service Support Data*, SSD), rufabhängige Daten (*Call Instance Data*, CID) sowie logischer Anfang und logisches Ende der Ausführung des Bausteins definiert vgl. Abb. 11.21. Die Ablaufsteuerung sowie die Initialisierung der dienstunterstützenden und rufabhängigen Daten wird von der globalen Dienstlogik (*Global Service Logic*, GSL) durchgeführt.

Eine besondere Rolle spielt der dienstunabhängige Baustein BCP (*Basic Call Process*, etwa: grundlegender Rufablauf), der als zentrale Schnittstelle zu den Vermittlungs- und Übertragungsfunktionen des Netzes fungiert.

11.9 Intelligente Netze und ihre Mehrwertdienste

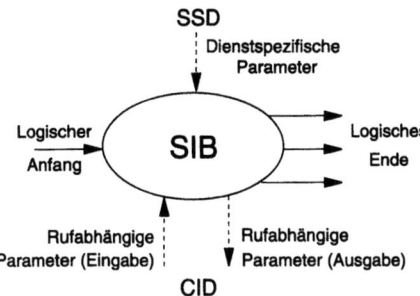

Abbildung 11.21: Struktur eines dienstunabhängigen Bausteins (SIB)

Distributed Functional Plane (DFP): Ein dienstunabhängiger Baustein (SIB) wird in der verteilten Funktionsebene durch eine oder mehrere funktionale Grundeinheiten (*Functional Entities*, FE) realisiert [99]. Interaktionen zwischen zwei funktionalen Grundeinheiten finden durch Informationsfluß (*Information Flow*, IF) statt. Abbildung 11.22 zeigt die funktionalen Grundeinheiten der verteilten Funktionsebene und ihre Verbindungen.

Die funktionalen Grundeinheiten werden in Funktionen zur Erbringung und zum Management der IN-Dienste unterteilt. Die Funktionen zur Erbringung der IN-Dienste sind in Abb. 11.22 grau unterlegt dargestellt und umfassen im einzelnen:

Call Control Agent Function (CCAF): Die Teilnehmerzugangsfunktion ist die Schnittstelle zwischen dem Benutzer und den Vermittlungsfunktionen des Netzes.

Call Control Function (CCF): Die Vermittlungsfunktion ist für Steuerung und Aufbau von Verbindungen zuständig. Außerdem stellt die CCF einen Mechanismus zur Erkennung sogenannter Auslösepunkte (*Trigger Point*, TP) für IN-Dienste zur Verfügung.

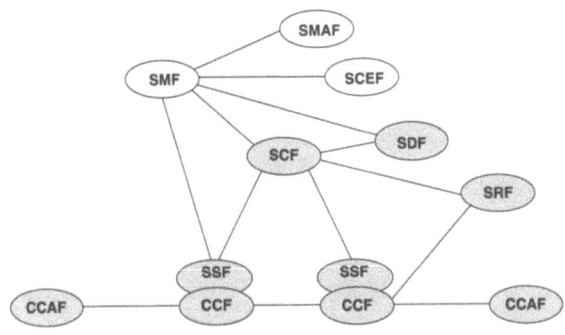

Abbildung 11.22: Die funktionalen Grundeinheiten in der verteilten Funktionsebene

***Service Switching Function* (SSF):** Die Dienstvermittlungsfunktion ermöglicht die Zusammenarbeit der Vermittlungsfunktionen des Netzes (CCF) mit der Dienststeuerfunktion (SCF).

***Service Control Function* (SCF):** Alle Funktionen zur Erbringung eines IN-Dienstes im Netz werden durch die Dienststeuerfunktion ausgeführt. Dazu hat die SCF Zugang zu den Daten, die von der SDF bereitgestellt werden.

***Service Data Function* (SDF):** Durch die Dienstdatenfunktion werden alle Daten gespeichert, die für die Bereitstellung, Ausführung und Abrechnung der IN-Dienste benötigt werden.

***Specialized Resource Function* (SRF):** Durch die Betriebsmittelfunktion werden Betriebsmittel zur Verfügung gestellt, durch die der Benutzer mit dem Netz interagieren kann, wie z. B. Funktionen zur Sprachein- und -ausgabe.

Die übrigen funktionalen Grundeinheiten dienen dem Management der IN-Dienste, also der Erstellung und Verwaltung der Dienste und bestehen aus:

***Service Creation Environment Function* (SCEF):** Neue IN-Dienste können mit Hilfe der Diensterzeugungsfunktion entworfen oder bestehende verändert werden.

***Service Management Function* (SMF):** Die Dienstverwaltungsfunktion stellt die nötigen Funktionen zur Verfügung, um Dienste von der SCEF zur Bereitstellung im Netz zu aktivieren.

***Service Management Access Function* (SMAF):** Diese Zugangsfunktion ermöglicht dem Verwalter von IN-Diensten den Zugriff auf die SMF.

***Physical Plane* (PP):** In der physikalischen Ebene werden die funktionalen Grundeinheiten der verteilten Funktionsebene den Knoten des Intelligenten Netzes zugeordnet [100]. Ein mögliches Modell physikalischer Knoten ist in Abb. 11.19 dargestellt. Informationsflüsse zwischen verschiedenen Knoten werden durch Protokolle realisiert. Hier wird insbesondere auf das Anwendungsprotokoll des Intelligenten Netzes (*Intelligent Network Application Protocol*, INAP) [96, 101] eingegangen.

11.9.3 Das Anwendungsprotokoll im Intelligenten Netz

Das Anwendungsprotokoll Intelligenter Netze (INAP) ermöglicht in der ersten Ausbaustufe (CS-1) Interaktionen zwischen den folgenden funktionalen Grundeinheiten der verteilten Funktionsschicht:

11.9 Intelligente Netze und ihre Mehrwertdienste

- Dienstvermittlungsfunktion (SSF),
- Dienstdatenfunktion (SDF),
- Dienststeuerfunktion (SCF),
- Betriebsmittelfunktion (SRF).

Zur Übermittlung der Protokolldateneinheiten (*Protocol Data Unit*, PDU) wird im INAP das Dienstelement für entfernte Operation (ROSE) des OSI-Referenzmodells benutzt, so daß das INAP als Client-Server-System definiert wird. Die Protokolldateneinheiten des ROSE-Anwendungsprotokolls werden wiederum durch Nachrichten des Anwendungsteils zur Transaktionsverarbeitung (*Transaction Capability Application Part*, TCAP) übermittelt. Die Übermittlung wird vom Anwendungsdienstelement (*Application Service Element*, ASE) des Anwendungsteils zur Transaktionsverarbeitung (TCAP) durchgeführt. Der IN-Dienst wiederum greift über ein ASE auf die entfernten Operationen des INAP zu.

Die Definition der Protokolldateneinheiten des INAP erfolgt mit Hilfe der abstrakten Syntax-Notation Nr. 1 (*Abstract Syntax Notation Nr. 1*, ASN-1) [105, 73]. Mit der Makro-Definition **OPERATION** werden dabei für jede entfernte Operation ihr Name sowie optional die Aufruf-Parameter (**ARGUMENT**), Rückgabewerte (**RESULT**), Fehlermeldungen (**ERRORS**) sowie verbundene Operationen (**LINKED**) angegeben, vgl. Abb. 11.23.

In [101] sind für die erste Ausbaustufe (CS-1) des Intelligenten Netzes 58 entfernte Operationen definiert. Von ETSI sind in [61, 62] davon für die europaweite

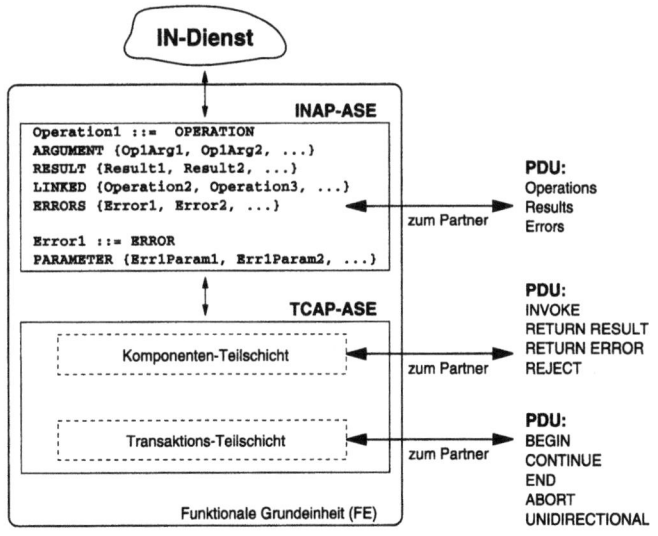

Abbildung 11.23: Definition der Protokolldateneinheiten des INAP mit ASN-1 und die Übermittlung mit Hilfe des Anwendungsdienstelements TCAP

Standardisierung in der ersten Ausbaustufe nur 34 übernommen worden. Tabelle 11.2 zeigt, daß die meisten Aufrufe entfernter Operationen zwischen SCF und SSF stattfinden.

11.9.4 UPT im IN-Schichtenmodell

In Abschn. 11.6 wurde die funktionale Architektur von UPT vorgestellt. Die dort gezeigten Funktionsschichten können nunmehr in einer IN-basierten Lösung den IN-Funktionseinheiten zugeordnet werden. Abbildung 11.24 zeigt, daß die Intelligenten Netze eine gute Basis für die Einführung von UPT bieten.

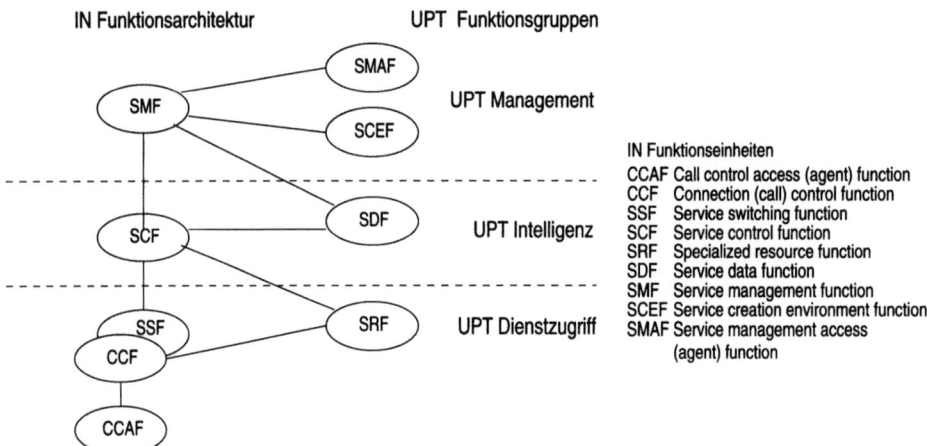

Abbildung 11.24: Abbildung der UPT-Funktionsgruppen auf das IN-Schichtenmodell

Tabelle 11.2: Verteilung der INAP-Signale auf die funktionalen Komponenten.

Informationsfluß	ITU	ETSI
SCF → SSF	27	19
SSF → SCF	23	7
SCF → SDF	3	
SDF → SCF	2	
SCF → SRF	2	
SRF → SCF	1	

12 Der drahtlosen Kommunikation gehört die Zukunft

12.1 Ein Tagesablauf im Jahre 1998

Hans Mobilus ist leitender Angestellter einer Speditionsfirma in der 100 km entfernten Großstadt, seine Frau Monika ist Krankenschwester im örtlichen Krankenhaus. Der Sohn Klaus und die Tochter Anja gehen noch zur Schule.

06:30 Durch das zentrale Alarmsystem werden Hans und Monika, entsprechend dem Wochenprogramm, aufgeweckt.

07:00 Um zu sehen, ob sich etwas an seinem heutigen Terminplan geändert hat, kontaktiert Hans den Zentralrechner seiner Firma über sein TETRA-Endgerät.

07:15 Hans verläßt das Haus und ruft über sein Zellulartelefon den Verkehrsdienst an, um sich über den aktuellen Straßenzustand zu informieren.

07:30 Klaus, der noch in diesem Jahr sein Abitur machen wird und Börsenmakler werden will, veranlaßt einen über Internet erreichbaren Börsendienst, ihm über Satellit Aktienkurse aus New York zu übermitteln. Danach verläßt er gemeinsam mit seiner Schwester das Haus, um zur Schule zu gehen. Der Haushalt Mobilus ist über ein RLL-System an das PSTN/ISDN angeschlossen.

08:00 Während Monika im Bad ist, läutet ihr schnurloses DECT-Telefon. Ihre Mutter benachrichtigt sie, daß das für heute Abend geplante gemeinsame Abendessen verschoben werden muß.

08:10 Monika informiert Hans entsprechend über einen Funkruf bzw. den GSM-Kurznachrichtendienst.

08:15 Während Hans zur Arbeit fährt, läßt ihn sein Wagen im Stich. Er aktiviert den automatischen Notrufdienst seines Fahrzeugs, um die Pannenhilfe anzurufen. Dabei benutzt er einen Dienst von TETRA oder den GSM-SMS.

08:20 Da Hans nicht sicher ist, ob er noch rechtzeitig im Büro ankommt, hinterläßt er seiner Sekretärin über die elektronische Post von seinem mobilen Datenendgerät aus die Nachricht, seinen Termin von 09:00 Uhr auf später zu verschieben. Das Gerät benutzt einen nichttransparenten GSM-Datendienst.

10:00 Hans ist mittlerweile im Büro, wo ihn die Nachricht erreicht, daß die Lagerhalle eines Kunden in der Nacht durch starke Regenfälle überflutet wurde und die zu liefernde Ware an eine andere Adresse gebracht werden soll.

10:05 Über das TETRA-Bündelfunksystem der Firma kann Hans einen Gruppenruf an die Fahrzeuge veranlassen, die gerade zu dieser Lagerhalle fahren, und ihnen die neue Adresse mitteilen.

11:00 Ein Kundenauftrag erfordert für längere Zeit die enge Zusammenarbeit mit Herrn Wlanus, einem Mitarbeiter der Firma, der seinen Arbeitsplatz auf einer anderen Etage hat. Um Wegezeiten zu vermeiden, wird Herrn Wlanus Arbeitsplatz neben den von Hans verlegt. Da die Firma im Haus ein HIPERLAN installiert hat, ist das problemlos möglich.

13:00 Monika, die schon seit vier Stunden im Krankenhaus arbeitet, betreut gerade den Patienten auf Zimmer 8, als sie ein Funkruf über ERMES erreicht. Das ERMES-Endgerät zeigt ihr an, daß sie dringend in der Notaufnahme gebraucht wird.

14:00 Hans muß mit mehreren Mitarbeitern der Filiale in Rußland sprechen, um gemeinsam über einen Kooperationsvertrag mit einer russischen Speditionsfirma zu entscheiden. Über das Satellitenfunksystem IRIDIUM kann er sie problemlos erreichen, eine Videokonferenz ist leider nicht verfügbar.

15:00 Klaus wird zu Hause von einem Schulfreund angerufen. Dieser konnte krankheitshalber an diesem Tag nicht zum Unterricht kommen. Er bittet Klaus, ihm die an diesem Tag während des Unterrichts in Mathematik berechneten Aufgaben zu übermitteln. Über das an der DECT-Anlage angeschlossene Faxgerät kann Klaus die gewünschte Information übertragen.

17:00 Anja, die mit ihrer Freundin Petra einen Einkaufsbummel unternimmt, entdeckt ein schönes Hemd, das sie ihrem Vater zum Geburtstag schenken will. Da sie nicht sicher ist, welche Größe passen würde, ruft sie aus der Fußgängerzone mit Hilfe ihres DECT-Handtelefons über den Telepointdienst ihre Mutter an.

18:00 Auf der Heimfahrt wird Herrn Mobilus über das Zellulartelefon mitgeteilt, daß er am nächsten Tag einen Kunden in Rom besuchen muß. Die Flugtickets und Hotelreservierung kann Hans noch während seiner Fahrt über den Reisedienst buchen.

19:30 Nach dem gemeinsamen Abendessen veranlaßt Hans, daß ihm von der Firma die für den Termin in Rom notwendigen Daten auf seinem GSM-Datenendgerät angezeigt werden, so daß er sie zu Hause ausdrucken kann.

12.2 Drahtlose Kommunikation im Jahre 2005

Anstelle vieler verschiedener Mobilfunksysteme und zugehöriger Endgeräte verfügt jeder moderne Teilnehmer über ein Software-Radio, das sich dienstspezifisch und ortsabhängig durch softwarebasierte Konfiguration des mobilen Endgeräts an die Funkschnittstelle des jeweils verfügbaren günstigsten Mobilfunksystems geforderter Dienstgüte anpaßt und die Entscheidungen weitgehend selbständig trifft.

Wegen der dadurch erreichbaren Flexibilität der Teilnehmer bei der Auswahl von Diensten sind die Netzbetreiber in einen Preiskampf eingetreten und bieten unüberschaubare, angeblich auf die Bedürfnisse bestimmter Teilnehmergruppen zugeschnittene „besonders günstige" Tarife an. Moderne Teilnehmer verfügen über ein Programm, das den situations- und dienstspezifisch jeweils günstigsten Tarif im Endgerät ermittelt, so daß der entsprechende Modus des Software-Radios eingeschaltet und der günstigste Mobilfunkdienst genutzt werden kann.

Die Beschränkung auf Schmalbanddienste ist entfallen, weil selbst ATM-basierte Dienste drahtlos am Breitbandterminal verfügbar sind. Jedoch sind die Kosten dafür noch so hoch, daß nur professionelle Nutzer diese Dienste in Anspruch nehmen und über die entsprechenden Endgeräte verfügen.

Da sich schmalbandige Telekommunikationsdienste des Festnetzes (Telefonie und Daten) über Internet breit eingeführt haben und erträgliche Echtzeiteigenschaften haben, wird der GSM-GPRS-Dienst zum mobilen Telefonieren genutzt, denn er ist preisgünstiger als der Standard GSM-Telefondienst.

Alle Mobilfunkdienste sind drastisch im Preis verfallen und kosten fast gleichviel wie entsprechende Festnetzdienste.

12.3 Schlußbemerkung

Unsere Gesellschaft wird durch eine steigende individuelle Mobilität und stetig wachsenden Bedarf nach Informationsaustausch geprägt.

Um in Zukunft auf nationalen und internationalen Märkten erfolgreich zu sein, ist es für Unternehmen und deren Mitarbeiter unumgänglich, jederzeit überall und mit höchster Vertraulichkeit erreichbar zu sein und Zugang zu den aktuellsten Informationen zu haben.

Je mobiler die Mitarbeiter eines Unternehmen sind, desto schwieriger sind sie ohne Mobilfunkdienste erreichbar und können u. U. nicht rechtzeitig an wichtige Informationen gelangen. Durch die Vielzahl der Anwendungsbereiche, in denen Mobilfunksysteme eingesetzt werden, gewinnen sie zunehmend für den privaten Gebrauch an Bedeutung. So werden Mobilfunksysteme, die sich in der Geschäftswelt durchgesetzt haben, durch die einsetzende Massenproduktion immer kostengünstiger und damit für einen immer größer werdenden Kundenkreis attraktiv.

Die Vorteile der Mobilfunksysteme und der sich abzeichnende Trend zu zukünftigen universellen Systemen, die eine parallele Übertragung von Sprache, Text, Daten und Bildern über eine Verbindung und somit den multimedialen Informationsaustausch ermöglichen (UMTS, FPLMTS), wird in Zukunft die Zahl der Mobilfunkteilnehmer rasch steigen lassen.

Systeme der dritten Generation werden funkbasierte und Festnetze zu einer einheitlichen Architektur zusammenfassen. Ein solches Netz wird aus Komponenten öffentlicher und privater terrestrischer und Boden- bzw. Raumkomponenten funkbasierter Netze bestehen, die so kombiniert sind, daß ein Teilnehmer durch ein einheitliches Endgerät, den sogenannten *Personal Communicator*, sämtliche Dienste der heute verfügbaren bzw. in den nächsten Jahren in Betrieb gehenden Netze benutzen kann [16].

Die in den Medien wiederholt diskutierte Frage möglicher Gesundheitsschädigungen, hervorgerufen durch Mobilfunktelefone, kann heute nicht abschließend beantwortet werden. Um sinnvolle Grenzwerte für die zumutbare Strahlenbelastung festlegen zu können, werden heute verstärkt die biologischen Wirkungen elektromagnetischer Strahlung im Mobilfunkbereich untersucht [144].

Feste Funkanlagen der Mobiltelefonsysteme spielen als potentielle Gefahrenquelle durch Elektrosmog wegen der fast immer vorhandenen räumlichen Entkoppelung nur eine geringe Rolle. Eher sind hier die mobilen Geräte mit integrierter Sendeantenne zu betrachten, die Hochfrequenzwellen in der Nähe des Kopfes abstrahlen. Der größte Teil der absorbierten Energie wird in Wärme umgesetzt und führt zu einer Temperaturerhöhung im Körper. In Tierversuchen wurde festgestellt, daß schon bei einer Erwärmung von 1 °C Störungen des Stoffwechsels, des Nervensystems oder des Verhaltens auftreten [6]. Aus diesem Grunde empfehlen die Weltgesundheitsorganisation und das Bundesamt für Strahlenschutz Schwellwerte für die spezifische Absorption und Maximalleistungen der Sendeanlagen, die nicht überschritten werden dürfen sowie das Einhalten von Mindestabständen der Geräte bzw. ihrer Antennen zum Körper. Außer der thermischen Wirkung elektro-

12.3 Schlußbemerkung

magnetischer Strahlung treten auch nicht-thermische Effekte auf, die noch nicht hinreichend erforscht sind.

Die Ergebnisse weiterer wissenschaftlicher Untersuchungen werden die Entwicklung (geeignete Schutzmaßnahmen) sowie die Akzeptanz der Mobilfunksysteme beeinflussen. Erfahrungen über den menschlichen Umgang mit Gefahrenquellen liegen ausreichend vor, z. B. vom PKW und dem Umgang mit elektrischem Strom.

Selbst wenn zukünftige Forschungsergebnisse eine kalkulierbare Gefahr durch Elektrosmog bei der Benutzung von Handgeräten ergeben sollten, wird das der Akzeptanz kaum Abbruch tun. Eine Gefahren-zu-Nutzen-Abwägung der einzelnen Mobilfunkbenutzer wird wahrscheinlich ähnlich ausgehen wie bezüglich der Nutzung des PKW bzw. des elektrischen Stroms.

Literaturverzeichnis

[1] N. Acampora, A.; Naghshineh. *An Architecture and Methology for Mobile-Executed Handoff in Cellular ATM Networks.* IEEE Journal of Selected Areas in Communication, Vol. 1294, No. 8, pp. 1365–1375, Oct. 1994.

[2] *ACTS – Advanced Communications Technologies & Services, Information Window.* http://www.infowin.org/ACTS/.

[3] *Advanced Communications Technologies and Services (ACTS).* http://-slarti.ucd.ie/inttelec/acts/index.html.

[4] A. Alvesalo. *DECT system as an extension to GSM infrastructure.* 5th Nordic Mobile Radio Communications Seminar, 1992.

[5] W. D. Ambrosch, A. Maher, B. Sasscer. *The Intelligent Network.* Springer-Verlag, Berlin, 1989.

[6] Anonym. *Europa will einheitliche Grenzwerte.* Funkschau, Nr. 13, pp. 48, 1993.

[7] Anonym. *GSM-DECT Field Trial for Mannesmann.* 1993.

[8] Anonym. *An Etikette for sharing multi-media radio channels.* Submission to ETSI EP BRAN# 2, Temporary Document 16, Radio Research Laboratory, Motorola, May 1997.

[9] H. Armbrüster, G. Grünberger. *Elektromagnetische Wellen im Hochfrequenzbereich.* Hüthig & Pflaum Verlag, 1978.

[10] Danitas Radio A/S. *TETRA News*, März 1995. Information from the TETRA MoU Group.

[11] B. Bauer, W. Neu. *Numerierung im Telefonnetz – Stand, Entwicklungstendenzen, Regulierungsbedarf, Regulierungsansätze.* Technical Report 111, Wissenschaftliches Institut für Kommunikationsdienste, Bad Honnef, Deutschland, Juni 1993.

[12] E. Beuchert. *Eine neue Chance für Telepoint.* Funkschau, No. 7, pp. 52–55, 1992.

[13] H. Bischle, W. Schäfer, E. Lutz. *Modell für die Berechnung der Paketfehlerrate unter Berücksichtigung der Antennencharakteristik.* DLR Deutsche Forschungsanstalt für Luft und Raumfahrt e.V. D-8031 Weßling W-Germany.

[14] B. Bjelajac. *CIR based Hybrid & Borrowing Channel Allocation Schemes.* RACE R2117 SAINT, SAINT/A3300/AAU_003, 1994.

[15] P. Bocker. *ISDN, Das diensteintegrierende digitale Nachrichtennetz.* Springer-Verlag, Berlin, 1990.

[16] E. Bohländer, W. Gora. *Mobilkommunikation: Technologien und Einsatzmöglichkeiten.* DATACOM-Verl. Lipinski, Bergheim, 1992.

[17] A. Böttcher, A. Jahn, M. Werner. *Mobile Satellitenkommunikation Teil 1–3.* Gateway, April, Mai, Juni 1995.

[18] A. Böttcher, M. Werner. *Strategies for Handover Control in Low Earth Orbit Satellite Systems.* Institute for Communications Technology, German Aerospace Research Establishment (DLR), März 1994.

[19] J. Brázio, C. Belo, S. Sveat, B. Langen, D. Plassmann, P. Roman, A. Cimmino. *MBS Scenarios.* In *RACE Mobile Workshop*, pp. 194–197, Metz, F, June 1993.

[20] G. Cayla. *TETRA the New Digital Professional Mobile Radio.* In *5th Nordic Seminar on Digital Mobile Radio Communications (DMR V)*, pp. 113–118, Helsinki, Finnland, December 1992.

[21] M. Chelouche, A. Plattner. *Mobile Broadband System (MBS): Trends and impact on 60 GHz ban MMIC development.* pp. 187–197, June 1993.

[22] S. Chia. *The Universal Mobile Telecommunications System.* IEEE Communications Magazine, Band 30, Nr. 12, pp. 54–62, 1992.

[23] M. P. Clark. *Networks and telecommunications: design and operation*, 1991.

[24] ICO Global Communications. *ICO System Description*, October 1995.

[25] DBP Telecom. *Modacom, das mobile Datenfunksystem der DBP Telecom.* Informationsbroschüre, DBP Telecom, August 1992.

[26] DBP Telekom. *Vorwahlnummern, Amtliches Verzeichnis der Ortsnetzkennzahlen (AVON)*, 1989.

[27] P. Dennerlein, L. Feldmann, G. Schöffel. *Europorty - a mobile Telephone for the GSM System.* Philips Communications Review, Vol. 50, No.1, 1992.

[28] S. Dijkstra, F. Owen. *Alles spricht für DECT.* Phillips Telecommunication Review, Band 51, Nr. 2, pp. 41–45, August 1993.

[29] H. Duelli. *Mit dem Piepser in der Tasche ....* Funkschau, Nr. 20, pp. 34–38, 1992.

[30] R. Eberhardt, W. Franz. *Mobilfunnetze: Technik, Systeme, Anwendungen.* Vieweg, Braunschweig, Wiesbaden, 1993.

[31] G. Edbom. *The Concept for World Wide Radio Paging.* In *41st IEEE Vehicular Technology Conference*, pp. 840–847, St. Louis, May 1991.

[32] G. Ekberg, S. Fleron, A.S. Jolde. *Accomplished Field Trial Using DECT in the Local Loop.* In *Proceedings 45th IEEE Vehicular Technology Conference*, Vol. 1, Chicago, USA, IEEE, July 1995.

[33] ETSI. *DECT Reference Document*, 1991.

[34] ETSI. *Digital European Cordless Telecommunications, Part 5: Network Layer (DE/RES 3001-5).* European Telecommunications Standards Institute, August 1991. Draft Standard.

[35] ETSI. *Digital European Cordless Telecommunications, Part 6: Identities and Addressing (DE/RES 3001-6).* European Telecommunications Standards Institute, August 1991. Draft Standard.

[36] ETSI. *Digital European Cordless Telecommunications, Part 7: Security Features (DE/RES 3001-7).* European Telecommunications Standards Institute, August 1991. Draft Standard.

[37] ETSI. *Digital European Cordless Telecommunications, Part 8: Speech Coding and Transmission (DE/RES 3001-8).* European Telecommunications Standards Institute, August 1991. Draft Standard.

[38] ETSI. *Digital European Cordless Telecommunications, System Description Document (DR/RES 3004).* European Telecommunications Standards Institute, Juni 1991. Draft Standard.

[39] ETSI. *GSM recommendations 03.03*, 1991. Numbering, addressing and identification.

[40] ETSI. *Radio Equipment and Systems, Digital European Cordless Telecommunications, Draft prETS 300 175.* European Telecommunications Standards Institute, August 1991. Draft Standard, Part 1-6.

[41] ETSI. *TETRA 04.11: V+D Layer 2 Service Description.* Working document, ETSI, November 1994.

[42] ETSI. *TETRA 04.12: V+D Layer 2 PDU description.* Working document v1.2.6, ETSI, March 1994.

[43] ETSI. *TETRA 04.14: V+D Layer 2 MAC Protocol.* Working document, ETSI, November 1994.

[44] ETSI. *TETRA 04.15: V+D Layer 2 LLC Protocol.* Working document, ETSI, November 1994.

[45] ETSI. *TETRA 05.02: Channel Multiplexing for V+D.* Working document, ETSI, November 1994.

[46] ETSI. *TETRA 05.03: Channel Coding.* Working document, ETSI, November 1994.

[47] ETSI. *TETRA 05.05: Radio Transmission and Reception.* Working document, ETSI, November 1994.

[48] ETSI. *TETRA 05.08: Radio Sub-System Link Control for V+D.* Working document, ETSI, November 1994.

[49] ETSI. *Wireless Base Station, Radio Equipment and Systems, Digital European Cordless Telecommunications, Draft prETS 300 175-10.* European Telecommunications Standards Institute, January 1995. prStandard.

[50] ETSI. *Radio Equipment and Systems (RES); Digital European Cordless Telecommunictions (DECT) and Integrated Services Digital Network (ISDN) Interworking for end system configuration Part 1: Interworking specification.* Standard ETS 300 434-1, European Telecommunications Standards Institute, April 1996.

[51] ETSI. *Radio Equipment and Systems (RES);Digital Enhanced Cordless Telecommunications (DECT); Integrated Services Digital Network (ISDN); DECT/ISDN interworking for intermediate system configuration.* Draft Standard Draft prETS 300 822, European Telecommunications Standards Institute, February 1997.

[52] ETSI. (RES). *Radio in the Local Loop*, November 1994. ETSI Technical Report 139.

[53] ETSI. (RES06). *TETRA Voice + Data, Part 10.* European telecommunication standard, European Telecommunications Standards Institute, ETSI Secretariat, 06921 Sophia Antipolis Cedex, France, November 1994.

[54] ETSI. (RES06). *TETRA Voice + Data, Part 11.* European telecommunication standard, ETSI, November 1994.

[55] ETSI. (RES06). *TETRA Voice + Data, Part 12.* European telecommunication standard, ETSI, November 1994.

[56] ETSI. (RES10). *High Performance Radio Local Area Network (HIPERLAN); Functional Specification.* Draft, ETSI RES; Radio Equipment and Systems, Januar 1995.

[57] ETSI. (RES10). *High Performance Radio Local Area Network (HIPERLAN), Requirements and Architectures.* Draft ETR, ETSI, Sophia Antipolis, France, 1996.

[58] ETSI. (TC-RES). *ETR139, Radio in the Local Loop (RLL)*, November 1994.

[59] ETSI. TC RES 10. *High Performance Radio Lokal Area Network (HIPERLAN), Requirements and Architectures.* Draft tr, ETSI, Sophia Antipolis FRANCE, February 1997.

[60] ETSI. (TC RES10). *High Performance Radio Local Area Network (HIPERLAN); Services and Facilities - ETR 096.* Technical report, ETSI RES; Radio Equipment and Systems, Februar 1993.

[61] ETSI-TC-SPS. *Intelligent Network(IN); Intelligent Network Capability Set 1 (CS1); Core Intelligent Network Application Protocol (INAP); Part 1: Protocol Specification.* European Telecommunication Standard ETS 300 374-1, European Telecommunications Standards Institute (ETSI), Sophia Antipolis, 1994.

[62] ETSI-TC-SPS. *Intelligent Network(IN); Intelligent Network Capability Set 1 (CS1); Core Intelligent Network Application Protocol (INAP); Part 5: Protocol specification for the Service Control Function (SCF) - Service Data Function (SDF) interface.* European Telecommunication Standard prETS 300 374-5, European Telecommunications Standards Institute (ETSI), Sophia Antipolis, 1996.

[63] FCC. *A Low Orbit Mobile Satellite System* – Application of Motorola Satellite Communications, Inc., Washington, D. C., Dez. 1990.

[64] L. Fernandes. *R2067-MBS: A System Concept and Technologies for Mobile Broadband Communication.* In *RACE Mobile Telecommunications Summit*, Cascais, P, November 1995.

[65] U.-C. Fiebig, et al. *Erschließung höherer Frequenzbereich für den Satellitenfunk.* DLR–Nachrichten, Vol. 40, pp. 7,10, may 1996.

[66] ATM Forum. *Traffic management specification - Version 4.0.* ATM Forum - Technical Committee, 1995.

[67] A. Freitag, O. Krantzik. *Strategies for the implementation of DECT systems in ISPBX networks.* pp. 617–622, 1991.

[68] J. Fuhl, G. Schultes, W. Kozek. *Adaptive equalization for DECT systems operating in low time/dispersive channels.* In *44th IEEE Vehicular Technology Conf*, pp. 714–718, Stockholm, 1994.

[69] L. Gabler, W. D. Picken. *Mobilfunk-Praxis: Systembeschreibungen und Meßmethoden.* Band 2 von *Funkschau: Telecom*, Franzis-Verlag GmbH, München, 1990.

[70] G. W. Grabowski. *Bündelfunknetze gegen den Engpaß im Äther.* Funkschau, Nr. 17, pp. 34–37, 1989.

[71] C. Görg, S. Kleier, M. Guntermann, M. Fröhlich, H. Bisseling. *A European Solution for Advanced UPT: Integration of Services for Personal Communication.* In *Integrating Telecommunications and Distributed Computing—from Concept to Reality*, pp. 603–617, Melbourne, Australia, TINA '95 Conference, February 1995.

[72] A. Guntsch, T. Mannes, F. Nigge von Kiedrowski. *A Comparison Between Terrestrial And Mobile Satellite Based Broadband Networks For Use In Feeding Wireless Local Loop Systems.* In *Vorträge der 2. EPMCC '97 und 3. ITG-Fachtagung in Bonn*, Berlin, Offenbach, VDE Verlag GmbH, 30.9.–2.10. 1997.

[73] F. Halsall. *Data Communications, Computer Networks and Open Systems.* Addison-Wesley, 3. edition, 1992.

[74] R. Händel, M.-N. Huber, S. Schröder. *ATM Networks: Concepts, Protocols, Applications.* Addison-Wesley, 1994.

[75] W. Havermans, G. Pasman. *Mobilität in privaten Kommunikationsnetzen.* Philips Kommunication Review, Vol. 51, No. 2, 1991.

[76] T. Henderson. *Design priciples and performance analysis of SSCOP: a new ATM Adaptation protocol.* Computer Communication Review, Vol. 25, No. 2, pp. 47–59, April 1995.

[77] A. Henriksson. *Multiapplication scenarios in DECT.* Working Document, submitted to ETSI Technical Committee Radio Equipment and Systems TC-RES-3R, June 1995.

[78] Th. Heutmann. *Frequenztechnische Aspekte für die Einführung von Radio in the Local Loop in Deutschland.* Beitrag des BAPT für die Diskussionssitzung „Radio in the Local Loop", März 1995.

[79] T. Holmes. *Universal Personal Telecommunication.* Präsentation von draft ITU-T E.168, Mai 1992.

[80] R. J. Horrocks, R. W. A. Scarr. *Future Trends in Telecommunications*. John Wiley & Sons, Chichester, 1993.

[81] IEEE. *Wireless LAN Medium Access Control (MAC) and Physical Layer (PHY) Specifications*. Draft standard ieee 802.11, IEEE, New York, July 1995.

[82] Iridium Inc. *Application for a Mobile Satellite System before the Federal Communications Commission*, December 1990.

[83] *Iridium Today*. Technical Report 2, Iridium, Inc, 1995.

[84] ITU. *I.411 ISDN User-Network Interfaces - Reference configurations*. ITU-TS, Geneva, 1988.

[85] ITU-T. *Recommendation I.411, ISDN User Network esInterfaces-Reference Configurations*.

[86] ITU-T. *Recommendation E.163, Numbering Plan for the International Telephone Service*. info@itu.ch, März 1989.

[87] ITU-T. *Recommendation E.212, Identification Plan for Land Mobile Stations*. info@itu.ch, März 1989.

[88] ITU-T. *Recommendation E.213, Telephone and ISDN Numbering Plan for Land Mobile Stations in Public Land Mobile Networks (PLMN)*. info@itu.ch, März 1989.

[89] ITU-T. *Timetable for Coordinated Implementation of the Full Capability of the Numbering Plan for the ISDN Era (Recommendation E.164)*. info@itu.ch, März 1989.

[90] ITU-T. *Recommendation E.164, Numbering Plan for the ISDN Era*. info@itu.ch, August 1991.

[91] ITU-T. *Draft Recommendation F.851, Universal Personal Telecommunication (UPT) - Service Description*. info@itu.ch, Juli 1993.

[92] ITU-T. *Recommendation E.168, Application of E.164 Numbering Plan for UPT*. info@itu.ch, März 1993.

[93] ITU-T. *Recommendation I.363: B-ISDN ATM Adaptation Layer Specification*, 1993.

[94] ITU-T. *Recommendation I.373, Network Capabilities to Support Universal Personal Telecommunication (UPT)*. info@itu.ch, März 1993.

[95] ITU-T. *Recommendation Q.2931: B-ISDN Application Protocols For Access Signalling*, 1995.

[96] ITU. Telecommunication Standardization Sector (ITU-T). *General Aspects of the Intelligent Network Application Protocol.* ITU-T Recommendation Q.1208, International Telecommunication Union (ITU), Geneva, 1993.

[97] ITU. Telecommunication Standardization Sector (ITU-T). *Intelligent Network — Global Functional Plane Architecture.* ITU-T Recommendation Q.1203, International Telecommunication Union (ITU), Geneva, 1993.

[98] ITU. Telecommunication Standardization Sector (ITU-T). *Intelligent Network — Service Plane Architecture.* ITU-T Recommendation Q.1202, International Telecommunication Union (ITU), Geneva, 1993.

[99] ITU. Telecommunication Standardization Sector (ITU-T). *Intelligent Network Distributed Functional Plane Architecture.* ITU-T Recommendation Q.1204, International Telecommunication Union (ITU), Geneva, 1993.

[100] ITU. Telecommunication Standardization Sector (ITU-T). *Intelligent Network Physical Plane Architecture.* ITU-T Recommendation Q.1205, International Telecommunication Union (ITU), Geneva, 1993.

[101] ITU. Telecommunication Standardization Sector (ITU-T). *Interface Recommendations for Intelligent Network CS-1.* ITU-T Recommendation Q.1218, International Telecommunication Union (ITU), Geneva, 1993.

[102] ITU. Telecommunication Standardization Sector (ITU-T). *Principles of Telecommunication Services Supported by an ISDN and the Means to Describe Them.* ITU-T Recommendation I.210, International Telecommunication Union (ITU), Geneva, 1993.

[103] ITU. Telecommunication Standardization Sector (ITU-T). *Principles of Universal Personal Telecommunication (UPT).* ITU-T Recommendation F.850, International Telecommunication Union (ITU), Geneva, 1993.

[104] ITU. Telecommunication Standardization Sector (ITU-T). *Q-Series Intelligent Network Recommendation Structure.* ITU-T Recommendation Q.1200, International Telecommunication Union (ITU), Geneva, 1993.

[105] ITU. Telecommunication Standardization Sector (ITU-T). *Specification of Abstract Syntax Notation One (ASN.1).* ITU-T Recommendation X.208, International Telecommunication Union (ITU), Geneva, 1993.

[106] ITU. Telecommunication Standardization Sector (ITU-T). *Vocabulary of Terms for Universal Personal Telecommunications.* ITU-T Recommendation I.114, International Telecommunication Union (ITU), Geneva, 1993.

[107] ITU. Telecommunication Standardization Sector (ITU-T). *Information Technology — Open Systems Interconnection — Basic Reference Model: The*

Basic Model. ITU-T Recommendation X.200, International Telecommunication Union (ITU), Geneva, 1994.

[108] ITU. Telecommunication Standardization Sector (ITU-T). *Universal Personal Telecommunication (UPT) — Service Description (Service Set 1).* ITU-T Recommendation F.851, International Telecommunication Union (ITU), Geneva, 1995.

[109] R. Jain, S.A. Routhier. *Packet trains.* IEEE Journal on Selected Areas in Communication, Vol. JSAC-4-86, No. 4, pp. 986–995, 1986.

[110] B. Jülich, D. Plaßmann. *Protocol Design and Performance Analysis of an Intermediate-Hop Radio Network Architectur for MBS.* In *Proceedings WCN'94*, pp. 1178–1182, The Hague, Netherlands, September 1994.

[111] K.G. Johannsen. *Mobile P-Service Satellite System Comparison.* International Journal of Satellite Communications, Vol. 13, pp. 453–71, 1995.

[112] A. Kadelka, N. Esseling, Zidbeck, J. Tulliluoto. *SAMBA Trial Platform - Mobility Management and Interconnection to B-ISDN.* In *ACTS Telecommunications Summit '97*, Oct 1997.

[113] Mark J. Karol, Liu Zhao, Kai Y. Eng. *An efficient demand-assignment multiple access protocol for wireless packet (ATM) networks.* Wireless Networks, Vol. 1, pp. 267–279, 1995.

[114] H. Kist, D. Petras. *Service Strategy for VBR Services at an ATM Air Interface.* In *proceedings of EPMCC' 97*, Bonn, Germany, September 1997.

[115] S. Kleier. *Neue Konzepte zur Unterstützung von Mobilität in Telekommunikationsnetzen.* Dissertation, RWTH Aachen, Lehrstuhl für Kommunikationsnetze, Aachen, 1996.

[116] A. Krämling, G. Seidel, M. Radimirsch, W. Detlefsen. *Performance Evaluation of MAC schemes for wireless ATM Systems with centralised control considering processing delays.* In *proceedings of EPMCC'97*, Bonn, Germany, September 1997.

[117] J. Kruys, M. Niemi. *An Overview of Wireless ATM Standardisation.* In *ACTS Mobile Communikations Summit*, pp. 250–255, November 1996.

[118] D. R. Lawniczak. *Modellierung und Bewertung der Datenverwaltungskonzepte in UMTS.* Dissertation, RWTH Aachen, Lehrstuhl für Kommunikationsnetze, Aachen, 1995.

[119] D. R. Lawniczak. *Modellierung und Bewertung der Datenverwaltungskonzepte in UMTS.* Dissertation, RWTH Aachen, Lehrstuhl für Kommunikationsnetze, 1995. ISBN 3-86073-381-8.

[120] J. Lehnert. *Radio-Daten-System, Der RDS-Pionier aus der Pfalz*. Funkschau, Nr. 20, pp. 46–49, 1992.

[121] S. Lin, D. J. Costello. *Error control coding – Fundamentals and Applications*, Vol. 1 of *Computer Applications in Electrical Engeneering Series*. Prentice-Hall, Englewood Cliffs, New Jersey 07632, 1 edition, 1983.

[122] P. Lind. *Structure of the Flexible Service Profile*. Umfang und Art der Einträge im FSP, April 1994.

[123] E. Lutz. *Mobilkommunikation über geostationäre (GEO) und umlaufende (LEO) Satelliten*. Informationstechnik und Technische Informatik 35 (it+ti), Band 35, Nr. 5, pp. 26–34, 1993.

[124] E. Lutz, D. Cygan, M. Dippold, F Dolainsky, W. Papke. *The Land Mobile Satellite Communication Channel - Recording, Statistics and Channel Model*. IEEE Transactions on Vehicular Technology, Vol. VT-40, No. 2, pp. 375–385, May 1991.

[125] G. Maral, J. de Ridder. *Low Earth Orbit Satellite Systems for Communications*. International Journal of Satellite Communications, Vol. 9, pp. 209–225, 1991.

[126] M. Mouly, M.-B. Pautet. *The GSM System for Mobile Communications*. M. Mouly and Marie-B. Pautet, 49, rue Louise Nruneau, F-91129 Palaiseau, France, 1992.

[127] T. Münster. *Telephonnetz teilweise lahmgelegt*. Süddeutsche Zeitung, Nr. 81, pp. 47, 1997.

[128] *Mikes Spacecraft Library, Internetseite der NASA*. http://leonardo.jpl.nasa.gov/msl/QuickLooks/teledesicQL.html, 1996.

[129] Nokia. *GSM standards required for DECT access to GSM*. Nokia, 1993.

[130] T. Norp, Ad J. M. Roovers. *UMTS Integrated with B-ISDN*. IEEE Communications Magazine, Band 32, Nr. 11, pp. 60–65, 1994.

[131] K. Nüßler. *MODACOM the Public Packet Mode Mobile Data Service of the DBP*. In *Mobile Radio Conference (MRC'91)*, pp. 193–200, Nice, France, November 1991.

[132] R.L. Olsen, D.V. Rogers, D.B. Hodge. *The aR^b Relation in the Calculation of Rain Attenuation*. IEEE Transactions on Antennas and Propagation, Vol. AP-26, pp. 318–329, 1978.

[133] A. Örtqvist. *ERMES's Role in Europe.* In *5th Nordic Seminar on Digital Mobile Radio Communications (DMR V)*, p. 119, Helsinki, Finnland, December 1992.

[134] P. Pernsteiner. *Bündelfunk in Deutschland: Neue Wege für die betriebliche Kommunikation.* Franzis-Verlag GmbH, München, 2 Auflage, 1992.

[135] D. Petras. *Performance Evaluation of Medium Access Control Schemes for Mobile Broadband Systems.* In *Proceedings Sixth Nordic Seminar on Digital Mobile Radio Communications DMR VI*, pp. 255 – 261, Stockholm, Sweden, June 1994.

[136] D. Petras. *Medium Access Control Protocol for wireless, transparent ATM access.* In *IEEE Wireless Communication Systems Symposium*, pp. 79–84, Long Island, NY, November 1995. available on http://www.comnets.rwth-aachen.de/~petras.

[137] U. Pilger. *Der neue Schnurlos-Standard DECT.* Funkschau, Nr. 7, pp. 104–108, 1993.

[138] C. Plenge. *Leistungsbewertung öffentlicher DECT-Systeme.* Dissertation, RWTH Aachen, Lehrstuhl für Kommunikationsnetze, 1997. ISBN 3-86073-389-3.

[139] W. K. Pratt. *Digital Image Processing.* John Wiley and Sons, Inc New York, 1991.

[140] RACE Mobile Telecommunication Summit. *Architectures and Functionalities of an Integrated GSM and Satellite Environment.* Guntsch, A. [u. a.], Cascais, Portugal, Nov. 1995.

[141] C.-H. Rokitansky, H. Hussmann. *Mobile Broadband System (MBS) - System Architecture.* In *Fourth Winlab Workshop on third Generation Wireless Information Networks*, pp. 309–316, Brunswick Hilton, East Brunswick, New Jersey, U.S.A., October 1993.

[142] C.-H. Rokitansky, M. Scheibenbogen. *Mobile Broadband System: System Description Document.* CEC Deliverable 68, RACE, R2067/UA/WP215/DS/P/68.b1, 1995.

[143] J. Salmela, S. Mäenpää, S. Lehmusvuori. *Cordless access to GSM.* 5th Nordic Mobile Radio Communications Seminar, 1992.

[144] P. Scheele. *Mobilfunk in Europa.* R. v. Decker's Verlag, Heidelberg, 2. Auflage, 1992.

[145] G. Siegmund. *ATM – Die Technik des Breitband-ISDN.* v. Decker, Heidelberg, 1993.

[146] B. Sklar. *Digital Communications: Fundamentals and Applications.* Prentice-Hall, Englewood Cliffs, New Jersey 07632, 1988.

[147] O. Spaniol. *Satellitenkommunikation.* Informatik - Spektrum, Nr. 6, pp. 124–141, 1983.

[148] H. Steffan, D. Plaßmann. *Mathematical Performance Analysis for Bradband Systems with Beamforming Antennas.* In *2. ITG-Fachtagung Mobile Kommunikation '95*, pp. 449–456, Neu-Ulm, Germany, September 1995.

[149] M.A. Sturza. *Architecture of the TELEDESIC Satellite System.* In *International Mobile Satellite Conference - IMSC '95*, pp. 212–8, 1995.

[150] J. Sundborg. *Universal Personal Telecommunication (UPT) - Concept and Standardisation.* Ericsson Review, Vol. 4, pp. 140–155, 1993.

[151] W. Tuttlebee, editor. *Cordless Telecommunications in Europe.* Springer, 1990.

[152] B. Walke. *Technik des Mobilfunks, in: Zellularer Mobilfunk, J. Kruse (Hrsg)*, pp. 17–63. net-Buch, Telekommunikation edition, 1990.

[153] B. Walke. *Radio in the Local Loop–Technology Trends.* 1996.

[154] B. Walke, S. Böhmer, M. Lott. *Protocols for a wireless ATM multi-hop network.* In *Proc. Internation. Zurich Seminar*, p.?, Zürich, 1998.

[155] B. Walke, P. Decker. *Mobile Datenkommunikation - Eine Übersicht.* Informationstechnik und Technische Informatik, Band 35, Nr. 35, pp. 12–24, Mai 1993.

[156] B. Walke, et al. *Technische Realisierbarkeit öffentlicher DECT-Anwendungen im Frequenzband 1880-1900 MHz*, August 1995. Studie im Auftrag des Bundesministers für Post und Telekommunikation, Gekürzte Fassung.

[157] B. Walke, D. Petras, D. Plaßmann. *Wireless ATM: Air Interface and Network Protocols of the Mobile Broadband System.* IEEE Personal Communications Magazine, Vol. 3, No. 4, pp. 50–56, August 1996.

[158] J. H. Weber, J. C. Arnbak, R. Prasad, editors. *HIPERLAN-Markets and Applications; B. Bourdin; S. 863 ff.*, Vol. 3 of *Wireless Networks, Catching the mobile future*, Amsterdam, WCN, IOS Press, September 1994.

[159] A. Werner, W. Kantorek. *Satelliten- Mobilfunk.* Francis- Verlag, 1. Auflage, 1993.

Index

Symbole
π/4-DQPSK 34
Überlappende HIPERLANs 296
Übertragung
　　diskontinuierlich 31
12er-Cluster 359

A
ABR-Dienstklasse 269
Abrufdienste 263
Abstract Syntax Notation Nr. 1 429
ACC 8
Access Assignment Channel 32
ACTS 255
ACTS-Breitbandprojekte 259
Ad-hoc-Netz 282
ADPCM 175, 176
ALPHAPAGE 92
Amtsanschluß 107
AMUSE 260
Anrufweiterleitung 408
Anschlußkennung 413
Anschlußmerkmale 400
Antennen
　　-charakteristik 368, 370
　　-effektivität 370
　　Kugelcharakteristik 371
　　Phased-Array 364
　　phasengesteuerte Gruppenantennen 359
Anwendungsdienstanbieter 409
Apogäum 356
Application Service Element 429
ARDIS 6
ARQ-Protokoll
　　dienstklassenspezifisch 274
Asymmetrical Digital Subscriber Line 260
Asynchronous Transfer Mode 263

ATM
　　-Anpassungsschicht 267
　　-Endgeräte, mobile 259
　　-Forum 261
　　-Mobilfunkvermittlungsstelle .. 286
　　-Multiplexer, verteilter 275
　　-RLL 261
　　-Referenzmodell 266
　　-Schicht 267
　　-Systeme, mobile 255
　　-Vermittlungsstellen 266
　　-Zellen 264
　　-Zellen, transparente Übertragung 272
　　Übertragungstechnik 255
　　Dienstgüteparameter 269
　　Dienstklasse 268
　　Forum 256
ATM Adaptation Layer 266
ATM Layer 266
ATM Mobility Enhanced Switch ... 286
ATMmobil 256, 260
Ausleuchtzone 348, 353
Authentisierung 412
AWACS 260

B
B-ISDN 255, 263
Bündelfunksysteme 1
Bündelstärke 2
Bündelungsgewinn 2
Backward-Handover 284, 287
Bahn
　　geostationäre 350
Bahnhöhe 338, 348, 372
Basic Call Process 426
Basisdienstmerkmale 400
Batterieleistung
　　verfügbare 360

Baustein
  dienstunabhängig 427
Beacon Channel 129
Beam Forming 371
Behörden und Organisationen mit Sicherheitsaufgaben 16
Benutzertypen 247
Besuchsanschluß 410
Betriebsfunk 1
Betriebssatelliten 352
Bezugspunkt Um 24
Bitfehlerwahrscheinlichkeit 270
Breitbanddienste 255, 263
Breitbandsysteme 255
  schnurlose 255
Broadcast Control Channel 31
Burst 29
Busy-Flag 72

C

C-Band 350
Call Control Agent Function 427
Call Control Function 427
Call Instance Data 426
CBR-Dienstklasse 269
CCITT 176
Cell Delay Variance 269
Cell Loss Ratio 269
Cell Transfer Delay 269
Chekker-Netz 5
Cityruf **89**
  Dienstkennzahlen 91
  Funkversorgungsbereiche 91
  Rufzonen 91
Client-Server-System 429
COGNITO 6
Control Plane 26, 266
Cordless Telephony 101
Cross-Connect 265
CT0 101
CT1 101

D

Datenbanken 113
Datenkommunikation 263
Datennetze 107

Datex-P-Netz 7
DAVIC 256
DECT **107**
  Control Plane 122
  Duplex Bearer 142
  User Plane 122
Deutsche Telekom AG 352
Dialogebene 412
Dienst
  -erbringungsfunktionen 425
  -kennzahlen 425
  -klassen 269
  -konzept, PSCS 416
  -merkmale, ergänzend 400
  -primitive 44
  -profil 413
  -zugangspunkt 62
Dienste
  -Abonnement 405
  im MODACOM-Netz 7
  interaktive 262
  zeitkontinuierlich 268
  zeitkritische 304
Direktwahlsystem 417
Dispatching-Dienste 7
DLR-Modell 383
Dopplerverschiebung 352
DSMA 9, 72
DTE 12
DTMF 95
Dualmode-Gerät 360
Dualmode-Terminals 357
Durchdringung 251
Dynamische Kanalwahl **169**

E

effektive Pfadlänge 376
Einhüllende des Empfangssignals ... 384
Elektrosmog 434
Elevationswinkel 348, 372
  minimaler 348
elliptische Bahnen 347
Erdefunkstellen 338
ERMES **93**
Erreichbarkeit 404

Etiquettes 272
ETSI 107
    BRAN 256, 261
    RES 10 261
Euromessage **92**
EUROSIGNAL **87**
Eutelsat 338
Event Label 69
Expander 176

F

Farbcode 44
Fast-Call-Reestablishment 51
Federal Communications Commission 350
Fehlerkorrektureinheit 384
Fibre to the Curb 260
Fläche
    versorgte 349
Flexible Service Profile 413
Flottenverbindung 12
Flow Control 265
Flugbahnen 374
Footprint 390
Forced Handover 284
Forward Handover 284
Freiraumdämpfungen 374
Frequency Division Network 97
Frequency Sharing Rules 272
Functional Entities 427
Funk-Handover 283
Funkdienste
    feste 338
Funkruf 86
Funkrufsysteme **85**
    Rufzone 86
Funktionsebene
    globale 426
Funkzelle 107

G

Gateway-Satellitenverbindung 359
GEO 347
Geostationary Orbit 347
Gerätemobilität 403
Gleichkanalinterferenz 379

Global Positioning System 337
Global Service Logic 426
Globalstar 350, 360
GLONAS 337
GMSK 127
GPS 337
Großzelle 365
Gruppenruf 87
    MODACOM 13
GSM 107
GSM-Segment 391

H

Hörbereich 175
Handover
    MODACOM 14
    Seamless 285
HEO 338
High Performance Radio Local Area Network 261
High Speed Multi-Media Unlicensed Spectrum 272
Highly Elliptical Orbit 338
HIPERLAN Type 1 .... **293**
HIPERLAN Type 2 293
HIPERLAN Type 3 293
HIPERLAN-Typen 262
HIPERLAN/1
    Broadcast Relaying 302
    Dienstgüteparameter 304
Hybrid Fibre Coax 260

I

ICO-System 357
IEEE 802.11 293
IN Conceptual Model 425
In-Call-Delivery 408
IN-Funktionseinheiten 430
Incumbent 252
Indirektwahlsystem 417
Industrial Scientific and Medical ... 272
Inforuf 90
Inklination 357
Inmarsat 338, 352
    -A 353
    -Aero 355

-B 354
-C 354
-M 356
-P21 357
Instanz 65
Integrated Broadband Mobile System 261
Intelligent Network 424
Intelligent Network Application Protocol
    425, 428
Intelsat 338
Inter Satellite Link 359
Inter-Satellite-Handover 389
Inter-Segment-Handover 389, 391
interaktives Datenaufkommen
    büschelartiges 262
    kontinuierliches 262
Interferenzeinflüsse 379
Interorbitverbindungen 360
Interworking
    mit X.25/X.75-PDNs 62
    mit dem Internet 62
IRIDIUM-Satellit 349
IRIDIUM-System 359

K
K/Ka-Band 350
Ka-Band 363
Kanal
    -verbindung, reserviert, virtuell 287
    -wahl, dynamische 124
    -zugriffsprotokoll 275
    logischer 31
    terrestrisch 382
    virtuell 264
Kapazitätsuntersuchungen 251
Kommunikationssatelliten 337
Kompandierung 176
Kompressor 176
Kopf, Körper und Fuß 68
Ku-Band 350

L
LAP.T 63
Layer Management 267
Leistungssteuerung 378
Leitweg 285

LEO 338
letzte Meile 245
Lichtgeschwindigkeit 378
Linearisation Channel 32
Link Access Protocol for TETRA 63
Lizenzabkommen 349
LOS 251
Low Earth Orbit 338

M
Management Plane 267
Markov-Prozeß 383
Max Access Retries 74
Max Data 73
MBCH 68, 78
MBS **256**
MEDIAN 258
Medium Earth Orbit 338
Mehrwertdienste 400
MEO 338
Mobile Broadband System 256
Mobile Termination 23
Mobilfunknetz
    mikrozellulares 107
Mobilität 257
Mobilitätsklassen 399
MOBITEX 6
MODACOM 6
Modellszenario 251
MPT 1327 2
    Besucherdatei 4
    Dienste 2
    Heimatdatei 4
    Konferenzruf 3
    MSC 4
    Normalruf 2
    Prioritätsruf 2
    TSC 3
    Zentralruf 3
MPT 1343 5
MPT 1347 5
MPT 1352 5
MPT1327
    Ansageruf 2
Multihop-PMP-System 250

Index

Multihop-Systeme 250
Multilink-Protokoll 282
Multiplexen
    statistisches 264
Multirahmen 28

N
Nachbarkanalinterferenz 379
NBCH 68, 78
Network Access Point 285
Netz
    -Zugangspunkt 285
Netz-Handover 285
Netznummer 421
Netzzugangsanbieter 409
nichtöffentlicher beweglicher Landfunk1
NMT-Standard 248
Nummernadministration 421
Nummernpläne 420
Nutzsignalpegel 380

O
Odyssey 350
Odyssey-Satellitensystem 367
Orbitposition 337

P
Packet Assembly Disassembly 11
Packet-Train-Modell 281
PAD 11
Paketverlustwahrscheinlichkeit 270
paketvermittelt 364
PCM 176
PCMCIA 294
PDO 17
Perigäum 356
Permanent Virtual Circuits 8
persönliche Rufnummer 423
Personal Communication System .. 246
Personal User Identity 423
Pfaddämpfung 374
Phased-Array-Antennen 359, 369
Physical Plane 428
Plane Management 267
PMP-Richtfunksystem 247, 250
    satellitengestütztes 394

PMP-Technologie 249
Point of Presence 245
Polarisation 374
Positionsbestimmung 389
Positionskorrekturen 350
Prädiktion 176
Prüfsumme 265
Programminformation 93
Pure-ALOHA 392

Q
Quantisierung 176

R
RACE 256
Radio Access System 270
Radio Data System 93
Radio in the Local Loop 245
Raketenstarts 363
Rauschtemperatur 374
RD-LAP 9
RDN 8
Re-Farming 272
Realtime-VBR-Dienst 269
Reassemblierung 63
Regendämpfung 363, 376, 377
Regenrate 376
Registrierung 412
Reihung 63
Relaisstationen 297
Reservesatelliten 353
Retry Delay 74
Rice-Fading 383
Rice-Faktor 383
Richtcharakteristik 369
Richtungstrennung 276
RLL 245
Roaming
    Bündelfunk 4
    MODACOM 14
ROSE 429
Routinginformation 264

S
S-ALOHA 5
S-Band 350

SAMBA 259
Satellit
  geostationärer 350
  MARCES 383
Satelliten 337, 395
  -Mobilfunk 337
  -ausleuchtzone 368
  -segment 392
  -systeme, nicht-geostationär ... 338
Satellitenausleuchtzone 375
Satellitenkanal
  -zugriff 391
  landmobil 382
  Modell des landmobilen 383
Satzverständlichkeit 175
Scheduler-Funktion 273
schnurlose Nebenstellenanlagen 107
Schnurlose Telefone **101**
Schwunddauern 383
SCR 13
SDMA 365
Segmentierung 63
Senderkennung 93
Sequenznummern
  ATM 268
Service Control Function 428
Service Control Point 425
Service Creation Environment Function
  428
Service Data Function 428
Service Independent Building Blocks 426
Service Management Access Function
  428
Service Management Function 428
Service Management Point 425
Service Support Data 426
Service Switching Function 428
Service Switching Point 425
Service-Provider 410
Sichtverbindung 383
Signalisiernachricht 276
Signallaufzeit 337
Signallaufzeitkorrektur 391
Signalling Channel 32
Silbenverständlichkeit 175

Slotted-ALOHA 17, 72
Solarpanel 363
Specialized Resource Function 428
Speichervermittlung 264
Spot Beams 359
Sprachgrundfrequenz 175
Sprachsignal 175
SSI 68
Störpegelabstand 379
Störreichweite 279
Stationen
  versteckte 282
Stealing Channel 32
Strahlenbelastung 357
Subsatellite-Point 373
Subscriber Identity Module 22
Supercells 365
Switched Virtual Circuits 8

T
TDMA 27
TDMA-Rahmen 28
Teilnehmerdienstprofil 409
Teilnehmerzugang
  entbündelt 252
Teilnehmerzugangsnetz 252
TELEDESIC 362
TELEDESIC-Netz 364
TELEDESIC-System 396
Teledienst 400
TELEDRIN 92
Telepointdienst 103
TELSTAR 347
Terrestrial Trunked Radio 15
TETRA **15**
  Advanced Link 57
  Basic Link 55
  Benutzerebene 26
  Bestätigte Datenübertragung ... 68
  Bestätigter Gruppenruf 19
  Burst 79
  Burststruktur 30
  Direktruf 18
  Einzelruf 18
  Frequenzkorrektur 36

Gruppenruf................... 18
Line Station 23
Logical Link Control Protocol..53
Managementfunktion........... 35
Mobilstation.................. 22
Packet Data Optimized..... 16, 60
Rufeinschränkung.............. 20
Rufnummernidentifikation......20
Rufumleitung................. 20
Rufweiterleitung............... 20
Rundfunkruf.................. 19
Schnittstellensteuerinformation. 63
Sicherungsschicht 37
SIM..........................22
Steuerebene...................26
Steuerkanal................... 29
Synchronisation................ 36
Verkehrskanäle................. 31
Verkehrskanal................. 29
Verschlüsselung............... 36
Voice plus Data............... 16
Zugriffsfenster.................73
Zugriffsperiode................ 72
Zustandsdiagramm............. 48
TETRA Equipment Identity 22
Time Division Duplex 104
Time Division Network 97
Trägerdienst..................... 400
Train 281
Trainingssequenz...................34
Transaction Capability Application Part
  429
Transponder-Funktion............. 361
Transportplattform................ 282
Trigger Point 427
Tropfendurchmesser................377
Trunked Mobile Radio System 1

U
UBR-Dienstklasse.................. 269
Umgebung
  frei 385
  städtisch..................... 385
  vorstädtisch.................. 385
UMTS 256, 257, 405

Satellitensegment............. 350
Unabhängige HIPERLANs......... 296
Universal Personal Telecommunication
  399
UPT
  -Dienst, Einführungsphasen ... 404
  -Dienstanbieter........... 409, 423
  -Indikator.................... 421
  -Nummer 404, 419
  Aufenthaltsort 408
  Einführungsphase............ 407
  funktionale Architektur 414
  funktionale Gruppierung...... 415
  nicht unterstützende Netze.... 416
  Phase 2 407
  Phase 3 407
  unterstützende Netze 416
User Plane 26, 266

V
V+D 16
VBR-Dienstklasse.................. 269
VC-Switch 266
Verbindung
  virtuell..................... 7, 264
Verbindungsbaum
  virtueller..................... 287
Verbindungshandover 259
verbindungsorientiert 264
Verkehrsausscheidungsmerkmal 419
Verkehrsglättung................... 265
Verkehrsinformation 93
Verkehrsquellen
  büschelartige................. 281
Versorgungsreichweite............. 279
Verwerfen........................ 278
Virtual Channel 264
Virtual Path 265
VP-Switch 266

W
W-ATM
  zellulares 261
W-ATM LAN..................... 261
W-ATM-Protokollstapel 283
WAND 259

weißes Rauschen 383
Weitverkehrsverbindungen 358
Wettbewerbs-Szenarien 250
Wireless LANs **291**
Wireless Local Area Networks 271
Wireless Local Loop 245
Wireless Physical Layer 274
Wireless Terminal 270
Wireless UNI 274
WLL 245

Z

Zeitlagentrennung 128
Zellen
    erdfest 365
    satellitenbezogen 365
Zellverlustrate 269
Zellverzögerung 269
    Varianz 269
zirkulare
    Systeme 347
Zufallszugriffsprotokoll 42
Zugangscode 412
Zugangsnetze 393
    funkbasierte 245
Zugangspunkt 404
Zugriffsfenster 72
Zugriffsperiode 75
Zugriffsperioden 72
Zusatzdienste 400
Zweidrahtleitung
    direkter Zugang zu 252
Zweig
    virtueller 287
Zwischensatellitenverbindungen 359

Walke
Mobilfunknetze und ihre Protokolle

Band I
Grundlagen, GSM, UMTS und andere zellulare Mobilfunknetze

Von Prof. Dr.-Ing.
Bernhard Walke
RWTH Aachen

1998. XIX, 468 Seiten mit
198 Bildern und 71 Tabellen.
16,2 x 22,9 cm.
(Informationstechnik)
Geb. DM 98,–
ÖS 715,– / SFr 88,–
ISBN 3-519-06430-8

Band 1 u. 2
Set DM 169,–
ÖS 1234,– / SFr 152,–
ISBN 3-519-06182-1

Zellulare Mobilfunknetze sind ein wichtiger Geschäftszweig der Telekommunikations-Industrie und die Voraussetzung für vielfältige drahtlose Diensteangebote. Physikalische Gesetze der Funkausbreitung, Methoden der Zellplanung und die Leistungsbestimmung üblicher Vielfachzugriffsverfahren sind einleitende Grundlagen. Es folgt eine Darstellung aller wesentlichen Details des GSM, wobei auch die neuen Standards für hochratige Datenübertragung und Paketdatenfunk berücksichtigt werden.

Weniger verbreitete Systeme wie das Flugtelefonsystem (TFTS), das Schmalband-CDMA-System nach IS-95 und das amerikanische bzw. japanische Zellularsystem werden kurz beschrieben. Eine ausführliche Darstellung des Zellularsystems der 3. Generation, UMTS bzw. IMT2000 zeigt die Entwicklungslinien und Festlegungen für zukünftige Netze.

Aus dem Inhalt
Kurzinhalt Band 2 – Einleitung – Systemaspekte – GSM-System – Weitere öffentliche Mobilfunksysteme – Zellulare Mobilfunknetze der 3. Generation – Warte- und Verlustsysteme – Standards und Empfehlungen – Internationale Frequenzzuweisungen – Frequenzen europäischer Mobilfunksysteme – Der GSM-Standard – Abkürzungsverzeichnis – Literaturverzeichnis

B. G. Teubner Stuttgart · Leipzig

MIX
Papier aus verantwortungsvollen Quellen
Paper from responsible sources
FSC® C105338

If you have any concerns about our products,
you can contact us on
ProductSafety@springernature.com

In case Publisher is established outside the EU,
the EU authorized representative is:
**Springer Nature Customer Service Center GmbH
Europaplatz 3, 69115 Heidelberg, Germany**

Printed by Libri Plureos GmbH
in Hamburg, Germany